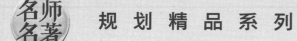

名师名著

规划精品系列

国家级一流本科专业建设成果教材

石油和化工行业"十四五"规划教材

BIOCATALYST ENGINEERING PRINCIPLES AND APPLICATION

生物催化剂工程

原理及应用　　　第二版

郁惠蕾　许建和　主编

化学工业出版社

·北京·

内容简介

本教材前面部分注重系统化介绍生物催化发展趋势，生物催化剂类型，生物催化剂的筛选、改造、表征、制备和应用等基础知识；再版中增加了酶的结构模拟与智能设计章节。后面部分围绕酶催化的主要反应类型、辅因子再生、多酶级联反应、化学酶偶联反应、酶催化反应器的优化及其应用展开介绍，尤其以最新的催化反应和微反应器应用为特色。本书主要涵盖了生物催化领域的基本概念、理论基础、实践应用以及未来前景等内容，紧跟前沿且有一定的理论深度，充分反映了国际发展动态，体现了生物催化新兴领域的最新发展趋势。

本教材为生物工程等专业开设的本科生和研究生的生物催化课程提供系统性的教学指导，同时也为相关领域的技术人才提供有价值的参考。

图书在版编目（CIP）数据

生物催化剂工程 ： 原理及应用 / 郁惠蕾， 许建和主编． -- 2版． -- 北京 ： 化学工业出版社， 2025. 4.（石油和化工行业"十四五"规划教材）． -- ISBN 978-7-122-47680-7

Ⅰ．TQ426

中国国家版本馆 CIP 数据核字第 2025Z7X268 号

责任编辑：赵玉清
文字编辑：徐　旸　周　倜
责任校对：李雨晴
装帧设计：张　辉

出版发行：化学工业出版社
　　　　　（北京市东城区青年湖南街13号　邮政编码100011）
印　　装：河北鑫兆源印刷有限公司
880mm×1230mm　1/16　印张21¼　字数648千字
2025 年 4 月北京第 2 版第 1 次印刷

购书咨询：010-64518888
售后服务：010-64518899
网　　址：http://www.cip.com.cn
凡购买本书，如有缺损质量问题，本社销售中心负责调换。

定　　价：66.00元　　　　　　版权所有　违者必究

生物催化剂是生物催化过程的核心，是掌控生物制造产业的关键，是学术界和工业界研究的热点领域和争夺的焦点。过去十年间，计算生物学、合成生物学领域的新兴科学技术层出不穷，多学科交叉融合，由此给生物催化领域带来了前所未有的变革，同时也为生物制造的新一轮发展提供了有力的科技支撑，大大提升了生物催化的竞争力。同时低碳环保的理念逐步融合到行业生产技术的升级中，生物催化的应用范围逐步扩展到产业经济的各个行业。

2016 年第一版《生物催化剂工程——原理及应用》出版，目前累计已在生物化工、生物工程等专业开设的生物催化等课程累计使用 5000 多人次，受到了读者的广泛好评，并获中国石油和化学工业优秀出版物奖——教材奖一等奖。此次再版结合最新研究动态和前沿技术发展，充分考虑到不同读者群的需求，重新组织全书架构。本书注重系统化介绍生物催化发展趋势，生物催化剂类型，生物催化剂的筛选、改造、表征、制备和应用等基础知识，补充更新酶发现和改造的最新技术和方法；围绕酶催化的主要反应类型、多酶级联反应、化学酶偶联反应、酶催化反应器的优化及其应用展开介绍，尤其以最新的催化反应和微反应器应用为特色。本书从原理到应用，结构严谨，内容紧跟前沿，知识面广，且有一定的理论深度，充分反映了生物催化剂国际发展的核心动态，体现了生物催化新兴领域的最新发展趋势。

目前国内知名院校纷纷为生物工程、发酵工程、化学工程等专业的本科生和研究生开设生物催化方面的课程。本书注重知识的衔接和递进，分别为生物化工、生物工程等专业开设的本科和研究生生物催化工程课程提供系统性的教学指导，同时也为相关领域的技术人才提供有价值的参考。本书在出版过程中，中国科学院天津工业生物技术研究院朱敦明研究员和冯进辉研究员，清华大学戈钧教授，浙江大学吴坚平教授、吴起教授、王健博教授、方浩研究员、郑文隆博士、梁天鑫博士和徐佳琪博士，华南理工大学李宁教授，四川大学王娜副教授，江南大学倪晔教授、聂尧教授和许国超副教授，湖北大学李爱涛教授、赵晶副教授和郁慧丽副教授，太原理工大学张建栋教授，南京工业大学郭凯教授、朱宁教授和陈飞飞副教授，浙江工业大学王亚军教授、居述云博士和完彦军博士，常州大学何玉财教授，重庆理工大学黄群博士，湖南农业大学李敏博士以及华东理工大学白云鹏教授、郑高伟教授、张志钧副教授、陈琦副教授、潘江副教授、李春秀副教授和石焜博士等从事生物催化剂教学、科研和产业化应用的知名专家及一线科研人员给予了大力支持。

由于编著者水平有限，书中疏漏在所难免，恳请广大读者和同行专家批评指正。

作者
华东理工大学
2024 年 11 月

第1章 绪论

○○ ——— ○○ ○ ○○ ———————

1.1 生物催化基本概念

1.1.1 生物催化工程的学科背景

随着合成生物学技术的飞速发展及其与大数据、人工智能等新兴技术的交叉融合,生物催化剂在医药、食品、化工、能源、材料、环保等各领域获得了越来越广泛的应用,为国民经济发展和人民生活改善发挥了巨大作用。21世纪,由于石油资源日益枯竭、全球变暖已成不争事实,因此以可再生的生物质(碳水化合物)、二氧化碳资源为原料,以反应条件温和、专一性强为特征的生物催化过程,将逐步取代一部分高度依赖石油(碳氢化合物)资源或者需要高温高压、强酸强碱作为反应条件以及选择性欠佳的传统化学工艺,即进行所谓的原料替代或工艺替代。换言之,随着石油价格的不断攀升,未来的大宗能源、材料和化学品将愈来愈多地转向使用相对廉价、可以再生的生物基作为原料。另一方面,一个产品的合成过程将尽可能采用选择性强、对环境友好的生物过程,或者由化学转化与生物转化两种方法进行优化组合和有机集成。由于酶固有的立体专一性,生物催化与生物转化技术特别适合于解决化学合成中普遍存在的选择性差的问题;同时新酶的设计和改造技术也为构建全新的人工生物合成途径和系统提供了可能。

生物催化(biocatalysis)是一门利用酶或细胞等生物活性材料加快化学反应速率或改变反应选择性的技术学科。生物转化则指一切由生物催化剂介导的物质变化过程及结果。从广义上讲,生物转化(biotransformation)也可涵盖发酵等非常复杂的物质代谢过程,但狭义上则专指一步或少数几步酶促反应,其典型特征是底物与产物分子在结构上非常接近,只有某一或某几个基团发生变化。如果说发酵或动植物细胞培养的主要目的是由廉价易得的天然碳源和氮源物质合成结构相对较复杂的某些初级或次级代谢产物的话,那么生物催化与生物转化的主要目的则是利用某一物种的特定酶活力,去催化转化非天然底物的某一特定官能团的反应。这里所说的非天然底物,既可以是人工合成的非天然化合物,也可以是其他物种或细胞所合成的天然化合物。因此,生物催化的任务不仅是有效地利用自然,而且要巧妙地改造自然,使自然界的酶与物质进行新的组合、适配和转化,以合成人类生活和社会活动所需的各种有用物质和材料。生物催化工程(biocatalytic engineering)就是一门研究如何研制和利用高效的生物催化剂,规模化生产能源、材料、医药、农药、食品及饲料等领域大宗或精细化学品的工程科学。

1.1.2 生物催化工程的内涵与外延

生物催化系统(biocatalytic system)主要由底物/产物、反应介质、生物催化剂三个基本的要素构成(图1-1)。因此,要优化一个生物催化的系统或过程,必须首先对构成该系统的各个要素分别进行研究和优化,这就涉及所谓的"底物工程(substrate engineering)""介质工程(medium engineering)"和"生物催化剂工程(biocatalyst engineering)"等许多不同学科背景的基础知识和专门技术。

对于一个目标产品而言,一般可以从不同的起始原料(底物)出发,这就涉及合成路线的设计和选择问题:不仅要考虑原料的来源、价格、反应的难易程度和产品产率的高低,而且要考虑到生物催化步骤与其前/后化学转化步骤的有机衔接和过程偶联,这样才可能达到整体最优,有利于未来潜在的工业化应用。对于双底物或多底物的酶促反应而言,在主底物确定的前提下,辅底物(co-substrate)的选择和优化也

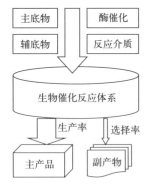

图1-1　生物催化系统概念示意图

很重要，这不仅因为其分子结构和反应活性将关系到整个反应的平衡位置和速率快慢，而且因为一些辅底物或其相应的第二产物可能会对酶反应产生抑制作用甚至导致酶变性失活。在某些情况下，可以通过对某一基团进行保护/脱保护的方式来提高生物催化的选择性。以上这些问题都属于"底物工程"研究的对象，是生物有机化学家非常感兴趣的研究内容[1]。

对于一个特定的生物转化过程（biotransformation process），生物催化剂的筛选和制备是非常重要的一个环节，因为其活性、选择性、稳定性和底物耐受性的高低将直接影响到生物催化过程的效率，也是关系到将来能否实现大规模产业化应用的关键因素之一。要获得一个具有工业应用潜力的优良生物催化剂，传统上要经过微生物菌种的自然分离、诱变育种或定向改造，酶的发酵、提取和纯化，以及酶或细胞的固定化等一系列环节的反复筛选和优化组合。有时还要采用基因克隆、蛋白质工程和定向进化等分子生物学方法，进一步提高菌种的产酶水平或改善酶的催化性能。近年来有文章报道通过蛋白质从头设计等新技术获得自然界不存在的全新酶分子，或者用酶催化非天然底物的全新生化反应。这些都属于生物催化剂（酶）工程研究的范畴[2]。

与一般的化学催化过程相比，生物催化过程具有催化效率高、专一性强、反应条件温和、对环境友好等突出优点。但长期以来人们一直错误地以为：酶在天然条件下就在水溶液中，似乎也只能在水溶液系统中使用，一旦与有机溶剂接触，就很容易变性失活。但是，由于大多数人工合成的有机化合物在水中不溶或难溶，有些遇水还不稳定，然而化学合成大多使用有机溶剂作为反应介质，因此忽视了生物催化剂的开发和应用。幸运的是，20世纪80年代初期兴起的非水相酶催化技术彻底地突破了酶只能在单一水溶液介质中应用的局限。研究表明，酶可以在含有各种有机溶剂和微量水分的非水介质（non-aqueous medium）系统中发挥催化作用，并且所表现出的催化性能（如活性、选择性、稳定性）与其在常规水溶液介质中的天然性能截然不同，从而极大扩展了生物催化剂的应用范围。正是通过非水相介质系统的多样性变化，可以在很大程度上调节酶的高级构象和催化性能，达到"蛋白质工程"所欲达到的类似效果，因此研究人员才提出了"溶剂工程""介质工程"或"微环境工程"等概念。"介质工程"被认为是一种与"蛋白质工程"（控制酶分子结构的内在因素）互补的技术手段[3]，希望读者对生物催化介质系统（酶的外部反应环境）给予足够的重视，因为蛋白质分子在溶液中的构象会同时受到其内部残基互作和环境因素调控的双重影响。

除了对构成生物催化系统的三个基本要素分别进行优化之外，还必须对生物催化过程和生物反应器进行深入研究和系统优化，以弄清催化反应的调控机理，确立生物催化过程的宏观动力学规律（包括物质传递在内），及其与反应工艺条件和反应器结构和操作参数之间的内在联系，最好能建立定量化或智能化的模型。只有这样，才能使生物催化真正从"技艺"转变为"科学"，也有利于将实验室的小试工艺顺利放大到工业生产规模。这些实际上就是"生物反应工程"（bioreaction engineering）所要研究的主要内容[4]。

反应的专一性或选择性是生物催化剂的一个重要特征参数，也是生物催化合成相对于普通化学合成的一个独特优势。但是，如何利用天然的酶在非生理条件下催化非天然底物的不对称转化，并且保持高度的立体选择性或位置选择性，则是不对称生物催化中需重点研究解决的一个核心科学问题。从酶的结构与功能的关系角度加以考察，则不难理解酶的活性和选择性实质上取决于酶的空间结构（尤其是高级构象），这是生物化学的基本原理之一。因此，一方面可以使用蛋白质工程或定向进化的方法改造酶的一级结构，从中筛选立体选择性更好的酶变体；另一方面也可以使用非共价化学修饰的方法对酶催化的微环境进行适当的微调，促使酶的构象（一般是二级和三级结构）向立体选择性增强的方向改变，即所谓"构象工程"（conformational engineering）[5]。非水相酶催化技术的先驱、美国MIT的Klibanov教授一直强调：通过改变溶剂，可以显著地改变（甚至可以反转）酶的选择性（包括底物选择性，立体、区域和化学选择性）[6]。Reetz开发的组合活性位点测试（CASTing）、迭代饱和突变（ISM）等分子改造方法，在改进酶的对映选择性方面非常成功[7]。

另一方面，从酶分子的生物进化角度考虑，自然界现存的天然酶基本上都经过了漫长岁月的持续性自然进化和环境适应性选择，因此天然酶应具备两个基本特征：一是在生理条件下催化性能（包括选择性）最好；二是对于天然底物的专一性最强。由此可以推定：假如要用天然的酶催化非天然底物的转化反应（如果有活力的话），那么在原有的生理条件下，酶催化的活性或选择性可能会大幅度下降；但如果适当偏离原有的生理条件，反而有可能改善天然酶催化非天然底物的活性或选择性。同样，如果使用经过实验室进化的酶变体作为催化剂，催化天然或非天然底物的转化，那么反应的最佳条件也必定会发生偏移；或者说，要达到最佳的效果，则必须另行寻找一个最佳的非生理条件。当然，如果底物和反应条件均已确定的话，通过催化剂工程手段（筛选＋改造），也应当可以找到能适应非生理条件或能催化非天然底物的非天然酶。总之，在一个特定的生物催化系统中，底物、酶和反应介质三者是相互作用、相互调控的，必须全面地认识、辩证地考虑、系统地研究，这或许就是"生物催化系统工程"需要研究的重要内容之一。

1.1.3　生物催化的发展历史

生物催化发展的最早期，科学家发现利用生物体中的天然酶可以催化各种化学反应，不需要使用活体细胞。例如 1908 年 Rosenthaler 利用杏仁粗提物催化苯甲醛羟氰化生成 (R)- 扁桃腈，是最早报道的生物催化反应[8]。后来陆续发现利用微生物细胞可以羟化甾体化合物[9]，葡萄异构酶可转化葡萄糖生成甜味果糖[10]，青霉素酰化酶 G 可用于半合成抗生素[11]。

在 20 世纪 80 年代和 20 世纪 90 年代的第二次生物催化浪潮中，基于结构指导的蛋白质工程技术扩展了天然酶的底物范围，用于合成非天然的手性中间体。这一变化将生物催化扩展到医药中间体和精细化学品的制造中。例如，利用脂肪酶催化拆分合成一种降压药物地尔硫卓的手性前体[12]，利用羟腈裂解酶合成拟除虫菊酯的中间体[13]，采用羰基还原酶催化合成他汀类降胆固醇药物的手性中间体[14]，利用红球菌腈水合酶催化丙烯腈合成丙烯酰胺[15]。

第三次生物催化浪潮始于 20 世纪 90 年代中后期的 Stemmer 和 Arnold 的开创性工作，目前被广泛称为酶的定向进化。这一达尔文体外进化方法，是蛋白质分子中氨基酸随机突变的迭代循环，结合大量的定向选择和筛选，可以获得稳定性、底物特异性和对映体选择性改善的酶突变体。后续 Reetz 等又发展了分子改造的建库方法，用于创建"更智能"的突变库以提高定向进化的效率。形成第三次生物催化浪潮的这些技术可以显著提高酶的催化性能，获得了转化惰性超大底物分子的能力，革新了西他列汀（sitagliptin）、孟鲁司特（montelukast）等手性药物的生产方式[16,17]；提升关键瓶颈酶的性能，开辟了生物燃料和天然产物合成的新路线[18,19]。可见，生物催化已经逐渐发展成为化学合成中一种重要的工具。

最近，人们普遍认为为第四次生物催化的浪潮已经到来，那就是人工智能驱动的酶分子设计和进化技术[20]。从头计算设计（de novo design）是一种基于原子力场的算法，仅从氨基酸序列信息出发，根据物理化学、量子化学、量子物理的基本原理，从理论上计算蛋白质分子的空间结构。华盛顿大学 Baker 团队开发的 Rosetta 软件成功应用于设计 Kemp 消去酶[21]、Retro-Aldol 酶[22] 和 Diels-Alder 酶[23]。Rosetta 软件已被应用于多个新酶的设计并赋予了酶新的功能，包括催化甲醛到二羟丙酮的甲醛酶（formolase，FLS）[24]、氨化不饱和羧酸的天冬氨酸酶（AspB）[25] 等。机器学习是人工智能（AI）和计算机科学的一个分支，侧重于使用数据和算法来进行学习。机器学习在辅助新酶分类、功能预测和催化性能改造等方面发挥了重大作用，并已逐渐发展成为蛋白质设计的有力工具[26]，例如使用机器学习预测 PET 酶（PETases）的突变效果，大幅提高了酶的热稳定性和塑料降解活性[27]。

1.2　生物催化的研究动态

1.2.1　生物催化剂的发现和改造

随着生物信息学和计算生物学技术和手段的进步，生物催化剂的发现已经由传统的从自然界环境中进行筛选逐步转向从基因数据库中进行挖掘这一更加高效的手段，并且已经在许多新型生物催化剂的发现方面取得了非常喜人的成果。近年来，高通量基因测序技术、生物信息学分析工具、机器学习、人工智能以及结构生物学都取得了突飞猛进的发展，这些将在基因水平和空间结构水平上保证基因组数据库挖掘的高效性和准确性。

定向进化技术从诞生至今，经历了从随机突变到半理性设计的过程，同时借助计算机技术正逐步向理性设计方向发展，已经成功地用于很多酶催化剂的改造中。基因合成和测序方面的进展有望提升我们设计和分析文库的效率和质量；液滴微流体技术、机器人液体处理方法等，显著提高了蛋白质改造的效率，使得在大型文库中寻找稀有优势突变体成为可能，极大地拓展了蛋白质氨基酸序列探索的空间；高性能计算可以提供一种方法来探索蛋白质序列空间的广阔区域，这些区域在一些随机突变或者理性设计中可能是不可触及的。随着计算方法的改进，定向进化和理性设计之间的融合与协同作用正进一步得到加强。

1.2.2　生物催化新反应的发现和拓展

近十年来，科学家们又陆续发现了一些新的酶催化反应，包括烯烃环丙烷化[28]、C—H 氨化[29]、还原胺化[30]、C—Si 键形成[31]、C—B 键形成[32]、C—H 键卡宾插入[28]、C—H 键烷基化[33]、三氟甲基化反应[34]等，从而不断拓展着生物催化的应用范围。最近科学家们还发现光可以激发生物催化剂新的催化活性，光酶催化成为新的研究热点，包括从微藻中新发现的脂肪酸光脱羧酶[35]、光驱动辅因子与底物在酶蛋白的活性位点形成电子转移引发的非天然自由基反应[36-40]以及光敏剂 - 酶协同催化反应等[41,42]。

与此同时，另一研究热点是多个酶偶联的生物催化级联反应。级联反应一方面明显提升了可合成产物的复杂度，而且通过生物催化逆合成分析可设计出不同于天然生物合成的路径。例如，包括生物催化级联合成环状二核苷酸 MK-1454[43]和艾滋病毒预防药物伊斯拉韦（islatravir）[44]，以及使用人工酶级联有效固定 CO_2 以制备淀粉[45]等都为物质合成提供了新的路线和范式。另外，在化学 - 酶偶联催化领域，很多新的偶联技术和策略不断被开发以解决化学 - 酶互不兼容的问题，例如分时控制、空间隔离、化学 - 生物纳米反应器等，使其在催化有机合成方面更具应用价值[46,47]。

1.2.3　生物催化反应工程策略

除了催化剂本身，生物催化可能还受限于底物和产物抑制、疏水底物的溶解性、产量低造成的下游处理困难等问题，需要通过反应过程强化来解决。近年来，流动生物催化（flow biocatalysis）由于其更高的比表面积、更高的传质效率、更优异的温度控制、更小的反应体积等优势，吸引了学术界和产业界越来越多的兴趣[48]。同时，生物催化剂固定化技术的开发也进一步与流动生物催化相结合[49]，也开发出不同的下游策略进一步强化了流动生物催化的生产效率，包括连续液 - 液萃取、连续产物吸附、连续产物结晶或沉淀等。此外还可通过设计不同形式的反应器，如旋转床反应器、酶膜反应器、微流控反应器等，进一步提高反应的生产效率。

随着数字化技术的突飞猛进发展，工业 4.0 的概念深入到各个领域，过程分析技术（PAT）也逐渐应用于生物催化领域。这一技术通过传感器来监测和控制反应，例如通过监测 Baeyer-Villiger 单加氧酶和醇脱氢酶级联反应中的氧气浓度，来实时供给反应所需的氧气，与此同时氧气的浓度也与级联反应直接关联[50]。机器学习方法的引入将引领过程分析技术迈入一个新的时代[51]，预期根据反应进程自动调节重要反应参数的自动反应器将不再遥远[52,53]。

1.3　生物催化的应用现状与发展趋势

1.3.1　生物催化应用领域的不断拓展

生物催化在工业上已经越来越广泛地应用于医药、农药、化工、香精香料、营养化学品和环境修复等目的。自 20 世纪 80 年代以来，许多来自微生物的新酶的性质得到表征，而且酶的分离、稳定化及应用的技术方法不断增加。更为重要的是，生物催化已经越来越多地扩展到有机溶剂系统，这使得许多我们感兴趣的有机化合物从不溶变为可溶，或者使得一些合成反应从不可能变为可能。与此同时，在利用基因重组技术改造生物催化剂方面也取得了重大进展，从而为酶催化剂的改造和应用提供了无比优越的技术手段。

在过去的二十年中越来越多的人开始意识到酶在高选择性催化合成方面的巨大潜力，尤其是在手性药物的合成方面，包括阿托伐他汀（atorvastatin）[54]、普瑞巴林（pregabalin）、西他列汀（sitagliptin）[16]、孟鲁司特（montelukast）[17]、维贝格龙（vibegron）[55] 等药物的合成路线中都引入了生物催化手段，抗HIV 药物伊斯拉韦（islatravir）更是通过体外生物催化级联途径实现了从头合成[44]。生物催化技术在合成制药领域正在发挥着越来越重要的作用，并取得了一系列重大突破。

随着生物催化剂研发技术的进步，获得催化剂的成本也大幅降低，除了制药领域之外，生物催化也越来越多地运用到其他各个领域，如大宗化学品、洗涤、生物能源、环境修复、废物处理等。生物催化生产乙醇酸、丙烯酰胺等大宗化学品的生产效率已经具有很强的竞争力，并且生产方式更加绿色可持续，因此取代了传统的化学生产工艺[56,57]。用固定化酶合成的脂肪酸酯，可以作为化妆品的各种润肤剂[58,59]。近年来微生物来源的塑料降解酶（PETase）的发现和改造已经成为生物催化的研究热点，利用机器学习系统预测 PET 降解酶的突变效果，大幅提高了酶的热稳定性和活性，FAST-PETase 可以在一周内将 51 种消费者使用过的 PET 完全降解，同时通过使用 FAST-PETase 从回收的单体重新合成 PET，展示了一个闭环的 PET 回收再利用过程[27]。在生物质加工领域，降解纤维素、半纤维素和木质素相关酶的效率直接影响着生物炼制的效率[60]。在第三代生物制造技术中，二氧化碳捕集与利用相关酶的研究也正在如火如荼地开展之中[61,62]。

1.3.2　智能化和跨学科交叉融合的发展趋势

高通量基因测序、结构生物学、筛选和生物信息学相关技术的快速发展，为基因组学、蛋白质组学和代谢组学积累了丰富的数据，这一数据宝库为我们提供了丰富的研究材料，但有效地分析和揭示海量数据之间的相互关系是当前的挑战。机器学习（machine learning）已经逐渐发展为数据处理的有效工具，大多数机器学习算法有助于在非常高维的数据中（例如氨基酸残基原子的数百万 3D 分子坐标），找到规则或模式，并将这些规则简化为所研究系统行为的可能（低维）预测，例如（单一）酶的活性。计算机辅助的其他手段已经广泛应用于酶的挖掘[63]、定向进化[64]、新酶的从头设计[20,65]、生物催化级联反应路线的设计[66]、反应参数优化[53] 等各个方面，AI 驱动的生物催化新时代已经到来。

从迅猛增长的基因和蛋白质数据库以及大型酶突变文库中筛选新型催化剂需要高通量和超高通量的筛选平台，这也经常成为获得理想催化剂的瓶颈步骤。近年来发展的微液滴和微芯片筛选技术[67]，可以实现以高达 30kHz 的频率将连续流动的含菌液滴分离至活性池和非活性池。除了常用的荧光光谱检测手段，表面增强拉曼光谱、光散射、图像分析、质谱、阻抗测量、电化学检测，甚至核磁共振也已被用于检测液滴含量。例如，使用差分检测光热干涉法（DDPI），可以对皮升和飞升量级的液滴进行高速吸收测量，允许在 1kHz 频率下分析 100 飞升的液滴，细胞色素 B 的检测限为 1.4mmol/L[68]。另一方面，高通量筛选的瓶颈也可以通过设计基因编码的生物传感器，如使用（变构）转录因子（TF）或核糖开关来提高筛选的效率，而生物传感器自身的挖掘和改造也可以借助计算机辅助的手段[69]。由此可见，不同学科技术手段之间的相互融合，有力促进了生物催化领域的不断发展。

（郁惠蕾，许建和）

第 1 章
参考文献

第 2 章　生物催化剂的分类及反应类型

○○ —————— ○○　○　○○ ——————————

2.1　概述

从化学原理上讲，酶和其他所有催化剂一样，不会使其物质的量发生变化，也不能改变化学平衡；与传统的化学催化相比，酶催化具有反应选择性高（包括化学选择性、区域选择性和立体选择性）、效率高、条件温和等特点，已在食品、医药、化工等各个领域得到广泛应用[1]。

2.2　酶的生化分类及系统命名

酶的专一性是对酶进行分类和命名的基础。在 BRENDA 数据库中已有 8282 种不同类型的酶，对每种具体的酶，国际酶学委员会（Enzyme Commission，EC）都有建议的推荐名（基于习惯命名）和系统命名。

2.2.1　习惯命名法

最初酶由其发现者或其他研究人员的个人意见命名，通常由其催化的反应命名。比如催化淀粉水解成糊精的酶，通常命名成淀粉酶，但还有糊精淀粉酶、液化淀粉酶等多个名称；也有酶的名称与其催化的反应没有直接关系，比如黄酶（yellow enzyme）。由此引发的另一种情况是，同一个名称可能对应多种不同的酶，琥珀酸氧化酶曾用于琥珀酸脱氢酶和琥珀酸半醛脱氢酶等多种酶的命名。国际酶学委员会建议，酶的习惯名同时反映酶催化的底物和反应的类型，比如葡萄糖氧化酶，淀粉水解酶等。当催化的反应为水解反应时，可以省略"水解"，比如淀粉水解酶可以简化成淀粉酶。

2.2.2　系统命名法

在酶的反应性质及类型、作用底物及产物、催化机理等基础上，国际酶学委员会于 1961 年提出了酶的分类与命名方案，此方案随后又进行过多次修订和补充，2018 年在原有六大酶类基础上增加了一种新的酶类：转位酶（translocases），也称为易位酶，编号为 EC 7。

酶由四个数字名称完全指定。例如，己糖激酶（EC 2.7.1.1）是一种转移酶（EC 2），可将磷酸基团（EC 2.7）添加到己糖中，己糖分子含有羟基（EC 2.7.1）。EC 分类号并不反映酶序列的相似性。随着生物信息学、分类学等技术的发展，新的、更科学、更能反映酶的性质及进化关系的命名方案仍值得期待。

2.2.2.1　氧化 - 还原酶（EC 1）

催化氧化还原反应的酶类，命名时通常把被氧化的底物（氢供体或电子供体）写在前面，例如乳酸脱氢酶、琥珀酸脱氢酶、葡萄糖氧化酶等，其中用氧做直接受体时用"氧化酶"这一名称。根据作用基团的不同，氧化还原酶可以分为 24 个亚类，是最大的一类酶（表 2-1）。

表 2-1　氧化酶的分类

分类号	分类特点	分类号	分类特点
1.1	作用于供体的 CH—OH	1.13	引入分子氧作用于单一供体
1.2	作用于供体的醛基或酮基	1.14	引入分子氧作用于一对供体
1.3	作用于供体的 CH—CH	1.15	作用于作为受体的超氧化物基团
1.4	作用于供体的 CH—NH$_2$	1.16	氧化金属离子
1.5	作用于供体的 CH—NH	1.17	作用于 CH 或 CH$_2$ 基团
1.6	作用于 NADH 或 NADPH	1.18	作用于还原型铁氧还蛋白
1.7	作用于作为供体的其他含氮化合物	1.19	作用于作为供体的还原型黄素氧还蛋白
1.8	作用于供体的含硫基团	1.20	作用于供体中的磷或者砷
1.9	作用于供体的血红素基团	1.21	催化 X-H+Y-H══X-Y 的反应
1.10	作用于作为供体的二元酚类及其相关化合物	1.22	作用于供体中的卤素
1.11	作用于作为受体的过氧化氢	1.23	还原作为受体的 C-O-C 基团
1.12	作用于作为供体的氢	1.97	其他氧化还原酶

2.2.2.2　转移酶（EC 2）

转移官能团（例如甲基或是磷酸基团）的酶类，通常命名为"供体 / 受体某基团转移酶"，例如甲基转移酶、氨基转移酶、己糖激酶、磷酸化酶等，有 10 个亚类（表 2-2）。

表 2-2　转移酶的分类

分类号	分类特点	分类号	分类特点
2.1	转移一碳基团	2.6	转移含氮基团
2.2	转移醛基或酮基	2.7	转移含磷基团
2.3	转移酰基	2.8	转移含硫基团
2.4	转移糖基	2.9	转移含硒基团
2.5	转移甲基以外的烷基或芳香基	2.10	转移含钼或钨基团

2.2.2.3　水解酶（EC 3）

催化底物发生水解反应的酶类，命名时通常是底物名或作用基团后面加"酶"；例如淀粉酶、蛋白酶、脂肪酶、磷酸酶等，有 13 个亚类（表 2-3）。

表 2-3　水解酶的分类

分类号	分类特点	分类号	分类特点
3.1	作用于酯键	3.8	作用于卤素键
3.2	作用于糖基化合物	3.9	作用于 P—N 键
3.3	作用于醚键	3.10	作用于 S—N 键
3.4	作用于肽键	3.11	作用于 C—P 键
3.5	作用于除肽键之外的C—N键	3.12	作用于 S—S 键
3.6	作用于酸酐	3.13	作用于 C—S 键
3.7	作用于C—C键		

2.2.2.4　裂合酶（EC 4）

用氧化及水解反应以外的方式移去基团的酶类，所催化的反应在一个方向有一个底物，但在逆反应方向有两个底物。通常命名为某（底物）脱羧酶、醛缩酶、脱水酶等，当逆反应更重要时命名为底物加"酶"或"合酶"，例如碳酸酐酶、柠檬酸合酶等，有 8 个亚类（表 2-4）。

表 2-4 裂合酶的分类

分类号	分类特点	分类号	分类特点
4.1	C—C裂合酶	4.5	C—X裂合酶
4.2	C—O裂合酶	4.6	P—O裂合酶
4.3	C—N裂合酶	4.7	C—P裂合酶
4.4	C—S裂合酶	4.99	其他裂合酶

2.2.2.5 异构酶（EC 5）

催化分子同分异构反应的酶类，例如磷酸丙糖异构酶、顺反异构酶等。比如催化分子内部的碳双键从一个位置移到另一个位置，即为分子内部氧化还原酶（5.3.3），其他酶的反应类型与之类似。异构酶有 7 个亚类（表 2-5）。

表 2-5 异构酶的分类

分类号	分类特点	分类号	分类特点
5.1	消旋酶及差向异构酶	5.5	分子内部裂合酶
5.2	顺反异构酶	5.6	大分子构象异构酶
5.3	分子内部氧化还原酶	5.99	其他异构酶
5.4	分子内部转移酶		

2.2.2.6 连接酶（EC 6）

用共价键结合两个分子的酶类，连接时伴随着 ATP 或类似的核苷三磷酸键的水解，形成的键通常是高能键，例如谷氨酰胺合成酶、丙酮酸羧化酶等，有 6 个亚类（表 2-6）。

表 2-6 连接酶的分类

分类号	分类特点	分类号	分类特点
6.1	形成C—O键	6.4	形成C—C键
6.2	形成C—S键	6.5	形成磷酸酯键
6.3	形成C—N键	6.6	形成N—金属键

2.2.2.7 转位酶（EC 7）

催化离子或分子跨膜的运动，或它们在膜内的分离。这类酶中的一部分因为能够催化 ATP 水解，所以曾经被归类到 ATP 水解酶（EC 3.6.3.-）中，现在则认为催化 ATP 水解并非其主要功能，所以划归到转位酶中。不依赖酶催化反应的交换转运体（exchange transporters）不属于转位酶；通过磷酸化或其他催化反应，在"开启"和"关闭"构象之间转换的通道，分类到 EC 5.6。转位酶目前分为六个亚类（表 2-7）。

表 2-7 转位酶的分类

分类号	分类特点	分类号	分类特点
7.1	催化氢离子转位	7.4	催化氨基酸和肽转位
7.2	催化无机阳离子及其螯合物转位	7.5	催化糖及其衍生物转位
7.3	催化无机阴离子转位	7.6	催化其他化合物转位

2.3 典型的酶促反应特性概述

2.3.1 氧化－还原酶

氧化还原反应是生物代谢过程中，尤其是能量代谢过程中的重要反应；氧化反应也是向有机化合物分子中引入功能基团的重要反应。化学氧化方法通常使用高价金属化合物或有机过氧羧酸等为氧化剂，选择性差、副反应多，重金属氧化剂还会导致严重的环境问题，其残留也影响产品的品质。生物催化可在温和条件下氧化不活泼的有机化合物，同时还具有较高的选择性，成为国内外研究的热点。

2.3.1.1 单加氧酶

单加氧酶（monooxygenase）催化氧分子（O_2）中的一个氧原子加成到底物分子中，而另一个氧原子最终被还原型辅酶 NADH 或 NADPH 还原成水。单加氧酶可催化多种加氧反应，包括羟化、环氧化、Baeyer-Villiger 氧化（BVMO）以及杂原子氧化等。血红素依赖的单加氧酶因其在还原型酶与一氧化碳结合后在 450nm 有特征光吸收，又称为细胞色素 P450 单加氧酶（简称 P450 酶）。P450 酶在自然界中分布广泛，在所有的生命体中均有发现。到 2018 年 1 月，已发现 2252 个 CYP 家族的总计约 35 万条 P450 基因序列[2]。在自然界中 P450 酶主要参与药物，杀虫剂，和持久性难降解有机污染物以及各种内源性物质，如脂肪酸、维生素和甾体激素的氧化降解和合成。

根据酶系中各组分存在形式的不同，P450 酶系统可分为七大类，如图 2-1 所示。在自然界中主要以前四类为主。大部分细菌的 P450 酶系统以及所有的真核生物线粒体 P450 酶系统都属于第一类（a），它们由三种组分构成：细胞色素 P450，催化单加氧反应；电子传递载体铁氧还蛋白；NADH 依赖性的以 FAD 为辅基的铁氧还蛋白脱氢酶。如 CYP101A1 系统，包括 $P450_{cam}$、PdR、Pdx 三部分。真核生物微体 P450 酶系统（与内质网膜结合）属于第二类（b），是双组分系统，其还原酶部分是 NADPH 依赖性的，同时含有以 FAD 和 FMN 双黄素为辅基的还原酶活力。这两个组分都为膜蛋白，嵌合在膜上。如兔的细胞色素 CYP2C5 和鼠的细胞色素还原酶 CPR。第三类是单组分系统（c），与第二类有相似性，但细胞色素 P450 与负责电子传递的蛋白质组分（含 FAD 和 FMN 辅基）融合为单一多肽链，如 CYP102A2。第四类也是单组分系统（d），与第一类有相似性，其细胞色素 P450 与负责电子传递的蛋白质组分也是融合在一起的，只是其还原酶部分含有黄素 FMN 结合位点和铁硫簇。

血红素铁卟啉环中，Fe^{3+} 与卟啉环平面上的四个氮原子形成配位键，此外，Fe^{3+} 还在卟啉环上方与水分子形成一个配位键，在下方与酶蛋白活性中心半胱氨酸残基的硫原子形成另一个配位键。在反应的第一步，底物可逆地结合到酶分子中，取代水分子与铁卟啉环接近；电子传递系统将一个电子传递给铁卟啉环中的铁，使 Fe^{3+} 还原为 Fe^{2+}。随后，分子氧与细胞色素 P450 结合生成氧合细胞色素 P450，氧从铁中提取电子，Fe^{2+} 被氧化为 Fe^{3+}。氧合细胞色素 P450 再从电子传递系统接受一个电子，氧分子的共价键弱化，最终氧分子裂解，其中一个氧原子与两个氢离子形成水离去，Fe^{3+} 被氧化为更高价态的 Fe^{5+}，高价的铁氧复合物作为强亲电试剂进攻底物，并促使氧与底物结合，释放单加氧产物，同时铁的价态恢复为 Fe^{3+}。在整个循环中，电子的最终供体是还原型辅酶 NAD(P)H（图 2-2）。

细胞色素 P450 单加氧酶可以催化各种不同类型的加氧反应，包括羟化、环氧化、脱烷基化、硫醚氧化等。2018 年诺贝尔化学奖得主，Arnold 基于细胞色素 P450 酶的催化机理，采用定向进化的方法，显著扩大了这类酶的底物谱，实现了碳－硅键、碳－硼键等天然生物分子中未发现的化学键的酶催化合成[7,8]。

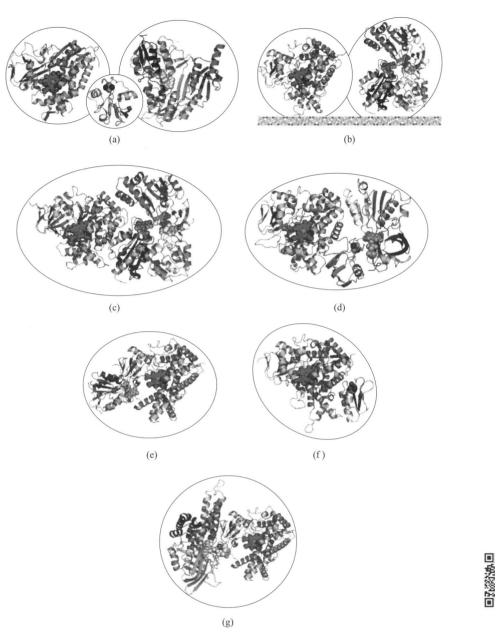

彩图

图 2-1　细胞色素 P450 单加氧酶分类示意图 [2,3]（彩图见二维码）

（a）经典的第一类 P450 酶系统，包括 P450cam（PDB code 2CPP）、2Fe-2S 假单胞铁氧化还原蛋白（1Pdx）和 FAD 结合的假单胞铁氧化还原蛋白还原酶（1QIR）；（b）膜结合的第二类 P450 酶系统，如来源于兔的 CYP2C5（1DT6）和细胞色素 P450 还原酶 CPR（1AMO）；（c）第三类 P450 酶系统以 P450 部分和 CPR 部分融合的 P450BM3 为代表，如 BM3 的亚铁血红素部分（1FAG）和鼠 CPR 融合；（d）第四类 P450 酶系统是 P450-PFOR 系统，P450 部分 P450eryF（1OXA）与来源于 *Pseudomonas cepacia* 的邻苯二甲酸双加氧酶还原酶相连；（e）第五类 P450 酶系统是 XplA P450- 黄素氧还蛋白融合型，如人 CYP2D6（2F9Q）与来源于 *Escherichia coli* 的黄素氧还蛋白（1AG9）的融合蛋白；（f）第六类 P450 酶系统是 McCYP51FX P450 部分与铁氧化还原蛋白融合系统，来源于 *Mycobacterium tuberculosis* 的 CYP51（1EAI）与来源于 *Pyrococcus furiosus* 的 3Fe-4S 铁氧化还原蛋白（1SJI）相融合；（g）第七类 P450 酶系统是来源于 *Pseudomonas fluorescens* 的 P450- 乙酰辅酶 A 脱氢酶（ACAD）融合系统，如来源于 *Sorangium cellulosum* 的 P450 epoK（1Q5E）与来源于猪肝的 FAD 结合的中链乙酰辅酶 A 脱氢酶（3MDE）融合蛋白

备注：辅因子用空间立体球表示。红色为卟啉环，黄色和橙色分别表示黄素（FAD 和 FMN），橙色 / 蓝色表示铁硫簇

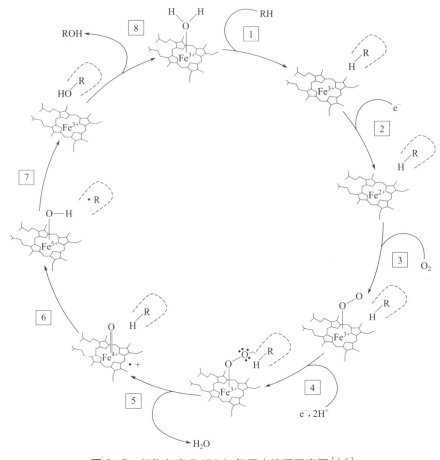

图 2-2　细胞色素 P450 加氧反应机理示意图[4-6]

除了细胞色素 P450 单加氧酶，黄素依赖的单加氧酶和非血红素单加氧酶也广泛存在于原核生物和真核生物中。

黄素类单加氧酶是以核黄素为辅基的单加氧酶，其反应机理与有机过氧化物或过氧羧酸的催化机理类似（图 2-3）[9]。与分子氧反应的黄素辅因子处于还原态，这种富电子黄素中间体可以利用分子氧作为底物[10]，将一个电子从还原态黄素传递给氧，形成一个超氧化黄素基团[11]。就大多数黄素蛋白单加氧酶而言，在黄素的 C(4a) 和氧之间形成稳定共价的化合物，从而产生了一个有反应活性的 C(4a)- 过氧化氢黄素（hydroperoxyflavin），后者不稳定，容易分解形成过氧化氢和氧化态黄素。但黄素依赖型单加氧酶可以通过氧化底物来稳定这一过氧化黄素的状态，当过氧化黄素处于质子化状态时，无论是亲核或亲电进攻底物都可以进行[12]。最终，氧分子的一个氧原子加到底物分子中，另一个则被还原形成水。

黄素依赖型单加氧酶催化的典型反应包括苯乙烯的选择性环氧化反应。光学纯的苯乙烯氧化物是医药工业中重要的合成原料。一种具有发展前景的对映选择性单加氧酶是来自 *Pseudomonas* sp. VLB120 的苯乙烯单加氧酶，催化苯乙烯生成 (*S*)- 苯乙烯氧化物，其对映体过量值高于 99%[13]。将 Sty A 和 Sty B 在 *E. coli* 中重组表达[14]，利用这一整细胞可以合成一系列不同结构的手性芳香基氧化物[15]。此反应系统已被成功放大，中试规模（30 L 生物催化分批加料，两相系统）可生产将近 400g (*S*)- 苯乙烯氧化物[16]。

单加氧酶使用廉价易得的氧气作为氧化剂，能合成众多具有重要应用价值的手性化合物，其巨大的应用潜力受到了有机化学家的青睐。然而单加氧酶仍存在一些固有的问题，包括较窄的底物谱、较差的区域和立体选择性，以及需要还原型辅酶 NAD(P)H 等都限制了单加氧酶的工业化应用。尽管已经有大量的单加氧酶工程化改造和酶法偶联辅酶高效再生的研究报道，但是将这些成果真正应用到大规模的工业化生产尚需时日。

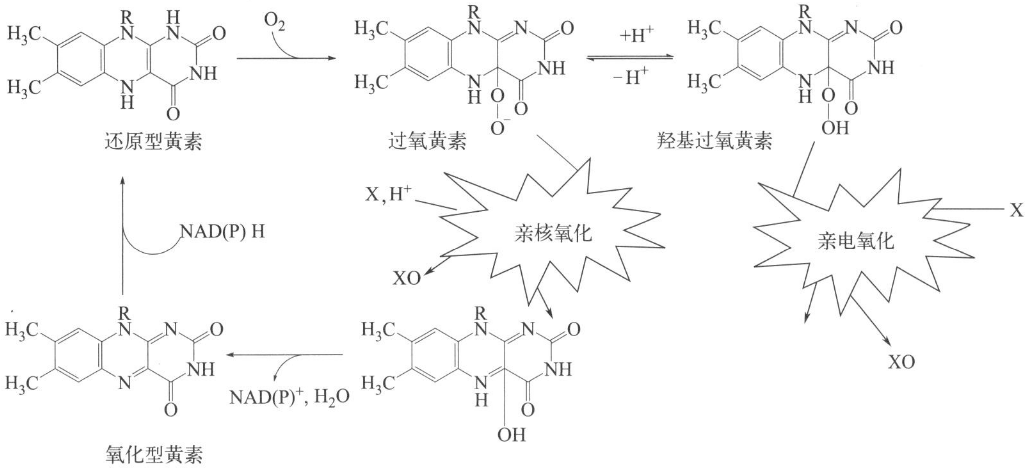

图 2-3　黄素类单加氧酶反应机理

2.3.1.2　羰基还原酶

羰基还原酶（carbonyl reductase），也称作醇脱氢酶（alcohol dehydrogenase），是一类可逆催化羰基还原为醇的生物催化剂。为了实现催化活性，羰基还原酶需要辅酶参与传递氢负离子给羰基底物（图 2-4）。羰基还原酶常用的辅酶是烟酰胺腺嘌呤二核苷酸（nicotinamide adenine dinucleotide，NAD）和烟酰胺腺嘌呤二核苷酸磷酸（nicotinamide adenine dinucleotide phosphate，NADP）（图 2-5）。在羰基还原酶的催化过程中，辅酶的使用是与底物的摩尔量相同的，从反应的经济性出发，在羰基还原酶的催化反应中会匹配相应的辅酶再生系统，此部分将在本书的第 16 章中进行详细介绍。

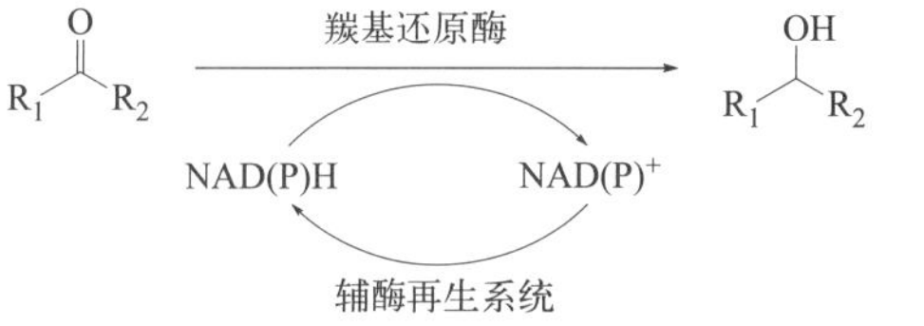

图 2-4　羰基还原酶催化可逆的羰基化合物的还原

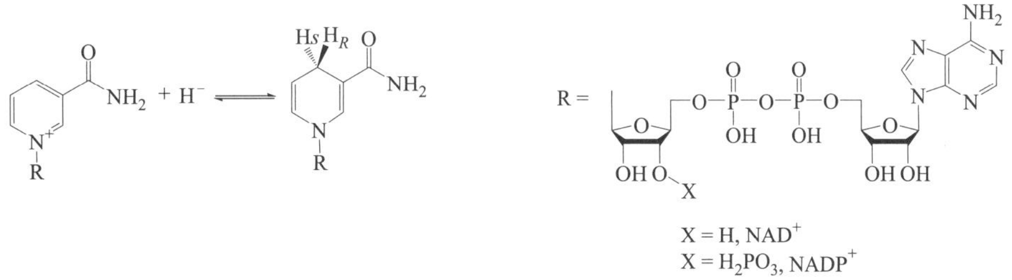

X = H, NAD$^+$
X = H$_2$PO$_3$, NADP$^+$

图 2-5　烟酰胺腺嘌呤二核苷酸（磷酸）的结构转换

羰基还原酶催化还原的步骤如下[17]：第一步，酶与还原态辅酶结合为全酶；第二步，全酶与底物羰基化合物结合，辅酶的氢负离子在酶的催化作用下转移给底物生成醇，同时辅酶由还原态变为氧化态；第三步，醇产物从酶中心释放，随后氧化态辅酶被释放。

基于羰基还原酶的催化机制，不同的羰基还原酶催化活性中心中底物与辅酶的空间相对位置不同，因此将氢负离子从辅酶 NAD(P)H 传递给底物具有立体选择性，如图 2-6 所示：酶 E1 和 E2 催化还原态辅酶的氢负离子从羰基底物平面下方 si 面（反 -Prelog 规则）进攻，产物为 R 构型；酶 E3 和 E4 催化还原态辅酶氢负离子从羰基底物平面上方 Re 面（Prelog 规则）进攻，产物为 S 构型[17]。

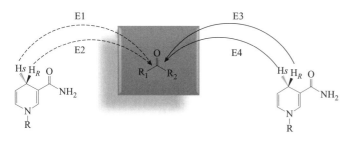

图2-6　还原态辅酶 NAD(P)H 氢负离子到
羧基化合物的立体化学过程
（R_1 为小基团，R_2 为大基团）

羧基还原酶大部分可以归类于三个超家族，醛酮还原酶（aldo-keto reductase，AKR），中链醇脱氢酶（medium-chain dehydrogenase，MDH）和短链醇脱氢酶（short-chain dehydrogenase，SDH）。醛酮还原酶为单亚基蛋白质，大约含320个氨基酸，三维结构不含 Rossmann 折叠（Rossmann fold）[18]。中链醇脱氢酶的同源聚集数目不一，单亚基大约含350个氨基酸[19]。短链醇脱氢酶一般为二聚体或四聚体，单亚基大约含250个氨基酸，含有保守的辅酶结合位点（TGxxxGxG）和催化四联体（Asn-Ser-Tyr-Lys）或三联体（Ser-Tyr-Lys）[20]。羧基还原酶的序列一致性较低，一般为 15% ～ 30%，即使是在同一个超家族，序列一致性也不会特别高，但是同一个超家族，如短链醇脱氢酶家族的三级结构是比较类似的[21]。

羧基还原酶来源是非常广泛的，几乎存在于自然界的所有生物中，动物、植物和微生物中都已经分离出各种羧基还原酶。其中，由于微生物易于培养且具有多样性，是目前研究的羧基还原酶的主要来源。在早期羧基还原酶的研究中，主要利用野生的微生物作为催化剂，如利用酿酒酵母整细胞进行转化，虽然酿酒酵母具有底物特异性、价格低廉和使用安全的特点，但是其所含有的特定羧基还原酶含量较低，野生菌的催化效率低，而且由于酿酒酵母含有多种羧基还原酶，使得催化产物的光学纯度也会受到影响。随着生物技术的发展，大量的微生物来源的羧基还原酶在大肠杆菌中进行了异源的过量表达，羧基还原酶在不对称催化中大放异彩。在微生物筛选的基础上，*Candida magnoliae*[22]、*Chryseobacterium* sp. CA49[23]、*Lactobacillus brevis*[24]、*Lactobacillus kefir*[25]、*Ralstonia* sp.[26]、*Rhodococcus erythropolis*[27]、*Rhodococcus ruber*[28]、*Saccharomyces cerevisiae*[29]、*Sporobolomyces salmonicolor*[30]、*Thermoanaerobacter ethanolicus*[31] 等众多微生物来源的羧基还原酶在异源表达后，进行了深入的酶学性质和底物谱的研究。

除了微生物来源的羧基还原酶，植物细胞也是羧基还原酶的来源之一，但是研究的种类和数量远远少于微生物来源，胡萝卜[32,33]、绿豆、红豆[34,35]、苹果、葡萄和芹菜等[36,37] 都可以作为羧基还原酶的酶源，实现羧基化合物的还原。虽然植物生长缓慢，直接利用植物来催化转化羧基化合物是不具有实用性的，但是与微生物相比，植物有更大的基因组，其天然产物的丰富结构也说明了植物来源的羧基还原酶是未深入挖掘的宝藏。

动物来源羧基还原酶研究和使用较多的是来源于马肝的醇脱氢酶（horse hepatic alcohol dehydrogenase，HLADH），并且已经商品化。该酶具有广泛的底物谱，遵守 Prelog 规则，催化醛底物的动态动力学还原，体现出其独特的催化能力[38,39]。哺乳动物来源与激素代谢相关的甾体脱氢酶同样是研究的重点，甾体脱氢酶具有高度的区域、立体选择性，在机体生长、物种繁育以及代谢调控等方面，发挥着至关重要的作用。

无论是微生物、植物还是动物，羧基还原酶的数量是非常多的，前期研究集中在发现不同来源的羧基还原酶，通过将其异源过量表达后研究其催化性质。但是无论是何种来源的羧基还原酶，经过自然进化，其存在是要实现专有的生理功能，而不是为了作为生物催化剂应用于工业生产，因此寻找的天然酶直接应用到实际的生产中是比较困难的。定向进化技术的普遍应用，使得羧基还原酶能够具有更高的转化能力，更适应工业生产的强度。这部分内容将在第 11 章生物催化剂在有机合成中的应用案例中详细介绍。

2.3.1.3　还原胺化相关酶

手性胺广泛存在于医药、农药、天然产物及其他精细化学品中，约 40% 的药物含手性胺结构单元，它们本身也是重要的手性配体，用于不对称催化反应及手性拆分[40]，因此，手性胺的不对称合成研究引起了人们越来越多的关注。目前，工业上胺的合成主要采用醛或酮的还原胺化获得，其中化学催化不对称还原胺化主要包括有机金属催化不对称氢化和有机不对称催化，且部分技术已应用于工业生产中。但是，该类方法往往需要高温、高压及复杂的手性配体才能获得满意的转化率及对映体过量值[41]。与化学催化相比，生物催化在温和、环境友好的条件下具有高的化学、区域和立体选择性，且不需要官能团的保护与去保护[42]。近年来，人们发现很多酶具有催化羰基不对称还原胺化反应的能力，例如转氨酶和NAD(P)H 依赖型的氧化还原酶。其中，转氨酶是一类以磷酸吡哆醛（PLP）或磷酸吡哆胺（PMP）为辅因子、胺为供体的酶，已被广泛应用于许多重要手性伯胺的合成中[43,44]。与转氨酶相比，催化羰基化合物还原胺化反应的氧化还原酶，不仅可以应用于手性伯胺的合成，也可以用于合成手性仲胺、叔胺，具有原子经济性高、底物适用范围广等优势。该类酶主要包括氨基酸脱氢酶、胺脱氢酶、冠瘿碱脱氢酶、亚胺还原酶、还原胺化酶等（图 2-7）[42]。

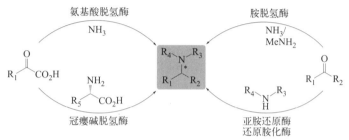

图 2-7　NAD(P)H 依赖型氧化还原酶催化羰基的不对称还原胺化反应通式

氨基酸脱氢酶、
亚胺还原酶、
胺脱氢酶等简介

2.3.1.4　羧酸还原酶

羧酸在自然界中广泛存在，羧酸的还原是有机化学中重要且具有挑战性的工作。化学上常用氢化铝锂或乙硼烷还原羧酸，两者均为强还原剂，与水或空气反应易发生爆炸，且反应条件较为苛刻[45]。羧酸可以被众多真菌、细菌、植物等生物催化还原，但对其发挥本质作用的酶却缺乏了解。

羧酸还原酶（carboxylic acid reductase，CAR，EC 1.2.1.30）能够催化一系列羧酸还原生成相应的醛，以 Nocardia CAR（accession number AAR91681.1）研究最为深入[46]。该类酶结构上含有 AMP 结合结构域（AMP-binding domain）、PP 结构域（pantetheine 4′-phosphate-binding domain）和与 NAD(P) 结合的 Rossmann 折叠（Rossmann fold）。AMP 结合结构域富含 Ser/Thr/Gly，有保守的 Pro-Lys-Gly 三联体，能够催化 ATP 与底物形成酰基 -AMP 中间体[47]，该中间体活化的羰基碳进一步与 CoA 的巯基结合，释放 AMP，生成酰基 -CoA；PP 结构域有保守的 Asp-Ser-Leu 基序[48]，催化 CoA 的磷酸泛酰巯基乙胺与 ACP 保守的丝氨酸结合，4′- 磷酸泛酰乙胺像一个"摇摆的手臂"行使功能[49]；Rossmann 折叠，即 βαβαβ 结构，能结合辅因子 FAD 或 NAD(P) 行使氧化还原的功能，具有保守的氨基酸序列 $GX_{1-2}GXXG$[50]。

羧酸还原酶的 PP 结构域需要在辅助的磷酸泛酰巯基乙胺基转移酶（phosphopantetheinyl transferase，PPTase）催化下将磷酸泛酰巯基乙胺基团共价连接到保守的丝氨酸上，从而获得全酶的最大活性。催化反应时，ATP 首先与腺苷酰化结构域结合，使羧酸分子腺苷酰化，形成一个酰基 -AMP 复合物；之后，酰基 -AMP 复合物的羰基碳遭到磷酸泛酰巯基乙胺硫醇的亲核攻击，形成硫酯臂并释放 AMP；再通过硫酯臂的摆动，酰基 - 硫酯由腺苷酰化结构域转移到还原酶结构域；然后硫酯在 NADPH 作用下裂解还原生成醛；最后，硫酯臂摆动回到腺苷酰化结构域，完成整个催化过程（图 2-8）[51]。

有关羧酸还原酶应用的研究均处于实验室阶段，仍有许多问题需要解决。Napora-Wijata 等将 Nocardia CAR 与来自 E. coli 的 PPTase 构建至一个共表达载体上，用含该质粒的 E. coli 全细胞催化还原 3,4- 二羟基苯乙酸制备 3,4- 二羟基苯乙醇（又称羟基酪醇，是一种天然多酚类化合物，具有多种生物和药理活性）[52]。Mycobacterium marinum CAR（accession number YP_001850422.1）被引入脂肪酸合成途径

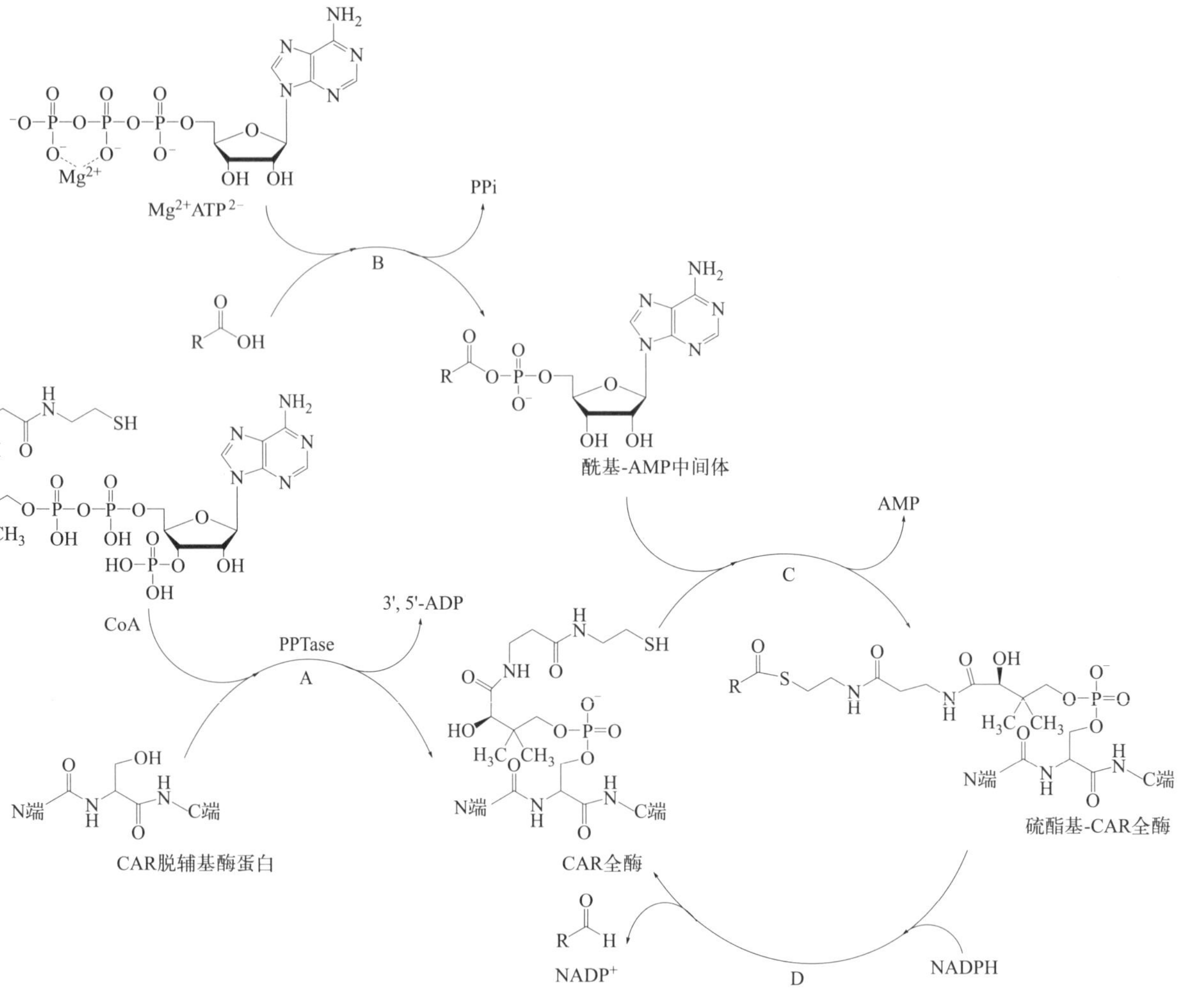

图 2-8　羧酸还原酶反应机理[51]

中，构建基因工程菌，合成脂肪醇（可用作生物燃料），其最高产量大于 350mg·L^{-1}[53]。Sheppard 等将 *Nocardia* CAR 引入构建的 4- 甲基 - 戊醇合成途径的模块 4 中，用于还原 4- 甲基 - 戊酸，构建的工程菌可用于合成 4- 甲基 - 戊醇（可用作生物燃料），最高产量为 192mg·L^{-1}[54]。

　　虽然体外反应证明 CAR 还原酸的产物是醛，全细胞催化时生成的醛会被胞内的一些还原酶进一步还原生成醇。将来自 *Nocardia iowensis* 的 CAR、PPTase 和 *Bacillus subtilis* 的葡萄糖脱氢酶（glucose dehydrogenase，GDH）构建到一个质粒上，用含该质粒的 *E. coli* 全细胞催化还原香草酸制备价格较贵的生物香草醛（一种广泛使用的香料），有副产物香草醇生成[55]。体外直接用 CAR 还原羧酸制备醛时，需要等当量的昂贵的辅因子 ATP 和 NADPH。Kunjapur 等敲除了 *E. coli* 基因组中能还原苯甲醛的 6 个基因，将 *Nocardia* CAR 引入该底盘细胞用于合成芳香醛[56]。

　　CAR 应用的第一个问题是 CAR 需要 PPTase 催化进行磷酸泛酰巯基乙胺化后才能发挥其功能，对于这个问题当前应对策略是共表达 CAR 与 PPTase 或体外孵育两者和 CoA，其实还可以考虑选择活力较高的 PPTase，将其敲入宿主细胞以构建底盘细胞。CAR 的应用不可回避的一个问题是其辅因子 ATP 和 NADPH 的供给，以上应用均利用体内的 ATP 和 NADPH。但体内反应也存在一些问题，比如底物和产物通透细胞膜势必影响其反应速率、辅因子的供给是否充足和产物醛易进一步还原成醇等等。体外反应也面临着许多问题，包括辅因子的供给，难以放大反应等。解决这些问题，需要对酶本身、辅因子循环、多酶体系和反应工程等有更为深入的认知。

2.3.1.5　烯酮还原相关酶

烯烃的不对称加氢反应可以同时引入两个手性中心，在不对称合成反应中是非常重要的一类反应，是合成很多精细化工品的必要步骤。来源于酵母的老黄酶（old yellow enzyme，OYE，EC1.6.99.1）一直以来被科研工作者用于实现烯烃的不对称加氢反应[57]。人们对老黄酶家族的认识始于第一个黄素依赖性氧化还原酶的分离。1932 年，Warburg 和 Christian 在研究生物氧化机制时从啤酒酵母中分离出第一个老黄酶（OYE1）[58]，随后的 1938 年，Haas 等人从酿酒酵母中分离出第二个老黄酶（OYE2），由于此酶颜色为黄色，遂命名为"老黄酶"[59]。1935 年，OYE1 被 Theorell 纯化出来并进行了生化性质的分析，研究表明，老黄酶由无色的脱辅基酶蛋白和黄色的辅酶因子组成，两部分均是酶具有活性所不可或缺的组分。这一研究为后来该酶应用于酶催化领域奠定了基础。后续研究证实黄色的辅因子为黄素单核苷酸（flavin mono-nucleotide，FMN）[60]。

近年来老黄酶被慢慢应用于工业生物催化领域。最好的例子就是面包酵母催化羰基异佛乐酮的不对称还原，实现了 13 公斤规模上生产 (R)-levodione（左旋二酮）。通过全细胞催化虽然可以达到较好的立体专一性，但是细胞中存在的乙醇脱氢酶与老黄酶的氧化还原活性依赖于相同的烟酰胺辅因子，所以全细胞催化方法对 C＝C 和 C＝O 的化学专一性很差[61,62]。面包酵母中的醇脱氢酶会还原异佛乐酮和 (R)-levodione 的羰基，从而降低产物的产率，因此即使是非常仔细地控制反应条件，产物的产率最好也只能达到 80%，影响了它们在工业生产中的应用[63]。

老黄酶的催化机制

20 世纪 80 年代，在进一步研究老黄酶及其同系物时，Simon 等人公布了"真正的"的来源于厌氧梭菌属（*Clostridium kluyveri*，*Clostridium tyrobutyricum*，*Clostridium sporogenes*）的烯酮 / 烯酯还原酶（enoate reductase，ER，EC1.3.1.31）[64-66]。利用来源于 *C. sporogenes* 的烯酮 / 烯酯还原酶以细胞提取物的形式对 *β*- 芳香基 -*β*- 氰基 -*α*,*β*- 不饱和羧酸为底物制备 *β*- 芳香基 -*γ*- 氨基酸，后者可以用于药物巴氯芬（baclofen，*β*-(4′-chlorophenyl)-*γ*-GABA）的合成[67]。

2.3.2　转移酶

转氨酶（transaminase），又名氨基转移酶（aminotransferase，EC 2.6.1.X），属于磷酸吡哆醛（PLP）依赖的酶家族。根据被转移的氨基相对于底物羧基基团的位置，转氨酶可以被分成 *α*- 转氨酶和 *ω*- 转氨酶。*α*- 转氨酶广泛存在于自然界，是催化 *α* 位氨基可逆转移的酶，在天然氨基酸的代谢中发挥着重要作用，比如催化谷氨酸与丙酮酸之间转氨作用的谷丙转氨酶，催化谷氨酸与草酰乙酸之间转氨作用的谷草转氨酶等。*ω*- 转氨酶可以催化非 *α* 位氨基（如 *β* 位、*γ* 位等）的可逆转移，合成不靠近羧酸基团的手性胺或氨基酸，例如 *β*- 氨基酸、*γ*- 氨基酸等。与 *α*- 转氨酶相比，*ω*- 转氨酶较为少见，*ω*- 胺丙酮酸转氨酶（EC 2.6.1.18）、鸟氨酸转氨酶（EC 2.6.1.11）等都属于 *ω*- 转氨酶。

转氨酶催化的是双底物反应，反应底物和反应产物都是含有氨基和含有羰基的两个化合物，反应的动力学机制是乒乓机制，可以分为氨基供体的氧化脱氨（图 2-9A）和氨基受体的还原胺化（图 2-9B）两个"半反应"。酶的赖氨酸残基首先与辅酶 PLP 作用，形成共价复合体；反应时，底物 A 的亲核氨基向酶 - 席夫碱的碳原子进攻，形成 A- 席夫碱，与此同时，酶的赖氨酸残基被释放出来；A- 席夫碱再水解，形成磷酸吡哆胺（PMP）和第一个产物 P；之后是第一阶段的逆反应，PMP 和底物 B 形成 B- 席夫碱，酶的赖氨酸残基进攻 B- 席夫碱，再生成活泼的酶 - 席夫碱共价复合体，与此同时，释放产物伯胺类化合物 Q，完成了一个完整的转氨反应。最终，氨基供体 A 上的氨基被转移到氨基受体 B 的羰基位置，形成新的产物伯胺类化合物 Q 和含有 C＝O 双键的产物 P[68,69]。本书第 15 章将对转氨酶的应用案例展开介绍。

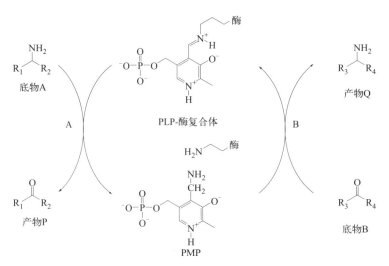

图 2-9　转氨酶的反应机理[68,69]

2.3.3　水解酶

2.3.3.1　脂肪酶

脂肪酶（triacylglycerol hydrolase，EC 3.1.1.1）和羧酸酯酶（carboxylester hydrolase，EC 3.1.1.3）统称为酯水解酶，是水解酶家族中的一个重要分支，主要功能是催化酯键的形成或断裂，它们在动物、植物和微生物中广泛存在。酯水解酶具有良好的区域选择性和对映选择性，较好的热稳定性、有机溶剂耐受性，以及不需要辅酶或辅因子等优点[70]。目前工业应用的酶中 60% 为水解酶，而水解酶中应用最多的就是脂肪酶 / 酯酶。脂肪酶 / 酯酶广泛应用于食品、洗涤、皮革、造纸，以及精细化学品尤其是手性化学品的合成。在水相或有机相中，通过脂肪酶 / 酯酶介导的水解、酯化、转酯化等反应，实现外消旋酯、醇、酸、胺等化合物的不对称拆分，为合成以上光学纯化合物提供了一条简单易行的途径。全球各大酶制剂公司如诺维信（Novozymes）、天野（Amano）等已开发了多种商品化的脂肪酶 / 酯酶制剂。

大多数脂肪酶的活性中心都被一个疏水性的"盖子（lid）"结构所覆盖，从而阻碍了底物与活性中心的直接接触，而无法显示其活性。当水不溶性型底物增加到一定浓度时，会形成一个疏水性的油 - 水界面，脂肪酶与该疏水界面相互接触时，疏水性"盖子"结构域的构型发生改变，暴露出催化活性中心，从而使底物与活性位点接触而发生催化反应，这种活性在疏水界面显著提高的现象称为界面激活。但由于酯酶结构中不含这种疏水性"盖子"结构域，因此酯酶不存在界面激活现象。大部分脂肪酶 / 酯酶催化的水解反应是由催化三联体 Ser-His-Asp（Glu）介导，经过两个过渡态完成的（图 2-10）。首先是带负电的酸性 Asp 夺取 His 咪唑环氮原子上的一个质子，从而更有利于质子从 Ser 的 β- 羟基转移到 His 咪唑环的另一个氮原子上，增强 Ser 的亲核性，从而形成电负性的 Ser。所形成的亲核性增强的 Ser 上 β-O⁻ 进攻酯键中的羰基碳原子，与底物中酰基部分形成第一个四面体中间过渡态，而中间体上的羰基氧在过渡态四面体结构中所形成的氧负离子通过空间上邻近的两个氨基组成的氧负离子洞（oxyanion hole）所形成的氢键来稳定；第二步反应是底物的醇基部分从 His 上夺取一个质子形成醇后而离去；第三步是 His 通过夺取水分子中的质子产生 OH⁻，亲核进攻酯中间体形成第二个四面体过渡态；第四步通过水解释放产物酸，His 从水分子中夺取的质子，与 Ser 的 β-O⁻ 结合，回到最初的酶催化状态，用于下一个底物分子的催化[71,72]。

左旋薄荷醇广泛用于化妆品、食品、烟草等工业，已经成为世界第三大香料，全球年需求量超过 2万吨。利用脂肪酶拆分是获得左旋薄荷醇的一种简便易行的方法。Haarman & Reimer 开发了一条利用

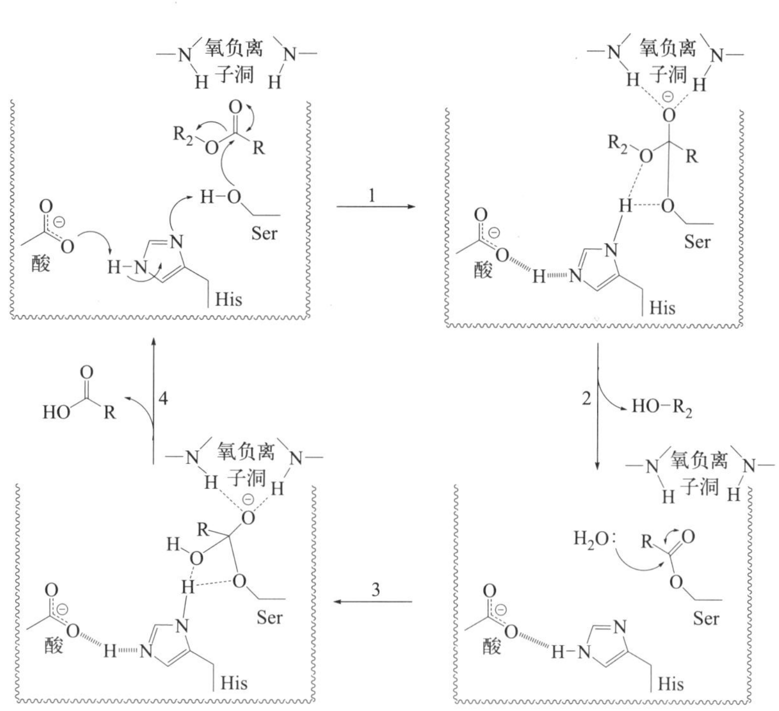

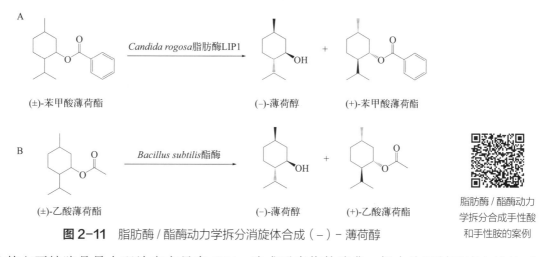

图 2-10 脂肪酶 / 酯酶的催化机理

Candida rugosa 脂肪酶 LIP1 拆分（±）- 苯甲酸薄荷酯合成（−）- 薄荷醇的途径，产物的光学纯度高达 99% 以上（图 2-11A）[73]。许建和、郑高伟等人也开发了另一条高效的酶拆分途径（图 2-11B），利用从土壤筛选获得的 *Bacillus subtilis* 酯酶动力学拆分（±）- 乙酸薄荷酯合成（−）- 薄荷醇，该过程时空产率高达 200g·L⁻¹·d⁻¹，产物的光学纯度经过简单的结晶也能达到 99% 以上[74-76]。

A

(±)-苯甲酸薄荷酯 　→ *Candida rogosa*脂肪酶LIP1 → 　(−)-薄荷醇 ＋ (+)-苯甲酸薄荷酯

B

(±)-乙酸薄荷酯 　→ *Bacillus subtilis*酯酶 → 　(−)-薄荷醇 ＋ (+)-乙酸薄荷酯

脂肪酶 / 酯酶动力学拆分合成手性酸和手性胺的案例

图 2-11 脂肪酶 / 酯酶动力学拆分消旋体合成（−）- 薄荷醇

动力学拆分的主要缺陷是最大理论产率只有 50%，造成了底物的浪费，极大地限制了该方法的工业化应用。针对这一问题，开发了不同的策略，如对不需要构型产物的外消旋化、构型翻转及动态动力学拆分。其中动态动力学拆分是在原位实现底物消旋，显著简化了生成过程，是最简单高效的方法。目前已开发了大量的原位消旋方法，包括化学催化、生物催化等[77]。如 Bäckvall 课题组使用 *Candida antarctica* 脂肪酶 B（CALB）作为拆分催化剂、过渡金属 Ru 作为消旋化催化剂对（*R,S*）-1- 苯乙醇进行"一锅煮"拆分。经过动态动力学拆分，(*R*)-1- 苯乙醇的产率和对映体过量（*ee*）值分别高达 95% 和 > 99%[78]。浙江大学杨立荣课题组也开发了一条利用酸性树脂作为消旋化催化剂与脂肪酶 Novozyme435

偶联高效动态动力学拆分外消旋芳香仲醇的途径[79]。

2.3.3.2 环氧水解酶

环氧化物具有很高的化学反应活性，它可以与醇、胺、羟、肼、卤素、腈等多种亲核试剂反应。光学纯的手性环氧化物可作为复杂手性分子合成的重要砌块，在医药、农药、香料和精细化学品工业等方面都有着重要的应用价值。如利用手性缩水甘油衍生物与胺的反应可合成一大类重要的心血管药物β-肾上腺素阻断剂，包括普萘洛尔、阿替洛尔、比索洛尔等几十个品种[80]。此外，手性环氧化物还可作为抗肥胖药物 L-肉碱、抗艾滋病药物茚地那韦、钙通道阻滞地尔硫䓬、昆虫信息素 frontalin 等手性化合物的合成前体。近年来，生物催化合成高光学纯度环氧化物受到了人们的广泛关注。针对不同结构的环氧化物，有多种生物转化法可用于光学纯环氧化物的合成，包括单加氧酶或过氧化物酶催化的烯烃不对称环氧化，卤醇脱卤酶催化的卤代醇的环氧化拆分，酯酶/脂肪酶催化的动力学拆分以及环氧水解酶（epoxide hydrolases，EHs，EC 3.3.2.3）催化外消旋环氧化物的水解拆分或对映会聚水解（enantioconvergent hydrolysis）等[1,81-85]。

在诸多生物合成法中，由环氧水解酶催化的外消旋环氧化物水解拆分的方法格外受到重视。通过环氧水解酶催化消旋环氧化物的动力学拆分可同时获得光学纯度富集的剩余环氧化物以及水解产物邻二醇，后者也是一种常用的手性合成砌块，并且可以通过化学方法，闭环转化为相应的高光学纯度的环氧化物。此外由环氧水解酶（单酶、双酶或化学-酶法）催化的消旋环氧化物的对映会聚水解可突破拆分反应理论产率不能超过 50% 的限制，使环氧化物完全水解获得单一构型的产物邻二醇。

目前发现的环氧水解酶可分为 α/β 水解酶类、柠檬烯环氧水解酶（LEH）类和白三烯 A_4 水解酶，其中来源于 α/β 水解酶折叠家族的环氧水解酶数量最多。环氧化物开环的位置选择性取决于环氧碳原子上取代基的位阻效应以及酸水解时形成碳正离子的稳定性。最基本的环氧化物水解可分为两种情况：①强亲核试剂（如强碱、醇热、格氏试剂等）催化的环氧开环，反应在碱性条件下进行，属双分子亲核取代（S_N2）反应，OH^- 优先进攻较少取代的环氧碳原子（图 2-12A）；②酸性条件下环氧化物水解反应，首先环氧键氧原子被质子化，多取代的环氧碳原子形成的碳正离子稳定性较好，因此该碳原子更容易正离子化，进而与弱亲核试剂（如水、醇、胺等）反应生成产物（图 2-12B）。综上所述，在碱催化的环氧化物水解中，OH^- 进攻位阻较小的环氧碳原子；而在酸催化的环氧化物水解中，OH^- 进攻位阻较大的环氧碳原子。

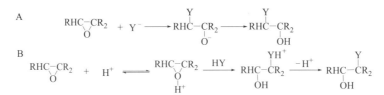

三类环氧水解酶的
催化机制

图 2-12 酸、碱催化的环氧化物开环反应机理
A. 碱催化的环氧开环机理；B. 酸催化的环氧开环机理

（1）环氧水解酶应用于经典动力学拆分

根据环氧乙烷环上取代基的性质、位置和多寡可将环氧化物大致分为四类（图 2-13）。

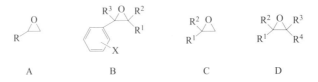

图 2-13 环氧化物分类示意图
A. 单取代环氧化物；B. 苯乙烯氧化物型环氧化物；C. 2,2-二取代环氧化物；D. 2,3-二取代和三取代环氧化物。

链烷基单取代环氧化物的分子纤长，其构象高度灵活（highly flexible），这种结构使得酶对它进行手性识别相当具有难度。来源于 *Rhodotorula*、*Rhodosporidium* 和 *Trichosporon* 等属的一些酵母菌株拥有可对其进行高对映选择性水解的酶，且优先水解 (*R*)- 底物[86-88]。从研究结果看，大部分环氧水解酶对于侧链长度在 4～6 个碳原子的环氧化物具有较高的对映选择性；若碳链过长或过短，则对映选择性均急剧下降，这可能与酶的底物结合区域的空间大小有关。Botes 等用 *Rhodotorula araucariae* CBS 6031、*Rhodosporidium toruloides* CBS 0349 对 1,2- 环氧辛烷进行了制备规模的酶促水解拆分，底物浓度高达 500mmol·L^{-1}，剩余 (*S*)- 底物的 *ee* 值大于 98%，产率高于 42%[87]。除了链烷基单取代的环氧化物之外，酵母菌来源的环氧水解酶对烯烃单取代的环氧化物也具有较高的对映选择性，视底物不同，*E* 值可大于 200[88]。

苯乙烯氧化物系列的环氧化物拥有一个苄基环氧碳原子，形成的碳正离子中间体可被苯环所稳定，这样尽管在苄基位点的进攻有立体阻碍，却在电性方面占有优势，有利于亲核基团的进攻。环氧水解酶催化这类化合物水解的区域选择性通常是混合的，即在环氧乙烷环的两个碳原子上的攻击均有发生。根据酶进攻位点的不同，可将催化这类底物水解的环氧水解酶分为两大类，分别以哺乳动物的可溶性环氧水解酶（sEH）和微粒体环氧水解酶（mEH）为代表。

可溶性环氧水解酶（sEH）和微粒体环氧水解酶（mEH）催化特性

2,2- 二取代的环氧化物具有较强的空间阻碍效应，环氧水解酶催化该类化合物水解时，排它性地进攻较少空间阻碍的未取代环氧乙烷碳原子。细菌，如 *Rhodococcus* NCIMB 11216[89,90] 和 *Rhodococcus ruber*[91] 等来源的环氧水解酶，对这类化合物具有几乎绝对的对映选择性。到目前为止，除了少数例外，大多数细菌环氧水解酶对这类底物优先水解 (*S*)- 对映异构体。另有一些真菌，如 *Aspergillus niger*[92] 的环氧水解酶对其具有中等的对映选择性。对于 2,3- 二取代的环氧化物，两个取代基的空间贡献是相近的。因此，对于这类底物，酶通常表现混合的区域选择性。酶的对映选择性与取代基的大小密切相关，显然两个取代基的差异越大，酶对底物的对映选择性越佳[89]。细菌来源的环氧水解酶对 2,3- 二取代环氧化物具有较高的选择性。

三取代环氧化物有很强的空间阻碍，但细菌、真菌以及酵母中均可接受其作为底物，并具有高选择性的环氧水解酶存在[93,94]。Steinrreiber 等以三烷基取代环氧化物为底物，用 *R. ruber* 同样实现了对映会聚的转化过程[95]。有趣的是，他们同时对 *R. ruber*、*Mycobacterium paraffinicum* 和 *Streptomyces lavendulae* 等共 8 个菌株的环氧水解酶进行对映选择性和区域选择性测定，其中有 7 个都对该类底物的两种对映体具有相反的区域选择性，这表明对映会聚这种反应模式与底物的结构非常相关。

（2）内消旋环氧化物的去对称化

内消旋环氧化物的分子是对称的，如果环氧水解酶选择性进攻环氧乙烷环的某个手性中心，将导致单一的反式二醇以 100% 的理论产率生成，实现内消旋底物的不对称化。红酵母 *Rhodotorula glutinis* 对脂环族环氧化物表现出较高的活性与选择性，用它水解环戊烯氧化物和环己烯氧化物，产物构型均为 (1*R*,2*R*)，产率大于 90%，*ee* 值分别为 98% 和 90%[94]。细菌来源的环氧水解酶对大多数内消旋环氧化物的对映选择性较差。值得一提的是顺式环氧琥珀酸的酶法选择性水解生产 L-(+)- 酒石酸。早在 20 世纪 70 年代，日本即有顺式环氧琥珀酸水解酶生产 L-(+)- 酒石酸的报道。我国孙志浩等用明胶包埋固定的酒石酸诺卡氏菌 *Nocardia tartaricans* SW 13-57 催化顺式环氧琥珀酸水解生产 L-(+)- 酒石酸，生产规模达吨级，时空产率达 16.58g·L^{-1}·h^{-1}[96]。

（3）环氧水解酶催化的对映会聚水解

环氧水解酶催化消旋环氧化物的动力学水解拆分可以同时获得高光学纯度的剩余环氧化物和相应的水解产物邻二醇。但是，经典的动力学拆分模式具有一个无法克服的缺陷：基于初始消旋底物的理论产率不超过 50%。对映会聚的环氧化物水解模式可以克服动力学拆分模式的这种缺陷：如前所述，当亲核攻击发生在环氧乙烷环的未取代碳原子上时，产物的绝对构型保持不变；而当攻击发生在取代的碳原子上时，产物的构型发生翻转。这样，如果环氧水解酶具有高度的对映选择性和区域选择性，并且酶对消旋环氧化物两种对映体的区域选择性相反，则生成的产物的绝对构型是相同的，这种现象被称为对映会聚[97,98]。通过对映会聚可直接由消旋的环氧化物获得高光学活性的水解产物邻二醇，理论产率为100%。

对映会聚反应过程的实现有如下三种方式：

a）两种生物催化剂偶联实现对映体会聚。

b）一种生物催化剂单独实现对映会聚。

c）化学-酶法对映会聚。

以一种生物催化剂单独实现对映会聚为例，这种水解反应对酶的区域选择性和对映选择性的配对有很高的要求，目前只发现了极少符合要求的催化剂，且催化的底物多为2,3-二取代的环氧化物。

用真菌 *Beauveria bassiana* 整细胞转化（±）-顺-*β*-甲基苯乙烯氧化物，底物的两个对映体以不同的区域选择性被水解，实现对映会聚的反应模式，产生（1R,2R）-1-苯丙烷-1,2-二醇（98% *ee*），产率达85%[99]。另外，许建和等首次发现了植物来源的绿豆环氧水解酶可以催化苯乙烯氧化物衍生物的对映会聚水解，以对硝基苯乙烯氧化物为底物，产物(R)-邻二醇的 *ee* 值为82.4%[100]，通过分子改造进一步提高对映汇聚性，*ee* 值达到99%[101]。

（4）非天然亲核试剂参与的环氧开环

在环氧水解酶催化环氧开环的过程中，水作为"天然"的亲核试剂参与环氧化物的开环反应并释放产物二醇。若该反应能利用"非天然"亲核试剂，比如醇、胺、羟胺、肼甚至过氧化氢等，代替水参与环氧开环反应，将大大扩展环氧水解酶在有机合成中的应用价值。如 *β*-肾上腺素阻断剂（其活性通常定位于 (S)-对映体）等一些重要的手性药物即可由消旋环氧化物与胺在环氧水解酶的催化下直接对映选择性地合成。

水相体系中进行的环氧化物的胺解[102]和叠氮解（azidolysis）[103]已被报道。在缓冲液中，用鼠肝微体环氧水解酶催化缩水甘油芳基醚的胺解，获得对应的 (S)-构型氨基醇的 *ee* 值为51%～88%[102]。而在 *Rhodococcus* sp. 固定化粗酶的存在下，以叠氮化物作为亲核试剂，对消旋 2-甲基-1,2-环氧庚烷进行不对称开环，反应具有复杂的表现。其中，(S)-环氧化物被水解（与不存在叠氮化物的水解反应一样，*ee* > 90%），而反应中较难接受的 (R)-对映体被转化为相应的叠氮化醇（*ee* > 60%）。在上述两例子中已经证实反应确实是由酶催化的：不加酶或使用热失活的酶制备物，观察不到反应的发生。

尽管有上述成功的例子，非天然亲核试剂的应用仍存在许多问题。根据 α/β 折叠环氧水解酶的催化机理，在反应过程第一步形成底物-酶中间体，若采用非天然亲核试剂进攻由酶的 Asp 残基与底物形成的酯键，将导致酶的催化残基 Asp 无法恢复到初始状态。比如氨对反应酯中间体的亲核进攻，将使酶活性位点的 Asp 不可逆地转变为 Asn，而后者不是一个适宜的催化残基，会导致酶的失活[104]。同样地，由氨引起的转化失活可在其他的以 Asp 作为催化残基的酶，比如氟乙酸脱卤酶（fluoroacetate dehalogenase）上观察到。其他亲核试剂的使用同样存在类似的失活问题。而第二类环氧水解酶，如来源于 *Rhodococcus erythro polis* DCL14 的柠檬烯环氧水解酶（LEH），由于在反应过程中不涉及底物-酶中间体状态，因此可接受非天然亲核试剂而不影响酶的催化残基。卤醇脱卤酶（halohydrin dehalogenases，EC 4.5.1.-）尽管分类上属于裂合酶，但其催化机制与环氧化物水解酶类似。近年来，有诸多关于它利用 N_3^-、CN^-、OCN^-、NO_2^- 等非天然亲核试剂开环环氧化物制备邻位取代醇及手性环氧化物的报道[105-109]。开环反应也属于 S_N2 反应，在亚硝酸根作为亲核试剂时，通过卤醇脱卤酶催化环氧苯乙烷及类似物的动力学拆分，成功制备了硝化产物，*ee* > 99%[108]。

2.3.3.3　腈水解酶

腈水解酶（nitrilases，EC 3.5.5.1）是腈水解酶超家族 13 个构成分支之一，是唯一一个能够直接催化腈类化合物水解生成相应的羧酸及氨的酶[110]。1964 年，腈水解酶在大麦叶中首次被分离并被命名[111]。半个多世纪以来，通过野生菌筛选、数据库基因挖掘及生物信息学等技术手段，获得了各种不同来源的腈水解酶，如来源于细菌、丝状真菌、酵母、植物及动物等生物体。其作用底物谱宽广，包括芳香族腈类、杂环腈类以及脂肪族腈类化合物[112]。此外利用蛋白质改造技术也获得了催化活力、稳定性、底物特异性、立体选择性、副产物生成及底物耐受性等性能强化，甚至拥有新功能的腈水解酶突变体。腈水解酶催化反应条件温和，且不需金属离子或其他辅因子，具有催化特异性强、生产效率高、绿色环保等特点，被广泛地应用于医药中间体、食品添加剂、化工及农业生产等领域。

腈水解酶一般含有 2 ～ 26 个亚基，水溶液中状态不均一，因此蛋白质结晶的方法比较难获得其晶体结构。在 2000 年，来源于蠕虫的腈水解酶 NitFhit 的晶体结构被首次解析[113]，目前为止仅有少量的腈水解酶晶体结构通过 X-Ray 被解析，包括来源于 *Pyrococcus abyssi* 的 PaNit[114] 及来源于 *Syechocystis* sp. PCC6803 的 Nit6803[115]。通过解析出的蛋白质晶体得知，腈水解酶催化单元由两个单体构成，呈现 α-β-β-α-α-β-β-α 超结构，二聚体界面主要由来自每个单体的一对垂直的 α 螺旋介导，其界面的相互作用主要为这对 α 螺旋上的氨基酸残基之间形成的大量疏水相互作用。该二聚体在晶体结构上呈现 C 形延伸螺旋，推测其十聚体的结构在水溶液中经晶体堆积成螺旋状，这与通过电子显微镜观测到的来源于 *Rhodococcus rhodochrous* J1 的腈水解酶及超家族另一分支的来源于 *Bacillus pumilus* 的氰基二水合酶的结构形式相同[116,117]。此外，电子显微镜观察到了来源于 *Geobacillus pallidus* RAPc8 的腈水解酶结构存在不同形式，如 C 形、月牙形、8 字形和圆形[118]。

腈水解酶的活性中心位于一个亚基的 α-β-β-α 三明治型蛋白质折叠上，推测水解反应由催化三联体 Glu-Lys-Cys 介导，并经过两步质子化完成，具体过程如图 2-14 所示：第一步质子化反应是一个水分子被酸性的 Glu 活化，夺取 Cys 上的质子并转移到底物氰基氮上，同时 Cys 上的巯基被激活，亲核性增强并对底物氰基上的碳原子进行亲核进攻，形成巯基与底物共价结合的中间体 I，此时中间体上的氰基氮被结构中带正电的 Lys 形成阳离子洞所形成的静电作用所稳定。随后被活化的水分子对中间体 I 上的 C=N 键进行亲核进攻，同时伴随 Lys 侧链上的一个质子转移到底物的 N 原子上，形成中间体 II。第二步质子化反应中，Glu 为酶 - 底物复合物 II 的反应提供质子，中间体 II 中的氨基发生质子化，C—N 键断裂，释放 NH₃，同时羟基上的质子转移至 Lys，形成羰基，随后被 Glu 活化的第二个水分子对中间体 II 上的 C—S 键进行亲核进攻，中间体 II 发生水解反应生成羧酸和酶。酶回到最初的催化状态，用于下一个底物分子的催化[119]。

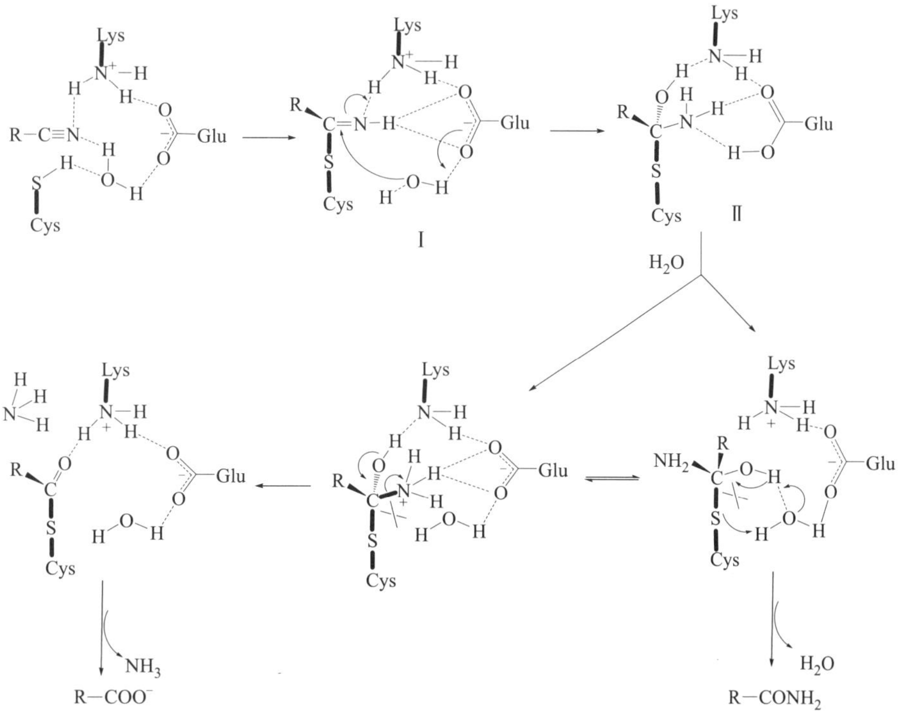

图 2-14　腈水解酶的催化机理

在腈水解酶的研究中发现，其催化腈类化合物水解的过程中也会形成酰胺化合物。1964 年 Kenneth 等人通过对底物吲哚乙腈的水解情况推测，首次提出了酰胺为腈水解酶水解反应中产生的副产物。同时针对腈水解酶生产酰胺提出腈水解酶催化第二条路线的推测，即当第二步质子化的受体为 Cys 的巯基时，此时硫醇的形式消除占主导地位，第二个水分子不参与反应，中间体 C—S 键断裂生成产物酰胺及酶[120]。来源于 *Arabidopsis thaliana* 的腈水解酶 Nit4 水解 β- 氰基 -L- 丙氨酸的产物中，检测到天门冬酰胺生成率高达 60%，高于天门冬氨酸，证明了酰胺并非腈水解酶的底物[121]。Sheldon 等的研究发现，来源于 *Pseudomonas fluorescens* EBC 191 的腈水解酶对 α 取代底物具有较高的腈水合酶活性，其中催化 2- 氯 -2- 苯基乙腈生成的相应酰胺的含量达 89%。根据以上酰胺形成机制，提出吸电子的 R 基团破坏中间体 N 上的正电荷，空间效应会使 N 原子远离稳定的 Glu，进而生成酰胺。因此说明，R 基团的立体化学和电子性质影响了中间体上电荷的分布[122]。此外，朱敦明等人研究了来源于玉米 *Zea mays* 的腈水解酶 ZmNit2 的底物特异性，发现催化 β- 羟基腈的主要产物为相应的酰胺，推测 β 位的羟基基团通过与底物上的氮原子形成氢键作用，不利于氨基的离去，从而导致了酰胺作为主要产物形成[123]。此外，改变酶活性中心氨基酸会直接影响催化三联体的作用，Andreas Stolz 等人构建了来源于 *P. fluorescens* EBC191 的腈水解酶突变体 Nit（DelC-60）-C163NA165R-T110I 及 W188L/N206K，分别提高 2- 苯基丙酰胺及 (R/S)- 扁桃酰胺的含量，推测距离催化中心很近的位点氨基酸突变为含 NH₂ 的残基时，可能会与复合物 Ⅱ 中的 NH₂ 发生质子化竞争，更有利于酰胺产物的生成[124]。魏东芝课题组通过分析 SsNit 与 2- 氰基吡啶的分子动力学模拟，确定了 193 位氨基酸的位阻效应为第二步质子化的关键影响因素，获得的突变体 F193N 生成的酰胺含量比野生型提高了 35 倍[125]。

采用高立体选择性的腈水解酶动力学拆分外消旋的腈化合物是获得光学纯有机羧酸的重要方法，然而其最大理论转化率最高仅为 50%，通过动态动力学拆分可以很好地解决这一问题。如图 2-15 显示动态动力学拆分 *rac*- 扁桃腈生成头孢羟唑等药物中间体 (R)- 扁桃酸[126]（图 2-15A）、及 *rac*-2- 异丁基 - 丁二腈（IBSN）生成 (S)- 普瑞巴林中间体 (S)-3- 氰基 -5- 甲基己酸（(S)-CMHA）[127]（图 2-15B）。Andreas Stolz 通过将来源于 *Pseudomonas fluorescens* EBC191 的腈水解酶 C 端截短、嵌合修饰及位点突变改变了腈水解酶对扁桃腈的外消旋体优先结合能力降低，从而提高 (R)- 构型羧酸的 *ee* 值[128]。

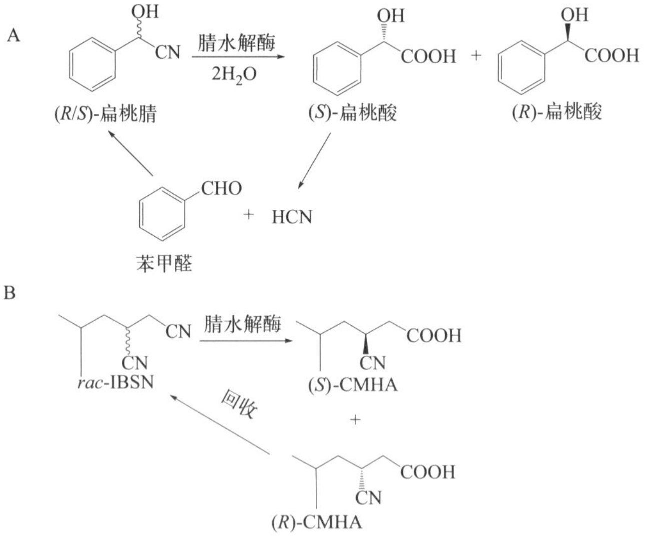

图 2-15　腈水解酶催化动态动力学拆分 *rac*- 扁桃腈（A）与 *rac*-2- 异丁基 - 丁二腈（B）

腈水解酶选择性催化潜手性二腈化合物中的一个氰基生成手性单腈单酸的反应，转化率可达到 99%，在化学一步反应中几乎难以实现。1991 年 Ohta 课题组首次利用 *Rhodococcus rhodochrous* IFO 15564 整细胞催化二腈类化合物，并获得手性单氰基单羧酸化合物，其中 (S)-3- 苯甲酰氧基 -4- 氰基丁酸的 *ee* 大于 99%[129]。随后，挖掘了不同来源的具有催化二腈化合物活性的腈水解酶，如来源于 *Bradyrhizobium japonicum* USDA 110 的 *Bj*NIT3397 及 *Bj*Nit6402，来源于 *Arabidopsis thaliana* 的 *At*Nit1、*At*Nit2 及 *At*Nit3、来源于 *Herbaspirillum* sp. GW103 的 *Hs*Nit 等。其中对 *R. rhodochrous* LL100-21 来源腈水解酶的研究，发现苯环上的 2 个氰基位于间位和对位时得到的产物为氰甲基苯甲酸，当氰基位于邻位时可水解脂肪侧链的氰基，表明其选择性在很大程度上取决于两个氰基所处的相对位置[130]。朱敦明与吴洽庆课题组将来源于 *Synechocystis* sp. PCC 6803 的腈水解酶 *Ss*Nit 与潜手性对称二腈底物 3- 异丁基戊二腈进行分子对接，根据蛋白质结构及催化机制，采用镜像策略的手段，即将 3 位的两个基团，异丁基与氢原子进行位置互换，同时将活性口袋内相对应位点的氨基酸进行互换，得到立体选择性翻转的突变体，有效地控制了腈水解酶催化对称二腈去对称性水解的立体选择性[131]。

有机羧酸是许多医药重要中间体，腈水解酶催化具有反应条件温和等特性，还可以实现一般化学转化所不具有的优良的化学、区域和立体选择性。细胞的固定化能够有效地提高腈水解酶水解产物的总产量，如将含有腈水解酶的 *Alcaligenes* sp. ECU0401 细胞通过戊二醛 / 聚乙烯亚胺（GA/PEI）进行固定化，29 批分批次反应后得到羟基乙酸总产量为每克细胞 1042.2g[132]。许正宏课题组将来源于 *Pseudomonas putida* CGMCC3830 的腈水解酶构建至枯草芽孢杆菌中进行异源表达，通过 12 批次的分批补料，在 450min 可完全转换底物并且产物烟酸浓度达到 295g·L⁻¹[133]。许建和课题组将来源于 *Alcaligenes* sp. 的腈水解酶在大肠杆菌中进行表达，通过分批补料反应，固定化等手段不断提高 (*R*)- 扁桃酸的产量，*ee* 值达到 99%，且时空产率已达到 352.6g·L⁻¹·d⁻¹[134]。在工业上，微生物来源的腈水解酶由于操作简便、发酵产量大，受到了广泛的关注和研究，其中一些催化工艺已实现数吨级的规模，如瑞士龙沙公司（Lonza）生产的烟酸[135]及德国巴斯夫（BASF）及日本三菱丽阳（Mitsubishi Rayon）生成 (*R*)- 扁桃酸[136]。

2.3.4　裂合酶

2.3.4.1　腈水合酶

腈水合酶（nitrile hydratase，NHase，EC 4.2.1.84）是一种金属酶，能够催化腈类化合物进行水合反应生成相应的酰胺。1980 年，京都大学 Asano 首次在 *Arthrobacter* sp. J-1（后被确定为 *Rhodococcus rhodochrous* J1）中发现可以降解乙腈的酶，并被定义为腈水合酶[137]。腈水合酶是一类含有多亚基的酶，几乎所有的腈水合酶均由 α 和 β 两个亚基以杂聚体形式构成（图 2-16），一般以 $\alpha_2\beta_2$ 四聚体或更高的聚体形式存在。腈水合酶的活性中心位于蛋白质结构深处的 α 亚基和 β 亚基界面上，其上的 17 个氨基酸的结构通过 20 个水分子被稳定，其中金属离子的所有配体均在 α 亚基上，包括 3 个半胱氨酸的巯基和两个主链氮原子[138]。然而，腈水合酶的催化反应机制至今仍未研究清楚。

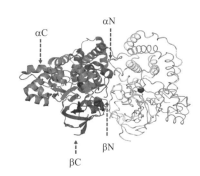

图 2-16　来源于 *Tetrahymena thermophila* 的腈水合酶的二聚体结构（$\alpha_2\beta_2$）

腈水合酶的催化活性中心含有一个非血红素铁原子（non-heme iron）或一个非类可啉钴原子（non-corrinoid cobalt）[139,140]。因此根据活性中心金属离子的不同，可将腈水合酶分为含有铁离子的 Fe 型腈水合酶[138,139]和含有钴离子的 Co 型腈水合酶[141]（图 2-17）。如图所示，位于 α 和 β 亚基的交界面处的 NHase 的活性中心，通常为八面体几何结构，由 α 亚基中的四个保守氨基酸 Cys109、Cys112、Ser113 和 Cys114 组成活性位点。同时 *β*- 亚基的两个保守氨基酸 Arg56 和 Arg141 通过氢键为活性中心提供稳定性[142,143]。Co/Fe-NHase 的活性中心只有一个位点不同，在 Fe-NHase 中此位点为光不稳定的 NO 分子，在 Co-NHase 中第六个位点被水 / 氢氧化物分子以活性形式占据[144]。此外，据报道还有一些来源的腈水解酶含有其他金属离子，如来源于 *Myrothecium verrucaria* 的腈水合酶含有锌离子[145]，来源于 *Rhodococcus jostii* 的腈水合酶活性中心可以结合铜、钴及锌三种不同的金属[146]。

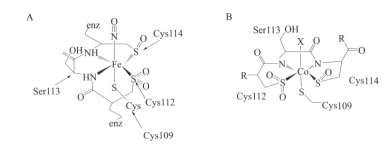

目前推测的腈水合
酶催化机理

图2-17　腈水合酶的活性中心结构
A. Fe 依赖型；B. Co 依赖型

　　腈水合酶在工业生产上的应用十分成功。日本 Nitto 公司、德国 BASF 公司、美国 DuPont 公司和瑞士 Lonza 公司等都利用腈水合酶来生产各种酰胺及羧酸类化合物。其中最著名的是日本 Nitto 公司年产 3 万吨丙烯酰胺的工艺。1973 年，Galy 等人发现了一种能催化丙烯腈水合停留在丙烯酰胺的微生物 *Brevbacterium* R3121141，从而开始了用微生物生产丙烯酰胺的研究。1985 年，Nitto 公司建成了世界上第一套微生物法生产丙烯酰胺的工业装置。第一代菌种为 *Rhodococcus* sp. N-774；第二代菌种为 *Pseudomonas chlororaphis* B23，在 1988 年替代了第一代菌株成为生产菌株；第三代菌种为 *Rhodococcus rhodochrous* J1。经过三代菌株的改良（图 2-18），日东公司的年产量也由初始的 4000t/a 提高到了 30000t/a[147]。国内学者在腈水合酶产生菌的分离选育、发酵优化和催化研究等方面做了大量的工作[148,149]。上海农药研究所沈寅初教授的小组历经七年研究，也已成功投产丙烯酰胺。

$$\diagup\!\!\diagdown CN \quad \xrightarrow[\substack{\textit{Pseudomonas chlororaphis}\ B23}]{\substack{\textit{Rhodococcus}\ sp.\ N\text{-}774 \\ \textit{Rhodococcus rhodochrous}\ J1}} \quad \diagup\!\!\diagdown CONH_2 \quad \xrightarrow{\quad\quad} \quad \diagup\!\!\diagdown COOH$$

图2-18　利用腈水合酶生成丙烯酰胺

2.3.4.2　羟醛裂解酶

　　醛缩酶能立体选择性催化 C—C 键的生成反应，同时具有手性控制，有着良好的应用前景。根据供体专一性可将醛缩酶分成四类不同依赖型：乙醛依赖型醛缩酶、丙酮酸/磷酸烯醇式丙酮酸依赖型醛缩酶、二羟基丙酮/磷酸二羟基丙酮依赖型醛缩酶和甘氨酸依赖型醛缩酶。

　　苏氨酸醛缩酶（ThrA）是广泛分布于自然界的依赖于吡哆醛 -5′- 磷酸（PLP）的酶。ThrA 催化苏氨酸裂解为甘氨酸和乙醛，也能够以甘氨酸和不同的醛为原料合成多种具有两个手性中心的 β- 羟基 -α- 氨基酸（HAAs），是形成不对称碳—碳键的强大催化剂[150-152]。HAAs 是几种药物的重要组成部分，如抗生素、免疫抑制剂和抗帕金森病药物屈昔多巴（L- 苏氨酸 -3,4- 二羟基苯丝氨酸，L-*threo*-DOPS）。

　　苏氨酸醛缩酶的催化过程由位于活性位点并与底物共价结合的 PLP 控制，分三个步骤进行：①外部醛亚胺（external aldimine，EA）羟基的去质子化；②共价键断裂；③水解（图 2-19）。首先，PLP 进入 PLP 依赖性酶的活性位点后，会与活性位点 Lys 残基反应并形成内部醛亚胺（internal aldimine，IA）。其次，当底物进入催化位点时，会与内部醛亚胺反应并形成外部醛亚胺。在这个过程中，底物与 PLP 辅因子以共价键相结合，辅因子和 Lys 之间的键被裂解。最后，醌类反应中间带负电荷的 C1 对第二个水分子的质子的亲核攻击，该质子从另一个水中获取一个质子，进而从第一步的最终受体中去除质子，完成催化过程。苏氨酸醛缩酶在 β- 碳上的立体选择性是由 A 亚基和与之相邻的 B、D 亚基的 loop 与底物直接作用的氨基酸以及活性中心的水分子共同作用的结果[153]。

　　1997 年，首次应用醛缩酶进行吨级规模生产，丙酮酸依赖型的唾液酸醛缩酶催化 N- 乙酰甘露糖胺和

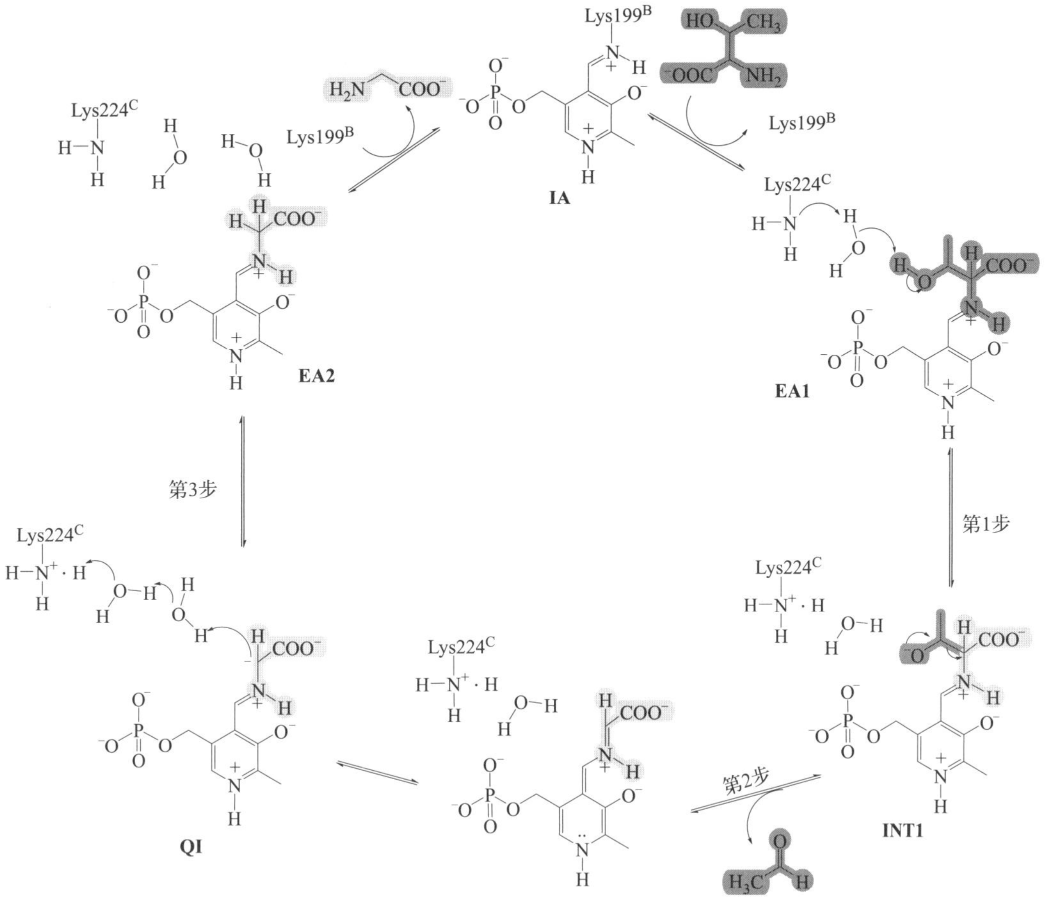

图 2-19　苏氨酸醛缩酶催化机理[153]

丙酮酸加成生成神经氨酸，产物神经氨酸是抗病毒药物扎那米韦的重要中间体[154]。Greenberg 课题组通过乙醛和氯乙醛的连续加成制备他汀类药物中间体的侧链（3R,5S）-6-氯-2,4,6-三脱氧己糖，并获得了高达 30g·L^{-1}·h^{-1} 的时空产率和 ee 值＞99.5% 的光学纯度[155]。Baik 课题组过表达了来源于 *Streptomyces avermitilis* 的 L-ThrA，使用整细胞作为催化剂不对称合成 *threo*-DOPS，在高密度反应器中加适量 Triton-X100，反应 114h，产物的浓度达到 8g·L^{-1}[156]。该团队使用改造后的酶，通过分批补料的方式反应 80h，产物的浓度达到了 3.8g·L^{-1}[157]。不过，产物为苏式（*threo*）构型和赤式（*erythro*）构型混合物。

苏氨酸醛缩酶催化羟醛加成反应在较短时间内会有较好的立体选择性控制，随着反应时间的延长，动力学产物和热力学产物之间会达到平衡，使得立体选择性控制逐渐变差。β-碳原子的立体选择性较低的主要原因是存在着动力学控制阶段和热力学控制。Wong 课题组以苄氧基丁醛为底物，以来源于 *Cryptococcus humicola* 的 L-ThrA 催化羟醛加成反应，15min 时产率为 18%，L-*threo*：L-*erythro* 为 10：90。反应延长到 15h，产率提高到 70%，L-*threo*：L-*erythro* 降低到 60：40[158]。对于该反应而言，处在动力学控制下 L-*erythro* 为主要产物，反应处在热力学控制下 L-*threo* 的比例会大幅提高。

2.3.5　异构酶

高果糖浆也称果葡糖浆，是葡萄糖和果糖的混合物，作为一种重要的甜味剂被广泛应用于食品领域。

高果糖浆目前主要以淀粉为原料，采用三步酶法制备。以 α- 淀粉酶和 β- 糖苷酶水解淀粉生成葡萄糖，再由葡萄糖异构酶（glucose isomerase，EC 5.3.1.5）转化为果糖。其中由 D- 葡萄糖异构化为 D- 果糖的反应为吸热反应，转化率只能达到 42%～45%[159]。葡萄糖异构酶又称木糖异构酶，能够催化 D- 葡萄糖和 D- 木糖的异构化反应，分别生成 D- 果糖和 D- 木酮糖，在高果糖浆的工业化生产中发挥关键作用。通过 X 射线衍射和中子衍射等技术，已经获得了几种葡萄糖异构酶与不同构型底物 / 产物的晶体结构，初步解析了其催化机理[160]。

葡萄糖的异构化主要分为 4 个过程，分别是底物结合、开环、氢迁移反应（异构化）和产物闭环，其中氢迁移反应为整个异构化过程的限速步骤（图 2-20）。葡萄糖分子首先进入酶的催化中心，顶替原结

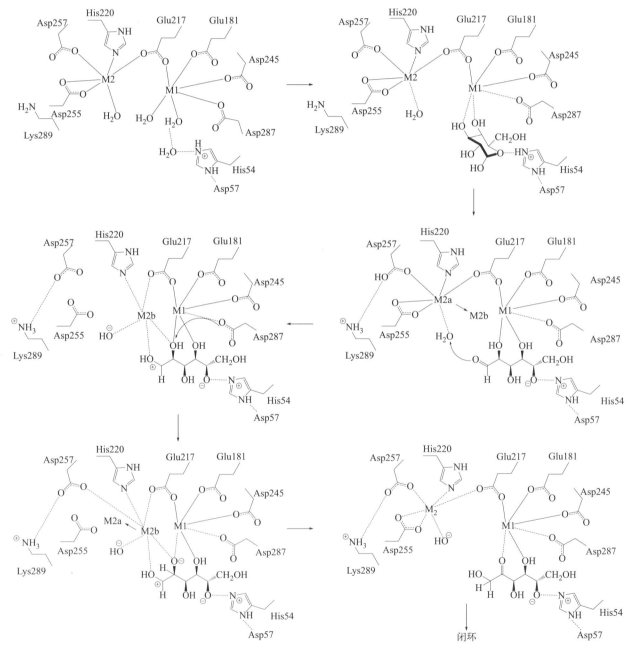

图 2-20 葡萄糖异构酶的催化机理

构中 3 个水分子的位置，并与酶分子中的金属离子（M1）形成配位键；第二步，由于此时葡糖分子的 O5 与催化中心中双质子化的 Asp-His 接近，促使 C1-O5 断开，并使 O5 带上负电荷，C1-O1 形成醛基，同时由于 C—C 键的旋转，C1 移向 M2a 位，并迫使 M2a 位的另一个金属离子移向 M2b，断开与 Asp 和水形成的配位键，重新与底物的 O1 和 O2 形成新配位键；第三步，O1 获取一个质子（质子来源仍有争议）形成羟基，同时由于 M2 金属离子的极化作用，促使 C1 带正电荷，此时由于 O2 同时与 M1 和 M2 配位，促使 O2 将质子经 C2 后转移给极化后的 C1；最后，去质子化的 O2 断开与金属离子 M2 的结合形成羰基，金属离子由 M2b 重新回到 M2a 位置，同时 O5 负离子与 O2 羰基重新闭环，形成果糖。

美国和日本等国家在 20 世纪 70 年代就实现了果葡糖浆的三步酶法工业化生产，葡萄糖异构酶是影响其产量和成本的关键。通过基因工程改造、发酵过程优化等方法，葡萄糖异构酶的活力可达 10000 ～ 35000U·L^{-1}，酶的耐温性、耐酸性等性状也得到大幅改善[161]。通过交联、吸附和包埋等固定化技术，进一步提高了酶的稳定性和使用效率，降低了使用成本。其中广泛使用的杰能科公司生产的 Gensweet IGI 是通过聚乙烯亚胺 / 戊二醛交联葡萄糖异构酶生产菌，再添加膨润土、硅藻土混合制得，在 60℃的填充床反应器中，半衰期达一年以上[162]。

顺丁烯二酸异构酶

虽然葡萄糖异构酶的催化反应机制还未完全解析，关键反应步骤的细节仍存在争议，但并不妨碍科学界和产业界早在约 50 年前就基于异构酶，综合发酵、分离等技术，开发了适用于果葡糖浆大规模工业化生产的工艺，成为异构酶工业化使用、乃至酶催化领域的一个经典案例。

（冯进辉，朱敦明）

第 2 章
参考文献

第 3 章　生物催化剂的发现

○○ ——— ○○　○　○○ ———

3.1　引言

生物催化剂是生物反应过程中起催化作用的游离细胞、游离酶、固定化细胞或固定化酶的总称。生物催化剂按照其构造形态可以分为酶、细胞及多细胞生物体几种；按照其形式也可分为游离型催化剂和固定化型催化剂[1]。

生物催化剂所催化的化学反应相对于化学催化剂来说更加绿色环保，反应得率高，副产物少，生物催化剂可降解，更为重要的是生物催化具有化学催化所不具备的高度的化学、位置和立体选择性，从而使得整个过程更加高效、成本也更低。由于上述原因，生物催化技术在过去的二三十年获得了迅猛的发展，并正逐渐地替代传统的化学催化技术在医药、农药、食品、香精香料、材料、饲料以及环境修复等领域发挥着越来越重要的作用。甚至有科学家认为：几乎自然界中的任何产物，都可以由微生物或者其酶催化合成。一方面，当我们设计一个新的酶促反应过程时，必须找到一个适合这个反应的理想酶催化剂；另一方面，新酶的发现也为设计新的酶促反应提供新的思路。

3.2　生物催化剂的来源、发现和筛选

3.2.1　生物催化剂的来源

生物催化剂的来源主要包括动物、植物和微生物，其中微生物来源的新酶占整个生物催化剂来源的绝大部分，大约80%以上，而动物和植物来源的生物催化剂分别只占8%和4%[2]。主要原因有微生物种类丰富，包括细菌、真菌、病毒、单细胞藻类和原生动物[3]，是地球上物种最为丰富的生物种群；分布广泛，微生物无处不在，甚至一般生物不能生存的极端环境，如高温泉、大洋底层、强酸、强碱、高盐水域都有极端微生物生活；同时微生物还具有很强的适应性、容易保藏、生长快速。微生物的多样性决定了其所含生物催化剂的多样性[4]。可以说，大自然中的微生物是取之不尽、用之不竭的自然资源宝库[5,6]。因此，传统上所说的生物催化剂筛选，往往指的是寻找能够生产所需生物催化剂的微生物菌株[7]。微生物筛选是历史上发现新酶的一种经典、有效和主流的方法；预计今后很长一段时间，至少在新酶发现的初期，仍将是原始创新的重要途径之一。

近年来，由于生物技术产业的快速发展，对具有特殊催化性能的各种新颖酶催化剂的需求量急剧增加，传统的通过微生物筛选来获得目标生物催化剂的方法已无法满足工业发展的需要。比如，从产酶微生物的筛选和菌种鉴定，到候选酶编码基因的确定，再到相关基因的克隆和异源表达，往往需要比较漫长的开发周期，有时候甚至长达 1～2 年。因此，亟需发展更加快速、高效的新型生物催化剂发掘新技术。随着分子生物学、生物信息学、计算生物学和高通量测序技术的迅速发展，基因数据库中公布的基因序列数量呈指数型增长。这使得通过基因组数据库挖掘新型生物催化剂的设想成为了现实，生物催化剂的开发周期也由传统微生物筛选法的 1～2 年大幅度缩短至 1～2 周，大大提高了工作效率，并逐步

地取代从土壤样品中筛选微生物酶的传统方法[8,9]。

需要指出的是，由于实验室的培养基和培养条件很难重现生境中的自然条件，无法满足各种微生物生长的需要，导致99%以上的环境微生物都是不可培养的菌株，而这其中可能蕴藏着丰富的未知酶基因数据资源。因此，对环境中不可培养微生物的DNA进行分离和克隆的宏基因组技术，也成为获取各种新型生物催化剂的非常重要和有效的手段，并受到了越来越多的关注。

3.2.2　生物催化剂的发现和筛选

3.2.2.1　从动物和植物中发现新酶

动物和植物组织是生物催化剂的重要来源，虽然在所有已发现的生物催化剂中，其比例并不是很高，但是它们往往具有优良的催化特性。例如，巴西橡胶树来源的羟腈裂解酶是最早实现工业化应用的酶之一，另外还有我们耳熟能详的马肝醇脱氢酶也早已实现了商业化应用。近年来，科研工作者们又陆续从动植物组织中筛选得到许多具有良好催化性能的生物催化剂。例如，Asano 课题组从动物马陆中分离纯化出超高催化活力的羟腈裂解酶，其比活力为目前已经实现工业化应用的巴旦木羟腈裂解酶的 5 倍，同时该酶在广泛的温度（15～60℃）和 pH（2.6～9.6）范围内具有良好的稳定性，并且在合成 (R)- 扁桃腈及其衍生物时表现出完美的立体选择性（> 99% ee）[10]。Yu 等人从苹果籽中分离纯化得到一个高稳定性的 β- 葡萄糖苷酶，并利用该酶成功实现了红景天苷等一系列糖苷化合物的高效绿色合成[11]。其他植物来源的生物催化剂还包括绿豆环氧水解酶[12]、红豆羰基还原酶[13]和苜蓿乙醇酸氧化酶[14]等。

从动植物中获取生物催化剂的优势在于能够充分利用农副产品，资源丰富，成本也比较低；不足之处在于动植物生长比较缓慢，受地域和气候的影响较大，酶的来源可能受到限制。另外，动植物中酶的含量相对较低，分离提取比较困难，无法大量获得。随着合成生物学技术的发展，大量动植物宿主中的酶基因已经成功在微生物底盘中得到异源表达，并广泛应用于动植物源天然产物分子的微生物合成和规模化发酵制备。

3.2.2.2　从自然界发现和筛选产酶微生物

一般的产酶菌株可以根据文献报道的微生物种属情况，直接向国内外公共的菌种保藏与研究机构索取，但原始菌株的产酶水平可能无法令人满意。因此，大量微生物新菌株和新酶的发现应该从适合生物转化条件的自然界中去挖掘筛选。

产酶微生物的发现通常包括分离和筛选两个环节。分离就是通过分离技术将目标微生物从其生存的各种环境中分离纯化出来，筛选就是以性能为目标确定适合的菌株。生物催化剂的筛选，首先要根据所需要的目标化合物选择反应的类型，再根据反应的类型来确定所需要的生物催化剂种类，进而确定生物催化剂的来源。比如脂肪酶的筛选可考虑从油脂加工厂附近的土壤中采样筛选；纤维素酶则可从秸秆的堆积地或者森林里采样筛选；农药厂周围的土壤则是产有机磷水解酶的微生物潜在聚集地；当需要耐高温生物催化剂时，可以从火山口附近的土壤中进行筛选。在确定了反应类型和催化剂筛选源之后，就需要找到一种方便、灵敏、高效的筛选方法，以便于在最短的时间内从大量的微生物群体中找到符合要求的目标生物催化剂。

尽管自然环境中存在各种各样的微生物，但是由于环境中的营养浓度要比实验室中低上百至上千倍，即处于贫营养状态。因此，从自然界中获得样本后，在实验室条件下进行人工培养可以迅速改变其环境的营养，当然其中十分重要的是需要考虑微生物对生存环境和营养的特殊要求。这就是从如此缤纷的微生物世界中发现和寻找到理想的产酶微生物，需要采取一定的策略和方法的重要原因。

为了提高产酶微生物的筛选效率，需要遵循以下几条原则：（1）采集尽可能多的样本；（2）采用多种方式进行菌种富集；（3）采用简便易行的分析方法，宁可选择比较粗略但能快速测试大量样品的方法，而不使用费时费力的精确方法；（4）多轮筛选轮套进行；（5）在单菌落分离之前高效淘汰；（6）在筛选后期，应从多角度（例如活性、稳定性、选择性、底物耐受性等），对酶的性能进行反复比较、优中选优（图 3-1）。

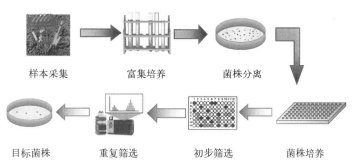

样本采集　　富集培养　　菌株分离

目标菌株　　重复筛选　　初步筛选　　菌株培养

图 3-1　从土壤中筛选产酶微生物示意图

Zheng 等[15] 以 DL- 薄荷醇乙酸酯为唯一碳源，从土壤样本中筛选能将 DL- 薄荷醇乙酸酯水解为 L-薄荷醇的微生物，通过薄板层析（TLC）方法检测产物 L- 薄荷醇的生成情况。对产物生成明显的 265 株微生物进行复筛，并利用气相色谱法进行转化率和产物 ee 值的检测，从中筛选得到 8 株微生物可以以 ＞ 25% 的转化率和 ＞ 94% ee 的对映选择性合成 L- 薄荷醇。进一步地，为了获得底物耐受性高的产酶微生物，他们在微生物转化反应中逐步提升底物浓度并对 8 株微生物的转化效果进行考察。最终，发现其中一株微生物 Bacillus subtilis ECU0554 能够耐受高达 500mmol/L 的底物浓度，反应 6 小时后产物浓度达到 182mmol/L，ee 值为 97.1%，表现出良好的应用潜力。

Li 等[16] 为了筛选硫醚单加氧酶生产菌株，对土壤样品中的微生物进行两轮富集培养，培养基中加入苯甲硫醚作为唯一碳源，并利用 TLC 对培养液中的产物苯甲亚砜进行检测。对能产生目标产物的培养液进行划线分离以便获得单一菌落，并对单菌落进行纯种培养，同样在培养液中添加苯甲硫醚作为唯一碳源，利用 TLC 快速筛选产物生成效率较高的菌株（100 株）。接着，对这 100 株产酶微生物通过扩大反应规模，并利用带手性柱的液相色谱仪测定产物苯甲亚砜的光学纯度，最终获得一株催化活性和对映选择性均较理想的硫醚单加氧酶产生菌株 Rhodococcus sp. ECU0066。

3.2.2.3　生物催化剂的数据库挖掘

在后基因组时代，如何充分利用指数型增长的基因组序列数据，快速发现具有工业应用潜力的新酶已成为当前研究的一大热点。如果能够针对工业生物转化所需的特定过程或产品，将全球共享的生物信息数据库资源转化为工业生物技术所需的生物催化剂实体酶资源，将可极大地促进生物催化技术的自主创新，推进生物制造产业的高起点、跨越式和可持续发展[17]。

随着基因组测序技术的飞速发展，生物数据库中基因和基因组序列数据迅猛增长。截止到 2022 年 10 月，共有 31412 个测序项目完成测序。另外，全球还有 500066 个测序项目正在进行中，其中包括 104856 个宏基因组测序计划。美国国家生物技术信息中心（National Center for Biotechnology Information，NCBI）网站的统计数据显示，截止到 2022 年 8 月，该网站登记的基因序列有两亿四千万条，累计达到 1.5 万亿个碱基对。如此庞大的基因组数据库资源，无疑蕴藏着丰富的工业酶基因序列数据，对于生物科学家来说可谓是一笔巨大的财富。当前研究者们所共同面临的机遇和挑战是，由于这些数据库属于全球公开的共享资源，对于所有研究者来说可谓机会均等，因此如何能在最短的时间内，从海量的基因数据资源中迅速获得完整的目标酶基因和活性酶蛋白，并灵活地将所开发的新型生物催化剂应用于高附加值分子的生物制造中。

在后基因组时代，生物催化剂的发现已经从传统"挖土筛选"转移到基因组数据库挖掘上。所谓"基因组数据库挖掘"，就是根据一个特定反应所需的生物催化剂，从文献中寻找已报道的该类酶的候选基因序列，并以已报道的基因序列作为探针，利用开源软件在数据库中进行序列比对，找到在结构和功能上类似的同源酶编码序列，构建"进化树"。在此基础上，根据所获同源酶的基因编码序列设计引物，利用 PCR 技术从目标物种中大量扩增获得目标酶基因或者直接委托基因合成公司合成获得目标基因序列，并选择合适的底盘菌株进行微生物异源重组表达，然后针对目标反应对所获得的重组酶库进行功能筛选，所得催化性能优良的新型生物催化剂，即有望用于规模化生产高附加值的功能化学品（图 3-2）。

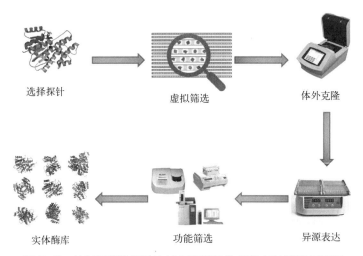

选择探针　　　　虚拟筛选　　　　体外克隆

实体酶库　　　　功能筛选　　　　异源表达

图 3-2　从基因组数据库中挖掘新型生物催化剂的流程示意图

3.2.2.3.1　从已测序的微生物基因组中挖掘目标酶基因

随着基因测序技术的飞速发展，越来越多的微生物基因组被测序，其中有一部分的开放阅读框所编码的酶信息已被注释，但仍未通过实验验证；另外有大量的开放阅读框所编码的酶信息仍未被注释或研究过。一方面可以将已被注释的潜在酶基因进行克隆表达，并通过活力检测来获得所需的生物催化剂；另一方面还可通过对其中的开放阅读框进行分析，并和已报道的类似酶的相关保守序列信息进行比较，找到潜在的目标酶的编码基因序列，进而通过克隆表达来获得目标生物催化剂。

倪燕等人通过对 *Bacillus* sp. 的基因组进行分析，发现其中有 13 个潜在的编码羰基还原酶的开放阅读框，并对这些潜在的目标酶基因进行克隆表达，发现其中一个酶（FabG）能够催化高浓度（620g·L^{-1}）的 2- 羰基 -4- 苯基丁酸乙酯高立体选择性（> 99% *ee*）地还原为 (*S*)-2- 羟基 -4- 苯基丁酸乙酯[18]。另外一个酶（YueD）则对 4- 氯 -3- 羰基丁酸乙酯表现出很高的催化活性，通过在两相反应体系中采用批次补料的策略，使得高达 215g·L^{-1}（1.3mol/L）的底物可被完全转化，产物 (*R*)-4- 氯 -3- 羟基丁酸乙酯的得率和对映体过量值分别为 97.3% 和 99.6%[19]。还有一个酶（YtbE）能够耐受高浓度的邻氯苯甲酰甲酸甲酯，该酶能够将 500g·L^{-1} 的底物完全转化为曾经的世界第二大畅销药氯吡格雷的中间体 (*R*)- 邻氯扁桃酸甲酯[20]。

赵晶等[21] 根据 α/β 水解酶家族中环氧水解酶的保守区域 HGXP，Sm-X-Asp-X-Sm-Sm（Sm：小的氨基酸残基，X：任意氨基酸残基，Asp：天冬氨酸氨基）基序，催化三联体（天冬氨酸，组氨酸，天冬氨酸或谷氨酸），以及用于稳定过渡态的酪氨酸，对已经公布的巨大芽孢杆菌的全基因组序列，利用

GLIMMER v3.02 软件分析所有的开放阅读框，并通过 BLAST 软件搜索含有所有保守区域的开放阅读框，最后通过分析软件将所得到的开放阅读框与一些已知的环氧水解酶的氨基酸序列进行多序列比对；最终克隆得到一个对对位取代的苯乙烯环氧化物和邻位取代的苯基缩水甘油醚具有高对映选择性和水解活力的环氧水解酶。

3.2.2.3.2　利用已知酶的基因序列作为探针，在基因组数据库中挖掘目标酶基因

当催化某类反应的相关酶基因序列已有相关报道，就可以直接利用已经报道的基因序列作为探针在基因数据库中进行检索，找到与探针序列具有同源性的潜在目标酶基因，进而根据检索到的基因序列设计引物，利用 PCR 扩增的方法或者直接进行全基因合成获得这些酶的基因序列，并将它们进行克隆表达，最后利用目标底物对候选酶进行筛选以获得所需要的具有特定催化功能的生物催化剂。

为了寻找能够催化邻氯扁桃腈水解合成邻氯扁桃酸的腈水解酶，张陈胜等[22] 以扁桃腈水解酶基因的保守序列为探针在基因数据库中进行比对筛选，选取序列一致性在 40%～70% 之间的基因进行克隆表达，并根据它们对邻氯扁桃腈的活力和对映选择性进行筛选，最终获得一个高效的重组腈水解酶，其能够耐受高达 300mmol/L 的邻氯扁桃腈，产物的得率和 ee 值分别为 94.5% 和 96.5%。类似地，邹争争等[23] 通过基因挖掘法筛到一个新的具有良好温度稳定性的 β- 葡萄糖苷酶，该酶在 70℃、80℃和 90℃的半衰期分别达到了 533h、44h 和 5h。其在 70℃的条件下催化正辛醇糖基化的转化率相较于 50℃时提高了 27%，反应时间也由原来的 7 天缩短为 3 天。

当所需的生物催化剂尚未有相关的基因序列报道时，可以先通过微生物筛选的方法获得能够表达目标生物催化剂的微生物，接着对筛选得到的微生物进行全基因组测序，鉴定出编码目标酶的基因序列，进一步以鉴定出的编码目标酶的基因 / 蛋白质序列作为探针，在基因 / 蛋白质数据库中挖掘具有同源性的潜在目标酶基因。例如，张超等以 4- 羰基癸酸为唯一碳源，从 1500 份土壤样品中筛选得到一株产 4- 羰基癸酸还原酶的微生物 *Pseudomonas panipatensis*，接着通过全基因组测序、基因序列分析和酶催化性能验证，获得编码 4- 羰基癸酸还原酶的基因序列，进而以该基因序列为探针，从基因数据库中挖掘得到多个催化效率比探针酶催化效率更高的 4- 羰基癸酸还原酶[24]。

3.2.2.3.3　结合基因序列信息和结构信息，在数据库中挖掘目标酶基因

通过从已测序的微生物基因组中克隆酶基因或者利用已报道的酶基因序列作为探针在基因数据库中挖掘目标酶基因取得了较好的效果，不过这些大多是根据已报道的催化特定底物的基因序列为探针挖掘到催化同样底物或类似底物的生物催化剂。然而针对某些特定底物的情况，仅仅通过催化类似反应酶基因序列的相关信息所挖掘到的酶往往达不到预期的效果，无法达到催化特定底物的目的。如果能够将酶的基因序列、空间结构和催化功能三者的相互关系结合起来进行酶数据库挖掘，将可大大提高基因挖掘的效率和实现预期目标。

例如，文献报道的绝大多数转氨酶是 (S)- 选择性的，而 (R)- 选择性的转氨酶则非常少。Uwe 等人[25] 为了获得 (R)- 选择性的转氨酶，他们首先对文献报道的 (S)- 选择性转氨酶的基因序列、空间结构和底物识别机制进行分析，找到潜在的可能将 (S)- 选择性转氨酶转变为 (R)- 选择性转氨酶所需要的突变位点和替代氨基酸，并根据这些相关信息在基因数据库中搜索已经含有这些氨基酸突变位点的编码基因序列，并将这些潜在的目标酶基因序列在大肠杆菌中进行克隆表达，通过针对目标底物和反应进行筛选，最终得到了 17 个能够催化合成一系列 (R)- 胺化合物的 (R)- 选择性转氨酶，对映体过量值达到了 99% 以上。

Siegel 等[26] 为了挖掘脱羧酶以实现由酮酸合成直链脂肪醇，设计了一种更快速高效的基因数据库挖掘方法，该方法结合了序列筛选、同源建模和分子对接的策略，以预测候选酶的功能。他们首先在数据

库中搜索到具有脱羧酶功能注释的序列，超过了 17000 条序列。接着，为了去除冗余序列和获得能够在大肠杆菌中具有良好表达水平的候选酶序列，他们删除了同源性在 90% 以上的序列和真核来源的序列，得到 2082 条序列。进一步地，为了后续研究候选酶的催化性能和分子改造的需要，他们又剔除了无法进行同源建模的序列，得到了 239 条序列。随后，他们将这些序列进行同源建模并与模型底物分子进行分子对接，对序列之间的亲缘关系和分子对接结果进行打分，充分考虑序列来源的多样性和酶与底物的结合能，最终筛选出 10 条基因序列，用于后续实验研究。最后，将这 10 条序列在大肠杆菌中进行异源表达，发现有 6 条序列能够成功地在大肠杆菌中实现可溶表达，其中 3 个酶表现出所期望的脱羧酶活性，而且催化效率与文献报道的其他脱羧酶相当，甚至更高。

　　最近开发出来的酶挖掘平台交互式网站 EnzymeMiner 大大提高了科研工作者从基因数据库中挖掘新酶的效率[27]。通过该网站，用户只需要输入目标酶家族中至少一个代表性酶的基因序列以及关键氨基酸位点（催化位点），该平台就会在数据库中进行迭代搜索并进行相应的计算，最终反馈给用户一系列潜在的候选酶基因序列以及相应的注释信息，其中包括蛋白质可溶性、潜在的极端亲水性、结构域以及其他结构信息。用户可以很方便地根据这些信息选择最有潜力的基因序列用于后续的基因合成、蛋白质表达、纯化和催化性能表征。Nikel 等[28] 利用该平台从古菌 *Methanosaeta* sp. 中挖掘到一个非常规的氟化酶，该酶是迄今为止催化氟化反应效率最高的酶。Prokop 等[29] 首先通过 EnzymeMiner 平台筛选得到 2578 条潜在的卤烷脱卤酶基因序列，进一步通过同源建模、活性口袋分析、通道分析以及底物结合分析等结构分析工具将候选基因序列缩减至 2514 条。最后，从基因来源多样性、序列相似性网络分析、可溶性表达预测以及同源结构模型的可靠性等方面进行排序，选择 45 条候选酶基因序列用于后续实验验证。其中 40 个酶具有卤烷脱卤酶的催化活性，选择较优的 24 个酶进行详细的酶学性质表征，发现 11 个酶表现出比目前文献报道的卤烷脱卤酶更高的催化效率。

从宏基因组文库中
筛选酶

3.3　总结与展望

　　随着现代生物技术的飞速发展以及工业生物技术领域上各种高催化性能新酶催化剂需求量的急剧增长，生物催化剂的发现已经由传统的从自然界环境中进行筛选逐步转向从基因数据库中进行挖掘这一更加高效的手段，并且已经在许多新型生物催化剂的挖掘方面取得了非常喜人的成果。然而，如何能够更加有针对性且高效地获得所需的理想生物催化剂，如何能够使挖掘得到的目标催化剂基因高效地在合适的宿主中进行大量的表达，高通量筛选方法的建立以及如何使所获得的生物催化剂更好地服务于工业生物技术领域是目前存在的主要挑战。近年来，高通量基因测序技术、生物信息学分析工具、机器学习、人工智能以及结构生物学都取得了突飞猛进的发展，这些将在基因水平和空间结构水平上保证基因数据库挖掘的高效性和准确性。另外，各种表达宿主，比如毕赤酵母、假单胞菌、枯草芽孢杆菌、黑曲霉等的开发和完善，也将极大地提升目标基因（特别是真核生物来源基因）的表达水平。虽然近些年来蛋白质分子改造技术在改善酶催化性能方面取得了令人瞩目的成就，但是我们仍然不能忽视通过从自然界和基因组数据库中进一步获得新颖且高效的生物催化剂的巨大潜力。

（张志钧，李春秀）

✐ **思考题**

（1）传统的生物催化剂筛选方法有哪几类？在何种场合使用？指出其各自优缺点？

（2）世界上著名的生物信息资源数据库有哪些？

$$\text{(苯乙酸对硝基苯酯)} + H_2O \xrightarrow{\text{酶}} \text{(苯乙酸)} + \text{(对硝基苯酚)}$$

（3）上述反应式中的生物催化剂是什么酶？请针对上述反应式和相应的目标催化剂，介绍两种获得上述催化剂的筛选方法。

第 3 章
参考文献

第4章　生物催化剂的分子工程改造

○○ ──── ○○ ○ ○○ ────────────

4.1　酶分子改造

　　天然酶是自然界漫长进化的产物。虽然通过从天然酶筛选、基因组数据挖掘和宏基因组挖掘等策略可以获得催化各种反应的生物催化剂，但是以上策略所获得的酶本质上均来自于自然界温和的天然环境，比如常温、中性 pH、低盐介质等，导致这些生物催化剂需要在温和的操作条件下才能够发挥出最佳的催化潜能。然而，在实际工业生物催化过程中，往往面临着严苛的操作条件，比如较高的反应温度、极端 pH、高盐和有机溶剂介质等，可能会导致酶的失活，高的底物/产物浓度会抑制酶活力，所催化的底物是非天然底物导致酶催化效率低下，以及在多步酶促反应中酶与酶之间最适反应条件不兼容等问题，会严重影响生物催化过程的效率。除了严苛的操作条件之外，有些生物催化剂本身还存在异源表达水平低、稳定性差等问题，导致制备成本居高不下，以及因催化选择性差而导致产物纯度低等，都会显著增加生物反应过程的经济成本。以上问题虽然可以通过酶工程或反应工程手段得到部分解决，但是无法从根本上改变酶自身的催化性能。

　　由于生物催化剂（酶）的化学本质是蛋白质（RNA 酶除外），而酶蛋白功能的发挥依赖于其高级结构，高级结构又由其氨基酸一级序列所决定。因此，为了从本质上改变生物催化剂的性能，需要对编码其氨基酸序列的核苷酸进行突变，从而改变酶蛋白质的三维高级结构，进而从分子水平影响酶蛋白的催化性能，这就是（酶）蛋白质的分子改造，又称蛋白质工程。蛋白质分子改造的方法主要包括定向进化、半理性设计和理性设计。其中理性设计（rational design）是建立在对酶蛋白的三维空间结构和催化机制等构效关系深入理解的基础上，对酶蛋白进行定点突变以获得催化性能改善的突变体酶。该方法针对性强，突变体库容量小且质量高，工作效率高，但实施过程中需要蛋白质的序列和结构信息以及待改造性质的作用机理等作为依据。而定向进化（directed evolution）则无需了解酶蛋白的空间结构和催化机制等相关信息，只需通过数轮的随机突变并结合特定的高通量筛选方法，即可获得符合人们需求的催化性能改善的突变体酶。该方法的突变体库容量和筛选工作量都很大，对筛选方法的依赖度高，但是通用性好。半理性设计则是定向进化和理性设计的组合体，可以兼顾两者各自的优点，在合理的筛选通量和高质量的有益突变两者之间更好地建立平衡。表 4-1 对理性设计和定向进化两种改造手段进行了比较。

表 4-1　理性设计技术和定向进化技术对比

	理性设计	定向进化		理性设计	定向进化
蛋白质结构知识	需要	不需要	二级结构改造	可以	不可以
机理知识	需要	不需要	结构域改造	可以	不可以
点突变偏好性	没有	有	高通量筛选方法	不需要	需要

4.2　酶的定向进化

　　1859 年达尔文在《物种起源》中提出了进化是生命的特征这一关键概念。在此之前，人类在不了解潜在的进化原理和过程的情况下，利用进化的力量通过选择性育种和驯化来创造具有所需特征的目标生物已有数百年的历史。在 20 世纪 60 年代末和 20 世纪 70 年代初，Spiegelman 及其同事在不同的选择压力下进行了一系列体外 RNA 复制实验，以探索基本的进化原理[1-2]。1985 年，Smith 开发了噬菌体表面展示技术以富集具有所需结合特性的多肽，并在抗体的工程改造中得到广泛应用[3]。大约在同一时期，Eigen 和 Gardiner 正式提出了通过诱变和选择来进化蛋白质的"进化机器"的概念[4]，而 Szostak 和 Hageman 的实验研究则为酶分子的定向进化奠定了基础[5-6]。然而，直到 1993 年，Arnold 及其同事才正式将定向进化这一概念付诸于实践[7]，这也成为开启定向进化领域的标志，Arnold 也因为其在酶定向进化领域的突出贡献获得 2018 年的诺贝尔化学奖。1994 年 Stemmer 进一步发展了蛋白质基因间随机重组的方法，即 DNA 混组（DNA shuffling），有力地推动了定向进化的发展[8]，1999 年 Stemmer 等又把 DNA 混组延伸到家族混组（family shuffling），将单一来源 DNA 的分子进化扩大到家族分子间的组合进化[9]。

定向进化是指人为创造特殊条件，模拟自然界的进化机制，在体外对一个或多个已经存在的亲本酶基因进行随机的突变和重组，构建人工突变酶库，并采用高效的筛选或选择方法，最终获得具有优良催化特性的突变体酶。与以生存和繁殖为目标的自然进化不同，定向进化则是以更高的突变和重组率进行，以期筛选到所需的生物功能。通常定向进化的过程一般包括两个主要步骤：（1）通过随机突变和 / 或基因重组实现基因多样化，构建多样化的变体库；（2）筛选 / 选择以获得具有改进表型的突变体（图 4-1）。

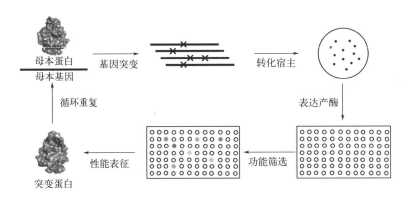

图 4-1 蛋白质的定向进化流程图

4.2.1 定向进化的关键因素

4.2.1.1 选择一个合适的亲本酶

定向进化的一个关键因素是要选择一个合适的亲本酶。

仅通过定向进化来实现催化活性从无到有非常困难，作为进化的起点，亲本酶应当具有可以测量的目标活性，或者能够催化类似底物的同类反应。这里的亲本酶可以是自然界的天然酶也可以是经过分子改造的进化酶，最好通过文献调研尽可能选择催化活性高的酶作为亲本酶，这样获得满足特定催化要求的突变酶相对更容易一些。有研究表明，酶的自然进化历史是评价其可进化性的重要参考，那些具有多种功能和广泛底物谱的酶家族成员在实验室中也具有较高的可进化性。

作为亲本酶还应该具有良好的可溶表达水平，这通常被认为与酶的突变耐受性和热稳定性相关。突变耐受性是指一个蛋白质抵抗氨基酸序列的突变对其折叠或催化活性干扰的能力。在定向进化过程中，随着突变位点的累加，可能会对蛋白质的正确折叠和可溶表达产生不利影响，最终的结果是虽然通过定向进化使酶的催化性能提高了，但是突变体酶的表达水平极低或几乎不表达，在实际应用中也就失去了意义。突变耐受性越高，突变体在进化中"存活"的可能性越大。虽然热稳定性对酶的催化功能并没有直接的影响，但是热稳定性的提高使酶可以容忍更多的去稳定化的突变，从而产生更高比例的、能够正确折叠的突变体，也就相当程度地提高了酶的突变耐受性。以热稳定酶和非热稳定酶作为模板进行定向进化的对照实验表明：热稳定性较好的酶是定向进化更好的起点。

4.2.1.2　选择一个合适的筛选 / 选择方法

定向进化的另一个关键因素是建立一个可以有效识别所需表型并以高通量方式分析目标产物的通用平台。目前，文库分析主要包括基于选择或基于筛选两种方法。对于选择，蛋白质的目标功能需要与宿主生物的生理生化特性，比如生长或存活相关联。在选择过程中，非功能性变体将被自动消除。这种方法可以评估库容量超过 10^9 个突变体的大型文库，并且只有具有所需特性的蛋白质才会被区分。对于筛选，则需要通过使用生物化学或生物物理分析方法对每个突变体进行单独分析，以评估所需的特性。由于可以简便设定实验条件以满足特定的工业环境，例如非天然环境或非天然底物，并且可以推广到一系列酶促转化中，因此该方法用途广泛且灵活性好。然而，大多数基于筛选技术的通量大约在每个实验 10^4 到 10^6 个突变体的范围内，通量偏低仍然是该方法的一个主要限制[10]。

综上所述，一个快速、高效的筛选 / 选择系统是决定定向进化实验成功与否的关键点之一，往往影响着酶分子改造的最终结果。只有通过定向的筛选 / 选择，才能驱动酶分子的特性 / 功能朝着预期或需要的方向进化，最终获得一个具有何种功能的突变体酶，主要取决于筛选 / 选择方法所选用的条件（筛子），这就是定向进化的一个准则："所得即所选（you get what you select for）"[11]。

4.2.1.3　突变体库的多样性

对一个蛋白质的氨基酸序列进行随机突变时，要充分考虑该序列可能存在的突变体数量。对于仅包含 20 种主要天然氨基酸的蛋白质来说，N 个残基的序列具有 20^N 个可能的序列总数。对于 $N=100$（相当小的蛋白质），可能的序列总数为 20^{100}（大约 1.3×10^{130}），这就已经远远超过宇宙中已知的原子数总和。因此，当往一个长度为 N 个氨基酸的蛋白质中引入 M 个突变时，可能产生的突变体的个数为 $19^M [N!/(N-M)!M!]$[12]。为了尽可能探索所有可能的突变对酶蛋白催化功能的影响，在蛋白质定向进化过程中要尽量把每个位点的氨基酸突变为其他 19 种氨基酸，也就是要尽可能地保证突变体库的多样性。

4.2.2　定向进化的方法

如前所述，定向进化过程主要包括基因多样化和筛选 / 选择两个主要步骤，因此，基因多样化的方法和效率是影响定向进化过程成败的关键之一。虽然已经有多种方法来实现基因多样化，但是易错 PCR（error-prone PCR，epPCR）、DNA 混组（DNA shuffling）和定点饱和突变（site saturation mutagenesis）无疑是在定向进化中应用最为广泛的方法。

4.2.2.1　易错 PCR

易错 PCR 是模拟自然界中不完美的 DNA 复制过程［每个碱基对（base pair，bp）的突变概率为 10^{-10}］，在复制目标基因时以更高的突变率（每 bp 的突变概率为 10^{-4}）随机引入突变（图 4-2）。它可以在不需要了解蛋白质结构 - 功能关系的情况下快速设计目标蛋白质。epPCR 最早是由 Goeddel 及其同事于 1989 年开发，至今仍然是应用最为广泛的体外随机诱变方法[13]。其基本原理是使用低保真度的 DNA 聚合酶，如 Taq 和 Mutazyme 聚合酶，在人为设定的条件下进行

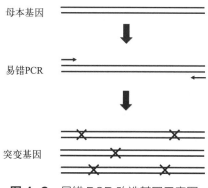

图 4-2　易错 PCR 改造基因示意图

PCR 扩增以产生点突变。通过在 PCR 反应体系中提高镁离子浓度、添加锰离子、引入浓度不均衡的 dNTP 或增加 PCR 反应循环的次数，均能够降低碱基配对的保真度，并将突变率提高到每对碱基 8×10^{-3} [14]。当使用诱变性的核苷酸类似物时，还可以进一步将突变率提高至每对碱基 $10^{-2} \sim 10^{-1}$ [15]。

由于 epPCR 中所使用的 Taq 聚合酶的偏向性问题（即偏向于从 AT 到 GC 的转换和从 AT 到 TA 的颠换）以及 PCR 反应的指数扩增特性，往往会导致某些突变体的过度呈现，比如第一轮突变所产生的突变体在最终的突变文库中所占的比例高达 25%，因此可以将 Taq 聚合酶和更加偏向由 GC 到 AT 转换和由 GC 到 TA 颠换的 Mutazyme DNA 聚合酶混合，以达到使碱基突变的分布更加均衡的目的 [16]，目前基于这种策略的随机诱变试剂盒也已经实现商业化。还可以通过将 PCR 反应混合液分组之后进行 PCR，最后再将所有的突变文库合并或者尽可能地减少 PCR 扩增循环次数的策略来解决。

Schwaneberg 等人开发的序列饱和突变（sequence saturation mutagenesis，SeSaM）是一种非聚合酶依赖的随机突变策略，也可以很好地克服 epPCR 中 Taq 聚合酶的偏向性问题 [17]。SeSaM 的基本原理是利用 α- 硫代磷酸核苷酸"选择"任意一个核苷酸进行突变，并利用具有混杂碱基配对能力和编码偏向性的通用碱基来实现偏向性可控的突变。最终，SeSaM 可以实现由 G 到 T 大约 20% 以及由 G 到 C 大约 8% 的颠换突变，并且连续发生核苷酸突变的比例可达 37%，而这在 epPCR 中几乎不可能实现 [18-19]。

另外，尽管 epPCR 是最常用和最容易实现的突变文库创建方法，但由于它很难实现连续的核苷酸突变以及密码子的简并性问题，导致它无法仅仅通过一个突变来穷尽所有可能的氨基酸替换 [20-21]。比如甘氨酸由 GGA 三个碱基所编码，对其中任意一个碱基进行突变所可能产生的突变体仅有缬氨酸（GTA）、谷氨酸（GAA）、丙氨酸（GCA）和精氨酸（CGA 和 AGA）四种，远小于理论上的 19 种氨基酸，其他突变体则要么产生终止密码子（TGA），要么是甘氨酸本身（GGT、GGC 和 GGG）。也就是说，为了得到所有可能的 19 种氨基酸突变，需要同时突变 2 个甚至 3 个碱基。为了解决上述问题，相继开发出了一系列可以更好控制突变偏好性和突变率的方法，包括诱变质粒扩增 [22]、复制 [23]、易错滚动循环 [24] 和插入缺失诱变 [25-28]。

4.2.2.2　定点饱和突变

在定点饱和突变中，单个氨基酸残基能够被其他 19 种氨基酸所取代，而且位置接近的几个氨基酸还可以同时进行突变，从而增加突变体库的多样性。定点饱和突变通过在引物退火或 PCR 期间使用在靶位点处含有一个或多个简并密码子的合成寡核苷酸片段引入突变（图 4-3）。定点饱和突变库可以通过以下三种方法进行构建：（1）盒式突变；（2）全质粒扩增；（3）PCR 突变。

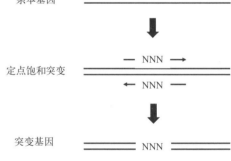

图 4-3　定点饱和突变示意图

在定点饱和突变中需要考虑的一个关键因素是密码子的简并性。表 4-2 给出了常用的混合密码子的类型，包括能够编码所有 20 种氨基酸的密码子（例如 NNK）到编码具有特定物理化学性质的一小部分氨基酸残基的密码子（例如仅用于非极性残基的 NTN）。虽然从理论上讲，使用的简并密码子越多，创建的文库就越多样化，发现有益突变的可能性也越大。然而，当同时对多个位点进行突变时，如果完全使用随机的密码子 NNN（N=A、C、G 或 T）就会导致突变文库非常大，使得后面的筛选 / 选择变得非常困难。由于密码子冗余，NNK（K=T 或 G）能够将突变体库的容量减少一半，但其仍然编码常见的 20 种氨基酸。

定点饱和突变库
三种构建方法的
操作方式

如果在突变中使用特定的密码子（比如 NTN 仅编码非极性氨基酸，而 GAN 仅编码天冬氨酸或谷氨酸）[29]，则不仅可以进一步减小文库容量，还可以降低产生终止密码子的可能性，并提高产生有益突变体的几率。例如，如果野生型基因在某一特定位置是编码非极性氨基酸，那么与使用 NNK 密码子编码所有可能的氨基酸残基相比，使用非极性密码子 NTN 所产生的具有功能的突变体数量可能会更多 [30-31]。事实上，通常认为稀疏地搜索大型突变体库比彻底搜索小型突变体库效率更高 [32]。因此，基于对突变体库多样性和筛选 /

选择工作量的权衡，使得人们可以设计涵盖不同氨基酸特性的突变体库，从而减少筛选 / 选择的工作量。

表 4-2　常用的简并密码子

简并密码子	碱基	密码子数	终止密码子	编码氨基酸	氨基酸性质
NNN	N=A，T，G，C	64	TAA，TAG，TGA	20种	全覆盖
NNK	K=G，T	32	TAG	20种	全覆盖
NNS	S=G，C	32	TAG	20种	全覆盖
NDT	D=A，T，G	12	No	F，L，I，V，Y，H，N，D，C，R，S，G	极性、非极性、带正电、带负电
NTN	N=A，T，G，C	16	No	M，F，L，I，V	非极性
NAN	N=A，T，G，C	16	TAA，TAG	Y，H，Q，N，K，D，E	带电，大侧链
NCN	N=A，T，G，C	16	No	S，P，T，A	小侧链，极性和非极性
RST	R=A，G；S=G，C	4	No	A，G，S，T	小侧链

4.2.2.3　DNA 混组

同源重组在自然进化中发挥着重要作用，它可以在重组有益突变的同时删除有害突变。计算机模拟证明了迭代同源重组在定向进化中的重要性，因为它可以探索非组合方法（如 epPCR 和定点饱和突变）所无法触及的序列空间。重组可以发生在具有随机点突变的单个基因[8,33-35]或天然存在的同源基因之间[36-37]。该策略已被证明可用于提高酶活性[38]、酶稳定性[39]和改善蛋白质折叠[40]，甚至可以实现同时设计单个蛋白质的多种特性，这是随机突变难以实现的[41]。因此，DNA 混组及其衍生方法在体外基因定向进化方面也受到了越来越多的关注。DNA 混组首先由 Stemmer 及其同事报道[8-9]，他们利用 DNase Ⅰ 将一组具有点突变的亲本 DNA 随机片段化（50 ～ 100bp），这些片段在无引物参与的 PCR 步骤中随机重新组装成全长基因，这个过程会

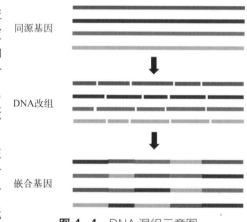

同源基因

DNA改组

嵌合基因

图 4-4　DNA 混组示意图

发生模板的随机切换和重组，最后通过常规 PCR 过程将重新组装的基因扩增并克隆到载体中以供进一步分析（图 4-4）。DNA 混组的局限性主要在于对亲本基因序列的同源性要求较高（≥ 90%），而且由于重组过程更倾向于发生在高序列一致性的区域，最终导致突变文库的多样性较低[42]。

近年来，由 DNA 混组衍生出了交错延伸（staggered extension protocol，StEP）PCR[43]、合成改组（synthetic shuffling，SS）[41]、寡聚核苷酸组装（assembly of designed oligonucleotides，ADO）[44]、用于亲缘较远亲本间重组的过渡模板随机嵌合（random chimeragenesis on transient templates，RACHITT）[45]、指数扩增重组（recombination-dependent exponential amplification PCR，RDA-PCR）[46]、突变及单向组装（mutagenic and unidirectional reassembly，MURA）[47]和模板截短延伸（recombined extension on truncated templates，ETT）[48]等等。基于巧妙设计二联体密码子（6 碱基复合物，20 个氨基酸设计成 14 个这种二联体密码子）的密码子改组（stagge codon shuffling，SCS）[49]及可以连续同源重组的体内 DNA 混组（in vivo DNA shuffling）方法[50]。另外，循环排列（circular permutation）也是一种十分有效的策略，该方法将蛋白质的第一个氨基酸和最后一个氨基酸首尾相连，然后在不同的位置随机切开，导致蛋白质的头部和尾部在不同的地方有效地重组[51-53]。

非同源或低同源重组方法近年来也取得较大进展。为了弥补 DNA shuffling 中交叉只发生在同源区的缺点，Ostermeier[54]建立了渐增切割产生杂合酶方法（incremental truncation for the creation of hybrid enzymes，ITCHY）来使两个基因间杂合。基于单交换的 ITCHY 文库可以使酶在全序列而非严格在

特定部位进行交换，也可以通过 exonuclease Ⅲ 酶处理的片段大小控制交换数。其主要的缺点是每个杂合酶上只有一个交叉。SCRATCHY 方法[55,56]结合了 ITCHY 和 DNA 混组，可以在多个位置进行交叉融合，并且这种交叉不依赖于序列的同源性。除 ITCHY 外，非顺序同源蛋白质重组（sequence homology-independent protein recombination，SHIPREC）是又一个重要的不依赖于同源序列的重组技术。SHIPREC比 DNA shuffling 更有利的地方是可以用于亲缘关系较远基因间的杂合，它依赖于序列长度而不是序列的相似度。

近年来，基于计算或结构指导的重组技术也越来越得到重视，非序列依赖定点杂合（sequence-independent site-directed chimeragenesis，SISDC）[57] 和 基 于 结 构 的 蛋 白 质 组 合（structure based combinatorial protein engineering，SCOPE）[58] 都是基于蛋白质结构作为指导进行模块设计来构建杂合文库。SISDC 是在多个不连续位点重组远源（或非亲缘）蛋白质的常用方法。计算机运算 SCHEMA 算法常被用于估算三维结构中蛋白质的中断位置（disruption）[59]。SCOPE 是另一种用于特定蛋白质突变的技术，首先设计、合成结构单元间连接元件的杂合寡聚核苷酸，再通过一系列 PCR 组装后产生带有多个交换的杂合基因文库，这种方法在创建非同源基因多交换突变体文库上特别有用。

综上所述，这些重组突变方法各有特点及适用范围，并不是所有方法都被广泛使用，甚至有些构思独特的方法初次提出后再也没有见到再次应用的报道。其可能原因是操作复杂或要求实验条件较高。实际应用中，可首选 DNA 混组与基因重装配这两种简单易用的重组方法。

4.2.3　定向进化应用案例

其他定向进化方法

4.2.3.1　定向进化提高酶的活性

Ⅰ 类醛缩酶能够催化不对称羟醛加成反应，并已在手性 β- 羟基 - 羰基化合物的生物催化合成中得到广泛应用。然而，迄今为止，这类酶在其他 C—C 键形成反应中的应用仍未得到探索。因此，重新设计 Ⅰ类醛缩酶以扩展其催化功能，包括非天然碳碳连接反应仍然是一项重大挑战。Poelarends 等人通过组合使用针对全基因序列的易错 PCR、对包含有益突变位点的突变体进行 DNA 混组以及对底物结合口袋的氨基酸残基进行定点饱和突变等定向进化方法，对大肠杆菌来源的 2- 脱氧 -D- 核糖 -5- 磷酸醛缩酶（DERA）进行了 11 轮定向进化。最终获得一个包含 12 个点突变的最优突变体，其催化硝基甲烷对 α,β- 不饱和醛的对映选择性迈克尔加成合成各种医药手性合成子的活力相对亲本提高了 190 倍，序列分析发现 12 个突变位点中有 8 个由易错 PCR 引入，2 个来自于 DNA 混组，还有 2 个来自于定点饱和突变[60]。

Yang 等人为了提高岩藻糖基转移酶的催化效率，开发了一种基于荧光激活细胞分选系统的超高通量筛选方法，并应用于幽门螺杆菌来源的岩藻糖基转移酶的定向进化。在第一轮进化中，首先对易错 PCR方法构建的突变体库（4×10^6 个克隆）进行筛选，得到 3 个催化效率提高 2 倍左右的突变体（Y199N/V368A/D407N，S45F 和 E340D）；在第二轮进化中选择第一轮进化中最优的四个点突变进行有序重组突变，得到一个四重突变体（S45F/Y199N/E340D/V368A），其比活力相比亲本提高了 2.74 倍；第三轮定向进化则是在第二轮进化的基础上，对底物结合口袋周围的 16 个热点氨基酸进行组合活性位点饱和突变，构建了一个包含 2×10^4 个克隆子的突变体库，从中筛选得到一个最优突变体（S45F/D127N/R128E/H131I/Y199N/E340D/V368A），其比活力相对亲本提高了 4.7 倍[61]。

4.2.3.2　定向进化提高酶的稳定性

蛋白质稳定性通常是指其对解折叠的抵抗力。高温、有机助溶剂、高底物或产物浓度、极端 pH 值或高离子强度等环境压力都会导致蛋白质的解折叠。热稳定性良好的生物催化剂在实际应用中具有诸多好处，比如可以在高于生理温度的条件下进行反应，从而提高反应速率、增加底物的溶解性、降低反应液的黏度、避免微生物污染；能够耐受更高的有机助溶剂和更高的底物 / 产物浓度从而降低下游分离提取的成本；可以延长使用周期和提高储存稳定性；更容易规模制备，产量更高；在定向进化中更易于进化[62]。

碳酸酐酶作为自然界催化效率最高的酶之一，可以在燃煤电厂等苛刻环境下显著提高二氧化碳捕集的经济性。但是使用碳酸酐酶来加速二氧化碳捕集受到酶对苛刻工艺条件耐受性差的限制。为此，Alvizo 等以脱硫弧菌碳酸酐酶为改造对象，在第一轮进化中对该酶的所有非催化氨基酸进行定点饱和突变以鉴别尽可能多样性的有益突变，从中发现 84 个有益突变位点，进一步将这些位点用于后续几轮的 DNA 混组和多位点协同突变，同时在每轮筛选过程中逐步提升筛选压力以获得具有所需特性的突变体。最终，所得的最优突变体在 pH > 10.0 的 4.2mol·L⁻¹ 碱性胺溶剂中可耐受高达 107℃的温度，其热稳定性和碱耐受性比天然酶提高了 4000000 倍[63]。

Alcalde 等为了提高非特异性过氧化物酶的有机溶剂耐受性，采用随机突变和体内 DNA 混组构建突变文库的策略，并在筛选过程中逐步增加不同化学性质和极性有机溶剂的浓度作为选择性压力，获得一系列有机溶剂耐受性提高的突变体。此外，还通过体内定点重组的策略整合了由遗传漂移产生的一组在有机溶剂中活性提高的中性突变体。最终获得的非特异性过氧化物酶突变体携带 9 个突变，在 30%（体积分数）乙腈存在的条件下，活性比亲本高 23 倍，并且在丙酮、甲醇和二甲亚砜的水溶液中也具有良好的活性和稳定性[64]。

4.2.3.3　定向进化同时提高活力和稳定性

由于众所周知的稳定性 - 活性鲁棒性问题，通过定向进化提高酶热稳定性的同时提高其活性通常是一项很大的挑战。Xu 等首先通过数轮的易错 PCR 和 DNA 混组对短乳杆菌羰基还原酶 LbCR 进行分子改造，分别获得稳定性提高的突变体 V198I 和 M154I/A155D 以及活性提高的突变体 A201D/A202L；随后基于可加性和协同突变效应，通过组合突变构建了同时提高热稳定性和活性的突变体 LbCRM6（M154I/A155D/A201D/A202L）和 LbCRM8（M154I/A155D/V198I/A201D/A202L）。特别是突变体 LbCRM8，其在 40℃条件下的半衰期相较亲本提高了 1944 倍，催化效率提高了 3.2 倍[65]。Roiban 等则是采用多靶标筛选的策略对亚胺还原酶（IR-46）进行定向进化，他们首先基于 IR-46 的同源结构模型，对 296 个氨基酸位点中的 256 个进行单点饱和突变，并以醋酸钠缓冲液（pH5.6）和 12g·L⁻¹ 的底物上载量作为反应条件对突变体库（约 4000 个突变体）的细胞裂解物进行筛选，获得活力比亲本提高的突变体，其中最优突变体 M1（Y142S）的转化率比亲本提高了 40 倍。在第二轮进化中，他们基于第一轮的有益突变构建了 8 个组合文库（约 4000 个突变体），并尽可能将距离接近的有益突变组合到相同的库中，以最大限度地提高潜在的协同作用。筛选过程中，在增加底物上载量（20.1g·L⁻¹）的同时降低生物催化剂的上载量，并增加了生物催化剂的预孵育过程以筛选热稳定的突变体。由于本轮筛选获得了大量性能改进的突变体，为了优中选优，进一步使用更低的 pH 值反应条件并延长生物催化剂的预孵育时间进行二次筛选，得到最优突变体 M2（Y142S/L37Q/A187V/L201F/V215I/Q231F/S258N）。在第三轮进化中，他们通过软件分析找到数个潜在对亚胺还原酶催化效率有益的位点，并在第二轮的基础上对它们进行组合突变。同时，设置本轮的筛选条件尽可能地接近实际工业应用的操作条件（24.4g·L⁻¹ 底物上载量，pH 4.6），最终得到的突变体 M3（Y142S/L37Q/A187V/L201F/V215I/Q231F/S258N/G44R/V92K/F97V/L198M/T260C/A303D）比 M2 增加了 6 个位点的突变，其催化目标反应的总转换数（TTN）比母本提高了 38000 倍[66]。

4.2.3.4　定向进化调控酶的选择性

药物分子中大约一半是手性分子，而正在研发中的药物中有三分之二以上是手性分子。然而，在手性药物中往往只有其中一个对映异构体具有治疗效果，而另外一个对映异构体则几乎没有疗效，甚至会产生严重的副作用。

比如布洛芬类药物的疗效主要来自 (S)- 对映体，而 (R)- 布洛芬则会通过破坏正常的脂质代谢和膜功能而引起严重的副作用[67]。天然的闪烁古球菌酯酶虽然对布洛芬对硝基苯酚酯具有良好的催化活性，但却更偏好 (R)- 构型底物。Yang 等人对闪烁古球菌酯酶进行了定向进化以提高其对 (S)- 布洛芬的对映选择性，并借助他们自己开发的双通道微液滴筛选系统对突变体库进行高通量筛选。他们首先通过易错 PCR 构建了包含大约 200 万个突变体的文库，经过筛选后得到 9 个热点氨基酸；进一步地，他们对包含 9 个热点氨基酸的突变体进行 DNA 混组，构建了包含 50 万个突变体的文库，经过筛选得到突变体 Q30，其对 (R)- 布洛芬的活力降低了 2.4 倍，而对 (S)- 布洛芬的活力则提高了 2 倍；在第三轮进化中，他们以 Q30 为亲本进行易错 PCR 构建了包含 200 万个克隆子的突变体库，并从中筛选到突变体 IE9，其对 (S)- 布洛芬的活力相比 Q30 提高了 4 倍，而对 (R)- 布洛芬的活力进一步降低了 50%；在第四轮进化中他继续对 IE9 进行易错 PCR，获得 50 万个突变体，筛选得到两个突变体 7F9 和 5G9，其对 (S)- 布洛芬的选择性（E_s）分别从 IE9 的 1.1 提高到 1.6 和 3.6；在第五轮进化中他们选择对底物结合口袋的四个氨基酸位点进行定点饱和突变和组合饱和突变，并同时筛选对 (S)- 布洛芬活力提高而且对 (R)- 布洛芬活力降低的突变体，最终得到突变体 6A8 和 4D11，其对 (S)- 布洛芬的选择性比 IE9 分别提高了 90 倍和 72 倍[68]。

Reetz 等人以每次仅突变一个位点的低突变率对铜绿假单胞菌脂肪酶（PAL）进行易错 PCR，经过连续四轮的定向进化成功将 PAL 的对映选择性（E_s）由 1.1 提高了 10～11 倍[69]。不过在第五轮进化中对映选择性的提高却微乎其微，因此他们随后提高了易错 PCR 的突变率，并与 DNA 混组和活性位点的定点饱和突变组合继续对 PAL 进行定向进化，最终成功地将 PAL 的对映选择性提高至 51[70]。

4.3　酶的理性设计 / 半理性设计

理性设计是蛋白质工程改造中最常用的方法之一，它的主要策略是利用计算方法，对经实验解析出的或通过序列比对等方法建立的蛋白质模型，进行结构优化、底物对接、催化机理、稳定性等方面的计算模拟，深入研究氨基酸序列、蛋白质结构与蛋白质性质和催化功能之间的关系，从而合理地推测出在反应活性、选择性、辅酶专一性、稳定性等方面起重要作用的氨基酸残基或结构域，以便进一步通过定点突变来实现蛋白质工程改造。理性设计生成的突变株文库通常具有"小而精"的特点，可以很大程度上消除在突变体库筛选时对高通量方法的需求，特别适合于一些无法使用高通量筛选的蛋白质改造工作[71]。近年来，越来越多的蛋白质工程改造研究也开始采用半理性设计的策略。半理性设计组合了定向进化和理性设计的方法，比如可以先通过计算机辅助的理性设计找到影响酶催化性能的热点氨基酸，再对这些热点氨基酸残基进行多轮迭代饱和突变；或者反过来可以先通过随机突变的定向进化方法找到热点氨基酸，再对这些热点氨基酸残基进行理性设计和组合迭代。有关蛋白质理性设计 / 半理性设计常用的分析工具和软件及其使用方法，详见本书第 5 章内容。

4.3.1　理性设计提高酶的活性

工业生物催化过程中希望在尽可能短的时间内实现底物的完全转化，因此对酶的活性有较高要求。酶的转换数（turnover number，k_{cat}）或者酶的催化效率（k_{cat}/K_m）都可以用来表示酶催化中心的活性。对于一个特定的酶催化反应，酶活性中心的氨基酸构象、底物与酶的结合能力、反应过渡态的稳定性、酶表达量甚至反应过程中底物和产物的传质扩散速率等因素都会对酶活性产生重要影响。

酶活性中心是酶催化的关键部位，其特定的构象不仅有助于底物结合，还能促进酶的高效催化。瞿旭东等人通过计算机分子模拟，对来源于革兰氏阳性短乳杆菌 *Lactobacillus brevis* ATCC 367（GenBank 登录号 CAD 66638）的醇脱氢酶 *Lb*ADH 进行序列对比和蛋白质空间结构分析，发现一系列与四聚体酶单体间相互作用相关的关键位点，通过定点突变引入特定氨基酸，改变酶单体间的疏水作用力，影响盐桥键的形成，从而获得高活性高热稳定性的突变株。其中增加盐桥键形成的突变体 K210R，增加蛋白质的疏水作用的 S63V、F146L 突变体都具有较高的活性。如 F146L 突变体的催化效率 k_{cat}/K_m（1.99×10^6 L·mol^{-1}·s^{-1}）为野生酶（1.40×10^4 L·mol^{-1}·s^{-1}）的 142 倍[72]。刘艳莉[73]等利用半理性设计得到超嗜热酯酶 APE1547 的突变体 R526V，对酯类底物的活力较野生型提高了 150 倍，表达量提高了 4 倍左右，90℃的半衰期提高了 3 倍。

使过渡态稳定化从而降低活化能，是提高转换数的一个重要着眼点。Kazlauskas 等人通过构建活性中心周围氨基酸与中间产物过氧基团之间的氢键稳定过渡态，使荧光假单胞菌 *Pseudomonas fluorescens* 酯酶 PFE 突变体对其过氧化物底物的水解活性提高了 28 倍[74]。但在一些情况下，改变酶催化过程中活性中心的一些氢键则会对酶催化性能产生较复杂的影响。对来源于嗜热泉古菌 *Aeropyrum pernix* K1 的超嗜热酯酶 APE1547 的成键氨基酸进行突变，与野生型相比，得到的突变体 R292L、Y253L、R160L/D158V 的 k_{cat} 值均显著提高，但半衰期均有所下降，氢键的缺失突变使酶的热稳定性下降[75]。

而对于一些在不可溶的底物表面上起催化作用的酶（比如纤维素酶、淀粉酶等）而言，底物转换数可能是受传质扩散速率限制，并受控于酶在底物表面的移动性或酶的吸附 / 解吸速率。因此，酶的催化活性最终取决于酶的表面性质以及酶和底物界面的条件[76]。因此，对于提高酶活性的理性设计，很多时候只能具体情况具体分析，综合运用各方面的信息设计个性化的改造方案。

4.3.2 理性设计提高酶的热稳定性

蛋白质的热稳定性可分为动力学稳定性和热力学稳定性[77]。动力学稳定性与酶的活性有关，主要指蛋白质在经历不可逆变性前保持活性所需的时间或温度，表征蛋白质动力学稳定性最常用的指标是在特定条件下蛋白质失去一半活力所用的时间（半衰期，$t_{1/2}$）和孵育特定时间段后酶活性降低一半所需的温度（T_{50}^X，X 为孵育时长，单位为 min）。而热力学稳定性关注于蛋白质构象的解折叠情况，可用蛋白质天然状态和变性状态之间的解折叠吉布斯自由能差（ΔG_U）、解折叠平衡常数（K_u）、或者熔点（T_m）等参数来衡量。尽管蛋白质的解折叠和失活现象通常是相关联的，蛋白质解折叠往往导致酶失活，但这两个过程是不同的，其表征的参数也不同。

酶的热稳定性一般可分为轻度耐热（45 ～ 65℃）、中度耐热（65 ～ 85℃）与极端耐热（> 85℃）。酶热稳定性与其自身结构特点密切相关，提高热稳定性的因素包括增加氢键、盐桥、二硫键、疏水作用、芳香环堆积作用、亚基间的相互作用和金属离子的结合，减少 Loop 环区长度、敏感氨基酸残基（如半胱氨酸，天冬酰胺和谷氨酰胺）数量等。这些因素共同作用，可以显著提高酶的热稳定性。

无论是理性还是半理性设计策略，提高酶热稳定性首先需要分析出对蛋白质热稳定性有关键作用的位点区域。统计分析发现嗜热酶的构象内存在更多更密集的共价作用及非共价相互作用力，包括氢键、二硫键等前面所提及的那些作用力，从而使其具有更高程度的刚性，而嗜冷酶与中温酶结构中存在较多的柔性区域，它们与周围区域少有相互作用力，当温度升高时，这部分区域将最先开始解折叠。因此如何在理性或半理性策略的指导下，增加蛋白质结构的刚性，减少柔性区域，就成为提高酶热稳定性的基本原则和思路。

理性 / 半理性设计提高酶热稳定性可以从最简单的同源比对做起。Chopra 等[78]采用 Clustal W 和 Blastp 将芽孢杆菌脂肪酶与已知的热稳定脂肪酶进行序列比对分析，成功获得一个具有高热稳定性的突变体 R153H，其在 60℃下的半衰期是野生型（wild type，WT）的 72 倍。Yuan 等[79]在提升白色假丝酵母脂肪酶（*Candida albicans* lipase，CAL）热稳定性研究中，借助具有不同稳定性的同源脂肪酶进行多序列比对，找到与蛋白质稳定性相关的可能序列，对其进行突变，所得 CAL 突变体的热稳定性和动力学稳定性都有提高。这些例子都说明同源比对是提高酶稳定性的有效工具。

此外，还可利用自由能变化对酶的热稳定性进行设计[80]。为提高蛋白质的热稳定性，目前已开发了许多生物信息学软件，如 PoPMuSiC[81]、I-Mutant[82]、FoldX[83]、Rosetta[84]、CUPSAT[85]、mCSM[86] 和 iStable[87] 等，用来计算目的蛋白质突变前后的折叠自由能变化（$\Delta\Delta G=\Delta G_m-\Delta G_{wt}$；$\Delta G_m$ 为突变后自由能，ΔG_{wt} 为突变前自由能），从而预测该位点的突变对目的蛋白质热稳定性的影响。当 $\Delta\Delta G$ 为负值，即 ΔG_m 小于 ΔG_{wt}，位点突变有利于蛋白质稳定；反之，则位点突变不利于蛋白质稳定。童理明等[88] 通过 PoPMuSiC-2.1 软件预测了降低谷氨酰胺转胺酶 TGase 分子折叠能的氨基酸位点，获得 4 个突变体，其热稳定性较野生型均有所提高。分析突变体 P132I 的作用力发现其相比野生型增加了两个氢键，说明氢键的增加可能是 P132I 热稳定性提高的原因之一。

二硫键作为共价键是稳定蛋白质三级结构的重要作用力，研究表明，每对二硫键对稳定蛋白质结构的贡献约为 2～5kcal·mol^{-1}（1kcal=4.19kJ）[89]。因此，通过引入二硫键来提高目的蛋白质热稳定性的理性策略已被广泛使用。常用于预测蛋白质的二硫键的计算工具有 MODIP[90]，Bridge D[91]，Disulfide by Design 2（DbD2）[92] 和 SSBOND[93] 等。Le 等[94] 采用 MODIP 和 DbD 预测南极假丝酵母脂肪酶 B（CALB）潜在的二硫键形成位点，最终成功获得 50℃下的半衰期提高 4.5 倍的突变体 A162C/K308C。Yu 等[95] 通过软件 DbD 的预测，在华根霉脂肪酶的"盖子"铰链区域中引入二硫键 F95C-F214C，该突变体在 60℃下的半衰期比野生型提高了 11 倍，T_m 值提高了 7℃。Li 等人[96] 通过保守性分析、功能区评估、引入二硫键等多种理性设计策略，成功提高了米黑根毛霉脂肪酶的热稳定性。相比于野生型，其获得的最优突变体在 70℃下的半衰期提高了 12.5 倍，T_m 提高了 14.3℃，此外催化效率也比野生型提高了 39%。

基于温度因子 B-factor 的理性或半理性设计策略也常被用于提高酶的热稳定性。温度因子 B-factor 是表征酶晶体结构中原子构象稳定性的数值，B-factor 值越低，说明其对应构象就越稳定，相反高 B-factor 的区域意味着该区域的原子运动剧烈，常被称为柔性区域。通过突变高 B-factor 值的氨基酸，通常可以获得热稳定性提高的突变体。目前有许多方法可以用于计算蛋白质的 B-factor，从而用于指导热稳定性理性设计，如 B-FITTER[97]、Fold Unfold[98]、FIRST[99]、MD 模拟等。Xia 等[100] 对 CALB 催化活性中心周围 B-factor 较高的 6 个氨基酸进行迭代饱和突变，筛选 2200 个突变株后获得的 D223G/L278M 突变体在 48℃下的半衰期是野生型的 13 倍，T_{50}^{15} 提高了 12℃，后续的结构分析发现 D223G/L278M 突变体新形成了一个主链上的氢键网络，蛋白质结构在高温下的刚性和稳定性都得到了提高。Wen 等[101] 通过 B-factor 迭代测试对解脂耶氏酵母脂肪酶 Lip2 进行半理性设计改造，相比野生型，突变体 A103S 和 T117G 显示出更高的热力学稳定性，50℃下的半衰期分别提高了 2.7 倍和 5.2 倍。

此外，分子动力学模拟也常被用于预测对热稳定性有重要影响的位点。Zhang 等[102] 在不同温度下通过分子动力学模拟研究解脂耶氏酵母脂肪酶 Lip2 中潜在的热稳定性突变位点，并用脯氨酸替代。与亲本 Lip2 相比，突变体 V213P 在 50℃下的半衰期延长了约 70%，最适温度提高了约 5℃，且催化活性与亲本相当。Pikkemaat 等[103] 以分子动力学模拟为研究手段，解析了嗜盐脱卤素酶的解折叠机理，模拟过程表明该酶结构域的 helix-loop-helix 区域具有很高的柔性，根据模拟结果在 201 和 16 位氨基酸之间引入了一个二硫键使 loop 区域的刚性增加，并最终使酶的 T_m 值由 47.5℃增加至 52.5℃。Xu[104] 等根据几丁质酶的序列和结构以半理性设计策略改造几丁质酶，通过二硫键的引入和脯氨酸取代，最终获得突变体 S244C-I319C/T259P，其在 50℃下的半衰期是野生型的 26.3 倍，半失活温度 $T_{1/2}$（15min）比野生型高 7.9℃，最适反应温度从 45℃上升至 52.5℃。

毫无疑问，对酶热稳定性提升的理性或半理性设计都可以根据各自不同的结构来定制不同的设计策略。除了上述各种策略外，还可以根据酶自身反应特点对酶稳定性进行设计。来源 Rhizopus royzae 的脂肪酶在脂类的氧化产物醛类存在时不稳定，对其结构进行分析，将易与醛类发生反应的 6 个 His 和 6 个 Lys 进行饱和突变，经筛选后突变体 H201S 的稳定性提升了 60%，双点突变 H201S/K168I 稳定性较野生型提升了 100%，并且保持了野生型原有的高活性[105]。环己烷单加氧酶常常因为 Cys 和 Met 的氧化而失活。在结构分析的基础上，将位于表面或者位于分子活性部位的易氧化的 Cys 或者 Met 进行突变，能够有效提升酶的抗氧化能力，最优突变体在 0.2mol·L^{-1} 的 H_2O_2 中仍能保持 40% 的生物学活性，而野生型在 5mmol/L 的 H_2O_2 中就完全失活[106]。

4.3.3　理性设计调控酶的选择性

　　酶催化立体选择性反应的立体选择性评价往往需要产物或底物的手性分离，因此较难找到合适的高通量筛选方法。由于定向进化往往经过随机突变，库容量很大，这使得定向进化应用于调控酶的立体选择性时会遭遇筛选瓶颈，存在较大的局限性，相对而言突变库具有小而精特点的理性或半理性设计往往在调控酶的选择性方面更有用武之地。

　　酶立体选择性的产生通常来自于不同构型底物的结合构象和能量差异，或者反应过程中手性反应步骤不同的进攻方向。这些区别都受到酶催化活性中心结构的显著影响，因此调控酶立体选择性的蛋白质工程一般都围绕酶催化活性中心周围的氨基酸而进行，包括底物通道及底物结合口袋等。一个理性设计调控酶立体选择性最具有代表性的例子就是对脂肪酶仲醇立体选择性的调控。脂肪酶通常对外消旋的仲醇具有良好的 R 构型选择性，针对这一现象，Kazlauskas 提出脂肪酶在仲醇拆分过程中的一个重要规则[107]：多数脂肪酶的底物结合空腔具有大、小两个口袋，仲醇中体积较大的部分只能进入大口袋中（往往是底物入口通道），而体积较小的部分则与小口袋结合（图 4-5）。这些小口袋一般由 W、F 等大位阻氨基酸组成。因此将这些脂肪酶醇选择性口袋中 W 等大位阻氨基酸突变为小体积的氨基酸后，就可以实现脂肪酶立体选择性的反转。瑞典 Hult 教授课题组将 CALB 醇口袋中 104 位点的色氨酸突变成了丙氨酸，成功获得对 α- 苯乙醇具有 S 构型选择性的突变株 W104A[108]。而吴起等人[109]则优化了比 W 小的氨基酸，发现 W104V 比 W104A 具有更好的反转选择性，他们进一步组合其他位点的理性设计获得 W104V/A281L/A282K 突变体，对于醋酸苯乙酯水解拆分的选择性因子 E 为 80 [转化率 46%，$ee(S)$94%]，而 W104A 突变体的 E 值只有 18 [转化率 49%，$ee(S)$78%]。

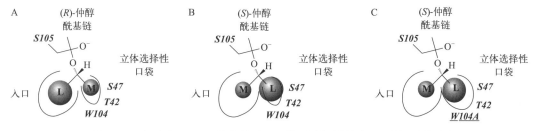

图 4-5　脂肪酶 CALB 催化仲醇 R- 构型选择性的来源及其反转机制
A. (R)- 构型仲醇在 WT-CALB 底物口袋中的结合方式；B. (S)- 构型仲醇在 WT-CALB 底物口袋的结合方式；
C. (S)- 构型仲醇在 W104A 突变体底物口袋的结合方式.

　　很多酮还原酶的立体选择性都遵循 Prelog 规则，而要将其改造为反 Prelog 规则的酮还原酶是有挑战的。沈阳药科大学的游松课题组[110]对已报道的几种具有 Prelog 或反 -Prelog 立体优先性的短链醇脱氢酶（SDRs）的结构信息和多序列比对，以发酵乳杆菌短链脱氢酶 / 还原酶 1（Lf SDR1）为起始酶，确定了可能控制其立体选择性的关键残基 V186 和 G92，通过改变这两个氨基酸的体积，可以成功实现该酶的立体选择性调控。此外，从 Lf SDR1 中获得的突变和选择性之间的关系规律可以转移到其他 5 个具有一定序列一致性（21% ~ 48%）的 SDRs 中，通过在相关位置进行突变，这些 SDRs 的立体偏向可以从反 -Prelog 切换到 Prelog 或从 Prelog 切换到反 -Prelog（图 4-6）。

　　虽然理性设计和定向进化对酶催化剂的改造都取得了很大成功，但是仍然都有各自的局限性。因此，基于理性设计与定向进化的组合 - 半理性设计有时会比单一方法更具优势。Reetz 教授提出了组合活性中心饱和突变策略（combinatorial active-site saturation test，

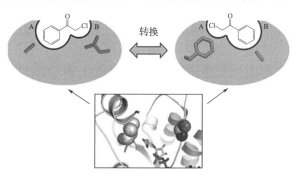

图 4-6　立体选择性开关调控短链脱氢酶的选择性

CAST)[111]。CAST 的基本思路是首先基于序列和 / 或结构信息，借助计算机模拟分析目标酶的三维结构或者同源建模的结构，在酶催化活性中心周围（比如 5Å）选取与底物有直接相互作用的一些氨基酸残基。为减少筛选规模，通常将 2 ～ 4 个氨基酸残基分为一组。这些残基在空间上彼此靠近，往往具有协同作用，同时也便于 PCR 扩增实验的操作。然后每组氨基酸都进行单轮或多轮迭代饱和突变（iterative saturation mutagenesis，ISM）。如果确定了四组氨基酸突变位点，第一轮建立四个突变体库并完成筛选工作，从中选择最好的突变酶作为下一轮突变库的模板，完成第二轮建库和筛选工作，重复循环之前的步骤，最终达到设定的目标。以四组氨基酸突变位点为例，理论上有 24 条路径，总共需要筛选 64 个突变体库（图 4-7）。当然，在实际应用研究中，如果完成一条路径的建库和筛选就能够获得理想的突变体，那就无需再探究其他途径，所以构建的突变体文库数目远小于理论值。基于 CAST/ISM 的半理性设计方法最初被成功用于黑曲霉来源的环氧化物水解酶的分子改造。野生型酶催化模式底物（缩水基甘油苯基醚）的立体选择性（E 值）是 4.6，经过 5 轮迭代饱和突变后得到含有 9 个单点突变的最佳突变酶，其立体选择性提高到 115，此过程共筛选了 20000 个克隆。与其相比，利用 epPCR 方法改造，同样筛选了 20000 个克隆，只是得到立体选择性略有提高的突变酶（$E=11$）[111]。目前 CAST/ISM 已广泛应用于酶的立体 / 区域选择性、底物谱、催化效率等参数的改造[111-113]。

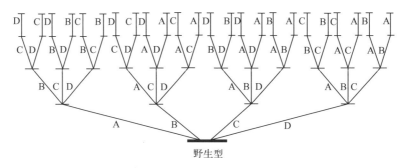

图 4-7　单个酶分子中四个突变位点库的迭代饱和突变

为进一步降低筛选工作量，基于蛋白质序列（多重序列同源比对确定保守位点）及结构（晶体结构或同源建模）的相关信息，结合酶的催化性质及已知实验数据支持，可以理性选择特定 1 种或几种氨基酸密码子作为饱和突变的建构单元，而不采用 NNK 或者其他完全覆盖 20 种氨基酸的密码子做饱和突变，但同样也进行多轮迭代突变，该策略可称之为聚焦饱和突变，包括单密码子饱和突变（SCSM）[114]、三密码子饱和突变[115]，以及聚焦理性迭代饱和突变（FRISM）[116] 等。这些策略可以显著减少突变体文库的容量。Reetz 和吴起等人将 FRISM 方法用于实现 CALB 对于双手性中心的酯类化合物拆分反应四种立体选择性的同时调控，取得了突出的效果。从 WT 起始，仅仅筛选了不到 100 个 CALB 突变株，即获得了分别对 *RR*、*RS*、*SR*、*SS* 四种构型具有最佳立体选择性的四类突变体，且每一种突变体催化模型反应的异构体产物 *er*（enantiomeric ratio，对映体比例）值都大于 99 : 1，*dr*（diastereomeric ratio，非对映体比例）值大于 90 : 10。四类突变体都展示了较广阔的底物谱和良好的催化性能。

4.3.4　理性设计改造酶的催化多功能性

由于酶催化的反应专一性很高，一种酶通常只能催化一类反应，这使得酶促合成方法经常受到酶催化剂种类少、反应类型有限、底物谱窄等限制。因此除了活性、稳定性、选择性外，如何拓宽酶催化的反应类型、发现更多的酶催化多功能性也成为了酶蛋白质工程改造的目标之一。酶催化的多功能性，或称为非专一性、混乱性（enzymatic promiscuity）等，是指酶除了催化天然反应以外还具有催化其他反应类型的能力[117]。在本书第 17 章"生物催化非专一性反应及其应用"有详细介绍。

　　过去对酶催化多功能性的发现大多都依赖于对一个非天然反应进行大量不同来源酶的筛选，但是成功率不高，且催化活性通常很低，选择性也不高，因此，这类反应目前还难以得到有效的应用。但是最近几年，随着分子生物学和结构生物学的发展，人们对酶催化机理的认识不断提升，越来越多的文献报道了依赖于蛋白质工程和催化机理，来改造或者设计一些化学催化剂难以实现、更有应用价值的酶催化新功能反应，从而避免了以前的盲目筛选，同时也显著提高了反应活性和选择性，增强了酶催化多功能反应在有机合成中的应用前景。

　　基于理性设计的各种策略，包括序列分析、同源建模等，都可以用于设计或发现酶的一些新催化功能。例如通过基于机理的分析比较和序列比对，可以把酯酶（脂肪酶）理性改造为酰胺酶或者环氧化物水解酶。众所周知，酯酶（脂肪酶）和酰胺酶具有类似的催化中心，酯酶（脂肪酶）活性中心为 Ser-His-Asp 三联体，酰胺酶也通常具有 Ser-His-Asp/Glu 三联体。酰胺酶可以高效催化酰胺的水解，而脂肪酶（酯酶）主要催化酯类的水解，对酰胺基本没有水解活性。瑞典 Hult 等人发现在所有分析的酰胺酶中反应过渡态都与某个氨基酸残基 N—H 基团之间形成一个关键氢键，而在酯酶中则缺乏这个过渡态的氢键受体，因此他们通过定点突变在 CALB 脂肪酶上引入了氨基底物的氢键受体，最佳突变体的相对活性（酰胺/酯）比野生型提高了 50 倍[118]，说明该氢键在理性设计脂肪酶的酰胺催化活性上的重要性。通过理性设计也可以把脂肪酶改造为环氧化物水解酶。环氧化物水解酶具有 Asp-His-Asp 催化三联体，以及两个酪氨酸的保守残基，它们在催化过程中可以使环氧基团的氧发生质子化并稳定底物。德国 Bornscheuer 教授等人设想将脂肪酶三联体的 Ser 改变为 Asp，并在酯酶合适位置引入了两个酪氨酸残基。他们通过对多种环氧化物水解酶的序列比对，确定了酯酶中引入两个酪氨酸残基的可能位置。然而，他们据此构建的荧光假单胞菌酯酶（Esterase from *Pseudomonas fluorescens*，PFE）的几个突变体并不能有效水解环氧底物。进一步通过三维结构比对，发现 PFE 催化空腔入口处存在一个 A120～V139 的 loop 区域，该 loop 对底物的进入产生了较大的阻碍作用。将该 loop 删除后构建的新突变体展示出环氧化物水解酶的活性，其对 (*R*)- 对硝基苯乙烯氧化物的水解反应显示了 $0.01s^{-1}$ 的周转数和高对映体选择性（$E > 100$）（图 4-8）[119]。

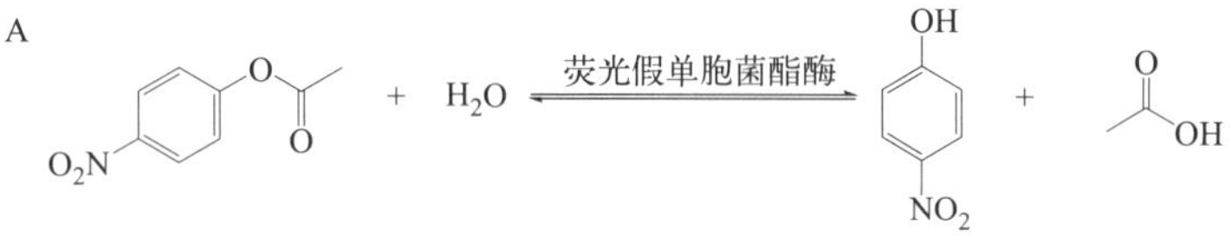

图 4-8　荧光假单胞菌酯酶（PFE）催化的天然反应和人工新反应
A. PFE 通常催化酯的水解；B. 一种 PFE 突变体催化对硝基苯乙烯氧化物的对映选择性环氧化物水解。

　　Arnold 课题组利用理性设计和定向进化相结合的策略，对细胞色素 P450 家族进行改造，赋予其新的催化活性（图 4-9）。细胞色素 P450 是一种单加氧酶，其天然活性主要包括羟基化、环氧化及氧化脱氢等。Arnold 报道了改造后的细胞色素 P450 可以催化非天然的卡宾和氮卡宾迁移反应，可以实现烯烃的卡宾插入得到光学纯环丙烷衍生物[120]，炔烃的两次连续卡宾插入得到高张力的双环丁烷衍生物[121]。除烯烃炔烃外，该卡宾中间体还可以经 Si—H、B—H 键插入的途径构建 C—Si 键[122]与 C—B 键[123]，得到相应的硅烷及硼烷化合物。而对于更稳定的 C—H 键，也以氮卡宾转移的方式实现了无金属催化的 C—H 官能化[124]。由于酶催化的非天然反应往往活性并不高，所以在这些 P450 催化的新反应中，一般需要对 P450 进行分子改造。例如，为了提高 P450 全细胞催化 C—B 键形成反应的性能[123]，Arnold 等人选择野生型 P450（BOR^WT）中与血红素铁最接近的几个活性位点氨基酸残基 M100、V75 和 M103 进行迭代饱和突变，类似于 Reetz 教授提出的 CAST-ISM 半理性设计策略。通过单一突变 M100D 取代远端轴向铁卟啉配体，第一代突变体的转化率比野生型提高了 16 倍（1850 TTN）（total turnover number，总周转数），产物选择性 *er* 为 88：12（异构体 *R*/*S*=7）。而随后的两轮突变得到的三重突变体 V75R/M100D/M103T（BORR1）大幅提升了催化活性（2490 TTN）和立体选择性（*er*=97.5：2.5）。通过进一步的改造，甚至能实现硼化反应立体选择性的反转。而最近研究发现经过合理改造后，P450 的突变体甚至可催化分子内的原子转移自由基环化反应（atom transfer radical cyclization，ATRC）[125]，合成系列含有两个手性中心的 *N*-取代四氢吡咯衍生物。

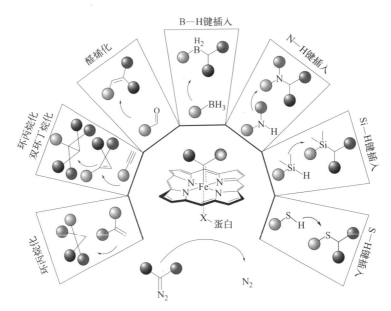

彩图

图 4-9 铁卟啉依赖型氧化酶催化的非天然反应（彩图见二维码）

4.3.5 机器学习指导的酶分子设计

随着新一代测序技术、高通量筛选方法、蛋白质改造数据库和人工智能的发展，大数据驱动的机器学习已成为从实验数据中学习并指导蛋白质设计的有力工具。近些年，机器学习辅助酶改造的方法已经在酶活性提升、立体选择性改造以及增强热稳定性方面取得了一些可观的成就[126]。这种对现有突变数据加以学习，建立模型，并以此进行合理预测，辅之以实验验证的方法，极大提高了酶改造的效率。比较常用的机器学习方法有 ASRA[127]、Innov'SAR[128] 算法和 ProSAR 策略[129,130] 等。比较经典的案例为 Fox 等[129] 通过高通量筛选及测序获得了全饱和突变对应酶性质变化的数据库，然后使用 ProSAR 方法构建了突变-活性关系的数学模型，依据此模型最终通过多点组合突变使卤代醇脱卤酶的活性提高约 4000 倍。Arnold 课题组对应用于碳硅键形成的海红藻来源一氧化氮双加氧酶（nitric oxide dioxygenase，NOD）进行蛋白质改造，在机器学习的指导下对 NOD 的突变库进行筛选和缩减，仅通过两轮进化即将野生型 NOD 催化硅烷和重氮乙酸乙酯经卡宾插入途径得到 (*S*)-2-二甲基（苯基）甲硅烷基丙酸乙酯的 76% *ee* 提升到 93% *ee*，同时还发现 49P、51R、53L 突变体对该反应实现了选择性反转（*S* → *R*），*ee* 值达到 79%[131]。

4.4 酶分子工程的发展趋势与展望

定向进化技术从诞生发展至今，经历了从随机到半理性的过程，同时借助计算机技术向理性方向发展，已经成功地用于很多酶催化剂的改造，特别是涉及到催化活性、稳定性和选择性的改善，甚至酶催化剂新功能的创造。然而，酶的蛋白质工程改造仍然是一项费时费力的工作。要将酶催化剂的效率提高几个数量级，可能需要数年时间无数轮的进化和大量筛选。受限于文库创建和文库筛选的通量，通常的蛋白质工程实验只能探索整个酶蛋白质序列空间的一小部分。而且定向进化的相关规律"你得到你所筛选的"[11]或"你得到你所设计的"[113]，已经告诉我们定向进化获得的最佳突变体并不具有广泛的适用性，往往受限于你所用的筛选模型反应。另外，定向进化还面临着其他挑战，包括如何同时进化几个酶的参数，如立体选择性、位置选择性、活性和热稳定性等。因此，酶蛋白改造技术需要进一步的开发，以获得更快、更有效，并能适应更复杂和更具挑战性的催化剂系统。

在实验方面，基因合成和测序方面的进展有望提升我们设计和分析文库的效率和质量。传统饱和突变的分子生物学实验不太可能改善甚至完全消除我们不需要的氨基酸偏好性。相比之下，在高效和可靠的固相基因合成的基础上这完全是可能的。而得益于 DNA 测序技术的快速发展，我们获得突变库的原始氨基酸序列信息量呈指数级增长，这些测序数据有助于借助机器学习等计算手段实现蛋白质性质的高效预测。而超高通量的筛选 / 选择方法的快速发展，例如荧光激活细胞分选技术、超高通量液滴微流体技术、自动化液体处理系统以及基于质谱的自动化筛选系统等，显著提高了蛋白质改造的效率，使在大型文库中寻找稀有优势突变成为可能，极大拓展了蛋白质氨基酸序列探索的空间[10]。

而计算方法的发展则是代表了蛋白质工程另一个特别强大的助力。高性能计算可以提供一种方法来探索蛋白质序列空间的广阔区域，这些区域在一些随机突变或者理性设计中是无法涉及的。随着计算方法的改进，定向进化和理性设计之间的融合与协同作用进一步得到加强。最近在具有原子尺度精确性的蛋白支架设计方面取得的显著进展让人看到了未来巨大的希望[132]。这些方法可能为酶催化功能位点更精确的设计提供一条捷径，可以避开目前依赖于蛋白质序列空间的数量庞大的进化实验工作。特别值得注意的是，机器学习可以与蛋白质改造无缝结合，预计在这一前沿领域将会有许多新的进展。

综上所述，随着复杂的体内基因多样化方法、高效的高通量筛选和自动化操作平台、先进的计算设计和机器学习工具的最新进展，蛋白质工程正进入一个新时代，这不仅可以推动高性能生物催化剂改造和设计走上新的高度，也可以为其在生物医药、绿色制造、能源、农业和食品等工业领域的广泛应用创造更多的可能性。

（张志钧，吴起）

✎ 思考题

（1）从突变体库中获得符合要求的目标生物催化剂时往往会用到选择和筛选两种手段，请问选择和筛选有何异同？

（2）构建一个高通量筛选方法往往需要具备哪些关键要素？

（3）常规的易错 PCR 体系包括哪些组分？它们作用分别是什么？

第 4 章
参考文献

第5章 生物催化剂的结构模拟与智能设计

○○ —————— ○○ ○ ○○ ——————

目前，理性设计/半理性设计的工具主要包括序列分析、结构分析、分子模拟和智能预测等。结合生物信息学、结构生物学、计算科学、数学、物理学和化学等多种学科，通过计算机对酶蛋白结构、催化机制等进行分析，获取目标酶的结构和机制信息，精确预测与目标性能相关的关键氨基酸，并通过实验测试它们的性能，从而进行有目的、有计划的酶分子理性设计。

5.1 蛋白质的序列分析

随着基因组测序技术的发展，生物数据库中基因和基因组序列数据库呈爆炸式增长。庞大的基因组数据库资源中，蕴藏着丰富的工业酶基因，对于生物催化领域的科学家来说是一笔巨大的资源。如何利用飞速增长的基因组序列数据，从海量基因数据库中快速发现具有工业潜力的目标酶基因和活性酶蛋白，并将其开发成新型生物催化剂应用于高附加值的化合物生产中，已经成为当前研究的热点。

基因数据挖掘根据一个特定反应所需要的生物催化剂，从文献中找到已经报道的该类酶的基因序列，以该序列为探针序列，在基因数据库中进行筛选比对，找到在结构和功能上与探针序列同源的候选基因。如图 5-1 所示，为常用的基因数据库搜索工具 BLAST（basic local alignments search tool）。

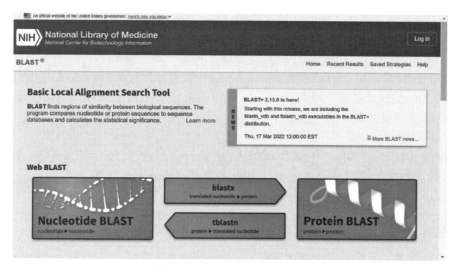

图 5-1 BLAST 服务器网页

另一方面，序列分析还可以帮助预测蛋白质功能、辅助蛋白质同源建模、识别蛋白质改造的关键氨基酸等。例如将蛋白质序列信息和其相应的功能结合分析，可以建立蛋白质序列-功能关系数据库，进而在此基础上可以对只有一级序列信息的相似蛋白质的功能进行预测和设计，这就是基于序列分析的理性设计思路。这一领域的研究者致力于建立相应的开放数据库，以作为理性设计的依据，例如，针对亚家族特异性位点（subfamily specific positions，SSPs）的数据库 ZEBRA[1]、针对脂肪酶及其突变体的数据库 LED [2]、Brenda 酶数据库 [3] 等。

　　针对获得的目标酶序列进行分析时，常将其与同源的序列进行比较，发现它们之间的相似性，找出序列之间共同的区域，辨别序列之间的差异，揭示生物序列的功能、结构和进化的信息。进一步可以根据这些结果，指导目标序列的设计和改造。例如用 Clustal Omega 服务器 [4] 做多重序列联配和同源比对，可进一步分析目标酶与其他酶的亲缘关系。保守区段往往是催化位点、底物结合位点等关键区域。通过保守性分析、功能区评估、二硫键分析、同源比对等多种策略，可以为目标酶的某一种性质改造提供重要的氨基酸位点和种类等关键信息，从而实现高效的理性设计。

5.2　同源酶的结构模拟和分子对接

视频：序列比对及
进化树构建

5.2.1　结构模拟

　　蛋白质的结构决定了其功能，研究生物大分子的结构 - 功能关系，对理解蛋白质的生物功能及其与其他分子（如：酶 - 底物 / 抑制剂、受体 - 配体、抗体 - 抗原、蛋白质 - 核酸、蛋白质 - 蛋白质）之间的相互作用具有重要指导意义。蛋白质等生物大分子结构的预测研究，对蛋白质突变体设计和基于结构的药物设计等具有重要的生物学意义。

　　随着结构生物学技术的发展，越来越多的蛋白质、多糖、核酸等生物大分子的三维结构被解析出来，其中大量蛋白质三维结构信息存放在 PDB 蛋白质结构数据库中。另一方面，越来越多实验获得的蛋白质结构，为研究蛋白质结构的规律奠定了很好的理论基础，也为蛋白质结构预测提供了理论参考。因此，除了实验手段以外，利用计算手段模拟或预测蛋白质三维结构也成为蛋白质结构 - 功能研究的重要手段之一。基于计算手段预测蛋白质结构的传统方法主要有：同源建模法、折叠识别法、从头计算法等。

　　（1）同源建模法 / 比较建模法（homology/comparative modelling）

　　同源建模方法遵循的基本理论依据有两点：首先，蛋白质三维结构取决于它的序列，序列相似度很高的两个蛋白质，它们的三维结构也可能会十分相似。其次，蛋白质的三维结构比一级序列更加保守，也就是说同源性较高的蛋白质之间在三维结构上会含有一些非常保守的结构区域，它们的结构只会在分子表面的一些结构上存在部分差异。该方法通过检索相同蛋白质家族中已知结构的模板，进行序列比对分析，根据模板结构预测目标氨基酸序列的结构。对于序列相似度＞ 30% 的序列模拟，一般能获得较准确的预测结果。

　　目前，一些在线工具可以应用完全自动化的程序来进行同源建模，应用比较多的建模软件和网络服务器主要有：SWISS-MODEL [5]、Modeller [6]、I-TASSER [7] 和 Rosetta [8] 等。

　　（2）折叠识别法 / 穿线法（fold recognition/threading）

　　折叠识别法的理论基础是蛋白质的空间结构比其序列更加保守，序列同源性很低的远源蛋白质之间也存在相同的折叠结构。随着越来越多的蛋白质结构被测定，出现全新折叠类型的可能性在减少。蛋白质折叠子的数目是有限的，已知的蛋白质结构中，结构拓扑的数量仅有一千多个。折叠识别法以结构已知的蛋白质折叠子为模板，使用能量方程，寻找给定氨基酸序列可能采取的折叠类型，可以弥补同源建模仅根据序列相似性来搜索模板的不足。

　　目前折叠识别法广泛使用的是由新加坡国立大学张阳课题组开发的在线结构和功能预测的工具 I-TASSER（iterative threading assembly refinement）（图 5-2）。该方法通过多线程模板检测服务器 LOMETS 从 PDB 数据库中寻找结构模板，并通过基于迭代模板的碎片组装，模拟构建完整的原子模型。除此以外，该预测工具还可以利用蛋白质功能数据库 BioLiP，预测构建的蛋白质三维结构所对应的功能。从 2006 年的国际蛋白质结构预测比赛（CASP）比赛起，I-TASSER 曾多次获得冠军，被列为蛋白质结构预测的首选服务器。

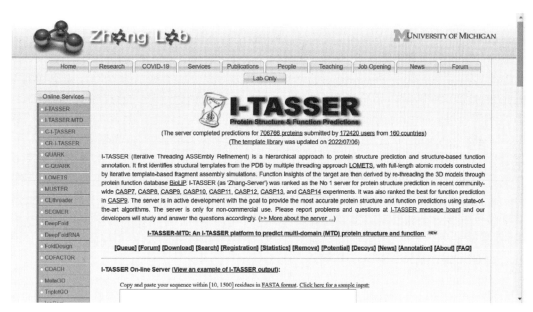

图 5-2　在线结构和功能预测工具 I-TASSER

（3）从头计算法（*ab initio/de novo* methods）

从头算法是一种基于原子力场的算法，仅从氨基酸序列信息出发，根据物理化学、量子化学、量子物理的基本原理，从理论上计算蛋白质分子的空间结构。从头算法的理论基础是：假定蛋白质在溶液中的天然构象是热力学上最稳定的、自由能最低的构象。如果正确考虑蛋白质中所有原子间的相互作用以及蛋白质与溶剂的相互作用，应用能量极小化方法就可以确定蛋白质的天然构象。

国内外许多科研团队在从头计算方面做出了出色的工作，如：Rosseta，QUARK，SCRATCH 等。1999 年，基于 *ab initio* 的模型 Rossetta 由华盛顿大学 David Baker 团队开发。模型通过 Monte Carlo 模拟退火算法成功预测了长度 100 个氨基酸左右的蛋白质结构，预测精度最低达到方均根差（RMSD）3.8Å[1]，并成为了 CASP Ⅲ 的获奖者之一。因为计算能力有限，早期的预测主要处理氨基酸数量很小、排列比较规则的蛋白质。2003 年，Baker 发表于 *Science* 期刊的工作中，成功预测了一段长度 93 个氨基酸的人工合成序列 TOP7，精度达到 1.2Å。2005 年，Baker 团队开发了 Rosetta@home，客户端会在闲置时帮助 Rossetta 服务器进行结构解析的模拟运算。借用这种分布式计算的形式，调用众多闲置个人计算资源，解决了计算能力的需求问题，取得了极大的成功。随着 Rosetta 运算能力的稳步提升以及计算能力的日益强大，Baker 团队已经掌握了蛋白质折叠的规律，他们已开始利用这些知识尝试设计超越大自然的蛋白质。在 2017 年发表的一系列论文中，Baker 及其同事设计出数千种不同的蛋白质，它们呈现出科学家们预测的形状，而且与自然界中发现的蛋白质有很大不同。

除了以上三种结构模拟方法之外，目前也可以将这三种方法综合起来。把给定的氨基酸序列分成片段，每个片段使用上面三种方案中最好的方案，然后再拼成完整结构。

视频：利用
PyMOL 进行
结构分析

5.2.2　分子对接

分子对接是两个或多个分子之间通过几何匹配和能量匹配而相互识别的过程。通过确定复合物中两个分子正确的相对位置和取向，研究两个分子的构象特别是底物构象在形成复合物过程中的变化，是确

---

[1] 1Å=0.1nm。

定药物作用机制、设计新药分子的基础。在生物催化领域，分子对接是半理性设计的重要操作之一，通过分子对接可以获得酶与底物复合物的三维结构，帮助了解底物结合模式和酶的催化机制，进而可以针对底物口袋周围的氨基酸选择需要改造的热点残基。

分子对接的最初思想起源于 Fisher 提出的"锁和钥匙模型"[9]，"锁钥原理"互相识别的首要条件是它们在空间形状上要互相匹配。小分子和蛋白质的结合像锁和钥匙一样，通过空间结构和电荷的匹配，结合到受体的活性口袋，并引起构象变化。然而，蛋白质分子与配体分子之间的识别要比"锁和钥匙模型"复杂得多。1958 年 Koshland 提出了分子识别过程中的诱导契合概念[10]，指出底物与受体互相结合时，底物和受体会分别发生构象上变化，受体将采取一个能同底物达到最佳结合的构象。底物和受体在对接过程中相互适应对方，从而达到更完美的匹配。不但要满足空间形状的匹配，还要满足能量的匹配。按照几何互补、能量互补以及化学环境互补的原则找到最佳的结合模式。分子对接可以分为：刚性对接、柔性对接、半柔性对接。半柔性对接兼顾了运算量和计算的准确性，运用比较广泛。常用的分子对接模拟软件有 Dock[11]、AutoDock[12]、RosettaDOCK、Flex X[13] 及商业软件 Gold、MOE、Discovery Studio、Sybyl[14] 等。

视频：利用
AutoDock Vina
进行分子对接

5.3　酶的三维结构智能预测方法

近年来，随着人工智能（artificial intelligence，AI）技术的不断发展，AI 已经应用到了生活与科技的方方面面。有关预测蛋白质结构的 AI 工具也越来越成熟，结构预测的速度与准确性得到了极大的提高。

（1）AlphaFold 和 AlphaFold2

AlphaFold 是由谷歌公司深度学习领域的核心团队 DeepMind 所开发。该团队一直致力于用人工智能和神经网络技术解决不同场景下的机器学习问题。继围棋博弈算法 AlphaGo 之后，DeepMind 将研究重心转向基于氨基酸序列的蛋白质结构预测，提出了名为 AlphaFold 的深度学习算法[15]。AlphaFold 的算法充分利用共进化信息结合深度神经网络生成空间约束条件并降低相空间的搜索，极大地帮助了蛋白质的结构建模，颠覆了以往需要结合复杂结构采样的算法。现在直接使用能量最小化，即可得到预测的结构。AlphaFold 在 2018 年举办的国际蛋白质结构预测比赛（CASP13）中取得了优异的成绩。

2020 年的 CASP14 比赛中，Deep Mind 凭借最新 AI 项目 AlphaFold2，以接近 90% 的准确率成功预测出蛋白质的 3D 结构。AlphaFold2 成绩远超其他参赛者，也优于 2018 年 AlphaFold 创造的准确率 58% 的成绩。AlphaFold 使用的神经网络是类似 ResNet 的残差卷积网络。AlphaFold2 则借鉴了 AI 研究中最近兴起的 Transformer 架构，其预测的蛋白质结构能达到原子水平的准确度[16]。

（2）trRosetta 和 RoseTTAFold

2019 年底 David Baker 团队发表了 trRosetta，它集合了深度学习的诸多进展，并与 Rosetta 建模软件结合，使得蛋白质结构预测的门槛大大降低。在 trRosetta 的相关文章中，作者发现对于很多之前从头设计的人工蛋白，在没有同源序列的情况下，trRosetta 工具只凭单序列输入就可以预测到比较可靠的三维结构。

随后，在基于人工智能技术的 AlphaFold 获得成功的同时，Baker 团队也探索了结合相关思想的网络架构，成功开发一款基于深度学习的工具 RoseTTAFold。RoseTTAFold 采用了"三轨"神经网络，能够根据有限的信息快速准确地预测出目标蛋白质的结构[17]。RoseTTAFold 不仅拥有媲美 AlphaFold2 的蛋白质结构预测超高准确度，而且速度更快、所需的计算机处理能力更低。最近 Baker 团队基于 RoseTTAFold2 的网络架构进一步开发了 RoseTTAFold All-Atom 算法，将结构预测的对象由单一的蛋白质推广至所有参与生命过程的蛋白质 - 配体复合结构（包括蛋白质、核酸、小分子、金属离子及蛋白质共价修饰），极大拓展了蛋白质结构预测及设计的方式[18]。

AlphaFold2 和 RoseTTAFold 等数据和人工智能驱动的蛋白质折叠预测工具为大分子结构预测和设计提供了强大的驱动力。

5.4　基于物理模型的酶理性设计

天然酶大多无法满足工业应用所需的高活力、高选择性及高稳定性[19,20]要求。目前广泛应用的定向进化策略只能对天然酶做小范围改动，本质是进行大规模试错并结合高通量的筛选方法获得更好性能的突变体酶，难以实现功能（结构）的创制与跃迁[21]。随着计算方法的进步及算力的提升，基于物理模型的酶计算设计方法在近十几年来得到了迅速发展[22-27]，可以将湿实验试错的范围缩小 3 ～ 4 个数量级，有望在未来进一步推广实践[28,29]。

基于物理模型的计算设计方法所依据的是 Anfinsen 蛋白质折叠热力学假说，即水溶液中蛋白质分子的折叠是趋向于自由能最低的状态，人们可以将蛋白质（酶）的设计问题转化为在序列空间中寻找能量最低的问题。实际中，研究者通常使用结合能量函数的加权计算及合理的构象采样来实现蛋白质的设计。基于这样普适的能量函数，研究者利用 Rosetta 工具开展与蛋白质大分子相关的模拟工作，包括蛋白质从头设计（*de novo* design）、蛋白质及多肽的结构预测、分子对接（包括蛋白质 - 蛋白质、蛋白质 - 配体及蛋白质 -DNA）和抗体多肽设计等[30]。中国科技大学刘海燕组开发的 ABACUS 统计能量函数也可以满足多场景的蛋白质设计需求，所获得的人工蛋白拥有远超天然蛋白的高稳定性[31]。

酶作为可以催化化学键形成或断裂的特殊蛋白质，其功能实现依赖于活性口袋中关键催化残基与底物小分子的动态相互作用。生物大分子的计算体系尺度、有限的计算资源及专深的软件需求，限制了对酶催化反应过渡态的相关研究，无法高通量实现催化反应复杂势能面的全原子水平飞秒精度计算。为此，研究者们试图通过开发简化的近似的酶催化模型，帮助实现酶的理性设计。主要包括两种主流思路：

（1）"Theozyme"模型及其配套的"inside-out"策略

Houk 教授和 Baker 教授等认为，酶设计的本质在于稳定高能的过渡态复合物，并据此开发了一种理想化的酶活性位点模型——"Theozyme"模型，用于描述酶促反应关键过渡态中氨基酸残基与底物分子间相互作用的构成。模型依据量子力学模拟计算获得的酶 - 配体空间位置关系，包括原子间的距离、角度及二面角等限定。进一步地，使用 Rosetta Match 程序开发了"inside-out"计算策略，以"Theozyme"模型作为催化口袋"核心"的几何约束，向外搜索空间互补的蛋白支架来容纳催化所需的氨基酸侧链，用于实现酶催化的功能[8]。2008 年，他们利用此策略在 Nature 和 Science 杂志刊文，分别报道了催化 Kemp 消除反应[32]和 Retro-Aldol[33] 反应的酶从头计算设计工作，里程碑式地制造出了自然界不存在的、具有特定催化功能的人工酶。此外，2023 年初 Baker 团队再次利用"Theozyme"模型作为酶"结构 - 催化功能"的筛选标准，结合基于深度学习的"家族式幻想（family-wide hallucination）"算法，以类核转录因子 2（NTF2）为蛋白骨架，从头设计了全新的荧光素酶，可特异性识别底物并高效发光，远超天然存在的荧光素酶[20]。

（2）近攻击构象（near-attack conformation）等"类过渡态"模型

以 Warshel 教授、Bruice 教授为代表的很多学者认为酶促反应速率的增强不能完全归咎于其稳定了过渡态的瞬间（时间尺度为百飞秒）[34-37]。酶催化过程中存在"类过渡态"阶段（时间尺度为纳秒），即蛋白质与底物通过互作预组织形成类似过渡态的复合物。其不涉及化学键成断，但相较于基态降低了总活化能，是处于整个反应路径中并趋向过渡态的近催化结构形态。其中应用最为广泛的是 Bruice 教授所开创的"近攻击构象"模型，要求即将形成新化学键的两原子间距离小于范德瓦耳斯半径之和，且拥有与过渡态类似的键角[38]。Bruice 教授首先成功将近攻击构象理论用于解释分支酸歧化酶突变体的活性变化[39]。相较于水溶液中近攻击构象概率不足百万分之一，在酶催化反应中近攻击构象概率提升至 30%，进而计算出 $\Delta\Delta G$ 提升 7.8kcal·mol^{-1}（1kcal=4.19kJ），与实验测得的表观 $\Delta\Delta G$（9kcal·mol^{-1}）非常接近。近攻击构象模型等"类过渡态模型"规避了化学键成断所带来的海量量子力学计算需求，将之降低至分子力学范畴，极大拓展了量子力学（quantum mechanics，QM）数据的应用范围[40]。借助近攻击构象这一工具，诸多团队结合分子动力学模拟，从分子轨迹中统计符合近攻击构象概率，用于解释和预测突变体活性 / 选择性的变化[41]。

5.4.1　酶 - 配体结合口袋再设计

通过对酶 - 配体结合口袋的理性设计可以改变酶与小分子之间的互作网络，进而满足工业生产对活力或选择性要求[19]。底物与酶活性口袋的结合能是优化酶活力的一个重要指标。2015 年，美国华盛顿大学 David Baker 团队通过使用 Rosetta Design 及 Foldit 计算，基于能量对聚甲醛酶（formolase，FLS）的底物结合口袋进行再设计，使其可以高效催化甲醛聚合形成二羟丙酮，相较于亲本活性提升两个数量级，充分展现了通过计算实现酶设计的潜力[26]。

另一方面，近攻击构象模型等"类过渡态"模型也是酶活性口袋设计中的重要工具。2018 年中国科学院微生物研究所吴边课题组[42]联合使用 Rosetta Design 及高通量多次独立分子动力学模拟技术，将配体维持于近攻击构象限制内，在保留必要基团相关互作的同时，重塑口袋以获得新的底物谱，成功获得了一系列兼顾活性、位置选择性及立体选择性的人工 β- 氨基酸合成酶（图 5-3）。类似思路还有荷兰格罗宁根大学 Dick B. Janssen 组提出的 CASCO（catalytic selectivity by computational design）策略，其侧重于结合 Rosetta Design 及近攻击构象概率预测并改造酶的立体选择性[27]。近几年，QM（NAC）-Rosetta Design 联用的设计策略在诸多工业酶的改造实践中获得了成功[43-47]，已逐步成为酶催化口袋理性设计的通用方法。

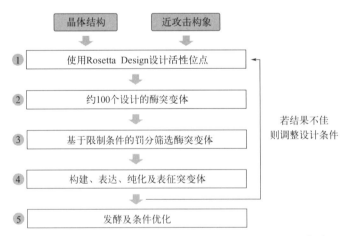

图 5-3　人工 β- 氨基酸合成酶的活性口袋再设计流程[43]

5.4.2　基于计算的酶稳定性设计

酶在工业应用中面临诸多极端恶劣环境，包括高温、极端 pH、有机溶剂等不利因素[48]。目前主流的蛋白质稳定性设计大多依赖于突变体与亲本折叠自由能变化的差值（$\Delta\Delta G$）进行预测[44]。除了基于物理模型的策略之外，共义分析、设计二硫键及重构祖先酶技术也是常用的策略[49]。

荷兰格罗宁根大学 Janssen 课题组开发了一套名为 FRESCO（framework for rapid enzyme stabilization by computational libraries）策略综合使用了上述方法（图 5-4），首先借助 FoldX 及 Rosetta_ddg_monomer 计算突变的 $\Delta\Delta G$，之后在 YASARA（yet another scientific artificial reality application）软件中设计二硫键，然后使用 MD 筛选去除不合理点突变，并通过湿实验验证，最后再对正突变进行进一步叠加验证[50]。FRESCO 策略已经被多次用于酶热稳定性的改造，例如通过计算设计将柠檬烯环氧化物水解酶的熔融温度提升了 35℃[51]。类似地，Damborsky 课题组将 $\Delta\Delta G$ 的计算与保守位点共义分析技术相结合，开发的 FireProt 策略可以通过筛选小而精的筛选文库获得稳定性大幅提升的酶突变体[52]。近期，许建和课题组以羰基还原酶 CpKR 为研究对象，首先利用计算辅助的理性设计分别对蛋白质的刚性区域和柔性区域分别进行稳定化改造，然后协同组合两个区域的有益突变，使得蛋白质的稳定性提升千倍，同样可视为理性设计在酶热稳定性改造方面的成功案例之一[53]。

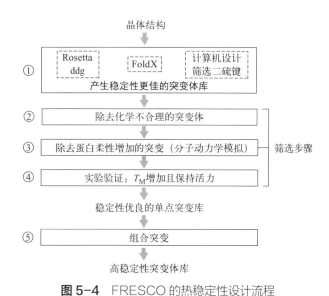

图 5-4　FRESCO 的热稳定性设计流程

5.5　机器学习指导的酶分子改造

机器学习方法即通过建模酶的序列 / 结构 - 功能关系，学习酶的序列或结构中潜在的信息，对酶的功能进行预测[54-56]。随着计算机存储容量和处理能力的不断进步，机器学习的发展速度令人叹为观止，并且在新酶的分类[57]、酶或其底物属性的预测[60]、反应最佳微环境的预测[60] 等工作中已经展现出优越的性能。

5.5.1　基于偏最小二乘法回归模型提高酶的活力

机器学习方法因其能够利用酶的突变位点之间的上位性信息而受到广泛的关注[60,61]，其中 ProSAR（protein sequence activity relationship）是早期应用于大规模进化活动的方法，Huisman 等假定突变效应具有可加和性，并且每个突变是独立的，没有相互影响。在每一轮进化中，作者首先向亲本随机引入一些突变，并且对随机产生的部分突变体进行测序，然后将获得的序列通过单热编码后，用于训练偏最小二乘回归模型，根据模型的系数将突变分为有益、中性、有害和未知突变，从而决定是否保留突变

（图 5-5）。作者最终利用 ProSAR 方法，通过十八轮突变将催化氰化反应的卤醇脱卤酶的效率提高约 4000 倍[62]。但是值得注意的是，这个案例所使用的线性模型假定每个突变与酶功能变化之间的关系是加和性的，而当酶的序列与功能之间呈现非加和性关系时，这一策略将难以发挥理想的效果。

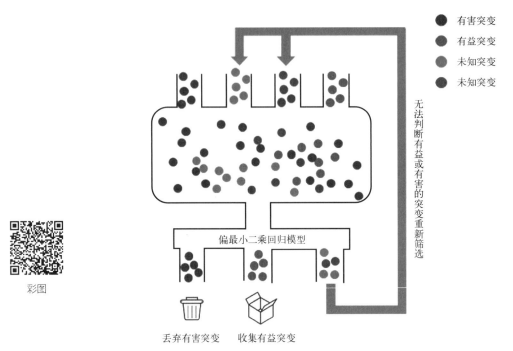

图 5-5　基于偏最小二乘法回归模型指导的定向进化过程[56]（彩图见二维码）

5.5.2　基于高斯过程模型辅助酶工程研究

高斯过程模型可以提供关于模型预测的不确定性信息。Romero 等人根据氨基酸残基之间所构建的接触图（两个氨基酸残基中的任何原子均位于半径 4.5 Å 内的两个小球内），基于最小化接触损失原则，使用 SCHEMA-RASPP（用于识别蛋白质片段，使其可以在片段重组时保持三维结构完整性的方法），将细菌来源的 3 种脂肪酰基还原酶 MA-ACR、MB-ACR 和 MT-ACR 分为 8 个区域[63]。

作者首先使用优化算法——贪心算法，在包含 4374 个组合的序列空间中识别出最大高斯交互信息（mutual information）的 20 个序列，将脂肪酰基还原酶结构利用残基 - 残基接触图表示，并使用单热编码进行向量化，训练获得了一个初始的高斯过程回归模型。基于这个初始化模型，利用 UCB（upper-confidence bound）准则迭代了 10 个设计 - 测试 - 学习周期；并且自第二轮 UCB 优化开始，作者还利用所有的数据训练了朴素贝叶斯分类模型，从而判断某个突变体是否具有活性，以辅助突变体的筛选工作（图 5-6）。最终在低通量气相色谱法分析的条件下，获得了脂肪醇滴度为（54±11）mg·L^{-1} 的最佳突变体 ATR-83。

5.5.3　基于 3D CNN 模型进行酶的分子设计

3D CNN（convolutional neural network）卷积神经网络模型利用特定氨基酸位点 Cα 原子 20 Å^3 范围内的微环境信息，预测该位点概率最大的氨基酸残基（图 5-7）[64-66]。Alper 课题组利用该模型预测了来自 PET 同化细菌 *Ideonella sakaiensis* 的聚对苯二甲酸乙二醇酯水解酶（即塑料水解酶 PETase）的有益突

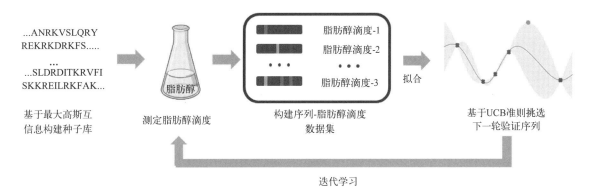

图 5-6 基于高斯过程模型的序列空间探索策略[56]

变,并在最佳突变体 ThermoPETase 和 DuraPETase 的基础上,通过组合突变获得了最优突变体 FAST-PETase[67]。利用无定型 PET 薄膜评估 PETase 活力时发现,相较于此前报道的塑料水解酶,FAST-PETase 显示出最强降解能力,可以在 50℃条件下,96h 内降解得到 33.8mmol/L 对苯二甲酸单体,并且在 pH 值 6.5 ～ 8.0 和温度 30 ～ 50℃范围表现出最高的 PETase 活力。

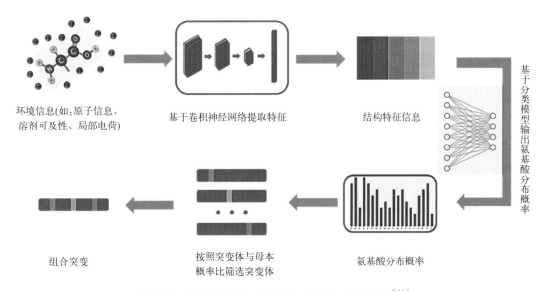

图 5-7 3D CNN 模型指导的酶分子设计流程图[56]

5.5.4 基于 BaggingTree 预测酶底物特异性

于浩然课题组等基于文献报道的三个吡咯赖氨酸 -tRNA 合成酶(PylRS)突变体,对 95 个非天然氨基酸(noncanonical amino acids,NCAAs)底物生成了 285 个酶 - 底物对数据集,并将其标记为无活力、弱活力和强活力,并利用 7 个经典机器学习分类模型对该数据集进行拟合[68],其中效果最好的模型是 BaggingTree(BT)。为了利用该模型指导实验设计,作者通过 PubChem 搜集了 1474 个 NCAAs,通过预测发现有 156 个 NCAAs 可以被这三个突变体催化,并且对其中的 24 个预测可以被催化的底物和 3 个预测不可以被催化的底物进行了湿实验表征。实验结果表明,BT 模型的三分类正确率(three-class classification accuracy)为 0.69,二分类正确率(binary classification accuracy)为 0.86,其中被预测为不能催化的底物达到了 100% 准确率(图 5-8)。

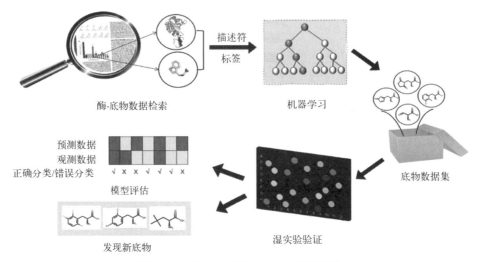

图 5-8　基于 BT 的 NCAAs 筛选[68]

5.5.5　基于 CLEAN 预测酶的 EC 编号

常被用于深度学习中的损失函数通常是均方误差（回归任务）或交叉熵（分类任务），赵惠民课题组则利用对抗学习的方法，学习欧几里得距离反映功能相似性的酶表示空间，即具有相同 EC 编号的氨基酸序列具有较小的欧氏距离，而具有不同 EC 编号的序列具有较大的距离。通过为参考序列设置一个具有相同 EC 编号的同类序列和不同 EC 编号的非同类序列，并且最大化参考序列与非同类序列的欧几里得距离及最小化参考序列与同类序列的欧几里得距离，以此为基础训练模型（图 5-9）。结果发现 CLEAN（contrastive learning-enabled enzyme annotation）相对于其他常用计算工具具有更好的预测准确度，并且能够注释未被充分研究的酶，纠正错误标记的酶，以及识别混杂酶[69]。

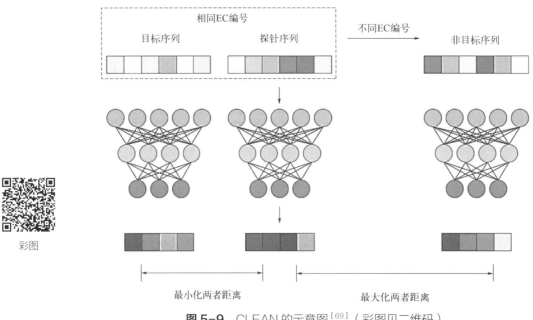

彩图

图 5-9　CLEAN 的示意图[69]（彩图见二维码）

　　综上所述，在过去的十几年里，基于分子模拟和智能设计的新酶创制工作已取得一系列突破性进展。对于工业酶的底物特异性、立体选择性及热稳定性的计算从头设计，正在由学术界的探索阶段逐步发展至工业界的应用阶段。

（陈琦，石焜）

思考题

（1）简述目前常用的蛋白质结构预测方法。它们各有什么优缺点？

（2）学习利用 Autodock Vina 软件或其他分子对接软件，学习化合物小分子的分子对接操作；并掌握利用 Pymol 等可视化工具对复合物结构进行分析。

第 5 章
参考文献

第6章　酶的基因表达系统

○○ ——— ○○ ○ ○○ ———————————

6.1　大肠杆菌表达系统

　　大肠杆菌表达系统是最流行的细菌表达系统之一，是实验室和应用研究中的首选表达系统，也是不同表达系统之间相互比较的基准。蛋白质工程和高通量结构分析的基础均需要大肠杆菌表达系统。在大肠杆菌合成重组蛋白过程中，需要以能量、氨基酸和核苷酸等物质为前体，并在宿主细胞严格的调控下才能完成。通常来说，宿主菌、表达载体、培养条件被认为是大肠杆菌表达系统中三个最主要的影响因素。

商业化大肠杆菌
表达菌株及其特点

6.1.1　常用的大肠杆菌表达宿主

　　作为表达宿主，大肠杆菌包括许多菌株，各个菌株之间各有利弊，因此选择合适的大肠杆菌宿主，可以提高重组蛋白的表达效果。表 6-1 列举了各种商业化大肠杆菌表达菌株及其优缺点。

表 6-1　商业化大肠杆菌重组表达菌株[1]

菌株	特点	优势	生长条件	公司
BL21（DE3）	λDE3溶原化，能表达T7 RNA聚合酶；Lon和OmpT蛋白酶缺陷	适用于表达非毒蛋白	培养基添加1%葡萄糖	Novagen
BL21（DE3）pLysS	λDE3溶原化，能表达T7 RNA聚合酶；表达T7溶菌酶，在菌株诱导前可降解T7 RNA聚合酶	防止泄漏表达；适用于毒蛋白表达	氯霉素34μg·mL⁻¹	Novagen
BL21 Star	突变基因*rne131*，从而提高mRNA稳定性			Novagen
Lemo21（DE3）	具有BL21（DE3）的所有特点；通过改变溶菌酶浓度精调重组蛋白表达量	适用于难表达蛋白：毒蛋白、膜蛋白、低可溶表达蛋白	L-鼠李糖0~2000μmol·L⁻¹	Novagen
Tuner（DE3）	Lac通透酶*lacY*突变	IPTG可以均匀渗透进入每一个细胞；适用于毒蛋白和非可溶蛋白表达		Novagen
Origami	*trxB*和*gor*基因突变	帮助二硫键形成	卡钠霉素15μg/ml；四环素12.5μg·mL⁻¹	Novagen
Shuffle	表达二硫键异构酶DsbC；蛋白酶Lon和Omp缺陷	帮助二硫键正确形成；抗噬菌体T1		NEB
Rosetta	带有表达稀有密码子tRNA的质粒	适用于表达异源蛋白	氯霉素34μg·mL⁻¹	Novagen
Rosettagami（DE3）	Origami变体，含稀有密码子tRNA			Novagen
C41（DE3）和C43（DE3）	防止细胞死亡；提高质粒稳定性	适用于毒蛋白、膜蛋白表达		Lucigen

6.1.2 大肠杆菌表达质粒

重组蛋白生物合成中关键步骤是载体设计与改造，质粒是一个双链环状 DNA 片段，它们能够在宿主中自我复制，也是大肠杆菌中重组蛋白表达最常用的载体，研究者需要选取最佳的质粒类型来满足研究需要。大肠杆菌细胞表达质粒有很多种，为了使外源基因能高效表达，至少应该包括以下几个部分（图 6-1）：

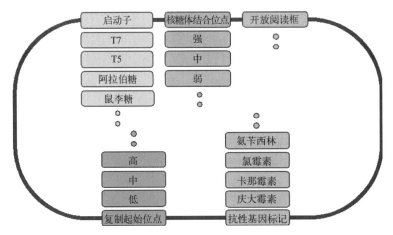

图 6-1 重组表达质粒结构示意图

（1）复制起始位点（Ori）：复制起始点主要决定细胞内质粒的拷贝数。绝大多数质粒是基于 pBR322 或 pUC 质粒的复制起点，它们可分别保持每个细胞中 20 ～ 50 个拷贝和 150 ～ 200 个拷贝。需注意的是，质粒具有不相容性，即使使用同一复制系统的不同质粒，也不能稳定共存于一个宿主中。

（2）抗性基因标记（marker）：质粒上要含有至少一个正向筛选标记，以保持培养过程中质粒的稳定性和转化筛选。

（3）启动子（promoter）：启动子的作用是促进转录有效起始，不同启动子具有不同强度。启动子的 RNA 聚合酶结合位点 -10 区（TATAAT）和 RNA 聚合酶识别位点 -35 区（TTGACA）是决定启动子强度的重要因素，当 -10 区和 -35 区之间的距离为 17bp 时转录效率最高。

（4）核糖体结合位点（RBS）：核糖体结合位点是原核生物的 mRNA 结合核糖体的序列，也称为 SD 序列。SD 序列对翻译效率有显著影响，而且 SD 序列与起始密码子 ATG 之间的长度对翻译效率也有影响。

（5）多克隆位点：具有多个单一酶切位点的多克隆位点，便于外源基因插入和筛选。

（6）终止子：位于基因或操纵子 3′ 端，具有终止转录功能的特定 DNA 序列。

pET 质粒　　　　pHAT 质粒　　　　pMAL 和　　　　pSUMO 质粒
　　　　　　　　　　　　　　　　pGEX 质粒

6.1.3 目的蛋白在大肠杆菌中的表达

目前大肠杆菌常作为高效表达的首选体系，被广泛使用。但大肠杆菌表达系统也存在明显的不足之处，例如表达产物缺少糖基化、磷酸化等修饰，容易错误折叠产生无活性包涵体，宿主本身产内毒素等，导致在医药方面的使用受到局限。

6.1.3.1　T7 表达系统

T7 表达系统是应用最广泛的表达系统之一，上千种重组蛋白成功在 BL21（DE3）中实现可溶表达[2]。来源于噬菌体的 T7 RNA 聚合酶转录的速度大约是大肠杆菌内源 RNA 聚合酶的 5 倍，这两种聚合酶识别完全不同的启动子，因此 T7 表达系统是一种正交表达系统。诱导表达后几个小时目的蛋白通常可以占到细胞总蛋白的 50% 以上。

在 BL21（DE3）中，T7 RNA 聚合酶位于染色体 P_{lacUV5} 启动子下游，受 P_{lacUV5} 启动子控制（图 6-2）。与野生型 P_{lac} 启动子相比，P_{lacUV5} 启动子有三处突变，其中在 -10 区有两个突变，增加启动子强度，降低对环腺苷（cAMP）及其受体蛋白 CAP 的依赖；第三处突变使其对葡萄糖不敏感，可通过 IPTG 强烈诱导 T7 RNA 聚合酶。

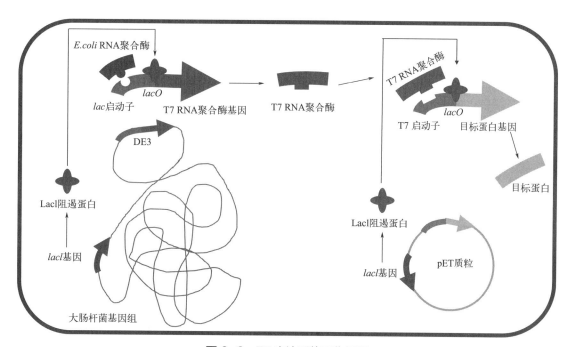

图 6-2　T7 表达系统工作原理

6.1.3.2　影响外源基因表达的因素

（1）启动子结构：在大肠杆菌表达系统中，不同类型的启动子影响外源基因表达效率。一个合适的高表达外源基因的启动子应符合以下几点：第一，较强的启动子，表达效率在 10% ~ 30%（目的蛋白占菌体总蛋白比例）；第二，本底转录很低，这在表达一些对宿主有毒性的外源蛋白时尤为重要；第三，能用简单且经济的方式诱导启动，例如温度、化合物。乳糖操纵子是长期以来用于大肠杆菌表达外源基因的主要启动子，其他外源基因转录的启动子很多都是从乳糖启动子发展而来。P_{lac} 和 P_{lacUV5} 启动子是弱启动子，一般很少用于高水平外源蛋白的表达。人工合成的 P_{tac} 和 P_{trc} 启动子是强启动子，当 IPTG 含量在 50 ~ 100 $\mu mol \cdot L^{-1}$ 时，就可以使外源蛋白表达水平达到菌体总蛋白的 15% ~ 30%。

（2）转录终止区：在大肠杆菌中，转录终止有两种机制：依赖六聚体蛋白 rho 的转录终止，rho 蛋白能使新生 mRNA 从模板解离。另一种依赖模板上编码的信号，即在新生 mRNA 中形成发卡结构的回文序列，和位于该回文序列下游 4 ~ 9 bp 处的 dA、dT 富含区。有效的转录终止子是表达载体必不可少的元件。

（3）mRNA 稳定性：mRNA 的快速降解会影响蛋白质的合成，通常用强启动子来弥补 mRNA 转录物的不稳定，从而使蛋白质的合成达到可接受的水平。

（4）密码子偏好性：遗传密码有 64 种，但绝大多数生物倾向于利用这些密码子中的一部分。大肠杆菌表现出密码子利用的差异和偏好。研究发现，富含大肠杆菌不常用密码子（AGA、AGC、AUA、CCG、CCT、CTC、CGA、GTC）的外源基因有可能在大肠杆菌中得不到有效表达。因此，我们通常会对外源基因进行大肠杆菌密码子优化后再进行重组表达。

（5）表达定位：大肠杆菌表达重组蛋白可能定位在五个位置：胞质、胞质膜、周质空间、外膜、胞外培养基。在胞质中表达是最常见的一种表达方式，但容易被胞内蛋白酶水解，且易形成无生物学活性的包涵体。周质空间表达重组蛋白时，它的氧化环境有利于蛋白质的正确折叠，且有利于目的蛋白的纯化。分泌表达目的蛋白易于纯化，是人们期望的一种表达策略，但大肠杆菌等革兰氏阴性菌因其细胞壁结构，通常其分泌表达的蛋白量比革兰氏阳性菌少得多，因此不常用作典型的分泌表达宿主。将外源蛋白定位到胞质膜的情况，通常与分子识别、转运、细胞代谢等生物学功能相关。最后一种是定位在细胞外膜，即菌体表面，有时候也被称为表面展示技术。以大肠杆菌表面蛋白与外源蛋白融合，表面呈递外源蛋白的菌株可用于构建活菌疫苗、筛选文库等。

（6）宿主的选择：宿主的选择对外源基因的表达会产生一定的影响。本章节前半部分已经详述了不同商业化大肠杆菌宿主的差异及优缺点，研究者可根据目的蛋白的特点进行理性选择，以优化并提高目的蛋白的可溶表达量。

（7）培养条件的控制：大肠杆菌的蛋白产量可以通过高密度发酵而获得显著提高。高密度发酵可以实现 $100g \cdot L^{-1}$ 以上的细胞浓度，从而降低重组蛋白生产成本。培养基组分和发酵过程控制策略对细胞密度和蛋白产量至关重要。

6.1.4　大肠杆菌表达底盘的改造与应用

近年来，越来越多的研究者基于目前大肠杆菌表达宿主的不足之处，着眼于开发更优良的表达底盘，例如抗噬菌体底盘、耐酸宿主、T7 RNA 聚合酶精调以及外源基因的剂量调控等等。

6.1.4.1　抗污染大肠杆菌

大肠杆菌表达系统有很多优势，但在工厂生产时易受到噬菌体、杂菌等污染，由此造成大量损失，该问题迄今尚未彻底解决，有研究者着眼于开发抗污染、鲁棒性更高的大肠杆菌宿主。例如，大肠杆菌 ATCC10798 能够快速利用三聚氰胺作为自身生长氮源，其他微生物则因缺乏三聚氰胺的代谢途径而死亡或无法生长。该策略可有效抵抗发酵过程中杂菌生长，在一定程度上降低生产成本[3]。但三聚氰胺是一种致癌物，对产品的分离纯化带来困难。因此，有研究结合多种策略构建了一株高鲁棒性的大肠杆菌底盘，通过引入两个代谢途径的大肠杆菌可以低毒性的甲酰胺和亚磷酸盐作为底物进行生长，其他杂菌只要缺少两种代谢途径中的一种即无法生长。此外，该菌株还在大肠杆菌中引入靶向 T7 噬菌体的 CRISPR/Cas9 系统，可有效防止 T7 噬菌体的侵染[4]。

6.1.4.2　耐酸宿主

大肠杆菌发酵生产尤其高密度培养过程中，难以避免代谢副产物产生。研究发现乙酸是最为常见的代谢副产物，且其对细胞的生长和蛋白质的表达影响较大。乙酸浓度高于 $1g \cdot L^{-1}$ 即会影响生物量和目的蛋白表达。敲除丙酮酸氧化酶基因 *poxB* 的菌株产乙酸量明显减少，而且蛋白质增产 100%[5]。除了控制乙酸生成，还能将糖酵解的产物转化为比乙酸毒性小的物质。如枯草芽胞杆菌中乙酰乳酸合酶基因能将丙酮酸转化为 3- 羟基 -2- 丁酮，应用该策略改造大肠杆菌使得乙酸产量减少 75%[6]。此外，在大肠杆菌内导入异源水合 NADH 氧化酶基因，移除过量的 NADH 也可减少乙酸生成。敲除 arcA 系统能将比葡萄糖消耗速率提高 10% 而不产酸[7,8]。

6.1.4.3　T7 RNA 聚合酶调控

在大肠杆菌 BL21（DE3）菌株中，T7 RNA 聚合酶的启动子是 P_{lac} 启动子的一个突变体 P_{lacUV5} 启动子，该启动子比原本的 P_{lac} 启动子更强。而随后开发的 C41（DE3）和 C43（DE3）菌株更适用于表达毒蛋白。C41（DE3）中的 P_{lacUV5} 启动子被替换为更弱的 P_{lac} 启动子后，T7 RNA 聚合酶转录水平的较低，从而可以缓解膜蛋白过表达引起的毒性作用，可有效表达毒蛋白。此外，BL21（DE3）也不能高效表达某些引起细胞生理负担导致细胞生长抑制的蛋白质。这种蛋白质的生产在发酵早期是正常的，但在后期细胞会发生自溶。例如，青霉素酰化酶的过表达会引起严重的大肠杆菌细胞裂解，只能缩短发酵时间，降低重组蛋白产量[9]。有研究将 T7 RNA 聚合酶上游的 lacUV5 启动子 +1 区的 A 突变成 G，通过调低 T7 RNA 聚合酶的表达水平从而获得抗自溶菌株 BL21（DE3 - lac1G），能够显著提高葡萄糖脱氢酶等十余种工业酶的表达量[10]。

6.1.4.4　外源基因剂量优化

优化目标基因的剂量来实现高效表达是生物催化剂工程的关键步骤，通常使用的质粒表达方法具有遗传不稳定的缺点。整合到大肠杆菌基因组的木糖还原酶表达效果要优于质粒，转化木糖为木糖醇的效率也更高[11]。通过基因组多重编辑系统将葡萄糖脱氢酶基因整合到大肠杆菌基因组，酶活力比质粒表达高 2.6 倍，且无需额外添加抗生素[12]。

6.1.4.5　大肠杆菌能量调控

重组蛋白在胞内的合成是一个能量密集的过程，并且被宿主自身的代谢所控制。蛋白质合成消耗了快速生长的大肠杆菌细胞产生总能量的约三分之二，因此，许多研究集中于探究蛋白质合成期间 ATP 和 GTP 的使用机制。在大肠杆菌中表达的磷酸烯醇丙酮酸羧激酶（PCK）有助于增加胞内 ATP 水平，从而提高模型绿色荧光蛋白 GFP（胞内）和碱性磷酸酶（胞外）的产量[13]。从转录组学、蛋白质组学和代谢组学研究中获得了大量关于影响蛋白质合成过程的因素以及由于细胞应激反应而引起该途径通量变化的信息。这些因素在合理设计表达宿主细胞中是非常关键的。

6.2　枯草芽胞杆菌表达系统

6.2.1　枯草芽胞杆菌简介

枯草芽胞杆菌（Bacillus subtilis）广泛分布在土壤、腐败的有机物以及水环境中。枯草芽胞杆菌是非致病性革兰氏阳性短杆菌，基因组 4.2Mbp，GC 含量为 43.5%，有着较厚的细胞壁，内生孢子，有鞭毛，耐热，不含内毒素，是生物安全菌株，并由于其优越的蛋白质分泌能力，成为了工业食品级重组蛋白生产中最常用的微生物细胞工厂之一。

与大肠杆菌等其他原核表达系统相比，利用枯草芽胞杆菌进行蛋白重组表达具有其特有的优势，具体如下：

（1）枯草芽孢杆菌基因组信息全面，其物质代谢信息清晰，并具有多年工业生产技术基础；

（2）枯草芽孢杆菌是非致病菌，不含内毒素，被美国食品与药品管理局（FDA）和中国农业部等部门批准为食品级安全菌株，表达的重组蛋白所生产的化学品可以供食品、化妆品等行业使用；

（3）枯草芽孢杆菌没有特别强的密码子偏好性，可以异源表达较多来源的基因，表达产物不易形成包涵体；

（4）强大的分泌能力既可以提高高密度发酵的经济高效性，又可以将产生的重组蛋白进行胞外分泌，有利于进行蛋白质的分离纯化。

6.2.2　枯草芽孢杆菌表达载体与转化方法

6.2.2.1　枯草芽孢杆菌常用的载体

枯草芽孢杆菌可用的表达载体包括质粒载体、噬菌体载体和整合载体。

最常使用的质粒载体分为三类，一是来源于其他革兰氏阳性菌的质粒，大多是基于金黄色葡萄球菌的质粒，如 pUB110、pC194、pE194 等。二是大肠杆菌 - 枯草芽孢杆菌穿梭质粒，在大肠杆菌中完成质粒的构建与提取是更为简便的，在大肠杆菌中构建成功后再转入枯草芽孢杆菌中表达。常见的大肠杆菌 - 枯草芽孢杆菌穿梭质粒有 pEB10、pEB20、pEB60、pUB18、pUB19、pWB980 等。三是枯草芽孢杆菌与大肠杆菌质粒构成的嵌合载体，如 pHB201 等。

除此之外，φ105 噬菌体，sppl 噬菌体等也可用作枯草芽孢杆菌的表达载体。

为进一步提高载体在宿主菌中的稳定性，常通过构建整合型载体来完成外源基因在宿主菌基因组中的整合。枯草芽孢杆菌的整合型载体主要部分包括：大肠杆菌质粒复制起点、抗性筛选标记和枯草芽孢杆菌基因组同源序列。整合型载体通过单双交换进行同源重组，把表达单元整合到枯草芽孢杆菌染色体上。枯草芽孢杆菌中报道的单双交换质粒有 pMutin-GFP、pSG1151、pDL、pDG1662 等。

6.2.2.2　枯草芽孢杆菌常用的转化方法

常用的转化方法包括：原生质体转化法和电转化法。

（1）原生质体转化法

通过聚乙二醇介导的原生质体融合，遗传物质可以从供体转移到受体菌株中。只有少量的原生质体，在聚乙二醇处理后恢复到杆菌形式，是单倍体重组体。这些单倍体是细胞融合后立即产生的二倍体的稳定后代。为了方便从大量再生的母体细胞中分离出重组体，需要筛选和反筛选标签。

（2）电转化法

电转化法是目前芽孢杆菌属最常使用的转化方法。在电穿孔介质中应用渗透压保护剂（如海藻糖、山梨糖醇、甘露醇和甘油）可提高细胞存活率。枯草芽孢杆菌的转化效率目前已经达到了 $10^4 \sim 10^6 \mathrm{cfu \cdot \mu g^{-1}}$。

6.2.3　枯草芽孢杆菌重组表达系统的优化

高效的重组表达系统决定了目标蛋白的产量。重组表达系统可通过以下策略进行优化。

6.2.3.1　优化分泌途径

优化分泌途径是提高分泌蛋白产量的常用策略之一。枯草芽孢杆菌的蛋白质分泌功能发达，常被用于外源蛋白的高水平分泌表达。信号肽是位于分泌蛋白 N 端的短肽链，它有助于使蛋白前体保持可运输的折叠状态，并协助蛋白质跨膜分泌到细胞外介质中，在蛋白运输中起着重要作用。

枯草芽孢杆菌至少包括四种依赖信号肽的分泌途径：一般分泌（general secretion，Sec）途径、双精氨酸转运（twin-arginine transportation，Tat）途径、假丝蛋白途径以及 ABC 转运子途径等。少部分蛋白质也可以不依赖特定的信号肽，通过不依赖信号肽的非典型分泌途径分泌到胞外。在依赖信号肽的典型分泌途径中，Sec 途径为枯草芽孢杆菌中最主要的蛋白分泌途径。

Sec 途径的
简要过程

为提高目标蛋白的产量，通常采取优化分泌途径的策略，如强化 Sec 分泌表达通路，包括信号肽酶或相关转运元件的过表达、信号肽文库的构建、信号肽的突变等。

6.2.3.2　提高 RNA 与蛋白质的稳定性

生产目标蛋白质要经历转录、翻译、运输和分泌这四个步骤，在每一步中脱氧核糖核酸酶（DNA酶）、核糖核酸酶（RNA 酶）和蛋白酶可能分别降解 DNA、mRNA 和前体蛋白，进而影响蛋白质的生成。可通过敲除蛋白酶以及过表达分子伴侣等策略来提高 RNA 与蛋白质的稳定性，从而提高重组表达水平。

（1）构建蛋白酶缺陷菌株

野生型枯草芽孢杆菌会产生大量的胞外蛋白酶，导致目标蛋白在分泌后被降解，致使最终表达量较低。为了能够使目的蛋白在胞外充分积累，而不被宿主菌自身的蛋白酶降解，科学家们构建了不同的蛋白酶缺陷型菌株以提高外源蛋白的表达水平。

在枯草芽孢杆菌表达宿主中，枯草芽孢杆菌模式株 168 的研究与应用是最为深入和广泛的。将 168菌株基因组中的 6 个蛋白酶敲除后，成功构建了 WB600 菌株，该菌株可以显著提高分泌蛋白的稳定性。枯草芽孢杆菌 168 菌株有 8 种胞外蛋白酶已经被证实，严重影响了其蛋白表达的应用，通过对菌株蛋白酶的缺失改造，获得不同蛋白酶缺陷型突变菌株，例如 WB600、WB700 和 WB800 菌株，其中 WB800 是将野生菌株的 8 个蛋白酶基因全部缺失，显著提高了外源蛋白的表达效率。在巨大芽孢杆菌中，蛋白酶缺陷菌株 MS941 和半乳糖苷酶缺陷菌株 WH 320 被广泛用于蛋白质的表达。

（2）过表达分子伴侣

枯草芽孢杆菌需要胞内分子伴侣来防止运输过程中蛋白质前体的降解和错误折叠，分子伴侣的过表达是提高外源蛋白产量的普遍策略。

枯草芽孢杆菌胞内的分子伴侣有两种类型。一种针对蛋白质前体的膜运输通道，如 Ffh 和 FtsY。另一种确保蛋白质前体的正确折叠并促进进一步的分泌，包括触发因子、GroEL、GroES、DnaK、DnaJ 和 GrpE 等。

6.2.3.3　促进生长，减少自溶

在芽孢杆菌中，细胞裂解通常发生在不利环境或衰老阶段，敲除参与细胞裂解的基因，可减少细胞自溶，提高目标蛋白的产量。例如，在枯草芽孢杆菌中敲除 *skfA*、*sdpC*、*xpf* 和 *lytC* 可以将细胞自溶减少83.7%，从而将 *β*- 半乳糖苷酶和纳豆激酶的产量分别提高 1.72 倍和 2.6 倍。

6.2.3.4　精简基因组

删除枯草芽孢杆菌中非必需基因区域可能有利于细胞生长、代谢产物以及目标蛋白的产生。Morimoto等人[14]通过删除枯草芽孢杆菌基因组的 874kb（20.7%）片段构建了 MGB874 菌株，该菌株提高了外源碱性纤维素 Egl-237 以及碱性蛋白酶 M 的产量。随着其基因组编辑工具等遗传工具的完善，枯草芽孢杆菌基因组精简比例也从 7.7% 提高到了 36.0%。基因组精简后的菌株 mini Bacillus PG10，遗传背景更简单，无其他二级代谢产物的影响，可以提高分泌蛋白及羊毛硫抗生素的生产。

6.2.4 枯草芽孢杆菌表达系统的应用

枯草芽孢杆菌作为一种安全无毒的重要模式菌，因具有优越的蛋白分泌能力，被广泛用于内/外源蛋白的高效表达，表 6-2 中列举了枯草芽孢杆菌生产重组酶的部分典型案例。目前已在枯草芽孢杆菌中实现了迄今为止 β- 甘露聚糖酶分泌表达的最高产量 6041U·mL^{-1}，极大地降低了该酶的生产成本[15]。除了淀粉酶、蛋白酶，枯草芽孢杆菌还能生产磷脂酶、酯酶、脂肪酶以及其他酯类水解酶，同时也可用于生产和分泌疫苗或药物蛋白等异源蛋白。此外，枯草芽孢杆菌还被应用于核苷类、抗生素、表面活性剂、乳酸、异丁醇、N- 乙酰葡萄糖胺等生物基化学品的生物合成。

枯草芽孢杆菌的芽孢具有独特的生化特性，在口服递送药物载体方面也有广阔的应用前景。

表 6-2 枯草芽孢杆菌所产的重组酶

重组酶	菌株	表达载体	酶活/产量	参考文献
α-淀粉酶	WB600	pMA5	441U·mL^{-1}	[16]
β-甘露聚糖酶	WB600	pMA5-manA	6041U·mL^{-1}	[15]
氨基肽酶	MW10	pJH27D88	9.0U·mL^{-1}	[17]
植酸酶	168	pMSP3535	47U·mL^{-1}	[18]
脂肪酶	WB800	pHPQ	356.8U·mL^{-1}	[19]
磷脂酶C	WB800	pMSE3	13.7 U·g^{-1}	[20]

6.3 毕赤酵母

6.3.1 毕赤酵母背景介绍

巴斯德毕赤酵母（*Pichia pastoris*）是甲基营养型酵母，能够利用甲醇为唯一碳源，供给自身能量代谢和生长所需。巴斯德毕赤酵母主要分为以下两类，巴斯德驹形氏酵母（*Komagataella pastoris*）和法夫驹形氏酵母（*Komagataella phaffii*）。时至今日，驹形氏酵母属（*Komagataella*）已经有 6 个种被文献收录。被广泛使用的菌种名巴斯德毕赤酵母（*P. pastoris*）实际上代表了 2 个不同的种，为了避免混淆并把所有生物技术应用中的菌株囊括在内，我们通常以毕赤酵母一并称之。

2009 年，两个毕赤酵母被全基因组测序并公开发表[21,22]，随后，几种毕赤酵母被进一步再测序和再注释，包括巴斯德驹形氏酵母（*K. pastoris*）CBS704/DSMZ70382、法夫驹形氏酵母（*K. phaffii*）CBS7435 及其商业突变株 GS115。上述全基因组测序与基因功能注释为毕赤酵母的系统生物学研究和工程改造打下了良好的基础。毕赤酵母已被成功开发成生产各种异源蛋白的高效表达系统，迄今为止文献已报道超过 5000 种重组蛋白成功在毕赤酵母中克隆与表达。

6.3.2 毕赤酵母表达系统的优势

毕赤酵母表达系统是当前最有效、最方便的外源蛋白表达系统之一，许多商业化的外源蛋白生产也基于此系统。相对于原核表达系统，比如大肠杆菌，毕赤酵母有诸多优点：

（1）毕赤酵母是需氧酵母，能够在有氧条件下快速生长，繁殖速度快，生长周期短，可以实现高密度发酵，有利于提高目的蛋白产量，而且培养条件简单，适合大规模工业化生产；

（2）毕赤酵母是一种真核细胞生物，可以进行翻译后的蛋白加工，包括新生肽链的折叠、糖基化、甲基化、酰化、蛋白水解调节、亚细胞区室靶向等，使外源蛋白能正确地折叠和修饰，表达出的蛋白质具有生物活性；

（3）该系统载体能与酵母基因组同源重组，所以构建的重组子十分稳定，一般不会出现外源基因随生长繁殖而丢失现象；

（4）有多种宿主菌和表达载体可供选择，可以进行胞内表达或分泌表达；

（5）分泌型表达可以大大降低下游分离纯化的成本，利于重组蛋白生产工艺的商业化；

（6）不含内毒素和噬菌体，不含对人体有害的致病性物质；

（7）高表达量和高分泌量，许多蛋白质可达到每升克级或以上水平；

（8）经美国 FDA（food and drug administration）认证是安全的（generally regarded as safe，GRAS）。

而与工业上广泛应用的酿酒酵母（*Saccharomyces cerevisiae*）相比，毕赤酵母还有如下优势[23,24]：

（1）蛋白表达量高，比酿酒酵母高一个数量级；

（2）不产生过度的糖基化，故抗原性相对较弱，更利于临床应用；

（3）毕赤酵母的醇氧化酶 1（alcohol oxidase 1，AOX1）基因的启动子具有强诱导性和强启动性，利用甲醇可实现对外源基因的高水平诱导表达；

（4）克勒勃屈利效应阴性（crabtree-negative），利于发酵过程控制。

6.3.3　工程改造毕赤酵母产酶的原理

毕赤酵母可以利用甲醇为唯一碳源，甲醇代谢的第一步是在醇氧化酶的催化下利用分子氧氧化甲醇生成甲醛，该反应同时生成甲醛和过氧化氢。为了避免过氧化氢的毒性作用，甲醇代谢主要发生在专门的细胞器过氧化物酶体中，过氧化物酶体的主要功能是收集隔离细胞中有毒副产物。但醇氧化酶对于氧气的亲和力过低，于是毕赤酵母通过分泌大量的醇氧化酶来补偿。事实上，毕赤酵母有 AOX1 和 AOX2 两个醇氧化酶，AOX1 占据数量上的绝对优势，毕赤酵母在甲醇为唯一碳源上生长时 AOX1 占胞外总可溶性蛋白的 30% 以上，因此调控醇氧化酶大量表达的强启动子 P_{AOX1} 就成了表达异源蛋白质、酶的常用诱导型启动子。

异源酶在毕赤酵母中可以是胞内表达也可以是胞外分泌型表达，后者需要在重组酶基因上连接信号肽序列。信号肽可以是重组酶原始信号肽，也可以是来自毕赤酵母或酿酒酵母的信号肽，其中酿酒酵母的 α- 因子前肽（α-factor prepro peptide）是目前最成功的。目前对于异源酶在毕赤酵母中的表达来说，可供选择的载体较多，比如含有 P_{AOX1} 启动子的胞内表达载体 pHIL-D2 和 pPIC3.5 等，分泌型表达载体 pHIL-S1 和 pPIC9K（图 6-3）等。选择载体时必须考虑：胞内表达还是分泌型表达、限制性酶切位点、筛选标记等等。

转化后即进入筛选步骤，筛选方法取决于所选择的载体和宿主，如选用 pPIC9K 载体和毕赤酵母 GS115，可以采用组氨酸和遗传霉素筛选毕赤酵母转化子[25]。筛选获得高产酶毕赤酵母转化子后，接下来便是发酵产酶环节。发酵过程一般分为三个阶段，菌体生长阶段、过渡期和产酶阶段。菌体生长阶段采用甘油补料培养使菌体大量积累，这个过程一般持续 22～24h。随即是过渡期，一般在 10h 以内。接下来是产酶阶段，通过不断流加甲醇的方式实现异源酶基因的持续表达，对于有些酶来说是 72h，发酵时间取决于不同的酶、不同的工程菌或不同的发酵工艺。整个发酵过程如图 6-4 所示[26]。

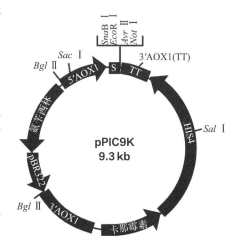

图 6-3　表达分泌型重组酶的常用载体 pPIC9K

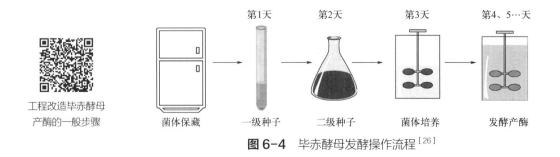

第1天　第2天　第3天　第4、5…天

工程改造毕赤酵母
产酶的一般步骤

菌体保藏　　一级种子　　二级种子　　菌体培养　　发酵产酶

图6-4 毕赤酵母发酵操作流程[26]

6.3.4　毕赤酵母工程菌产酶的实例

毕赤酵母已成为重要的产酶细胞工厂，大量的基础研究和商业化应用正在如火如荼地进行中，表6-3列举了已报道的毕赤酵母所产的重组酶。

表6-3　毕赤酵母所产的重组酶

基因	重组酶	来源	启动子	产量	参考文献
xylA	葡萄糖异构酶	嗜热栖热菌	P_{AOX1}	137U・g^{-1} DCW（细胞干重）	[27]
rml	脂肪酶	米黑根毛霉	P_{AOX1}/P_{GAP}	175U・mL^{-1}	[28]
egl1s	纤维素酶内切酶	里氏木霉	P_{AOX1}	未知	[29]
xyn11A	木聚糖酶	嗜热棒囊壳菌	P_{GAP}	2200U・mL^{-1}	[30]
pmo-02916	单氧酶	粗糙脉孢菌	P_{AOX1}	2.76g・L^{-1}	[31]
ROL	脂肪酶	米根霉	P_{AOX1}	2.7g・L^{-1}	[32]
phyA	植酸酶	黑曲霉	P_{AOX1}	2.2g・L^{-1}	[32]
blAmy	α-淀粉酶	地衣芽孢杆菌	P_{AOX1}	12.2g・L^{-1}	[33]
lip2	脂肪酶	黑曲霉	P_{AOX1}	154mg・L^{-1}	[34]
CALB	脂肪酶B	南极假丝酵母	P_{AOX1}	3g・L^{-1}	[35]
pap	脯氨酰氨肽酶	米曲霉	P_{AOX1}	61.26U・mL^{-1}	[36]
lip2	脂肪酶	解脂耶氏酵母	P_{AOX1}	2.82g・L^{-1}	[37]
kerA	角蛋白酶	地衣芽孢杆菌	P_{AOX1}	324U・mL^{-1}	[38]
sptk	丝氨酸蛋白酶	康氏木霉	P_{AOX1}	3.2g・L^{-1}	[39]
PPL	胰脂肪酶	猪	P_{AOX1}	146mg・L^{-1}	[40]
Endo-PGase	多聚半乳糖醛酸内切酶	软腐果胶菌	P_{GAP}	未知	[41]
rChi21702	内切几丁质酶	南极血杆菌	P_{AOX1}	30U・L^{-1}	[42]
enInu	内切菊粉酶	黑曲霉	P_{AOX1}	1349U・mL^{-1}	[43]
CRL1	脂肪酶	皱落假丝酵母	P_{AOX1}	5.04g・L^{-1}	[44]
xynB	木聚糖酶	宇佐美曲霉	P_{AOX1}	45225U・mL^{-1}	[45]
man26A	甘露糖苷酶	黑曲霉	P_{GAP}	5069U・mL^{-1}	[46]

6.3.5　提高毕赤酵母产酶量的方法

选择合适的启动子是提高毕赤酵母酶产量的关键，在实际应用中用的最多的是诱导型强启动子 P_{AOX1} 和组成型强启动子 P_{GAP}。但在有些应用场景中，并不是启动子越强越好，过量表达反而会产生未折叠蛋白反应（unfolded protein response，UPR）、内质网降解（endoplasmic reticulum-associated degradation，

ERAD）等，使分泌通路过载，而降低酶的产量。Vogl 等人测试了 45 个甲醇利用途径相关的启动子，其中 15 个受到甲醇的严格调控。值得一提的是启动子 P_{CAT1}，与活性氧（reactive oxygen species，ROS）的防卫机制有关，显示出高水平的去阻遏效应和强甲醇诱导水平，而且还能使用油酸达到甲醇相似的诱导效果[47]，这在产酶中有广阔的应用前景。另一个有效的启动子 P_{FLD1}，可以被甲醇诱导，并需要以甲胺为唯一氮源，在表达解脂耶氏酵母（*Yarrowia lipolytica*）脂肪酶中显示出与 P_{AOX1} 相近的水平。另一启动子 P_{PGK1} 来自磷酸甘油酸激酶基因，其相关表达载体已经得到开发，在甘油培养基中表达南极假丝酵母脂肪酶的实验中发现，使用 P_{PGK1} 表达重组酶的毕赤酵母可以达到 P_{GAP} 表达重组酶的毕赤酵母相同的细胞生长速率，显示其良好的应用前景。随着合成生物学的发展，还可以通过人工设计、计算机辅助设计等方法获得人工启动子，使其具有不同的强度，甚至诱导物也可以自定义。

　　密码子优化也可提高异源酶的产量，不同的微生物具有不同的密码子偏好性，根据毕赤酵母的密码子使用频率，将稀有密码子替换为高频密码子，可以大幅提高异源酶在毕赤酵母中的产量。在毕赤酵母表达黑曲霉内切菊粉酶时，研究发现经密码子优化后产酶量提高了 4.8 倍。外源基因拷贝数对酶产量也有重要影响，在一定范围内酶产量与基因拷贝数成正比，当拷贝数超出一定范围时，宿主会遇到代谢负担，表达水平会进入平台甚至下降。外源基因拷贝数过高会导致宿主面临氧化还原水平失衡和碳源枯竭等问题。除了拷贝数外，还应该同时考虑外源基因插入位点、信号肽、分子伴侣等因素，以及从上游的转录水平（载体构筑元件与辅因子的供给）到翻译、折叠加工，再到分泌途径等，必须全盘考虑（图 6-5）。

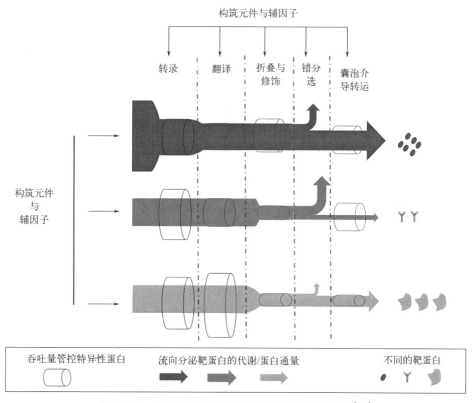

图 6-5　毕赤酵母产酶在分泌通路的限制性因素[48]

　　分泌途径的效率对于产酶量具有重要影响，毕赤酵母分泌途径的效率要高于大肠杆菌和酿酒酵母。重组酶如果能够胞外表达，即能够加工成熟并分泌到胞外，可以大大降低后续分离纯化的成本。改造信号肽可以促进酶的分泌，如删除 α 信号肽第 57 ～ 70 个氨基酸可使重组蛋白产量提高 50%[49]。α 信号肽 Kex2 蛋白水解酶作用位点下游第一个氨基酸残基对酶切效率有影响，通过优化 Kex2 作用位点下游氨基酸、提高 Kex2 作用位点拷贝数，蛋白分泌效率可以大大提高[50]。而 N- 末端氨基酸序列、C- 末端内质网滞留信号及酸稳定性，都与蛋白质分泌效率相关。

蛋白质折叠发生在毕赤酵母内质网内，共表达分子伴侣基因可以促进重组酶的分泌。含有 3 个二硫键的脂肪酶 r27RCL 的产量在与蛋白质二硫键异构酶（PDI）共表达后提高了 2.74 倍[51]。在与蛋白质折叠有关的基因 *PDI* 或者转录因子 Hac1p 共表达后，碱性 β- 甘露糖酶的产量明显提高；在与 Hac1p 共表达后，毕赤酵母产人溶菌酶的产量也明显提高[52]。共表达来自透明颤菌属的血红蛋白可以提高细胞生物质产量和重组蛋白产量，而共表达与分泌调控和碳响应基因调控相关的转录因子 AFT1 也可提高分泌效率。

采用蛋白水解酶缺失菌株作为宿主或者发酵过程中添加蛋白水解酶抑制剂可减少异源酶的降解，从而提高毕赤酵母的产酶量。除了胞外存在的蛋白质降解，胞内也存在，比如说液泡介导的胞内蛋白质降解就应当尽可能降到最低。研究发现液泡蛋白分选基因 *vps* 与异源蛋白错分选（mis-sorting）有关，删除 *vps8* 或 *vps21* 这两个涉及 C 类核心液泡 / 核内体栓系（class C core vacuole/endosome tethering，CORVET）的基因，再使丝氨酸水解酶 Prb1 丧失活力，重组蛋白的产量可大幅提高。目前，我们对于分泌通路的认识还比较有限，且不同的酶在毕赤酵母分泌通路中所遇到的限制性因素是不同的（图 6-5），所以在表达特定酶时应具体问题具体分析。

6.3.6 小结与展望

毕赤酵母系统作为蛋白质表达强有力的平台近年来已受到极大关注，酶的高效生产依靠多层次的优化策略，包括启动子、密码子偏好性、信号肽、基因拷贝数、发酵策略等等。虽然本章中所提到的各种毕赤酵母产酶的工程技术和提高其产量的工程策略可以联合使用，促进相关产酶技术产业化应用，但具体涉及特定酶的生产工艺，遇到的瓶颈问题不尽相同，需要具体问题具体分析。主要用于产酶的 P_{AOX1} 表达系统有其优势，也面临着挑战。在无甲醇 P_{AOX1} 表达系统或其他合成启动子方面的研究新进展将进一步提高毕赤酵母系统在酶生产方面的重要性。未来随着毕赤酵母合成生物学、系统生物学、系统代谢工程、发酵工程等方面的研究成果积累，毕赤酵母产酶体系一定会有越来越多成功的商业化实例。

里氏木霉

其他表达系统

6.4 无细胞表达系统

无细胞蛋白质合成（cell-free protein synthesis，CFPS）是指利用活细胞的蛋白质合成能力，同时消除传统基于细胞表达的很多限制，无需复杂克隆程序即可立即生产重组蛋白。CFPS 避免了细胞培养的复杂性和成本，独特的优势使其具有很高的工业化蛋白质生产潜力，已逐渐成为生物医药和基础研究领域中备受关注的新兴技术之一。

6.4.1 原核无细胞表达系统

大肠杆菌生长快、代谢活跃，因此，基于大肠杆菌裂解液的 CFPS 具有较高的蛋白质表达效率。诺贝尔奖获得者 Nirenberg 和 Matthaei 在 1961 年报道了第一个大肠杆菌 CFPS 系统，为后续 CFPS 系统研究铺平了道路。经过多年研究和优化的大肠杆菌 CFPS 系统已经可以实现 mg·ml^{-1} 级别的蛋白质产量，甚至高于部分胞内表达量。该系统目前也能高水平生产胞内难表达的功能膜蛋白和富含半胱氨酸的多肽，极大地促进了蛋白质检测、纯化、表征和结构功能研究等下游应用。虽然大肠杆菌 CFPS 具有很高的蛋白质表达率，但它仍具有原核表达系统的不足之处，包括翻译后修饰较困难、不能正确折叠复杂蛋白质等，这些在一定程度上限制了该系统的应用。

也有少量研究报道基于需钠弧菌的无细胞蛋白质合成系统（CFPS），他们从需钠弧菌获得的无细胞提取物，在小规模分批反应中可以成功合成克级的蛋白质[53,54]。这种已建立的 CFPS 工具可以为在需钠弧菌中建立生物技术和合成生物学平台奠定基础。

6.4.2　真核无细胞表达系统

常用的真核 CFPS 包括四大系统：以小麦胚芽裂解液为原料的无细胞表达系统（WGE）、兔网织红细胞无细胞表达系统（RRL）、基于昆虫细胞裂解物的无细胞表达系统（ICE）和酵母裂解液无细胞表达系统。

其中 WGE 在所有真核系统中蛋白质合成产量最高，1mL WGE 体系能在 24h 内合成蛋白质约 1mg，而且连续加入底物和能量再生物质可延长 1～2 周反应时间，表达更多蛋白质，但该系统无法糖基化翻译修饰。RRL、ICE 系统则有异戊二烯化、磷酸化、核糖基化翻译修饰手段。RRL 的特点是裂解物易于制备、翻译产物保真性强，故 RRL 成为最有效的哺乳细胞来源的无细胞表达系统。由于哺乳动物细胞难以产出控制多种生理过程的杆状病毒蛋白激酶（PCK），而昆虫细胞是表达 PCK 的常用宿主，因此 ICE 成为了 PCK 的主要生产方式之一。

此外，CFPS 还可以运用中国仓鼠卵巢细胞、烟草 BY-2 和肿瘤细胞等裂解液得到无细胞蛋白质表达系统。

（方浩，梁天鑫，徐佳琪）

思考题

（1）毕赤酵母表达体系与原核生物表达体系（如大肠杆菌）相比，有哪些优势？

（2）详述外源基因拷贝数与毕赤酵母酶产量之间的关系。

（3）简述密码子优化提高酶产量的机理。

第6章
参考文献

第 7 章　游离酶的制备与表征

○○ —— ○○ ○ ○○ ——

7.1　产酶微生物的高密度发酵

为提高酶的产量，降低生产成本，一般采用高密度发酵技术获得更多工程菌。高密度发酵是指微生物在液体培养时，通过改变培养方式和培养条件提升微生物种群密度，进而提高目标产物产量的培养技术[1-3]。高密度发酵是一个相对的概念，一般认为菌群密度达到 $50g \cdot L^{-1}$（DCW，细胞干重），即认为是高密度发酵。其中高密度发酵受微生物种类的影响比较大，常见的大肠杆菌工程菌高密度发酵 OD_{600} 能达到 150。酵母菌工程菌高密度发酵 OD_{600} 能达到 500[3-6]。高密度发酵在提高菌体发酵密度的同时能够提高重组酶的产量[7-8]。

7.1.1　产酶微生物高密度发酵的影响因素

工程菌的高密度发酵受多种因素影响，如培养基成分、发酵条件、发酵过程控制等。

微生物的六大营养物质分别为水、碳源、氮源、无机盐、生长因子和能源[3-11]。而影响高密度发酵的主要因素为碳源、氮源和无机盐。

水：水是微生物细胞的重要组成物质，湿细胞中水分的占比超过 80%。同时水也是微生物进行细胞代谢的主要介质。微生物高密度发酵主要为液体培养，高密度发酵用水无需特殊处理，生活用水一般能够满足需求。

碳源：细胞干物质中的碳元素约占 50%，因此微生物对碳源的需求最大。凡是能为微生物提供碳骨架来源的物质都叫做碳源。不同微生物碳源需求的种类不一样。在高密度发酵中常用的碳源有糖类、油脂、低碳醇等。葡萄糖廉价易得，且最易被细菌利用，是重组大肠杆菌高密度发酵中最常用的碳源物质。为了降低葡萄糖使用过程中乙酸等有害产物的积累，高密度发酵也会使用甘油作为碳源。

为了降低成本，淀粉、纤维素、糖蜜等多糖碳源在工业生产中也经常用到，尤其在酿酒酵母、霉菌等真核微生物的高密度发酵中。淀粉主要来源有木薯、玉米、小麦、大麦等。糖蜜分为甘蔗糖蜜、甜菜糖蜜等。纤维素来源广泛，主要有秸秆、稻壳等。这类糖原在使用前一般会进行预处理，加工形成单糖或者二糖。

氮源：氮源也是维持细胞正常代谢的必须物质。凡是能为微生物细胞结构、代谢产物提供氮元素的营养物质被称为氮源。氮源可以分为有机氮源和无机氮源。常见的有机氮源包括酵母膏、蛋白胨、黄豆饼粉、花生饼粉、玉米浆、尿素等。常见的无机氮源有氨水、液氨、铵盐类和硝酸盐类等。

无机盐：无机盐是微生物生长代谢不可缺少的营养物质，无机盐不仅能够调节细胞渗透压、氧化还原电位，同时也是细胞结构的重要组成物质，对于某些金属依赖酶，金属离子是维持酶活性的重要元素。根据微生物对无机盐需求量的大小，无机盐可以分为宏量元素和微量元素。宏量元素包括磷、硫、钾、钠、镁、铁；微量元素包括锌、钴、铜、硼、碘、锰、钼等。虽然微生物体内微量元素含量非常少，但对微生物的生长和代谢是必不可少的（表 7-1）。

表 7-1　部分常见的无机盐及其生理功能

生长因子：生长因子是微生物生长不可缺少的微量有机物，包括特定氨基酸、维生素、嘌呤、嘧啶等。一般情况下高密度发酵工程菌为异养原养型生物，在使用天然原料（如酵母膏、蛋白胨、玉米粉）做碳源或者氮源时，无需额外添加。培养某些营养缺陷型微生物且培养基为合成培养基时需要添加特定的生长因子。

不同的微生物对培养基的需求不同，同一种微生物在生长的不同阶段对营养的需求也有区别。高密度发酵要确定合适的培养基，需要根据生产菌的培养工艺和营养特性进行选择。

温度：温度是影响工程菌高密度发酵的重要因素。菌体只有在适宜的温度下才能保持正常的生长代谢，大多数微生物的最适生长温度为 20 ～ 40℃。低温条件下细胞生命代谢活动降低，高温容易造成菌体失活。一般情况下，细菌的最适生长温度比真菌高。例如，大肠杆菌的最适生长温度为 37℃，酵母菌的最适生长温度为 30℃。

pH：为了维持最佳的生长代谢，需要在最适 pH 条件下培养。不同微生物的最适 pH 不一样，因此培养基要维持在最适 pH 范围。细胞生长状态、细胞培养过程代谢产物，以及细胞裂解后释放的细胞液都会对 pH 产生影响。

溶氧：发酵液中的溶氧（dissolved oxygen，DO）浓度对微生物的生长和酶的生产具有重要影响。好氧发酵，需要通入无菌空气并不断搅拌来保持培养基的溶氧。培养基中溶氧的浓度会影响呼吸链相关的能量代谢，从而影响菌体的生长代谢。不同菌种在不同发酵阶段对氧气的需求是不同的，转接初期，细胞处于适应期，菌体量少，总的耗氧量也比较低；对数生长期，菌体浓度高，耗氧量大；生长后期菌体的呼吸强度较弱。

渗透压：培养基的渗透压也能影响细胞生长代谢。在配置培养基过程中通过调节磷酸盐或其他无机盐的浓度控制培养基的渗透压。大部分微生物需要在等渗条件下生长，也有一些微生物需要在高渗透压的环境下进行生长，如需钠弧菌等嗜盐微生物。

根据最终培养体积的需求，高密度发酵一般需要进行一级或者多级种子培养。用于种子培养的培养基叫做种子培养基，用于发酵的培养基叫做发酵培养基。种子培养基和发酵培养基的配方会有一定差别。

种子培养基：种子培养基是适合微生物菌体生长的培养基，目的是为下一步发酵提供处于对数期代谢旺盛的种子细胞。种子培养基营养丰富，以高效碳氮源为主。由于种子培养时间较短，且不需要产物积累，种子培养基各种营养物质浓度不需要很高。

发酵培养基：发酵培养基用于菌体大量繁殖，并产生特定的发酵产物（如酶、次级代谢产物等）的培养基。

7.1.2 高密度发酵模式

7.1.2.1 分批发酵

分批发酵是指在灭菌后的培养基中，接入适量种子培养液后，除了不断通气和为调节发酵液 pH 而加入酸碱溶液外，不再向发酵罐中加入新鲜培养基的培养方式。分批发酵过程中，培养基一次性加入，产品一次性收获[3,12,13]。

分批发酵一次投料一次发酵。发酵过程中营养物质不断消耗，代谢副产物积累，细胞生存环境不断恶化，细胞不能保持长期高速生长，导致生产效率不高，菌体产量低，同时发酵设备的利用率低，每次发酵都需要重新灭菌、接种、发酵、清洗。

7.1.2.2 补料分批发酵

补料分批发酵又叫做"半连续发酵"或"流加发酵"，是指在发酵过程中，向发酵罐中补加碳源、氮源或者新鲜培养基，但不向外放出发酵液的发酵方法，是介于分批发酵和连续发酵之间的一种发酵技术。补料分批发酵在发酵过程中不断向发酵罐中提供营养物质，发酵环境能够长时间保持有利于细胞生长代谢的条件，菌体可以大量生长繁殖，实现细胞高密度培养。此外，补料分批发酵还有以下优点：一、高浓度底物会对菌体生长起到抑制作用，如葡萄糖效应，采用分批发酵的培养方式保持发酵罐的底物浓度既能满足细胞生长需求，又不足以抑制菌体生长代谢；二、菌体在培养过程中往往会积累对菌体生长有害的代谢产物，这些代谢产物大量积累会改变培养环境，抑制细胞生长，补料分批发酵可以降低有毒代谢产物的浓度，减轻其对菌体的破坏。

按照补料成分，补料分批发酵可以分成单组分补料和多组分补料。按补料时间是否连续，补料分批发酵可以划分为间歇补料和连续补料两种。按照补料速率，可以分为恒速补料、指数补料和变速补料等[3,12,13]。

7.1.2.3　连续发酵

连续发酵是指以一定的速率向发酵罐内添加新鲜培养基，解除生长抑制因素，优化细胞生长环境，同时以相同的速率从发酵罐中流出培养液，从而使发酵罐内的培养基体积维持恒定的发酵技术，发酵过程中细胞在某特定的环境中保持旺盛生长状态。根据发酵罐的个数，连续发酵可分为单罐连续发酵和多罐串联连续发酵。在单罐连续发酵中，发酵液不断搅拌，一部分刚流入的培养基将随发酵液一起流出。根据菌体生长状态，连续发酵可以分为恒浊培养法和恒化培养法。恒浊培养是通过光电检测系统，检测菌体量，控制培养液的流速，保持发酵罐中菌体密度恒定。恒浊培养法常用于为获得大量菌体或与菌体生长平行的代谢产物，如重组酶的制备、乙醇发酵等。恒化培养是保持培养液流速不变，培养基化学成分不变，在恒定的流速下，菌体始终在某一生长速率下进行生长繁殖的一种连续培养方法。恒化法连续培养主要用于实验室科学研究，特别是在与生长速率相关的各种研究中。连续培养自动化控制程度高，产品质量稳定，设备利用率高，能源消耗低。但是长时间的连续发酵，细胞一直处于高速繁殖状态，容易导致菌体退化和变异，染菌的可能性也会增加，而且培养基中营养物质的利用率不高[3,12,13]。

7.1.3　高密度发酵的过程控制

分批补料发酵是高密度发酵常用的培养模式。培养过程主要受到培养基种类、补料方式、培养温度、pH、溶氧、诱导时间、泡沫等因素影响[2-6]。

7.1.3.1　培养基种类

根据培养基营养成分不同，可将其分为合成培养基、半合成培养基和复合培养基三种类型。复合培养基含有化学成分不清楚的天然物质，如添加了蛋白胨、酵母提取物、玉米浆的培养基。其营养成分和浓度受批次影响较大，会导致发酵重复性差。一般复合培养基主要用作种子培养和摇瓶实验，不适用于发酵罐培养。合成培养基化学成分明确，尤其是碳氮源的组成。例如大肠杆菌发酵使用的 M9 培养基，以葡萄糖为碳源，由于营养物化学成分和浓度清晰，配置误差小，各批次培养基的质量是可控的。但是合成培养基营养成分单一，不能完全满足菌体高密度生长需求，因此在高密度发酵中往往采用半合成培养基，即在合成培养基的基础上添加各类能促进细胞生长和产物形成的天然营养物质，如少量的酵母粉和蛋白胨等，可以加速细胞的生长和缩短发酵的周期。

7.1.3.2　补料方式

在高密度发酵过程中，营养物质往往是发酵的限制条件，在发酵过程中需要不断地补充新鲜的营养物质以满足细胞生长代谢需要。在发酵过程中，碳源一般作为限制性营养物质进行补加。根据发酵需求，浓缩的培养基也可以作为补加的原料。高密度发酵补料根据是否进行反馈调节可以分为两大类，非反馈补料和反馈补料。

（1）非反馈补料：不以菌体生长状况、培养基消耗情况、溶氧、pH 等信号为指标，根据经验进行发酵补料，包括恒定速度补料、阶段增速补料、指数补料等。

恒定速度补料： 以某一固定的速度向发酵罐中流加营养物质。

阶段增速补料： 在恒定速度补料的基础上，通过提高某一阶段的补料速度使发酵达到更高的细胞密度。如在细胞的对数增长期提高补料速度可以延长发酵周期中细胞指数增长的时间。

指数补料： 以一定的增速向发酵罐中流加营养物质，流加速率呈指数增加。种子适应期营养液流加速度低，细胞的对数生长期流加速率呈指数级增大。该方法能够让细胞保持恒定的比生长速率。指数流加是一种既简单又有效的补料策略，已经在多种工程菌的高密度培养中应用。通过控制底物流加速率，可以将细胞的比生长速率维持在一定的范围内，从而避免有害代谢产物的生成和积累，如乙酸、乳酸等。

（2）反馈补料：反馈补料是高密度发酵中使用最多的补料方式，根据信息反馈方式，可以分为直接反馈补料和间接反馈补料。

直接反馈补料： 即直接监测底物的消耗或者细胞的生长速率，以控制营养物质的补加速率。但是相应的检测设备技术要求高，直接检测底物浓度的设备开发不完善，应用场景较少。

间接反馈补料： 是将 pH、溶氧（DO）、二氧化碳释放量（CER）等发酵的常规指标与菌体的生长速率相关联进行补料控制。相对应的反馈补料技术有 pH-stat 补料策略、DO-stat 补料策略、CER-stat 补料策略等。其中工业生产常用的是 pH-stat 补料策略和 DO-stat 补料策略。pH-stat 策略是基于消耗碳源物质导致 pH 变化的理论。当碳源物质被消耗完时，细胞分泌的铵根离子在发酵液中积累，导致 pH 值随之上升。DO-stat 方法是基于当底物被大量消耗时，菌体生长受到抑制，DO 上升的理论。在发酵过程中当 DO 快速上升时，通过流加补充营养物质，可以有效促进菌体的代谢。

7.1.3.3　温度控制

培养温度是影响细胞生长和代谢调控的重要因素。工程菌产酶发酵会根据不同的培养需求调整温度。在细胞的快速生长阶段需要较高的培养温度，如大肠杆菌的最适培养温度为 37℃。诱导后的产酶阶段一般需要较低的温度以提高重组蛋白的表达量。此时，一般控温在 18～28℃。低温能够实现细胞生长和重组蛋白表达的平衡。因为较高的培养温度导致细胞代谢旺盛，产酶过快，来不及正确折叠，容易产生包涵体。温度控制对工程酵母菌产酶影响也很大，在生长阶段一般采用 30℃培养，而在诱导阶段温度一般控制在 20～25℃。温度调节能够大幅度提高外源蛋白的重组表达水平和细胞密度。

7.1.3.4　溶氧

高密度发酵中，溶氧是非常关键的因素，细胞的生长代谢需要氧气的参与。高密度发酵中菌体浓度高，对氧的需求量大。随着菌体密度的不断增加，发酵液的粘稠度增高，氧的溶解和传质受阻。同时，菌体生长和产酶时期对氧的需求也不一样。高密度发酵过程中，氧浓度太低会导致菌体代谢缓慢，生长繁殖速率低，蛋白表达量低等后果。高密度发酵一般采用调节无菌空气流量和搅拌速率的策略控制氧浓度。需要注意的是，过高的搅拌速度会导致剪切力增加，容易对菌体产生伤害。同时，搅拌也产生热量，需要更多的冷却水降温。适当提高无菌空气中的氧浓度也能有效解决溶氧不足的问题，但是一般不直接选用纯氧调节发酵罐中的氧浓度。纯氧成本高，操作危险，且容易导致局部溶氧过高，使菌体发生氧中毒。适当提高罐体压力，增加氧气的分压也是增加溶氧的有效方法。需要注意的是加压的同时，二氧化碳的分压也会增加。水中溶解的二氧化碳升高会导致 pH 下降[3,11]。根据工程菌种类的不同，还可以采用添加过氧化氢、血红蛋白、氟化烃乳剂等物质增加培养基中的溶氧浓度。同时还可以采用共表达血红蛋白基因的方法来满足菌体对氧的需求。

7.1.3.5　pH

pH 也是影响高密度发酵的重要因素。导致 pH 变化的主要原因是细胞代谢产生的代谢物，如大肠杆菌代谢过程中产生的乙酸，呼吸作用产生的二氧化碳溶于水形成的碳酸都能使 pH 降低。破裂细胞的细胞质进入培养基会导致 pH 升高。一般来说，发酵初期，葡萄糖等碳源的消耗，导致 pH 降低；在发酵的后期，细胞大量裂解，导致发酵液 pH 升高。外界 pH 值变化会通过弱酸或弱碱结合反离子形态的变化而改变菌体胞内的 pH 值，从而影响细菌的代谢反应。在高密度发酵过程中需要环境 pH 一直保持在菌体的最适 pH 范围内。调节 pH 的酸碱有 HCl、H_2SO_4、NaOH 和氨水等。重组毕赤酵母高密度发酵培养一般用氨水进行 pH 调节。由于铵根离子浓度对大肠杆菌的生长有很大的影响，培养过程中一般使用 NaOH 和 HCl 调节培养液的 pH 值。

7.1.3.6　气泡

气泡也是发酵过程中不可忽略的因素，尤其是在产酶的高密度发酵中。气泡影响气体传质，如二氧化碳的排出、氧的溶解等，从而影响微生物的生长繁殖和代谢产物的生成。泡沫过多容易引起发酵培养基溢出，既浪费原料，还容易引起发酵罐染菌。气泡还会影响发酵罐的装液量，由于气泡的存在，发酵罐的装液量不能太大，降低了发酵罐的利用率。产生气泡的原因很多，如通气量、搅拌程度、培养基原料、灭菌条件、细胞种类、细胞裂解等因素。

消除气泡主要有机械法和化学法。机械消泡种类繁多，原理是基于发酵罐的设计，利用外力破碎气泡，如耙式消泡桨。在发酵罐内搅拌轴上安装耙式消泡桨，桨面略高于液面，当产生泡沫时，旋转的消泡桨能够将泡沫打破。化学消泡是使用化学消泡剂消除泡沫的方法，是目前发酵工业上应用最广的一种消泡方法。化学消泡剂的本质是表面活性剂，可以降低气泡膜面局部的表面张力，使气泡破裂。常见的消泡剂有天然油脂类，如米糠油、棉籽油；高级醇类如聚乙二醇、十八醇等；聚醚类，如聚氧丙烯甘油等；硅酮类，如聚二甲基硅氧烷等。工业中最常用的是甘油聚醚和泡敌（聚环氧丙烷环氧乙烷甘油醚）。

7.1.3.7　压力

常见的微生物工程菌如大肠杆菌、酵母菌、芽孢杆菌、放线菌、霉菌等对压力不敏感。因此，一定范围内的压力波动不会直接对工程菌的生长代谢造成影响。但是，压力会间接影响菌体的高密度发酵。首先，发酵过程中必须要保持正压，如果出现负压，会造成外界空气被吸入发酵罐内，导致染菌，发酵质量下降造成经济损失。其次，压力影响氧气和二氧化碳的溶解度。适当的增加压力能够提高氧气分压，增加发酵液中的溶氧浓度。但同时二氧化碳的分压也会增加，溶入水里的二氧化碳会与水反应生成碳酸，导致 pH 下降，需要流加更多的碱溶液来调节 pH。因此，在发酵过程中控制适当的罐压十分必要。

7.2　工程酶的提取纯化

生物催化一般使用全细胞、粗酶液、纯酶等形式的生物催化剂进行。有辅酶循环、能量再生等需求的反应一般使用全细胞作为催化剂进行催化。在细胞内部构建辅酶循环、能量再生系统能够降低生产成本。工业生产中，大多数一步或多步级联催化反应使用粗酶液、纯酶或者固定化酶等形式的催化剂。因此，胞内表达的工程酶在使用前需要对细胞进行裂解，获得粗酶液；对于一些特定应用要求，还可以进一步对酶进行纯化。对于分泌表达的工程酶则需要将其从发酵液中进行提取[4,5,14-16]。

7.2.1　细胞裂解

裂解细胞的方法很多，根据裂解方式可以分为机械法和非机械法。常用的机械裂解法有超声法、珠磨法、高压匀浆法等。非机械法有酶消化法、冻融法等[17-19]。

7.2.1.1　机械法裂解

超声法：利用超声法破碎细胞在实验室中比较常见，单次处理样品小于 100mL。其原理是将电能转化为声能，这种能量在水中能够形成密集的小气泡。小气泡炸裂能够产生巨大的能量引起细胞破裂。该方法对大肠杆菌等细菌效果较好，对酵母菌、霉菌等真菌破碎效果较差，需要较高的功率。超声过程中会产生巨大热量，引起生物酶失活，因此整个过程需要在低温下进行，一般采用冰浴保持裂解液低温。为避免局部过热，超声过程可采用间歇法，如超声 3s，间隔 6s，且超声功率不宜过大。

珠磨法：使用高速珠磨机进行细胞破碎，处理规模大，其原理是通过玻璃珠的高速运动，玻璃珠之间产生摩擦和碰撞使细胞破碎。对体积较大的酵母、霉菌等真核微生物破碎效果较好，对体积较小的细菌破碎效果不好。

高压匀浆法：高压匀浆法破碎细胞适用于大体积样品处理。其原理是将菌体悬浮液加入高压匀浆机，通过加压菌液从高压匀浆机中高速射出，压差和高速冲击使细胞受到巨大的剪切力而破碎。该方法适用于处理大多数细菌和真菌，处理通量大，但是需要多次循环才能达到破碎要求。破碎过程中产生巨大热量，需要利用循环冷却泵对其进行降温，减少该过程酶的失活。

7.2.1.2　非机械法裂解

酶消化法：该方法利用生物酶对微生物的细胞膜或细胞壁进行消化，从而使细胞破碎。处理规模灵活，无需机械介入，过程简单，处理温度温和。不同的微生物需要选择对应的消化酶进行处理。溶菌酶一般用来处理细菌。霉菌和酵母一般使用几丁质酶和糖苷酶处理其细胞壁。单一的酶往往不能起到良好的破碎效果，一般会采用多种消化酶联合进行处理。如破碎酵母细胞一般使用 β-(1-6)- 葡聚糖酶、甘露糖酶和甲壳素酶的组合[20]。

冻融法：微生物细胞反复冷冻 - 融化过程中，细胞液结成冰晶，使细胞破裂。冻融法所需设备简单，普通冰箱和超低温冰箱均可进行操作。虽然该方法简单，但是效率不高，需要多次冻融才能达到理想的效果。需要注意的是，有些对温度变化较敏感的酶不宜使用冻融法进行细胞破碎[21]。

7.2.2　酶的分离纯化

细胞破碎所得的粗酶液需要通过离心去除细胞碎片等不溶物质，上清即为粗酶液。对粗酶液进行分离纯化，使目标蛋白与其他蛋白质分离开。如果粗酶液体积过大，可以先进行浓缩。根据分离的纯度可以分为粗分级分离和细分级分离。粗分级分离主要包括等电点沉淀、盐析、有机溶剂沉淀等，这些方法操作简单、处理量大。细分级分离主要包括亲和色谱、凝胶过滤层析、离子交换层析等方法。

7.2.2.1　蛋白质粗分级分离

等电点沉淀：酶的本质是蛋白质（核酸酶除外），其最小分子单元是氨基酸。氨基酸残基中存在大量的氨基、羧基等侧链，在不同的 pH 溶液中可解离成正离子或负离子，具有两性解离性质。当溶液中的 pH 与等电点相同时，酶就不带电荷，成为中性微粒，容易发生沉淀。通过等电点沉淀酶的方法受环境影响较大，尤其是在粗酶液中混合大量不同种类的酶，各种酶的等电点也不一致，因此很难实施。

热处理沉淀：某些嗜热来源的酶能够耐受较高的温度，如 *Geobacillus stearothermophilus* 来源的转酮醇酶，温度耐受超过 80℃ [22]。处理这类酶的粗酶液可以将温度短暂提升至目标酶的耐受温度，使其他的杂蛋白和酶受热变性产生沉淀，然后通过离心的方法去除杂质获得目标酶。当然并不是所有酶都能够进行高温处理。

盐析：酶在水溶液中稳定存在取决于两个因素：一是电荷，二是水化膜。前面提到酶表面存在大量的羧基、氨基等带电氨基酸侧链，使得酶带有电荷。同时，酶表面还存在大量不带电荷的极性基团，如羟基、巯基等。这些带电基团和极性基团统称为亲水基团。亲水基团的存在致使酶表面形成一层水膜。使酶快速沉淀的有效方法是破坏酶表面的水化膜，中和表面电荷。盐析是使用中性盐中和酶表面的电荷，同时由于中性盐的亲水性大于酶，还能破坏酶的水化膜，从而使酶发生沉淀。经盐析得到酶还需要进行透析除盐。将析出的

影响盐析的主要因素

酶蛋白用少量缓冲液溶解，然后放入透析袋中在低温下进行透析，直至盐浓度降低到目标浓度。酶的盐析过程会产生大量的废水，因此粗酶液预处理、沉淀再溶解和透析过程中需要特别注意，以减少废水的产生。

有机溶剂沉淀：有机溶剂的介电常数比水低，与水互溶的有机溶剂加入粗酶液时会改变溶液的介电常数，致使酶表面可解离基团的离子化程度发生变化，导致酶的水化膜破坏，酶相互聚集、沉淀。另外一种观点认为有机溶剂引起酶溶解度降低的原因与盐析类似，有机溶剂夺取酶表面的水化分子致使酶聚集沉淀。

水溶性有机溶剂一般都能引起酶的沉淀，如丙酮、异丙醇、乙醇、甲醇、聚乙二醇等，工业中常用的有机溶剂沉淀剂是乙醇。与盐析相比，有机溶剂沉淀分辨率高，目标酶的纯度高。然而有机溶剂使用过程中容易导致酶失活，降低溶剂温度和操作温度能有效解决这一问题。操作时，将有机溶剂的温度控制在零度以下，同时利用冷却装置控制操作在低温下进行。加入有机溶剂时不断搅拌，可防止局部浓度过高而引起酶的不可逆变性。

影响有机溶剂沉淀的因素

7.2.2.2　膜分离技术

膜分离技术在酶制备过程中主要应用于酶液的浓缩、除盐等过程。

超滤：超滤是以压力为推动力的膜分离技术，酶液在压力的作用下流经超滤膜表面。由于膜孔径的限制，只允许水分子和小分子溶质透过，而大分子蛋白质则被截留，根据酶分子量的大小可以定制不同孔径的超滤膜，提高酶液的浓缩效率。向浓缩液中不断加入水稀释并循环过膜，不但能起到浓缩酶的效果，还能实现除去盐离子的目的。

透析：透析是根据半透膜的透过选择性和膜两侧的浓度差实现酶的纯化。半透膜能够透过水、有机溶剂、离子等小分子物质，蛋白质等大分子物质不能透过。依靠分子扩散运动，常用于酶液中盐、有机溶剂、小分子抑制剂等去除。根据此原理，可以对盐析后的酶液进行脱盐处理。

7.2.2.3　层析技术

凝胶过滤：也称分子排阻层析，是根据分子大小分离酶的有效方法。凝胶过滤的介质是凝胶颗粒，葡聚糖凝胶、聚丙烯酰胺凝胶和琼脂糖凝胶为常用的交联剂，凝胶内部有许多网状结构。需要注意的是超过凝胶网孔的蛋白质不能进凝胶颗粒，直接从凝胶颗粒间隙中通过，因此率先被洗脱出来。而进入凝胶内部的蛋白质由于大小不同受到的阻力也不同，走过的路径也不同，从而实现不同大小蛋白质的分离。在实际操作时，凝胶孔径的大小需要根据目的酶的大小选择，待分离的酶的分子量需要落在可分离蛋白的有效范围内。影响凝胶过滤效果的因素主要有凝胶类型、分离柱高径比、上样量、样品浓度、洗脱速度等。需要注意的是凝胶过滤使用的缓冲液需要具备一定离子强度，以屏蔽酶分子间的静电相互作用，

提高分离效果。

离子交换：酶具有两性解离性质，在不同的 pH 条件下带不同的电荷。同一 pH 条件下不同的酶所带电荷的种类和数量也有差异。根据该特性可以使用离子交换的方法对目标酶进行分离。酶对离子交换剂的结合能力取决于酶与交换剂之间相反电荷基团的静电吸引，这主要与缓冲液的 pH 有关，因为 pH 决定了酶和交换剂的电离程度。同时，结合力的大小也受溶液的离子强度影响。盐浓度的微小变化会直接影响交换剂对酶的结合力与吸附容量。因此可以通过改变缓冲液的 pH 和离子强度来调节目标酶的分离效果。一般来说，结合力小的蛋白质最先被冲出，结合力大的蛋白质则不容易洗脱。

根据交换载体的类型分为离子交换树脂、离子交换纤维素、离子交换凝胶等。在相应载体上导入弱酸性（羧甲基等）、强酸性（磺乙基、磺丙基等）、弱碱性（对氨基苯甲基等）、强碱性（三乙基氨基乙基等）解离基团即可获得阴离子或者阳离子交换材料。其中以纤维素为载体的交换剂使用最广，交换结构亲水，且交换基团分布于载体表面，具备交换容量大、交换速度快等优点。以葡聚糖为载体的离子交换凝胶在酶的分离中应用也不断增多，其交换容量是纤维素的数倍，同时具有分子排阻功能，但是由于吸附和解离需要用到不同的缓冲液，对凝胶的溶胀率、交换量产生影响。离子交换树脂主要应用于小分子物质的分离纯化，以及酶的固定化，较少应用于蛋白质和酶的分离。

亲和色谱：亲和色谱是一种利用酶与固定相的特异性结合特性来分离目标酶的色谱方法。在凝胶一类的载体表面上连接与待分离的目标酶有一定结合能力的分子，使它们可逆地结合在一起，在改变流动相条件时二者能相互分离。亲和色谱是目前特异性最高的蛋白质分离技术。应用亲和色谱需要目标酶的结构和生物特异性识别的知识，以设计能够特异性结合的分子和最适的吸附洗脱条件。配体分子可以是金属离子、底物、抗原、抑制剂等与酶分子有特异性识别的物质。目前标签类的亲和色谱在生物酶的纯化中应用比较广泛。标签纯化是利用基因重组技术在目标酶的氨基端或者羧基端加入特定的氨基酸残基序列作为标签，利用标签与配体的亲和力对目标酶分子进行纯化。GST 标签和 His 标签最为常用，其他的亲和标签还有 MBP、Strep-tag™ Ⅱ 等。

GST 标签纯化是在目标酶氨基酸序列头部或者尾部加入谷胱甘肽 S 转移酶（GST）作为标签，利用 Glutathione Sepharose 4B 和谷胱甘肽 S 转移酶的特异性亲和纯化目标酶。

His 标签纯化是在目标酶氨基酸序列头部或者尾部加入 6 ～ 10 个组氨酸残基。利用组氨酸标签与二价金属离子（Ni^{2+}、Cu^{2+}、Zn^{2+}、Co^{2+} 等）的特异性结合，亲和纯化目标酶。需要强调的是外加的标签在大多数情况下对目标酶的表达和活力没有影响。但是也存在个别影响酶活力和蛋白表达的情况，此时可以通过调整标签类型和插入位置进行优化。

7.3　酶的催化性能表征

7.3.1　蛋白质的浓度和纯度

7.3.1.1　蛋白质浓度测定

使用灵敏、可靠的蛋白质检测方法测定目标酶的浓度和纯度是研究酶活性、稳定性等催化特性的前提。

测定蛋白质浓度的方法很多，有双缩脲法、光吸收法、Folin- 酚法（Lowry 法）、考马斯亮蓝 -G250 法、氨基酸分析法等，基于这些方法开发了丰富的试剂盒和检测设备[1-5]。

BCA（bicinchoninic acid）试剂盒在实验室中应用比较广泛。该类产品基于 Folin- 酚法测定蛋白浓度，即在碱性环境下蛋白质将 Cu^{2+} 还原成 Cu^+，产生一种紫蓝色复合物，该复合物在 562nm 处的吸光值最高，且在低浓度下吸光值与蛋白质的量有较好的线性关系。目前，BCA 蛋白浓度测定试剂盒种类非常丰富，应用场景多样，具有简便、灵敏、快速、稳定等优点。

基于考马斯亮蓝法的蛋白质浓度测定试剂盒种类也比较丰富，利用蛋白质与染料结合，定量蛋白质浓度。考马斯亮蓝 G-250 在酸性溶液中与蛋白质结合，溶液的颜色由棕黑色变为蓝色。蓝色物质在 595nm 处有最高的吸收峰，通过测定该波长下光吸收的增加量计算蛋白质的浓度。该方法可用于测定微量蛋白，具有快速、灵敏、干扰小的优点。

利用光吸收法测定蛋白质浓度的设备发展迅速。蛋白质中含有色氨酸、酪氨酸、苯丙氨酸等芳香族氨基酸，这类氨基酸在 280nm 波长处有较高的吸收峰。因此，通过测定酶液在 280nm 处的吸光值就能计算出蛋白质的含量。该方法的准确度不高，但是测定迅速、样品用量少，因此应用广泛。需要注意的是该方法受样品纯度影响较大，尤其是在核酸存在的情况下。核酸在 260nm 波长处有较大的吸收峰，因此在用该方法测定蛋白质浓度时需要消除核酸的影响。一般用以下公式计算：

$$蛋白质浓度 (mg \cdot mL^{-1}) = [1.45 \times OD_{280} - 0.74 \times OD_{260}] \times 稀释倍数$$

7.3.1.2　蛋白质纯度测定

检测蛋白质纯度的方法很多，实验室常用检测酶纯度的方法是 SDS- 聚丙烯酰胺凝胶电泳法。HPLC 也经常用于蛋白质纯度鉴定，纯的样品在 HPLC 的洗脱图谱上呈现单一峰，同时该方法还能粗略估计蛋白质的分子量。质谱法能够简便、灵敏地测定蛋白质样品的分子量大小以及杂质的质量特征，同时还可以鉴定蛋白质共价改性修饰特征和位点。其他检测酶纯度的方法还有等电聚焦电泳、毛细管电泳、肽链 N- 末端分析、免疫技术等。

7.3.2　酶的活力

酶催化某一化学反应的能力叫做酶的活力。酶活力受到催化反应类型、反应温度、pH、离子强度等多种因素的影响。因此，酶的活力一般是指特定条件下（25℃）测得的催化能力。常见酶活力单位的定义有两个，一个是国际酶学委员会于 1961 年推出的酶活力单位 U，即最适催化条件下一分钟内转化 1 μmol 底物所需的酶量定义为一个国际单位（IU）。随后，国际酶学委员会又推出一个新的酶活力国际单位 kat，一个 kat 单位定义为在最适条件下每秒钟转化 1mol 底物所需要的酶量。在实际应用中，酶活单位 IU 使用更广泛。测定酶活时，为了保证测定速率为初始速率，通常以底物浓度变化 5% 以内的速度为初速度。但是实验条件下 5% 以内底物浓度变化的测量误差较大。因此，在测定酶活力时往往使底物浓度足够大，保证酶反应对底物来说是零级反应，而对酶来说是一级反应，这样测得的速率就能比较可靠地反映活性酶的量。

酶的比活力是用来衡量酶催化能力的一个关键指标。国际酶学委员会规定比活力为每毫克蛋白质所含的酶活力单位数，单位是 U·mg^{-1}。酶的比活力也可以用来评价酶的相对纯度大小，对于同一种酶来说，比活力越高，酶的纯度就越高。

比酶活 = 总酶活（U）/ 总蛋白（mg）。

在实验和生产中，也常常使用 U·L^{-1} 或 U·mL^{-1} 来衡量单位体积的液体酶制剂或者粗酶液的活力。

7.3.3　酶的专一性

与化学催化剂相比，酶催化具有专一性。主要体现在两个方面：结构专一性和立体异构专一性。结构专一性是指酶只能作用于一种或一类结构相似的底物或特定的键，又可以分为绝对专一性、基团专一性和键专一性[4,5]。

　　绝对专一性（absolute specificity）——酶只能催化一种底物，例如脲酶只能催化尿素的水解。

　　基团专一性（group specificity）——酶催化的化学键两端要求有一个特定基团，例如 α-D- 葡萄糖苷酶。

　　键专一性（linkage specificity）——酶催化的底物要求有特定的键，例如苏氨酸醛缩酶只能催化碳碳键的合成和裂解。

　　立体异构专一性（stereospecificity）——包括旋光异构专一性和几何异构专一性。前者指的是酶只作用于底物的其中一种旋光异构体。例如 L- 氨基酸氧化酶只能催化 L- 氨基酸的氧化，不能催化 D- 氨基酸的氧化。后者指的是酶只作用于底物的其中一种几何异构体。例如，琥珀酸脱氢酶催化琥珀酸脱氢只能产生反丁烯二酸，而不能产生顺丁烯二酸。

　　这里我们着重介绍一下由立体专一性衍生出的酶的立体选择性。酶催化具有较高的立体异构体专一性，即在催化过程中具有立体选择性，广泛应用于化学品的不对称合成。催化反应中，底物有时候是非手性分子，酶催化形成的产物具有手性，此时该底物被称为前（潜）手性分子。当化合物中存在一个或者一个以上的不对称中心时（一般为碳原子，也有氮原子，磷原子），就会有立体异构体存在。立体异构体的个数一般等于 2^n 个（n 为不对称中心的个数）。根据产物或者底物立体构型的不同，酶立体选择性分为对映体选择性和非对映体选择性。通过对产物对映体相对含量的评估来表征酶的立体选择性。对映体选择性一般使用对映体过量值（% ee）或对映体比率 er。非对映体选择性一般使用非对映体过量值（% de）或非对映体比率 dr 来表示。

$$ee = \left| [n(R) - n(S)] / [n(R) + n(S)] \right| \times 100\%$$

　　以两个手性中心分子为例，有四种立体构型：(R,R)- 型、(R,S)- 型、(S,S)- 型、(S,R)- 型，将其中两个非对映体 (R,R) 和 (R,S) 使用 D1 和 D2 表示。则非对映体过量值表示为：

$$de = \left| [n(D_1) - n(D_2)] / [n(D_1) + n(D_2)] \right| \times 100\%$$

　　这里需要指出的是，某些手性分子如丙二烯型旋光异构体、联苯型旋光异构体，没有手性中心但是存在手性轴，对这一类分子的选择性催化也体现了酶的立体选择性。

　　酶催化的区域选择性——当底物中含有多个反应位点时，理论上会有多种产物产生。但是由于反应内在的机理、底物的电子效应、反应条件的影响会选择性地在某一个位置（或者官能团）发生反应。如 P450 酶能在底物的不同位置进行加氧反应。

　　酶催化的混杂性——尽管催化专一性是生物酶的优点，但是自然界中一些酶具有广泛的底物谱，能催化形成多种产物，这种性质叫做酶的催化混杂性。在工业应用中，酶对其非天然底物的识别效果和催化能力不佳，严重阻碍了其广泛应用。因此扩展底物谱，增加酶的催化混杂性，扩展酶的应用场景，是目前生物催化的重要研究热点之一。

7.3.4　酶的稳定性

　　酶是由细胞产生的生物大分子（主要是蛋白质，少量为核酸），能使蛋白质变性的因素都能使酶失去催化活力，如高温、强酸、强碱、高盐、高有机溶剂等。大多数酶催化反应的条件比较温和，一般温度小于 40℃，pH 5.0 ~ 8.0，低盐，低有机溶剂。但是在工业应用中，由于效率、能耗，底物溶解度、偶联反应需求等因素的影响，往往需要酶分子具有更强的环境适应性。如提高酶的温度稳定性，能够在高温条件下保持酶活，如 α- 淀粉酶的工作温度大于 80℃。化学酶偶联反应扩展了生物酶的应用场景，化学反应条件往往比较苛刻，如极端 pH，高含量有机溶剂等。提高酶对 pH 和有机溶剂的耐受性能够促进化学酶偶联的广泛应用，简化生产工艺。酶的回收再利用以及反应过程中废水的重复利用不仅能降低生产成本，还能降低企业的环保压力。酶的多批次回收利用就需要该酶具有良好的使用批次稳定性。由于回收利用的废水中往往含有大量的金属离子，因此提高生物酶对金属离子的耐受性也能增加其使用批次。

酶稳定性的表征方法：评价蛋白质稳定性参数很多，蛋白质温度稳定性参数有蛋白质熔解温度（T_m），表示使一半蛋白质解折叠时的温度；半数失活温度（T_{50}），表示在一定时间内酶活力降至一半时的温度；以及蛋白质聚集起始温度（T_{agg}）等。蛋白质溶剂稳定性的参数有半变性浓度（$C_{1/2}$），表示使一半的蛋白质解折叠时的变性剂浓度。半衰期（$t_{1/2}$）一般用来表示固定温度、pH 等条件下酶的稳定性，即酶活力降至初始的一半时所需的时间[23]。

（吴坚平，郑文隆）

📝 思考题

（1）什么是高密度发酵？影响高密度发酵的因素有哪些？

（2）高密度发酵中气泡有哪些危害？怎么处理？

（3）细胞裂解的方法有哪些？

（4）酶的专一性体现在哪些方面？有何意义？

（5）表征酶稳定性的参数有哪些？

（6）将 1g L-苏氨酸醛缩酶制剂溶解在 1L 磷酸盐缓冲液中，从中取出 1mL 测定其分解 L-苏氨酸的活力，标准条件下检测可知每 10min 分解 0.5g 苏氨酸。计算：

a. 1mL 酶液中所含蛋白质的量及活力单位（U）。

b. 计算酶的比活力（$U \cdot mg^{-1}$）。

（7）苏氨酸醛缩酶（TA）可分为 L-TA 和 D-TA，L-TA 能够催化甘氨酸和乙醛生成 L-*threo*-苏氨酸和 L-*allo*-苏氨酸；D-TA 能够催化甘氨酸和乙醛生成 D-*threo*-苏氨酸和 D-*allo*-苏氨酸，其中 L-*threo*-苏氨酸和 L-*allo*-苏氨酸为非对映异构体，L-*threo*-苏氨酸和 D-*threo*-苏氨酸为对映异构体；已知 *E. coli* 来源的 L-TA 催化甘氨酸和乙醛生成了 35% 的 L-*threo*-苏氨酸和 65% L-*allo*-苏氨酸，没有生成 D-苏氨酸。求该酶的对映体选择性（%*ee*）和非对映体选择性（%*de*）。

第 7 章
参考文献

第 8 章　生物催化剂的固定化

○○ ——— ○○ ○ ○○ ————————

8.1　固定化生物催化剂概述

8.1.1　游离生物催化剂在应用中存在的缺陷

与化学催化剂相比，生物催化剂具有专一性强、催化效率高、作用条件温和等显著优点。尽管如此，在生物催化剂的应用过程中，人们也注意到游离生物催化剂的一些不足之处：

（1）酶蛋白的稳定性普遍不高

绝大多数酶的稳定性并不高，无法适应工业化生产的高温、强酸、强碱和重金属离子存在等环境因素，很容易变性失活。高度稳定的酶通常是一些极端环境来源的酶，比如在食品、轻工领域广泛应用的 α- 淀粉酶以及在 PCR 技术中普遍采用的 Taq 酶等，可以在较高温度下催化反应；胃蛋白酶等可以耐受较低 pH（＜1）环境的反应条件。

（2）游离酶难以重复使用

游离生物催化剂，包括酶蛋白和细胞，一般都是亲水性的，通常在水相环境中催化底物转化。反应结束后，水相中的游离酶催化剂与反应物混杂在一起，即使其中的酶仍然具有很高的活力，也难以回收、重复使用。这种催化剂一次性使用的反应模式，生产成本高，而且难以实现连续化生产。

（3）游离酶反应的产物提取分离困难

酶促反应结束后，游离的生物催化剂与产物、其他杂质混杂在一起，不利于产物的提取和分离。特别是对于疏水性产物，使用水不溶性有机溶剂萃取时，高浓度游离生物催化剂的存在会造成严重的乳化，妨碍两相分离，降低产品得率。这也使得酶促生产成本较高，不利于酶法合成工艺的推广应用。

针对游离生物催化剂的这些不足之处，研究人员开发了许多方法，以图改善催化剂的性能、改进酶促反应与分离工艺，其办法之一就是酶的固定化技术 [1-8]。

8.1.2　生物催化剂固定化技术的出现与发展历程

固定化酶的研究历史可以追溯到 1916 年，Nelson 和 Griffin 首先将酵母中提取出来的蔗糖酶吸附在骨炭粉上，发现吸附后的酶仍然显示出和游离酶相似的催化活性。但是，这一发现当时并没有引起人们的重视，沉睡近 40 年后，直到 1953 年，德国 Grubhofer 和 Schletth 重新开始了系统的酶固定化研究，他们采用聚氨基苯乙烯树脂为载体，经重氮化法活化后，分别与羧肽酶、淀粉酶、胃蛋白酶、核糖核酸酶等结合，制成固定化酶，并对其进行了表征。到了 20 世纪 60 年代，以 Katchalski 教授为首的以色列 Wisman 研究所对酶的固定化方法以及固定化酶的性质进行了大量研究，有力推动了酶固定化技术的发展。1969 年，日本的千畑一郎首次将固定化氨基酰化酶应用于工业生产中，从 DL- 氨基酸连续生产 L- 氨基酸，实现了酶工程应用的大变革，开创了固定化酶应用的新纪元。

在酶固定化的基础上，研究者探索对生物催化剂的另一种形式，即整细胞进行固定化。1973 年，日本千畑一郎应用聚丙烯酰胺包埋具有高活性天冬氨酸酶的大肠杆菌细胞，催化延胡索酸连续转化生产 L-

天冬氨酸，成功地实现了固定化细胞的工业应用；次年，他们又成功对含延胡索酸酶的产氨短杆菌进行固定化，实现了 L- 苹果酸的工业化生产。

固定化生物催化剂的工业化应用激励了固定化技术的迅速发展，有关固定化酶的论文和专利迅猛增加。在 70 年代的两次国际酶工程年会上，中心议题都是酶的固定化技术，促使酶工程作为一个独立的学科从发酵工程中脱颖而出。经过几十年的研究与发展，固定化技术已成为生物技术中非常活跃的跨学科研究领域，其研究范围已由酶与微生物细胞的固定化扩展到动植物细胞、细胞器、原生质体、微生物分生孢子等多种生物催化剂形式的固定化，应用领域涉及食品、轻工、化工、医疗诊断、环境净化、能源开发等诸多领域。

8.1.3　固定化生物催化剂的定义

早期，酶的固定化制备方法都是使水溶性酶结合在水不溶性载体上，获得不溶于水的活性酶衍生物，由此制备的固定化酶被称作"水不溶酶"（water insoluble enzyme）或"固相酶"（solid-phase enzyme）。但是，随着固定化技术的发展，将酶包埋在凝胶内，酶仍然处于溶解状态，只是被限制在凝胶腔室中不能自由移动，而小分子底物与产物可以自由地出入凝胶，酶仍然能很好地发挥其功能。在这种情况下，用"水不溶酶"或"固相酶"的名称就不恰当了。1971 年，第一届国际酶工程会议上，将酶催化剂粗略划分为天然酶和修饰酶两大类，固定化酶属于修饰酶的范畴，并正式建议采用"固定化酶"（immobilized enzyme）的名称。所谓的固定化酶，是指通过物理或化学的方法，使酶被束缚或限制在一定区域内，呈闭锁状态存在的酶制剂。酶分子自由移动的能力受到限制，但仍能充分发挥催化作用，反应结束后酶制剂可以很方便地与产物以及剩余底物分离，可以重复使用。

广义而言，固定化生物催化剂就是指束缚在一定的空间范围内，并能发挥催化作用的生物催化剂（包括细胞、组织、原生质体等）。不管用何种方法制备的固定化生物催化剂，都应该满足上述固定化生物催化剂的定义。固定化酶的概念也可以拓展到反应器上，例如将不能透过高分子化合物的滤膜置于反应容器内，并加入酶或细胞及底物，使之进行酶反应，小分子底物或产物可以连续地透过滤膜，而酶或细胞不能透过滤膜，被截留在反应器中持续反应，这里的酶或细胞也可以视为一种固定化生物催化剂。

8.2　固定化生物催化剂的制备方法

根据固定化酶的定义，将游离酶蛋白与合适的载体或修饰剂作用，制得游离酶不能自由移动的固定化酶制剂。依据酶与载体 / 修饰剂的作用方式，将酶固定化方法分为三大类：载体结合法、交互联结法和包埋法，如图 8-1 所示。

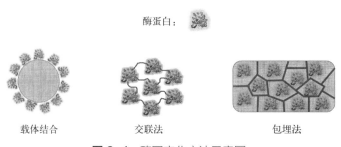

酶蛋白：

载体结合　　　　交联法　　　　包埋法

图 8-1　酶固定化方法示意图

与酶的固定化相比，整细胞固定化无需对胞内酶进行提取，工艺步骤简单；而且酶位于细胞内部，细胞壁对内部的酶起到额外的保护作用。与酶的固定化类似，整细胞的固定化方法也包括表面附着法、包埋法和交联法三大类。但是，考虑到整细胞的微米级尺寸，使用表面附着法进行细胞的固定化，反应过程中细胞容易脱落，导致固定化催化剂失效，因此后两类方法更为常用。

8.2.1　载体结合法固定化酶

该方法中，酶蛋白结合在水不溶性载体的表面，获得水不溶性的酶固定化衍生物。酶蛋白可通过氢键、疏水作用力、范德瓦耳斯力、离子键等非共价作用力以及共价键等共价作用力结合于载体表面。根据酶蛋白与载体结合作用力的强弱，可将载体结合法分为物理结合法、亲和结合法、微晶包被法、离子结合法和共价结合法等方法。其中，从作用力来说，亲和结合法、微晶包被法也属于物理结合法。

8.2.1.1　物理结合法

酶蛋白通过氢键、疏水作用力、范德瓦耳斯力等弱非共价作用力吸附结合在水不溶性的惰性载体上。由于作用力通常较弱，酶蛋白与载体的结合高度可逆，又称为物理吸附法。

许多高比表面积的天然材料都可应用于酶的物理吸附固定化，包括硅藻土、多孔玻璃、活性炭、羟基磷灰石、磷酸钙、高岭石、氧化铝、硅胶、膨润土、金属氧化物等无机载体以及淀粉、白蛋白等有机载体。此外，针对酶的物理吸附固定化，人们也研究开发了系列大孔吸附型树脂、陶瓷、疏水葡聚糖凝胶、纤维素衍生物等载体。其中活性炭和大孔疏水树脂等载体表面是高度疏水的，酶蛋白主要通过疏水作用附着于载体表面；除此之外，大部分载体表面都是高度羟基化的，酶蛋白通过与羟基的氢键作用结合于载体表面。目前，最知名的固定化脂肪酶 Novozym 435，就是将南极假丝酵母脂肪酶 B（CALB）通过疏水吸附的方式固定化于大孔丙烯酸树脂上制备获得的。

酶的物理吸附固定化方法非常简单，将酶液与载体充分混合一段时间，即可实现酶的固定化。该方法中，酶蛋白与载体的吸附结合力较弱，因此酶的构象很少改变，催化活力损失小；酶失活后，可以使酶蛋白解吸附，载体回收重复使用，因此该固定化方法的综合应用成本较低。但是该固定化方法的缺点同样明显，由于结合力弱，在水相环境中应用时，吸附在载体表面的酶蛋白容易脱落。针对这个问题，采用物理吸附方法制备的固定化酶通常应用于非水相环境中。

8.2.1.2　亲和结合法

一些蛋白质与特定的配体之间存在特异性的较强的非共价结合作用力，这种作用称为亲和作用，比如生物素与亲和素 / 链霉亲和素；凝集素与糖蛋白；抗原与抗体；过渡金属离子与蛋白质的组氨酸、色氨酸和半胱氨酸残基等。利用蛋白质与亲和配体之间的亲和作用，将特异性配体预先结合于一定的载体表面，即可通过亲和吸附作用，对相应的酶蛋白进行亲和结合固定化。比如将目标酶蛋白与亲和素融合表达，可结合固定化到预先加载生物素的载体上；目标酶蛋白糖基化后，可结合固定化到加载凝集素的载体上；而将目标酶蛋白的相应抗体预先固定到载体上之后，即可通过亲和结合的方式实现酶的固定化。

一些过渡态金属离子，如 Ni^{2+}、Co^{2+}、Zn^{2+}、Cu^{2+} 等可以特异性地与组氨酸残基的咪唑基、色氨酸残基的吲哚基或半胱氨酸残基的巯基结合。设计重组蛋白时，通常会在蛋白质的 N 端或 C 端加上由 $6 \sim 10$ 个组氨酸构成的 His-tag，重组表达的酶蛋白可以专一性地结合到上载过渡金属离子（通常为 Ni^{2+}）的凝胶树脂上，实现酶的固定化。结合的酶蛋白也可以在咪唑存在下解吸附，实现酶的快速纯化，另外当结合于过渡金属离子树脂的固定化重组酶失效后，同样可以使用咪唑将上载的酶蛋白解吸附下来，从而实现载体的重复使用。

采用亲和结合的方式进行酶的固定化具有许多显著优势：①与物理吸附和离子结合相比，亲和结合作用力更强，因此固定化酶具有较高的稳定性，酶蛋白不易脱落；②结合方式具有特异性，可以简化酶的纯化步骤，同时实现酶的纯化与固定化；目标酶上载完成后，对固定化酶进行清洗可以容易地洗去未结合的杂蛋白；③酶蛋白与载体间的作用力属于非共价作用，固定化酶失活后，可以将上载的酶蛋白洗脱，载体重复使用；④可以实现酶的定点固定化（site directed immobilization）[9]。由于亲和作用的高度专一性，酶与载体的结合姿态可以得到很好的控制，使得酶活性位点开口朝向载体外侧，有利于底物进入到酶活性位点，并且有效避免多点固定化现象，酶的活性得到很好的维持，固定化酶活力回收高。

8.2.1.3　离子结合法

当酶液的 pH 值偏离酶的等电点时，酶蛋白即带有一定的电荷，可结合到带有相反电荷功能基团的载体上，这种酶固定化方法称为离子结合法，也称为离子吸附法。离子吸附载体包括骨架结构与修饰的官能团两部分，依据官能团的电荷性质，可将载体分为阴离子交换剂和阳离子交换剂。其中阴离子交换剂的官能团有二乙氨基乙基（DEAE）、三乙氨基乙基（TEAE）、氨基等弱阴离子交换基，在通常的 pH 范围内带正电荷，能结合带负电荷的酶蛋白。与之相对应地，酶固定化时酶液的 pH 值应高于酶的 pI 值。而阳离子交换剂的官能团包括羧甲基、柠檬酸基等弱阳离子交换基，在通常的 pH 范围内带负电荷，能结合带正电荷的酶蛋白，酶固定化时酶液的 pH 应低于酶的 pI 值。

酶的离子吸附固定化方法中酶蛋白与载体通过相反电荷之间的离子键进行结合，固定化酶的应用必须考虑酶的等电点，在合适的 pH 环境中应用。另外，反应缓冲液的离子强度不宜过高，否则会屏蔽酶与载体的离子作用力，导致酶的脱落，影响固定化酶的重复使用。

离子吸附固定化酶制备简便，许多工业化酶都采用离子结合法进行固定化，例如 1969 年最早应用于工业生产的固定化氨基酰化酶就是使用阴离子交换剂 DEAE- 葡聚糖凝胶作为载体对酶进行固定化的。这种方法在工业化应用中还有一个显著的优势：当固定化酶的活力下降时，可以通过调节介质环境的 pH 使固定化的酶蛋白解吸附除去，进而上载高活力的新酶蛋白，实现载体的重复使用，从而极大地降低酶的固定化成本。

8.2.1.4　共价结合法

酶蛋白通过表面氨基酸残基侧链与载体表面基团发生化学反应，形成共价键结合于载体表面，又称为共价偶联法。这种方法是目前应用最广泛的酶固定化方法[10]。

共价结合的载体骨架是多样的，包括：天然有机物（如琼脂糖、交联葡聚糖、纤维素、甲壳素、壳聚糖等），无机物（如硅胶、玻璃、陶瓷等）以及合成聚合物（如聚胺、聚酯、尼龙等）。一些载体表面自身带有羟基、氨基、羧基等官能团，也可通过化学法衍生处理使载体表面携带上述官能团以及环氧基、羧甲基、酸酐等官能团，可以用于与酶蛋白表面残基的化学结合。随着生物催化产业的兴起，许多公司都开发了商品化的酶固定化专用树脂载体，其中知名的如 Eupergit 系列大孔环氧树脂，这是一类以聚丙烯酸酯为骨架、表面携带环氧基团的微球形颗粒，直径大约 100 ～ 250μm，依据树脂孔径、环氧基密度的差异又细分为 Eupergit C、Eupergit C 250 L 等不同型号。国内南开和成、西安蓝晓等公司也开发了系列环氧、氨基修饰的固定化树脂，这些树脂应用方法简便、酶活回收高、适用性广，为共价结合固定化酶的推广应用提供了方便。

由于蛋白质的不稳定性，酶蛋白与载体结合的反应只能在常温，甚至低温下进行，这就要求参与反应的基团必须具有较高的活性。上述载体表面基团中，除了环氧基团具有较高的活性，其他基团的自身活性都比较低，因此在应用前需要进行活化处理，才能和酶蛋白表面相应残基侧链基团发生反应。下面列出了氨基酸的活性基团与载体表面基团活化处理的常用方法，分别见表 8-1 和表 8-2。

表 8-1　氨基酸的活性基团

氨基酸活性基团	应用频度
肽链N-末端的δ-氨基、赖氨酸的ε-氨基	频繁使用
肽链C-末端的α-羧基、天冬氨酸的β羧基、谷氨酸的γ-羧基	常用
半胱氨酸的巯基	偶尔用
丝氨酸、苏氨酸的羟基	不常用
酪氨酸的酚羟基	不常用
组氨酸的咪唑基	不常用

表 8-2　载体表面基团的常用活化方法

载体表面基团	活化方法	参与反应的氨基酸活性基团
环氧基	无需活化，直接应用	氨基、巯基、羟基
氨基	与戊二醛等反应，产生醛基	氨基
	与碳二亚胺反应活化	羧基
	芳香族氨基与亚硝酸钠等反应，重氮化	氨基、酚羟基、咪唑基
羧基	与碳二亚胺反应活化	氨基
	转化为羧甲基，进而采用叠氮法活化	
	与三氯三嗪等多卤代物反应，产生活性卤素基团	氨基、巯基、羟基
羟基	多糖，卤化氰（溴化氰）法活化	氨基
	高碘酸盐氧化邻二醇产生醛基	氨基
羧甲基	叠氮法活化	氨基、巯基、羟基
酸酐	无需活化，直接应用	氨基

　　根据载体官能团活化以及酶上载方式的不同，又可将共价结合法分为两类：①将载体表面官能团活化，然后与酶蛋白表面残基的相应活性基团发生偶联反应，又称为载体偶联法；②在载体上接上一个双功能试剂，然后将酶偶联于双功能试剂的另一端，也称为载体交联法，如采用戊二醛作为活化试剂，其中一个醛基与氨基树脂的氨基结合，另一个醛基与蛋白质表面氨基结合，实现酶的载体交联固定化。

　　与非共价载体结合法相比，共价结合酶固定化法的优点是酶与载体结合牢固，一般不会因底物浓度高或存在盐类等原因而轻易脱落，受介质环境影响小，稳定性好。但是固定化条件相对剧烈，固定化过程中酶蛋白的高级结构构象会发生变化，导致固定化酶活力回收比较低，通常低于50%。并且需要注意的是，拥有活性侧链基团的氨基酸往往也是酶催化口袋的重要组成残基，因此在固定化方法选择时，参与共价结合的氨基酸不应是酶催化活性所必需的残基，否则可能造成固定化酶活性的完全丧失。

　　酶蛋白表面氨基酸残基与载体的共价结合往往是随机、不可控的，不仅影响酶的活性中心构象，而且会影响酶分子活性口袋定位，妨碍底物进入酶的活性位点。在酶表面残基认识基础上，可通过定点突变技术对表面残基进行改造，使之可与合适的载体官能团反应，使酶蛋白有序结合在载体表面，活性位点口袋朝向载体表面，即实现酶的定向固定化，提高固定化酶的催化效率[11]。

8.2.2　交联法固定化酶

　　使用含有双官能团或多官能团的试剂与酶分子的表面残基发生反应，使酶分子相互关联，生成不溶于水的聚集体，这种酶固定化方法称为交联固定化法。戊二醛是最常用的双官能团交联试剂，它拥有两个活泼的醛基，可与蛋白质表面的赖氨酸等残基反应[12]。此外，其他的一些双官能团试剂也有使用，如（3-氨基丙基）三乙氧基硅烷、（3-氨基丙基）三甲氧基硅烷、（3-氯丙基）三甲氧基硅烷、1-乙基-3-（3-二甲基氨基丙基）碳二亚胺甲碘化物、表氯醇、乙二醛、甲醛、乙二胺、缩水甘油和羰基二咪唑等。随着蛋白质工程技术的发展，有报道在蛋白质分子中分别引入非天然氨基酸p-叠氮-L-苯丙氨酸和p-炔丙基-L-苯丙氨酸，然后通过叠氮基团与炔丙基之间的"点击反应"进行缩合，实现酶蛋白分子之间的交联。接着，采用这种方法对催化级联反应的酶进行交联固定化，制备得到的固定化酶显示出非常高的催化效率[13]。

在酶固定化研究的早期，人们在水溶液中对酶蛋白进行直接交联，制备获得水不溶性的交联酶（CLEs），但是如此获得的固定化蛋白质材料，其机械强度和流体动力学性质都很差，难以生产应用。所以人们把兴趣转向了载体固定化方法。开发了各种形式高性能的固定化载体，能够满足工业加工的机械强度，在搅拌罐及填充床反应器中应用也没有问题。尽管如此，载体固定化酶有着其固有的缺陷：固定化酶中不具有催化活性的载体占据了固定化酶的相当大一部分质量（通常大于90%，甚至大于99%），制备的固定化酶的比活力相对较低，扩散限制显著，并且会影响反应介质的流体动力学。与载体固定化酶相对应的，使用交联法制备的固定化酶没有载体的负担，也称为无载体固定化酶。无载体酶固定化酶可以避免载体造成的缺陷，在交联酶的基础上，陆续开发了交联酶晶体、交联酶聚集体等具有优良性能的固定化酶制备方法。

8.2.2.1　交联酶晶体

酶晶体中酶蛋白分子通过亲水作用和静电引力紧密堆积，高度有序，稳定性好，并且可以有效抵抗外源蛋白酶的水解作用。使用交联剂对酶的微晶进行交联，即可制备得到交联酶晶体（cross-linked enzyme crystals，CLECs）。

早在20世纪60年代，Ouiocho等就使用戊二醛对酶的微晶体进行交联，成功证实酶在晶体状态是具有活性的，但他们的研究并未涉及固定化酶的应用。1992年，Clair等制备了嗜热菌蛋白酶的交联酶晶体，并证明即使在苛刻的条件下交联酶晶体仍能很好地保持催化活性。由于交联酶晶体比活力高、稳定性好，并且拥有良好的机械性能等显著优势，引起了人们的关注，将其应用于有机合成。美国Altus Biologics公司将该技术应用于医药和化工生产中，包括脂肪酶、蛋白酶、青霉素酰化酶等在内的多种交联酶晶体实现了公斤级规模生产以及工业应用。尽管交联酶晶体性能出众，但由于酶晶体的制备费时费力，导致成本居高不下，随着交联酶聚集体技术的发展，交联酶晶体技术在经历了短期的辉煌之后，目前已不再流行。

8.2.2.2　交联酶聚集体

在高浓度盐、水溶性有机溶剂或某些聚合物等沉淀剂的存在下，酶蛋白会聚集形成较稳定的超分子聚集体沉淀，聚集体的形成并不影响蛋白质原有的三级结构，酶的活性得到很好的保留。在酶的沉淀液中加入戊二醛等双功能试剂，通过酶蛋白的共价交联，即可获得交联酶聚集体（cross-linked enzyme aggregates，CLEAs）。在移除沉淀剂后交联酶聚集体不会溶解，并且酶的三维构象以及其活性可以很好地保持。2000年，Sheldon课题组分别使用硫酸铵、叔丁醇、聚乙二醇作为沉淀剂，对青霉素G酰化酶进行沉淀，随后用戊二醛进行交联，开创了交联酶聚集体技术的先河[14]。

如上所述，采用交联酶聚集体技术进行酶的固定化，方法非常简单：首先，在酶液中加入适当的沉淀剂，使酶蛋白充分沉淀；随后无需进行沉淀的分离，在沉淀酶液中直接加入双官能团试剂进行交联，即可制得水不溶性的交联酶聚集体。典型的交联酶聚集体的电镜谱图如图8-2所示[15]。其中一粒粒明显可见的球形颗粒即为酶的聚集体，聚集体颗粒大小与酶的疏水性等有关，其直径约0.1～1μm，含有大约

$10^3 \sim 10^6$ 个酶分子。单个聚集体颗粒可以通过疏水作用或交联剂的共价交联形成较大尺寸的交联酶聚集体簇，其尺寸可达到 $100\mu m$。

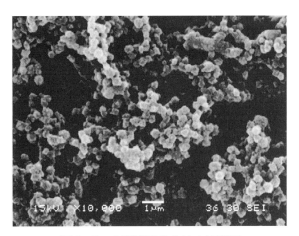

图 8-2　交联酶聚集体的电镜谱图

使用的双官能团试剂通常为戊二醛，但是由于戊二醛分子较小，如果酶活性中心含有赖氨酸、半胱氨酸等活性氨基酸残基，可能会使酶失活。在这种情况下，可以使用分子结构较大的双 / 多官能团试剂，比如使用高碘酸钠对葡聚糖氧化得到的葡聚糖醛，制备的交联酶聚集体的活性可以得到很好的保留。

与其他酶固定化方法相比，交联酶聚集体技术具有突出的优点：①步骤简单，对酶的纯度要求不高，理论上沉淀的活性酶蛋白都可使用该法制成交联酶聚集体，普适性好；②获得的固定化酶稳定性好、活性高，并且很多酶，特别是脂肪酶，固定化后可能观察到超活化现象，与游离酶相比，交联酶聚集体的活性甚至可提高 10 倍以上；③设备简易、原料易得、成本低廉，一般实验室或企业都可以实施，易于推广；④制备的固定化酶不含有额外的载体，因而单位质量的固定化酶活性高、空间效率高。因此，CLEAs 技术一经报道，迅速被推广应用，并已经实现商业化，"交联酶聚集体"的缩写 CLEA 现在已是注册商标名。

交联酶聚集体的制备工艺中，对酶蛋白的纯度并没有要求，因此可以将多种酶蛋白进行组合固定化，进而衍生出组合交联酶聚集体（combi-CLEAs）和交联多酶聚集体（multi-CLEAs）的技术方案。

精细化工生产往往涉及多步酶法级联转化，采用组合交联酶聚集体技术可以将涉及这些步骤的多个酶进行共固定化。应用过程中，催化剂间的反应中间体的内扩散传质可以得到最大程度的弱化，从而可以极大地提高多酶级联转化的效率。Talekar 等制备了 α- 淀粉酶、葡糖淀粉酶和支链淀粉酶这三种酶的 combi-CLEAs，用于淀粉级联分解，淀粉转化率达 100%，而与之相应地，使用单独的 CLEAs 的混合物，淀粉转化率仅 60%[16]。

交联多酶聚集体技术是将不同活性的酶进行共固定化，制备的 multi-CLEAs 可以独立完成不同的催化反应，在一些案例中，由于共固定化的多个酶功能互补，使用组合制备的 multi-CLEAs 可以达到更好的催化效果。比如陈海霞等将中性酶和木瓜蛋白酶组合制备 multi-CLEAs（N-P-CLEAs），在豆类蛋白和玉米醇溶蛋白的水解应用中表现出更好的水解性能，绿豆蛋白的水解度为 12%，与游离酶相比提高了约 4.5%[17]。

8.2.3　包埋法固定化酶

包埋法（entrapment）是一种将酶束缚于聚合物的细微凝胶网格中或高分子半透膜内的固定化方法。

由于聚合物凝胶或膜的存在，只有小分子的底物和产物可以穿透扩散，而大分子底物的扩散受到严重限制。因此与游离酶相比，固定化酶的动力学行为会发生显著改变。这种方法制备的固定化酶制剂通常只能应用于底物和产物分子量都较小的酶促反应中。

8.2.3.1　格子包埋法

格子包埋法使用的载体材料包括淀粉、蒟蒻粉、明胶、胶原、海藻酸、角叉菜胶等天然高分子化合物，聚丙烯酰胺、聚乙烯醇、光敏树脂等合成高分子化合物以及溶胶 - 凝胶（sol-gel）等无机聚合物。天然高分子化合物可以在一定条件下实现水合凝胶化，而合成高分子化合物和无机聚合物通常以单体或预聚物为原料，在引发剂或催化剂作用下，发生聚合反应生成凝胶，将酶蛋白与上述凝胶原料预先混合，生成的凝胶就会将酶蛋白包裹在其中，实现酶的包埋固定化。

与整细胞相比，酶蛋白的尺寸相对较小，因此使用格子包埋法进行酶的固定化，需要注意凝胶网格的孔隙尺寸。如果尺寸过大，包埋固定化的酶会发生泄漏，从而显著影响固定化酶的使用寿命。聚丙烯酰胺是酶包埋固定化常用的载体，将其合成单体丙烯酰胺和双丙烯酰胺按一定比例混合，溶解于酶液中，然后加入引发剂过硫酸铵和加速剂四甲基乙二胺，充分混合后，室温放置一段时间，即可聚合生成聚丙烯酰胺固定化酶。可以依据应用需要，制备不同形状的固定化酶，或将得到的聚丙烯酰胺凝胶切割成满足需要的颗粒。通过调整单体丙烯酰胺和双丙烯酰胺的比例，可以控制凝胶孔隙的尺寸。

二氧化硅溶胶 - 凝胶是最常用的酶包埋固定化无机载体，将硅氧烷单体与水充分混合，加入催化剂，硅氧烷单体会发生水解，生成无色透明的硅酸溶胶，随后硅酸溶胶发生聚合，即可得到二氧化硅凝胶，在硅酸溶胶聚合之前，将酶液加入其中，即可获得二氧化硅溶胶 - 凝胶包埋固定化酶，干燥后获得固定化酶干凝胶，如图 8-3 所示。常用的硅氧烷单体有四甲氧基硅烷、四乙氧基硅烷、三甲氧基氨基硅烷等，选择不同的单体，或单体的组合，可以获得不同亲水性、不同空隙尺寸大小的包埋载体，从而适合不同酶的固定化[18]。二氧化硅溶胶 - 凝胶具有出色的机械性能，并能根据需要制成不同的形状，比如微粒、毛细管，还能纺纱织成酶布，能满足各种环境的需要，特别是用于纳米生物传感器，其应用正在迅速拓展。

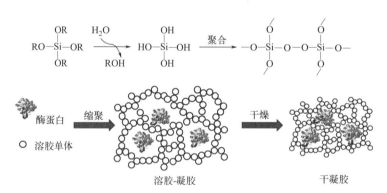

图 8-3　二氧化硅溶胶 - 凝胶法固定化酶示意图

用格子包埋法制备固定化酶的过程中，载体一般不与酶蛋白的氨基酸残基发生反应，因此很少改变酶的高级结构，酶活回收率较高，普适性好，适用于固定各种类型酶。

8.2.3.2　微囊包埋法

微囊包埋固定化法是将酶包裹在高分子半透膜微胶囊中，微胶囊的直径一般仅几微米到几百微米，小的直径有利于底物和产物扩散。微胶囊半透膜制备的主要方法有界面聚合法和界面沉淀法。

界面聚合法中，将含有酶和亲水性单体的水相溶液与含有疏水性单体的有机相溶液充分混合，亲水性单体和疏水性单体在油水两相界面上发生反应，形成高分子聚合物半透膜，并将水相中的酶包被于半透膜内。例如，将含血红蛋白的酶溶液与己二胺的水溶液混合，加入含乳化剂司盘 -85 的氯仿 - 环己烷溶液，充分搅拌混合乳化；随后在充分搅拌状态下加入癸二酰氯的氯仿 - 环己烷溶液，在油 - 水界面上己二胺和癸二酰氯相遇，发生聚合反应，形成聚酰胺（尼龙）半透膜，从而实现酶的微囊包埋固定化。除尼龙外还有聚酯、聚脲等聚合物可形成微囊。此法制备的微囊大小能随乳化剂浓度和搅拌速度而进行调节，制备过程所需时间短，但在包埋过程中由于发生化学反应会引起酶失活。

界面沉淀法是利用某些高聚物在水 - 有机两相界面上溶解度较低而沉积形成皮膜的原理，实现酶的微囊包埋。将含高浓度血红蛋白的酶溶液在与水不互溶的有机相中乳化，在油溶性的表面活性剂存在下形成油包水的微滴；再将溶解了高聚物的有机溶剂加入乳化液中，然后加入一种不溶解高聚物的惰性有机溶剂，使高聚物在油 - 水界面上发生沉淀、析出，形成固膜材料从而将酶包埋；最后在乳化剂的作用下由有机相移入水相。此法条件温和，酶失活少，但要完全除去膜上残留的有机溶剂并不容易。作为膜材料的高聚物有硝酸纤维素、聚苯乙烯和聚甲基丙烯酸甲酯等。

除了上述两种常用方法外，还有二级乳化法、脂质体包埋法等微囊包埋固定化方法。在二级乳化法中，酶溶液先在高聚物的有机相溶液中充分乳化分散，形成"油包水"型乳化液，其中酶液以极微小的液滴形式存在；然后该乳化液再分散于水相中形成次级乳化液，随后在搅拌状态下减压蒸馏除去有机溶剂，高聚物固化生成包含多个液滴的微囊。这种方法中常用的高聚物有乙基纤维素、聚苯乙烯等，用该方法制备的固定化酶膜比较厚，会影响底物扩散。与上述固态半透膜不同，脂质体包埋法是使用卵磷脂或表面活性剂等形成的液膜对酶进行包埋固定化，底物或产物的膜透过性不依赖于膜孔径大小，而只依赖于膜成分的溶解度，底物透过膜的速度较快，曾用于糖化酶的固定化。

采用微囊法进行酶的包埋固定化方法比较复杂，酶容易失活，必须巧妙设计反应条件。

8.2.4　纳米材料固定化酶

材料的尺度对材料的性质有显著影响，随着尺度的缩小，与传统的微米、毫米级尺寸的载体相比，纳米级的载体尺寸赋予了固定化酶许多优异的特性，比如大的比表面积、高的酶活力上载以及低的传质阻力等。

纳米材料指三维空间上至少有一维处于纳米尺度范围（1 ～ 100nm），或是以其作为基本单元所构成的材料。酶蛋白可以通过表面结合或包埋等方式，与纳米材料结合而制备获得固定化酶；此外，采用静电纺丝技术，也可以制备获得合成高分子纳米纤维固定化酶[19]。随着纳米材料制备技术的发展，纳米固定化酶将具有更大的应用潜力[20]。

磁性纳米颗粒是一种易于制备，应用广泛的纳米载体材料，其制备有多种方法，其中共沉淀法是一种简便、经济的方法。将含有二价和三价铁离子的盐溶液（Fe^{2+} 和 Fe^{3+} 的理论摩尔比为 1：2）充分混合，加入碱液氨水，使生成 Fe_3O_4 胶体，然后加热，即可获得 Fe_3O_4 纳米颗粒，用热水和乙醇充分洗涤后，即可用于酶的固定化。采用这种方法制备的 Fe_3O_4 纳米颗粒表面会吸附大量的氢氧根离子，可以直接和酶的氨基等离子结合，实现酶的吸附固定化。也可以使用化学试剂对 Fe_3O_4 纳米颗粒表面的氢氧根离子进行改性，比如通过氨丙基三乙氧基硅烷与氢氧根反应，使 Fe_3O_4 纳米颗粒携带氨基，进而用戊二醛转变为醛基，从而可与蛋白质的赖氨酸等残基反应，实现酶的共价固定化[21]。由于 Fe_3O_4 纳米颗粒具有磁性，因此在固定化酶的批式反应中，可以通过磁体吸引，很方便地实现固定化酶的快速分离与重复使用。此外，在反应过程中，可以通过磁场的交互转换，从而实现流体的混合。

介孔材料是指孔径介于 2 ～ 50nm 之间的多孔材料，依据其孔径，也属于纳米材料。其中，介孔二氧化硅载体，比如 SBA-15，具有低毒、低成本、生物相容性好、化学惰性和热稳定性优良等特点，是一种优良的酶固定化载体。近年来，不同形状、孔径、粒径、比表面积、疏水性及携带多种功能基团的各种介孔二氧化硅载体相继被制备出来。介孔材料具有极高的比表面积、规则有序的孔道结构、狭窄的孔径分布、孔径大小连续可调等特点，在酶蛋白的结合固定化中表现出优良的性能[22]。

无机纳米花固定化酶是酶分子与无机盐晶体直接杂交所形成的具有类似天然花卉形态结构的复合体[23]。该方法采用仿生矿化方式进行酶的固定化，反应条件温和，例如将多种酶蛋白在 $CuSO_4$ 水溶液中与磷酸盐缓冲液混合，在室温下不受干扰放置 3 天，蛋白质分子与铜离子形成络合物，这些络合物成为磷酸铜初生晶体的成核位点。蛋白质侧链残基和铜离子之间的相互作用导致纳米级颗粒的生长，形似花瓣[24]。该方法操作简单，只需要一步反应便能完成载体合成和酶的固定化，具有较广的普适性。

8.2.5　金属有机框架固定化酶

金属有机框架材料（metal-organic frameworks，MOFs）是由金属离子（簇）和有机配体通过自组装形成的具有孔隙的骨架材料，具有比表面积高、形状有序可控和生物相容性好等优点，酶蛋白可通过多种方式固定在 MOFs 的内部或表面，包括原位固定化法、表面固定化法以及孔道扩散法[25]。

其中原位固定化法是将酶蛋白、金属盐与配体混合，直接以酶蛋白分子为核心，在其周围原位生长MOFs 晶体，最终在酶蛋白分子周围形成稳定的 MOFs 壳层，实现酶的固定化。过渡金属离子（如 Co^{2+}、Zn^{2+}）与有机配体咪唑或咪唑衍生物（如 2- 甲基咪唑、苯并咪唑）可以在温和水相中生成金属 - 咪唑 -金属的结构，与传统硅基沸石中的硅氧硅键相似，称为沸石咪唑盐框架（zeolitic imidazolate framework，ZIF）材料，ZIF 系列的 MOFs 是原位固定化中最常用的，如图 8-4 所示 。

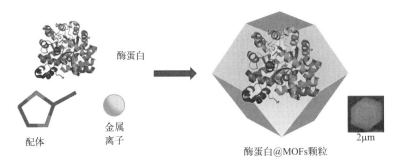

酶蛋白

配体　　金属离子

酶蛋白@MOFs颗粒

2μm

图 8-4　金属有机框架原位固定化酶示意图

8.2.6　酶和金属催化剂的共固定化

酶和金属催化剂共固定化是指将酶和金属催化剂负载在同一个载体上。酶和金属催化剂是化学工业的两类重要催化剂，酶 - 金属复合催化剂兼具酶和金属催化活性，可以高效催化生物 - 化学一锅偶联反应，在医药工业和生物制造等领域具有重要应用。

酶 - 金属复合催化剂一般分为两类，一类需要载体作为媒介，将酶与金属共同固定于载体上；另一类则无须载体直接通过生物结合的方式将金属连接在酶表面的氨基酸残基上。

酶和金属催化剂共固定化过程通常可分为酶固定化和金属催化剂固定化两个步骤。酶固定化的方法主要有物理吸附、共价结合和自组装，而金属纳米颗粒固定化主要是将预合成的金属纳米颗粒与载体进行结合或者在载体中原位还原生成金属纳米颗粒。为了解决酶与金属催化剂不相容引起的接触失活问题，常用的方法是将这两类催化剂分隔式地固定在同一载体的不同位置，在阻断两类催化剂活性中心接触的前提下，缩短活性中心距离，从而提高中间产物的局部浓度，加快级联反应速率。

酶和金属催化剂共固定化的常用载体为比表面积大的介孔纳米材料，如介孔 MOFs、介孔二氧化硅等。通过分步固定化法将酶和金属催化剂负载到载体的不同位置。一方面，大比表面积的载体提供了酶和金属催化剂分隔式固定化的众多孔道；另一方面，介孔结构显著地提高了反应传质效率，提高了酶与金属级联反应的协同催化效率。除了单一孔径材料之外，多级孔材料很好地契合了空间分隔催化剂的需求。例如，通过构建多级孔硅基蛋黄壳 @ 壳结构，用于空间分隔酶和金属催化剂。首先，采用前体原位还原法在介孔二氧化硅纳米微球上合成金属纳米颗粒，采用有机硅辅助刻蚀技术构建蛋黄壳结构。进一步，将介孔二氧化硅纳米微球包裹于具有更大孔径的氧化硅壳中，构建多级孔硅基蛋黄壳 @ 壳结构。最后，采用物理吸附法将酶固定于大孔介孔孔道中，而不会进入固定金属纳米颗粒的小孔[26]。采用多级孔材料作为载体，不仅实现了酶和金属催化剂在同一个纳米反应器中的共固定化，还实现了不同催化活性位点的空间分隔。

以酶分子为模板，通过原位还原法合成金属纳米颗粒是酶 - 金属复合催化剂合成的另一种重要策略，具有无需载体、操作简便等优点。酶分子表面含有疏水或带电氨基酸残基，能通过静电相互作用与溶液中的金属离子结合，并且蛋白质上还具有还原性氨基酸残基，这使得酶可作为载体和还原剂来合成金属纳米颗粒。采用具有核壳限域结构的酶 - 高分子结合物为模板，通过原位还原法将金属亚纳米团簇或金属单原子稳定在酶 - 高分子结合物内部，可实现载有超小尺寸（ < 1nm ）金属颗粒或金属单原子的酶 - 金属复合催化剂的可控合成[27,28]。利用酶 - 金属复合催化剂的尺寸效应、邻近效应和其中酶与金属催化剂的相互作用来调控催化剂微环境，实现酶和金属催化剂的兼容适配，同时具有高活性，从而高效地驱动生物 - 化学一锅级联反应。

8.2.7　交联法固定化整细胞

微生物整细胞可以直接作为生物催化剂催化反应，反应结束后，细菌和普通酵母细胞可以通过高速离心实现菌体的沉淀分离；对于絮凝酵母，可直接利用其絮凝特性，方便菌体的沉淀分离；而对于霉菌，其菌丝体很容易通过过滤的方式分离。分离的细胞可以重复使用，尽管如此，反应过程中，细胞膜 / 壁会破损，导致胞内酶流失，因此整细胞催化剂的重复使用次数往往非常有限。在细胞悬浮液中加入双功能试剂，可以实现整细胞的内部蛋白质交联，极大地避免胞内酶的流失，有效提高催化剂的重复使用性能。

整细胞交联法作为一种简单高效的细胞固定化方式，已大规模应用于工业生产中。镰胞霉菌脂肪酶可以高效催化泛解酸内酯的拆分，活性高，立体选择性好。将戊二醛直接加入镰胞霉菌发酵培养液中，对细胞进行交联，使用交联处理的镰胞霉菌整细胞催化泛内酯的水解拆分，通过离心过滤的方式对固定化催化剂进行分离，催化剂重复使用上百次，活性没有显著丧失[29]。拆分产物 D- 泛解酸内酯主要作为饲料添加剂 D- 泛酸钙和食品、化妆品添加剂 D- 泛醇的合成原料，目前年产量已达数万吨。

8.2.8　包埋法制备固定化整细胞

与酶的包埋固定化法类似，根据载体材料和方法的不同，整细胞包埋法同样分为凝胶包埋法和半透膜包埋法两种。

凝胶包埋固定法中，凝胶的形成主要有三种原理：①通过聚合作用，由单体生成凝胶，如聚丙烯酰胺、光交联树脂；②高分子物质与金属离子或其他小分子物质结合生成凝胶，如海藻酸钠 / 氯化钙、聚

乙烯醇 / 硼酸、卡拉胶 / 氯化钾；③某些高分子物质在较高温度下具有良好的流动性，而在低温下凝固形成凝胶，如明胶。凝胶包埋法具有以下特点：①条件温和，可选用不同的聚合物载体，不同的包埋系统和条件，以保持细胞的酶催化活性；②细胞不易渗漏，稳定性好，因此在工业整细胞的固定化中广泛应用。

海藻酸钙包埋

海藻酸钙聚乙烯醇包埋

8.2.9 组合固定化方法

单一的固定化方法各有其优缺点，简要综述如表 8-3。

表 8-3 各固定化方法的优、缺点

固定化方法	优点	缺点
吸附法	操作简单，制备条件温和、酶失活小、载体可再生重复使用	生物催化剂与载体结合力弱，对pH、离子强度、温度等因素敏感，酶易脱落，上载容量较小
共价结合	可供选择的载体与固定化方法多样，酶结合牢固，不易脱落	载体需要活化，酶的连接反应条件较激烈，酶活力损失严重
交联法	方法简单，酶结合力强，稳定性高	固定化催化剂机械性能较差
包埋法	条件温和，酶失活小，适用于低分子量底物转化	传质阻力大，催化剂会泄露损失

在实际应用中，可以将几种固定化方法或载体组合使用，平衡和改善单一固定化方法的优缺点，使固定化生物催化剂在保持活性的基础上，进一步提高其稳定性，改善机械应用性能。比如，吸附法固定化存在着酶 / 细胞容易脱落的问题，将吸附法与交联、包埋的方法相结合，可以很好地缓解催化剂脱落的问题，提高固定化催化剂的使用寿命。单纯交联法制备的固定化催化剂机械性能差，将其与吸附法、包埋法组合，可以有效提升固定化生物催化剂的机械性能，扩大其应用范围。

表 8-4 是目前食品工业上最重要的固定化葡萄糖异构酶催化剂产品的一些制备方法，由于固定化葡萄糖异构酶具有巨大的商业价值，各大公司纷纷开发了具有自主知识产权的固定化方法。从该表中看出，对于同一种酶催化剂的固定化，可以有很多的方法，而且其中大部分都是采用了组合固定化的方法，制备获得性能优良的固定化催化剂。

表 8-4 固定化葡萄糖异构酶产品

产品名	生产厂家	固定化方法	商业销售
Sweetzyme® T	Novozymes A/S	戊二醛交联含有无机载体的整细胞匀浆液	是
GENSWEET®SGI	Genencor/DuPont	酶吸附于DEAE-纤维素阴离子树脂	
GENSWEET® IGI	Genencor/DuPont	聚乙烯亚胺/戊二醛交联混合粘土的整细胞	
Optisweet® 22	Miles-Kali/Solvay	酶吸附到SiO_2上，随后用戊二醛交联	否
TakaSweet®	Miles Labs/Solvay	聚胺/戊二醛交联细胞，挤压成球	
Maxazyme® GI	Gist-Brocades	交联细胞，包埋于明胶珠中	
Ketomax GI-100	UOP	戊二醛交联酶，吸附于聚乙烯亚胺处理的氧化铝上	
Spezymes	Genencor	交联酶晶体，吸附于球形DEAD-纤维素上	
Sweetase®	Denki Kagku-Nagase	热处理的细胞包埋于聚合物珠中	

8.2.10　膜反应器截留法固定化酶

将酶促反应与膜反应器结合，利用膜的截留性能，使生物催化剂限制在膜反应器内，反复使用，持续催化反应。根据固定化生物催化剂的定义，被限制在这种膜反应器中的生物催化剂也是一种固定化的形式。膜反应器中，膜的应用不仅可以起到催化剂截留作用，还可以实现水-有机两相的空间分隔，以及产物分离纯化的偶联[30]。

在地尔硫卓手性前体对甲氧基缩水甘油酸甲酯的酶法拆分中，研究者应用膜反应器进行酶促反应，他们首先使脂肪酶液由中空纤维膜反应器的壳层注入，缓冲液通过膜，酶被截留在中空纤维膜的外表面，在反应中，反应器壳层通入底物的有机相（甲苯）溶液，而中空纤维膜管内层通入缓冲液，由于有机溶剂的存在，酶被有效地束缚在中空纤维膜外表面催化反应，水解产物转移到水相中除去[31]。

搅拌釜与超滤膜结合的酶膜反应器在多糖水解制备功能性低聚糖的生产中也有诸多应用。由于超滤膜的存在，只有小分子的水解产物可以透过，通过调控膜的相对截留分子量以及反应的停留时间，可以很好地控制产物的分子量分布范围，有利于下游产物的纯化，提高产品得率[32]。

8.3　固定化生物催化剂制备的原则

固定化生物催化剂制备的材料、手段是多种多样的，其应用目的、应用环境及具体要求各不相同。尽管如此，对于工业应用，固定化生物催化剂的制备都应该遵循一些基本的原则：

（1）固定化方法和条件的选择应尽量避免酶的失活，生物催化剂的活力回收尽可能高。酶的活性中心（催化部位和结合位点）的正确空间构象是维持其催化活性所必需的条件。因此，在酶固定化过程中，必须注意避免酶活性中心的残基发生反应，也就是说酶与载体的结合部位不应当是酶的活性部位。

酶蛋白的高级结构是凭借氢键、离子键和疏水作用等弱作用力维持的，因此固定化条件要尽量温和，尽量避免可能导致酶蛋白高级结构被破坏的固定化条件，比如过高的温度和盐浓度，强酸和强碱，以及强极性有机溶剂的处理。

（2）选择的载体应具有较高的上载量。表面结合载体应当拥有比较大的比表面积以及比较多的活性官能团，如此单位质量的固定化催化剂有较高的酶活力上载，即比活力较高，从而在生产应用中加入相同质量的催化剂时可以获得比较高的时空产率。

（3）固定化生物催化剂应有较高的稳定性，酶或细胞应与载体牢固结合，从而固定化生物催化剂可以稳定贮藏，重复回收，长期使用。

（4）固定化生物催化剂的空间位阻应较小，尽可能不妨碍酶与底物的接近，以提高催化的效率。

（5）固定化载体应具有高的化学稳定性和一定的机械强度。使用的载体不应与底物、产物或反应介质发生化学反应；固定化生物催化剂应用于搅拌反应器中时不能因机械搅拌而破碎，而应用于填充床时应能承受一定的压力。

（6）固定化生物催化剂的成本要低，以利于工业应用。固定化方法应尽可能简单，载体来源充分，价格低廉。

（7）固定化生物催化剂的形式应该有利于生产自动化、连续化。

8.4　固定化生物催化剂的性能表征与评价指标

8.4.1　固定化生物催化剂的活性

催化剂的活性是表征催化剂效率的重要参数，在应用催化剂时，需要依据其活性计算催化剂的用量，或进行反应参数的相应调整。表征催化剂活性的参数包括：

（1）比活力。单位质量生物催化剂的活力，单位为 $U \cdot g^{-1}$。测定方法与酶活力测定方法一致，称取一定质量的固定化生物催化剂，在确定的反应体系中催化反应，在酶促转化的初速度范围内，计算固定化催化剂的活力。

（2）空间速度。工业应用中，对于稳定运行的连续流反应器，其进口底物浓度以及出口的产物浓度都是确定的，催化剂的活性越高，单位时间内可转化的底物料液体积越大。在这种情况下，可以使用空间速度（space velocity，简称空速）来表征催化剂的活性，其定义为底物体积流速与反应器体积之比。通常使用的单位为 h^{-1}，数值上等于每小时流过反应器的底物溶液与反应器体积的比值。

8.4.2　固定化生物催化剂的稳定性

催化剂的稳定性是多方面的，包括：储存稳定性、操作稳定性、溶剂稳定性、pH 稳定性、温度稳定性等，通常使用半衰期这个参数评价催化剂的稳定性，其数值上等于催化剂活性下降一半的时间。

操作稳定性与催化剂的实际应用息息相关，测定时有两种方式：

（1）使用固定化生物催化剂进行批式反应，反应结束后，回收固定化催化剂，再次进行批式反应。反应过程间歇取样，计算反应的初速率，进而计算催化剂使用的半衰期。

（2）在连续流反应器中，随着反应的持续进行，催化剂逐步失活，为维持出口相同的产物浓度，需要下调底物的进料流速，相应的催化剂空速下降，由此可计算催化剂使用的半衰期。

一般地，生物催化剂固定化后，稳定性会提高，可使用"稳定化倍数"这个参数描述固定化生物催化剂稳定性的提升，其定义为：固定化生物催化剂的半衰期与游离生物催化剂半衰期的比值。

8.4.3　固定化生物催化剂的机械强度

固定化生物催化剂必须具有较好的机械强度，才能很好地应对搅拌釜中搅拌剪切力或填充床中床层高度产生的压力。机械强度可以通过专业仪器（如颗粒强度测定仪）进行测定，也可以采用一些简单的方法进行粗略的表征。比如，对于海藻酸钙凝胶机械强度的表征，可以将海藻酸钙凝胶颗粒置于平整的台面上，然后盖上一片盖玻板，随后在盖玻板上加上砝码，随着砝码质量的增加，凝胶颗粒会破碎，记录使凝胶颗粒破碎的砝码质量，可表征凝胶颗粒承受的最大压力。

8.4.4　固定化酶的蛋白质上载率

数值上为固定化酶的总蛋白质量与固定化时酶液总蛋白质量的比值，其中固定化酶的总蛋白质量为固定化前酶液中总蛋白质质量与固定化后酶液（包括清洗液）中总蛋白质质量的差值。

$$蛋白质上载率 = \frac{固定化前酶液总蛋白质量 - 固定化后酶液总蛋白质量}{固定化前酶液总蛋白质量}$$

8.4.5　生物催化剂的固定化效率（活力回收率）

数值上为固定化生物催化剂的总活力与成功上载的游离生物催化剂总活力的比值，其中成功上载的游离生物催化剂总活力为固定化前酶液 / 细胞悬浮液中游离生物催化剂的活力与固定化后酶液 / 细胞悬浮液（包括清洗液）中游离生物催化剂残余活力的差值。一般情况下，活力回收率小于 1；如果大于 1，可能是由于酶液 / 细胞悬浮液中的抑制因子被排除导致。

$$活力回收率 = \frac{固定化生物催化剂的活力}{固定化前酶液中的生物催化剂活力 - 固定化后酶液中残余生物催化剂活力}$$

8.5　生物催化剂固定化的性能影响

与游离生物催化剂相比，固定化后催化剂的性能会发生显著改变。最明显的，游离的生物催化剂是水溶性的，适宜于在水相环境中催化水溶性底物转化；而固定化生物催化剂通常都是水不溶性的，根据载体的性质以及相应的反应器形式，可以在水相或非水介质环境，甚至在气相环境中催化反应。

除此之外，固定化生物催化剂的反应动力学参数以及稳定性也会发生显著变化。固定化生物催化剂由生物催化剂和载体 / 修饰剂两部分组成，载体 / 修饰剂的存在显著影响生物催化剂的性能。一方面，蛋白质的结构决定其功能，固定化过程中载体与蛋白质之间的作用力会影响酶蛋白的构象，从而直接改变酶的活性、立体专一性以及底物专一性等性质；另一方面，受固定化载体 / 修饰剂的理化性质影响，催化剂的催化作用由均相转为异相，由此带来的扩散限制效应、空间障碍、载体性质造成的分配效应等因素会对酶的表观动力学参数产生显著影响。

8.5.1　固定化生物催化剂活性与选择性的变化

与游离生物催化剂相比，固定化生物催化剂的表观活性通常会下降，其原因包括：①固定化过程中，酶不可避免地存在失活现象；②固定化过程中，受反应条件以及载体与酶分子的作用力影响，酶蛋白的空间构象发生变化，结构变得刚性，甚至有些固定化材料与方法会直接影响酶活性中心残基；③固定化后，由于空间位阻的原因，酶分子的空间自由度受到限制，影响酶的空间朝向，妨碍底物进入活性中心；④内、外扩散阻力使底物分子与酶的接近受阻；⑤包埋固定化的生物催化剂被高分子材料包围，大分子底物难以透过高分子材料孔隙与酶接近。

底物 / 产物的扩散传质限制是影响固定化生物催化剂活性的重要因素，图 8-5 是固定化生物催化剂微环境的示意图，一个完整的酶促反应过程包括以下 5 个步骤：①底物从宏观流体扩散到固定化生物催化剂颗粒表面的液膜层；②底物穿过液膜层向颗粒的孔道内部扩散；③底物与酶 / 细胞接触，发生催化反应；④产物从颗粒内部扩散到表面液膜层；⑤产物穿过液膜层扩散到宏观流体。这里步骤①和⑤称为外扩散过程，步骤②和④为内扩散过程。提高搅拌反应器中的搅拌转速或增大填充床反应器中液体流速可以有效消除外扩散的限制，而内扩散传质阻力可以通过固定化方法的选择与优化而削弱：①降低载体颗粒的直径尺寸；②减少催化剂的上载量，使酶 / 细胞在载体上尽量呈单层分布；③使酶 / 细胞优先结合在载体材料的外表面。

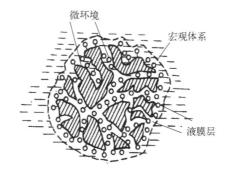

图 8-5　固定化生物催化剂微环境示意图

但是也有个别情况，酶在固定化后其活性与游离酶相比反而有所提高，称为超活化现象，可能归功于固定化酶得到了化学修饰，活性中心构象发生改变，更有利于反应的进行。特别是在脂肪酶的固定化中，脂肪酶拥有一个典型的疏水盖，疏水盖处于开启状态酶才具有活性，一些酶固定化方法会使脂肪酶的疏水盖处于开启状态，从而导致超活化现象。

由于底物扩散的影响，固定化生物催化剂的底物专一性也会发生改变。一般来说，大分子底物受到空间位阻的影响比小分子底物大，因此对于大分子底物，固定化催化剂的活性会显著下降，而对小分子底物则影响不大。例如，用羧甲基纤维素作为载体固定化的胰蛋白酶，对高分子底物酪蛋白的活性只有游离酶的 30%，而对小分子底物苯甲酰精氨酰对硝基苯胺的活性保持 80%。表观上来，固定化胰蛋白酶的专一性偏好于小分子底物。

8.5.2　固定化生物催化剂的动力学参数变化

受载体电荷效应以及分配效应的影响，固定化生物催化剂的表观 K_m 值会发生变化。酶促反应的底物带有电荷时，如果载体与底物携带的电荷相反，则底物会在固定化生物催化剂的微环境中聚集，使得酶对底物的亲和力增强，K_m 减小；反之，如果载体与底物携带的电荷相反，则 K_m 增大。类似地，采用疏水性载体进行生物催化剂的固定化，如果底物同样为疏水性化合物，固定化生物催化剂的 K_m 减小；如果底物是极性或带电化合物，则 K_m 增大。

8.5.3　固定化生物催化剂的稳定性影响

固定化生物催化剂的稳定性是关系到其是否具有实用性的重要问题，在大多数情况下，与游离生物催化剂相比，固定化生物催化剂的稳定性都会有所增加，这是十分有利的。然而，由于酶的结构多样性，固定化材料、方法与酶稳定性之间的规律性还不清楚，因此要预测怎样才能提高稳定性还有一定困难。这里所说的固定化生物催化剂的稳定性包括多个方面：酶自身的热稳定性、pH 稳定性、对化学试剂（特别是有机溶剂）的稳定性、对蛋白水解酶的稳定性、储存稳定性以及操作稳定性等。

固定化生物催化剂稳定性提高的原因是多方面的：①固定化后酶蛋白分子与载体或其他蛋白质的多点结合，使得酶的刚性增强，可防止酶分子伸展变形，从而有效缓解温度升高及 pH 变化对酶的失活作用；②载体的存在可以使生物催化剂与外部介质环境有效隔离，从而避免蛋白水解酶以及有机溶剂等对酶的伤害；③生物催化剂位于固定化制剂的内部，可以有效避免剪切力作用等失活因素的影响；④对于蛋白酶的固定化，将蛋白酶与固态载体结合后，酶失去了分子间相互作用的机会，从而有效避免了酶的自发降解；⑤酶活性的缓慢释放，吸附固定化的生物催化剂，受扩散阻力影响，实际起主要作用的往往是位于载体表面的酶或细胞，反应过程中，表层的酶或细胞脱落，内部的酶或细胞会继续起作用，这样，表观上固定化催化剂可以在较长的时间内维持稳定；⑥通过交联或包埋等方法对整细胞催化剂进行固定化，可以有效避免细胞内酶蛋白的泄露损失，从而提高其稳定性。

8.5.4　反应条件参数的影响

8.5.4.1　最适反应温度的变化

一般，固定化后，固定化酶的最适反应温度与游离酶相比有所提高，提高的程度因酶而异，大致可提高 5 ~ 15℃。酶反应的最适温度是酶的热稳定性与酶促反应活性权衡的综合结果。由于固定化后，酶的热稳定性提高，在提高的反应温度下，酶仍然可以保持相对稳定，固定化酶的最适反应温度也随之提高。最适反应温度的提高对于酶促反应而言，是非常有利的。一方面，反应温度的提高有助于提高底物的溶解度，降低反应液的黏度，强化反应传质；另一方面，随着反应温度的提高，酶促反应速率将大幅度提升。此外，对于吸热的平衡反应而言，提高反应温度有助于推动反应的热力学平衡。例如，在目前果葡糖浆的生产中，反应在 60℃进行，受热力学平衡的限制，转化产物果糖的浓度仅为 42%，需要对果糖进行分离，才能得到饮料行业中常用的果糖含量为 55% 的 HFCS-55。如果最适反应温度能提高到 90℃，则生产的果葡糖浆中果糖含量可直接达到 55%，无需后续分离。

8.5.4.2　最适 pH 的变化

与游离酶相比，固定化酶的活性 -pH 曲线往往会偏移，表观最适 pH 会发生改变。比如用二乙氨乙基纤维素为载体，以离子结合法固定化氨基酰化酶，其最适 pH 比固定化前降低 0.5；而用海藻酸钠对纤维素酶进行交联包埋固定化，固定化酶的最适 pH 比游离酶要高 3 左右。

实际上，酶固定化后，酶本身的最适 pH 并不会发生明显改变，固定化酶表观最适 pH 移动的现象主要是由于载体微环境电荷性质、或酶促反应过程中生成的 H^+ 的影响。一般说来，使用带负电荷的载体（如阳离子树脂），载体会吸引溶液中的阳离子（H^+），聚集于载体表面，导致载体微环境中的 H^+ 浓度高于周围环境；而诸如脂肪酶催化酯的水解反应，反应产物中有酸的生成，由于传质扩散的限制，载体微环境中的 H^+ 同样会高于周围环境。此时，周围环境的 pH 必须向碱性方向偏移，才能抵消载体微环境作用，为酶促反应创造出最适的 pH 环境。这样，表观上来看，固定化酶的最适 pH 即向碱性方向偏移。反之，如果使用带正电荷的载体（如阴离子树脂），固定化酶的最适 pH 向酸性方向偏移。

在酶促反应的应用中，如果反应的底物或产物对 pH 比较敏感，可以利用固定化酶最适 pH 的变化，选择合适的载体对酶进行固定化，从而在底物 / 产物稳定的 pH 环境中催化反应。

8.6　固定化生物催化剂的应用

8.6.1　固定化生物催化剂的优缺点

与游离生物催化剂相比，固定化生物催化剂具有下列显著优点：

（1）在多数情况下，经过固定化后，生物催化剂的稳定性得到提高；

（2）可重复使用，催化剂使用效率高，应用成本降低；

（3）催化反应过程稳定可控；

（4）具有一定的机械强度，可以装在填充床反应器中催化连续反应，实现反应的连续化、自动化和管道化；

（5）反应结束后，催化剂易与反应物分离，从而简化产物的分离、提纯工艺，产品产率高、品质好；

（6）更适宜于多酶反应体系。在多酶组合反应中，可利用多酶体系中的协同效应显著提高酶催化反应速率；而在酶法级联反应中，可以利用固定化生物催化剂的空间隔离效果，使反应有序地连续进行，反应中间物无需进行分离，简化反应体系。

尽管如此，生物催化剂的固定化也存在一些缺点，在实际应用中，需要根据需要选择生物催化剂的应用形式。

（1）受传质阻力的限制，固定化的生物催化剂一般适用于小分子的底物，而对于大分子底物的生物催化反应并不适宜；

（2）固定化过程中，酶活力都会有损失，另外考虑到固定化载体的成本以及生产车间的建设成本，这使得单位活力固定化催化剂的成本远高于游离的生物催化剂。需要根据催化剂的使用寿命以及对下游产物分离的影响，综合判断生物催化剂固定化的必要性。根据以往经验，只有当固定化生物催化剂的重复使用次数高于10次，才能真正体现出固定化催化剂的优势。

8.6.2　固定化方法与固定化制剂形式的选择

固定化方法选择时，需要综合考虑固定化生物催化剂应用的场合、环境，生物催化剂自身的理化性质、载体的理化性质以及机械性质等因素。其中生物催化剂自身的理化性质包括：酶的分子量、酶/细胞的等电点与电荷情况、酶催化的辅基、表面残基官能团以及酶的纯度等；载体的理化性质包括：载体的骨架结构、表面官能团、膨胀行为、孔径大小、有效容积、比表面积、化学稳定性等；载体的机械性质包括：平均粒径、粒径分布、耐压性能、流动阻力（填充床），沉降速率（流化床），耐磨性（搅拌釜）等。

固定化酶的形式多样，其外观形态常见的有颗粒、条状、薄膜等不同形状，适用于不同的反应器场合。其中颗粒状固定化酶是一种最常用的形式，耐压、抗剪切，既可用于批式搅拌反应器中，也可用于填充床连续反应器中。条状的固定化酶耐剪切性能较差，通常装填在填充床反应器中，用于连续生产。薄膜主要应用在酶电极的制备中。此外，还有线形、酶布等形式，可固定在合适的支架上，应用于连续反应中。随着3D打印技术的兴起，研究者将固定化酶的制备与材料的3D打印成型技术相结合，直接构建固定化酶催化反应器模块组件。和传统固定化酶的反应器应用相比，3D打印的固定化酶模块可以拥有复杂的渠道结构，并且这些结构可以方便地根据方案设计进行修改，高效实现固定化酶反应器中的流体混合与传质，从而大幅提高酶催化效率[33]。

8.6.3　固定化生物催化剂在工业生产中的应用

由于固定化生物催化剂稳定性好，易于连续、自动化操作，因此在大宗化学品的生物催化制造领域，固定化的生物催化剂得到了广泛应用[34]。表8-5中列出了固定化生物催化剂在一些大宗化学品工业化生产过程中的应用。

表8-5　固定化生物催化剂在工业生产中的应用

酶	催化过程	生产规模/（t·年$^{-1}$）
葡萄糖异构酶	由葡萄糖浆生产高果糖浆	10^7
腈水合酶	由丙烯腈生产丙烯酰胺	10^5
脂肪酶	食用油转酯化，品质升级	10^5
乳糖酶	乳糖水解，生产低聚半乳糖	10^5
脂肪酶	生产生物柴油	10^5
青霉素G酰化酶	抗生素修饰	10^4
天冬氨酸酶	由富马酸生产L-天冬氨酸	10^4
嗜热蛋白酶	合成阿斯巴甜	10^4
脂肪酶	拆分生产D-泛内酯	10^4
脂肪酶	醇和胺的手性拆分	10^3

8.6.3.1　果葡糖浆

果葡糖浆是由玉米淀粉水解和异构化而制成的一种甜味剂。淀粉水解可以获得葡萄糖，但是与蔗糖相比，葡萄糖的甜度远不及蔗糖，如果以蔗糖的甜度作为 100，则葡萄糖和果糖的甜度分别为 75 和 160。通过葡萄糖异构酶催化，可以将葡萄糖异构化为甜度较高的果糖，转化产物是葡萄糖与果糖的混合物，所以称为果葡糖浆。

早在 20 世纪 60 年代，日本就开发了果葡糖浆的酶法批处理生产工艺，之后美国获得该技术许可，并于 1967 年实现高果糖浆的酶法工业化生产。与碱催化方法相比，基于酶法的生产工艺显著改善了产品外观和质量。与蔗糖相比，果葡糖浆生产成本较低，市场价格稳定，性价比突出，因此广泛应用于食品和饮料行业。全球果葡糖浆的年产量高达 1000 万吨，固定化葡萄糖异构酶催化的葡萄糖异构化生产果糖已成为当今商业上最重要的工业酶催化过程。

由于果葡糖浆的市场非常巨大，许多公司独立开发了固定化葡萄糖异构酶制剂以及配套的酶法转化工艺，用于果葡糖浆的酶法生产。此外，一些酶制剂公司也开发了商品化的固定化葡萄糖异构酶制剂，其中一些固定化葡萄糖异构酶产品及其固定化方法见表 8-4。从生产力和稳定性的角度来看，固定化葡萄糖异构酶是一种非常稳定、高效的生物催化剂，产品的使用寿命超过 1 年，每千克生物催化剂可产生高达 23000 千克的果葡糖浆。

市场销售的果葡糖浆中果糖的比例有 42%、55% 和 90% 三种，分别称为 HFCS-42、HFCS-55 和 HFCS-90，其中 HFCS-55 的甜度与蔗糖相当。葡萄糖到果糖的异构化反应是一个热力学平衡的反应，反应转化率随温度的上升而提高。现代 HFCS 生产工艺是在平行排列的固定床反应器中进行的，以连续方式运行，通过控制进料液的流速以达到所需的异构化程度。通常的反应温度为 60℃，达到反应平衡时，果糖的含量约 50%，但考虑到转化速率，42% 的果糖含量是产出混合糖浆的典型配比，糖浆中含有约 42% D- 果糖、50% D- 葡萄糖、6% 麦芽糖、2% 麦芽三糖和微量其他糖类，即 HFCS-42。通过模拟移动床色谱分离 HFSC-42，富集得到果糖含量 90% 的 HFCS-90，从 HFCS-42 出发也可以获得纯度超过 99% 的结晶 D- 果糖。而将 HFCS-42 和 HFCS-90 混合兑制，即可获得在大多数软饮料中使用的 HFCS-55。

8.6.3.2　生物柴油

生物柴油是对脂肪酸进行酯化或对油脂进行转酯化生成的短链醇的脂肪酸烷基酯，通常为脂肪酸甲酯，与常规柴油相比，具有可再生、易降解、燃烧后污染物排放低、温室气体排放低等优点，是一种绿色的生物燃料。自从 1997 年《京都议定书》通过以来，为实现约定的减排温室气体的承诺，各国制定了多项法律和税收优惠政策激励可再生能源的开发利用。其中，生物柴油因其显著的二氧化碳减排效果，受到各国的重视。

国际上，生物柴油的原料以转基因大豆油、菜籽油和棕榈油为主，国内受资源限制，提倡使用非食用林木油脂和废弃油脂发展生物柴油产业。生物柴油可以通过化学或脂肪酶催化的方法合成，化学催化法工艺成熟，反应快，成本低，但对原料要求高，污染排放较高。与化学催化法相比，酶法催化具有条件温和、产品易分离精制、无污染，原料中的游离脂肪酸和水对酶催化反应无影响等优势。尽管如此，酶催化剂成本偏高，反应时间较长，要达到高的酯交换率需要额外加入有机溶剂。

油脂的主要成分是脂肪酸甘油三酯，脂肪酶可以催化其与甲醇发生转酯化反应，生成脂肪酸甲酯，同时副产甘油。为避免高浓度甲醇对酶活性和稳定性的影响，甲醇通常分批加入。北京化工大学与清华大学在固定化脂肪酶催化生产生物柴油方面做了大量研究，其研究成果已经实现产业化。

湖南海纳百川生物工程有限公司与清华大学合作，建立了年产 4 万吨生物柴油的生产线。固定化酶重复使用 300 次以上，有机溶剂回收率达 98% 以上，副产品甘油通过发酵转化成高附加值的 1,3- 丙二醇。上海绿铭环保科技股份有限公司与北京化工大学合作，建立了年产 1 万吨生物柴油的生产线，并成为国内首家采用生物酶法处理废弃食用油脂工业化生产生物柴油的企业。酶促转酯化反应在搅拌罐反应器中进行，催化剂的用量为油脂的 0.4%，优化条件下，脂肪酸甲酯的产率达 90%。

除此之外，国内年产万吨级生物柴油的生产企业还有海南正和生物能源公司、四川古杉油脂化工公司、福建卓越新能源发展公司、西安兰天生物工程公司等。

8.6.3.3　半合成抗生素工业领域

青霉素和头孢菌素类化合物是目前临床应用最广泛的抗生素药物，由于细菌耐药性的发展，微生物发酵生产的青霉素和头孢菌素已经不能有效满足临床治疗的需要。通过将青霉素的母核 6- 氨基青霉烷酸（6-APA），头孢菌素 C 的母核 7- 氨基头孢霉烯酸（7-ACA）以及头孢菌素 G 的母核 7- 氨基脱乙酰氧头孢烷酸（7-ADCA）进行修饰，接上不同的侧链可以获得多种广谱抗菌的治疗药物，称为半合成抗生素。

早在 1973 年，固定化青霉素酰化酶就已用于工业化生产制造各种半合成青霉素和头孢菌素。使用青霉素酰化酶，可以催化青霉素或头孢菌素 G 水解生成 6-APA 或 7-ADCA ；而使用头孢菌素 C 酰基转移酶或组合使用 D- 氨基酸氧化酶和戊二酰 -7-ACA 酰基转移酶，可以催化头孢菌素 C 水解生成 7-ACA。在获得这些母核结构的基础上，改变介质和 pH，即可继续使用青霉素酰化酶催化母核分子与其他氨基酸衍生物进行反应，合成新的具有不同侧链基团的青霉素或头孢菌素。

目前，我国抗生素年产量超过 10 万吨，在青霉素下游产品中，大约 50% 的青霉素被用作 6-APA 的原料，合成各种半合成抗生素，7-ACA 的年产能也超过 8000 吨。工业生产中使用的酶制剂均为固定化酶制剂。

固定化酶传感器

固定化酶在快速酶法
检验中的应用

8.7　展望

生物催化剂的固定化与应用涉及生物化学、分子生物学、物理化学、材料科学、化工等多个学科，是一个学科高度交叉的领域。在过去的几十年里，生物催化剂的固定化技术取得了巨大的发展，目前固定化生物催化剂已经有许多应用于工业、医疗、环境等领域的成功案例。尽管如此，固定化技术仍然存在许多问题，比如现有固定化材料与方法的普适性不佳，针对不同的催化剂，往往需要通过大量实验比较，确定适宜的固定化方法与条件，耗时费力；催化剂的研制与化工反应器应用脱节，影响固定化催化剂的性能发挥。在未来的发展中，需要深入理解生物催化剂固定化的机理及其影响因素，结合蛋白质的修饰 / 改造与高效、广谱固定化材料的开发，提高固定化方法的普适性；将催化剂固定化形式与反应器应用相结合，构建高效传质酶反应器，强化固定化催化剂的性能，推进其产业化进程。固定化技术的未来发展离不开各领域的融合创新。

（潘江，戈钧）

　思考题

（1）分别使用阳离子交换树脂和阴离子交换树脂进行酶的固定化，与游离酶相比，制得的固定化酶的最适 pH 有什么变化？

（2）有一个酶，等电点是 6.2，对该酶进行稳定性表征，发现该酶在 pH 7 ～ 9 的缓冲液中比较稳定，如果采用离子结合法对该酶进行固定化，应该选择阳离子交换树脂还是阴离子交换树脂？

（3）采用疏水性的大孔吸附树脂对脂肪酶进行固定化，使用固定化脂肪酶催化苯乙醇与醋酸乙烯酯的转酯化反应，与游离酶的 K_m 相比，固定化酶的表观 K_m 值将如何变化？

（4）直接用海藻酸钙包埋法制备的固定化细胞催化剂，在以下哪种缓冲液中不能应用？

a. 磷酸钾缓冲液　　　　　　　　b. Tris 缓冲液　　　　　　　　c. HEPSE 缓冲液

（5）计算题

① 选择氨基树脂对脂肪酶 CALB 进行固定化，称取适量预处理的树脂加入到 100mL 酶液（活力为 30U·mL^{-1}，蛋白质浓度为 10mg·mL^{-1}）中，置于摇床中 4℃振摇 12h。抽滤分离获得固定化酶，用缓冲液充分洗涤，合并滤液，滤液总体积为 300mL。滤液中酶的活力为 2U·mL^{-1}，蛋白质浓度为 1mg·mL；固定化酶的质量为 30g，比活力为 60U·g。计算固定化酶的酶活力回收率比活力和蛋白质上载率。

② 30℃、pH 8.0 的环境中，羰基还原酶 CeKR 的半衰期为 8h，采用环氧树脂对其进行固定化，制得的固定化酶在相同的环境中测得的半衰期为 24h。计算该酶固定化的稳定化倍数。

第 8 章
参考文献

第9章 生物催化反应的动力学表征

○○ —— ○○ ○ ○○ ——————

9.1 均相酶反应动力学

均相酶反应是指反应物与酶处于同一相态（通常是液相）的催化反应。由于均相反应进行时不存在相间物质传递的影响，因此其反应速率与反应物系的关系反映了该反应过程的本征动力学关系。均相酶反应动力学所建立的反应速率与其影响因素的定量关系，为以酶反应网络为特征的细胞内复杂反应动力学提供了重要理论依据，也为工业反应器的合理设计和反应过程优化提供了基础。

9.1.1 单底物酶反应动力学

单底物酶反应是由只结合一个底物的酶所催化的反应，它是最简单的酶促反应。酶催化的异构化反应和多数裂解反应均属于此类反应。在水相中进行的酶促水解反应，虽然属于双底物反应，但由于水的物质的量浓度很高（接近 $55.6\,\mathrm{mol \cdot L^{-1}}$），且在反应过程中变化不大，因此也可用单底物酶反应动力学进行处理。当无外界扩散影响时，这种简单的单底物酶促反应动力学可由 Michaelis-Menten 方程描述。

9.1.1.1 Michaelis–Menten 方程

对由游离酶 E 催化底物 S 转化为产物 P 的酶反应，可提出如下的反应机理：

$$E+S \underset{k_{-1}}{\overset{k_1}{\rightleftharpoons}} ES \overset{k_2}{\longrightarrow} E+P \tag{9-1}$$

式中   E——游离酶；

    S，P——底物和产物；

      ES——酶与底物的活性复合物；

k_1，k_{-1}，k_2——各基元反应的反应速率常数。

1913 年，Michaelis 和 Menten 提出"快速平衡"假设来求解上述反应的动力学方程。该法假设，相比于 ES 分解为 E 和 P 的反应速率，S 和 E 结合形成 ES 以及 ES 分解成 E 和 S 的可逆反应速率较快，可以达到化学平衡，则：

$$k_1 c_E c_S = k_{-1} c_{ES} \tag{9-2}$$

因此，

$$c_E = \frac{k_{-1}}{k_1} \times \frac{c_{ES}}{c_S} \tag{9-3}$$

另外，反应过程中各种形态酶的浓度总和保持不变，即不存在酶失活的条件下，对于初始加入反应体系的酶浓度 c_{E0}，在某一时刻应该有：

$$c_{E0} = c_E + c_{ES} \tag{9-4}$$

将式（9-3）代入，整理后可得：

$$c_{ES} = \frac{c_{E0} c_S}{\dfrac{k_{-1}}{k_1} + c_S} \tag{9-5}$$

整个反应的速率 r 由反应体系中产物生产速率 r_P 表示，也等于底物的消耗速率 r_S，单位均为 $mol \cdot (L \cdot s)^{-1}$。根据基元反应的速率方程，可得：

$$r = r_P = \frac{dc_P}{dt} = -\frac{dc_S}{dt} = k_2 c_{ES} = \frac{k_2 c_{E0} c_S}{\frac{k_{-1}}{k_1} + c_S} \qquad (9\text{-}6)$$

令 $K_S = \dfrac{k_{-1}}{k_1}$，$r_{max} = k_2 c_{E0}$，则求得其动力学方程为：

$$r = \frac{r_{max} c_S}{K_S + c_S} \qquad (9\text{-}7)$$

式中　$K_S = \dfrac{k_{-1}}{k_1}$——解离平衡常数（简称解离常数）；

$r_{max} = k_2 c_{E0}$——最大反应速率，单位 $mol \cdot (L \cdot s)^{-1}$。

式（9-7）为 Michaelis-Menten 方程的最初形式。快速平衡假设对活性复合物生成产物的速率与分解成酶和底物的速率相差不大时，其假设难以成立。1925 年，Briggs 和 Haldane 提出拟稳态假设，认为酶和底物结合的活性复合物 ES 的浓度在反应过程中保持不变。这个理论得到许多实验结果的支持。按此假设，应有：

$$\frac{dc_{ES}}{dt} = k_1 c_E c_S - (k_{-1} + k_2) c_{ES} = 0 \qquad (9\text{-}8)$$

将式（9-4）代入，整理得出活性复合物的浓度可表示为：

$$c_{ES} = \frac{c_{E0} c_S}{\frac{k_{-1} + k_2}{k_1} + c_S} \qquad (9\text{-}9)$$

则整体反应速率为：

$$r = \frac{dc_P}{dt} = k_2 c_{ES} = \frac{k_2 c_{E0} c_S}{\frac{k_{-1} + k_2}{k_1} + c_S} \qquad (9\text{-}10)$$

定义米氏常数 K_m（$mol \cdot L^{-1}$）为：

$$K_m = \frac{k_{-1} + k_2}{k_1} \qquad (9\text{-}11)$$

再代入最大反应速率 $r_{max} = k_2 c_{E0}$，由此得出：

$$r = \frac{r_{max} c_S}{K_m + c_S} \qquad (9\text{-}12)$$

式（9-12）是 Michaelis-Menten 方程的常见形式，一般称为米氏方程。显然，它与快速平衡假设得出的方程式（9-7）差别仅在米氏常数 K_m 和解离常数 K_S 的数值上，即：

$$K_m = K_S + \frac{k_2}{k_1} \qquad (9\text{-}13)$$

9.1.1.2　反应动力学参数

由米氏方程的拟稳态假设推导过程可看出，米氏常数 K_m 的物理意义是表示酶对某种底物分子相对亲和力的大小。当 K_m 值较大时，游离酶 E 和底物 S 的结合力较弱，复合物 ES 易解离；K_m 值较小时，则两者结合力较强，复合物 ES 不易解离，为较高的反应速率提供基础。K_m 值是酶的特征常数，与酶的浓度无关，但与特定的酶、反应物系的特性和反应条件等因素有关。在数值上，它等于最大反应速率一半时对应的底物浓度，也即游离酶活性中心的一半与底物结合时的底物浓度。因此，K_m 的单位与浓度单位一致（$mol \cdot L^{-1}$）。

不论由何种假设推导，米氏方程中最大反应速率皆表示为 $r_{max} = k_2 c_{E0}$。它表示在给定的酶浓度 c_{E0} 下，反应的最大速率极限。它实际是活性酶 E 全部与底物 S 结合时的反应速率，此时活性复合物 ES 的浓度 $c_{ES} = c_{E0}$。r_{max} 越大，则对应的米氏反应速率越大。对于反应器的设计和操作，最大反应速率的意义是单位液体体积在一定初始投酶量下的极限反应速率。设 n_{E0}（mol）为反应初始投入的酶量，V_L 为液体体积（L），则：

$$r_{max} = k_2 \frac{n_{E0}}{V_L} \tag{9-14}$$

反应器中单位液体体积中初始投入的酶量越大，极限反应速率越大。

最大反应速率中的 k_2 也常用 k_{cat} 表示，称为酶的转化频率，表示酶的每个活性中心在单位时间内催化底物转化的频次，单位为 s^{-1} 或 min^{-1}。大多数酶的转化频率为每秒 $1 \sim 10^4$ 个分子，碳酸酐酶的 k_{cat} 为 $6 \times 10^5 s^{-1}$，是已知 k_{cat} 最大的一种酶。考虑到米氏常数 K_m 越小，表示酶与底物结合能力越强，转化频率 k_{cat} 越大表示酶的催化能力越强，文献中常用 k_{cat}/K_m（单位：$mmol \cdot L^{-1} \cdot min^{-1}$ 或 $mmol \cdot L^{-1} s^{-1}$）表示酶的综合催化效率，可用于定量比较酶对不同底物的催化能力差异（此时通常称为底物专一性常数），即计算酶的各种底物选择性（例如位置选择性、对映选择性、产物选择性等）[1]。实际工作中可利用计算机软件对实验数据进行模拟，采用非线性最小二乘法等方法求取反应动力学方程中的待定参数。

9.1.1.3　表观反应级数

米氏方程反映了反应速率与底物浓度的关系，如图 9-1 所示。由图可见，反应速率与底物浓度是非线性的单调递增关系，存在一个最大值，即最大反应速率 r_{max}。在不同的浓度范围，米氏反应的表观反应级数有以下特征。

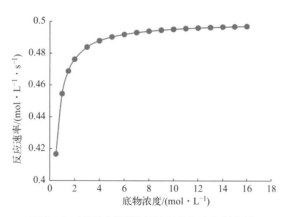

图 9-1　米氏方程描述的酶反应动力学曲线

（1）当 $c_S \ll K_m$，即底物浓度较低时，式（9-12）可变为：

$$r = \frac{r_{max} c_S}{K_m} \tag{9-15}$$

此时反应速率 r 与底物浓度 c_S 成线性关系，为一级动力学特征，此范围内动力学曲线近似为一条直线。

（2）当 $c_S \gg K_m$，即底物浓度较高时，式（9-12）可变为：

$$r \approx r_{max} \tag{9-16}$$

此时反应速率趋近于最大反应速率，呈零级动力学特征，反应速率对底物浓度的变化不敏感，近似保持不变。

（3）当底物浓度处于零级反应和一级反应之间时，反应速率与底物浓度是典型的米氏方程关系，实际的表观反应级数为 0～1 之间的分数。令此分数为 g，则反应速率可写为：

$$r = ac_{\mathrm{S}}^{g} \tag{9-17}$$

两边取对数，可得：

$$\ln r = \ln a + g \ln c_{\mathrm{S}} \tag{9-18}$$

因此，表观动力学级数 g 可由下式求出：

$$g = \frac{\mathrm{d}\ln r}{\mathrm{d}\ln c_{\mathrm{S}}} \tag{9-19}$$

式（9-19）为求取反应动力学表观级数的通式，可适用于常见的酶催化动力学。对于符合米氏反应机理的动力学，对式（9-12）按式（9-19）求导，可得表观动力学级数，即：

$$\ln r = \ln r_{\max} + \ln c_{\mathrm{S}} - \ln(K_{\mathrm{m}} + c_{\mathrm{S}}) \tag{9-20}$$

则

$$g = \frac{\mathrm{d}\ln r}{\mathrm{d}\ln c_{\mathrm{S}}} = 1 - \frac{c_{\mathrm{S}}}{K_{\mathrm{m}} + c_{\mathrm{S}}} = \frac{K_{\mathrm{m}}}{K_{\mathrm{m}} + c_{\mathrm{S}}} \tag{9-21}$$

对于米氏方程，当 $c_{\mathrm{S}} \ll K_{\mathrm{m}}$ 时，$g=1$；当 $c_{\mathrm{S}} \gg K_{\mathrm{m}}$ 时，$g=0$；当 c_{S} 处于二者之间时，g 为分数，与上述讨论结果一致。

米氏方程反应级数表明，无论反应处于何种级数，都有 $g>0$。因此，对于符合米氏方程动力学的酶催化反应，底物浓度效应都是正效应，即较高的底物浓度对应较大的反应速率，反应器的设计和操作模式优化应考虑这种浓度效应的影响。

9.1.2 可逆酶反应动力学

细胞内有许多酶催化反应属于可逆酶反应。在一定条件下，反应达到平衡态时，底物和产物都有相当的数量，此时必须考虑存在的逆反应。最简单的情况为单底物可逆酶反应，规定从底物到产物的方向为正向反应，其反应机理为：

$$\mathrm{E+S} \underset{k_{-1}}{\overset{k_{1}}{\rightleftharpoons}} \mathrm{ES} \underset{k_{-2}}{\overset{k_{2}}{\rightleftharpoons}} \mathrm{E+P} \tag{9-22}$$

根据拟稳态假设，可推得该反应动力学方程为：

$$r = \frac{\dfrac{r_{\mathrm{s,max}}}{K_{\mathrm{m}}} c_{\mathrm{S}} - \dfrac{r_{\mathrm{p,max}}}{K_{\mathrm{p}}} c_{\mathrm{p}}}{1 + \dfrac{c_{\mathrm{S}}}{K_{\mathrm{m}}} + \dfrac{c_{\mathrm{p}}}{K_{\mathrm{p}}}} \tag{9-23}$$

式中 $r_{\mathrm{s,max}} = k_2 c_{\mathrm{E0}}$——正向反应的最大反应速率，物理意义与米氏方程的 $r_{\max}$ 相同；

$r_{\mathrm{p,max}} = k_{-1} c_{\mathrm{E0}}$——逆向反应的最大反应速率，即从产物转化为底物的最大反应速率；

$K_{\mathrm{m}} = \dfrac{k_{-1} + k_2}{k_1}$——底物与酶结合的米氏常数；

$K_{\mathrm{p}} = \dfrac{k_{-1} + k_2}{k_{-2}}$——产物与酶结合的米氏常数。

从式（9-23）可看出，若不存在逆反应或逆反应速率很小时，即 K_{p} 很大时，动力学方程转化为米氏方程。因此，常见的单底物米氏反应动力学可看作逆反应为零时的可逆反应动力学的特例。需要注意的是，这里的反应速率 r 为从底物到产物的正向反应净速率。当反应从加入底物开始时，底物浓度 $c_S \gg$ 产物浓度 c_p，此时反应速率 $r > 0$；达到平衡态时，$r=0$；若从加入产物开始，则初始的反应速率 $r < 0$。

反应达到平衡态时 $r=0$，由此可得到反应的平衡常数：

$$K_{eq} = \frac{c_{P,eq}}{c_{S,eq}} = \frac{r_{s,max}}{r_{p,max}} \times \frac{K_p}{K_m} \tag{9-24}$$

此式即 Haldane 关系式，其中 $c_{S,eq}$ 和 $c_{P,eq}$ 分别为平衡时候的底物和产物浓度。这个关系式的重要性在于通过测定正向和逆向反应的动力学参数，可确定反应的平衡常数，由此将动力学关系和热力学平衡常数联系起来。

式（9-23）包含 c_S 和 c_p 两个变量，可进一步简化处理。对于单底物可逆反应，有

$$c_S + c_p = c_{S,eq} + c_{P,eq} = (1 + K_{eq})c_{S,eq} \tag{9-25}$$

则

$$c_p = (1 + K_{eq})c_{S,eq} - c_S \tag{9-26}$$

再令

$$c_S' = c_S - c_{S,eq} \tag{9-27}$$

将上两式及式（9-24）代入式（9-23），消去 c_p 整理后得到单底物可逆反应表观动力学速率表达式：

$$r = \frac{r_{max}' c_S'}{K_m' + c_S'} \tag{9-28}$$

其中

$$r_{max}' = \frac{K_{eq} - 1}{K_{eq}} \times \frac{K_p}{K_p - K_m} r_{s,max} \tag{9-29}$$

$$K_m' = \frac{(K_{eq} K_m + K_p)c_{S,eq} + K_m K_p}{K_p - K_m} \tag{9-30}$$

由此，表观动力学公式由表观浓度 c_S'、底物平衡浓度 $c_{S,eq}$ 和动力学参数决定，形式上与米氏方程一致。

9.1.3　双底物酶反应动力学

单底物酶反应仅限于异构反应、裂解反应等。对于水解反应，由于水是大量存在的，也可视为单底物反应。其他的氧化还原反应、转移反应等均是多底物反应。然而，对于双底物反应，如果只有一个底物浓度随过程改变，另一个底物是过量或在反应过程中浓度保持不变，则可仍然利用米氏方程描述单个底物浓度变化对反应速率的影响规律。例如，如果氧化还原反应中辅因子 NAD⁺ 或 NADP⁺ 的浓度远低于另一个底物的浓度，且基本恒定不变（在工业催化中经常如此，即进行有效的辅因子再生），则此反应可视为单底物反应。

对于一般的双底物反应：

$$A+B \longrightarrow E+Q \tag{9-31}$$

有序列反应和乒乓反应两种机理，对应两种动力学方程。

9.1.3.1　序列反应

序列反应是游离酶 E 和底物 A、B 相结合形成活性复合物 EAB 后，再转化成产物 P 和 Q 一起释放。

其反应机理为:

$$E + \begin{matrix} A \xrightarrow{K_A} EA + B \\ B \xrightarrow{K_B} EB + A \end{matrix} \begin{matrix} \overset{K_{AB}}{\rightleftharpoons} \\ \overset{K_{BA}}{\rightleftharpoons} \end{matrix} EAB \xrightarrow{k_{cat}} E + P + Q \tag{9-32}$$

第一步中 E 和 A、B 的结合没有特定顺序,是随机结合,属于随机反应。通过平衡近似法,可得到下列各式:

$$r = k_{cat} c_{EAB} \tag{9-33}$$

$$K_A = \frac{c_E c_A}{c_{EA}}, K_B = \frac{c_E c_B}{c_{EB}}, K_{AB} = \frac{c_{EA} c_B}{c_{EAB}}, K_{BA} = \frac{c_{EB} c_A}{c_{EAB}} \tag{9-34}$$

$$c_{E0} = c_E + c_{EA} + c_{EB} + c_{EAB} \tag{9-35}$$

$$K_A K_{AB} = K_B K_{BA} \tag{9-36}$$

式中 K_A, K_B, K_{AB}, K_{BA} 为各可逆反应的解离常数。以上各式整理后可得:

$$r = \frac{r_{max} c_A c_B}{K_A K_{AB} + K_{AB} c_A + K_{BA} c_B + c_A c_B} \tag{9-37}$$

$$r_{max} = k_{cat} c_{E0} \tag{9-38}$$

若第一步中酶与底物 A、B 的结合是遵循严格顺序,即先结合 A 再结合 B,该反应属于顺序双底物反应,则 $K_{BA}=0$,式(9-37)变为:

$$r = \frac{r_{max} c_A c_B}{K_A K_{AB} + K_{AB} c_A + c_A c_B} \tag{9-39}$$

此式为顺序双底物反应动力学方程。

9.1.3.2　乒乓反应

乒乓反应特点为游离酶 E 和底物 A 结合后释放出产物 P,中间态 E′ 再与底物 B 结合形成新的复合物后再释放出第二个产物 Q,并恢复游离酶 E 形态。底物结合与产物释放类似于接球和打球,故称为乒乓反应。其反应机理式为:

$$E + A \underset{k_{-1}}{\overset{k_1}{\rightleftharpoons}} EA \overset{k_2}{\underset{P}{\longrightarrow}} E' + B \underset{k_{-3}}{\overset{k_3}{\rightleftharpoons}} E'B \xrightarrow{k_4} E + Q \tag{9-40}$$

据此机理,可得到如下各式:

$$r = k_4 c_{E'B} \tag{9-41}$$

$$K_A = \frac{c_E c_A}{c_{EA}} = \frac{k_{-1} + k_2}{k_1}, K_B = \frac{c_{E'} c_B}{c_{E'B}} = \frac{k_{-3} + k_4}{k_3} \tag{9-42}$$

$$c_{E0} = c_E + c_{EA} + c_{E'B} + c_{E'} \tag{9-43}$$

又有:

$$c_E = \frac{k_4 K_A}{k_2 K_B} \times \frac{c_{E'} c_B}{c_A} \tag{9-44}$$

整理上述各式得到速率方程为:

$$r = \frac{r_{max} c_A c_B}{\left(\frac{k_4}{k_2}\right) K_A c_B + K_B c_A + \left(1 + \frac{k_4}{k_2}\right) c_A c_B} \tag{9-45}$$

$$r_{\max} = k_4 c_{E0} \tag{9-46}$$

9.1.4　受抑制的酶反应动力学

有一类化合物可以和酶结合，使酶的反应速率下降，这类化合物称为抑制剂。酶的抑制作用分为可逆抑制和不可逆抑制。可逆抑制作用是抑制剂与酶以非共价键的方式可逆结合，在去除抑制剂后，酶的活性可完全恢复。不可逆抑制作用是抑制剂与酶共价结合，使酶的活性丧失，无法用物理方式去除抑制剂或恢复酶的活性。可逆抑制又分为竞争性抑制、非竞争性抑制和反竞争性抑制等三种类型。

9.1.4.1　竞争性抑制

竞争性抑制剂 I 和底物 S 结构类似，与底物竞争酶 E 的活性中心，故称为竞争性抑制。酶与竞争性抑制剂结合后，形成无活力的复合物 EI，则底物无法与 EI 相结合。只有 EI 可逆解离成游离酶 E 和抑制剂 I 后，底物才可与酶 E 相结合。其一般的反应机理如下所示：

$$E + S \underset{k_{-1}}{\overset{k_1}{\rightleftharpoons}} ES \overset{k_2}{\longrightarrow} E + P$$

$$E + I \underset{k_{-3}}{\overset{k_3}{\rightleftharpoons}} EI \tag{9-47}$$

根据拟稳态假设：

$$\frac{dc_{ES}}{dt} = \frac{dc_{EI}}{dt} = 0 \tag{9-48}$$

得到：

$$r = \frac{r_{\max} c_S}{K_m(1 + \dfrac{c_I}{K_I}) + c_S} \tag{9-49}$$

式中　c_I——抑制剂浓度；

$K_I = \dfrac{c_E c_I}{c_{EI}}$——非活性复合物 EI 的解离常数；

其他动力学参数与米氏方程中的动力学参数相同。

与无抑制的米氏方程（9-12）相比，竞争性抑制的最大反应速率没有变化，但表观米氏常数 K_m^* 是米氏常数 K_m 的（$1 + c_I/K_I$）倍（图 9-2），表明存在竞争性抑制剂下，底物与酶结合的亲和程度下降。随着抑制剂浓度 c_I 的增大，抑制作用也相应增加。

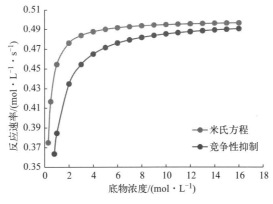

图 9-2　竞争性抑制的酶反应动力学曲线

9.1.4.2　非竞争性抑制

若抑制剂 I 在酶的活性中心之外与酶结合，与酶和底物的结合没有竞争关系，并且不影响底物和酶的结合，则该抑制称为非竞争性抑制。因此，E 和 I 结合后的复合物 EI 仍然可与底物 S 结合，形成新的复合物 ESI，同时底物与酶结合的活性复合物 ES 也可与 I 相结合形成 ESI。非竞争性抑制的反应机理如下所示：

$$
\begin{array}{ccc}
\mathrm{E+S} & \underset{k_{-1}}{\overset{k_1}{\rightleftarrows}} \mathrm{ES} & \overset{k_2}{\longrightarrow} \mathrm{E+P} \\
+ & + & \\
\mathrm{I} & \mathrm{I} & \\
\Big\updownarrow K_{\mathrm{I}} & \Big\updownarrow K_{\mathrm{I}} & \\
\mathrm{EI+S} & \overset{K_{\mathrm{eq}}}{\rightleftarrows} \mathrm{ESI} &
\end{array}
\tag{9-50}
$$

抑制剂 I 与游离酶 E 或活性复合物 ES 的结合没有偏好性，因此二者的解离常数（K_{I}）相等。EI 与 ESI 存在平衡，解离常数为 K_{eq}。

根据拟稳态假设：

$$
\frac{\mathrm{d}c_{\mathrm{ES}}}{\mathrm{d}t} = \frac{\mathrm{d}c_{\mathrm{EI}}}{\mathrm{d}t} = \frac{\mathrm{d}c_{\mathrm{ESI}}}{\mathrm{d}t} = 0
\tag{9-51}
$$

得到：

$$
r = \frac{r_{\max}}{\left(1+\dfrac{c_{\mathrm{I}}}{K_{\mathrm{I}}}\right)} \times \frac{c_{\mathrm{S}}}{K_{\mathrm{m}}+c_{\mathrm{S}}}
\tag{9-52}
$$

由于抑制剂与酶的结合不与底物竞争，米氏常数 K_{m} 没有发生变化。但是，抑制剂与酶形成无催化活性的复合物 ESI，且不论底物浓度增大到如何程度，只要有抑制剂的存在，都会形成复合物 ESI，因此非竞争性抑制反应的表观最大反应速率 $r_{\max}^{*}$ 下降至米氏反应的最大反应速率 $r_{\max}$ 的 $1/(1+c_{\mathrm{I}}/K_{\mathrm{I}})$（图 9-3）。

9.1.4.3　反竞争性抑制

反竞争性抑制的特点是抑制剂 I 不与游离酶 E 结合，只与酶和底物结合的活性复合物 ES 可逆地结合，形成无活性的复合物 ESI。反应的机理方程为：

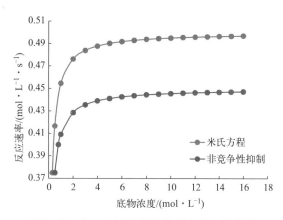

图 9-3　非竞争性抑制的酶反应动力学曲线

$$
\begin{array}{c}
\mathrm{E+S} \underset{k_{-1}}{\overset{k_1}{\rightleftarrows}} \mathrm{ES} \overset{k_2}{\longrightarrow} \mathrm{E+P} \\
+ \\
\mathrm{I} \\
\Big\updownarrow K_{\mathrm{I}} \\
\mathrm{ESI}
\end{array}
\tag{9-53}
$$

复合物 ESI 的解离常数为 K_I。同样，根据拟稳态假设：

$$\frac{\mathrm{d}c_{ES}}{\mathrm{d}t} = \frac{\mathrm{d}c_{EI}}{\mathrm{d}t} = 0 \tag{9-54}$$

得到速率方程：

$$r = \frac{r_{max}}{\left(1 + \dfrac{c_I}{K_I}\right)} \times \frac{c_S}{K_m \Big/ \left(1 + \dfrac{c_I}{K_I}\right) + c_S} \tag{9-55}$$

式中，表观最大反应速率 $r_{max}^* = \dfrac{r_{max}}{1 + \dfrac{c_I}{K_I}}$，表观米氏常数 $K_m^* = \dfrac{K_m}{1 + \dfrac{c_I}{K_I}}$ 相比米氏方程的动力学参数都分别

下降至 $1/(1+c_I/K_I)$。这是由于抑制剂存在时，不论底物浓度如何，总有非活性复合物 ESI 存在，降低了活性复合物 ES 的浓度，导致最大反应速率下降。同时，ESI 的存在导致 E 和 S 结合的平衡向复合物 ES 偏移，导致表观米氏常数下降。动力学曲线如图 9-4 所示。

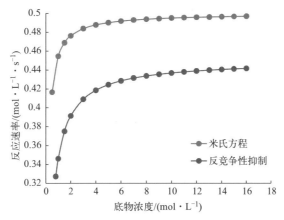

图 9-4　反竞争性抑制的酶反应动力学曲线

在酶催化反应中，若反竞争性抑制剂是底物自身，在较高底物浓度下会出现反应速率下降的现象，此现象称为底物抑制作用。将 $c_I = c_S$ 代入式（9-55），得到底物抑制的反应速率方程：

$$r = \frac{r_{max} c_S}{K_m + c_S + \dfrac{c_S^2}{K_I}} \tag{9-56}$$

式中 K_I 是无活性复合物 ESS 解离成 ES 和 S 的解离常数。反应速率与底物浓度之间的关系如图 9-5 所示。

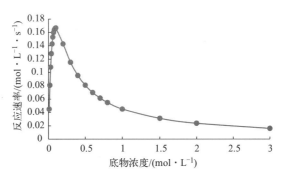

图 9-5　底物抑制的酶反应动力学曲线

若用表观动力学级数分析底物对反应速率的影响，则有：

$$g = \frac{\mathrm{d}\ln r}{\mathrm{d}\ln c_S} = \frac{K_m - c_S^2 / K_I}{K_m + c_S + c_S^2 / K_I} \tag{9-57}$$

反应速率在一定底物浓度范围内存在极大值。令 $g=0$，得到反应速率极大值时对应的最适底物浓度为：

$$c_{S,opt} = \sqrt{K_m K_I} \tag{9-58}$$

当 $c_S < c_{S, opt}$ 时，$g > 0$，反应速率随底物浓度增加而增大；当 $c_S > c_{S, opt}$ 时，$g < 0$，反应速率随底物浓度增加而减小，出现底物抑制现象。当 $c_S = c_{S, opt}$ 时，$g=0$，反应速率在此浓度范围内最大，其值为：

$$r_{opt} = \frac{r_{max}}{1 + 2\sqrt{K_m / K_I}} \tag{9-59}$$

9.1.4.4 不可逆抑制

不可逆抑制使活性酶的浓度或最大反应速率下降，这种抑制与非竞争抑制较难区分。如果非竞争性抑制的复合物 EI 解离常数很小时（如 $10^{-9}\mathrm{mol \cdot L^{-1}}$），非竞争性抑制可认作不可逆抑制。不可逆抑制会随时间的延长而增强，直至所有抑制剂与酶形成复合物为止。

假设活性酶 E 的初始浓度为 c_{E0}，抑制剂的浓度为 c_{I0}，则一定时间后，能够与底物反应的酶浓度应是 $(c_{E0} - c_{I0})$，最大反应速率为：

$$r_{max}^* = k_2 (c_{E0} - c_{I0}) = r_{max}\left(1 - \frac{c_{I0}}{c_{E0}}\right) \tag{9-60}$$

9.1.5 变构酶反应动力学

变构酶，又称别构酶或调节酶。它通过与效应物分子的结合改变酶的构象来调节酶的活力。磷酸果糖激酶、天冬氨酸转氨甲酰酶和己糖激酶都属于变构酶。效应物分子包括激活剂和抑制剂。如果底物是变构酶的激活剂，则结合了一个底物分子后酶的构象发生变化，会促使酶与下一个底物的结合，而且这种协同效应会继续传递下去。对于变构酶反应动力学，可以用简单的 Hill 模型[2]进行描述。该机理认为，当酶 E 与不止一个底物 S 结合时，可形成与多个底物的复合物 ES_n：

$$E + nS \Longleftrightarrow ES_n \tag{9-61}$$

反应速率可用 Hill 方程表示：

$$r = \frac{r_{max} c_S^n}{K_H + c_S^n} \tag{9-62}$$

式中，K_H 为 Hill 常数，r_{max} 为最大反应速率，n 为 Hill 指数，这是一个三参数的经验方程。Hill 在研究血红蛋白与氧结合的反应实验时，发现由实验得出的 n 为 2.8，而现在研究发现血红蛋白有 4 个底物结合部位，可见 Hill 方程中的指数 n 并不表示可与底物结合的数目，而是标记酶与底物协同性的大小。n 值越大，表示酶与底物分子的协同性越高。当 n=1 时，则无协同性，动力学方程转为米氏方程。

K_H 表示酶与底物的亲和力的参数估计。该方程是经验方程，K_H 不能理解为复合物的解离常数，而是与解离常数以及酶和底物相互作用有关的一个参数。其值等于最大反应速率一半时对应的底物浓度 n 次幂，即 $K_H = c_S^n$，单位为 $(\mathrm{mol \cdot L^{-1}})^n$。

Hill 方程的反应速率与浓度关系的曲线如图 9-6 所示，动力学曲线呈 S 型。n 值越大，曲线的 S 型特征越明显。底物浓度用 $c_S/\sqrt[n]{K_H}$ 表示，对于同一底物浓度，K_H 增大则反应速率下降。Hill 指数 n 值一般为 $1 \sim 3.2$。

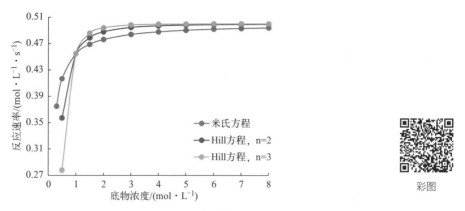

图 9-6　Hill 模型描述的变构酶反应动力学曲线（彩图见二维码）

9.1.6　pH 对酶反应速率的影响

酶分子中有许多酸性氨基酸和碱性氨基酸残基，随着反应体系的 pH 变化，这些基团处于不同的解离状态。对于酶催化反应，活性部位氨基酸残基解离状态的变化会导致活性中心的电荷状态发生变化，会影响酶与底物的相互结合，从而改变酶催化的反应速率。

如果将酶 E 看作处于不同离子化状态的氨基酸残基的总和，则在某个 pH 下，假设酶 E 处于三种不同的离子化（或质子化）物种的平衡[3]：

$$EH_2 \underset{+H^+}{\overset{-H^+}{\rightleftharpoons}} EH^- \underset{+H^+}{\overset{-H^+}{\rightleftharpoons}} E^{2-} \tag{9-63}$$

酸性条件下，酶完全质子化，呈 EH_2；随着 pH 升高，酶逐渐解离形成 EH^- 和 E^{2-}。若假设只有 EH^- 具有催化活性，它与底物结合形成的活性复合物 EHS^- 决定反应速率，而底物的解离状态不变，则反应机理可表示为：

$$
\begin{array}{ccccc}
EH_2 & & EH_2S & & \\
K_a \updownarrow & & K_a' \updownarrow & & \\
EH^- + S & \underset{k_{-1}}{\overset{k_1}{\rightleftharpoons}} & EHS^- & \overset{k_2}{\longrightarrow} & EH^- + P \\
K_b \updownarrow & & K_b' \updownarrow & & \\
E^{2-} & & ES^{2-} & &
\end{array}
\tag{9-64}
$$

根据拟稳态假设，有：

$$\frac{\mathrm{d}c_{EHS^-}}{\mathrm{d}t} = 0 \tag{9-65}$$

$$c_{E0} = c_{EH_2} + c_{EH^-} + c_{E^{2-}} + c_{EH_2S} + c_{EHS^-} + c_{ES^{2-}} \tag{9-66}$$

$$r = r_P = k_2 c_{EHS^-} \tag{9-67}$$

定义各物种的解离平衡常数为：

$$K_a = \frac{c_{EH^-} c_{H^+}}{c_{EH_2}}, \quad K_b = \frac{c_{E^{2-}} c_{H^+}}{c_{EH^-}}; \quad K_a' = \frac{c_{EHS^-} c_{H^+}}{c_{EH_2S}}, \quad K_b' = \frac{c_{ES^{2-}} c_{H^+}}{c_{EHS^-}} \tag{9-68}$$

整理后得到反应速率方程：

$$r = \frac{(k_2 c_{E0}/\alpha)c_S}{(\beta/\alpha)K_m + c_S} \tag{9-69}$$

$$\alpha = 1 + \frac{c_{H^+}}{K_a'} + \frac{K_b'}{c_{H^+}} \tag{9-70}$$

$$\beta = 1 + \frac{c_{H^+}}{K_a} + \frac{K_b}{c_{H^+}} \tag{9-71}$$

式中 α、β 两参数均与 pH 值有关。因此，表观动力学参数为：

$$r_{max}^* = \frac{r_{max}}{\alpha}, \quad K_m^* = K_m\left(\frac{\beta}{\alpha}\right) \tag{9-72}$$

对于特定的酶反应，需通过实验测定确定最适的 pH 值。若酶与底物的结合不影响氨基酸残基的解离，则 $K_a = K_a'$，$K_b = K_b'$，在米氏常数和底物浓度一定时，以 $r/k_2 c_{E0}$ 代表反应速率的相对值，该值最大时的 pH 为（$pK_a + pK_b$）/2。

9.1.7 温度对酶反应速率的影响

温度对酶催化反应有两种影响。一方面，在较低温度下，提高反应温度可以加快反应进行；当温度提高到一定程度后，酶的热失活导致酶催化反应速率下降，超过了温度提高带来的反应加速效应，使反应的净速率下降。因此，在一定温度范围内存在使反应速率最高的温度，称为酶的最适反应温度。

提高温度可以增加反应速率常数 k_2，通常用 Arrhenius 方程表示温度对 k_2 的影响：

$$k_2 = k_{20}\exp\left(-\frac{E_a}{RT}\right) \tag{9-73}$$

式中，k_{20} 为指前因子，E_a 为反应活化能，R 为气体常数，T 为热力学温度。反应活化能 E_a 值一般处于 $15 \sim 85 \text{kJ} \cdot \text{mol}^{-1}$ 的范围。

酶的热变性失活机理一般常用一级动力学描述：

$$-\frac{dc_E}{dt} = k_d c_E \tag{9-74}$$

热失活速率与酶的浓度呈一级反应，失活速率常数为 k_d。积分形式为：

$$c_E = c_{E0}\exp(-k_d t) \tag{9-75}$$

式中，c_{E0} 为初始活性酶的浓度，c_E 为时刻 t 时活性酶的浓度。若将活性酶浓度 c_E 下降为初始活性酶浓度一半的时间 t 定义为该酶的热失活半衰期，即 $t_{1/2}$，则易知失活速率常数 k_d 与半衰期 $t_{1/2}$ 的关系为：

$$k_d = \frac{\ln 2}{t_{1/2}} \tag{9-76}$$

由于活性酶浓度直接决定酶催化反应的最大反应速率，因此

$$r_{max} = r_{max0}\exp(-k_d t) \tag{9-77}$$

某时刻 t 时最大反应速率 r_{max} 相比初始最大反应速率 r_{max0} 随时间延长而下降，这就是温度对酶反应影响的一般规律。对上式简单处理可得：

$$\ln\left(\frac{r_{max}}{r_{max0}}\right) = -k_d t \tag{9-78}$$

式（9-78）常用来实验测定热失活速率常数 k_d，将酶在某温度下孵育一定时间，在不同时刻测量最大反应速率与初始最大反应速率的比值，取对数后与 t 线性拟合，即可得 k_d。

失活速率常数 k_d 与温度的关系也可用 Arrhenius 方程表示：

$$k_d = k_{d0} \exp(-\frac{E_d}{RT}) \tag{9-79}$$

式中，k_{d0} 为指前因子，E_d 为酶失活反应的活化能，它的值一般在 $170 \sim 550 \mathrm{kJ \cdot mol^{-1}}$。相比于酶催化反应的活化能，$E_d$ 更大，因此相同温度的提高对 k_d 的影响更为显著。例如，将温度由 30℃ 提高到 40℃，k_2 提高了 1.8 倍，但同时酶的失活速率提高了 45 倍。

酶催化反应是在一定温度下和一定时间范围内进行的，因此考虑到酶失活的影响，活性酶浓度 c_E 为温度和时间的二元函数。在一定温度和时间下，最大反应速率为：

$$
\begin{aligned}
r_{\max} &= k_2 c_E = k_{20} c_{E0} \exp\left(-\frac{E_a}{RT}\right) \cdot \exp(-k_d t) \\
&= k_{20} c_{E0} \exp\left(-\frac{E_a}{RT}\right) \cdot \exp\left(-k_{d0} \exp\left(-\frac{E_d}{RT}\right) t\right)
\end{aligned}
\tag{9-80}
$$

由此可见，在某一温度下随着时间的延长，最大反应速率不断下降，导致酶催化的反应速率也下降。因此，要确保反应完全，在考虑酶失活的影响下应适当增加初始的投酶量。

9.2　非均相酶反应动力学

非均相酶反应是指底物分子和酶分子处于不同相，通过传质后才能相互接触进行酶催化反应。相比均相酶反应，非均相酶反应需要考虑传质过程对催化反应表观速率的影响。固定化酶反应是常见的非均相酶反应，也是工业生产中常用的酶催化反应。酶固定在载体表面或内部，液相中的底物分子通过扩散与酶接触后发生反应。本节主要讨论无抑制下符合米氏方程的固定化酶反应动力学。

9.2.1　外扩散对反应速率的影响

假设酶仅固定在内部无孔的载体表面，底物分子通过外扩散与酶接触后进行反应，主要过程分为三步：底物从液相主体扩散到固定化酶所在的固液界面，底物在界面进行催化反应，产物从固液界面扩散到液相主体。在液相主体和固液界面间存在一定厚度的滞留膜，在膜的两边存在反应物种的浓度差，因此存在反应物浓度梯度（图 9-7）。底物在界面的浓度较低，在液相主体浓度较高，产物反之。对上述三个过程，任何一步的速率快慢都会影响整个反应过程的表观反应速率。在稳态条件下，表观速率由最慢一步的速率控制。

稳态时，底物由液相主体扩散到载体外表面的外扩散速率可表示为：

$$R_{SD} = K_L a (c_{S0} - c_{SI}) \tag{9-81}$$

式中，K_L 为滞留膜的液膜传递系数，单位 $\mathrm{m \cdot s^{-1}}$；a 为载体的比表面积，单位 $\mathrm{m^{-1}}$；两者的乘积常作为一个参数，称为底物体积传递系数，单位 $\mathrm{s^{-1}}$。c_{S0} 和 c_{SI} 分别是底物在液相主体和载体外表面的浓度，外扩散速率 R_{SD} 的单位为 $\mathrm{mol \cdot (L \cdot s)^{-1}}$。

底物在载体外表面的反应速率为：

$$R_{SI} = \frac{r_{\max}}{K_m + c_{SI}} c_{SI} \tag{9-82}$$

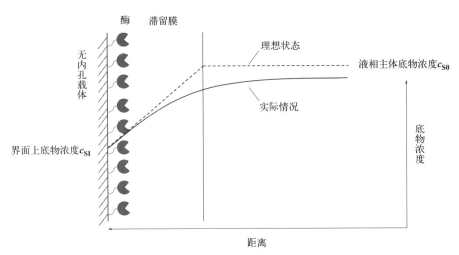

图 9-7　固定化酶颗粒附近的底物浓度分布示意图

稳态时，表观反应速率 $R_S = R_{SD} = R_{SI}$，即：

$$K_L a(c_{S0} - c_{SI}) = \frac{r_{max}}{K_m + c_{SI}} c_{SI} \tag{9-83}$$

式（9-83）为外扩散影响下反应的基本关系式。在处理上式过程中，自然引入一个无量纲的丹克莱尔模数 D_a（Damköhler modulus）：

$$D_a = \frac{r_{max}}{K_L a c_{S0}} \tag{9-84}$$

再引入无量纲浓度：

$$\bar{c}_S = \frac{c_{SI}}{c_{S0}}, \quad \bar{K} = \frac{K_m}{c_{S0}} \tag{9-85}$$

式（9-83）可表示为：

$$1 - \bar{c}_S = D_a \frac{\bar{c}_S}{\bar{K} + \bar{c}_S} \tag{9-86}$$

由上式可求得底物的无量纲浓度 $\bar{c}_S$：

$$\bar{c}_S = \frac{\alpha}{2}\left(\pm\sqrt{1 + \frac{4\bar{K}}{\alpha^2}} - 1 \right) \tag{9-87}$$

$$\alpha = D_a + \bar{K} - 1 \tag{9-88}$$

当 $\alpha > 0$ 时，括号内取正号；$\alpha < 0$ 时，括号内取负号。若得出 $\bar{c}_S$，则可求出 c_{SI}、R_{SD}、R_{SI} 及表观反应速率 R_S。

从计算过程看出，D_a 的数值影响了表观反应速率 R_S。对于一定的本征动力学参数和液相主体浓度，D_a 的物理意义为本征最大反应速率与传质速率的比值，该值的大小反映了表观反应速率受哪种过程的限制。

若 $D_a \ll 1$，表观反应速率受界面反应控制，传质速率较大，造成界面处底物浓度近似等于液相主体浓度，即 $c_{SI} = c_{S0}$，则

$$R_S = R_{SI} = \frac{r_{max}}{K_m + c_{S0}} c_{S0} \tag{9-89}$$

若 $D_a \gg 1$，表观反应速率受扩散传质控制，反应速率较大，造成界面处底物浓度 c_{SI} 近似等于 0，表观反应速率等于扩散速率，即

$$R_S = R_{SD} = K_L a c_{S0} \tag{9-90}$$

为衡量外扩散对表观反应速率的影响，设无外扩散限制时载体外表面的反应速率为 R_{S0}，则定义外扩散有效因子为：

$$\eta_E = \frac{R_{SI}}{R_{S0}} \tag{9-91}$$

当 $\eta_E = 1$，表示无外扩散影响；$\eta_E < 1$，表示外扩散影响存在；$\eta_E \ll 1$，外扩散影响严重。

丹克莱尔模数 D_a 的定义中用到的是固定化酶的本征动力学参数，实际过程本征最大反应速率 r_{max} 难以测量，对界面底物浓度的求取有一定困难。由式（9-81）及稳态时表观反应速率与外扩散速率相等 $R_S = R_{SD}$，可得：

$$\frac{c_{SI}}{c_{S0}} = 1 - \frac{R_S}{K_L a c_{S0}} \tag{9-92}$$

定义表观丹克莱尔模数 $\bar{D}_a$：

$$\bar{D}_a = \frac{R_S}{K_L a c_{S0}} \tag{9-93}$$

则

$$\bar{c}_S = \frac{c_{SI}}{c_{S0}} = 1 - \bar{D}_a \tag{9-94}$$

表观丹克莱尔模数 $\bar{D}_a$ 的物理意义是表观反应速率与最大传质速率的比值，可实验测量表观反应速率和体积传递系数后求得界面上的底物浓度，确定外扩散有效因子。

对于米氏反应：

$$\eta_E = \frac{r_{max} \dfrac{c_{SI}}{K_m + c_{SI}}}{r_{max} \dfrac{c_{S0}}{K_m + c_{S0}}} = \frac{(1 + \bar{K})\bar{c}_S}{\bar{K} + \bar{c}_S} \tag{9-95}$$

代入式（9-94），整理后得到：

$$\eta_E = \frac{(1 + \bar{K})(1 - \bar{D}_a)}{\bar{K} + 1 - \bar{D}_a} \tag{9-96}$$

根据上式，可判断一级反应和零级反应的外扩散有效因子。

对于一级反应，$\bar{K} \gg 1$，则 $\eta_{E1} = 1 - \bar{D}_a$；对于零级反应，$\bar{K} \ll 1$，则 $\eta_{E0} = 1$。

9.2.2 内扩散对反应速率的影响

酶的固定化载体如果是多孔微球等内部有不同的孔隙，酶固定在载体内部，酶催化反应主要发生在载体内部。此时，底物分子通过内部扩散与酶接触，同时发生反应后剩余底物继续向内部扩散。因此，内扩散和酶催化反应同时进行，可将其视为扩散-偶联的过程，动力学方程应在考察颗粒内底物浓度分布后建立。

以多孔微球为例，假设颗粒内部活性酶分布均匀，颗粒是等温的且内部压力梯度可以忽略。微孔内分子扩散是主要传质模式，可用 Fick 定律描述。底物和产物的分配系数为1，且浓度仅随径向尺寸 r 变化，扩散系数为常数。以上假设对于常温反应的大多数酶催化反应来说一般是成立的。

根据 Fick 定律，对于底物 S 有：

$$N_S = -D_e \frac{dc_S}{dz} \tag{9-97}$$

式中，N_S 为底物单位时间内通过单位微球截面积的扩散量，D_e 为有效扩散系数，单位为 $m^2 \cdot s^{-1}$，z 为扩散方向上的长度，如对球形颗粒，z 为球体的径向距离（表面距离球心的距离）。D_e 与自由空间分子扩散系数 D 的关系为：

$$D_e = D \frac{\varepsilon_P}{\tau_P} H \tag{9-98}$$

式中 ε_P 为颗粒的孔隙率，取值 $0 \sim 1$；τ_P 为曲节因子，即分子经过微孔内的实际距离与最短距离之比，取值为 $1.4 \sim 7$ 之间；H 为位阻因子，表示孔壁对扩散的影响，为 $0 \sim 1$。综合考虑，由于内部微孔的影响，$D_e < D$，取值为 $0.2 \sim 0.8$ 倍的 D 值。

由于底物分子在颗粒内部扩散和反应同时进行，底物沿球形的径向向心降低，存在底物浓度分布，计算颗粒内部的总反应速率应对各个薄层球壳微元的反应速率进行积分。在稳态条件下，对厚度为 dz 的薄层球壳内底物进出量的衡算，应有：

进入微元的底物量 − 离开微元的底物量 = 微元中反应消耗的底物量

即

$$N_S 4\pi(z+dz)^2 - N_S 4\pi z^2 = r\frac{4}{3}\pi[(z+dz)^3 - z^3] \tag{9-99}$$

代入式（9-97）整理后可得：

$$D_e\left(\frac{d^2 c_S}{dz^2} + \frac{2}{z}\frac{dc_S}{dz}\right) = r \tag{9-100}$$

边界条件为：

$$z = R, \ c_S = c_{SI}; \ z = 0, \ \frac{dc_S}{dz} = 0 \tag{9-101}$$

式（9-100）为多孔微球内部反应 - 扩散的基本公式。若要求解该式，需代入不同级数的反应速率方程 r，因此，下面根据反应动力学的不同分别进行讨论。

9.2.2.1　一级反应动力学的内扩散过程

对多孔微球，若反应符合一级动力学：

$$r = \frac{r_{max}}{K_m} c_S = k_{v1} c_S \tag{9-102}$$

式中，k_{v1} 为一级反应速率常数。

若忽略外扩散影响，即 $c_{SI} = c_{S0}$，定义无量纲浓度和距离：

$$\bar{c}_S = \frac{c_S}{c_{S0}}, \ \bar{r} = \frac{z}{R} \tag{9-103}$$

代入式（9-102），则式（9-100）变为

$$\frac{d^2\bar{c}_S}{d\bar{r}^2} + \frac{2}{\bar{r}} \times \frac{d\bar{c}_S}{d\bar{r}} = 9\phi_1^2 \bar{c}_S \tag{9-104}$$

式中，ϕ_1 为一级反应的梯勒模数 ϕ（Thiele modulus），定义为：

$$\phi_1 = \frac{R}{3}\sqrt{\frac{k_{v1}}{D_e}} \tag{9-105}$$

式（9-104）可求出解析解：

$$c_S = c_{S0}\frac{R}{z} \times \frac{\sinh\left(3\phi_1\frac{z}{R}\right)}{\sinh(3\phi_1)} \tag{9-106}$$

定义有效因子为：

η_E= 颗粒的实际表观反应速率 / 颗粒内部无浓度梯度的反应速率

不考虑外扩散影响，即 $R_{SI}=R_{S0}$，有

$$\eta_1 = \frac{4\pi R^2 N_S}{\frac{4}{3}\pi R^3 k_{v1} c_{S0}} = \frac{3}{R} \times \frac{D_e \left(\dfrac{dc_S}{dz}\right)_{z=R}}{k_{v1} c_{S0}} \tag{9-107}$$

则

$$\eta_1 = \frac{1}{\phi_1}\left[\frac{1}{\tanh(3\phi_1)} - \frac{1}{3\phi_1}\right] \tag{9-108}$$

9.2.2.2　零级反应动力学的内扩散过程

对于符合米氏方程的酶催化反应，当底物浓度 $c_S \gg K_m$ 时，反应为零级反应，此时，反应速率方程为：

$$r = r_{max} = k_{v0} \tag{9-109}$$

代入式（9-100）得到

$$D_e\left(\frac{d^2 c_S}{dz^2} + \frac{2}{z} \times \frac{dc_S}{dz}\right) = k_{v0} \tag{9-110}$$

边界条件为：

$$r = 0, \quad \frac{dc_S}{dr} = 0$$

$$r = R, \quad c_S = c_{S0}$$

式（9-110）有解析解：

$$c_S = c_{S0} + \frac{k_{v0}}{6D_e}(r^2 - R^2) \tag{9-111}$$

上式表明，当 $r=R$ 时，底物浓度 $c_S=c_{S0}$（不考虑外扩散下）；当 $r=0$ 时，即在球心处，底物浓度有：

$$c_S = c_{S0} - \frac{k_{v0}}{6D_e}R^2 \tag{9-112}$$

底物浓度最小值为 0，可见式（9-112）对微球半径 R 有限制，设在球心处底物浓度恰为 0 时对应的微球半径为其临界半径 R_C，则：

$$R_C = \sqrt{\frac{6D_e c_{S0}}{k_{v0}}} \tag{9-113}$$

若微球半径 $R > R_C$，则其球心到半径 R_C 之间底物浓度都为 0，即不存在任何底物，也无反应发生，催化剂载体未充分利用。因此，对于零级反应，R_C 也是颗粒的最大半径 R_{max}。

定义零级反应的梯勒模数 ϕ_0：

$$\phi_0 = \frac{R}{3}\sqrt{\frac{k_{v0}}{2c_{S0}D_e}} \tag{9-114}$$

根据有效因子定义，对于微球半径 $R \leqslant R_C$ 的固定化酶反应，颗粒内部均有底物且底物浓度不影响反应速率，则都存在：

$$\eta_0 = \frac{\frac{4}{3}\pi R^3 k_{v0}}{\frac{4}{3}\pi R^3 k_{v0}} = 1 \tag{9-115}$$

对于 $R \geq R_C$ 的多孔微球，存在 $0 < r < R_C$ 的没有底物区域，则：

$$\eta_0 = \frac{\frac{4}{3}\pi(R-R_C)^3 k_{v0}}{\frac{4}{3}\pi R^3 k_{v0}} = 1 - \left(\frac{R_C}{R}\right)^3 \tag{9-116}$$

由式（9-111）及 R_C 定义可知，当 $r=R_C$ 时，有：

$$\frac{R_C}{R} = \sqrt{1 - \frac{6D_e c_{S0}}{k_{v0}R^2}} \tag{9-117}$$

代入式（9-116）得：

$$\eta_0 = 1 - \left(1 - \frac{6D_e c_{S0}}{k_{v0}R^2}\right)^{\frac{3}{2}} \tag{9-118}$$

因此，已知动力学参数、有效扩散系数和微球半径后可由上式求得零级反应的有效因子。由式（9-114）和（9-118）也可得到有效因子 η_0 和 ϕ_0 的关系：

当 $0 < \phi_0 \leq \frac{\sqrt{3}}{3}$ 时，$\eta_0 = 1$。

当 $\phi_0 > \frac{\sqrt{3}}{3}$ 时，
$$\eta_0 = 1 - \left[\frac{1}{2} + \cos\left(\frac{\varphi + 4\pi}{3}\right)\right]^3$$
$$\varphi = \cos^{-1}\left(\frac{2}{3\phi_0^2} - 1\right)$$

9.2.2.3 米氏反应动力学的内扩散过程

将米氏方程代入式（9-100），整理后得：

$$\frac{d^2\bar{c}_S}{d\bar{r}^2} + \frac{2}{r} \times \frac{d\bar{c}_S}{d\bar{r}} = 9\phi_m \frac{\bar{c}_S}{1 + \beta\bar{c}_S} \tag{9-119}$$

式中，$\bar{c}_S = \dfrac{c_S}{c_{S0}}$，$\bar{r} = \dfrac{r}{R}$，$\beta = \dfrac{c_{S0}}{K_m}$

ϕ_m 为符合米氏方程的梯勒模数，定义为：

$$\phi_m = \frac{R}{3}\sqrt{\frac{r_{max}}{D_e K_m}} \tag{9-120}$$

式（9-119）没有解析解，对其只能用数值分析等方法近似求解。

米氏反应的内扩散有效因子为：

$$\eta_m = \frac{4\pi R^2 N_S(z=R)}{\frac{4}{3}\pi R^3 r} = \frac{3}{R} \times \frac{D_e\left(\dfrac{dc_S}{dz}\right)_{z=R}}{\dfrac{r_{max}c_{S0}}{K_m + c_{S0}}} = \frac{\left(\dfrac{d\bar{c}_S}{d\bar{r}}\right)_{\bar{r}=1}}{3\phi_m^2 \dfrac{1}{1+\beta}} \tag{9-121}$$

同样，有效因子 η_m 难以求得解析解。从 η_m 与 ϕ_m 的关系式可看出，ϕ_m 增大时，由于内扩散速率减小，有效因子 η_m 减小；当增大液相中的底物浓度时，可克服内扩散效应限制，增大有效因子。数值计算发现，η_m 介于 η_0 和 η_1 之间，Kobayashi 提出可用以下公式近似求解多孔微球的 η_m：

$$\eta_{m} = \frac{\eta_{1} + \beta\eta_{0}}{1 + \beta} \tag{9-122}$$

　　从以上三种类型的动力学讨论中可看出，梯勒模数 ϕ 无论取何种形式，物理意义是一致的，它表示本征反应速率相对于内扩散传质速率的相对大小。ϕ 值越大，内扩散阻力越大，有效因子越小；ϕ 值越小，传质阻力小，有效因子越大。梯勒模数 ϕ 的数值与颗粒粒度、有效扩散系数、酶的动力学参数及反应温度有关。实际应用主要考虑酶的最大反应速率和颗粒直径，其他参数可做简化处理。

多酶级联反应
动力学

（白云鹏）

✏ 思考题

（1）简述米氏方程中最大反应速率和米氏常数的物理意义，以及这两个动力学参数的测量方法。

（2）酶催化水解葡萄糖 -6- 磷酸为葡萄糖和磷酸。假定这个酶反应符合米氏方程，$K_{m}=6.7 \times 10^{-4} \mathrm{mol \cdot L^{-1}}$，$r_{max}=3 \times 10^{-7} \mathrm{mol \cdot (L \cdot min)^{-1}}$。对该反应，半乳糖 -6- 磷酸是竞争性抑制剂，当 $c_{S0}=2 \times 10^{-5} \mathrm{mol \cdot L^{-1}}$，$c_{I}=1 \times 10^{-5} \mathrm{mol \cdot L^{-1}}$，测得反应速率 $r=1.5 \times 10^{-9} \mathrm{mol \cdot (L \cdot min)^{-1}}$。试求 K_{m}^{*} 和 K_{I} 值。

（3）由固定化酶催化乳糖氧化生成乳糖酸，将溶解氧作为底物计算反应速率，本征反应为对底物的一级反应。判断内扩散的影响程度，并求内扩散有效因子和表观反应速率。已知本征动力学参数 $r=k_{v1}c_{OL}$，$k_{v1}=0.108 \mathrm{s^{-1}}$，有效扩散系数 $De =1.87 \times 10^{-10} \mathrm{m^{2} \cdot s^{-1}}$，液膜传递系数 $K_{L}=10^{-5} \mathrm{m \cdot s^{-1}}$，颗粒半径 $R=1.5 \mathrm{mm}$，液相主体的溶解氧浓度 $c_{OL}=0.13 \mathrm{mmol \cdot L^{-1}}$。

第 9 章
参考文献

第10章　生物催化剂的介质系统

○○ —— ○○ ○ ○○ ——————

10.1　介质系统简介

　　生物催化剂在温和反应条件下不仅具有优异的选择性，而且具有高催化活性，因此其在合成化学中的应用潜力毋庸置疑。水溶液是最常用的生物催化剂介质。在20世纪80年代以前，化学家和生物化学家们普遍认为酶仅在水溶液中具有催化活性，而在有机溶剂等非水介质中没有活性，这种固有但错误的观念是基于酶来源于主要由水构成的生物活体这一既定事实[1]。尽管在药物、手性中间体、特种聚合物等合成中迫切需要高选择性的催化剂，但当时合成化学家对高选择性的酶仍毫无兴趣，因为绝大部分有机化合物难溶于水，而易溶于有机溶剂。Klibanov博士发现在有机溶剂中酶不仅具有活性，而且表现出完全不同于在水溶液中的酶学性质，如超高热稳定性、不同的底物特异性、分子记忆性等[2-4]；由此开创了一个崭新研究方向——非水相生物催化（nonaqueous biocatalysis），同时开发了一个新的反应工程策略——介质工程（medium engineering）。所谓介质工程是基于酶在不同介质中迥异的催化性能，通过改变反应介质实现酶催化功能精确调控的一种工程技术。而后，大量研究表明酶在其他非水介质中也具有催化活性[5,6]。在本章节中，所提到的"非水介质"是指除了纯水溶液体系外的其他介质体系。生物催化的主要介质体系有：（1）水溶液；（2）水-水互溶有机溶剂单相体系；（3）水/水不互溶有机溶剂双相体系；（4）反胶束体系（reverse micelles）；（5）微水有机溶剂（microaqueous organic solvents），也被称为无水有机溶剂（anhydrous organic solvents）；（6）无溶剂体系；（7）超临界流体（supercritical fluids）；（8）气相体系；（9）离子液体（ionic liquids，ILs）；（10）深度共熔溶剂（deep eutectic solvents，DESs）。

　　事实上，非水介质中的生物催化研究最早可以追溯到20世纪初[1,5]。1906年，Pottevin发现粗胰脂肪酶能够在含有大量有机溶剂的水溶液中催化油酸和甲醇进行酯化反应，合成油酸甲酯。1913年，Bourquelot和Bridel报道了在高浓度甲醇或乙醇水溶液中酶促糖苷合成。1933及1936年，Sym证明了猪胰脂肪酶能在丙酮、苯及四氯化碳中催化丁酸丙酯等非手性酯的合成，并且发现水对酯合成有显著影响[7]。随后，酶反应介质被拓展至水/水不互溶有机溶剂双相体系：在搅拌作用下，酶溶液被水不互溶有机溶剂乳化；溶于有机溶剂的底物扩散至水相进行酶催化转化，形成的产物再扩散回有机相。为了增强传质，可以降低水相体系中水滴的大小；在双相体系中加入表面活性剂可以稳定形成的微乳，从而形成稳定的逆向胶团。随后，几乎无水的溶剂被用作酶的反应介质，在这些溶剂中仅含有微量的水，并且水含量通常低于水在这些溶剂中的溶解极限。20世纪80年代，微水有机溶剂被用于酶催化，并被广泛应用于对映体纯手性化合物的合成[1]。2000年后，离子液体及DESs等新型"可设计"离子型溶剂先后被用于生物催化[8-11]。

　　关于非水相生物催化的起源，Halling博士与Klibanov博士之间曾进行过一次有趣的讨论[7,12]。当前，人们普遍认为是Klibanov博士的一系列开拓性研究开创了非水相生物催化方向。如上所述，在20世纪30年代，Sym就已证明脂肪酶在有机溶剂中能催化酯合成。因此，Halling提出一个问题：有机溶剂中的生物催化研究为何在当时没有受到关注，而是直到80年代才开始兴起？针对该问题，Halling从酶学发展的历史背景、Sym个人职业背景以及有机溶剂中的生物催化工业应用等角度进行了分析和解答[7]。同时，Halling指出Sym对开创非水相生物催化领域的贡献应该值得更多的关注。Klibanov针对该问题给出了不同的答案[12]。Klibanov指出Sym仅仅研究了有机溶剂中的脂肪酶催化，在概念上并没有拓展至整个生物催化（即没有涉及其他类型酶）。相对而言，Zaks及Klibanov在80年代的非水相酶催化研究不仅涉及脂肪酶，而且也证实其他水解酶在有机溶剂中具有催化活性，而且在机制上给出了合理的解释。另外一个重要的原因是 20 世纪 30 年代非水相生物催化缺乏潜在的应用，而应用需求对于任何新技术的发展至关重要。1980 年至 2000 年，制药工业对手性合成子的巨大需求极大地推动了生物催化尤其是非水相生物催化的发展，而在 20 世纪 30 年代则无此需求。

10.2   水相及非水相生物催化的优缺点

无论是从经济还是从环境的角度，水是一种颇具吸引力的溶剂，因为水具有廉价、易得、无毒、不易燃等优点；并且水具有高比热容，因此更易控制放热反应。水溶液是一类生物催化常用的介质，广泛用于氨基酸、核酸和碳水化合物等极性化合物的合成（或发酵生产）。然而大部分有机化合物在水中溶解度极低或不稳定，因此有机溶剂等非水介质的引入极大地拓展了生物催化的应用范畴。

微水有机溶剂等作为生物催化反应介质的优点包括[6,13]：（1）提高了非极性底物的溶解度；（2）有利于推动反应平衡向合成方向进行（如酯化反应）；（3）抑制由水引发的副反应（如酸酐、酰氯等的水解）；（4）易于调控生物催化反应的底物、化学、区域及对映体选择性；（5）极大地提高了生物催化剂的热稳定性；（6）酶易于回收，因为酶在微水溶剂中不溶；（7）产物易从低沸点的有机溶剂中分离；（8）避免微生物污染；（9）使生物催化剂具有直接用于一个化学合成工艺的潜力。尽管非水相酶催化优点众多，但其最大的缺点在于酶在微水有机溶剂中的活性远低于其在水溶液中的活性。

10.3   酶在微水有机溶剂中失活的原因

非水相酶催化的一个不足之处在于酶在微水有机溶剂中的活性通常远远低于其在水中的活性。例如，枯草杆菌蛋白酶在微水辛烷和乙腈中的活性比其在水中的活性低 $10^4 \sim 10^6$ 倍；但有一点必须说明的是，在上述两类溶剂中酶活性的表征方法是不同的，前者是基于转酯化反应，而后者是基于水解反应[14]。此外，有两点值得一提：（1）尽管在微水有机溶剂中酶的活力远低于其在水溶液中的活力，但酶在有机溶剂中仍是较优良的催化剂。例如，α- 胰凝乳蛋白酶和枯草杆菌蛋白酶在微水辛烷中催化 *N*- 乙酰基 -*L*- 苯丙氨酸乙酯与 1- 丙醇间的转酯化反应效率（k_{cat}/K_m）是非酶催化反应的 10^{11} 倍[15]。（2）在有机溶剂中添加少量的水可以显著提高酶的催化活性。例如，多酚氧化酶在含 3% 水的 1- 辛醇中的活性约是其在水中活性的 1/3；类似地，酵母醇脱氢酶在含 0.5% 水的异丙醚中的酶活性约是其在水中的 1/4[16]。针对酶在微水有机溶剂中低活性的问题，Klibanov 从以下几个方面对其可能原因进行了分析[17]。

10.3.1   传质和接触的因素

酶能溶于水中，但几乎在所有的有机溶剂中都不溶，故酶在有机溶剂中通常都处于悬浮状态。所以，很容易想当然地认为酶在有机溶剂中的活性低是由于底物传质限制。这种现象通常出现在非均相催化中，如固定化酶催化的反应。理论上，这种传质限制的确会降低有机溶剂中的酶活。Klibanov 等以枯草杆菌蛋白酶为研究对象来验证这种猜想。如果在有机溶剂中枯草杆菌蛋白酶催化的反应受传质的限制，那在这种有机溶剂与水中酶活性应呈非线性相关并且最后趋于稳定；相反，如果不存在传质限制，则呈线性相关。事实上，研究结果表明，该酶在所研究的三种溶剂（十二烷、四氯化碳和乙腈）中的酶活性均与其在水中酶活性呈现出线性相关的结果。因此，有机溶剂中酶活性比水中的低 5000 ～ 100000 倍并不是传质限制导致的。

　　在排除传质限制的影响后，也存在这样一种可能性，而导致酶活性的降低：在冻干酶颗粒和交联酶晶体中，某些酶活中心由于受到邻位酶分子的屏障，而难以与底物分子结合。这能有效地阻止酶分子参与催化，而降低表观酶活性。这可以通过苯甲基磺酰氟滴定有机溶剂中的枯草杆菌蛋白酶和 α- 胰凝乳蛋白酶中的催化活性中心实验来验证。结果表明在辛烷中酶粉的有效活性中心数量是水中的 1/3 到 2/3，而有机溶剂中交联枯草杆菌蛋白酶晶体的有效活性中心数量则相对更高。所以，立体位阻可能仅是酶在有机溶剂中低活性的一个次要原因。

10.3.2　酶结构的变化

　　导致有机溶剂中酶失活的另一个可能原因是酶结构的变化。众所周知，在水 - 有机溶剂均相体系中蛋白质易变性，故可以猜测在纯有机溶剂中蛋白质也许更易变性。对于悬浮在微水溶剂中的交联酶晶体，可以通过 X- 射线晶体学方法来验证。Klibanov 等测定了微水乙腈中交联枯草杆菌蛋白酶的晶体结构；结果表明，该酶晶体在水和微水乙腈中的结构完全相同。交联枯草杆菌蛋白酶晶体在 1,4- 二氧杂环乙烷和水中的结构也相同。同样，非交联胰凝乳蛋白酶在正己烷中的 X- 射线晶体结构也与水中的高度相似。

　　尽管 X- 射线晶体学方法不能用于测定悬浮在有机溶剂中的冻干酶结构，但可以通过其他生物物理学方法，如傅立叶转换红外光谱（FTIR）来获取结构信息。Klibanov 等利用这种方法证实了各种有机溶剂如辛烷、乙腈、1,4- 二氧杂环乙烷等对悬浮在其中的冻干酶二级结构几乎没有影响（通过 α- 螺旋的量来表征）。因此，与水溶液中的酶相比，有机溶剂中酶的结构未发生显著变化。但是，冻干过程会导致枯草杆菌蛋白酶和其他蛋白质的变性；这可通过加入冻干保护剂来减小、甚至消除这种不利的影响。

10.3.3　底物的解溶剂化能量学和临界态的稳定性

　　酶与底物之间的键合能是酶催化的主要驱动力。为了使键合发生，底物分子首先必须从反应介质中进行解溶剂化，进而进入酶活性中心。能量上越有利于解溶剂化，纯键合能（导致催化反应发生的能量）就越大。枯草杆菌蛋白酶、α- 胰凝乳蛋白酶和其他酶均有一个疏水性的活性中心；它们能更好地催化非极性底物转化，这是由于巨大能量驱动非极性底物由水中转移到酶活性中心。当水被有机溶剂代替时，由于疏水效应和分配能量优势的降低，或者用热力学语言来描述那就是非极性底物在有机溶剂中的基态相对水中要稳定，故底物难以进行解溶剂化，从而降低酶的反应速度。

　　Klibanov 等以交联枯草杆菌蛋白酶晶体为研究对象，证实了酶活性的高低取决于底物解溶剂化的难易。以 N- 乙酰基 -L- 苯丙氨酸乙酯为底物，由于底物解溶剂化作用的影响，微水乙腈中的 k_{cat}/K_m 比水中的要低 100 倍。

　　另外一个影响活化能的参数是酶反应过渡态的能量。对于枯草杆菌蛋白酶和许多水解酶来说，其反应过渡态是一个高极性的带电四面体中间体。如果过渡态被酶活性中心完全包裹，那溶剂的变化对过渡态的能量没有影响。但事实上，这种完全包裹是不可能的，如枯草杆菌蛋白酶与 N- 乙酰基 -L- 苯丙氨酸乙酯形成的四面体过渡态至少有 1/3 暴露在溶剂中。由于四面体中间体在水中比在弱极性的溶剂中更稳定，故在后者中的酶活性更低。同时，在部分暴露的过渡态中，酶 - 底物相互作用也受溶剂的影响。

10.3.4　构象的柔性

　　蛋白质与水的相互作用对酶保持和发挥其生物功能，尤其是催化活性至关重要。水作为一种润滑剂或塑化剂使酶保持其构象的柔性（conformational flexibility）。相反，有机溶剂通常不能与酶形成氢键；同时，由于有机溶剂的低介电常数导致酶分子内部强的静电相互作用，从而增大酶蛋白质的构象刚性（conformational rigidity）。Koshland 提出的酶催化中的"诱导契合"学说众所周知。正是由于这种刚性，酶分子构象在底物的诱导下很难发生相应的变化，导致其在微水溶剂中的活性远低于水中的活性。在微水乙腈中，交联枯草杆菌蛋白酶晶体由于构象柔性的下降，酶活性比水中低几个数量级。事实上，酶在微水有机溶剂中仍具有一定的催化活性，这是由于酶分子表面紧紧地结合了一些必需水。

通常，酶活性和有机溶剂疏水性之间存在一种关系——溶剂疏水性越高，酶活性越高。这是因为亲水性有机溶剂剥夺酶分子表面必需水的能力比疏水性溶剂强。在微水有机溶剂中添加一些水或者提高反应体系的水活度（water activity，a_w）可以极大地提高酶活性。一定程度上，一些能形成多氢键的模拟水的有机溶剂（water-mimicking organic solvents），如甘油、乙二醇，可以代替水用于提高酶的活性。

10.3.5　pH 环境

在水溶液中，酶在最适 pH 下活性最高。而在有机溶剂中，pH 不再具有常规的意义。研究发现，酶在有机溶剂中具有 pH 记忆（pH memory），也就是说，酶在有机溶剂中的 pH 由酶最后暴露在水相中的 pH 决定，故可以在酶粉冻干前调节酶溶液的 pH，使冻干后的酶粉处于最适的离子化状态。另一种替代方法是利用有机相缓冲液（organic phase buffers），如能溶于有机溶剂的酸及其共轭碱的混合物来调节有机溶剂体系的 pH。这种方法极大地提高了有机溶剂中冻干酶和交联酶晶体的酶活。

10.4　微水有机溶剂中的酶学性质

尽管在此，我们仅讨论了在微水有机溶剂体系中的酶学性质及其机制，但在其他非水溶剂如离子液体、DESs 及超临界流体等中，酶也具有类似的酶学性质[11,18,19]。

10.4.1　酶的活性

10.4.1.1　水的影响

众所周知，酶分子与周围水分子间的相互作用对酶催化至关重要。水可以通过以下方式影响酶反应：（1）通过氢键影响酶结构；（2）通过影响传质；（3）通过影响反应平衡。酶在绝对无水的条件下没有任何活性，因为水是酶维持其构象流动性（构象柔性）所必需的。即使在无水有机溶剂中，冻干后的酶粉或固定化酶仍含有一定量的结合水，因此这些酶制剂在无水溶剂中仍表现出一定的催化活性。Zaks 及 Klibanov 研究了水对有机溶剂中三种模型酶（酵母醇氧化酶、蘑菇多酚氧化酶及马肝醇脱氢酶）活性的影响[16]。结果表明，在所测试的有机溶剂中，这三种酶的活性均随溶剂中水含量的增加（水含量仍低于水在其中的溶解度）而增加。并且在疏水性溶剂中到达最大酶活性所需的水含量远低于亲水性溶剂中的。在最适水含量下，有机溶剂中的酶活性约为水中的 20% 到 40%。对于这三种酶来说，大约每个酶分子表面含 1000 个水分子，即可达到最大酶活，这些水分子几乎可以在酶分子表面形成单层水化层。

酶反应体系中的水可以分为游离水和结合水。游离水是指溶解在体相中作为溶剂的水，而结合水是紧密结合在酶分子表面的水，与酶催化活性息息相关。通常，在微水有机溶剂中酶反应的最适水含量范围较窄。并且，水含量并不能确切地反映与酶分子结合的水分子的数量。通常，反应体系中大部分水是游离水或与其他组分上如载体结合的水。因此，为了更精确地控制有机溶剂中的酶活性和定量最适酶活性所需的水分子数，Halling 引入了一个热力学参数——水活度[20]。水活度，即相对湿度，被定义为在一定温度和压力下，反应体系中的蒸气压与纯水的蒸气压之比。水活度一定程度上反映了酶的水合程度，即多少个水分子键合到酶分子上（图 10-1）。水可以通过挥发在一个密封体系中的各相（气 / 液 / 固）进行平衡，最终导致各相的水活度均相同。同样地，微水有机溶剂中的酶分子也能通过类似的方式进行平衡，故吸附在酶分子上的水量即可以反映体系的水活度。到目前为止，已开发出多种固定或调控微水有机溶剂反应体系水活度的方法[20]。其中，饱和盐溶液预平衡法是最常用的方法，即在密封容器中，将反应体系中的各相包括无水有机溶剂及生物催化剂分别与已知相对湿度的饱和盐溶液进行预平衡 48h，然后再将各相混合即可获得特定水活度的反应体系；水活度可以通过不同的饱和盐溶液来控制[21,22]。

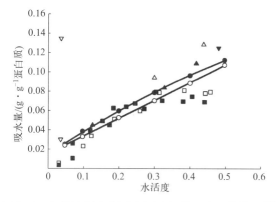

图 10-1　有机溶剂中水活度与蛋白质吸水量的关系[23]
空气（圆形）、乙醇（正方形）、苯（直立三角形）及乙酸乙酯（倒三角形）中 β- 乳球蛋白（空心符号）及牛血清白蛋白（实心符号）的吸水量

图 10-2 展示了水活度对有机溶剂中酶活性的影响。部分脂肪酶如 *Rhizomucor miehei* 及 *Rubus niveus* 脂肪酶在水活度低于 0.5 的条件下仍保持较高的催化活性，这表明这些脂肪酶达到最大酶活性所需的水分子数相对较少（图 10-2A）。而其他酶如糖苷酶、脱氢酶在有机溶剂中保持其最佳催化活性对水的依赖性相对更强，在低水活性下（如 < 0.5），其相对活性低于 < 10%；当水活度接近 1 时，达到最大催化活性（图 10-2B）。

诸多研究表明，酶蛋白的水合与其构象柔性、催化活性存在直接关系。例如，Burke 等利用氘代固体核磁共振（NMR）技术研究了有机溶剂中的 α- 裂解蛋白酶，发现水合可以提高酶的构象柔性[24]。随后，有人基于电子顺磁共振和时间分辨荧光各向异性技术证实了在低水活性环境下，酶蛋白的水合与其构象柔性、催化活性存在直接关系[25,26]。Partridge 等通过质子固体 NMR 研究发现酶构象柔性及活性与水活度相关[27]。

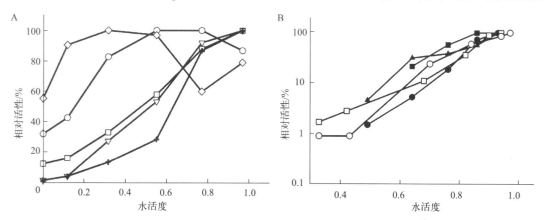

图 10-2　水活度对脂肪酶（A）及其他酶（B）活性的影响[23]
A. *Rhizomucor miehei*（○）、*Rhizopus niveus*（◇）、*Humicola lanuginose*（□）、*Candida rugosa*（▽），及 *Pseudomonas cepacia*（+）脂肪酶活性；B. *Sulfolobus solfataricus* β- 半乳糖苷酶（●）、*Caldocellum saccharolyticum* β- 葡萄糖苷酶（■）及杏仁 β- 葡萄糖苷酶（▲）在正己醇中的活性；马肝醇脱氢酶（○）及 α- 胰凝乳蛋白酶（□）在异丙醚中的活性

10.4.1.2 有机溶剂亲水性的影响

有机溶剂是影响酶活性的另一个重要因素。如上所述，在有机溶剂中的酶结构与水溶液中的相比没有发生显著变化。有机溶剂对酶活性的影响是通过一种间接方式，即影响酶分子表面的结合水。通常，有机溶剂亲水性越强越易剥夺酶表面的结合水，导致酶活性越低。分配系数（partition coefficient，log P，即化合物在正辛醇 / 水双相中分配系数的对数值）是表征有机溶剂亲水性一个常用参数。研究发现，有机溶剂的 log P 值与酶活性之间展现出良好的相关性（图 10-3）[28]。如图 10-3 所示，酵母和毛霉脂肪酶的转酯化活性与有机溶剂的 log P 值间呈现出典型的 S 型曲线。类似地，20β- 羟基类固醇脱氢酶和黄嘌呤氧化酶在有机溶剂中的活性与溶剂的 log P 值也存在类似的相关性[28]。胰脂肪酶是一个例外，其原因可能是该酶与必需水的结合更牢固，因此相对亲水的溶剂（log P 值较低）也不能破坏酶分子表面必需的水化层。Lanne 等列出了 107 种有机溶剂的 log P 值，并根据 log P 值将溶剂分为三组[28]：第一组为 log P 值＜ 2 的溶剂，这些溶剂在水中的溶解度质量分数＞ 0.4，不适于作为生物催化的介质，因为这类溶剂易破坏酶表面必需的水化层，从而使酶失活或变性；第二组为 2 ＜ log P 值＜ 4 的溶剂，这些溶剂在水中的溶解度质量分数介于 0.04 ～ 0.4 之间，会在一定程度上影响酶活，但影响程度不可预测；第三组则为 log P 值＞ 4 的溶剂，这类溶剂通常是疏水性溶剂，在水中的溶解度质量分数低于 0.04，与水的相互作用弱，不易破坏酶表面的水化层，故是酶的友好介质。

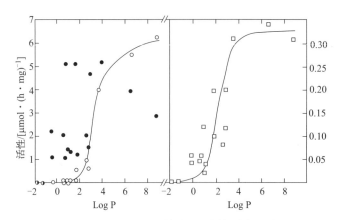

图 10-3 脂肪酶催化三丁酸甘油酯与庚醇转酯化活性与有机溶剂 log P 值的相关性[28]
胰脂肪酶（●）；酵母脂肪酶（○）；毛霉脂肪酶（□）

10.4.1.3 在微水有机溶剂中的新酶反应

酶具有催化各种化学反应的能力。例如，在水溶液中，脂肪酶、酯酶和蛋白酶可以催化酯水解成相应的酸和醇。尽管这些酶也具有催化酯化、转酯化、氨解和硫代转酯化等反应的能力，但是在水相中，由于受一些不利因素如不利的热力学平衡、副反应的发生及底物不溶等的影响导致这些反应无法发生。当反应介质由水相转为微水有机溶剂时，情况则完全不同。由于微水有机溶剂中仅有微量的水存在，故极大地抑制了酯水解等反应的发生。并且，底物在有机溶剂中的溶解度得到了提升。同时，在微水有机溶剂中，酶催化羧酸与醇的酯化反应（逆水解反应）在热力学上变得有利。当微水有机溶剂中存在一些亲核试剂，如醇、胺及硫醇时，酶能显著促进转酯化、氨解和硫代转酯化反应的进行[29]。例如，在微水叔丁醇及 2- 甲基四氢呋喃（MeTHF）组成的混合有机溶剂中，脂肪酶可以高效催化 L- 抗坏血酸进行区域选择性酰化反应，合成 L- 抗坏血酸脂肪酸酯衍生物[30]。

另一个典型的例子是酪氨酸酶催化酚氧化[31]。在水中，由于产物邻醌的快速聚合和酶失活导致目标产物产率极低。相反，在三氯甲烷中，产物邻醌和酶都非常稳定，因此可以便捷地获得目标产物邻醌或邻醌衍生的儿茶酚。

10.4.2　酶的稳定性

酶分子热失活的方式有两种[29]：第一种是酶分子暴露在高温下，随着时间的推移逐渐发生不可逆失活；第二种是热诱导的酶分子协同解链，这个过程通常是瞬时、可逆的。不管是何种方式，水都是重要的参与者。水可以通过增强酶蛋白的构象柔性或者参与一些重要水解反应，例如天冬酰胺或谷氨酰胺脱氨或肽键水解使酶发生热失活。

大量研究表明，许多酶在微水有机溶剂中的热稳定性远高于其在水相中。例如，在微水溶剂中，猪胰脂肪酶、核酶及 α-胰凝乳蛋白酶在 100℃ 下的半衰期长达几个小时，而在水相中相同温度下几秒钟内就完全失活[29]。并且，酶在有机溶剂中的半衰期随着水含量的增加而降低（图 10-4）[32]。类似地，在微水壬烷中的牛胰核酶的解链温度达 124℃，而在水中对应的温度仅为 61℃。酶在微水有机溶剂中超高的热稳定性主要归因于其在几乎无水状态下的构象刚性；并且在微水条件下，不易发生上述水解反应。

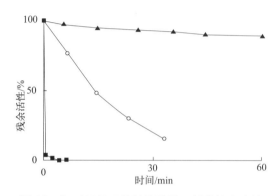

图 10-4　100℃下猪胰脂肪酶干粉的热稳定性

在水或 0.1mol·L⁻¹ 磷酸盐缓冲液（■），在含 2mol·L⁻¹ 庚醇且含 0.8%（○）或 0.015%（▲）水的三丁酸甘油酯中

此外，酶在微水有机溶剂对蛋白酶的酶解的抗性远高于在水相中。这是因为两种酶在有机溶剂中均不溶，故两者难以相互作用。

10.4.3　酶的选择性

与化学小分子相比，酶作为催化剂最突出的一个优点是其优异的选择性。通常，选择性被认为是一个酶分子固有的特性；想改变一个酶分子的选择性，必须通过某种方式如定点突变改变酶分子的结构。当酶反应发生在水中时，该观点是正确的；但是当酶反应转移至有机溶剂中后，情况则不同了。大量研究表明，许多酶的选择性，包括底物、对映体、区域及化学选择性，会伴随着介质的变化而变化[29,32]。

底物选择性是指酶区分结构相似但又不同底物的能力。通常，酶的底物选择性是基于底物在某些理化性质，如疏水性的差异。例如，对于某些蛋白酶，如 α-胰凝乳蛋白酶和枯草杆菌蛋白酶，酶分子与底物键合的主要驱动力是氨基酸底物侧链与酶活性中心的疏水性相互作用。因此，疏水性底物通常比亲水性底物反应快，因为酶与前者间的驱动力更大。但是，当水相反应介质被有机溶剂替代后，情况就截然不同了。例如，Zaks 等发现 α-胰凝乳蛋白酶在水中催化疏水性底物 N-乙酰基-L-苯丙氨酸乙酯水解的速率比亲水性底物 N-乙酰基-L-丝氨酸乙酯快 50000 倍，但是在辛烷中酶促苯丙氨酸底物转酯化速度却比丝氨酸底物的慢 3 倍[4]。而且，枯草杆菌蛋白酶在疏水性有机溶剂，如二氯甲烷、甲苯等中催化 N-乙酰基-L-丝氨酸乙酯与 1-丙醇的转酯化效率是 N-乙酰基-L-苯丙氨酸乙酯的 4 倍以上，而在亲水性有机溶剂如叔丁醇、叔戊醇等中则相反，前者的反应效率比后者低 3 倍以上[33]。

从合成的角度，酶的立体选择性，尤其是对映体和潜手性选择性，是最具应用价值的性质。但通常酶在催化一些非天然却又极其重要的反应中表现出较差的立体选择性，因此就需要进行耗时费力的酶筛选或改造。诸多研究表明溶剂对酶的立体选择性有显著的影响，并且有时溶剂的改变甚至会导致立体选择性发生翻转[29,32]。例如，在 γ- 胰凝乳蛋白酶催化外消旋 3- 羟基 -2- 苯基丙酸甲酯与 1- 丙醇进行转酯化反应中，该酶在环己烷和正辛烷等溶剂中优先催化 (S)- 底物转化，而在丙酮、1- 丙醇等溶剂中则优先催化 (R)- 底物进行转酯化反应[34]。类似地，在酶促 2-(3,5- 二甲氧基苯)-1,3- 丙二醇酰化反应中，以异丙醚或环己烷为溶剂时优势对映体产物为 (S)- 酯，而在乙腈或乙酸乙酯中则为 (R)- 酯[35]。这类溶剂诱导的酶立体选择性改变甚至翻转的结果可以从底物解溶剂化角度进行解释。在潜手性 (R)- 底物转化过渡态中，几乎整个底物分子都脱溶剂了；而在潜手性 (S)- 底物转化过渡态中，由于酶活性中心的空间位阻导致 (S)- 底物分子大部分仍处于溶剂化状态。酶潜手性选择性的溶剂依赖性主要归因于不同溶剂系统中酶反应过渡态中两种不同手性底物相对脱溶剂化能量的差异[35]。

此外，也可以通过介质工程来控制酶的区域和化学选择性。酶的区域选择性是指酶优先催化同一底物分子几个相同功能团中的某一功能团转化的能力。例如，Rubio 等报道了 *Pseudomonas cepacia* 脂肪酶在有机溶剂中催化二丁酸酚酯区域选择性醇解反应（图 10-5）[36]。在甲苯中，优势产物是化合物 **2**，而在乙腈中则是化合物 **3**。化学选择性是指酶优先催化转化同一底物分子几个不相同官能团中的某个官能团的能力。例如，Ebert 等利用 *Pseudomonas cepacia* 脂肪酶在有机溶剂中催化 L- 丝氨酸 -β- 萘酰胺中的羟基及氨基选择性酰化。结果发现在吡啶中该酶催化羟基酰化反应效率（k_{cat}/K_m）是氨基酰化效率的 10 倍左右，而在苯或叔戊醇中则相反，该酶催化前者的反应效率比后者低 3 ～ 20 倍[37]。

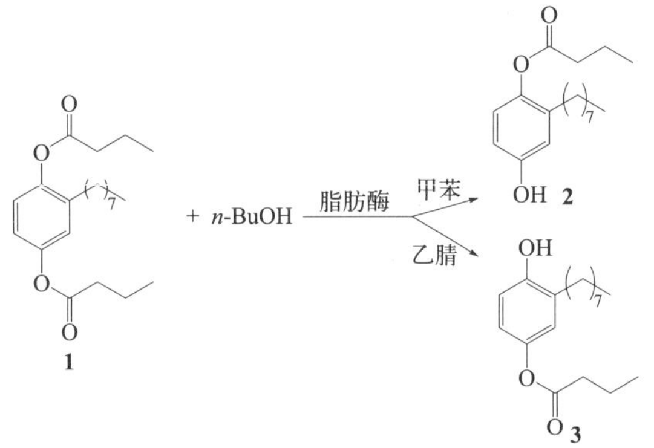

图 10-5　脂肪酶催化二丁酸酚酯的区域选择性醇解

10.4.4　酶的分子记忆性

酶在微水有机溶剂中还具有另一重要特性，即分子记忆性，这主要归因于酶在微水环境下高度的构象刚性。酶分子的 pH 记忆和酶分子印迹均属于酶的分子记忆性，这类分子记忆性通常是保留酶在加入有机溶剂前的性质。一旦在微水有机溶剂中加入水后，酶的分子记忆性就会消失，因为水的加入增强了酶分子的构象柔性。酶分子印迹技术是一项增强非水相中生物催化效率的有用策略。将酶分子溶于含有配体（如底物或竞争性抑制剂）的水溶液中冻干，然后通过无水溶剂萃取除去配体，即可制备得到用于微水溶剂体系的高活性酶制剂（图 10-6）[29]。例如，枯草杆菌蛋白酶经各种竞争性抑制剂印迹后，该酶不仅在微水有机溶剂中的酶活性比未经印迹的高 100 多倍，而且还展现出完全不同的底物特异性和稳定性[38]。酶的这种分子记忆性主要是由于在水溶液中配体会诱导酶活性中心构象变化，在冻干和无水溶剂萃取除去配体后，这个构象在微水溶剂中被保留下来。由于配体是底物或者是结构类似的竞争性抑制剂，故经配体印迹后的构象有利于催化底物的转化。此外，酶在有机溶剂中的对映体选择性和底物选择性也受印迹配体的影响[29]。

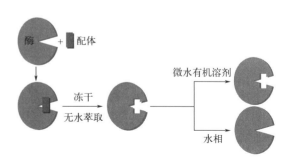

图 10-6　酶分子印迹示意图

10.5　不同介质体系中的生物催化与生物转化

10.5.1　水相体系中的生物催化

众所周知，水是生命之源，生物体内的大部分酶反应均发生在水相体系中。在合成化学中，水被公认为是一种廉价、易得、安全且绿色的反应介质。由于酶具有其最适 pH，因此缓冲液是生物催化最常用的反应介质，也是诸多重要极性化合物如氨基酸、糖类、核苷酸等的理想溶剂。生物基呋喃如糠醛和 5-羟甲基糠醛（5-hydroxymethylfurfural，HMF）等是一类重要的生物质来源的平台化合物，通过常规的化学反应可以转化为各种高附加值化学品，如 2,5-呋喃二羧酸（2,5-furandicarboxylic acid，FDCA）。FDCA 是对苯二甲酸的可再生、绿色替代品，广泛用于生物基塑料的合成。由于糠醛及 HMF 具有较好的水溶性，因此大部分生物基呋喃高值化生物转化反应均在水相中进行。例如，在磷酸盐缓冲液（phosphate buffer，PB）中 HMF 氧化酶（HMFO）催化 HMF 进行三步级联氧化，合成 FDCA（图 10-7）[39]。但在某些特定的情况下，去离子水也被用作生物催化反应的溶剂。例如，来源于 *Dactylium dendroides* 半乳糖氧化酶催化氧化 HMF 合成 2,5-二甲酰基呋喃（2,5-diformylfuran，DFF）就是利用去离子水作为反应介质，因为在磷酸盐缓冲液中半乳糖氧化酶活性受到明显的抑制[40]。

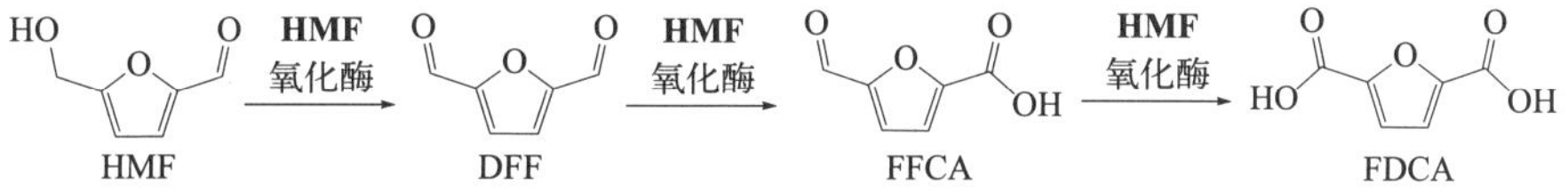

PB (0.1 M, pH=7)，空气，25℃

图 10-7　HMFO 催化氧化 HMF 合成 FDCA

10.5.2　有机溶剂 - 水单相体系中的生物催化

通常，能与水形成均相体系的有机溶剂均是亲水性溶剂，如甲醇、丙酮及乙腈等。有机溶剂 - 水单相体系通常用于极性化合物的生物催化与生物转化，如烷基糖苷的逆水解合成[41,42]、热力学和动力学控制的半合成青霉素及头孢菌素的制备[43]。亲水性有机溶剂如叔丁醇、甲醇等的加入可以降低反应体系的水活度，从而促进酶催化反应向合成的方向进行，因此有机溶剂的含量对反应平衡点的控制至关重要。在该类单相体系中，水的作用一方面是保持酶具有一定的催化活性，另一方面是促进高极性底物的溶解。红景天苷是一种重要的天然活性糖苷，具有抗微波辐射、抗疲劳、改善缺氧和延缓衰老等生物活性。Yu 等利用苹果籽粉（含 *β*-葡萄糖苷酶）作为生物催化剂，在叔丁醇 -PB（67mmol·L^{-1}，pH=6）中催化葡萄糖与对羟基苯乙醇进行缩合反应，合成红景天苷（图 10-8）；偶联产物分离后，红景天苷的时空产率最高可达到 1.9g·(L·d)$^{-1}$[41]。

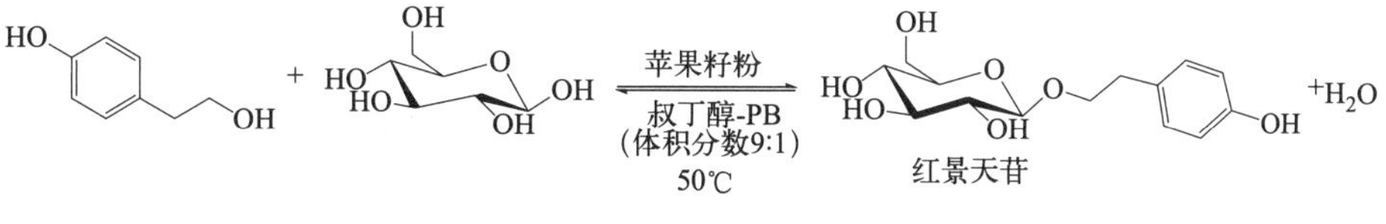

图 10-8　糖苷酶催化红景天苷合成

10.5.3　有机溶剂/水双相体系中的生物催化

构成有机溶剂/水双相体系的有机溶剂通常具有一定的疏水性，如长链脂肪醇、酯、脂肪烃及芳烃等，在一定浓度范围内能与水分相。通常，生物催化剂处于水相中，而有机相作为底物和产物的贮藏池。因此，有机溶剂/水双相体系不仅能极大地增强非极性底物的溶解，而且还能解除底物和/或产物的抑制（毒性）[44]。此外，该体系还适合于水不稳定的非极性底物的转化。但在有机溶剂/水双相体系中，为增强传质而进行的激烈搅拌或混合易导致生物催化剂发生界面失活。此外，溶于水相中的有机溶剂也会使生物催化剂失活。环氧丙烷苯基醚（GPE）及邻位二醇是重要的手性合成子。但 GPE 在水中难溶，并且不稳定，易发生非酶水解。为了克服上述问题，异辛烷/PB（50mmol·L^{-1}，pH=8）双相体系被用作 *Bacillus megaterium* 全细胞（含环氧化物水解酶）催化外消旋 GPE 动力学拆分的溶剂（图 10-9）[45]。双相体系的应用不仅极大地抑制了 GPE 的非酶水解，提高了生物催化反应的对映体选择性，而且增强了 GPE 的溶解，提高了目标产物 (*S*)-GPE 的时空产率。

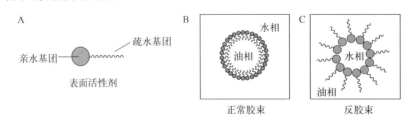

图 10-9　双相体系中全细胞催化外消旋 GPE 动力学拆分

10.5.4　反胶束体系中的生物催化

表面活性剂是一类既具有亲水基团又具有疏水基团的两性化合物（图 10-10 A），通常能使目标溶液表面张力显著下降。正常胶束是指表面活性剂溶于水中的浓度高于临界胶束浓度（CMC）时，聚合在一起形成的亲水基团向外、疏水基团向内的聚集体（图 10-10 B）。反胶束是指油相中表面活性剂的浓度超过 CMC 后，其亲水基团自发向内与水接触，疏水基团向外与疏水性溶剂接触所形成的热力学稳定且光学透明的纳米级微乳（图 10-10 C）[46]。反胶束内核中形成"小水池"可以容纳酶分子，这样酶被限制在含水的微环境中，而底物和产物则可以自由进出胶束。由于反胶束内核的水分子较少，并且反胶束体系能够较好地模拟酶的天然状态，导致酶在反胶束体系的催化性质不同于在水相体系中。例如，α-胰凝乳蛋白酶和脂肪酶等在反胶束体系中表现出"超活性"，在其中的活性远高于纯水相中的[46]。此外，反胶束体系作为反应介质具有以下优点：（1）组成灵活性；大量不同类型的表面活性剂、有机溶剂都可用于构建适于酶反应的反胶束体系。（2）热力学稳定性和光学透明性；反胶束是自发形成的，因而不需要机械混合，有利于规模化生产；反胶束的光学透明性允许采用紫外分光光度法、NMR 等方法跟踪反应过程，研究酶反应动力学。（3）反胶束有高比表面积，有利于传质。（4）反胶束的相特性随温度变化而变化，这一特性可简化产物和酶的分离纯化。

图 10-10　胶束与反胶束体系

A. 表面活性剂结构示意图；B. 胶束体系示意图；C. 反胶束体系示意图

1- 癸酸甘油酯是一种安全的食品添加剂，具有优异的乳化性能和防腐作用。Park 等构建了由异辛烷、表面活性剂及少量缓冲液构成的反胶束体系用于酯酶催化甘油与癸酸酯化，选择性合成 1- 癸酸甘油酯（图 10-11）[47]。结果表明，通过调控反胶束体系中缓冲液与琥珀酸二（2- 乙基己酯）磺酸钠（AOT，表面活性剂）的比例和优化反应条件，反应 4h 后癸酸的最大转化率为 63%，1- 位单甘脂的选择性＞ 99%。

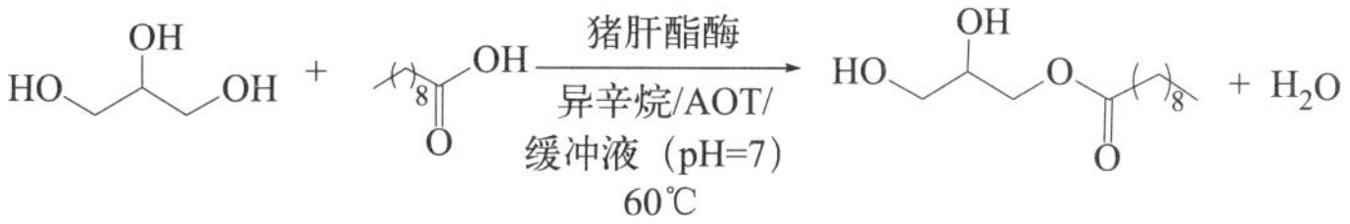

图 10-11　反胶束体系中酶促合成 1- 癸酸甘油酯

10.5.5　微水有机溶剂中的生物催化

10.5.5.1　亲水性有机溶剂

亲水性有机溶剂通常用作极性化合物如糖、糖苷、核苷等转化的介质，并且这类转化如酯化、转酯化、氨解等在水相中无法进行。由于亲水性有机溶剂易剥夺酶分子表面的必需水使酶失活，这就要求生物催化剂必须对亲水性溶剂有较强的耐受性。通常，这类生物催化剂维持其催化活性必需的水分子数较低，如脂肪酶、蛋白酶等。常用于生物催化的亲水性有机溶剂有四氢呋喃（THF）、丙酮、乙腈、叔丁醇等。核苷类似物是一类重要的抗病毒和抗肿瘤试剂，但在临床上表现出较低的口服生物利用度和各种毒副作用。现已证明其单酯衍生物较之亲代化合物具有更高的生物活性和稳定性。同时，核苷单酯也是核苷进一步修饰的重要中间体。核苷类似物是一类多羟基化合物，在疏水性溶剂中溶解度极低。因此，Li 等报道了在 THF、丙酮等亲水性溶剂中利用脂肪酶（Novozym 435）催化核苷选择性酰化，合成 5′- 核苷单脂肪酸酯（图 10-12）[48]，底物转化率达 99%，反应选择性最高达到 99% 以上。在这类极性化合物的酶促酰化反应中，为了提高酶的催化活性和稳定性，并兼顾底物溶解度，可以在亲水性溶剂中加入部分疏水性溶剂组成混合溶剂体系用于酶催化[30,49]。

图 10-12　脂肪酶 Novozym 435 催化 5′- 核苷月桂酸酯合成

10.5.5.2　疏水性有机溶剂

诸多疏水性有机溶剂如正己烷、环己烷、正辛烷等通常是酶的友好溶剂，因为这类有机溶剂不易破坏酶分子表面必需的水化层。这类溶剂可用于诸多非极性底物的转化，增强其溶解度，提高产物的时空产率，此外还可避免水引发的副反应的发生。Thomas 等报道了在正己烷中利用脂肪酶催化外消旋 2- 苯乙醇选择性酰化，以实现其动力学拆分获得对映体纯 (S)- 醇（图 10-13）[50]。不仅两个底物在正己烷中具有良好的溶解度，而且正己烷对脂肪酶 LipG9 友好，因此在较短反应时间内底物转化率可达到约 50%，并且反应的对映体比（enantiomeric ratio，E 值）＞ 200。近年来，2- 甲基四氢呋喃（MeTHF）、碳酸酯、柠檬烯等疏水性生物基有机溶剂，由于具有可再生等绿色属性，在生物催化领域也受到了诸多关注[51-53]。

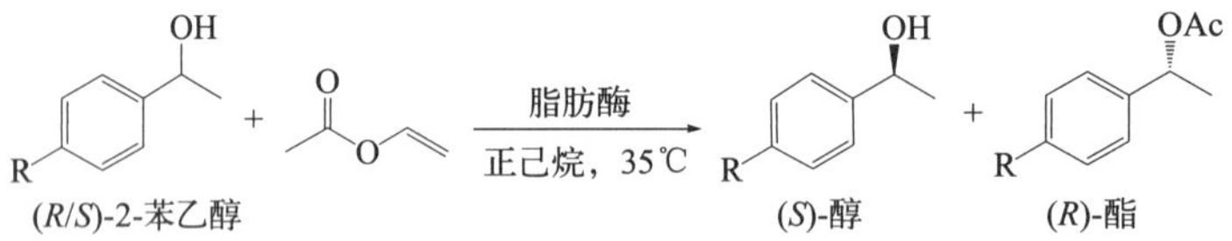

图 10-13　脂肪酶催化外消旋 2- 苯乙醇动力学拆分

10.5.6　无溶剂体系中的生物催化

无溶剂体系是指一类不含溶剂、仅由底物和催化剂组成的反应体系。该反应体系具有以下优点：（1）底物浓度高，反应效率高。（2）无需分离反应介质，分离纯化工艺简单。（3）不使用溶剂既降低了生产成本又减少了溶剂对环境的污染，是一种绿色反应体系。无溶剂体系主要用于熔点较低、在反应温度下呈液态的底物的生物转化。但是，该介质体系不适合于对生物催化剂有强烈抑制和毒性作用的底物的转化。酯类化合物是一类重要的工业原料，广泛用于食品、化妆品、医药及能源等领域。在无溶剂体系中，利用脂肪酶合成各种酯衍生物既具有环境优势，又具有经济优势[54]；两种底物的摩尔比是影响脂肪酶性能最重要的因素，因为这决定了反应介质的极性、黏度和两者的互溶性等。Dudu 等在无溶剂体系中利用固定化 *Candida antarctica* 脂肪酶 B 合成了可用作香精香料的各种短链脂肪酸酯（图 10-14），产率 > 90%，并且环境因子（environmental factor，E factor，即每合成 1 kg 产物所产生的废物的质量 /kg）仅为 17.2[55]。

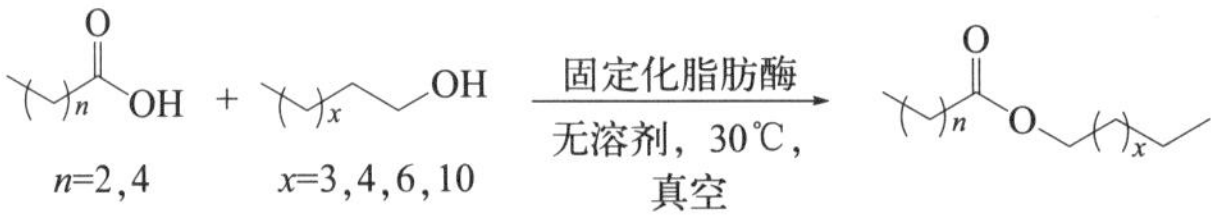

图 10-14　无溶剂体系中脂肪酶催化短链脂肪酸酯的合成

10.5.7　超临界流体中的生物催化

超临界流体被定义为一个物质或元素处于其超临界温度（T_c）和超临界压力（p_c）以上的状态[18]。超临界流体的物理性质介于气体和液体之间，它兼具气体的高扩散系数、低黏度、低表面张力和液体的高密度特性，且可通过温度或压力的微小变化改变其介电常数、溶解能力等。以超临界流体为反应介质不但有利于底物和产物的扩散、提高反应体系中的底物浓度，加快酶反应的速度，还可通过改变反应器的温度和压力来调控酶的活性和选择性。同时，便于产物分离，实现生物催化反应与产物分离的偶联。生物催化中常用的超临界流体包括超临界二氧化碳（CO_2）、氯二氟甲烷（ClF_2CH）等，其超临界温度和压力如表 10-1 所示。

表 10-1　用于生物催化的常见超临界流体[18]

物质	T_c/℃	p_c/MPa
二氧化碳（CO_2）	31.0	7.38
氯二氟甲烷（ClF_2CH）	−3.7	4.97
乙烷（C_2H_6）	32.3	4.88
乙烯（C_2H_4）	9.2	5.05
三氟甲烷（CHF_3）	26.2	4.85
丙烷（C_3H_8）	96.7	4.25
六氟化硫（SF_6）	45.5	3.77

最常用的超临界流体为超临界 CO_2，其优点是无毒、不可燃、廉价、来源广泛、无环境污染、超临界温度和压力较低。然而，超临界 CO_2 作为反应介质也有一定的局限性，例如对极性底物溶解度低等，这可通过添加共溶剂如甲醇、乙醇等提高极性底物在超临界 CO_2 中的溶解度。并且，超临界 CO_2 作为反应介质可能会通过以下两种方式导致酶活性的降低甚至完全失活[18]：（1）CO_2 与酶分子表面的赖氨酸残基形成氨基甲酸盐；（2）CO_2 与体系中的水形成碳酸。大多数酶在超临界流体均具有催化活性，其中研究最多的酶是脂肪酶，可催化水解、酯化、转酯化等反应。例如，脂肪酶 Novozym 435 在超临界 CO_2 中可以高效催化 ε- 己内酯开环聚合（图 10-15）；产物聚 ε- 己内酯（PCL）的数均分子量达到 12～37kDa，其多分散性介于 1.4～1.6 之间，并且总产率达 95%～98%[56]。超临界 CO_2 除了可以用作介质，也可作为底物参与生物催化反应。例如，Matsuda 等利用 *Bacillus megaterium* PYR 2910 细胞在超临界 CO_2/ 含 $KHCO_3$ 和乙酸铵的 PB 溶液中催化吡咯进行羧化反应，合成 2- 吡咯羧酸；在超临界 CO_2 体系中的产物产率是常压条件下的 12 倍[57]。

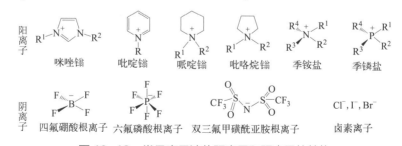

图 10-15　脂肪酶在超临界 CO_2 中催化 ε- 己内酯的开环聚合反应

10.5.8　离子液体体系中的生物催化

近年来，介质工程的一个重大发展就是利用离子型溶剂如离子液体、DESs 等代替有机溶剂作为酶反应的介质。离子液体是由有机阳离子和无机或有机阴离子构成，在 100℃ 以下呈液态的盐。早在 1914 年，德国化学家 Walden 利用浓硝酸和乙胺合成了熔点只有 12℃ 的硝酸乙基铵，这是离子液体的首次报道。相对而言，传统有机溶剂易燃易爆、易挥发且部分具有毒性。离子液体作为反应介质具有以下优良性质：挥发性低、可燃性低、对有机物和无机物有良好的溶解性[58,59]。

组成离子液体的常见阳离子和阴离子的化学结构如图 10-16 所示。常用于生物催化的离子液体阳离子有烷基咪唑鎓类（如 1,3- 二甲基咪唑鎓［Mmim］、1- 乙基 -3- 甲基咪唑鎓［Emim］），烷基吡啶鎓类（如己基吡啶鎓［Hpyr］）、烷基吡咯烷鎓（如 1- 丁基 -1- 甲基吡咯烷鎓［Bmp］），季铵盐（如四甲基铵［$N_{1,1,1,1}$］）及季鏻盐（如乙基三丁基鏻［$P_{2,4,4,4}$］）等。常用于生物催化的离子液体阴离子有四氟硼酸根离子（［BF_4^-］），六氟磷酸根离子（［PF_6^-］），双三氟甲磺酰亚胺根离子（［Tf_2N^-］）等。

图 10-16　常见离子液体阳离子和阴离子的结构

自 2000 年首次报道了在离子液体中的生物催化反应后[60-62]，离子液体作为反应介质已被广泛应用于生物催化与生物转化中。离子液体作为溶剂或共溶剂已被应用于多类酶的酶促反应，如氧化还原酶（EC1）、转移酶（EC2）、水解酶（EC3）、裂合酶（EC4）等。

Cull 等较早地尝试用含 PF_6^- 阴离子的离子液体（如［Bmim］［PF_6］）取代传统有机溶剂甲苯，成功用于 *Rhodococcus* R312 催化 1,3- 二氰基苯选择性水解为 3- 氰基苯甲酰胺[60]。Pfruender 等测试

了 *Lactobacillus kefir* DSM20587 在多种离子液体中催化 4- 氯苯乙酮的不对称还原（图 10-17）[63]。在 ［Bmim］［Tf$_2$N］/ 水双相体系中，该菌能高效催化 4- 氯苯乙酮还原为 (*R*)-1-(4- 氯苯基) 乙醇，产率达 92.8%，*ee* 值为 99.7%。结果表明，离子液体是一种良好的底物存贮和产物萃取溶剂，减少了底物和产物对细胞的影响，故在离子液体 / 水双相体系中的产率远高于单一水相中的。而在甲基叔丁基醚 / 水双相体系中，该生物催化反应产率只有 4%，*ee* 值为 96.3%，这表明离子液体的生物相容性优于有机溶剂。

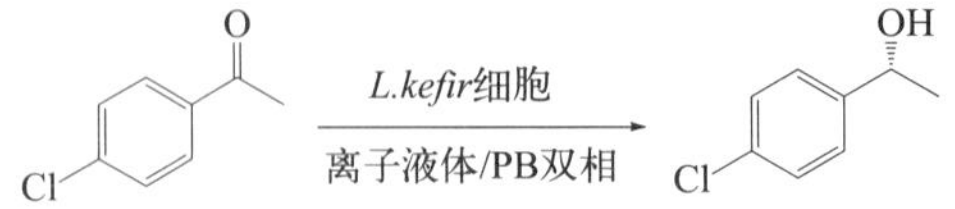

图 10-17　离子液体 / 水双相体系中全细胞催化 4- 氯苯乙酮不对称还原

由于离子液体对极性底物有较高的溶解度，故这类溶剂在极性化合物的催化转化方面优于传统有机溶剂。基于氨基酸衍生物在离子液体中的高溶解度，Erbeldinger 等以 1- 丁基 -3- 甲基咪唑六氟磷酸盐（［Bmim］［PF$_6$］）作为嗜热菌蛋白酶催化 *N*- 苯甲氧甲酰基 -L- 天冬氨酸与 L- 苯丙氨酸甲酯盐酸盐缩合反应的介质，高效合成了二肽甜味剂[61]。脂肪酶在 1- 丁基 -3- 甲基咪唑四氟硼酸盐（［Bmim］［BF$_4$］）中催化羧酸与氨水缩合反应的速度是在 2- 丁酮中的 4 倍[62]。

离子液体也被成功地应用于脂肪酶催化的区域和对映体选择性转化。Park 等发现脂肪酶在 1-（2- 甲氧基乙基）-3- 甲基咪唑四氟硼酸盐（［Moemim］［BF$_4$］）中对葡萄糖具有高度区域选择性，反应几乎只生成 6-*O*- 乙酰基葡萄糖[64]。葡萄糖在 ［Moemim］［BF$_4$］中的溶解度远远高于传统有机溶剂中的，并且葡萄糖酰化反应是高区域选择性的，只发生在 6 位上，很少出现 3、6 位同时酰化的情况。与有机溶剂不同的是，离子液体具有高极性，并且随极性的增强，酶活性愈高。在 ［Moemim］［BF$_4$］和其他离子液体中，脂肪酶除了表现出高区域选择性，还具有优异的对映体选择性[64]。

10.5.9　深度共熔溶剂体系中的生物催化

寻找廉价、绿色溶剂一直是化学工业中的一个非常重要研究领域。离子液体被认为是传统有机溶剂的潜在绿色替代品，主要是因为它们的蒸气压可忽略不计以及其具有优异的理化性质，但离子液体的生物毒性和生物可降解性越来越受到关注[65]。

2003 年，Abbott 等首次描述了一种离子型的非水溶剂，即深度共熔溶剂（DESs）[66]。DESs 是由氢键受体（如氯化胆碱等季铵盐）和氢键供体（如醇、酸、酰胺及胺等）组成的混合物，然而其熔点低于单独组分的熔点。例如，氯化胆碱的熔点为 302℃，尿素的熔点为 133℃，将两者按摩尔比 1∶2 混合后得到的 DES 的熔点仅为 12℃。并且有意思的是，尿素是一种蛋白质变性剂，而酶在氯化胆碱与尿素构成的 DESs 中却能保持活性。DESs 与离子液体类似，具有低熔点、低挥发性、高热稳定性，对各类物质都有较高的溶解度，并且可以通过调节组分结构及比例进行溶剂的设计。

制备深度共熔溶剂的原料丰富，并且可以通过简单的方式如热混合、冷冻干燥等制备，因此深度共熔溶剂被认为是离子液体的潜在替代品。与离子液体相比，深度共熔溶剂具有如下优势：（1）价格低，成本与传统有机溶剂相当甚至更低；（2）更容易制备，纯度更高；（3）更高的生物可降解性和更低的毒性；（4）更广泛的组分选择，具有出色的可设计性。同时，深度共熔溶剂还遵循绿色化学原则，可从可再生资源制备得到。

2008 年，Gorke 等首次将 DESs 用于生物催化，发现各种水解酶在 DESs 中均具有较好的催化活性[10]，该开创性工作引领了 DESs 中的生物催化与生物转化研究。Maugeri 等研究了在含 DESs 的水溶液中面包酵母催化乙酰乙酸乙酯不对称还原[67]。作者发现面包酵母在其中具有较好的稳定性，在 200h 内均保持较好活性。在纯水相中，该反应的产物是 (*S*)- 醇，*ee* 值为 95%；但是当 DESs 含量＞80% 时，产物的选择性发生翻转，得到 ee 值为 95% 的 R 型产物，其原因可能是面包酵母内氧化还原酶对 DESs 的耐受性不同。

10.6　非水相体系中的酶激活方法

在非水相体系中，增强酶活性的手段包括蛋白质工程、酶固定化、酶分子化学修饰及添加赋形剂等[68,69]。由于蛋白质工程和酶固定化在其他章节中已有详细的介绍，在此我们着重介绍化学修饰及赋形剂对酶活性的影响。

10.6.1　化学修饰

化学修饰是改善酶催化性能的一种常用方法[70]。例如，利用化学方法对酶分子表面的赖氨酸残基进行修饰，可以改变蛋白质表面的带电性和疏水性，从而实现酶催化性能的调控。通过化学修饰引入疏水性基团可以极大地提高酶在有机溶剂中的溶解度、稳定性及底物特异性等。例如，来源于 Bacillus sp. 的碱性蛋白酶经癸酰化修饰后在各种有机溶剂如氯仿、四氢呋喃及丙酮等中的溶解度高达 44mg·mL^{-1}；并且这种化学修饰后的蛋白酶在氯仿和四氢呋喃中的活性比未经修饰的酶高约 7 倍，同时前者在有机溶剂中的半衰期更长[71]。

10.6.2　赋形剂

将赋形剂如非缓冲盐（nonbuffer salts）或大环分子与酶溶液一起冻干可以极大地提高酶活。这些技术非常相似，并且都容易放大。赋形剂通过几种不同机制来提高酶活。

冻干保护剂。用于非水相体系的酶在使用前通常需要进行干燥或冻干，然而在冻干脱水过程中易发生酶失活。研究发现，在酶溶液中添加冻干保护剂可以极大地避免酶在冻干过程中失活。碳水化合物是最常用的蛋白质冻干保护剂。这类化合物作为水替代物保护了酶分子内的氢键从而使酶免受脱水导致的结构（如 α- 螺旋及 β- 折叠）扰动，故酶分子在冻干脱水过程中仍可以保持天然的构象。Dabulis 等发现来源于米曲霉的蛋白酶与 2% 山梨醇共冻干后，其在吡啶和四氯甲烷中的转酯化活性是未加冻干保护剂的 60 倍以上[72]。

非缓冲盐。20 世纪 90 年代中期，Khmelnitsky 等将 KCl 加入溶于磷酸盐缓冲液的枯草杆菌蛋白酶溶液中再冻干，发现含质量分数 98% KCl 的冻干酶粉在正己烷中催化转酯化反应效率（k_{cat}/K_m）约是没加 KCl 的 3700 倍[73]。除枯草杆菌蛋白酶，其他酶如 α- 胰凝乳蛋白酶、嗜热菌蛋白酶、脂肪酶、青霉素酰化酶、过氧化物酶也存在类似的盐激活效应[69]，故盐激活是一个普遍存在的现象。值得一提的是，这种盐激活效应在正己烷等非极性溶剂中更显著，而在极性溶剂如四氢呋喃中盐激活效应相对较弱（k_{cat}/K_m 提高 < 100 倍）[73]。Eppler 等利用 ^{2}H NMR 自旋弛豫（spin relaxation）技术对比研究了含质量分数 98% 非缓冲盐和无盐冻干酶表面水的流动性[74]。结果发现，在正己烷中含非缓冲盐的酶表面残余的水分子运动时间尺度约为 0.58ns，而无盐的酶表面水的运动时间尺度则为 65ns。这表明盐激活的酶分子中的水具有更好的流动性，从而增强了酶分子的构象柔性，导致催化活性显著提高。这种激活作用无疑极大地推动了非水相酶催化在化工和药物工业上的应用。例如，紫杉醇是一种重要的抗肿瘤试剂，但该化合物在水中的溶解度非常低，极大地限制其临床应用。Khmelnitsky 等利用盐激活嗜热菌蛋白酶催化紫杉醇与己二酸酯进行酯交换反应，制备水溶性衍生物[75]，其在水中溶解度是这种天然药物的 1700 倍。

冠醚。冠醚是一类大环有机分子，van Unen 等首次发现这类分子与酶溶液共冻干能极大地提高有机溶剂中的酶活。在 α- 胰凝乳蛋白酶催化肽合成中，当 18- 冠醚 -6 与酶溶液一起冻干（摩尔比为 50∶1）时，该酶在乙腈中的酶活性提高 450 倍[76]。有趣的是，冠醚仅能激活极性溶剂中的酶，这与盐激活现象是相反的，暗示冠醚激活机制可能不同于盐激活机制。

环糊精。除了冠醚，环糊精也是一类大环赋形剂。环糊精是由 6、7 或 8 个葡萄糖分子组成的寡聚物，这种寡聚物含有大量孔径范围为 0.47 ～ 0.83nm 的孔。环糊精在水相中能稳定蛋白质。Griebenow 等将枯草杆菌蛋白酶与甲基 -β- 环糊精（MβCD）按质量分数 1∶6 溶解、冻干后，发现该酶在四氢呋喃中催化 2- 苯乙醇与丁酸乙烯酯转酯化反应，初速度比未加环糊精的冻干酶的高 164 倍，且对映体选择性提高了 2 倍[77]。环糊精的活化机制可能是保护了极性有机溶剂中酶的天然二级结构。与冠醚类似，MβCD 在极性溶剂（如四氢呋喃、1,4- 二氧杂环乙烷）中对酶的激活效应更强，而在甲苯和辛烷中几乎不能活化酶。

分子印迹化合物。分子印迹技术是基于酶在微水有机溶剂中的分子记忆性，以某种方式改变并固定酶的构象，从而改变其催化活性和选择性。辣根过氧化物酶与邻羟基苯甲醇一起冻干后，在含体积分数 3% 水的丙酮中辣根过氧化物酶催化邻甲氧基苯酚氧化反应活性提高 60 倍。除了提高活性，分子印迹技术还可提高酶的对映体选择性[78]。

失活剂。虽然失活剂通常易使酶灭活，但 Clark 等发现含 8mol·L^{-1} 尿素的枯草杆菌蛋白酶溶液冻干后，冻干酶粉在微水正己烷中催化 N- 乙酰基 -L- 苯丙氨酸乙酯与正丙醇的转酯反应活性是天然酶的 80 倍，并且仍保持天然酶的高对映体选择性[79]。这种激活效应不仅仅限于蛋白酶，经类似方式处理的辣根过氧化物酶活性是未经尿素处理的 50 ～ 350 倍[79]。其原因可能是冻干前尿素使酶分子部分伸展，从而使酶在有机溶剂中的柔性更大，故酶活性更高。

10.7　非水相生物催化的工业应用

非水介质的应用极大地扩展了酶催化领域，那些在水中不可能或者难以进行的酶催化反应在其他溶剂中变得可行，并且具有重要的工业应用价值。下面列举一些关于不对称转化、聚合物合成等方面的典型例子[29]。

光学活性酸或醇是有机合成中最有价值的一类手性合成子。合成光学活性酸或醇的通用方法是先用一种非手性分子酯化外消旋酸或醇，然后用脂肪酶、酯酶或蛋白酶进行水解拆分。非水相酶催化的出现使得利用同一种酶直接进行酯化或转酯化反应成为可能，这样在拆分时就减少了一步反应，这种策略在许多研究中都获得了成功。例如，对映体纯 2- 氯 - 丙酸和 2- 溴 - 丙酸是合成苯氧丙酸类除草剂和一些药物的中间体，可以通过脂肪酶在微水溶剂中催化对映选择性醇解反应得到。这一工艺已被澳大利亚的 Chemie Linz AG 公司放大到千克规模。在热力学上，该反应在水中无法进行，而且水易导致产物消旋化，不利拆分。同时，Schering-Plough 公司开发了一种氮唑类抗真菌试剂，生产规模达几百千克；其工艺中最关键的一步就是在乙腈中利用 Novozym 435 脂肪酶对外消旋 1,3- 丙二醇衍生物进行拆分。

直接不对称酰化是制备手性胺的优选方案，这是因为相对于脂肪酶和酯酶，可用的酰胺酶非常少。脂肪酶和酯酶不能水解酰胺，但在有机溶剂中它们能以胺为亲核试剂催化氨解反应合成酰胺。这种外消旋胺的酶法拆分已被放大到千克规模。在德国，一个类似的工艺被 BASF 公司商业化，生产规模达几吨。作为单胺氧化酶的高效抑制剂，对映体纯胺能有效地治疗各种精神错乱方面的疾病，如帕金森、阿尔茨海默病、忧郁症和活动亢进并发症。

非水相酶催化另一个应用领域是聚合物的生产。在有机溶剂中利用脂肪酶催化双 / 三官能团醇和酸（或酯）酯化（转酯化）反应可以合成聚酯。例如，脂肪酶在无溶剂体系或有机溶剂中催化 2,5- 呋喃二甲酸甲酯与各种二醇 / 胺或氨基醇聚合，可以合成各种生物基塑料，分子量高达几万道尔顿[80]。另一个具代表性的应用就是过氧化物酶催化苯酚聚合反应。甲醛具有致癌性，以聚苯酚代替酚醛树脂作为粘合剂、层压板和显影剂等的原材料已成为一种趋势。在水中，过氧化物酶利用 H_2O_2 催化氧化苯酚，大部分仅得到二聚物和三聚物，这两种产物在水中溶解度很低，导致新生聚合物链的过早终止。相反，苯酚寡聚物在有机溶剂中具有高溶解度，故可以得到高分子量的聚合物。在美国，这一工艺已被 Enzymol International 公司放大到千克规模[81]。

（李宁，何玉财）

 思考题

（1）请问生物催化反应的介质主要有哪些？与水溶液相比，非水介质用于生物催化有何优缺点？

（2）酶在微水有机溶剂中失活的主要原因是什么？

（3）对于一个特定的生物催化反应，如何选择一个合适的反应介质？

（4）酶分子在微水有机溶剂中具有哪些分子记忆性？为何具有分子记忆性？

第 10 章
参考文献

第10章

第 11 章　生物催化在精细化学品合成中的应用案例

○○ ──── ○○ ○ ○○ ────────

11.1　概述

20世纪以来，化学合成技术在其他学科的推动下获得了高速发展，形成了成熟的化学工业，极大地促进了材料、药物、食品添加剂、化学品等的生产。同时，也有一些化学合成工艺由于其自身的不足，导致环境排放及安全风险等问题，对人们的健康和日常生活产生不利影响。因此，亟需开发更加绿色安全的方法高效合成医药、农药等精细化学品。上述精细化学品的研发和制造水平不仅关系到人类健康、社会稳定与环境保护等诸多社会问题，同时也是衡量一个国家社会和科技发展水平的重要标志之一。许多药用的生理活性分子都存在对映异构体，据生物制药公司2022年财报的产品销售数据，2022年全球药品销售额 TOP200 的药物中，手性小分子药物占比达 40%，多肽及多糖类药物占 42%，而非手性药物只占 18%（数据来自 drug topics & pharmacompass）。而在农药中手性分子的比例约 30%，多数农药分子存在至少一个手性中心[1]。由此可见，手性医药、农药等精细化学品的绿色制造已成为制药工业的新亮点。

生物催化是新一代工业生物技术的关键技术之一，与传统的化学反应相比，生物催化反应通常具有很高的化学选择性、区域选择性、立体选择性以及反应条件温和等优势，同时酶可以催化传统化学反应难以实现的各种反应，避免活性基团的保护和去保护步骤，从而缩减反应步骤、提高产品产率。因此，生物催化受到学术界和工业界的高度关注，同时也成为各国科技与产业发展的战略重点。在过去的二三十年中，生物催化在有机化学领域的应用非常迅速，在使用"biocatalysis"为关键词对数据库检索后发现，在 Elsevier 中已有超过 2000 篇文献，而在 SciFinder 中，已有超过 5000 篇文献报道。尤其是近几年来，将工业酶应用于医药、农药等精细化学品合成取得了卓越的成就，有许多研究报道和制药企业成功应用的案例，包括抗新冠药物、抗癌药物、抗感染药物、降脂药物、钙离子通道拮抗剂、类胰蛋白酶抑制剂、除草剂、保健品等，极大地推动了生物催化技术的发展。

11.2　生物催化过程的应用技术评价指标

生物催化过程的效率关乎生物催化工艺的经济性、环境友好性和规模放大性，对生物催化过程的关键技术指标进行评价，有助于理性认知生物催化过程的效率、比较不同生物催化过程的优劣、寻找生物催化过程的限制因素。目前，从绿色化学的角度出发，可以通过原子经济性、环境因子、底物与酶量比、总转换数、转换频率、反应器生产效率等技术指标对生物催化过程进行综合评价。

原子经济性（atomic economy，AE）最早是1991年由美国著名有机化学家 Trost 提出的，他以原子利用率衡量反应的原子经济性，考虑的是反应中究竟有多少原料的原子进入到了产品之中[2]。原子利用率越高，反应产生的废弃物越少，对环境造成的污染也越少。理想原子经济性的反应应该是原料分子中原子百分之百转变为产物，实现废物的"零排放"。提高生物催化反应的原子经济性，需要从路线顶层设计出发，选择最佳反应路线，实现高转化率、高选择性的生物转化，以最大限度地利用资源和减少污染排放。

反应质量效率（reaction mass efficiency，RME）也是衡量原料利用率的一种指标，它是指有多少质量的原料被转化进入了产物中，与原子经济性存在一定的差异。

$$原子经济性(AE) = \frac{产物的分子量}{反应物质的分子量总和} \times 100\%$$

$$反应质量效率(RME) = \frac{产物的质量}{反应物质的质量总和} \times 100\%$$

环境因子（environmental factor，E-factor）最早是 1992 年由荷兰代尔夫特理工大学 Sheldon 教授提出的描述化学品制造全过程对环境影响的指标[3]。由于在原子经济性和反应质量效率等衡量指标中，均未考虑反应过程中使用的溶剂和辅助试剂的量，假如只关注目标产物的产率则忽略了整个工艺对环境的负担问题。环境因子则被定义为产品生产全过程中所有废物质量与目标产物质量的比值，它不仅针对副产物、反应溶剂和助剂，还包括了产品纯化过程中所产生的各类废物，例如中和反应时所产生的无机盐、重结晶时所使用的溶剂等。需要注意的是，在 Sheldon 对环境因子的定义中水并没有算在废物之列，不仅是因为水的计入会导致环境因子数值的大幅升高，也会使得不同工艺之间的可比性降低。从化学工业相关的各个子行业来看，往往产品越精细，附加值越高，环境因子也越大。例如石油化工产品环境因子一般为 0.1，大宗化学品为 1 ～ 5，精细化学品大约在 5 ～ 50 之间，而药品的环境因子可高达100 以上。

$$环境因子(E\text{-}factor) = \frac{除水之外的所有反应物、溶剂和助剂质量(kg)}{产品的质量(kg)}$$

环境因子虽然考虑了产品生产全过程中产生的废物量。但是很显然，不同类型的废弃物，在环境中的毒性行为也有所不同。综合衡量一个产品工艺的好坏，必须同时考虑废物的排放量和废物的环境行为本质。环境熵值（environmental quotient，EQ）综合考虑了这两种因素，EQ=E×Q，即环境因子 E 与废弃物对环境的不友好程度 Q 的乘积。在传统上，化学危险物的定量评价是用"致死剂量 50"（LD50）来衡量的。Q 值的大小通常也以 LD50 为参考。例如，无害的氯化钠或硫酸铵的 Q 值为 1，而重金属盐基于其毒性大小，Q 值在 100 ～ 1000 之间。如将 Q 值通过欧元来估算，将衡量废物的 EQ 值转变成价格，再结合原材料和能量消耗的价格因素，可以为工艺的成本分析提供更加精细的测算。

随着环境因子的普及，化学家们在进行产品和工艺设计时，开始越来越重视废物的耐久性、可降解性和处理等问题。然而对于商业行为而言，过多地将衡量指标聚焦在废物的量上并没有太大的意义。化工生产企业的利润来源于可以销售的产品，一项能衡量产率提升及原料成本控制的指标则更加实际。所以，过程质量强度（process mass intensity，PMI）开始被众多的化工企业和制药企业所接受和采用[4]。PMI 是指产品生产全过程中所有物质的质量总和（kg）与目标产物质量（kg）的比值。这里的物质既包括反应使用的原料、试剂、溶剂和催化剂，也包括反应后处理和纯化时所使用的全部化学品。从上述定义可知，E-factor=PMI − 1。虽然环境因子与质量强度仅仅差了"1"，而这个数值恰恰代表了企业可销售的产品，也是其利润的来源。衡量其过程质量强度 PMI 的方法，可以进一步拓展至生产过程中的其他物质，例如溶剂强度（solvent intensity，SI）和水强度（water intensity，WI）。

$$过程质量强度(PMI) = \frac{所有物质的质量总和(不含水)(kg)}{产品的质量(kg)}$$

$$溶剂强度(SI) = \frac{所有溶剂的质量总和(不含水)(kg)}{产品的质量(kg)}$$

$$水强度(WI) = \frac{所有水的质量总和(kg)}{产品的质量(kg)}$$

一个具有高效率的生物催化剂不仅应该具有较高的底物上载量，还应当具备较低的酶添加量，一般采用底物与酶量的质量比（substrate to catalyst ratio，S/C）来表示酶催化反应中生物催化剂所能耐受的最大底物浓度，单位为 $g \cdot g^{-1}$ 或者 $kg \cdot kg^{-1}$。虽然通过增加催化剂的量可以实现高浓度的反应，但是催化剂的过量添加会加大分离提取的困难。因此，底物与酶量的比是一个比较不同生物催化剂性能的重要指标，S/C 值越高表明单位质量的生物催化剂可转化越多的底物，整个工艺的经济性会更高。

$$底物与酶量比(S/C) = \frac{底物的质量(kg)}{酶的质量(kg)}$$

总转化数（total turnover number，TTN）是用来表示反应过程中单个酶分子所转化合成的产物分子的数量，单位为 $mol \cdot mol^{-1}$。由此可见，总转化数越高表明反应过程合成的产物越多。对于一个具有应用潜力的合成工艺，其 TTN 值应当超过 10000，对于大规模工业生产的合成工艺，其 TTN 值应当超过 100000。然而，总转化数并未考虑反应时间的影响，理论上反应时间越长则 TTN 会无限增加。因此，通过将总转化数除以反应时间得到转化频率（turnover frequency，TOF）指标。转化频率表示在单位时间内，一个活性中心所转化合成的产物分子的数量，单位为 min^{-1} 或者 h^{-1}。一个生物催化工艺的转化频率越高，表明该工艺在单位时间内合成的产物越多，反应效率越高。

$$总转化数(TTN) = \frac{产物的物质的量(mol)}{酶的物质的量(mol)}$$

$$转换频率(TOF) = \frac{总转化数(TTN)}{反应时间(min)}$$

反应器生产效率（space-time yield，STY）又称为时空产率，是用来评价反应器生产强度的一个重要参数，单位为 $g \cdot L^{-1} \cdot d^{-1}$（克·升$^{-1}$·天$^{-1}$）。反应器生产效率是在单位反应器体积和单位反应时间内所合成的产物的质量。特定生物催化反应的反应器生产效率越高，则表明该工艺的釜效利用率越高，单位时间和体积内所产生的产物越多。与总转化数和转化频率不同，反应器生产效率并未考虑酶添加量对反应的影响。因此，理论上酶添加量越多，则该工艺的时空产率会越高。

$$反应器生产效率(STY) = \frac{产物质量(g)}{反应器体积(L) \times 反应时间(d)}$$

11.3　医药原料及中间体的酶促合成

11.3.1　单加氧酶催化合成埃索美拉唑

埃索美拉唑介绍

目前，市场上销售的埃索美拉唑主要采用化学不对称氧化法合成。通过不对称氧化奥美拉唑硫醚获得埃索美拉唑。1984 年，Kagan 和 Modena 使用改良的 Sharpless 试剂（Kagan-Sharpless）对硫醚进行了对映选择性氧化[5]。随后，Unge 等人在 Kagan 条件下氧化奥美拉唑硫醚[6]，但最终只得到外消旋的奥美拉唑；但将 N,N- 二异丙基乙胺应用到 Kagan 反应体系中，高效合成了 (S)- 奥美拉唑，这也是目前 (S)- 奥美拉唑商业化生产的主要方法。虽然 (S)- 奥美拉唑的化学合成途径已经比较成熟，但必须使用昂贵的过渡金属催化剂来保持反应的对映选择性。在不同催化体系的作用下，奥美拉唑硫醚不对称氧化制备埃索美拉唑容易产生不易去除的杂质，从而影响产品的质量和产率，使分离纯化困难，工艺复杂。利用微生物细胞或酶催化不对称氧化奥美拉唑硫醚合成埃索美拉唑，具有反应条件温和、立体选择性高、产品产率高等优势，因此受到了广泛的关注。已有报道 *Aspergillus carbonarius*，*Lysinibacillus* sp. B71，*Cunninghamella echinulata* MK40 等均可以不对称氧化奥美拉唑硫醚合成埃索美拉唑，但是由于野生菌中活性酶的表达量较低、反应时间长，底物浓度低和催化剂添加量大等缺点，无法达到工业生物催化的要求。美国克迪科思公司（Codexis）对 *Acinetobacter calcoaceticus* NCIMB9871 的天然酶 CHMO$_{NCIMB9871}$ 进行了大量突变[7]，显著提升了其催化效率，最优突变体催化 50g·L^{-1} 奥美拉唑硫醚，反应 36h 的转化率为 99%，*ee* > 99%(S)（图 11-1）。华东理工大学郁惠蕾教授团队通过基因挖掘从 *Acinetobacter calcoaceticus* 中获得环己酮单加氧酶 *Ac*CHMO[8,9]，经过分子改造后成功将其催化的底物类型从小位阻的环己酮转变成大位阻的奥美拉唑硫醚，改良后的 *Ac*CHMO 成功实现百升级规模制备，在 6h 内完全催化 5g·L^{-1} 奥美拉唑硫醚不对称氧化生成 (S)- 奥美拉唑。

图 11-1　BVMO 催化奥美拉唑硫醚不对称氧化合成 (S)- 奥美拉唑

11.3.2　转氨酶催化合成西他列汀

西他列汀（sitagliptin，MK-0431）是由美国默沙东公司开发的首个获得 FDA 批准用于治疗 Ⅱ 型糖尿病的二肽基肽酶 - Ⅳ（DPP-IV）抑制剂。目前，磷酸西他列汀已成为美国口服糖尿病药物的第二大药物。

化学合成西他列汀最初是利用光延反应（Mitsunobu 反应）引入手性氨基，不仅原子利用率低，而且由于使用三苯基膦会产生大量副产物三苯氧磷[10,11]。后来为了替代三苯基膦的使用引入了不对称氢化技术，使用［Rh(COD)Cl］$_2$ 和 t-Bu-Josiphos 为催化剂，可以降低副产物的产生，同时使成本降低 70%，而且无工业废水的排放。但是该工艺中使用过渡金属铑作为不对称氢化反应的催化剂，价格昂贵，且反应需要在加压反应釜中进行。因此，美国默沙东公司和克迪科思公司合作，以商业化 ω- 转氨酶 ATA117 为出发酶，通过模型对接合理设计和 11 轮的定向进化，将其底物结合口袋扩大并保持了酶的 (R)- 构型立体选择性，最终获得合成西他列汀的突变酶，其在保持较高立体选择性的同时具备显著提升的催化效率、底物耐受性和 DMSO 耐受性[12]。在最佳的条件下，6g·L^{-1} 的突变酶在 50% DMSO 下能够将 200g·L^{-1} 的酮底物转化为西他列汀，*ee* > 99.95%，产率 92%。与铑催化的不对称氢化反应相比，该反应具有较好的稳定性，总产量提高了 10% ~ 13%，生产力提高了 53%，废水总量减少 19%（图 11-2）。此外，生物催化反应不需要高压加氢设备，且无重金属污染，降低生产成本。因为该项目的成功开发，美国默沙东公司荣获 2010 年 "美国总统绿色化学挑战奖"。

11.3.3　生物催化合成新冠治疗药物中间体

新冠治疗药物包括吉利德科学公司的瑞德西韦（remdesivir）、默沙东的莫努匹韦（molnupiravir）、辉瑞的帕罗韦德（paxlovid）等（图 11-3）。

新冠药物介绍

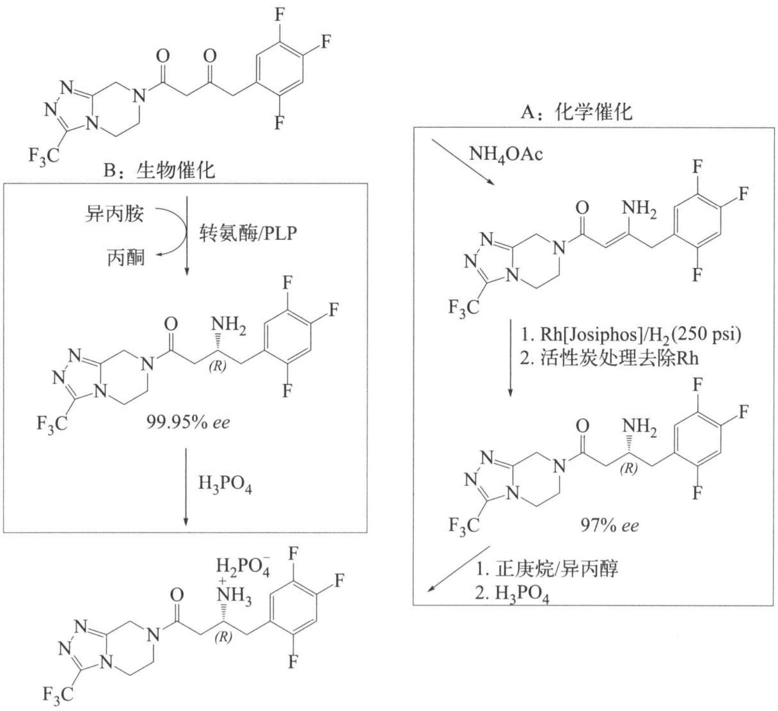

磷酸西他列汀

图 11-2　生物催化前手性酮直接胺化合成西他列汀

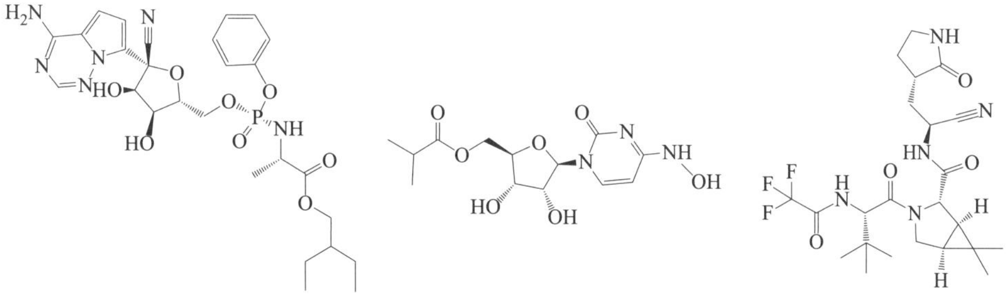

瑞德西韦　　莫努匹韦　　帕罗韦德/PF-07321332

图 11-3　三种新冠病毒治疗药物的分子结构

化学法合成莫努匹韦以胞苷为起始原料，在浓硫酸催化下经丙叉酮保护，再与异丁酸酐酯化、羟胺化、丙叉保护基脱除等步骤获得，整个反应工艺有 2 步反应需要色谱柱纯化，且需要丙叉酮保护和脱保护，步骤繁琐且产率仅为 44%。美国全民药品研究所（Medicines for All Institute）首次采用 Novozym 435 用于莫努匹韦的合成，首先将胞苷在硫酸作用下生成 *N*- 羟基胞苷，然后利用 Novozym 435 催化的选择性酯化反应得到终产物（图 11-4）[13,14]。该反应不需要保护和去保护，且反应步骤仅为 2 步，产品的总产率达 59%，酶的用量也较低，不需要进行色谱柱纯化。为了使该工艺更加绿色，英国曼彻斯特大学团队引入了胞苷脱氨酶（cytidine deaminase，CD），可以催化胞苷脱氨反应生成 *N*- 羟基胞苷。通过多轮定向进化获得了催化效率显著提升的突变体 CD1.3，其可在 3h 完全转化 180g · L^{-1} 胞苷，反应的转化数达＞85000，产品产率 85%[15]。

帕罗韦德（paxlovid）中另一个关键组分的名称为 (1*R*,2*S*,5*S*)-*N*-[(1*S*)-1- 氰基 -2-(2- 氧代 - 吡咯烷 -3- 基) 乙基]-3-[(*S*)-3,3- 二甲基 -2-(三氟乙酰胺基) 丁酰基]-6,6- 二甲基 -3- 氮杂双环 [3.1.0] 己烷 -2- 酰胺，逆合成分析显示其包括 3 个片段，即氮杂双环片段、内酰胺环片段和 3- 甲基 -l- 氨基酸片段，其中的关键片段

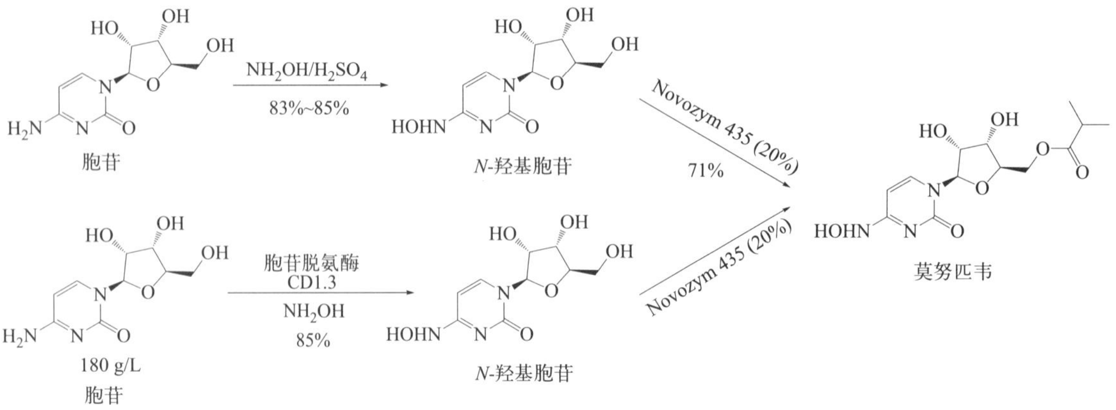

图 11-4 利用 Novozym 435 和胞苷脱氨酶合成莫努匹韦

为氮杂双环片段，也是 2011 年上市的慢性丙型肝炎药物波普瑞韦（boceprevir）的关键片段[16]。传统的化学方法经苄胺化和四氢锂铝还原获得胺，再经过硫酸钾氧化得到亚胺，经氰基水解、D-(+)- 二对甲基苯甲酰酒石酸成盐拆分获得，整个反应共 8 步，总产率仅为 15%，且依赖大量手性拆分试剂盒剧毒试剂氰化钾，导致整个工艺经济性低。曼彻斯特大学研究团队采用单胺氧化酶 MAO N401 为催化剂，利用氧气氧化生成亚胺化合物，再经亚硫酸氢钠加成、氰化钠取代、酯化反应等获得关键合成砌块。该路线仅有 4 步，总产率 56%，且光学纯度达 > 99%（图 11-5）[17]。该反应已经成功应用于中试规模，与化学法拆分相比，产品产率提高了 150%，原材料使用降低了 59.8%，耗水量减少 60.7%，整体工艺废物减少 63.1%，表现出较好的工业应用前景[18]。

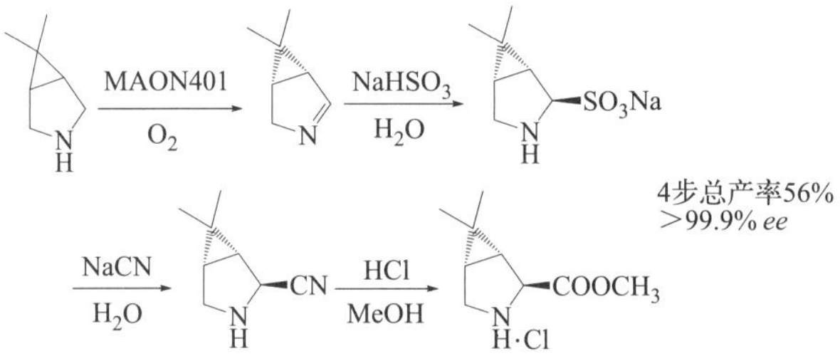

图 11-5 利用单胺氧化酶 MAO N401 合成帕罗韦德的关键片段

2022 年 12 月 6 日，英国剑桥大学研究团队发现熊去氧胆酸（ursodeoxycholic acid，UDCA），可以关闭新冠病毒进入人体的"大门"——血管紧张素抑制剂 2（ACE2）受体，从而预防 COVID-19，并具有预防新冠病毒的未来新变种以及可能出现的其他冠状病毒的潜力[19]。华东理工大学许建和团队围绕多酶级联法合成熊去氧胆酸开展了大量研究工作，首先采用基因挖掘策略从 *Clostridium absonum* 和 *Ruminococcus torques* 中分别获得了 7α-hydroxysteroid dehydrogenase（7α-HSDH$_{Ca}$）和 7β-hydroxysteroid dehydrogenase（7β-HSDH$_{Rt}$），实现了由价格便宜的鹅去氧胆酸合成高附加值的熊去氧胆酸（图 11-6）[20]。为了进一步提高反应效率，研究团队采用多目标定向进化策略构建了 7β-HSDH$_{Rt}$ 突变体，最佳突变体（T189V/V207M）的比活力提高 5.5 倍，半衰期延长 3 倍[21]。为了进一步降低辅酶的成本，研究团队通过 CSR-SaSLiD（cofactor specificity reversal：small and smart library design）策略，成功将 7β-HSDH$_{Rt}$ 的辅酶偏好性由 NADPH 偏转为 NADH，最佳突变体（G39D/T17A）对 NADH 的催化活力提高 223 倍[22]。研究团队利用突变酶构建了一个高效、可持续、闭环填充床反应系统用于连续还原 7- 羧基石胆酸合成熊去氧胆酸，该反应系统的时空产率高达 1040g · (L · d)$^{-1}$，环境因子由 293 降低至 77，生产成本也下降约 21%[23]。

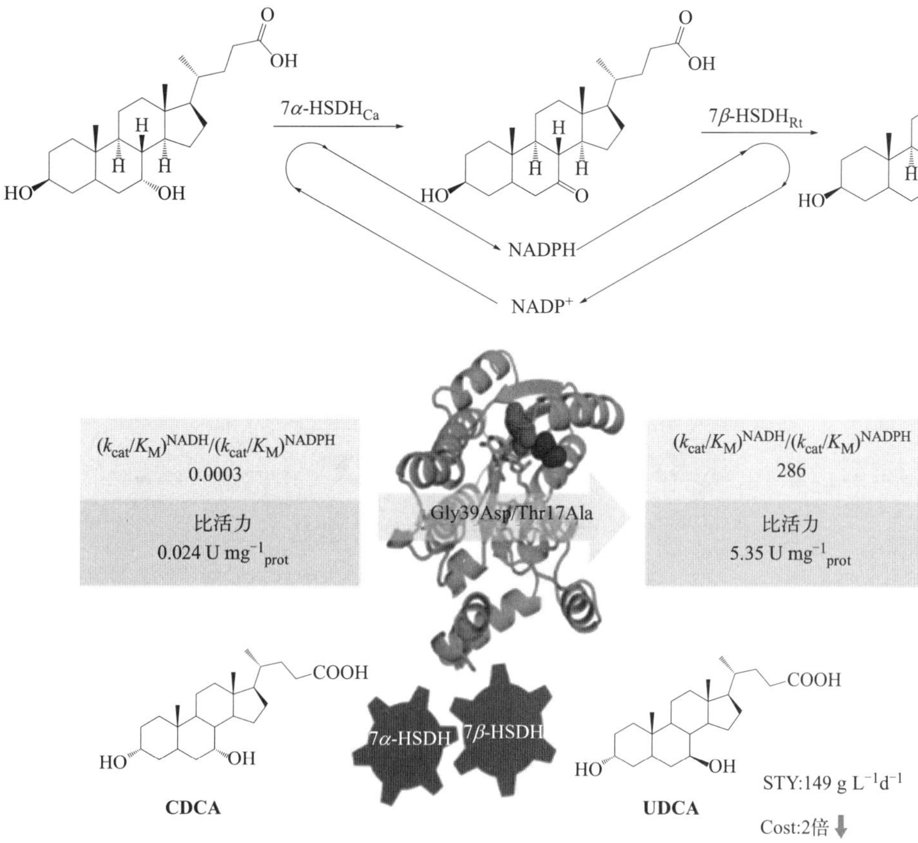

图 11-6 多酶级联反应由 CDCA 合成 UDCA

（图中标注）

$7\alpha\text{-HSDH}_{Ca}$

$7\beta\text{-HSDH}_{Rt}$

NADPH

$NADP^+$

$(k_{cat}/K_M)^{NADH}/(k_{cat}/K_M)^{NADPH}$
0.0003

比活力
0.024 U mg$^{-1}_{prot}$

Gly39Asp/Thr17Ala

$(k_{cat}/K_M)^{NADH}/(k_{cat}/K_M)^{NADPH}$
286

比活力
5.35 U mg$^{-1}_{prot}$

$7\alpha\text{-HSDH}$ $7\beta\text{-HSDH}$

CDCA

UDCA

STY:149 g L^{-1}d^{-1}

Cost:2倍↓

11.3.4 醇脱氢酶催化合成抗组胺药物中间体

近年来，受大气环境污染、冬春季节沙尘暴、雾霾的影响，以及花粉过敏症居高不下等因素的催化，我国过敏性疾病发病率不断上升。国内外医药产品及治疗检查手段的逐渐接轨，推动了抗过敏性药物市场的变局。

田边三菱制药株式会社开发苯磺贝他斯汀片是近两年中国食品药品监督管理局批准在中国上市的抗过敏药物，商品名坦亮（talion）。苯磺贝他斯汀 (+)-(S)-4-{4-[(4- 氯苯基)(2- 吡啶) 甲氧基] 哌啶 } 丁酸苯磺酸盐的关键中间体为 (S)-(4- 氯苯基)-(吡啶 -2- 基)- 甲醇。传统的化学方法，可以以外消旋 (4- 氯苯基)-(吡啶 -2- 基)- 甲醇为原料，经 L- 酒石酸拆分获得，反应步骤繁琐，反应的产率仅为 35.5%[24]；也可通过手性催化剂 (S)-[Ru(BINAP)Cl$_2$]$_2$(NEt$_3$) 催化 (4- 氯苯基)-(吡啶 -2- 基)- 甲酮的不对称氢化反应制备而来[25]，理论最大产率 100%，然而该手性配体的价格昂贵，需要依赖过渡金属，因此不适于规模放大。生物催化不对称还原反应具有立体选择性高、催化效率高、原子经济性高等优势，在手性仲醇化合物的合成中具有较高的应用潜力。然而，由于 (4- 氯苯基)-(吡啶 -2- 基)- 甲酮底物的位阻较大、对称性高，因此天然酶对该底物的选择性均不理想。默克公司通过对大量商品酶筛选后发现，醇脱氢酶可不对称还原 (4- 氯苯基)-(吡啶 -2- 基)- 甲酮合成 (R)-(4- 氯苯基)-(吡啶 -2- 基)- 甲醇，产品构型并非所需构型，且 ee 为 94%，无法满足医药中间体对手性的需求。江南大学倪晔团队首先通过基因挖掘的策略从 Kluveromyces polysporus 中获得了醇脱氢酶 KpADH[26]，首先设计了氨基酸亲疏水性组合饱和

抗组胺药物
发展历程

突变策略，仅通过两千多个突变体实现了立体选择性由 82% 提高至 99% 以上，并发现了极性作用力在调控 KpADH 立体选择性的重要性[27]。基于此，研究团队设计了极性扫描策略，进一步发现了 KpADH 中可以反转立体选择性的关键位点，可以实现 KpADH 的立体选择性由 82%(R) 反转至 97.8%(S)，进一步通过分子动力学模拟和预反应态分析初步揭示了 KpADH 立体选择性调控的"极性门（polar gate）"机制[28]，即该酶的立体选择性在底物进入活性中心时即得到确定（图 11-7）。

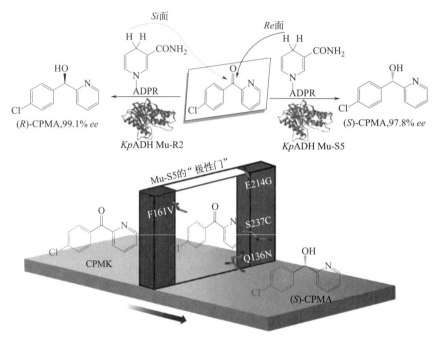

图 11-7　醇脱氢酶 KpADH 立体选择性调控的"极性门"机制

11.4　农药、兽药及除草剂的酶促合成

传统农药在防治农作物病虫害和保证农业丰收方面发挥着重要作用，但长期使用对环境造成了严重污染，对人体也造成了很大的伤害。鉴于此，提出了绿色农药的概念，即对人类健康安全无害、对环境友好、超低用量、高选择性，以及通过绿色工艺流程生产出来的农药。绿色农药包含超高效低毒农药、生物农药和通过绿色工艺如生物催化方法生产出来的农药。

目前 30% 以上的农药具有手性，其往往具有一个或多个手性中心，存在两个或多个对映异构体。不同的农药对映异构体作用于有害动植物时产生不一样的生物活性和药效，其中往往一半没有或者只具有较低的防治效果。高效单一对映异构体的使用可以在最少施药量的情况下发挥最大的防治效果，降低药害，延缓或克服病虫害的抗药性，对动植物和环境生态更加安全，有效降低成本，提高经济效益。目前市场上的手性农药一部分是以消旋体形式存在的，如除草剂高 2,4- 滴丙酸、精噁唑禾草灵等，另一些则是以富集一种对映体的形式存在的，如 (S)- 异丙甲草胺（S-metolachlor），或包含立体异构体的，如氯氰菊酯、生物苄呋菊酯和溴氰菊酯（deltamethrin）等。近年来，科学家研究了采用游离酶和微生物细胞作为催化剂制备农药及其前体的方法，生物催化法在手性农药和其中间体生产过程中得到了广泛应用。

11.4.1　农药中间体 2- 氯烟酸的酶法合成

2- 氯烟酸属于氮杂环化合物，具有很好的生物活性，是一种广泛的农药、医药和精细化工中间体。在农药领域，2- 氯烟酸可用于合成农用杀菌剂、杀虫剂和除草剂等，如新型高效的除草剂烟嘧磺隆（nicosulfuron）和吡氟草胺（diflufenican）。由 2- 氯烟酸为母体开发的新农药不仅农药毒性低，而且活性高，是全球五类杀虫剂（有机磷、氨基甲酸酯、拟除虫菊酯、有机氯、新烟碱等）中销售额最大，也是近些年增长最快的一类杀虫剂。

利用酰胺水解酶催化水解 2- 氯烟酰胺制备 2- 氯烟酸是一种很有前途的酶合成方法（图 11-8）。但是吡啶环上的 2- 位氯取代基具有很强的空间和电子效应，因此 2- 氯烟酰胺的生物催化水解比较困难。浙江工业大学郑裕国院士团队发现一株来源于 *Pantoea* sp. 的酰胺水解酶（*Pa*Ami），并通过突变提高了酶活力，构建了单突变体 G175A 和双突变体 G175A/A305T，对 2- 氯烟酰胺的催化活性分别提高了 3.2 倍和 3.7 倍[29]。通过结构功能分析表明，突变体 G175A 缩短了催化残基 Ser177 的 Oγ 与 2- 氯烟酰胺羰基碳之间的亲核攻击距离。此外，A305T 突变有助于形成合适的通道，促进底物的进入和产物的释放，从而提高催化效率。以双突变体 G175A/A305T 为生物催化剂，最大转化率 94%，时空产率高达 575g·(L·d)$^{-1}$。不仅为 2- 氯烟酸的生产提供了一种新的生物催化剂，而且为酰胺酶的结构 - 功能关系研究也提供了新的见解。

图 11-8　生物催化 2- 氯烟酰胺合成 2- 氯烟酸

拟除虫菊酯介绍

11.4.2　拟除虫菊酯关键手性中间体的一锅法合成

烯丙醇酮和炔丙醇酮是合成拟除虫菊酯类杀虫剂的重要手性中间体。目前已有大量有关酶催化拆分制备 (S)- 烯丙醇酮或 (S)- 炔丙醇酮的研究报道。利用脂肪酶选择性转酯化拆分外消旋乙烯丙醇酮和炔丙醇酮，或利用脂肪酶选择性水解拆分对应的外消旋乙酸酯，均可制备获得所需 (S)- 构型产物。浙江大学杨立荣研究团队在全有机溶剂体系中利用化学 - 酶法高效制备 (S)- 烯丙醇酮并实现了工业化生产。针对用脂肪酶催化的不对称转酯化和醇解反应拆分制备 (S)-α- 氰基 -3- 苯氧基苄醇 (S-CPBA)50% 理论最大得率的局限，研究团队报道了一个将酶催化的转酯反应与外消旋化作用结合起来的"酶催化的二级不对称转化"合成 S-CPBA 的方法[30]。在碱性树脂催化下，芳香醛与作为氢氰酸供体的丙酮氰醇进行可逆氰基交换反应，生成外消旋氰醇。在同一反应容器中，S-CPBA 被洋葱假单胞菌（*Pseudomonas cepacia*）脂肪酶酰化，剩下的 R-CPBA 为维护上述的可逆平衡就迅速发生外消旋化，不断转化为 S-CPBA（图 11-9）。这样循环往复，外消旋氰醇就逐渐完全转化为单一构型的氰醇乙酸酯，产物的 ee 值最高达 94%，产率最高为 96%。

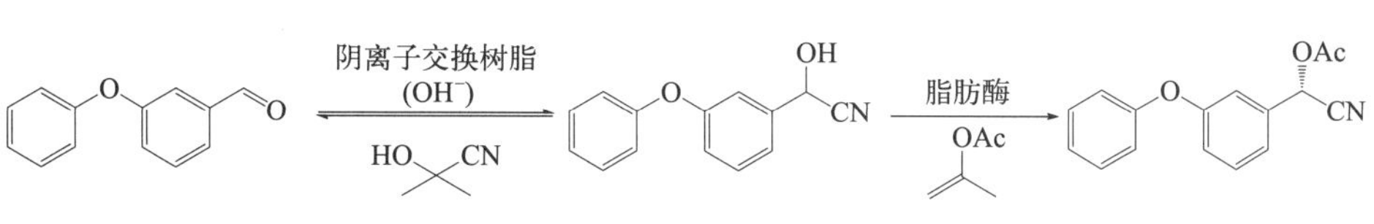

图 11-9　一锅法制备 S- 氰醇乙酸酯

11.4.3　兽药氟苯尼考中间体的酶促合成

氟苯尼考（florfenicol）又称氟甲砜霉素，是由美国先灵葆雅公司于 20 世纪八十年代后期成功研制的一种新型兽用的第三代 β- 氨基醇类广谱抗菌药（图 11-10）。该药 1990 年首次在日本上市，1996 年通过美国 FDA 认证，商品名为 Florfenicol 和 Nuflox。我国于 2000 年批准为国家二类新兽药，是农业部批准的可以用于水产养殖的 12 种抗生素之一。迄今为止，氟苯尼考仍然被认为是最安全高效的杀菌药物之一。因而，寻求绿色和高效的酶法合成工艺具有重要的学术意义和应用开发前景。

氯霉素
(chloramphenicol)

甲砜霉素
(thiamphenicol)

氟苯尼考
(florfenicol)

图 11-10　三代 β- 氨基醇类抗生素的结构式

化学法合成氟苯
尼考的两种工艺

氟苯尼考的活性药物成分为 [R-(R′,S′)]-2,2- 二氯 -N-[1-(氟甲基)-2- 羟基 -2-(4′- 甲砜基苯基)] 乙酰胺，是一种 β- 氨基醇类化合物，结构中含有两个手性中心，发挥抗菌作用的为 D-(+)- 苏式构型。目前，氟苯尼考的合成主要通过首先合成 D-(±)-threo-3-(4′- 甲砜基苯基)- 丝氨酸乙酯 (缩写为 D- 乙酯)，再经酒石酸拆分获得 (+)-threo-3-(4′- 甲砜基苯基)- 丝氨酸乙酯 (缩写为 D-threo- 乙酯)，进一步通过二氯乙酰化，还原、氟化获得终产品。

鉴于生物催化法具有反应条件温和、立体选择性高、环境友好、操作简便等优势，因此很早就有利用生物催化剂合成氟苯尼考关键中间体的研究报道。1991 年，Clark 等筛选到灰色链霉菌的蛋白酶可以催化动力学拆分对甲巯基苯丝氨酸乙酯盐酸盐，获得对甲巯基苯丝氨酸。同时将无效对映体消旋化后，突破了理论产率仅为 50% 的瓶颈，然而该方法仍然依赖 CuSO$_4$ 催化的缩合反应 [31]。1998 年，荷兰 DSM 公司报道了一种通过 *Ochrobactrum anthropi* 酰胺酶拆分外消旋酰胺底物合成对 D-threo- 对甲砜基苯丝氨酸的方法 [32]。该方法首先由对甲巯基苯甲醛或对甲砜基苯甲醛与 2- 氨基乙酰胺经 Aldol 缩合反应合成外消旋酰胺底物，再经酰胺酶对映选择性拆分获得关键手性中间体，ee 高达 99%。经硼氢化钠还原、二氯乙酰化和氟化后获得氟苯尼考，总产率高达 62%。2008 年，林国强院士团队开发了一条以对甲巯基苯甲醛为起始原料通过羟腈裂解酶（HNL 酶）催化不对称羟腈化反应合成对甲硫基苯乙腈醇，再经保护、还原、水解、还原和甲巯基氧化、水解开环、脱苄、乙酰化和氟化可获得氟苯尼考 [33]。2017 年，许建和教授团队将巴旦木（*Prunus communis*）来源的四种 HNL 同工酶在 *Pichia pastoris* 系统中重组表达 [34]，解决了所需酶分离提取困难的问题，并且可被完全转化 200mmol·L^{-1} 对甲巯基苯甲醛，ee 高达 99.6%（图 11-11）。

Prunus communis 来源的HNL

2mol·L^{-1} HCN, pH5.0, 15℃

MeS

MeS

图 11-11　巴旦木来源羟腈裂解酶催化对甲巯基苯甲醛和氢氰酸缩合反应

苏氨酸转醛酶是细胞内合成 β- 羟基 -α- 氨基酸（如丝氨酸、苏氨酸）的关键酶，在 β- 羟基 -α- 氨基酸的合成中具有极大的应用开发潜力。2017 年，福州大学林娟研究团队发现了来自 *Pseudomonas* sp. 的 *Ps*LTTA [35]，该酶与 ObiH 具有 99% 的序列相似性。生化分析表明，*Ps*LTTA 只能以 L- 苏氨酸为供体底物，但可以接受带有不同取代基团的醛受体。在这些醛受体中，*Ps*LTTA 能够催化对甲砜基苯甲醛和 L-

苏氨酸，以较高的转化率和非对映选择性生成 L- 苏 - 对甲砜基苯基丝氨酸（图 11-12）。在优化条件下，含有过表达重组 *Ps*LTTA 的全细胞催化合成 L- 苏 - 对甲砜基苯基丝氨酸的反应，达到 67.1% 的转化率和94.5% 的非对映选择性。L- 苏 - 对甲砜基苯基丝氨酸的全细胞催化生产可以达到 100mL 的规模，该研究组首次证明了 *Ps*LTTA 可作为一步制备 β- 羟基 -α- 氨基酸的高效生物催化剂。

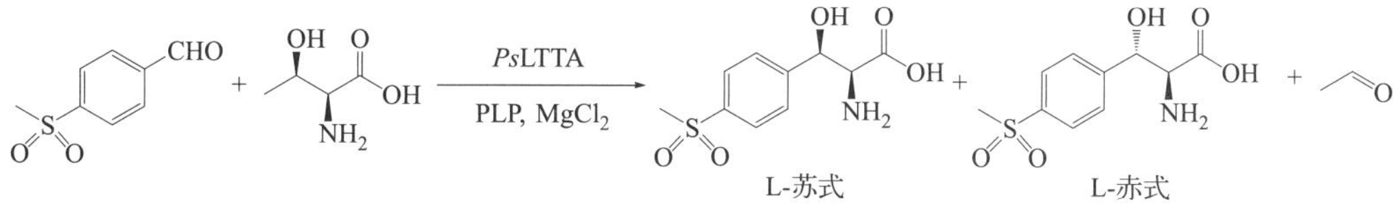

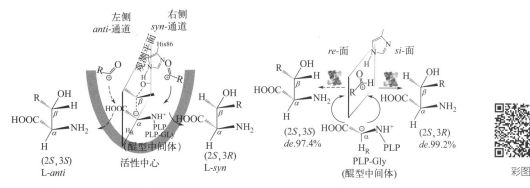

图 11-12　利用 L- 苏氨酸转醛酶合成氟苯尼考关键手性中间体

　　针对 L- 苏氨酸醛缩酶非对映体选择性低的问题，浙江大学吴坚平团队提出了影响非对映体选择性的路径假说[37,38]。认为醛从不同的路径进入活性中心导致不同构型 β- 羟基 -α- 氨基酸的形成（图 11-13）。当 Cα 负离子的电子攻击底物醛 *re*- 面时，形成 *anti* 式产物。相反，当 Cα 负离子的电子攻击底物醛的 *si*-面，形成 *syn* 式产物。并提出阻碍 *anti* 式产物路径，强化 *syn* 式路径的改造策略，获得了非对映体选择性＞ 99% 的突变体 RS1。基于该假说，作者利用空间位阻、静电作用、π-π 相互作用对 *Lm*LTA 的底物进出通道微环境进行调节，获得的突变体 WFH 非对映体选择性从 26.8% *syn* 提高至 96.3% *syn*。在路径假说和Prelog 规则的共同指导下，作者结合突变景观分析和 CAST/ISM 突变策略对 *Cp*LTA 进行改造。获得的突变体 H305L/Y8H/V143R 对 l-*syn*-MTPS 的非对映体选择性从 37.2% 提高至 99.2% *syn*，突变体 H305Y/Y8I/W307E 对 l-*anti*-MTPS 的非对映体选择性反转至 97.4% *anti*。

图 11-13　L- 苏氨酸醛缩酶的 Prelog 规则及路径假说（彩图见二维码）

　　上海交通大学冯雁教授团队首先基于海洋微生物基因组和进化关系分析，发现了一个来源于海洋嗜油菌 *Neptunomonas marine* 的 LTA（*Nm*LTA），该酶在催化 C—C 缩合反应合成抗感染药物甲砜霉素和氟苯尼考的手性中间体 L-threo- 甲砜基苯丝氨酸中表现出高催化活性（64.9U·mg⁻¹）和强非对映体立体选择性（*de*=89.5%）[39]。进一步解析了 *Nm*LTA 的蛋白质晶体结构，通过结构分析发现底物通道内带正电的氨基酸残基有利于稳定带负电的底物；通过突变和计算模拟分析表明活性口袋 H140 和 Y319 侧链分别与不同构象底物形成非极性相互作用。综上，形成调控酶对映体立体选择性的"双构象"作用模式（图 11-14）。为进一步提升该酶的催化性能，采用结构 - 机制指导的酶底物通道重塑策略，通过定点饱和突变和迭代组合突变，成功获得了催化活性、立体选择性和稳定性等催化功能同时提升的三点突变体N18S/Q39R/Y319L（SRL），在合成手性中间体 L-threo- 甲砜基苯丝氨酸中表现出严格的非对映体立体选择性（*de* ＞ 99%）和高时空产率（216g·L⁻¹·d⁻¹），实现了单一苏式构型产物的高效合成，为催化合成多种非天然氨基酸的酶分子改造和应用奠定了基础。

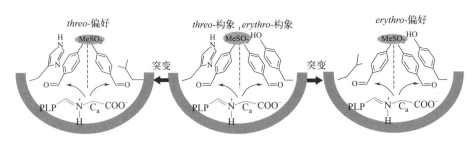

图 11-14 苏氨酸醛缩酶"双构象"非对映体立体选择性调控机制

11.4.4 除草剂草铵膦的酶促合成

除草剂是农药中最重要的产品，草甘膦、百草枯、草铵膦、敌草快等灭生性除草剂因具有良好的除草性能被广泛应用。百草枯由于其毒性极强，2016 年开始已禁止或严格限制使用。草铵膦作为一种高效、低毒、非选择性除草剂，得到越来越多的关注。草铵膦（phosphinothricin），又名草丁膦，化学名称为4-[羟基 (甲基) 膦酰基]-DL- 高丙氨酸（2-amino-4-hydroxymethylphosphinylbutanoic acid），是德国赫斯特（Hoechst）公司开发的高效、广谱、低毒的非选择性除草剂。草铵膦是一种通过抑制谷氨酰胺合成酶活性从而抑制光呼吸作用的进行，引起植物体内高浓度的氨积累而导致植物中毒死亡的除草剂[40]。

化学法合成
L- 草铵膦

草铵膦具有杀草谱广、低毒、持效期长、活性高及环境相容性好等特点，被广泛应用于农田作物、非耕地、免耕地等杂草防治，是全球第三大灭生性除草剂及第二大转基因作物除草剂。草铵膦有两个对映异构体：L- 草铵膦 (精草铵膦) 和 D- 草铵膦。其中，只有 L- 草铵膦具有除草活性，而且易被土壤微生物降解，对环境及人类的危害较小。目前，市售的草铵膦都是其外消旋体。若能制备光学纯的 L- 草铵膦进行使用，草铵膦的施用量将降低 50%，可显著提高原子经济性、减轻环境压力。随着农药减量增效政策的颁布与实施，高效、低毒、绿色的手性农药的需求激增，L- 草铵膦的合成工艺的开发成为最近研究的热门。

根据所使用的起始原料及反应类型的不同，L- 草铵膦的生物催化制备路线可分为三类：（1）手性原料的直接水解；（2）外消旋底物的选择性拆分；（3）酶催化的不对称合成。利用具有立体选择性的酶催化剂拆分外消旋底物制备 L- 草铵膦的报道相对较多，所涉及酶的种类也是多种多样，包含腈水解酶、酰胺酶、酰化酶、胰蛋白酶、酯水解酶、D- 氨基酸氧化酶等等。此类工艺以外消旋草铵膦或其衍生物为底物，通过酶催化的选择性水解、酰化或氧化等反应转化其中的一个对映异构体，进而实现两种构型的拆分。"Strecker 法"是目前国内大部分企业生产 DL- 草铵膦所采用的工艺路线，该路线中 DL- 草铵膦是由 2- 氨基 -4-（羟己基甲基磷酰基）- 丁腈化学水解制得。研究者利用具有立体选择性的腈转化酶代替化学催化实现该氨基腈化合物水解，进而制备光学纯的 L- 草铵膦[41]。腈转化酶拆分法可以分为两类：第一类是利用立体选择性腈水解酶（nitrilase，EC 3.5.5.1）通过一步反应直接将腈化合物水解为 L- 草铵膦（图 11-15）；

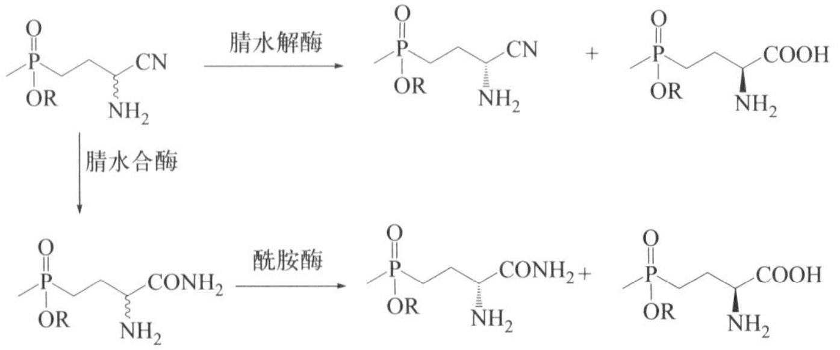

图 11-15 利用水解酶拆分制备 L- 草铵膦

第二类则是先通过腈水合酶（nitrile hydratase，EC 4.2.1.84）将氨基腈水合为氨基酰胺，再利用立体选择性的酰胺酶（amidase，EC 3.5.1.4）将其水解为 L- 草铵膦。腈水解酶催化的 L- 草铵膦制备工艺基于成熟的"Strecker 法"草铵膦制备路线，原料易得、便宜，同时腈水解酶与酰胺酶具有良好的立体选择性，具有一定的应用潜力。此类拆分工艺能在工业化的道路上走多远，还取决于科学家能否获得符合要求的高酶活、高立体选择性酶催化剂以及建立高效的消旋化体系实现剩余的 50%"无用"原料的再利用。

　　酶催化的 L- 草铵膦不对称合成工艺，通常具有非常严格的立体选择性，并且没有 50% 理论产率的限制，因此受到广泛关注。目前报道的此类路线都是从 2- 羰基 -4-（羟基甲基膦酰基）丁酸（PPO）这一酮酸底物出发，在转氨酶或谷氨酸脱氢酶的作用下，不对称氨化得到 L- 草铵膦，其中尤以转氨酶的相关研究较多。转氨酶（aminotransferase，transaminase）是催化氨基酸与酮酸之间氨基转移的一类酶。最早关于转氨酶应用于 L- 草铵膦制备的研究报道于 1990 年，Bartsch 等将来源于大肠杆菌的转氨酶固定于环氧化物活化后的载体，在柱反应器中进行 L- 草铵膦的连续生产，最终 L- 草铵膦的产率能够达到 50g·(L·h)$^{-1}$[42]。但是，由于转氨反应固有的可逆性，这一过程获得的转化率较低，在氨基供体 - 谷氨酸与 PPO 摩尔浓度为 1∶1 时仅能达到 50%。通过加入 3 倍摩尔量的谷氨酸可以使 PPO 的转化率提高至 90%，但过多的氨基供体会带来成本过高、产物分离提纯困难等系列问题（图 11-16 A）。浙江大学杨立荣教授研究团队通过基因挖掘策略从 *Pseudomonas putida* 中发现了一个 NADP$^+$ 依赖的谷氨酸脱氢酶 *Pp*GluDH，比活力为 0.296U·mg^{-1}[43]。为了进一步提高催化活力，对其进行了理性设计改造，通过对 *Pp*GluDH 活性口袋中的一个"锚穴"结构进行扩大，使其能够容纳 PPO 较大的 γ 位基团，成功获得了两个对 PPO 催化活力显著提高的突变体 A167G 和 V378A，对 PPO 催化的比活力分别提高了 129 倍和 121 倍，进一步结合"铰链"改造，构建了最佳突变体 A167G/A379S/L383Y，对 PPO 的比活力提高至 206U·mg^{-1}，是野生型的 696 倍[44]。将其应用于 L- 草铵膦的合成，发现其可在 1h 内将 0.25mol·L^{-1} PPO 完全转化，*ee* 值 > 99%，时空产率高达 1021g·(L·d)$^{-1}$，表现出了非常大的工业应用潜力。针对野生型谷氨酸脱氢酶对 PPO 活性较低的问题，浙江工业大学郑裕国教授研究团队分析了酶 - 底物结合的结构，绘制了三维定量构效关系模型，并确定有益突变位点，饱和突变后获得最优突变，其催化效率较野生型提高了 168 倍，同时保持了严格的立体选择性，获得了光学纯 L- 草铵膦（图 11-16 B）[45]。

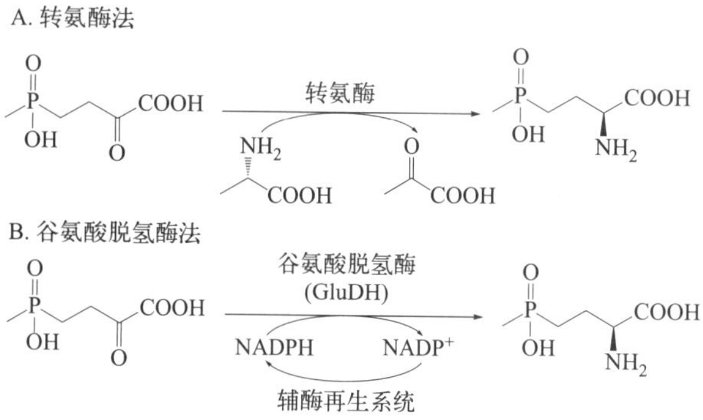

图 11-16　酶法不对称合成 L- 草铵膦

11.5　其他功能化学品的酶促合成案例

11.5.1　生物催化在香精香料合成中的应用

　　香草醛（4- 羟基 -3- 甲氧基苯甲醛），又称香兰素，由于具有类似奶油香草的气味，经常被用作香料、食品和化妆品的添加剂。另外，香草醛还具有抗真菌、抗癌和抗氧化等生物活性，被广泛应用于制药领域。预计到 2025 年，香草醛的全球需求量将在 2016 年 18600 吨的基础上增加 6.2%。目前生产香草醛可通过天然提取、化学合成以及生物合成获取。天然提取的香草醛来源于芸香科的香豆荚，通过渗透法（乙醇和水）、油树脂法（乙醇）或超临界液体二氧化碳提取法获得。由于植物提取获得的香草醛产量低、成本高且香豆荚种植需要占用大量的土地，因此不能满足市场的需求。化学合成的香草醛，是由化石碳氢化合物来制备的，如愈创木酚和丁香酚，其中以愈创木酚为基础的工业过程是利用乙醛酸作为缩聚剂，将甲酰基引入苯酚中，中间产物随后通过苯基乙醛酸转化为醛，由愈创木酚合成的香草醛占全球市场供应中的 85%。虽然化学合成的香草醛产量高、成本低，但是过程中涉及使用有毒有害的化学试剂并且底物选择性有限，不符合绿色化学和可持续的理念。目前，已有利用微生物细胞转化葡萄糖、丁香酚、异丁香酚、木质素和阿魏酸等不同碳源合成香草醛的研究，可见生物合成香草醛是一种很有前途的绿色制造工艺。

利用微生物细胞合成香草醛主要有两条基础路线：芳香族氨基酸途径和莽草酸途径。芳香族氨基酸获得的香草醛起始于苯丙氨酸和酪氨酸，而从莽草酸途径获得的香草醛以 3- 脱氢莽草酸为前体[46]。除此之外，异丁香酚和阿魏酸的生物转化过程也是获得香草醛的路线，尤其是阿魏酸为前体底物时可以获得较高的香草醛产量。阿魏酸为前体生产香草醛可以分为非辅酶 A 依赖型和辅酶 A 依赖两种方式，非辅酶 A 依赖型是通过香草醛合酶（VpVAN）实现的。Gallage 等利用香荚兰中内源性 VpVAN 催化阿魏酸转化为香草醛[47]。同样，Arya 等利用农杆菌介导转化的 VpVAN 在水稻愈伤组织中催化阿魏酸合成香草醛，含量达 544.72μg·L^{-1}[48]。然而，阿魏酸转化为香草醛是阿魏酸分解代谢的一个中间步骤，产生的香草醛可迅速转化为其他副产物或通过 NAD 依赖的反应将香草醛转化为香草酸。为了防止香草醛氧化，Gioia 等利用荧光假单胞菌 BF13 为宿主，并敲除香草醛脱氢酶 vdh 基因以获得高产量香草醛，最高得到 1.28g·L^{-1} 的香草醛[49]。Fleige 等使用拟淀粉菌 $Amycolatopsis$ sp. ATCC 39116，同样敲除 vdh 基因并过表达 fcs/ech 后的突变株，高产获得 19.3g·L^{-1} 香草醛[50]。Furuya 等在大肠杆菌中表达辅酶脱羧酶（FDC）、加氧化酶（Cso2），以阿魏酸为底物将 4- 乙烯基愈创木酚（4-vinylguaiacol）转化生成 7.8g·L^{-1} 香草醛[51]。在利用辅酶 A 依赖的阿魏酰辅酶 A 合成酶（FCS）/ 烯酰基辅酶 A 水合酶 / 醛缩酶（ECH）时，研究者们发现 FCS 和 ECH 的比例对香草醛产量影响很大。最近，Chen 等在大肠杆菌 JM109 中调控 fcs 和 ech 基因比例为 1：1[52]，成功构建由阿魏酸生物合成香草醛的全细胞催化体系，将 20mmol·L^{-1} 阿魏酸转化为 15mmol·L^{-1} 香草醛，有效地解决了高浓度阿魏酸不利于香草醛合成的瓶颈问题（图 11-17）。

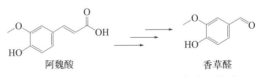

阿魏酸   香草醛

图 11-17 微生物转化阿魏酸合成香草醛

丁位癸内酯又称 δ- 正戊基 -δ- 戊内酯或 δ 癸内酯，具有强烈持久的奶油香特征，是调制牛奶和奶油香精的重要原料，同时也广泛用于调配椰子、草莓、桃等风味香料。丁位癸内酯在人造奶油、冰淇淋、软饮料、糖果、焙烤食品及调味料中大量应用，市场需求量大。含有 γ/δ 内酯环结构的化合物及其衍生物存在于 15000 多种天然产物中，包括抗生素和抗肿瘤试剂、生物碱以及信息素，其中 δ 烷基内酯化合物是应用广泛的香精香料，它们不仅是合成一些聚合物和天然化合物的重要构建模块，也具有抗菌活性，具有非常重要的工业价值。γ/δ 内酯的分子结构决定了其外在的风味。例如，五元环和六元环内酯的香型差异很明显，γ- 癸内酯具有桃子和草莓的香气，而 δ- 癸内酯具有椰奶香味。内酯化合物因侧链基团也影响香型，侧链烷基链长从 2 到 8 个碳链的烷基内酯化合物有不同的香气，如 γ- 辛内酯具有奶香味和椰子的果香，而 γ- 十一内酯有强烈的桃子和杏仁香气。它们的香气强度也会受到内酯化合物立体构型的影响。天然内酯主要是 (R)- 对映体，比 (S)- 对映体气味更强，是果香味的主要来源，故作为食品添加剂。(R)- 构型的内酯化合物需求更大，但是一般的化学法合成所得到的内酯化合物主要是外消旋的产品，其香味不够纯正，因此光学纯度高的手性内酯化合物具有很高的附加值，深受市场欢迎。

目前合成手性丁位癸内酯的方法主要有：化学法、生物法发酵、生物催化法。但化学法合成这些香味化合物经常会有一些副产物产生，有的还会产生不必要的色素杂质，在食品和饮料中的应用受到了限制。此外，化学合成中大量使用的金属催化剂不仅对环境安全不利，而且也不符合食品安全标准。故研究立体选择性强、环境友好的手性内酯合成新方法，无疑具有非常重要的经济和社会价值。而将酵母等细胞进行发酵获得 γ-/δ- 癸内酯的研究虽很多，但也存在副产物多和产率低等问题，其工业应用尚待深入研究。酶催化 γ-/δ- 长链酮酸（酯）的不对称还原，再进一步内酯化制备手性内酯，此合成路线短，绿色环保，优势显著。

华东理工大学许建和团队以 γ- 羰基癸酸作为唯一碳源，从土壤中筛选获得 4 株立体选择性还原 γ-/δ- 羰基癸酸的微生物，并使用基因狩猎的方法，快速高效地从 *Pseudomonas panipatensis* 中克隆出目标酶 *Pp*CR。以该酶为探针，进行数据库挖掘，从 *Serratia marcescens* 中获得了活力更加高的羰基还原酶 *Sm*CR，实现以重组酶作为催化剂不对称还原 4- 羰基癸酸和 5- 羰基癸酸，来制备光学纯的 γ- 和 δ- 癸内酯[53]。研究团队继续对长链酮酸还原酶 *Sm*CR 进行了分子改造，构建了 *Sm*CR$_{V4}$[54]，突变体的催化活力相比野生型提高了 500 倍，最终 4- 羰基癸酸甲酯的底物上载量高达 1.5mol·L^{-1}，时空产率高达 1175g·(L·d)$^{-1}$。研究工作为其他还原酶的改造提供方法参考，同时为香料的工业生产提供了一条绿色途径（图 11-18）。

图 11-18　利用长链酮酸还原酶 *Sm*CR 突变酶合成不同结构的癸内酯化合物

11.5.2　生物催化在材料化学品中的应用

丙烯酰胺的用途

丙烯酰胺为丙烯酰胺系中最重要及最简单的一种，用途十分广泛，可用作有机合成的原料及高分子材料的原料。

丙烯酰胺的合成经历了第一代硫酸催化技术、第二代铜催化技术、第三代生物催化技术。生物催化技术主要利用腈水解酶水解丙烯腈合成丙烯酰胺。催化丙烯腈生成丙烯酰胺的腈水合酶广泛存在于诺卡氏菌（*Nocardia*）、红球菌（*Rhodococcus*）、假单胞菌（*Pseudomonas*）等细菌中。日本日东化学公司首先于 1985 年 4 月在横滨开始中试投产，确定了工艺的可行性。同时期，沈寅初院士团队在上海市农药研究所领导的研究小组也围绕腈水合酶生物催化生产丙烯酰胺开展了研究，经过多年攻关，也成功开发了这一新技术，构建了一株高产腈水合酶的菌株 *Nocardia* sp. 86-163，建立了我国第一套利用生物催化技术生产大宗原料的工业化装置，并持续改进腈水合酶催化法生产丙烯酰胺的工艺技术[55]。清华大学于慧敏教授团队通过多层次的改造，构建了一株性能得到强化的腈水合酶产生菌 *Rhodococcus ruber* TH，经 48h 发酵培养后腈水合酶活力达到 300U·mg^{-1} 菌体干重，表现出了优良的丙烯酰胺生产性能，产物浓度高达 480g·L^{-1}，且无需后续高温浓缩工艺，显著降低生产过程能耗[56]。

己二酸又称为肥酸，是一种具有广阔工业应用价值的二元羧酸。作为一种重要的大宗化学品，己二酸已被美国能源部列为 12 种最有市场价值的生物基化学品之一。目前，其全球年产量约 285 万吨，产值约 47 亿美元，且保持年均 4.1% 的增长。己二酸是尼龙-66 生产的关键前体之一[57]。此外，其还在医药、化工和材料等领域中有着广泛的应用。己二酸的生产方法主要有化学合成法和生物合成法。化学合成法现阶段的成熟工艺是将环己酮和环己醇混合后经硝酸氧化生成，依赖高污染、高能耗的两步化学氧化。因此，基于石化路线生产己二酸是一种非环境友好型的生产方式，在生产过程中释放的 N$_2$O 等温室气体不可避免会对环境造成污染（图 11-19 A）。因此，开发一种绿色、清洁生产方式对于己二酸的生产至关重要。随着生物技术的快速发展，利用生物法合成己二酸逐渐引起了人们的广泛关注。目前己二酸的生物合成方法主要有酶转化法和微生物发酵法。尽管，生物发酵法利用代谢工程等技术手段，改造胞内代谢流量、流速和流向，使微生物以廉价碳源为底物合成己二酸，但目前仍然存在产物浓度低等问题[58]。

此外，湖北大学李爱涛团队设计了一种人工生物合成体系可以催化环己烷到尼龙 66 单体己二酸的合成[59]。该人工生物合成体系采用模块化和微生物菌群的催化策略，将整个生物合成途径中的 8 种酶分成三个模块分别在三种大肠杆菌中进行表达，从而获得三个模块化细胞催化剂。随后，采用"即插即用"的组装策略，将三种细胞进行组合构建大肠杆菌微生物组催化体系，最终实现了环己烷或环己醇到己二酸的高效生物转化。该过程在常温、常压水相进行催化反应，使用自给自足的辅酶自循环，同时使用静息细胞作催化剂，反应体系单一，后续分离纯化简单（图 11-19 B）。此外，利用理性设计获得的大肠杆菌微生物组作为催化剂，可以实现转化多种环烷烃或环烷醇（C5-C8）得到不同 α,ω- 二元羧酸的合成，充分证明了该方法的普适性。最后，将整个生物转化反应在发酵罐进行了放大反应，成功实现了己二酸产物的放大制备，这一人工生物合成体系为实现生物法大规模合成 α,ω- 二元羧酸奠定了重要的基础。

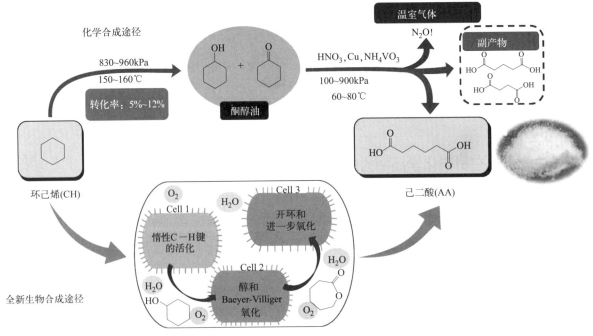

图 11-19 化学合成己二酸路径及酶法合成己二酸的生物合成路径

　　然而，上述过程中使用的羧酸还原酶（CAR）的催化效率较低和特异性较差，不利于其规模化应用。为了提升该过程的经济性，华东理工大学郁惠蕾教授研究团队开发了一种用于发现新 CAR 的高度准确的基于蛋白质结构预测的虚拟筛选方法，该方法依赖于近攻击构象频率和 Rosetta 能量得分[60]。通过虚拟筛选和功能检测，选择了五种新的 CAR，每一种都具有广泛的底物范围和对各种二胺基和 ω- 胺基羧酸的最高活性。与已报道的 CAR 相比，KiCAR 对己二酸具有高度特异性，对 6- 氨基己酸（6-ACA）没有可检测的活性，表明 KiCAR 在 6-ACA 生物合成中具有较高的潜力（图 11-20）。此外，与之前验证的 CAR MAB4714 相比，MabCAR3 对 6-ACA 的 K_m 更低，亲和力更高，使得己二酸的酶促级联合成发生两次连续转化合成己二胺。应用 KiCAR 和 ω- 转氨酶（ω-TA）可以实现将己二酸转化为 6-ACA，转化率为 90%，未检测到副产物己二胺。

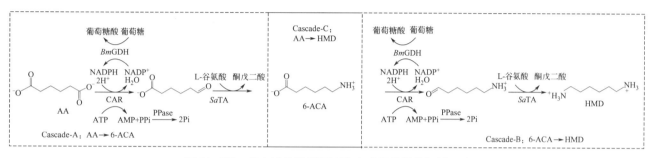

图 11-20　定向进化羧酸还原酶合成尼龙单体氨基己酸

　　二元胺是聚酰胺、聚氨酯和聚脲等高分子材料合成的核心单体，生产需求巨大。在碳中和大背景下，合成生物基二元胺是实现低碳生产和可持续发展的有效途径。其中，1,6- 己二胺可用作尼龙 66 单体，尼龙 66 是纺织和塑料工业最重要的聚酰胺之一，被大量广泛地应用到众多关系国计民生的重要领域，诸如纺织服装、医药卫生、农业食品、物流运输及军事国防等。然而，由杜邦开发的主要的 1,6- 己二胺工业生产工艺是以丁二烯作为起始原料的能源密集型多级化学反应。虽然成功地大规模应用，但该工艺仍然存在使用剧毒的氰化氢、苛刻的反应条件和不理想的选择性等问题。为了克服这些问题，多年来，科研工作者们不断尝试寻找一种高效绿色的合成方法。

　　湖北大学李爱涛团队报道了一种高效将惰性环烷烃转化为尼龙单体 α,ω- 二胺的一锅法体内生物级联反应[61]。研究团队基于逆向合成分析，理性设计了一种用生物合成尼龙单体 α,ω- 二胺（如己二胺）的体内生物催化路线，这种生物催化级联反应由三种大肠杆菌细胞模块组成的微生物组催化，使用简单且容易获得的环烷烃作为底物（图 11-21）。由于整条合成路径包括了多个不同种类的酶，如何构建可以高效催化整个反应的大肠杆菌微生物组是该研究一个非常关键的问题。研究团队基于 CRISPR-Cas9 介导的基因组编辑和模块化的酶分子组装构建了不同种类的细胞模块，并对其进行了系统的优化，最终选择出效果最好的细胞模块组成大肠杆菌微生物组 EC 2_3 和 EC 1_2_3。研究团队所构建的大肠杆菌微生物组可以实现以环烷烃或环烷醇为底物高效合成尼龙单体 α,ω- 二胺。当使用环己醇和环己烷作为底物时，分别可获得高达 16.5mmol·L^{-1} 和 7.6mmol·L^{-1} 的 1,6- 己二胺，为工业生产 1,6- 己二胺的高能耗高污染等问题提供了理想的解决方案。

11.5.3　生物催化在保健品制备中的应用

　　硫辛酸是 1951 年由 Reed 首次从猪肝中分离出来的天然产物，属于一种 B 族维生素，其化学名称是 1,2- 二硫戊环 -3- 戊酸，既溶于水又溶于脂肪。α- 硫辛酸含有双硫五元环结构，电子密度很高，具有显著的亲电子性和与自由基反应的能力，因此它具有抗氧化性。它被誉为"万能抗氧剂"，是已知天然抗氧剂中效果最强的一种。

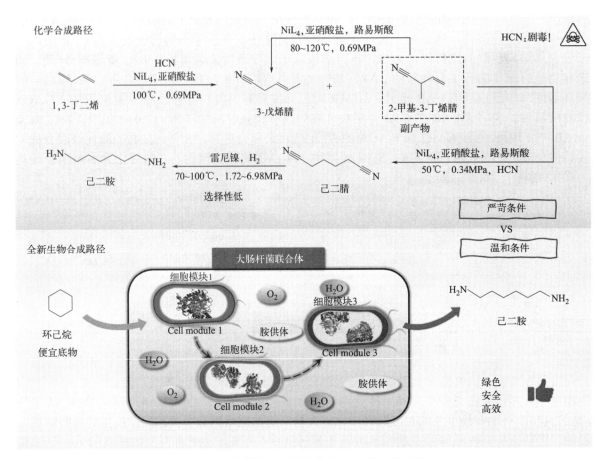

图 11-21 化学法及生物法合成 1,6- 己二胺的路径

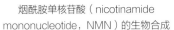

烟酰胺单核苷酸（nicotinamide mononucleotide，NMN）的生物合成

硫辛酸的生理功能

　　硫辛酸的生物活性仅限于其 (R)- 对映体，(S)- 硫辛酸基本上无生理活性，但亦无副作用。这可能是由于在人体代谢过程中，(R)- 硫辛酸可以透过细胞膜及线粒体膜进入细胞器被还原成二氢硫辛酸。因此，我们更期望能得到高光学纯度的 (R)- 硫辛酸。近些年发现，硫辛酸在保健品和美容业行业也具有极大的应用潜力，进一步提升了它的市场价值。

　　传统的硫辛酸合成方法包括 Baeyer Villiger 单加氧酶催化 2- 取代环己酮不对称氧化法和脂肪酶催化硫辛酸酯的拆分反应[62]，然而存在效率低、选择性不高、底物上载量低等问题[63]，因而不利于硫辛酸的工业化生产和技术升级。针对上述问题，华东理工大学许建和团队设计了利用羰基还原酶催化 8- 氯 -6- 羰基辛酸乙酯的不对称还原新工艺，因理论得率 100% 和原子经济性高等优点，因此具有广阔的应用前景（图 11-22）[64]。该团队以 8- 氯 -6- 羰基辛酸乙酯为底物，通过对实验室的羰基还原酶库和保藏的酵母菌株进行筛选，首先得到能催化目标底物反应的酵母菌，再利用生物信息学的手段分析目标菌株中潜在的羰基还原酶基因进行虚拟筛选，接着对所选定的基因进行克隆和功能验证，最终获得一个能高效催化目标底物的羰基还原酶。经过一系列的反应条件优化后，以共表达该羰基还原酶和葡萄糖脱氢酶的重组大肠杆菌细胞为催化剂，可将浓度为 $330g \cdot L^{-1}$ 的底物完全转化，产物的光学纯度在 99% ee 以上，时空产率达 $530g \cdot (L \cdot d)^{-1}$。

图 11-22　羰基还原酶 CpAR2 不对称还原合成硫辛酸关键前体

（许国超，郁惠蕾）

思考题

（1）采用生物催化法合成手性化学品有哪些优势？

（2）如何评价一条化学品合成工艺路线的效率？

（3）针对现有工艺路线的瓶颈，如何改进方案，提高酶催化效率，降低工艺成本？

第 11 章
参考文献

第 11 章

第 12 章　生物催化剂的高通量筛选方法

○○ ———— ○○ ○ ○○ ————————

12.1　引言

　　酶作为催化剂应用于合成化学领域已经成为备受关注的重要研究方向，酶促反应也被越来越广泛地应用于多种化学品和药物的合成[1-3]。此外，近些年合成生物学、绿色生物制造等技术的快速发展，将酶作为催化元件应用于细胞工厂中，实现了多种有价值化合物的生物合成[4,5]。但是，一般天然酶的催化性能难以满足工业应用的需求，因此需要通过定向进化技术对其性能进行改良，如提高酶的活性、稳定性、选择性等。高效改造已有的酶或者鉴定新酶的前提条件是需要建立高灵敏度、高效率、简单易操作的高通量筛选方法[6]。

　　传统的酶筛选方法主要包括琼脂平板和微孔板筛选法[7]。其中，琼脂平板法操作简单，通过观察单克隆菌落周围形成的透明圈、颜色圈或细胞生长情况等，筛选所需性能提高的酶突变体，该方法一般难以准确定量，因此常用于突变酶库的初筛。微孔板筛选方法能够粗略定量，自动化移液设备的应用使得筛选通量有所提升，但仍无法很好满足定向改造中快速筛选的客观需求。随着仪器设备和筛选技术的发展，一些通量更高的筛选方法被开发出来，例如基于流式细胞仪的荧光激活细胞分选技术（fluorescence-activated cell sorting，FACS）和基于微流控芯片及分选设备的液滴微流控分选技术（droplet-based microfluidic sorting，DMFS）[7]。

　　颜色变化是追踪酶反应进程最便捷的方法之一，但大多数酶反应不直接产生颜色变化。利用显色底物可将颜色变化引入到许多反应中，但这是以人工合成底物代替真正底物为代价的。最好的解决方法是将酶催化真正的底物，与产生颜色变化的反应相偶联。在很多基于偶联反应的测定方法中，将酶反应与pH变化相结合，可以便捷地通过pH指示剂对酶反应进行测定。

　　本章将通过实例对在氧化还原酶、转氨酶和水解酶的定向进化研究中用到的高通量筛选方法进行详细的阐述。

12.2　氧化还原酶的高通量筛选方法

12.2.1　脱氢酶

　　在脱氢酶（dehydrogenase）的催化作用下进行氧化还原反应时，氢原子从底物被移除或转移，这一酶催化反应已经被广泛地应用于醛酮类化合物羰基的还原和C═C双键的还原。经由脱氢酶催化还原形成前手性中心的反应通常是有机合成中的关键步骤，大多数的脱氢酶需要NAD^+或$NADP^+$作为辅因子，而另一些辅因子如吡咯并喹啉醌（PQQ）和黄素（FAD、FMN）较为少见[1]。通过监测吸光度值变化，可以测定NAD^+或$NADP^+$辅因子的生成或消耗，进而测定这些脱氢酶的活性。基于该原理的比色法常用于脱氢酶的高通量筛选，下面将举例介绍。

12.2.1.1　基于NAD(P)H生成的分光光度法

　　NAD(P)H在340nm处有最大吸收峰，而$NAD(P)^+$在340nm几乎没有吸收，因此通过测定该波长下吸光度值的变化，可以计算 NAD(P)H 的浓度变化，进而测定脱氢酶的活性。然而由于细胞溶解物和 96 孔板自身存在背景吸收，使得该方法易受外界因素的干扰。

通过偶联其他反应的间接比色测定法可以解决上述问题，该方法的关键在于寻找合适的化合物或者二级酶。氮蓝四唑（NBT）可以被还原形成有颜色的甲瓒，其在可见光区具有光的吸收。这一显色反应在生物催化过程中是不可逆的，产生有色甲瓒的级联反应与脱氢酶在催化过程中生成 NAD(P)H 的催化活性紧密相关，因此可以通过在微孔板（如 96 孔板）中进行反应，从而简便地实现高通量筛选[8]。氮蓝四唑（NBT）/吩嗪硫酸甲酯（PMS）检测法也常被用于测定脱氢酶的活性。该方法的原理是在有 PMS 存在的条件下，脱氢酶反应所释放的还原型辅因子 NAD(P)H，可以与 NBT 反应生成蓝紫色的甲瓒（图 12-1），通过检测 580nm 附近的吸光度可以得知蓝紫色甲瓒的浓度变化，进而计算脱氢酶的活性。Papaneophytou 等优化了 NBT/PMS 分析方法[9]，以便高通量测定乳酸脱氢酶 B（LDH-B）和其他脱氢酶

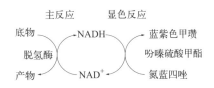

图 12-1 NBT 比色法测定脱氢酶的活力

的活性。除了 PMS，其他化合物如新蓝 R(8- 二甲氨基 -2 苯并吩噁嗪) 也适用于该反应[10]。与 PMS 相比，新蓝 R 的质子传递速率更快并且对光的敏感度更小，新蓝 R 的价格也更便宜。尽管 PMS 存在价格劣势，但 PMS 仍是 NBT 比色检测法最主要的转移剂。在进行液相检测 NBT/PMS 时，通常需要添加 0.1% 明胶，以防止蓝紫色沉淀的形成[11]。

此外，还可以将脱氢酶催化与其他反应偶联，通过检测荧光强度测定脱氢酶的活性。例如，Lu 等人开发了一种基于分泌的双荧光测定法（SDFA），用于高通量筛选醇脱氢酶（ADH）[12]，原理如图 12-2 所示。目标 ADH 与突变的超折叠绿色荧光蛋白（MsfGFP）融合表达，通过 MsfGFP 引导的分泌系统转移到细胞外环境。随后，通过级联反应测定 ADH 的酶活性，其中由 ADH 催化产生的 NADH 被心肌黄酶用于将刃天青还原为高荧光的试卤灵。当提供过量的刃天青和心肌黄酶时，NADH 的形成速率与红色荧光增加的速率成比例，因此可以通过检测荧光强度来测定脱氢酶的活性。使用该技术，他们筛选了来自 *Pichia finlandica* 的 ADH 突变文库，成功获得一个对于 (*S*)-2- 辛醇的催化效率提高了 197 倍的突变体。SDFA 分析法的一个优势是，可以基于 MsfGFP 的绿色荧光信号，方便地定量 ADH 的酶浓度，进而计算突变酶的比活力，提高筛选的成功率。

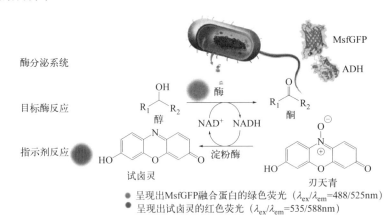

● 呈现出 MsfGFP 融合蛋白的绿色荧光（$\lambda_{ex}/\lambda_{em}$=488/525nm）
● 呈现出试卤灵的红色荧光（$\lambda_{ex}/\lambda_{em}$=535/588nm）

图 12-2 基于分泌的双荧光测定法（SDFA）的工作原理[12]

12.2.1.2 基于 NAD(P)H 消耗的比色方法

与 NAD(P)H 的产生类似，NAD(P)H 的消耗也可被直接或间接地检测。酶的动力学参数可以通过检测 NAD(P)H 的消耗引起的 340nm 处吸光度的变化来计算。结合 NAD(P)H 消耗和 NBT/PMS 这类比色测定法可以对酶活进行间接测定，残留的 NAD(P)H 用 NBT/PMS 溶液滴定可产生不能溶解的蓝紫色甲瓒晶

体。通过酶标仪检测 580nm 波长下吸光值的减少或直接用肉眼观测固体培养基蓝紫色背景下的白色菌斑，可以实现氧化还原酶的高通量筛选。该方法依赖于 NAD(P)H 在强碱性环境下的不稳定性，在这种条件下 NAD(P)H 会分解形成具有荧光性的产物[13]，该方法已被用来在微孔板上进行高通量筛选[14]。总之，NAD(P)H 依赖性氧化还原酶可以通过此方法进行初步筛选。

12.2.2　氧化酶类

氧化酶（oxidase）催化底物脱氢并将脱下的氢原子转移至分子氧，形成过氧化氢或水。一些氧化酶开始被大规模应用，例如作为食品抗氧化剂的 D-葡萄糖氧化酶。然而由于催化能力并不理想，很多氧化酶的实际应用受到限制。氧化酶高通量筛选方法的发展及其在定向进化的应用，可以改善天然氧化酶的催化性能。下面将介绍几种氧化酶的高通量筛选方法。

12.2.2.1　葡萄糖氧化酶

葡萄糖氧化酶（GOx）以分子氧为电子受体，催化葡萄糖氧化为葡萄糖醛酸，同时产生过氧化氢。葡萄糖氧化酶在工业和食品领域被广泛应用，例如用于生物传感器、食品保鲜、纺织漂白等。Prodanović 等人报道了一种基于液滴微流体的高通量筛选系统用以筛选葡萄糖氧化酶文库[15]。通过监测分散在全氟油中的水微滴的荧光来测量 GOx 活性。该信号是通过一系列导致荧光素（fluorescein）形成的偶联酶反应产生的，反应途径如图 12-3 所示。经过两轮分选，成功富集了含有活性提高 GOx 突变体的酵母细胞，突变体 M6 的 k_{cat} 是野生型 GOx 的 2.1 倍。

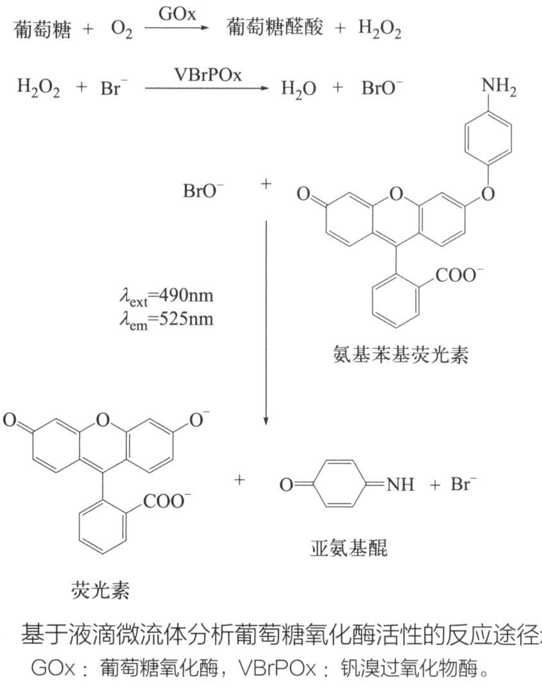

图 12-3　基于液滴微流体分析葡萄糖氧化酶活性的反应途径示意图
GOx：葡萄糖氧化酶，VBrPOx：钒溴过氧化物酶。

12.2.2.2　D-氨基酸氧化酶

D-氨基酸氧化酶（DAAO）是一类含有 FAD 的氧化还原酶，能够催化 D-氨基酸氧化脱氢，生成对应的 α-亚氨基酸，之后自发水解生成相应的 α-酮酸和氨。同时，还原型辅酶 FADH₂ 经氧气再氧化，产

生 H_2O_2。D- 氨基酸氧化酶在合成医药、农药和精细化学品等方面具有重要的应用价值，如催化 7- 氨基去乙酰氧基头孢菌素酸的脱氨基反应合成头孢菌素类抗生素的基本构建模块——头孢菌素 C。一种基于过氧化物酶 / 邻联茴香胺或者过氧化物酶 /4- 氨基安替比林（4-AAP）介导的显色法，已经被用于 D- 氨基酸氧化酶的高通量筛选。例如，对于过氧化物酶 /4-AAP 介导的显色法，氧化酶催化反应过程产生的 H_2O_2 在过氧化物酶存在下氧化 4-AAP，生成氧化的 4-AAP 与香草酸缩合得到一种红色醌亚胺染料。该红色染料的产生可以通过测定 490nm 处吸光值进行监测，进而测定出 D- 氨基酸氧化酶的活性。Yang 等人使用该方法筛选来自 *Rhodotorula gracilis* 的 DAAO 文库[16]，成功得到对于底物 D- 草铵膦活性显著提高的突变酶。此外，与野生型酶相比，突变体 Zn7 催化 D- 氨基酸的底物谱也得到显著拓展。

12.2.2.3　环己胺氧化酶

Debon 等人报道了一种基于液滴微流体分析的超高通量筛选方法[17]，能够从包含多达 10^7 个成员的文库中分离出有功能的氧化酶。高筛选通量使得该方法能够在一轮定向进化中对环己胺氧化酶（CHAO）的活性口袋进行重塑，最后成功得到对于一个非天然底物的催化活性提高 960 倍的突变体。该筛选方法不仅可以用于环己胺氧化酶的进化，还可以用于其他氧化酶的改造。

12.2.2.4　醇氧化酶

醇氧化酶含有 Cu 或黄素腺嘌呤二核苷酸（FAD）辅因子，尽管该酶家族涵盖广泛的底物谱，但每个单独的醇氧化酶的底物范围相对较窄。Heath 等人对来自 *Arthrobacter cholorphenolicus*，含有 FAD 的胆碱氧化酶（AcCO）进行定向进化研究[18]，以期望获得能够氧化伯醇、底物谱更广的酶突变体。他们使用正己醇作为目标底物，采用基于菌落的固相筛选方法筛选 AcCO 突变文库，原理是氧化反应中的副产物过氧化氢可以通过 HRP 和染料进行检测，挑选颜色改变的菌落进行测序和进一步分析。最后成功获得一个六点突变体，显示出高活性（k_{cat} 是野生型的 20 倍）和热稳定性（熔融温度提高 20℃），同时对大约 50 种不同类型醇底物的比活性都有提高（最高达 100 倍）。

12.2.2.5　过氧化物酶

过氧化物酶是一类利用 H_2O_2 作为氧化剂催化氧化多种底物的酶。许多过氧化物酶的活性位点含有铁原卟啉Ⅸ基团，也有一些含有钒，而一些细菌来源的过氧化物酶则不含金属辅因子。这种酶在工业、医药、食品、环保等领域具有潜在的重要应用价值[19]。以辣根过氧化物酶（HRP）为例，它不仅是诊断化验、生物传感器和化学染色领域的重要指示剂，还可以作为催化剂，催化芳香族化合物的聚合、脱水反应，以及杂环化合物的氧化和环氧化反应[19,20]。然而，许多过氧化物酶在 H_2O_2 浓度过高的氧化条件下稳定性较差，并且还有许多底物不能被过氧化物酶氧化。因此，开发可用于高通量筛选的过氧化物酶活性检测方法非常重要，以便发现和改造更多新的、性能更好的过氧化物酶。

基于 ABTS、邻联茴香胺、3,3′,5,5′- 四甲基联苯胺（TMB）或愈创木酚的多种显色方法，可以用于检测过氧化物酶的活性。此外，基于流式细胞仪的高通量筛选方法也可以用于检测过氧化物酶（图 12-4）。例如，*Pleurotus eryngii* 来源的野生型多功能过氧化物酶（wtVP），可以利用 H_2O_2 氧化多种底物，但是该酶耐受过量 H_2O_2 的能力较差。Đurđić 等人为了解决该问题[21]，构建了突变文库，筛选在酵母细胞表面表达、具有更高氧化稳定性的突变酶。文库筛选使用荧光素酪胺（TyrF）为底物，wtVP 及其突变体与 α- 凝集素蛋白 Aga2 融合，通过与锚定在酵母细胞壁中 α- 凝集素的 Aga1 结构域互作，实现该融合蛋白在酵母细胞表面展示，然后使用流式细胞仪高通量筛选在 H_2O_2 条件下稳定性提高的突变酶（图 12-4）。最后成功获得多个 H_2O_2 耐受性提高的突变体，如突变体 MV3 在 $30mmol \cdot L^{-1}$ H_2O_2 条件下孵育 1h 后仍保留 70% 的初始活性，而 wtVP 已完全没有活性。

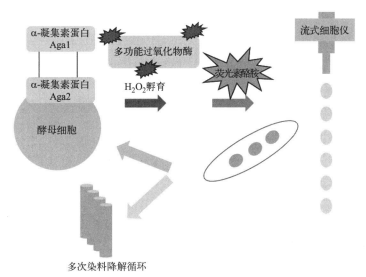

图 12-4　基于流式细胞仪高通量筛选过氧化物酶的原理示意图[21]
Aga1 和 Aga2 是 α- 凝集素的结构域，它们之间可以形成两个二硫键。TyrF：荧光素酪胺。

12.2.2.6　其他新型氧化酶

氧化酶（EC 1.1.3.X）是一类主要存在于细菌、真菌和植物中，以氧气为受体作用于电子供体 CH—OH 基团的多样性的酶。它们参与广泛的生物过程，例如光呼吸、渗透保护剂的产生、抗生素和植物毒素的合成。Rembeza 等人选择 96 种注释为 EC 1.1.3.X 的代表性酶，采用基于 Amplex Red 的氧化酶活性分析方法检测它们对 23 种代表性底物的活性[22]。结果发现了两个新酶，一个是 N- 乙酰基 -D- 己糖胺氧化酶（EC 1.1.3.29），另一个是对很多脂肪醇有活性的长链醇氧化酶（EC 1.1.3.20）。通过高通量筛选方法测试同一注释类型的近百种酶对不同底物的活性，并结合生物信息学分析，这种筛选策略可以发现与已知序列具有低同源性或无同源性的酶的活性，该策略也可以应用于其他酶类的新酶挖掘[22]。

12.2.3　加氧酶

加氧酶（oxygenase）是一类催化分子氧的氧原子与底物结合的氧化反应酶。加氧酶常分为单加氧酶（monooxygenase）和双加氧酶（dioxygenase）。其中单加氧酶主要将氧气分子中的一个氧原子整合入底物中，将另一个氧原子还原为一分子水，并同时伴随 NAD(P)H 的氧化[23]。这种类型的催化反应包括非活性碳原子的羟基化和烯烃环氧化，常见的酶有细胞色素 P450 单加氧酶等。双加氧酶催化的反应则是将氧气分子的两个氧原子全部整合到底物分子中，同时也伴随 NAD(P)H 的氧化。这种类型的催化反应主要应用于芳香烃化合物的双羟基化，具有在化学合成、环境修复、毒理学和基因诊疗领域的潜在应用价值[24]。

天然加氧酶通常存在一定缺陷，如活性低、稳定性差等。因此，对加氧酶进行蛋白质工程改造，以获得高活性、高稳定性的突变体并将其应用于有机合成，已成为研究的热点。然而，从庞大的突变体库中筛选出优良的酶突变体，需要高效、灵敏的高通量筛选方法作为保障。下面介绍一些常用的加氧酶高通量筛选方法。

12.2.3.1　NAD(P)H 比色法

绝大部分 P450 单加氧酶是依赖于 NAD(P)H 的，而 NAD(P)H 在 340nm 处有最大吸收峰。当 NAD(P)H 参与 P450 单加氧酶的氧化反应时，它被转化为 NAD(P)$^+$，使得 340nm 处的吸收值减小。因此，通过测定 340nm 处吸收值的变化，可以得到 NAD(P)H 的消耗量，进而反映出 P450 单加氧酶的催化反应活性[14,25]。然而，P450 单加氧酶在催化过程中存在解偶联反应，会产生副产物 H_2O_2。这会导致 NAD(P)H 的消耗没有全部用于底物转化，因此该高通量筛选策略可能会出现假阳性[26]。为了解决该问题，Bornscheuer 等人使用 Ampliflu Red 作为指示剂，并通过辣根过氧化物酶（HRP）催化生成荧光素试卤灵来定量 H_2O_2 的生成量，用于计算偶联效率，以提高 P450 酶筛选的准确性[27]。

12.2.3.2 辣根过氧化物酶偶联检测法

使用 HRP/H_2O_2 对加氧酶反应产物进行检测是一种很有前景的方法[28]。该方法的原理如图 12-5 所示，加氧酶催化芳香族化合物（如萘），生成的羟基化产物可以进一步被 HRP/H_2O_2 氧化，转化为有色或荧光化合物。由于最后形成的聚合物具有不同的结构，它们会显示出不同的颜色或荧光特性。在固体培养基或细胞培养时加入 H_2O_2，同时在细胞中表达 HRP，正突变菌株会显示出强烈的荧光特性或产生颜色。

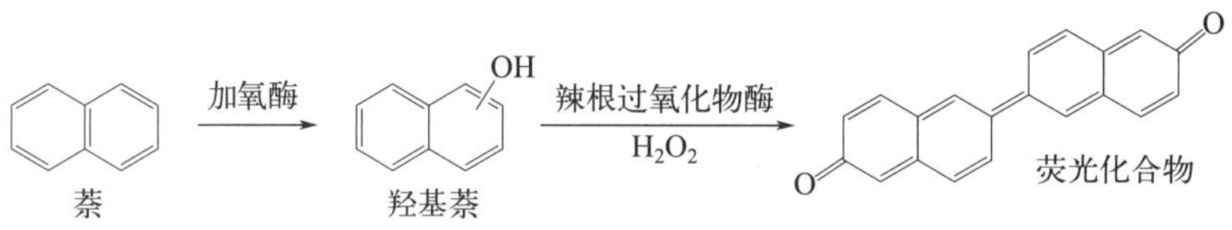

图 12-5 基于辣根过氧化物酶（HRP）的荧光法用于检测加氧酶活性

HRP 显色分析是常用检测 H_2O_2 浓度的简便方法，当加氧酶参与的级联反应生成 H_2O_2 时，可以通过偶联 HRP 显色分析方便检测酶的活性。例如，裂解多糖单加氧酶中的 AA9 家族（AA9 LPMOs）能够催化木质纤维素中糖苷键的氧化裂解，在生物炼制中显示出巨大的应用潜力。Wu 等人报道了一种基于葡糖寡糖氧化酶（GOOX）的辣根过氧化物酶（HRP）比色法用于分析 AA9 LPMOs 的活性[29]，该方法原理如图 12-6 所示。GOOX 能够有效催化低聚葡萄糖的氧化，生成的 H_2O_2 可以偶联 HRP 显色法进行定量。该方法灵敏度和准确性较好，可以用于 C1 和 C4 类型 AA9 LPMOs 的活性测定。

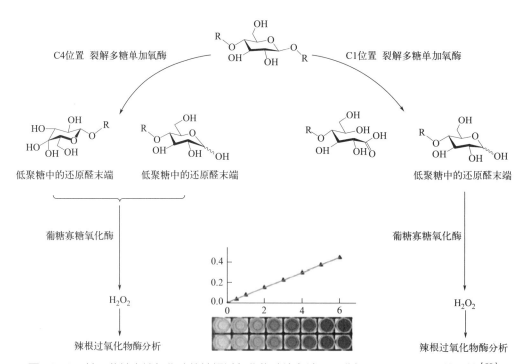

图 12-6 基于葡糖寡糖氧化酶的辣根过氧化物酶比色法用于分析 AA9 LPMOs 的活性[29]

12.2.3.3　基于质谱的检测方法

由于绝大多数酶催化反应生成产物的分子量与底物不同，因此质谱是一种有前景用于酶活性分析的技术。例如，Rond 等人开发了一种称为 PECAN（probing enzymes with 'click'-assisted NIMS）的方法[30]，可以用于分析 P450 酶的催化活性。他们使用该方法从 P450BM3 突变体库中，成功筛选到能够催化瓦伦烯羟基化的突变体，如 F87A、F87G、F87I、F87P 和 F87G/A238G。基于质谱的分析方法也有望用于其他底物分子量发生变化的酶催化活性检测。

12.2.3.4　多重毛细管电泳（MP-CE）法

基于紫外的产物检测是一种常用方法，因此带有紫外检测的毛细管电泳，将是一种有前景的用于定量分析产物生成的方法。多路复用系统的使用允许用 96 个毛细管同时进行分析，因此 96 通道毛细管电泳（MP-CE）能够实现与传统 96 孔板筛选相当的通量。例如，Schwaneberg 等人首次将 MP-CE 用于 P450BM$_3$ 的定向进化研究[31]，以提高 α- 异佛尔酮氧化生成 4- 羟基异佛尔酮的活性。通过将 MP-CE 方法与 NADPH 比色法进行比较，作者发现 MP-CE 方法在鉴定有益突变体方面的效率是 NADPH 比色法的 3.5 倍，表明 MP-CE 是一种筛选加氧酶的有效方法。

12.2.3.5　基于吉布斯试剂和 4- 氨酰安替比林的检测方法

吉布斯分析法是一种简单有效的酚类化合物分析方法，它通过化合物自身的偶联反应或与吉布斯试剂的偶联反应来产生荧光或紫外可见吸收信号。具体而言，这种方法使用 4- 氨酰安替比林（4-AAP）和吉布斯试剂作为试剂，它们与邻位及间位取代的酚类化合物发生强烈反应，生成色彩鲜艳的产物。此外，这种方法也适用于对位被卤化物或环氧基取代的化合物，这些化合物与 4-AAP 和吉布斯试剂反应后同样可以生成有颜色的产物[32]。

由于许多加氧酶都可以产生这类化合物，使该反应可用于测定加氧酶的活性。在生物催化反应结束后加入两种试剂之一，几分钟内即可出现显色反应，区别在于当使用 4-AAP 进行检测时需要硫酸钾或类似氧化剂提供基本的氧化环境[33]。例如，Santos 等人结合使用 4-AAP 分析和毛细管电泳方法[34]，用于筛选对 1,4- 苯并二恶烷羟化活性提高的 P450BM$_3$ 突变体。最后成功获得突变体 R255L，催化 1,4- 苯并二恶烷的总转化数（TTN）是野生型的 21 倍。

12.2.3.6　基于 2- 乙酰基苯并呋喃的荧光法

基于 2- 乙酰基苯并呋喃（2-ABF）分析法的原理是 2-ABF 可以与加氧酶催化反应生成的 NAD(P)$^+$ 发生反应，生成荧光的 2,7- 萘啶酮衍生物。因此可以通过监测荧光强度测定生成的 NAD(P)$^+$，其检测的激发和发射波长分别为 421nm 和 480nm（图 12-7）。然而，该分析方法存在解偶联反应导致假阳性的问题。为了解决这一问题，Kanoh 等人将 2-ABF 荧光法与基于 Peroxyfluor-1 的 H$_2$O$_2$ 检测系统相结合[35]，以尽可能排除解偶联反应导致的假阳性。通过使用该筛选系统分析 P450BM$_3$ 突变体的底物选择性，得到突变体 F87A/A330W 能够选择性羟化非天然底物甾体，表明该方法可以用于高通量筛选 P450 酶的底物。

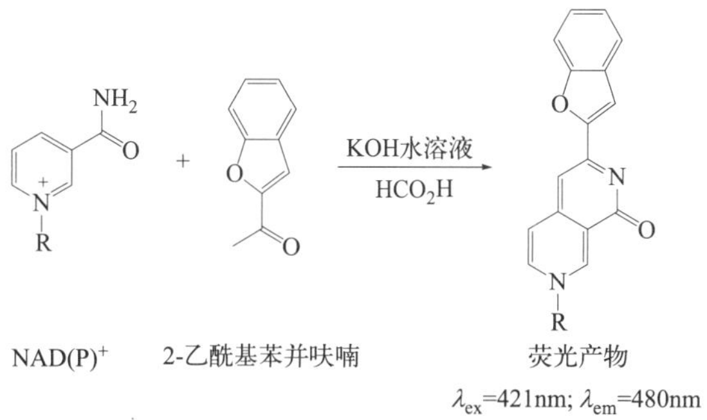

图 12-7　2-ABF 与 NAD(P)$^+$ 发生的反应

12.2.3.7 基于 4-NBP 的检测方法

环氧化合物与亲核试剂 4-(4- 硝基苄基) 吡啶 (4-NBP) 反应，会产生紫色的络合物，其吸光值可以在 600nm 检测。因此基于 4-NBP 的比色法可以方便地检测环氧化产物，适用于筛选催化烯烃环氧化反应的加氧酶。例如，Tan 等人选择恶臭假单胞菌来源的苯乙烯单加氧酶（SMO）[36]，在 96 孔板中使用基于 4-NBP 的方法筛选 SMO 突变体文库，成功获得催化苯乙烯的活性和热稳定性都提高的突变体 D305G。

12.2.4 漆酶

漆酶（laccase）属于铜蓝氧化酶家族，能够利用分子氧作为电子受体氧化多种类型的酚类或非酚类化合物，将分子氧还原为水。漆酶作为一种工业酶制剂备受关注，被广泛应用于纺织、造纸、污水处理和有机合成等领域[37]。然而，由于它在自然宿主中的表达量较低，为了实现其工业化应用，需要克服这一瓶颈。此外，漆酶的氧化还原电势较低，对一些非酚型物质的催化氧化作用并不明显，因此通常需要加入小分子的介体物质。当存在 1- 羟基苯并噻唑（HBT）这类介体时，漆酶还可催化多环芳烃氧化，但这类基质通常有毒、价格昂贵或引入副反应[38,39]。因此，在建立高通量筛选方法时，需要考虑并解决这些问题。接下来将介绍几种常用的漆酶高通量筛选方法。

12.2.4.1 ABTS 检测法

ABTS 检测法是一种常用于多种氧化酶和过氧化物酶筛选的方法，它同样适用于漆酶的筛选。在该方法中，漆酶催化反应产生的绿色化合物能够通过分光光度计检测，因此可以根据 420nm 附近吸光度的变化测定酶的活性。此外，ABTS 检测法可以用于高活性漆酶突变体的高通量筛选。例如，Aza 等人使用 ABTS 检测法[40]，通过监测 418nm 处吸光值的变化，筛选来源于平田头菇（*Agrocybe pediades*）漆酶的突变体库，成功获得活性提高 2 倍的漆酶突变体 V159E。再例如，Dai 等人克隆了一个来自海洋微生物宏基因组的漆酶基因 *lac*1338 [41]，使用 ABTS 方法筛选漆酶 *lac*1338 的易错 PCR 突变体库，成功得到活性为野生型酶 3.5 倍的突变体 *lac*2-9。因此，ABTS 检测法是一种应用较广，适用于漆酶活性或稳定性筛选的检测方法。

12.2.4.2 染料脱色检测法

漆酶可以氧化与芳香族化合物具有相似结构的各种颜色化合物，因此通过监测合成染料（例如蒽醌型染料）的脱色反应，可以筛选具有漆酶活性的菌株。常用于这类脱色反应的有机染料包括 Poly R-478、活性亮蓝（remazol brilliant blue R，RBBR）、甲基橙（methyl orange）和伊文氏蓝（evans blue）等。该方法操作简便，只需将待筛选菌液（或酶液）与有机染料混合，然后观察颜色变化或检测吸光度的变化。例如，Hadibarata 等人使用该染料检测方法从 804 株真菌中成功筛选出具有高漆酶活性的菌株 *Coriolopsis caperata* 和 *Fomes fomentarius* 等[42]。

12.2.4.3 基于液滴微流控的筛选技术

目前常用基于 96 孔板的筛选方法，面临的瓶颈之一是筛选通量较低。随着设备和技术的发展，基于微流控芯片和分选设备的液滴微流控分选（droplet-based microfluidic sorting，DMFS）技术大幅度提高了筛选通量。相比于常规的微升至毫升级反应体系，该方法缩小了百万倍以上，使试剂需求量大大降低，在使用昂贵底物或试剂时，该方法具有明显优势。液滴微流控筛选技术也可以应用于漆酶的高通量筛选。例如，Su 等人使用液滴微流控技术对大型漆酶文库进行了筛选[43]，成功得到 12 个热耐受性提高的漆酶突变体。

12.2.4.4　其他检测方法

除了上述方法外，还有其他适用于漆酶筛选的方法。例如，由于紫脲酸（violuric acid）仅能被高氧化还原电位漆酶有效地氧化，因此基于紫脲酸氧化的显色分析是一种用于初步评估漆酶或其突变体氧化还原电位的简便方法。漆酶可以催化紫脲酸氧化生成稳定的亚胺氧自由基，该反应产生的紫色可以通过可见光谱（λ_{max} 约 515nm）进行检测。此方法利用了紫脲酸氧化过程中产生的特征吸收峰来评估漆酶的活性，操作简便。此外，在木质素磺酸盐的高值转化方面，Camarero 等人开发了一种高通量筛选方法用于漆酶的改造[44]。该方法使用木质素磺酸盐作为底物，并使用 Folin-Ciocalteu 试剂（FCR），以检测木质素磺酸盐通过酶聚合时产生的酚含量的降低。FCR 试剂与游离羟基反应产生一种蓝色化合物，其最大吸收峰位于 760nm。通常漆酶的活性越高，所处理木质素磺酸盐的酚类含量就越低，因此可以通过测量酚含量的变化来评估漆酶的活性。

12.3　转氨酶的高通量筛选方法

转氨酶（transaminase）是一类磷酸吡哆醛（PLP）依赖型酶，催化氨基在氨基供体和氨基受体（如含有羰基官能团的化合物）之间的转移。根据待转移氨基基团与底物羧基的相对位置，氨基转移酶可分为 ω- 转氨酶和 α- 转氨酶。其中 α- 转氨酶只作用于 α- 氨基酸的 α- 氨基，而 ω- 转氨酶转移非 α 位置的氨基，例如 β- 丙氨酸的 β 位氨基。转氨酶在手性化合物的合成中应用广泛，因此发掘和筛选更加高效的转氨酶已然成为研究热点。下面将介绍常用于转氨酶高通量筛选的方法。

12.3.1　基于乙醛脱氢酶的方法

Han 等人报道了基于乙醛脱氢酶（ALDH）的分光光度法和 NBT 显色法[45]，用于快速测定 ω- 转氨酶对于酮的活性。如图 12-8 所示，方法 1 为分光光度法，是利用乙醛脱氢酶作为报告酶，该酶能将 ω- 转氨酶催化反应生成的苯甲醛氧化为苯甲酸，并产生 NADH。通过测定 340nm 处吸光值变化来监测反应的进行。方法 2 为显色法，通过在分析混合物中添加显色试剂氮蓝四唑（NBT）和吩嗪硫酸甲酯（PMS），生成蓝紫色的 NBT- 甲䐶，然后通过测定 580nm 处吸光值变化来监测反应的进行。相较于传统的高效液相色谱法，这种基于 ALDH 的方法灵敏度至少提高了 15 倍以上。该方法使用通用的氨基供体，在酶催化反应后，可通过分光光度法或显色法检测脱氨产物的存在，能够快速评估 ω- 转氨酶对于酮的活性和底物特异性，应用于突变体文库的高通量筛选，具有广泛的应用价值。

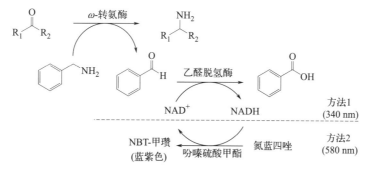

图 12-8　分光光度法（方法 1）和显色法（方法 2）检测 ω- 转氨酶对酮的活性。

12.3.2　荧光法

基于 2- 乙酰 -6- 氨基萘（2-acetyl-6-aminonaphthalene，AN）的荧光法可用于筛选 (R)-ω- 转氨酶。该方法通过检测酶催化反应中 AN 的释放量，并实时监测由 AN 引起的荧光增加速率，实现酶活性检测，该方法原理如图 12-9 所示。Cheng 等人为了拓展来自 Mycobacterium vanbaalenii 的 (R)-ω- 转氨酶（MvTA）的底物谱[46]，使用该筛选系统对 8000 个克隆进行了筛选，成功获得 2 个有益氨基酸突变和 3 个活性提高的突变体。其中最好的突变体 MvTA M5（G68Y/F129A）的催化效率是野生型酶的 3.2 倍。基于荧光的转氨酶活性筛选系统具有低背景干扰、高灵敏度和高通量等优点，适用于 ω- 转氨酶突变体文库的筛选。

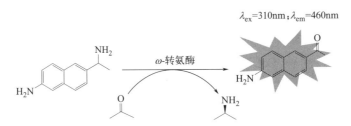

图 12-9　基于 2- 乙酰 -6- 氨基萘（AN）的荧光法筛选 (R)-ω- 转氨酶[46]

基于 1-(6- 甲氧基萘 -2- 基) 烷基胺 [1-(6-methoxynaphth-2-yl)alkylamines] 转化的方法也适用于测定 ω- 转氨酶活性。该方法使用非荧光的 1-(6- 甲氧基萘 -2- 基) 乙胺作为转氨酶的底物，生成相应的乙酰萘酮衍生物，该物质在水溶液中显示明亮的蓝色荧光，通过监测荧光强度（发射光波长 450nm）变化来测定转氨酶活性，反应原理如图 12-10 所示。Scheidt 等人利用该方法测定了两种新型 (S)- 选择性转氨酶的活性和动力学参数[47]。基于 1-(6- 甲氧基萘 -2- 基) 烷基胺转化的方法具有高度的灵敏度和选择性，此外该方法操作简单且底物消耗较少，因此适用于转氨酶的高通量筛选。

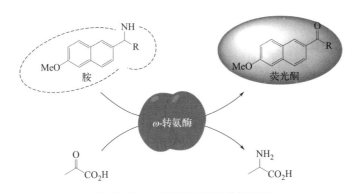

图 12-10　转氨酶的荧光分析原理

12.3.3　以半胱氨酸亚磺酸为氨基供体的比色法

使用 L-/D- 半胱氨酸亚磺酸（L-/D-cysteine sulfinic acid，L-/D-CSA）作为氨基供体的比色法可用于筛选 α- 转氨酶。如图 12-11 所示，两种互补的方法用于监测转氨反应。对于化学偶联分析法，L-/D-CSA 作为唯一的氨基供体，转氨作用后释放二氧化硫，然后通过水合作用转化为亚硫酸根离子，随后亲核亚硫酸盐与 Ellman 试剂 [5,5′- 二硫代双 -(2 硝基苯甲酸)，DTNB] 发生特异性反应，得到一种有色的硫醇阴离子。对于酶法偶联分析，谷氨酸作为主要氨基供体，通过转氨反应后得到酮戊二酸（KG），然后辅助酶天冬氨酸转氨酶（AspAT）使用 L-CSA 作为次要氨基供体，将酮戊二酸转化成谷氨酸。第一步转氨反应可以通过在 DTNB 存在下的亚硫酸比色滴定进行监测。因此，化学偶联方法能够监测使用 CSA 作为氨基供体的转氨酶反应，而酶法偶联分析可以适用于更多转氨酶，因为谷氨酸是大多数已知 α- 转氨酶的优选供体。Heuson 等人以 2- 氧代 -4- 苯基丁酸作为受体底物[48]，使用该筛选方法成功鉴定出了 54 种新的 α- 转氨酶。该筛选方法对于 CSA 或谷氨酸作为供体，α- 酮酸作为受体的转氨酶活性的测定显示了高灵敏性。

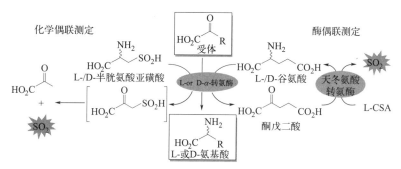

图 12-11 化学和酶偶联筛选分析的原理[48]

12.3.4 基于红四氮唑的比色法

Zhang 等人开发了一种利用红四氮唑（tetrazolium red，2,3,5-triphenyltetrazolium chloride，TTC）比色法[49]，监测 510nm 下 α- 羟基酮生成速率的方法，用于筛选邻氨基醇特异性的转氨酶。该方法使用 (R)- 或 (S)- 邻近氨基醇作为胺供体，丙酮酸钠作为胺受体。在氨基醇特异性转氨酶催化反应一段时间后，加入 TTC 溶液，具有高活性和高对映选择性的转氨酶催化生成的 α- 羟基酮会与 TTC 反应，生成深红色 1,3,5- 三苯甲脒（TFP），反应原理如图 12-12。该方法灵敏度较高，具有较低的背景颜色，此外该方法适用于 (R)- 和 (S)- 选择性转氨酶，因此有望成为筛选转氨酶突变文库的广泛应用工具。

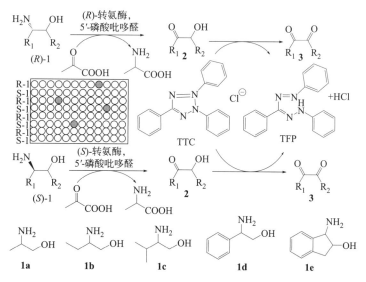

图 12-12 基于红四氮唑（TTC）的筛选原理示意图[49]

12.4　水解酶的高通量筛选方法

12.4.1　琼脂平板筛选法

琼脂平板筛选法是一种常用的筛选脂肪酶、酯酶、蛋白酶等水解酶的简便方法。该方法将表达目标酶的微生物培养在含有底物的琼脂平板上，通过观察或测定平板上单克隆菌落周围的透明圈或颜色圈大小，推测每个单克隆菌落表达水解酶的活性大小，因此通常作为初筛方法用于排除大量无活性和极低活性的突变体。琼脂平板透明圈筛选法常用底物有三丁酸甘油酯、三辛酸甘油酯、橄榄油、三油精等。此外，对于酶催化水解会引起 pH 变化的反应，可以使用含 pH 指示剂的平板，通过观察颜色圈大小推测单克隆菌落表达水解酶的活性大小。需要注意的是，通过琼脂平板筛选法获得对平板中加入底物活性高的单克隆，对于目标底物或反应而言不一定显示高活性，因此通常需要采用其他方法进行复筛。

12.4.2　基于显色的直接测定法

通过观察或检测酶催化反应带来的颜色变化，可以简单便捷地筛选水解酶。常用对硝基苯衍生物作为底物测定水解酶活性，其中对于脂肪酶、磷酸脂酶和酯酶，可以选择对硝基苯酚酯，对于蛋白酶可以使用对硝基苯胺酰胺，对于糖苷酶则可选择对硝基苯酚糖苷。例如，Wang 等人报道了一种高通量筛选生物膜外多糖（PNAG）水解酶的显色法（图 12-13）[50]。该方法使用一种 PNAG 二糖类似物作为底物，该物质能被 PNAG 糖苷酶水解，生成黄色的对硝基苯胺，进而通过监测 410nm 处吸光度变化测定水解酶的活性。

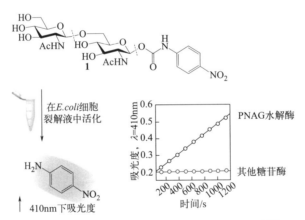

图 12-13　比色法高通量筛选 PNAG 糖苷酶[50]

此外，试卤灵和 1- 萘酚的衍生物也是常用于显色法分析水解酶活性的底物。使用试卤灵衍生物作为底物，可以通过分光光度法测定牛乳糖苷酶[51]、纤维素酶[52]、酯酶和磷酸脂酶的活性[53,54]，并且由于试卤灵具有强烈的光吸收，因此该方法也适用于酶浓度低的情况。1- 萘酚衍生物常用于活性胶染色，通过水解作用产生 1- 萘酚，可以与重氮化合物反应生成红褐色的不溶性沉淀。需要注意的是，与琼脂平板筛选法相似，采用显色法筛选得到活性提高的突变酶，催化真实底物的活性并不一定会提高。

12.4.3　基于荧光的孔板筛选法

聚对苯二甲酸乙二醇酯（PET）是应用最广泛的合成聚合物之一，PET 水解酶（PETase）是一种很有前景的生物催化剂，可用于温和条件下催化 PET 的生物解聚。因此，近些年 PETase 的筛选与分子改造研究引起了广泛关注。例如 Shi 等人报道了一种基于荧光的高通量筛选方法用以筛选 PETase（图 12-14）[55]。该方法使用双 (2- 羟乙基)2- 羟基对苯二甲酸酯（BHET-OH）作为底物，在 96 孔板中筛选能够水解 BHET-OH 的 PETase，最后生成荧光产物 2- 羟基对苯二甲酸（TPA-OH）。他们成功获得突变体 DepoPETase，它在 50℃催化无定形 PET 薄膜生成的产物是野生型的 1407 倍，同时 DepoPETase 的熔融温度（T_m）比野生型酶提高 23.3℃。

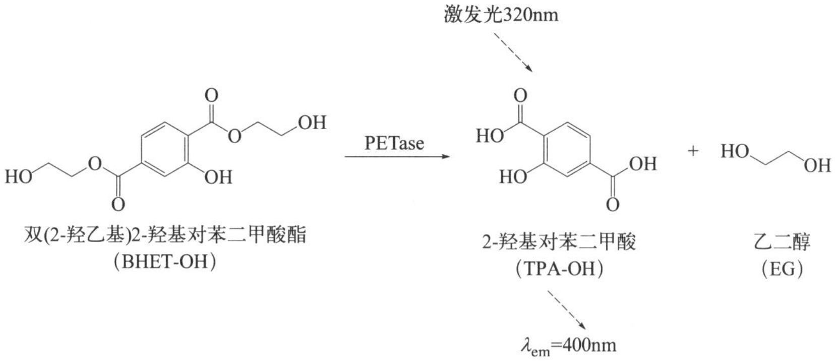

图 12-14 用于筛选 PETase 突变文库 BHET-OH 分析法的反应机制[55]

Liu 等人开发了一种基于双荧光的高通量筛选方法用以筛选 PETase[56]，PETase 突变体通过与一个深红荧光蛋白融合表达，以实现在 96 孔板（板 1）中直接对 PETase 的浓度进行定量。同时，通过在每个孔底部涂上混合的 PET-FP 来制备一个特定的 96 孔板（板 2）。从板 1 转移适当量的细胞裂解液到板 2，PET 的解聚伴随着释放的 FP 快速共水解为荧光素。通过测定反应结束时绿色荧光强度对 PET 水解进行量化。因此，每个孔中突变体的相对活性可以通过两个荧光强度值的比例来测定。使用该方法筛选 IsPETase 突变文库，成功得到 6 个突变体，显示了 1.3 ～ 4.9 倍的酶活性。与目前使用的基于结构或计算设计的 PETase 分子改造相比，这种 HTS 方法为发现 PET 酶新的有益突变提供了新的策略。

12.4.4 基于荧光的流式细胞仪筛选法

基于流式细胞仪的超高通量筛选系统已被用于筛选许多种酶。由于流式细胞荧光分选技术（FACS）具有高灵敏度和高筛选通量（每天可以筛选多达 10^7 个酶突变体），已逐渐用于筛选酶库，以提高酶的活性、改变底物特异性等。例如，Menghiu 等人开发了一种基于 FACS 高通量筛选几丁质酶 A 的方法[57]，该方法使用 4- 甲基伞形基 -β-D-N, N',N'' - 三乙酰基壳三糖苷作为模式底物，筛选活性提高的几丁质酶 A（ChiA）突变体。通过将环糊精掺入水相，防止了由于酶反应的荧光产物 4- 甲基伞形酮的疏水性引起的乳液隔间之间的串扰。最后获得 12 个突变体（每个基因含有 2 ～ 8 个突变），其中最好突变体的活性是野生型 ChiA 的两倍。

12.4.5 基于 pH 指示剂的筛选法

对于 pH 发生变化的反应，除了可以通过加有 pH 指示剂的琼脂平板观察单克隆周围颜色圈变化外，还可以在液体反应液中加入合适的 pH 指示剂，通过检测吸光度值变化测定 pH 变化，进而测定酶催化活性。这种基于 pH 指示剂的检测方法已经成功用于分析和筛选多种水解酶。例如，Bollinger 等人使用硝氮黄（nitrazine yellow）作为 pH 指示剂[58]，以检测羧酸酯水解酶（CEs）催化三丁酸甘油酯水解释放的脂肪酸。使用该方法筛选 CEs 酶库，成功获得高有机溶剂耐受性的酯酶。需要注意的是，选择合适的 pH 指示剂是关键之一。该项工作中，由于硝氮黄在 pH 低于 7 时发生颜色变化，并且可以用于测定在含 50% 有机溶剂的水溶液中 pH 的变化，因此选择硝氮黄作为 pH 指示剂。

12.4.6　基于偶联反应的间接测定法

当检测反应的底物没有显色基团时，可以通过偶联反应使产物转化为易于检测的化合物（如有荧光或紫外吸收等）。例如，腈水解反应释放的氨，可以通过偶联谷氨酸脱氢酶反应进行测定（图 12-15）。谷氨酸脱氢酶能够将氨和 2- 酮戊二酸转化为谷氨酸，该过程将消耗辅酶 NADH，因此可以通过监测 340nm 处吸光度值的变化，测定腈水解酶的活性。再例如，为了检测酶在有机溶剂中催化转酯作用，可以通过检测乙醛的释放实现，乙烯酯醇通过酯基转移作用可以形成酯类物质和乙醛[59]，乙醛与 4- 肼基 -7- 硝基 -2- 氧 -1,3- 二唑反应可产生强荧光物质。

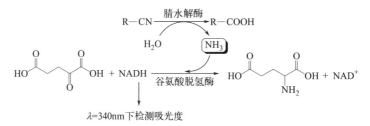

图 12-15　通过偶联谷氨酸脱氢酶反应测定腈水解生成的氨[60]

12.5　结论

随着合成生物学、生物催化与酶工程领域的发展，如何快速高效地获得催化性能优异的酶一直是研究热点。除了借助生物计算手段提高筛选效率和成功率外，建立酶的高通量筛选方法是获得性能优良的新酶或突变体的关键。本章讨论了许多针对氧化还原酶、转氨酶和水解酶有效的高通量筛选方法，这些方法已成功地应用于获得新酶和改善原有酶的催化性能。这些酶不仅仅在生物催化、生物降解、医疗诊断和基因治疗领域具有重要的潜在应用价值，而且对它们的研究有助于加深对细胞新陈代谢的理解、探寻蛋白质结构和功能的关系。相信这些高通量筛选方法在获得催化性能优良酶的过程中将会被越来越广泛地使用。此外，随着信息技术在酶催化领域的逐渐应用，结合实验与计算的酶高通量筛选方法将是未来发展的主要方向之一。

（赵晶，倪晔）

思考题

（1）单选题

① 关于脱氢酶的高通量筛选，以下哪种方法常用于测定脱氢酶活性？

A. 基于透明圈的平板检测法

B. 基于 NAD(P)H 辅因子的比色法

C. 基于质谱的检测法

D. 基于 pH 指示剂的筛选法

② 显色法是常用的水解酶高通量筛选方法，下列哪种化合物不是可选底物

A. 氮蓝四唑

B. 对硝基苯酚酯

C. 对硝基苯胺酰胺

D. 对硝基苯酚糖苷

③ NBT/PMS 方法检测脱氢酶活性过程中会产生（　　　　）甲瓒。

A. 红色

B. 绿色

C. 蓝紫色

D. 黄色

④ 基于质谱的检测方法在酶活性分析中的应用主要体现在哪个方面？

A. 适用于底物和产物分子量不同的反应检测

B. 适用于荧光值发生变化的反应检测

C. 适用于 pH 值发生变化的反应检测

D. 适用于吸光度值发生变化的反应检测

⑤ 在琼脂平板筛选法中，如何判断单克隆菌落表达的水解酶有无活性？

A. 通过观察单克隆菌落的颜色深度

B. 通过观察单克隆菌落的大小

C. 通过观察或测定单克隆菌落周围的透明圈或颜色圈大小

D. 通过观察或测定单克隆菌落的生长快慢

（2）简答题

① 请简述为什么要进行酶的高通量筛选，并以水解酶为例，列举不少于三种高通量筛选方法。

② 琼脂平板和微孔板筛选法是常用的高通量酶筛选方法，请简述它们各自的优缺点。

③ 请简述基于 NAD(P)H 生成的比色法，高通量筛选脱氢酶的原理。

④ ABTS 检测法是常用的漆酶筛选方法，请简述该方法的原理。

第 12 章
参考文献

第13章 酶催化碳碳偶联反应

○○ —— ○○ ○ ○○ ——

概述

碳碳键的形成是自然界中用于构建生命体的最基础反应，也是有机合成中由简单分子构筑复杂分子所需的反应，因此如何高选择性、高效率地通过化学反应生成碳碳键也是物质科学研究的重要热点。在有机合成领域，化学家们发展了无机酸碱催化、有机小分子催化、金属催化等高效构筑碳碳键的系列方法。在生物催化领域，自然界经过长期进化，也发展出了多种具备催化碳碳键偶联活性的生物催化剂。这一系列生物催化剂因其具备反应条件温和、选择性强、绿色环保节能等特点，对传统化学催化剂形成了有效的补充，越来越受到人们的重视。

近年来，随着生物技术的发展，基因合成和基因测序的成本不断降低，有力地推动了各类具有新奇活性的生物催化剂的挖掘、发现和改造研究。尽管具有催化碳碳键生成活性的酶广泛存在于生物的初级代谢以及次级代谢过程中，但是目前挖掘到的相关酶种类依旧有限。其中最为熟知的当属聚酮合酶（polyketide synthase，PKS）和脂肪酸合酶（fattty acid synthase，FAS），二者均通过多功能域的组合催化完成碳链的延长、还原、脱水以及水解等过程，这两类多功能域的碳碳偶联酶均通过酮基合酶（ketosynthase，KS）功能域实现催化克莱森缩合形成碳碳键的功能，由于它们大多用于天然产物生物合成和代谢工程改造，这里不再赘述。

本章重点描述的酶包括生物催化反应中常见的具有天然催化碳碳键生成活性以及人工改造后获得碳碳键生成新活性的酶。关于酶催化的碳碳键形成已有多篇综述文献[1-3]，这里主要依据催化反应中间体所对应的反应类型，将目前已知的酶促碳碳键偶联反应分为三类，包括酶催化自由基介导的碳碳键偶联反应、酶催化（亲核、亲电）加成或取代的碳碳键偶联反应以及酶催化的周环反应。下面对它们逐一介绍，期望通过具体的描述推动相关酶在实际生产中的应用。

13.1 自由基介导的酶促碳碳键偶联反应

通过自由基介导生成碳碳键的酶促偶联反应，也可以称为酶催化的氧化型碳碳键偶联反应，主要通过 (S)- 腺苷甲硫氨酸（S-adenosyl methionine，SAM）介导的 SAM 自由基酶[4-9] 以及氧化酶的催化实现，后者包括 P450 单加氧酶、非血红素类铁依赖型氧化酶、以及漆酶等金属氧化酶类。反应过程一般通过电子转移将辅因子转化为活性自由基，然后通过生成的自由基攫取底物上的氢，生成底物自由基，再经过自由基偶联或者与含碳碳双键的基团加成，经电子转移和质子化生成新的碳碳键（图 13-1）。根据引发自由基反应的中间体不同，可以将这一类型的反应分为以下四个亚类：①脱氧腺苷自由基（dAdo•）；②铁氧四价正离子自由基（$Fe^{IV}\overset{O}{=}\bullet$）；③铜离子过氧桥键（漆酶）；④黄素自由基。

13.1.1 酶催化脱氧腺苷自由基引发的碳碳键偶联反应

2001 年，SAM 自由基酶被正式归位为一类超级酶家族。由于其底物谱涵盖范围非常广，因此彼此之

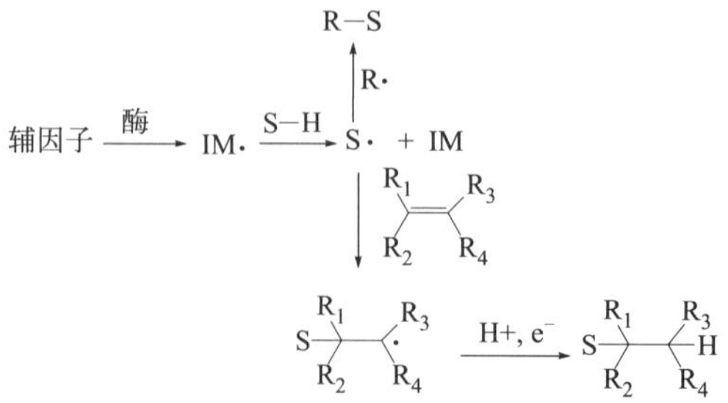

$$R-S$$
$$R\cdot$$
$$辅因子 \xrightarrow{\ 酶\ } IM\cdot \xrightarrow{\ S-H\ } S\cdot + IM$$

图 13-1　酶催化自由基引发的碳碳键偶联反应

IM 代表中间体；S—H 代表底物；R 代表烷基；$R_1 \sim R_4$ 代表取代基。

间的序列同源性比较低。其序列的特征在于一般含有一段含三个半胱氨酸的 CxxxCxxC 保守序列（其中 x 代表任意的氨基酸，C 代表半胱氨酸），用于结合辅因子中的铁硫簇，这一段保守序列也常用于该家族酶系的鉴别。该类酶催化自由基反应的机理一般是利用还原型的铁硫簇 $Fe_4S_4^+$ 与 SAM 的反应，形成高度活泼的脱氧腺苷自由基物种（dAdo•）（图 13-2），从而进一步启动目标反应的发生。

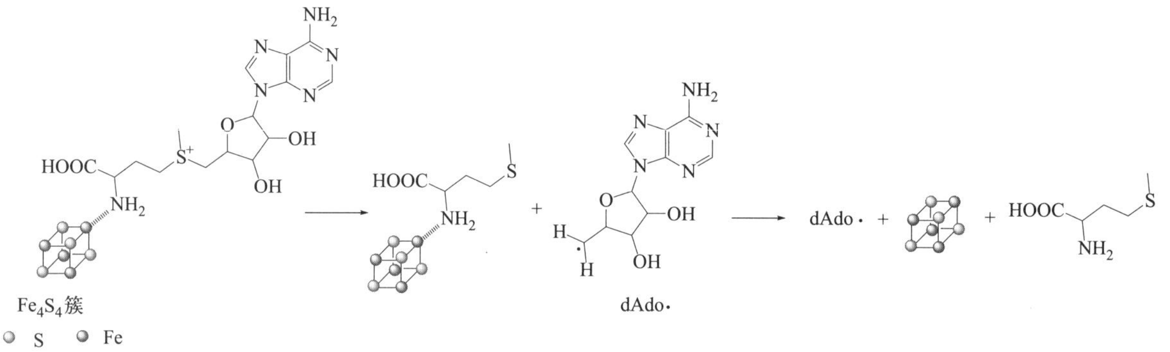

图 13-2　SAM 自由基酶催化产生脱氧腺苷自由基的过程

四个类型的
催化机制

目前已知的 SAM 自由基酶（radical sAM enzymes）催化的反应类型有 60 余种，其中催化碳碳键形成的主要是甲基转移酶。SAM 依赖性甲基转移酶依据其蛋白结构、反应机理、所需辅因子 / 辅底物又可以分为 A、B、C、D 四个亚类。

虽然此章主要介绍的是自由基介导的碳碳键形成，但是值得注意的是甲基转移酶主要催化的反应过程依旧是通过 S_N2 机理完成，而且催化的反应并不局限于转甲基反应，通过测试 SAM 类似物，可以发现它也可以催化乙基化、烯丙基化等多种烷基化反应，以往其作为生物催化剂受制于烷基供体的价格以及再生体系的复杂性，但是近期随着一系列新型碘甲烷生物合成过程中新型甲基转移酶的发现，通过逆反应由廉价的碘代烷烃再生 SAM 类似物成为了解决这一问题的突破口[10]。该体系的构建，除了能实现一般的烷基化反应外，甚至可以实现氟代烷基的转移[11]，这也为这一类酶用于有机合成提供了新的机遇。当然，目前整个反应体系效率较低，主要问题在于自由基反应本身的不稳定性以及天然酶催化效率过低，但是通过蛋白质工程改造，相信对这一类酶的应用拓展也是指日可待。

脱氧腺苷自由基除了作为活化基团外，其本身也可以作为活性基团参与碳碳键形成，也就是所谓转腺苷反应。该类反应通过脱氧腺苷进攻底物的 sp^2 碳，形成加和自由基后，通过质子化和还原生成最终产物（图 13-3）。目前有关该类酶催化反应的报道极为稀少，但是腺苷化反应在扩充化合物的多样性，尤其在核苷类药物合成方面有着巨大的应用潜力。图 13-4 中列出了目前已知几种酶催化的腺苷化反应，具体反应过程可以参看相关文献。

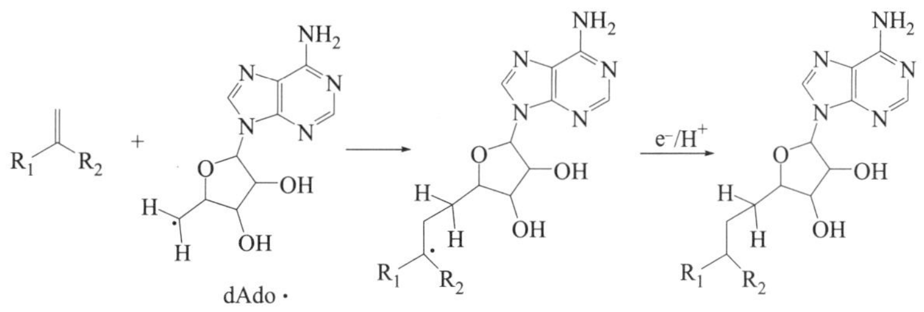

图 13-3　通过脱氧腺苷自由基生成腺苷化产物的过程

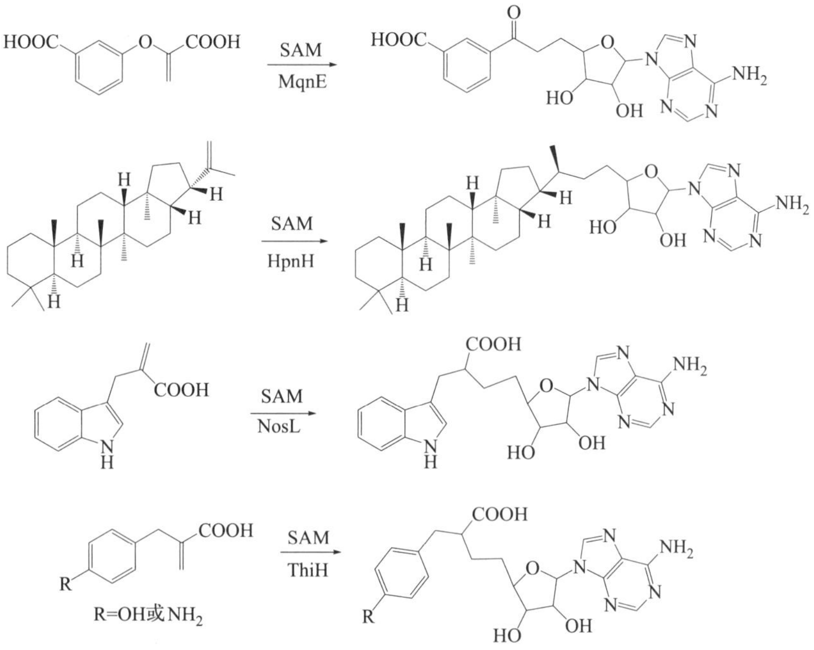

图 13-4　酶催化的典型腺苷化反应

MqnE：aminofutalosine synthase，ainofutalosine 合酶；HpnH：adenosylhopane synthase，腺苷藿烷合酶；NosL：tryptophan lyase，色氨酸裂解酶；ThiH：2-iminoacetate synthase，2- 亚氨基乙酸合酶。

13.1.2　铁氧四价自由基催化 C—C 键偶联

氧化偶联反应通常能将两个构建砌块化合物直接连在一起，因此也被认为是构建 C—C 键的最有效方法。大自然已经进化出可以控制酚类底物分子内偶联、分子间氧化二聚化的酶，它们能精确控制键形成的位点选择性和立体选择性。这些氧化还原酶主要包括血红素酶（P450 酶、过氧化物酶、蛋白质工程改造的血红素酶）、黄素依赖酶、非血红素依赖的金属酶［铁离子依赖的金属酶、铜离子依赖的金属酶（漆酶）］，它们参与了自然界中大部分的 C—C 键氧化偶联反应。

13.1.2.1　P450 酶催化 C—C 键的形成

许多天然产物中 C—C 键的形成主要由 P450 酶催化氧化偶联介导。细胞色素 P450 酶利用其血红素辅因子催化广泛的氧化转化，转化过程通常包括氧气分子的活化，高反应活性物种 Porc·Fe^{IV}=O（Cpd I）从底物中攫取氢自由基，产生短暂的底物自由基，最后通过反弹机制实现氧化羟基化[12-14]。然而，这些氧化转化的机制在最初的自由基提取后可能会出现分歧，产生双底物自由基，进而导致分子内或分子间自由基偶联的发生，这也是大多数 P450 酶催化 C—C 成键的反应机理[15]。例如来自于人体肝微粒体中的 CYP2D6 通过分子内苯酚偶联可以催化 (R)- 牛心果碱到多花罂粟碱的合成[16]。在该反应中，CYP2D6 中的 Cpd Ⅰ 首先从底物 (R)- 牛心果碱的酚羟基上提取一个氢原子，与典型的羟基反弹机制不同，铁基 - 羟基化合物（Cpd Ⅱ）再从底物自由基的酚羟基上提取一个氢原子，所形成的双自由基最终通过自由基迁移并偶联生成了产物多花罂粟碱（图 13-5A）。此外，也有研究者发现淡黄霉素能被来自天蓝色链霉菌的 P450 158A2 催化氧化成二聚体和三聚体[17]。他们在该蛋白质的晶体结构中发现了两分子黄酮素，并提出了合成二聚体的双自由基途径（图 13-5B）。

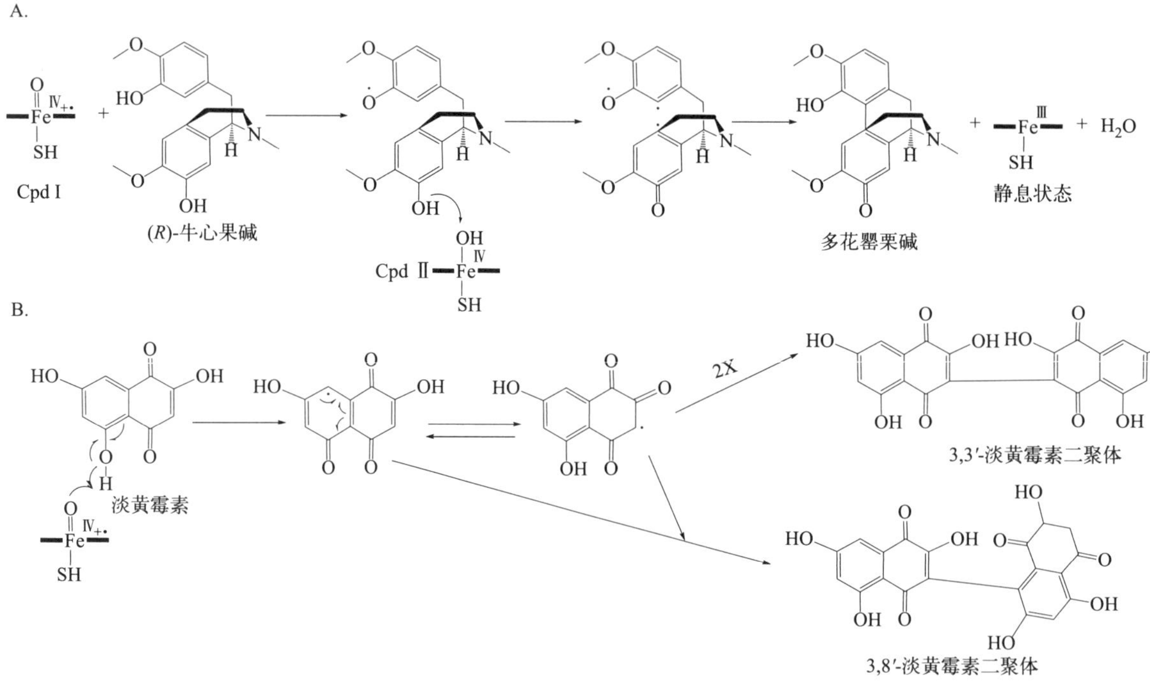

图 13-5　P450 催化氧化偶联反应的机理

A. CYP2D6 催化（R）- 牛心果碱分子内偶联双自由基机制；B. P450158A2 催化淡黄霉素分子间偶联的双自由基机制。

　　许多 P450 酶催化的 C—C 偶联反应发生在分子内，例如在吲哚并咔唑生物碱的生物合成中，P450 245A1 能催化两个吲哚部分的分子内交联（图 13-6A）[18]。而另一个重要的 C—C 键分子内偶联反应则是糖肽抗生素万古霉素生物合成的一部分[19]。负责催化该反应的 P450 OxyC 酶已被应用于万古霉素衍生物的体外化学酶合成（图 13-6B）[20]。此外，最近也有研究报道，P450 催化氧化的分子内联芳基偶联反应还可以实现 Arylomycin 抗生素母核的克级制备[21]。除了分子内的 C—C 偶联，P450 酶也能催化分子间的 C—C 偶联，可以参与许多二聚联芳基次生代谢物的生物合成。例如 P450 DesC 和 KtnC 被证明能分别催化单体香豆素 7-demethylsiderin 区域和立体选择性二聚化为 M-desertorin 和 P-orlandin（图 13-6C）[22]。另外也有研究者利用细胞色素 P450 介导的生物催化策略，成功地实现了酚醛底物的氧化交叉偶联反应，构建了一系列联芳基化合物（图 13-6D）[23]。通过对 P450 KtnC 进行定向进化改造，得到了一个具有高反应性、高位点选择性和轴手性选择性的突变体，不仅为构建联芳基化合物提供了一个高效、环保的方法，而且提供了一个具有催化剂控制反应性和选择性的可编程分子组装平台。此外，某些 P450 酶还能同时催化分子内和分子间的氧化偶联，例如 P450 GymB$_1$ ～ GymB$_6$ 就是一类双功能酶，不仅能催化环二肽分子内 C—C 氧化偶联，还能催化环二肽与次黄嘌呤分子间的氧化偶联（图 13-6E）[24]。

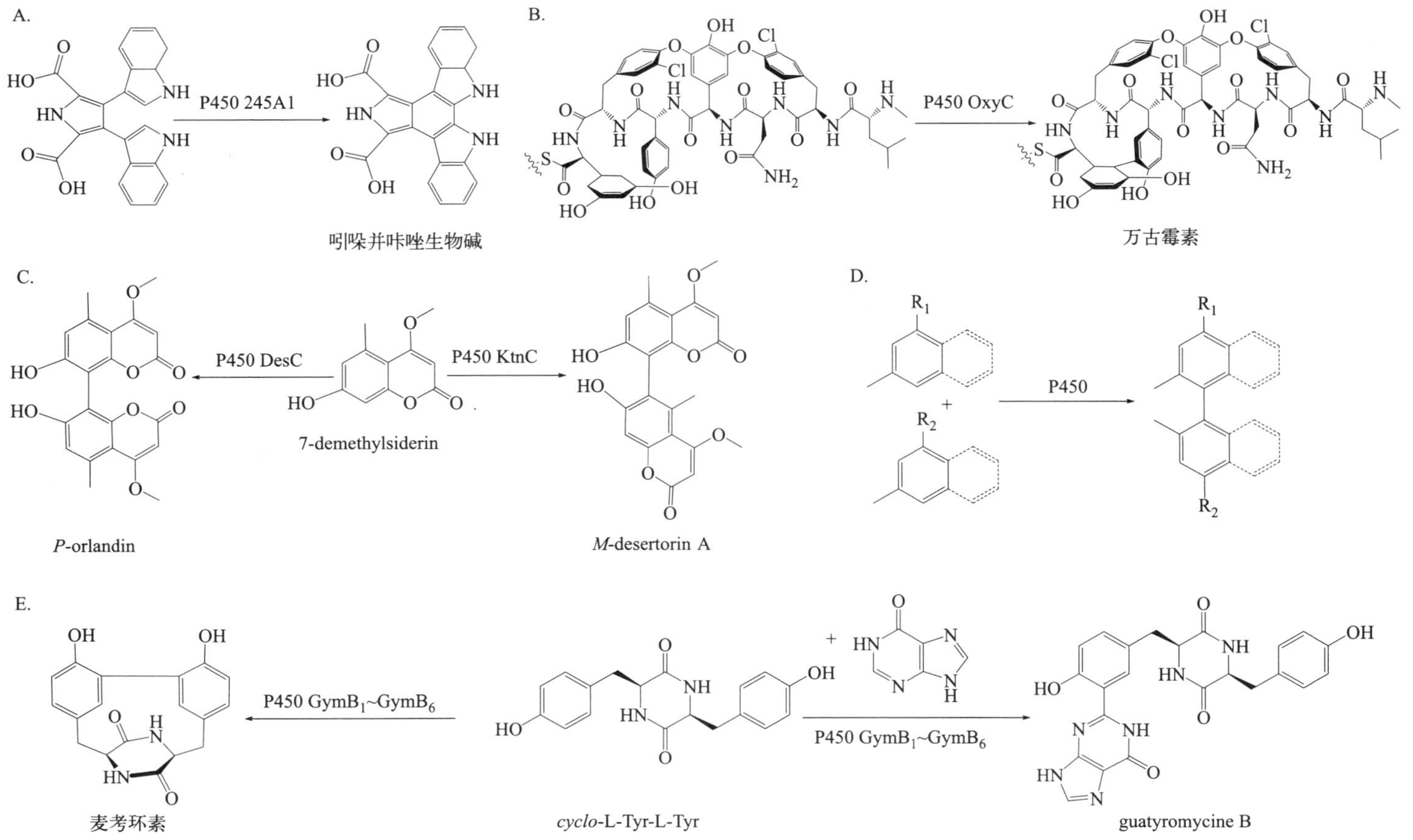

图 13-6　P450 催化的氧化偶联反应

A. P450 245A1 催化吲哚并咔唑生物碱的合成；B. P450 OxyC 参与万古霉素的生物合成；C. P450 DesC 和 KtnC 分别催化 *P*-orlandin 和 *M*-desertorin 的生物合成；D. P450 催化联芳基键形成的交叉偶联反应；E. P450 GymBs 催化的分子内和分子间偶联产物。

13.1.2.2　工程化改造的血红素酶通过卡宾反应催化 C—C 键的形成

有些工程化改造的血红素酶可以直接通过 C—H 功能化催化 C—C 键的形成。这些酶经过蛋白质工程改造后，可通过高价铁卡宾物种模拟等电子卡宾转移反应的化学过程（图 13-7A）[25,26]。卡宾反应实际是双电子过程，与自由基的单电子过程有所区别，此处为了方便总结，并入到自由基介导中进行讲述。自 P450-BM3 突变体催化的烯烃环丙烷化反应被首次报道以来[25]，许多人工改造的血红素酶通过催化环丙烷化或 C—H 插入反应来实现 C—C 键的构建。例如工程化改造的肌红蛋白已被证明是烯烃环丙烷反应和其他非生物碳转移反应的高效和通用的生物催化剂[27,28]。在重氮乙酸乙酯存在下，肌红蛋白突变体能够以高转化率和优良的化学选择性催化未受保护的吲哚 C3 官能化（图 13-7B）[29]。此外，也有研究报道用 Ir、Mn、Co 等金属卟啉来取代血红素酶中的铁卟啉，所得的酶突变体可催化分子内或分子间的 C—H 插入[30-32]。有研究者用 Ir 卟啉取代嗜热 P450 酶（CYP119）中的天然血红素辅因子，所得的人工金属酶 Ir（Me）-PIX CYP119 可催化分子内卡宾 C—H 插入，实现重氮酯到二氢苯并呋喃的高效转化（图 13-7C）[30]。另外，值得一提的是，近几年 Arnold 课题组将 P450-BM3 天然的轴向半胱氨酸配体用丝氨酸取代，所得的突变体 P411 经过进一步定向进化改造可催化一系列卡宾 C—H 插入反应。使用重氮乙酸乙酯作为卡宾供体，可实现苄基、烯丙基和 α- 氨基 C（sp^3）—H 键的分子间烷基化（图 13-7D）[33]。使用 2- 重氮 -1,1,1- 三氟乙烷和 3- 重氮二氢呋喃酮作为卡宾供体，可分别得到结构多样的三氟乙基化产物[34] 和 *spiro*-［2.4］内酯、α- 硫代 γ- 内酯（图 13-7E，F）[35]。

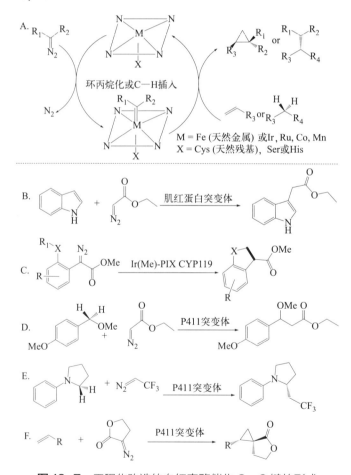

图 13-7　工程化改造的血红素酶催化 C—C 键的形成

A. 工程化改造的血红素酶提供相应的金属 - 卡宾物质与重氮烃反应；B. 肌红蛋白突变体催化吲哚 C3 官能化；C. Ir（Me）-PIX CYP119 可催化分子内卡宾 C—H 插入反应；D. P411 突变体以重氮乙酸乙酯作为卡宾供体催化 C(sp^3)—H 键的分子间烷基化；E. P411 突变体以 2- 重氮 -1,1,1- 三氟乙烷作为卡宾供体催化三氟乙基化；F. P411 突变体以 3- 重氮二氢呋喃酮作为卡宾供体催化 *spiro*-［2.4］内酯的生成。

13.1.3　漆酶催化 C—C 键的形成

除了铁依赖的金属酶，铜依赖的漆酶也能催化 C—C 键的形成。漆酶是铜氧还蛋白家族的一类多铜氧化酶，能够利用 O_2 催化酚类化合物等富电子底物的单电子氧化，所得的自由基产物可以进一步发生自偶联，最终得到二聚或多聚产物（图 13-8A）[36]。漆酶一般含有构成活性中心的四个铜离子，根据光谱和磁性特征可分为三类：Ⅰ 型、Ⅱ 型和两个偶联铜离子组成的 Ⅲ 型，位于中心的 Ⅰ 型铜离子（$T1Cu^{2+}$）负责电子转移和底物氧化，由一个 Ⅱ 型（$T2Cu^{2+}$）和两个 Ⅲ 型（$T3Cu^{2+}$）铜离子组成的 T2/T3 三核团簇则负责结合分子氧，并将其还原成水[37-39]。漆酶不仅能催化氧化酚类等小分子底物，对于大尺寸或高氧化还原电位的底物，漆酶也可借助于低分子量的"电子穿梭"介体将其氧化。漆酶介导合成的聚合物可以是两个相同分子通过 C—C 或 C—O 键连接而成的同分子产物，也可以是两个或多个不同的分子通过 C—C、C—O、C—N 或 C—S 键形成的杂分子产物[40,41]。漆酶可以催化香草醛、4- 羟基 -3- 甲氧基苄腈、乙酰香草醛、香草酸甲酯、2- 甲氧基 -4- 甲基苯酚、丁香酚、吲哚、β- 雌二醇、γ- 萘吡酮、香草烯衍生物以及邻羟基苯酯类等同分子的 C—C 键偶联，得到二聚或三聚产物（图 13-8B 和图 13-8C）[42-46]。此外，漆酶

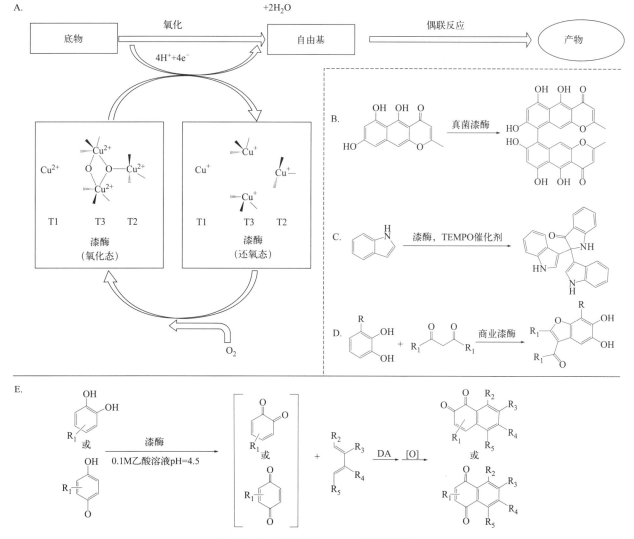

图 13-8　漆酶催化的 C—C 键的形成

A. 漆酶催化的 C—C 键偶联的机理；B. 漆酶催化 γ- 萘吡酮的二聚；C. 漆酶催化氧化吲哚的三聚；
D. 漆酶催化 5,6- 二羟基苯并 [b] 呋喃的合成；E. 漆酶催化萘醌的合成。

还可以催化不同分子间 C—C 键的偶联，例如分别催化儿茶酚类与 1,3- 二羰基类、香豆素类化合物的偶联，合成具有抗癌活性的产物 5,6- 二羟基苯并 [b] 呋喃（图 13-8D）、香豆雌酚[47,48]。另外值得一提的是，酚类底物在漆酶的催化下还可以生成醌，所得的醌可进一步与单烯（苯乙烯类化合物[49]）或双烯类化合物（2,3 二甲基 -1,3- 丁二烯[50]）发生 Diels-Alder 加成反应（图 13-8E），由此形成新的 C—C 键。

13.1.4　黄素依赖酶催化碳碳键的形成

　　许多依赖于黄素辅因子的氧化还原酶也可以催化 C—C 键的形成。黄素含有促进电子转移和与 O_2 反应的异恶嗪环系统，能够以氧化态（醌；Fl_{ox}）、单电子还原态（半醌；Fl_{sq}）和双电子还原态（氢醌；Fl_{red}）

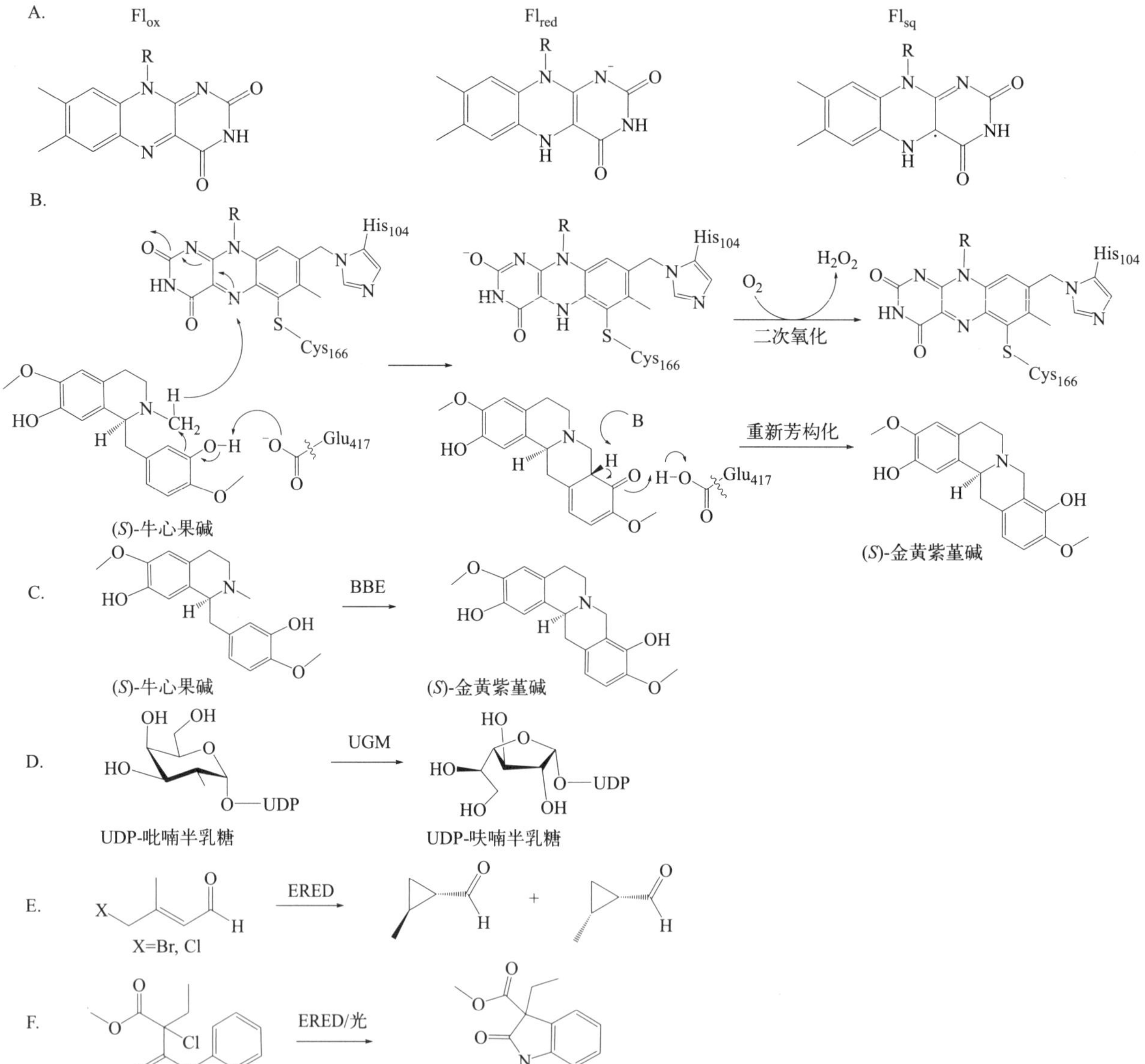

图 13-9　黄素依赖性酶催化的 C—C 键的形成

A. 黄素的存在形式；B. 依赖于氧化态黄素的小檗碱桥酶（BBE）的催化机理；C. 小檗碱桥酶（BBE）催化（S）- 牛心果碱向（S）- 金黄紫堇碱的转化；D. UDP 吡喃半乳糖变位酶（UGM）催化 UDP- 吡喃半乳糖的变位；E. 蛋白质工程改造后的烯还原酶催化不对称还原碳环化反应；F. 黄素依赖的烯还原酶催化不对称氧化还原中性自由基环化反应。

的形式存在（图 13-9A）。因此，不同黄素依赖酶催化 C—C 键形成的机理也可能不一样，其中比较常见的是依赖于氧化态黄素的催化反应，该反应中 C—C 键的形成与一个 H 从甲基到氧化态黄素（Fl_{ox}）N_5 位置的驱逐有关，最终导致黄素辅因子的双电子还原（图 13-9B）。例如小檗碱桥酶（BBE）能通过在 N-甲基和酚环之间形成 C—C 键来催化 (S)- 牛心果碱向 (S)- 金黄紫堇碱的转化（图 13-9C）[51]。而另外一类黄素依赖酶则是通过双电子还原态的黄素（Fl_{red}）与底物分子形成黄素亚胺中间体来催化 C—C 键的形成[52]，例如 UDP 吡喃半乳糖变位酶（UGM）利用还原态的黄素来催化非氧化还原反应将 UDP- 吡喃半乳糖转化为 UDP- 呋喃半乳糖（图 13-9D）[53]。此外，缺乏保守酪氨酸残基（负责质子化）的烯还原酶突变体也可以将黄素（Fl_{red}）N_5 位置的 H 转移到 α,β- 不饱和醛 / 酮，以触发还原环化和环丙烷的形成（图 13-9E）[54]。烯还原酶[55,56] 还具有催化自由基环化和分子间自由基加氢烷基化的能力，可在光 - 生物催化反应中催化五元至八元环或分子间 $C（sp^3）$—$C（sp^3）$ 键的形成（图 13-9F）。与烯还原酶的典型机制相反，该反应由氧化态的黄素（Fl_{ox}）被光激发后所形成的单电子还原态黄素（Fl_{sq}）触发，涉及 H 原子的传递和自由基物种的淬灭，最终形成环化产物。

13.2　酶催化（亲核、亲电）加成或取代的碳碳键偶联反应

通过加成或者取代反应形成碳碳键，是有机合成常用的策略。其核心在于通过酸碱催化剂形成碳负离子或者正离子中间体，分别与对应的亲核基团或者亲电基团进行反应，完成分子内或者分子间的碳碳键构建。该类反应最为突出的特点在于，可以通过一步构建一个到数个手性中心，因此在不对称催化合成中占据非常重要的作用。由于催化该类反应的酶遵循的基本原理类似，但是种类较多，本节依据以下分类一一进行介绍，其中主要涵括：醛缩酶（aldolase）；硫胺素焦磷酸依赖的酶（thiamine-diphosphate dependent enzymes，ThDP-dependent enzymes），主要包括聚醛酶（carboligase）和转酮酶（transketolases）；羟氰裂解酶（hydroxynitrile lyases）；卤醇脱卤酶（haloalcohol dehalogenase）；Pictet-Spenglerases 反应，碳糖基转移酶（C-glycosyltransferases）；异戊烯转移酶（prenyltransferases）以及近期报道的傅克烷基化酶（Fouke alkylase）。而涉及到二氧化碳固定的羧化酶以及利用相同机理通过改造脂肪酶（lipase）构建碳碳键的工作，限于篇幅所限，本节将不会涉及。

13.2.1　醛缩酶催化的碳碳键形成反应

利用羟醛缩合反应构建新的碳碳键是有机合成的常用方法，自然界中的醛缩酶也可以催化该类反应。一般情况下反应的底物包括亲核的酮供体与亲电的醛受体，二者通过加成，生成新的手性中心。这一类酶广泛存在于各类生物的初级代谢和次级代谢中，是由小分子出发构建复杂产物的有效手段。醛缩酶依据催化机理可以分成两类：第一类是通过活性中心的赖氨酸残基与酮底物形成席夫碱中间体，然后进攻底物醛的醛基，再经水解生成最终产物（图 13-10A）；第二类则需要利用二价锌离子（少数情况下为

A.

图 13-10

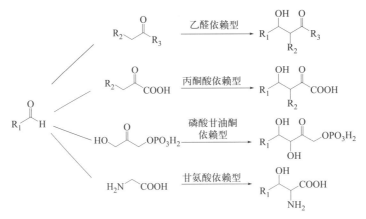

图 13-10 两类醛缩酶催化机理

亚铁离子或者二价钴离子）作为路易斯酸活化亲核的底物酮，进而接受醛的亲电进攻形成最终产物（图 13-10B）。

醛缩酶的研究工作主要集中在两个方面，分别是拓展底物谱即改善底物特异性，以及改善或者翻转立体选择性。大多数醛缩酶对其亲核底物即酮的识别具有极高的特异性，根据其识别的亲核单元又可以把醛缩酶分为四类：乙醛依赖型（acetaldehyde-dependent aldolases），丙酮酸 /α- 酮丁酸依赖型（pyruvate/2-oxobutyrate-dependent aldolases），单磷酸化甘油酮依赖型（dihydroxyacetone phosphate-dependent aldolases）以及甘氨酸依赖型（glycine-dependent aldolases），对应生成产物有一元醇、多元醇以及氨基醇类，一般生成产物的特征结构可见图 13-11。

图 13-11 四类醛缩酶依赖的亲核单元及催化的具体反应类型

四类醛缩酶的
代表性工作

在经典的苏氨酸醛缩酶外，色氨酸合酶实际也是一类 PLP 依赖的缩合酶，其基本催化原理与这一类酶一致，不同之处在于所用到的底物不一样，色氨酸合酶催化丝氨酸和吲哚缩合形成色氨酸。具体的催化循环为：首先 PLP 与丝氨酸形成席夫碱，经碱性氨基酸拔氢形成碳负离子，然后将质子转移到丝氨酸的羟基，脱水形成 α,β- 不饱和氨基酸，再和另一底物吲哚进行迈克尔加成，形成色氨酸和 PLP 结合的复合物，经赖氨酸取代释放产物回到催化起点（图 13-12）。通过蛋白质定向进化的方法，对该酶的底物谱进行拓展，也合成了一系列色氨酸的类似物[57-60]。

另外最新报道的一种新型的具有催化脱羧以及缩合的双功能酶 UstD[61] 同样属于 PLP 依赖的醛缩酶。该酶的特征活性在于可以催化 L- 天冬氨酸 β 位羧基脱羧后与 PLP 形成亲核的亚胺中间体，再与不同的醛类发生亲核加成，最终生成 γ- 羟基修饰的非天然氨基酸（图 13-13）。这一工作经过三轮定向进化以及一轮计算机辅助设计，显著提高了该酶对不同亲电底物的活性，并且最终实现了高效的整细胞催化多种非天然氨基酸的制备。在 2020 年，来自 UCLA 的 Tang 课题组也报道了一种新型的 PLP 依赖的醛缩酶，可催化酯基的脱除，再经类似迈克尔加成反应生成非天然的氨基酸[62]。

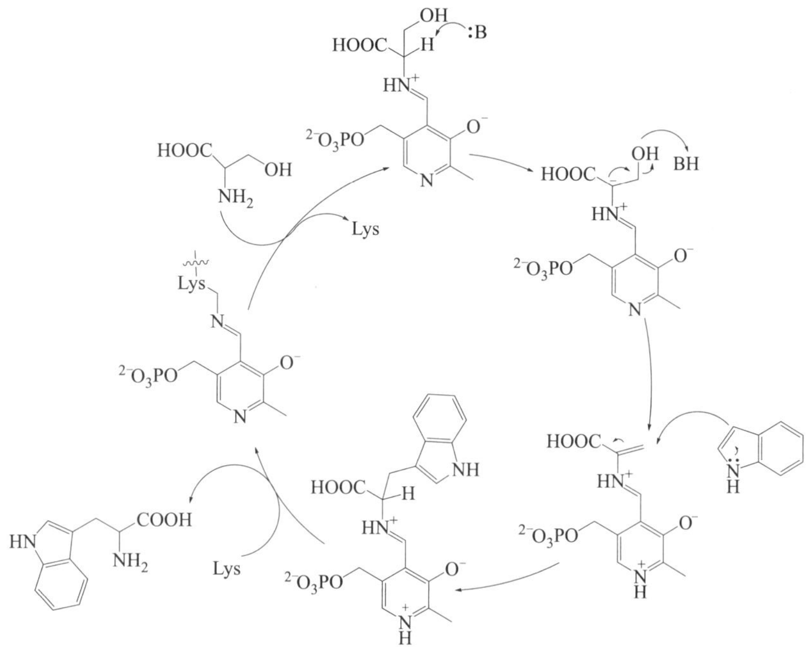

图 13-12　色氨酸合酶的催化循环

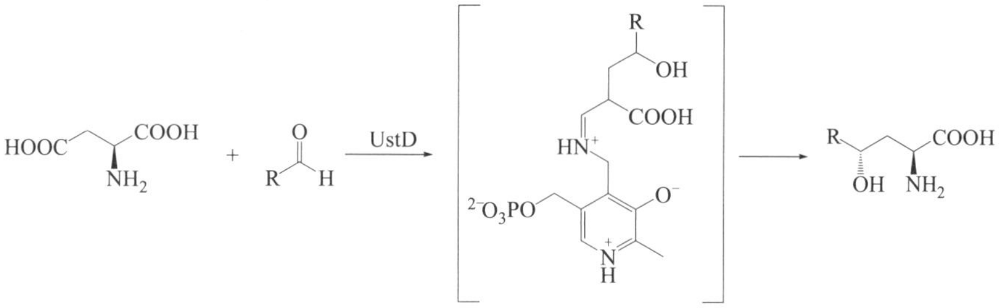

图 13-13　UstD 催化脱羧缩合反应生成 β-羟基的非天然氨基酸反应

13.2.2　ThDP 依赖的聚醛酶和转酮酶催化的碳碳键形成

ThDP 依赖酶类催化的碳碳键形成，已有不少综述对该类酶的性质进行了系统的总结[63-65]，本章主要介绍其催化机理以及最新的典型案例。该类酶主要催化安息香缩合[66]和转酮反应通过缩合生成 α-羟基酮结构，也可以通过迈克尔加成生成 1,3-二酮的结构。其催化机理依赖于 ThDP 的三唑鎓环与供体底物形成碳卡宾或者亚胺结构，通过亲电加成与含羰基类化合物生成新的碳碳键（图 13-14）[63]。

这一类酶被有效应用于构建串联反应体系中，通过与转氨酶串联实现醇胺类化合物的高对映选择性合成。其中较为典型的例子[67]来自于上海交通大学的林双君课题组，该工作通过将来自于大肠杆菌的转

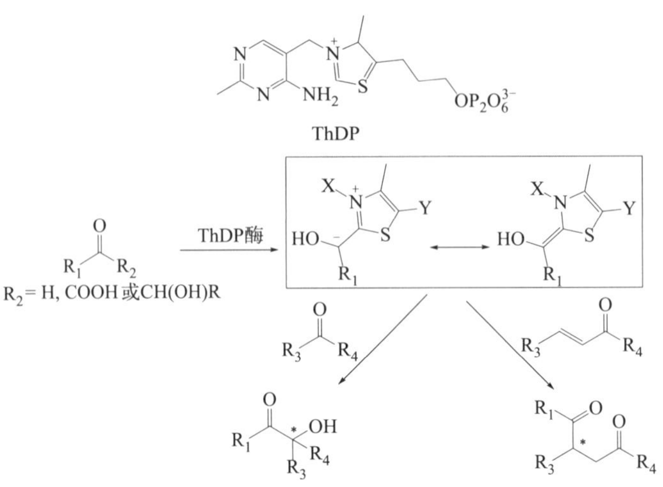

图13-14 ThDP 依赖的酶催化碳碳键形成过程

酮酶 *Ec*TK1 和转氨酶经蛋白质工程改造后，组合构建了生物催化串联反应，实现了一锅法高效合成氟苯尼考 Florfenicol 的胺醇中间体（图 13-15A）。转酮酶往往受限于底物谱、稳定性以及立体选择性，通过基因挖掘或者蛋白质工程改造的方法开发具有优良属性的酶是目前常用的两种手段，而高通量的筛选方法就显得尤其重要。由于在转酮过程中涉及到二氧化碳的释放，该产物导致反应体系中 pH 的升高，据此有报道通过简单利用溴百里酚蓝为指示剂，可以直接在平板上筛选高活性的突变体或者新的转酮酶[68]。在催化安息香缩合反应中，一般是以脂肪醛或者芳香醛作为亲核底物经 ThDP 活化，但是也有利用甲酰辅酶A 作为亲核底物的报道。例如 2019 年报道的 2- 羟基乙酰辅酶 A 裂解酶催化的安息香缩合[69]，这一酶催化反应挖掘的意义在于开拓了一条新的利用甲醛作为加成单元的一碳化学的通路（图 13-15B）。

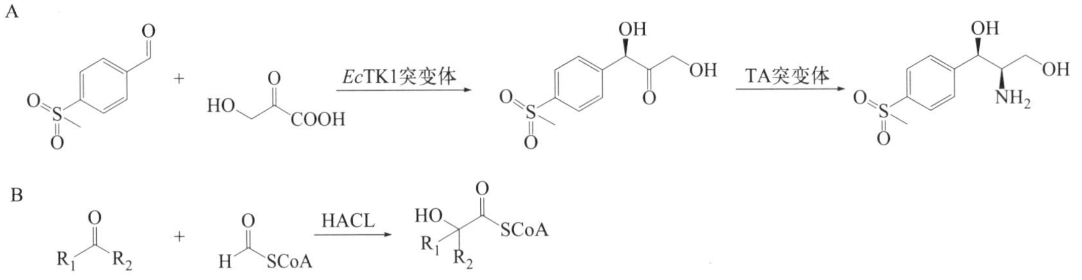

图13-15 ThDP 依赖的酶催化碳碳键形成反应
A. 转酮酶参与的生物催化串联反应；B. 聚醛酶催化的安息香缩合反应。

13.2.3 羟腈裂解酶催化的碳碳键形成

羟腈裂解酶（hydroxynitrile lyases，HNL）是一类可以催化氰醇对映选择性裂解或者合成的酶[70-72]，由于其可通过催化含羰基化合物（酮或者醛）与氢氰酸加成后形成新的碳碳键，因此目前也被作为一类重要的催化模块用于不对称有机合成药用小分子中。这一类酶依据依赖的辅因子以及结构的区别可以分为五类：分别是黄素腺嘌呤二核苷酸（FA）依赖类，α/β- 水解酶类，羧肽酶类，锌离子依赖类以及与cupin 蛋白家族有一定相似性的、来源于内生细菌的新型羟腈裂解酶。

该类酶催化机理目前包含两种，一种通过三联体活性中心（Ser-His-Asp）与一个保守的苏氨酸联合催化实现（图 13-16A）[73]；另外一种属于羧肽酶类，则主要通过 C 端保守的色氨酸羧基以及丝氨酸协同催化完成反应（图 13-16B）[74]。腈醇类化合物在制药以及农药领域有着非常广泛的用途，基于 HNL 可以催化腈醇的不对称合成，有效拓广其在有机合成中的应用，具有非常重要的意义。HNL 的开发与利用主要受限于底物谱、热稳定性以及单一的立体选择性，与之对应的解决方案主要包括自然筛选法以及蛋白质工程改造法。从自然界筛选主要来源包括植物基因组挖掘、细菌基因组挖掘以及其他各数据库（NCBI、EBI、KEGG、ExPASy、PDB 以及 Brenda）同源性比对挖掘[73]，通过这些方法有效扩充 HNL 的种类，但是目前挖掘到蛋白质立体选择性以（R）型为主，（S）型的尚只有寥寥几例[75-78]。而蛋白质工程的方法相对于自然挖掘法，能更深入地揭示酶催化的分子机理，因此也越来越受到人们的青睐。具体方法包括定向进化、理性设计以及祖先酶序列重构[79]，通过这些手段有效提高了目标酶的立体选择性，扩充了底物谱，甚至从无到有创造了新的腈醇裂解酶活性。蛋白质工程目前所面对的瓶颈主要在于高通量筛选方法的建立。基于该类酶的催化特性，羰基类化合物是其中的通用底物，因此利用各种羰基检测试剂对剩余底物进行定量分析，可以很好地实现对酶活性的检测。基于此原理，许建和课题组发展了一套利用 2-氨基苄氨肟（ABAO：2-aminobenzamidoxime）试剂检测剩余羰基底物，从而实现高通量筛选 HNL 突变体的方法[80]。基于此筛选方法，他们成功进化得到了可以催化对甲硫基苯甲醛与氰化氢加合生成（R）型羟腈产物的 PcHNL5 优良突变体（图 13-17）。

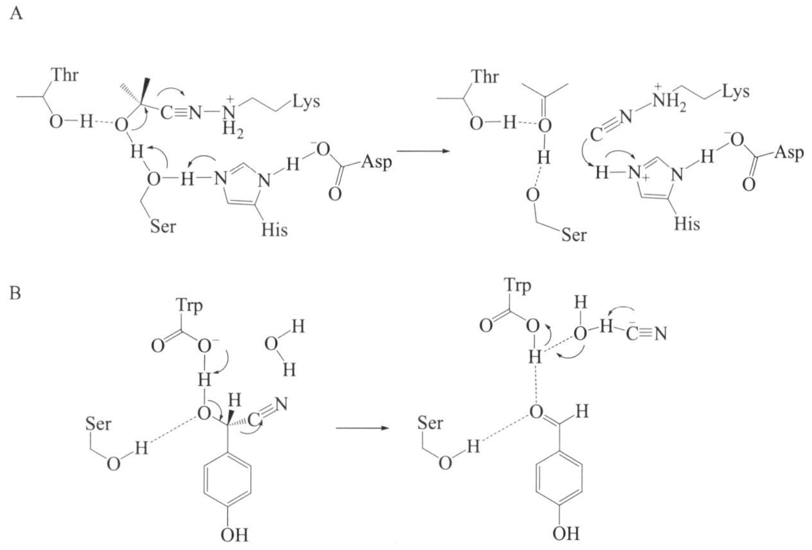

图 13-16　羟腈裂解酶催化的两种主要机理

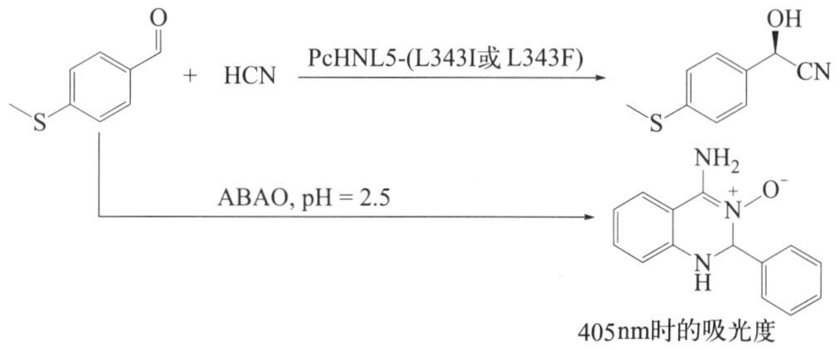

图 13-17　HNLs 高通量筛选方法示例（适用于醛底物）

HNLs 除了可以催化上述氰酸与酮或者醛加成外，也可以催化硝基烷烃类物质与醛加成生成手性的硝基醇类物质，而硝基可以通过后续的衍生生产各类相关的有机小分子（图 13-18）[70]。目前常用的硝基类底物为硝基甲烷或硝基乙烷等，通过这两类化合物与不同的醛加成，可以生成含单个或者两个手性中心的产物[81]。

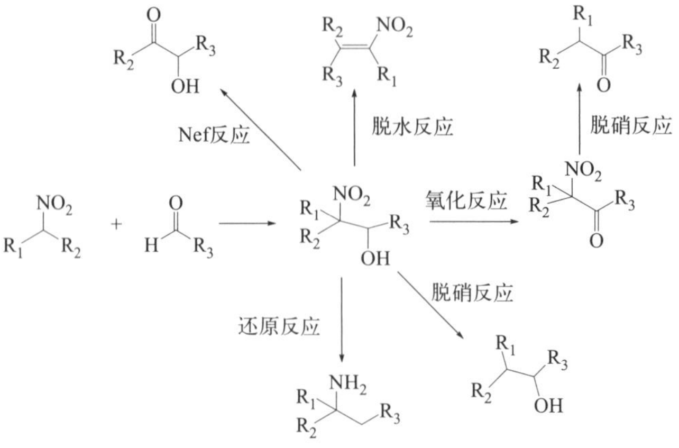

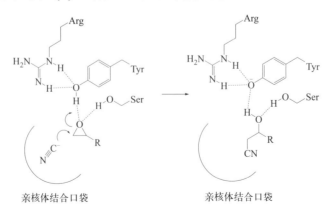

图 13-18　HNLs 催化硝基烷烃类与醛的加成后衍生

13.2.4　卤醇脱卤酶催化的碳碳键形成

上一节中介绍了 HNLs 催化氰化氢与醛或酮加成形成碳碳键，而卤醇脱卤酶（halohydrin dehalogenases，HHDHs）[83,83] 则可以识别氰根离子作为亲核试剂，催化环氧化合物的不对称开环，生成 1,2- 腈醇类产物。HHDHs（EC 4.5.1.-）属于短链脱氢酶家族，具有催化卤醇生成环氧以及可逆的亲核开环的活性。该类酶具有和短链脱氢酶类似的三联体催化活性中心，一般组成为 Ser-Tyr-Arg，通过序列同源对比很难与脱氢酶进行区分。该类酶最大特色在于可以利用不同的亲核试剂，因此存在一个特殊的亲核离子结合口袋，其中保守域含有富含甘氨酸的肽段 T-G-X3-A/G-X-G，也可以此序列结合活性三联体为依据与脱氢酶进行区分，用于挖掘新的 HHDHs。该类酶以氰根作为亲核试剂，催化环氧的不对称开环机理如图 13-19 所示，环氧底物进入到活性口袋中，酪氨酸作为质子供体，苯环上的酚羟基直接与底物的环氧结构形成氢键，而精氨酸侧链的胍基提供两个氢键弱化酪氨酸酚羟基的氧氢键，促进质子的离去，丝氨酸的羟基与环氧底物形成氢键，促进环氧开环。氰根离子通过氢键结合于亲核离子口袋中，靠近进攻位点，促进环氧开环。

该类酶家族依据序列同源性以及进化起源可以分为 A ～ G 类[84]，其中研究最多的是来自于 *Agrobacterium radiobacter* AD1 的 C 类卤醇脱卤酶 HheC，原因主要是该蛋白质的获取比较容易，而且其催化环氧开环表现出了出色的立体选择性和催化活性[85-92]。目前，该类酶的典型应用实例为用于生产阿托伐他汀（atorvastatin）手性单元 (*R*)-4- 氰基 -3- 羟基丁酸乙酯。

图 13-19　HHDHs 催化环氧氰基进攻开环机理

报道最多的路线通过以 (S)-4- 氯 -3- 羟基 - 丁酸乙酯或者消旋的 4- 氯 -3- 羟基丁酸乙酯为原料，通过连续催化脱卤以及亲核开环反应[93-97]，形成目标产物（图 13-20A）。除此之外，2016 年 Zhang 课题组报道了一条更为简洁的合成路线[98]，在此路线中作者从 HheC 突变体 HheC2360 为模板[95]进行定向进化改造，最终获得了双突变体 V85G/W86F，实现了中间体 1 向中间体 2 的高效转化（图 13-20B）。新发现的 G 类卤醇脱卤酶，由于能识别并环类底物也值得关注，其中来源于 *Ilumatobacter coccineus* 的 HheG[99,100] 可以催化氧化环己烯的氰化开环，生成的产物用于合成雄激素受体的拮抗剂。但是就目前而言，野生型催化该反应的立体选择性并不高，而且关于该酶的研究较少，有待将来工作的开展对其进一步解析。

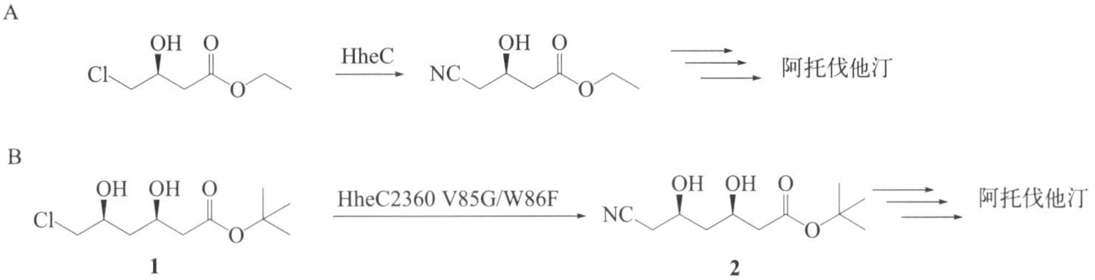

图 13-20　卤醇脱卤酶用于阿托伐他汀中间体的合成

13.2.5　Pictet-Spenglerases 催化的碳碳键形成

Pictet-Spenglerases（P-S 酶）[101,102]指可以催化 Pictet-Spengler 反应的酶，该反应为 β- 芳基乙胺与醛或者酮发生缩合反应后形成碳正离子，进一步进攻邻近的苯环发生环化，生成四氢异喹啉或 β- 咔啉类生物碱结构的产物。该反应涉及到碳氮键以及碳碳键的形成，其中高立体选择性的手性叔碳或者季碳中心的引入，在化学催化上尤其难能可贵。另外产物本身可以作为骨架，通过衍生从而生产一大类具有生物活性的天然产物，因此有关该类酶的研究也越来越引起人们的重视。

P-S 酶在微生物、植物以及动物体内均存在，但是目前报道的种类和数量还较少，其开发与利用还有待进一步深入研究。其中研究较多的两类为植物来源的异胡豆苷合酶 STR（strictosidine synthase）和去甲乌药碱合酶 NCS（norcocalurine synthase），前者催化天然反应为色胺（tryptamine）与裂环马钱子碱（secologanin）缩合生成 3-α-(S)- 异胡豆苷 [3-α-(S)-strictosidine]，后者催化天然反应为多巴胺（dopamine）与 4- 羟基苯乙醛（4-hydroxyphenylacetaldehyde）缩合生成 (S)- 去甲基乌药碱 [(S)-norcoclaurine]（图 13-21）。二者催化机

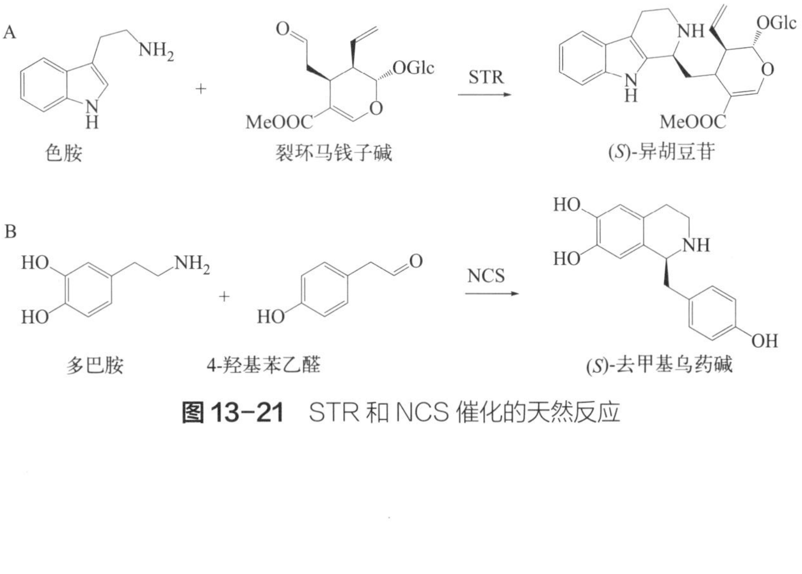

图 13-21　STR 和 NCS 催化的天然反应

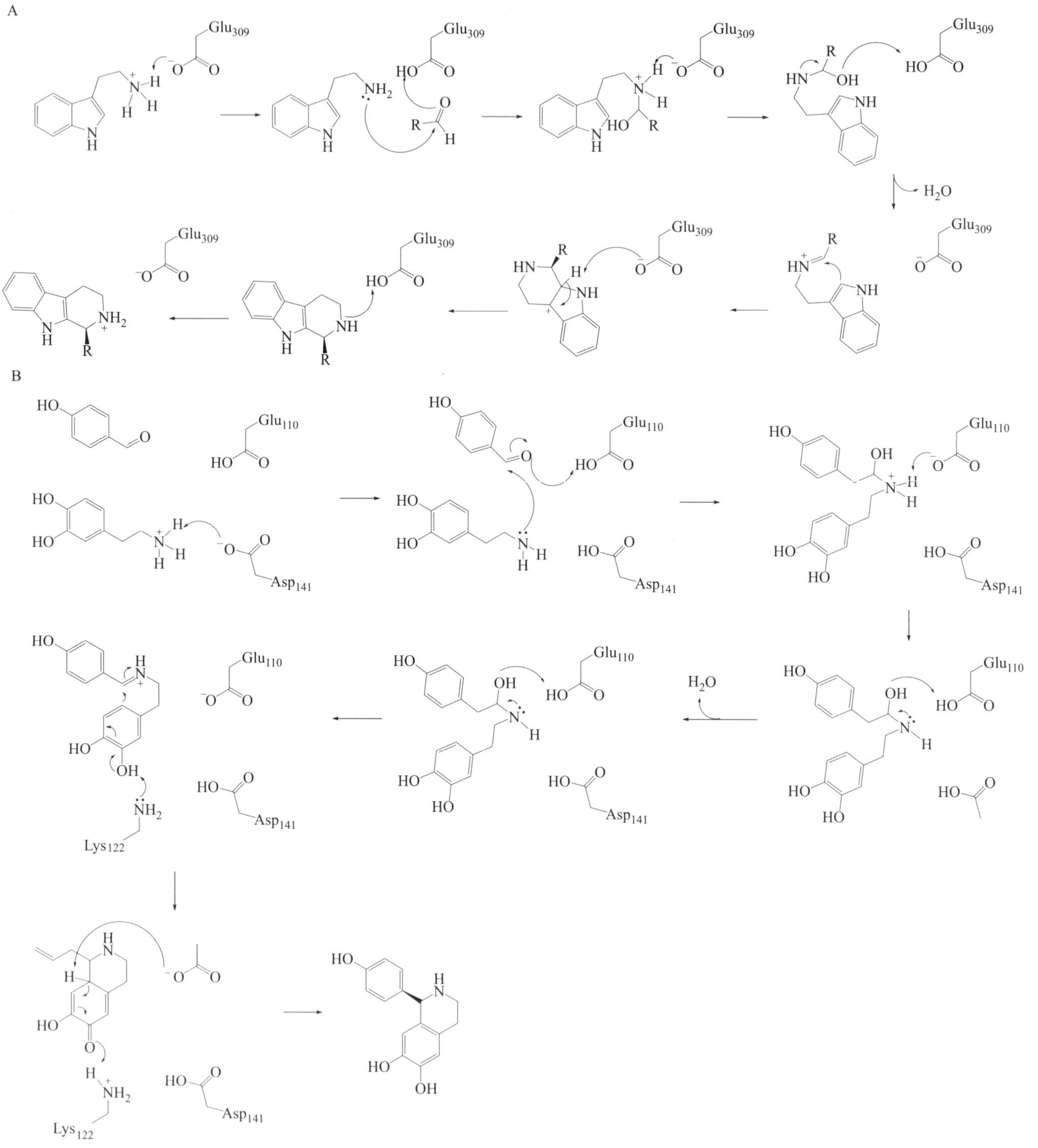

A

B

图 13-22 S-P 酶催化的一般机理过程

A. STR 催化机理过程；B. NCS 催化机理过程。

理均采取"胺供体优先"的模式完成，即胺先进入活性口袋，通过底物附近的碱（STR 对应的碱一般为脱质子的谷氨酸，NCS 对应的则是脱质子的天冬氨酸）催化胺基去质子，进攻羰基底物，形成亚胺，再通过类似曼尼希反应与富电子的芳香环加成，经数次质子转移后形成最终的产物（图 13-22）[103]。

从已有研究中发现，这一类酶对于醛类底物的识别有比较大的宽泛性，但是立体选择性非常专一，基本为（S）构型。而在 2018 以及 2020 年针对 STR 的研究中发现[104,105]，当用体积较小的脂肪醛作为底物时，可以翻转产物的构型。通过晶体结构解析发现，立体选择性的改变来自于醛底物结合模式的改变。P-S 酶催化时对羰基类底物的选择性更偏向于醛底物，对酮类底物一般不能识别，而酮的引入可以直接构建季碳手性中心，尤其当引入的是环状酮时更是可以生成螺环结构，这通过以往的合成手段很难达成。针对这一问题，2017 年首次报道了来自于 *Thalictrum flavum* 中的 NCS 对酮类底物也具有一定的活性[106]，进一步对关键位点进行定点突变后，构建了 A79I、A79F 以及 F80L 等一系列突变体，有效提高了多巴胺与酮类化合物缩合反应的活性，为该类复杂立体手性中心的构建提供了一个高效简便的方法。

该类酶除了上述两类外，还有来自于微生物的 MIS[107-109]、KslB[110-113]、McbB[1114-118]、NscbB[119,120]、StnK2[121,122] 以及可以催化 P-S 反应的非核糖体聚肽合成酶 SfmC[123,124]，来源于植物的 DIS 和 DIIS[125,126]，来源于动物的 SAL 合酶和 1MeTIQ 合酶。由于该类酶的特殊性质，有关机理以及底物拓展的研究逐渐增多。目前已报道可接受的底物除了上述以外，还包括了含 β- 甲基的多巴胺[127]、含 α- 甲基的醛类[128]、丙酮酸、α- 酮戊二酸、α- 酮丁二酸、丙酮醛、乙醛酸、色氨酸、甲基色氨酸、氯代色胺等等，具体组合以及其所对应的催化酶类也已有综述报道[101]。除此以外，该类酶也常被用于构建级联反应[101,102,129-131]，或者应用于代谢工程改造[132,133]之中。总之，基于产物本身特有的生物活性，以及化学分子结构的特殊性，围绕这类酶的开发与利用也还在持续进行中。

13.2.6 *C*- 糖基转移酶催化的碳碳键形成反应

近年来 *C*- 糖基转移酶（*C*-GTs）（EC 2.4.1.17）逐渐步地被人们从植物、昆虫及细菌中挖掘发现，它们属于碳水化合物活性酶（CAZy）分类中的 GT1 超家族。在自然界中，这些酶以活化的糖分子（例如 UDP-Glc，即 UDP- 葡萄糖）为供体，催化另一受体分子（如黄酮）的 *C* - 糖基化，由此形成稳定的 C—C 糖苷键，并通常位于糖基受体芳香环上杂原子碳的邻位。因此，糖基供体的异头碳为亲电中心，而芳香环上的一个碳为亲核中心。

关于 *C*-GTs 的催化机制尚未完全揭示，由于相当多的 *C*-GTs 也能够催化 *O*- 糖苷键的形成，目前被普遍接受的一种催化机制正是基于 *O*- 糖基化 UGTs 中的 His-Asp 二联体假说。具体来说，碱性的催化残基会使芳环上 *C*- 糖基化位点邻位的杂原子去质子化。在通过互变异构恢复芳香性之前，由此产生短暂的非芳香糖基化中间体（图 13-23）。值得注意的是，一些多酚受体的酸性足以在中性 pH 下被去质子化，因此催化的碱性残基不总是必须的[134]。

C- 糖基化的化合物已广泛应用于医药、食品、化妆品等行业。一些 *C*- 糖基化天然产物已经被报道具有抗菌、抗氧化、抗肿瘤、保护肝、抗糖尿病、抗伤害或抗炎等活性。工业上，通常从自然资源中提取 *C*- 糖基化天然产物，这严重限制了它们的可用性和可持续性。通过化学法进行糖基化修饰同样具有挑战，因为它们需要多个繁琐的反应步骤（保护、激活、去保护），并且选择性较差。相比之下，生物催化糖基化是一种潜在的替代化学合成的可行方法，仅需要一个简单的反应步骤，便可高效、高选择性且环境友好地得到所需的 *C*- 糖基化产物。

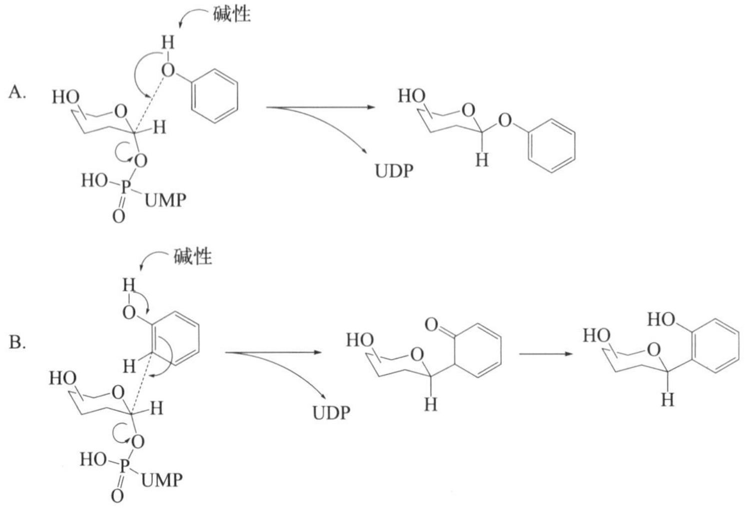

图 13-23 可能的 *C*-GT 催化机制

A. *O*- 糖基化催化机理；B. *O*- 糖基化诱导机制，其次是互变异构化。

不同来源的 *C*-GTs
底物特征

C-GTs 的不同
受体特异性

目前，已鉴定的 *C*-GTs 大部分来源于植物，包括豆类、谷类作物、中药材、柑橘及其他，序列同源性为 22% ～ 99%。少部分来源于细菌或者昆虫，它们之间的同源性不足 32%，与植物 *C*-GTs 的同源性不足 20%。

所有已知的植物来源的 *C*-GTs 都是依赖于 UDP 的糖基转移酶（UGTs），这意味着它们必须使用 UDP 激活的糖作为供体底物。UDP - 葡萄糖是最常见的糖供体，除此之外 UDP- 阿拉伯糖、UDP- 半乳糖、UDP- 木糖、UDP- 葡萄糖醛酸和 UDP- 乙酰氨基葡萄糖也被报道可作为部分 *C*-GTs 的糖基供体。就糖基受体底物而言，*C*-GTs 在识别二羟基黄酮类、二氢查尔酮类、黄酮类、异黄酮类、香豆素类、苯烷类、氧蒽杂酮类和蒽醌类等天然和非天然产物的酶法 *C*- 糖基化研究已取得了较大进展，但迄今为止，已描述的酶大都局限于类黄酮（大多数使用 2′,4′,6′- 三羟基苯乙酮类结构）的受体特异性。

13.2.7 异戊烯基转移酶催化的碳碳键形成

异戊烯基转移酶主要催化异戊烯基链的转移，其催化机理是通过结合的二价金属离子或者蛋白质本身的酸性残基，诱导异戊烯基供体脱去其中的焦磷酸基团，形成稳定的碳正离子，再通过傅克烷基化反应与带负电的基团加成后，最终脱质子形成最终的产物（图 13-24）[135-137]。其中，最基本的异戊烯基供体包括异戊烯基二磷酸（isopentenyl pyrophosphate，IPP）以及二甲基烯丙基二磷酸（dimethylallyl pyrophosphate，DMAPP）。除了基本供体之外，还有通过这两类基本供体缩合形成的 C_{10}（GPP）、C_{15}（FPP）、C_{20}（GGPP）等长链寡聚异戊二烯焦磷酸供体。这类酶大致可以分为三种类型，分别是膜结合的依赖于 Mg^{2+} 的 UbiA 型异戊烯基转移酶、二甲基烯丙基色胺合成酶（dimethylallyltryptophan synthase，DMATS）类的异戊烯基转移酶和 ABBA 型的异戊烯基转移酶[135]。在序列和结构特征方面，膜结合的异戊烯基转移酶具有结合 Mg^{2+} 的富含天冬氨酸的序列，一般呈现（N/D）DxxD 的保守域，而其余两种可溶性的异戊烯基转移酶则不含这一序列特征，晶体结构解析表明它们均具有 α-β-β-α 组合的结构特征[137]。

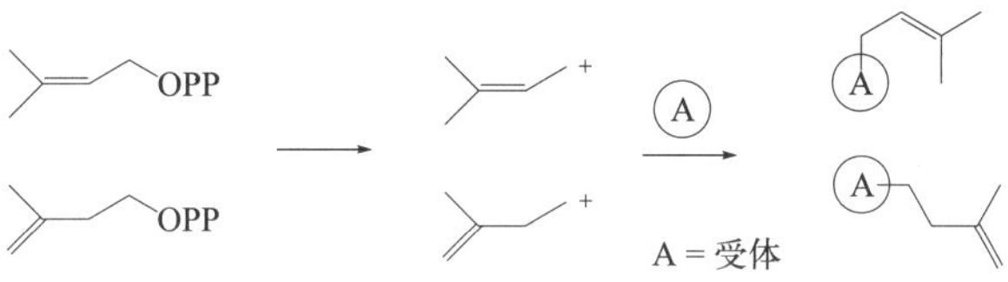

图 13-24　异戊烯基转移酶催化机理图

异戊烯基本身所带的亲脂性以及与细胞膜结构的类似性，可以有效提高修饰分子的生物活性，因此这一类酶是发展和创造新药的有效工具。与醛缩酶类似，这一类酶具有两类底物，即异戊烯基即烷基类的供体，以及对应的受体。目前有关该类酶的研究已有诸多报道，通过基因挖掘以及蛋白质工程的方法，有效地扩充了其识别的底物谱。在拓展受体方面，剔除其本身的缩合，目前的受体包含色胺类底物[138-151]、酪醇类底物[152-154]、黄酮类[139,155-160]、萘酚类[161-165]、查尔酮类[139,166]、对羟基肉桂酸[139]、苯并杂环类[167-171]、二酮哌嗪[172-176]、多酚酸[177]以及较大的生物碱[178]和多肽类抗生素[179-181]。而在供体拓展方面，得益于最新发现的脂肪醇磷酸化系统[144,182]，因此可以直接从各类醇出发，体内原位合成各类烷基供体，结合基因挖掘或者蛋白质工程改造后续的异戊烯基转移酶，可以很高效地在受体上引入新的烷基链从而创造新的烷基化产物分子。在底物拓展方面，来自于土曲霉（Aspergillus terreus）的 *Ata*PT 以及链霉菌 Streptomyces sp. CL190 的 NphB 的研究最为经典。2016 年，孙课题组和戴课题组合作解析了 *Ata*PT[183] 的底物混杂性以及对应的分子机理，发现其对供体和受体都具有非常混杂的底物特异性。其中测试了近 50 种芳香型的异戊烯基受体以及含 $C_5 \sim C_{10}$ 的烷基供体，其对大多数底物都显示了良好的活性，因此该酶目前也被认为是可以做各类底物异戊烯基化修饰的工具酶。而对于 NphB 的研究发现，虽然其天然底物为 1,3,6,8- 四羟基萘，但是对黄酮、异黄酮、植物来源的聚酮以及各类萘酚均有活性，转移的供体包括 $C_5 \sim C_{10}$ 链[162]。其最为瞩目的应用在于可以催化 GPP 转至橄榄酸上形成大麻二酚（CBD，cannabinoids）的前体（图 13-25）[153,184]，这一功能也被认为是构建生产大麻二酚类物质细胞工厂的有效工具。

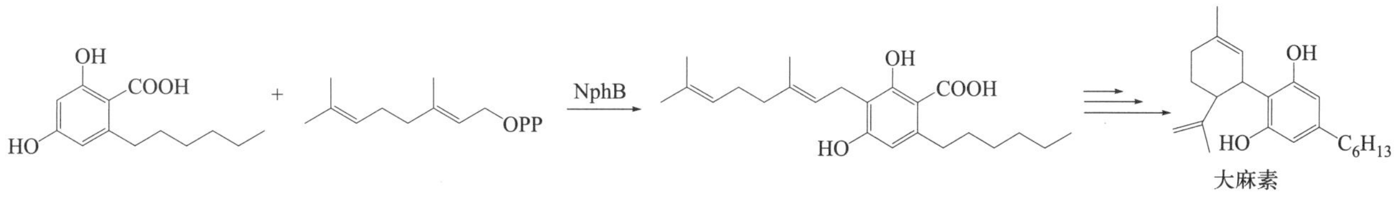

图 13-25　大麻二酚生物合成途径中聚异戊烯基的转移反应

13.2.8 傅克烷基化酶催化的碳碳键形成反应

虽然上述酶催化反应有部分也是通过傅克烷基化机理完成反应的，但是以卤代烷烃作为烷基供体的报道到目前为止仅有一例[185]，即来自于藻青菌 *Cylindrospermum licheniforme* 中 CylK，该酶参与天然产物 Cylindrocyclophanes A-F[186]的生物合成，尽管该化合物早在 20 世纪 90 年代就得以分离鉴定[187]，但是有关其生物合成途径的解析直到 2017 年才得以报道[185]。从该天然产物的化学结构（图 13-26）可以发现，该分子属于两个相同单元的偶联，而其中偶联的位点包含了一个惰性且带手性中心的碳氢键。有关该碳氢键的活化以及酶催化碳碳键形成的具体机理也引起了人们的浓厚兴趣，最终通过对照化学合成方法，利用全基因组测序，生物信息学分析和具体的体外酶学测试，发现该碳氢键的活化是通过卤化酶 CylC 催化对映选择性氯化后，通过傅克烷基化酶 CylK 催化 S_N2 反应实现两单元的偶联，其偶联产物不仅包括环形的最终产物，同时也包括保留了一分子卤代产物在内的线性产物。由于 CylK 本身奇特的催化性能，接下来的研究对其底物谱做了拓展[188]，研究发现其对烷基供体（各类带立体手性中心的卤代烃或卤代醇）以及含间位二酚结构的受体具有良好的忍受能力，因此具有较好的应用前景。进一步为了揭示其分子机制，其晶体结构[189,190]被两个课题组几乎同时进行报道，研究证明了此前的 S_N2 机制，在第一个碳碳键形成时，通过其中关键的 T84、R105 和 Y483 诱导碳卤键的断裂，底物结合口袋中的 L372、F373、E374、Y376 和 D440 则保证底物处在反应位点的构型，通过这四个位点与受体结构的相互作用（推挤与拔氢），使反应位点即两个酚羟基之间的碳从背面进攻碳卤键，促使卤素离去形成新的碳碳键。线性的中间体离去后重新进入口袋，再通过相同步骤环化形成最终产物（图 13-27）。该类蛋白质属于钙离子依赖蛋白，钙离子结合区域处在碳端，其作用主要是稳定蛋白质构象，使其处于功能活性状态。

因为 CylK 具有催化卤代烷烃转移的能力，相对于其他烷基供体，卤代烷烃更加简单易得，同时其具有高效立体区域选择性，可以预见其作为生物催化剂的强大潜力。

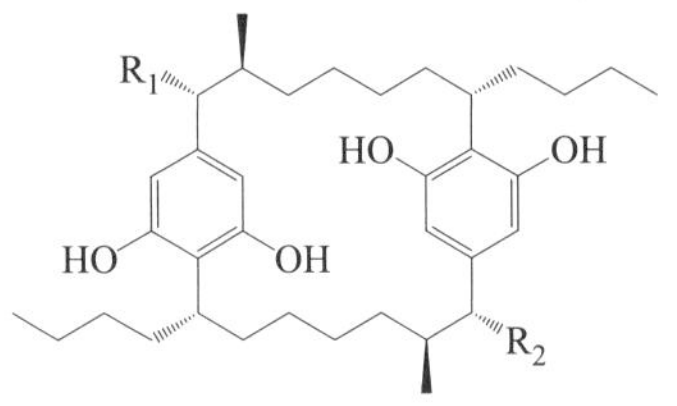

	R_1	R_2
1	OH	OH
2	OH	OAc
3	OH	H
4	OAc	OAc
5	OAc	H
6	H	H

图 13-26 Cylindrocyclophanes A-F 的化学结构

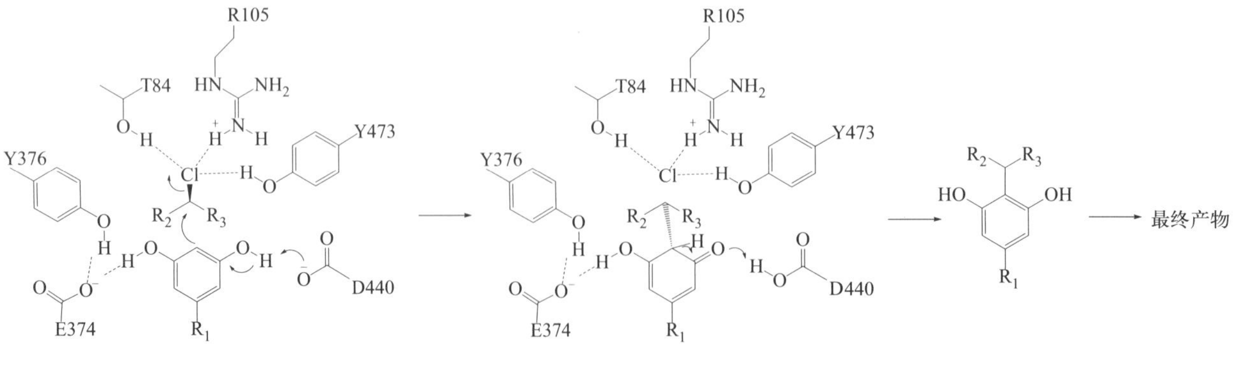

图 13-27 CylK 的催化过程

13.3　周环酶催化的碳碳键偶联

　　周环酶是一类能催化周环反应（如 Diels-Alder 反应、Cope- 或 Claisen- 重排反应以及 Alder-ene 反应等）的酶[191]。这类酶在天然产物的生物合成中常常参与多个 C—C 键的高效构建，具有较好的立体选择性和区位选择性。自 2011 年美国德克萨斯大学的刘鸿文团队首次鉴定出能够催化 Diels-Alder 环加成反应的周环酶 SpnF（图 13-28A）[192] 以来，科学家先后从多种天然产物的生物合成途径中鉴定出了不同的新型周环反应酶[193-198]。例如，吡咯吲哚霉素的生物合成途径就被报道涉及两种顺序不相关的酶，它们连续作用以进行串联的 Diels-Alder 反应，分别是催化 Diels-Alder 反应生成十氢化萘的 PyrE3 酶和 Diels-Alder 反应形成螺环体酸盐的 Pyrl4 酶（图 13-28B）[199]。研究还发现编码 Pyrl4 同源物 VstJ[200] 和 AbyU34[201] 的基因也存在于其他含螺环酮酸盐的天然产物生物合成基因簇中。

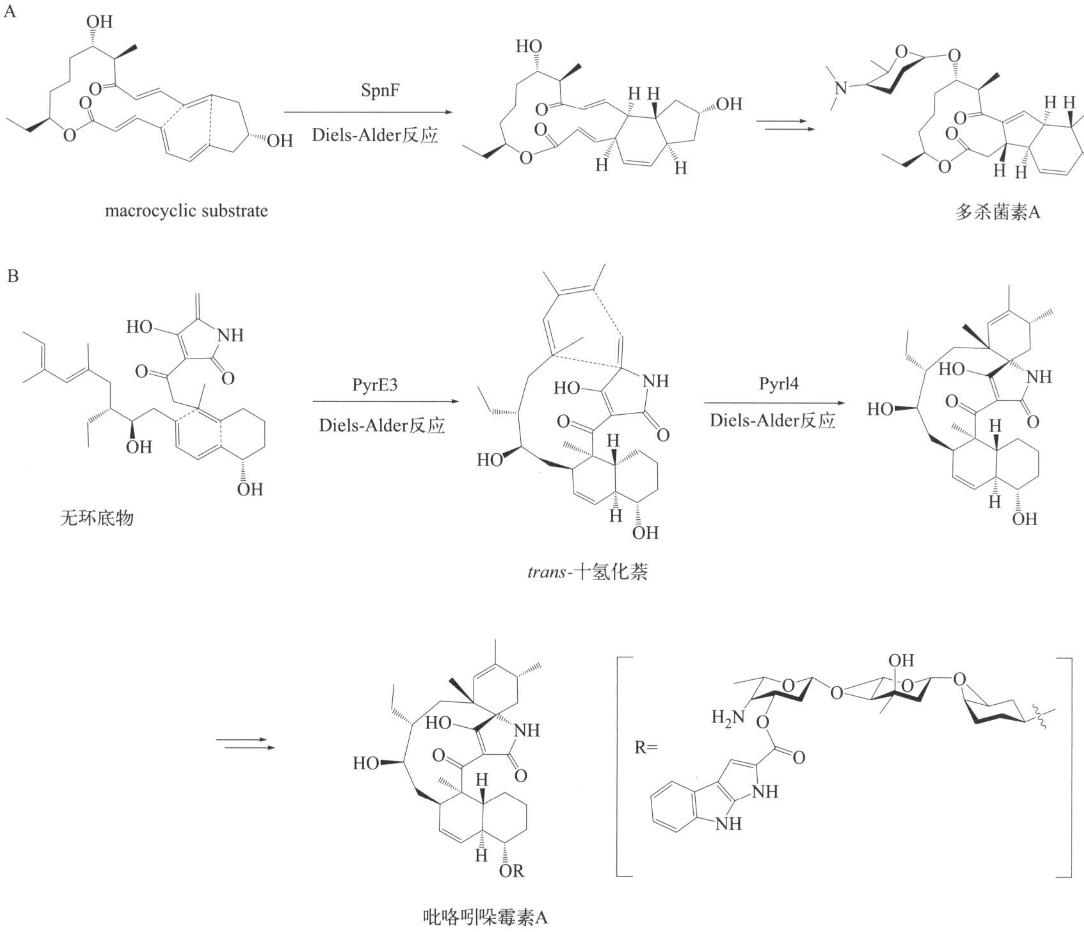

图 13-28　周环酶催化 Diels-Alder 反应的例子
A. 参与多杀菌素 A（spinosyn A）的生物合成酶 SpnF；B. 吡咯吲哚霉素（pyrroindomycin A）的生物合成酶 PyrE3 和 Pyl4。

　　还有一些酶能催化 Diels-Alder 反应以外的周环反应。来自南京大学的戈惠明、谭仁祥和梁勇团队与加州大学洛杉矶分校的 Houk 教授合作，通过体内敲除基因、体外酶催化反应、理论计算以及蛋白质晶体的研究，首次在链霉素（streptoseomycin）天然产物的生物合成中，鉴定出了能够催化 [6+4] 环加成反应的一类酶家族[202]，该环加成反应同时还伴随着 Cope- 重排反应的发生（图 13-29A）。此外，也有研究者以周环酶 LepI 为基础，首次从真菌天然产物生物合成途径中鉴定出 3 个能催化 Alder-ene 反应的 O- 甲基转移酶蛋白 PdxI、AdxI、ModxI（图 13-29B）[197]。除了天然产物途径的挖掘，也有一些周环酶是通过计算设计或哺乳动物免疫系统开发[203-205]，例如 Hilvert 团队就通过从头设计并结合定向进化改造，将非天然的、功能原始的锌结合蛋白转化为一种高活性的人工金属酶，该酶可催化异 -Diels-Alder 反应（图13-29C）[204]。

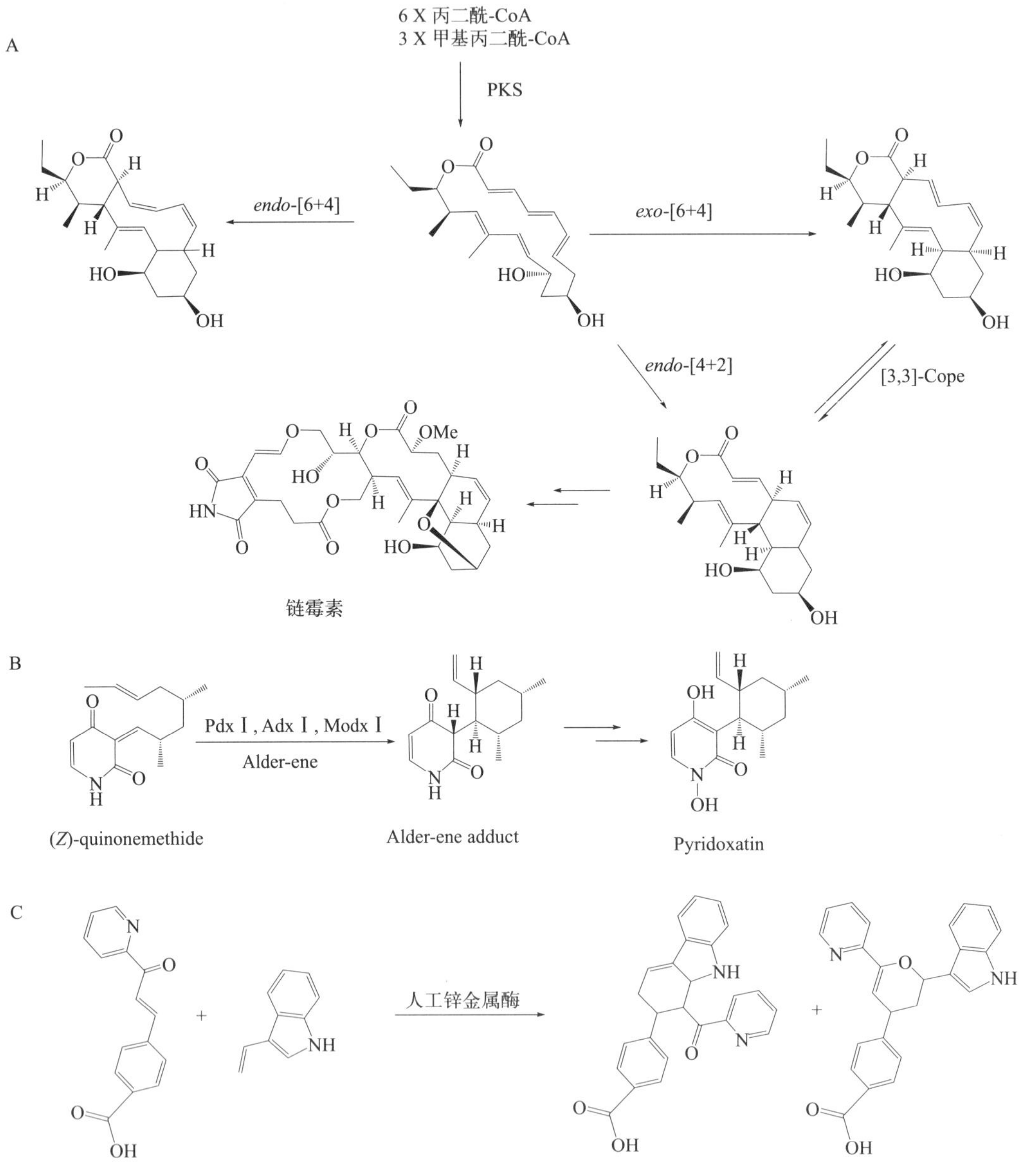

图 13-29 周环酶催化其他周环反应的例子

A. 链霉素（streptoseomycin）生物合成中 StmD 催化大环内酯聚酮化合物中间体转化的机制；B. 吡哆沙汀（pyridoxatin）周环反应相关酶 Pdx Ⅰ，Adx Ⅰ，Modx Ⅰ；C. 人工锌金属酶选择性催化催化 Diels-Alder 和异 -Diels-Alder 反应。

（王健博，黄群，李敏）

思考题

（1）酶催化自由基反应时，生成的自由基如何稳定？

（2）除了催化碳碳键形成之外，PLP 依赖性酶还可催化哪些反应？

（3）萜类环合的机制有哪几种？

第 13 章
参考文献

第 14 章　生物催化 C—O 键修饰反应

○○ ——— ○○　○　○○ ————————————

14.1　概述

　　近年来，选择性 C—O 修饰反应因其能够简化复杂分子合成的路线而受到广泛关注。一般来说，C—O 键修饰主要涉及碳原子的氧官能团化。在有机合成领域，选择性地在惰性 C—H 键上引入一个氧原子是一项重大挑战。即使是在烯内基或苄基位置相对活泼的 C—H 键，也需要强氧化剂才能进行反应，因此区分类似的 C—H 键进行选择性氧化就变得非常困难，尤其是当存在比目标位置更容易被活化的 C—H 键时，选择性就会显著降低[1]。最初，该领域的研究主要是基于给定化合物中 C—H 键之间的固有差异，利用过渡金属配合物来引导氧化反应，或利用底物分子中现有的官能团来引导反应选择性的结果[2,3]。尽管对 C—H 键功能化进行了大量的研究，但键能和反应性与反应结果间的相关性有时难以解读[4]。其次，醇氧化成酮或醛是有机合成中的一个重要反应，其产物是许多高附加值化学品的合成砌块。醇的化学氧化通常需要使用有毒的金属催化剂，伴随产生不需要的副产品，而且选择性和活性往往不高[5,6]。

　　酶，作为大自然的催化剂，不仅为生命的存在提供了必要条件，而且由于其具有高选择性、无毒、可生物降解、在温和的水溶液条件下具有活性、可遗传改造和可进化等特点，也成了合成化学中的宝贵工具[7-9]。酶催化的氧化反应在有机合成的实际应用中正趋于成熟。根据催化反应机理，生物催化的氧化反应分为两类：氧官能团化反应和脱氢反应[1]。其中，氧化还原酶为合成化学家提供了前所未有的选择性氧化和氧官能团化手段，使非活化的 C—H 键和醇羟基得以高选择性、高效地转化，从而显著缩短合成路线，更直接地获得目标产物。在这些氧化还原酶中，加氧酶（oxygenases），包括占主导地位的细胞色素 P450 单加氧酶[10]、非特异性过加氧酶（UPO）[11]、黄素依赖性单加氧酶（FMO）[12]、铁/α-酮戊二酸依赖性羟化酶（Fe/aKG）[13] 等，均可催化氧原子选择性地插入 C—H、C—C 和 C=C 键，从而产生新的含氧官能团，如羟基、醚键、环氧基、羰基等。在脱氢反应的情况下，醇脱氢酶/黄素依赖性氧化酶[14]、漆酶/过氧化物酶[15] 等分别催化氢化物或氢原子的夺取反应，实现醇或酚羟基的氧化。除此之外，在药物化学中，选择性引入甲基是一种极具吸引力的后期修饰[16]。因此，自然界中广泛存在的甲基化酶催化的 O-甲基化（即 C—O 键的修饰）为有机合成提供了一种具有吸引力的绿色替代策略[17]。这些酶在催化活性位点和催化机制上的多样性，使其能够催化多种化学反应，从而合成出结构各异的产物。

　　本章将从酶催化反应的类型，包括 sp³C—H 羟基化、sp² C—H 的羟化、C=C 键环氧化、醇、醛和酮的氧化以及甲基转移酶催化 C—O 修饰等方面进行详细的阐述。

14.2　酶催化 C—H 键的氧化

14.2.1　sp³C—H 键羟化

14.2.1.1　惰性 C—H 键的羟化

　　在合成化学中，惰性 C—H 键的羟基化是一项具有挑战性的任务[18]。相比于传统的化学催化，酶催化能够在温和的反应条件下实现对惰性 C—H 键的选择性羟基化，因而日益受到关注。这一催化策略已在多种缺乏定向活化基团的惰性底物上展现出优异的选择性和效率，充分体现了酶催化在复杂分子转化中的巨大潜力[18-22]。例如，Flitsch 及同事证明了来自 *Tepidiphilus thermophilus* 的 P450 单加氧酶 CYP116B46 能在 C5 位对癸酸进行高效的区域和对映选择性羟化，生成（5*S*）- 羟基癸酸 1（图 14-1），可作为高附加值香精香料 (*S*)-δ- 癸内酯的合成前体[21]。此外，通过酶催化也实现了多种单取代、双取代和非取代环烷烃的羟基化[23-26]。如 Bell 和同事利用 P450cam 突变体 Y96A 催化苯甲酸环己酯的 C4- 羟化反应，以生成苯甲酸 -4- 羟基环己酯（2），位置选择性＞ 95%，产率达到 48%，同时对相应的苄基醚底物进行催化也产生了相同的区域和立体选择性[23]。Reetz 等人开发了一种基于 P450$_{BM3}$ 变体对单取代环己烷进行区域和立体选择性羟化的方法，合成了多种手性环己醇及其衍生物（3）[24]。此方法利用非手性底物，实现在单个 C—H 官能化反应中的立体选择性羟化，并同时生成额外的手性中心[24]。Hollman 等建立了一种可见光驱动的过氧化酶平台，该平台能够催化 C6 ～ C8 环烷烃的氧化反应，生成相应的产物 3[26]。针对环烷、环酮和环酯等底物的非活化亚甲基的 C—H 键，Bell 等也利用来源于细菌 *Novosphingobium aromaticivorans* 的 P450 单加氧酶 CYP101B1 对其进行选择性羟化，合成产物 3 ～ 8[25]。

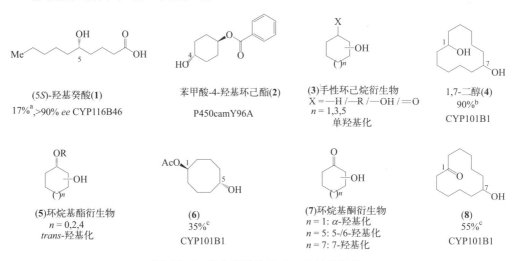

图 14-1　生物催化惰性 C—H 键的羟化

a：级联反应后分离得到的产物；b：区域选择性；c：底物转化率

14.2.1.2　苄基 C—H 键的羟化

苄基 C—H 键的选择性羟化反应是最常见的 C—H 活化反应之一[27]。在过去的 10 多年里，已经报道了许多苄基 C—H 羟基化反应。其中，最常见的策略是通过对天然的 P450 酶进行定向进化，以获得高活性和高选择性的突变体，从而能够催化多种芳香底物的苄位选择性羟基化[1,28,29]。例如，Pietruszka 等通过对 P450$_{BM3}$ 的关键活性位点进行突变（如 F87A，增加血红素辅因子上方的空间），并与三个在底物识别和选择性中起关键作用的氨基酸（R47、Y51 和 L188）的点饱和突变相结合，最终筛选出了双突变体 F87A/L188C。这种突变体相对于野生型 P450$_{BM3}$，对 2- 甲氧基 -3- 甲基苯甲酸甲酯的催化效率提高了 535 倍，因此提高了 P450$_{BM3}$ 对带有保护羟基和酯基官能团的芳香骨架的羟化效率[30]。当利用 F87A/L188C 突变体进行制备规模生物转化时，底物能完全转化并以 73% 的产率获得产物 9（图 14-2）[30]。针对各种茚和四氢萘底物，Reetz 及其团队开发了 P450$_{BM3}$-A328F 变体，可用于催化苄基羟化反应并生成对应的苄醇产物 10，这些产物具有高度的区域选择性和对映选择性[24]。而 P450$_{BM3}$-F87V 突变体可以催化 6- 碘四氢萘酮的羟化反应生成产物 11，这个产物可以用作合成中间体进一步参与钯催化的 Suzuki 芳基化、羰基芳基化和形成酯的羰基化反应，从而高效合成多种功能化产物[31]。一些 P450$_{BM3}$ 突变体还能实现药物的苄基羟化反应[32]，例如对三环抗抑郁药阿米替林的苄基羟基化形成（Z）-12[33,32]。Fasan 等采用独特的蛋白质工程方法，在 P450$_{BM3}$ 变体 V78A/A184V 的 11 个活性位点中引入了四个非天然芳香族氨基酸。特别是在 P450$_{BM3}$ 的 A78 位引入 4- 乙酰苯丙氨酸后，与未经修饰的突变体相比，对 (S)- 布洛芬甲酯的苄基羟化合成产物 13 的位置选择性提高了 26%[34]。除了 P450$_{BM3}$ 外，已经证实蛋白质工程也能够增强其他几种 P450 酶的活性[35]。Bell 和同事报道了 CYP101B1 的单突变体 H85F，它能够对几种甲苯和萘底物进行苄位羟化反应，生成高区域选择性和高立体选择性的产物 14 ~ 16[35]。另外，通过随机突变和位点饱和突变的组合，Yu 等筛选出了 P450$_{LaMO}$ 的 RJ33 突变体（T121P/Y385F/M329L），对烷基苯，包括乙基苯和丙基苯在内的几种底物表现出了更高的苄基羟化选择性[36]。除此之外，该团队还鉴定出能够高效催化类四氢萘烷基苯的苄基羟化反应的 P450$_{LaMO}$ 突变体[36]。

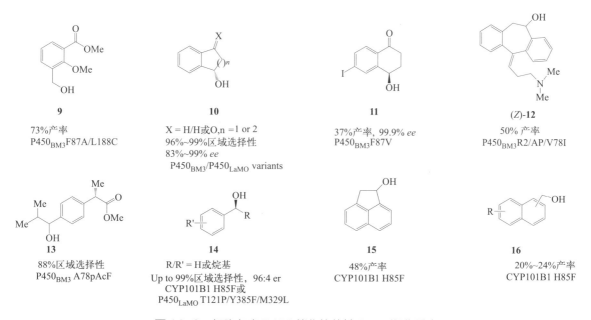

9
73%产率
P450$_{BM3}$F87A/L188C

10
X = H/H或O,n =1 or 2
96%~99%区域选择性
83%~99% ee
P450$_{BM3}$/P450$_{LaMO}$ variants

11
37%产率, 99.9% ee
P450$_{BM3}$F87V

(Z)-12
50% 产率
P450$_{BM3}$R2/AP/V78I

13
88%区域选择性
P450$_{BM3}$ A78pAcF

14
R/R' = H或烷基
Up to 99%区域选择性，96:4 er
CYP101B1 H85F或
P450$_{LaMO}$ T121P/Y385F/M329L

15
48%产率
CYP101B1 H85F

16
20%~24%产率
CYP101B1 H85F

图 14-2 细胞色素 P450 催化的苄基 C—H 羟化反应

除了广泛研究的 P450 酶家族外，还有其他几种氧化酶具有催化苄基羟化反应的功能[37-40,26]。利用其他氧化酶催化苄位羟基化的优点之一是，它们无需像 P450 那样添加外源的氧化还原伴侣或昂贵的辅酶NADPH[41]。例如，van Berkel 等使用黄素依赖的香豆醇氧化酶（VAO），在 10g 规模上对 4- 乙基苯酚进行苄基羟化反应，底物转化率为 94%，羟化产物 17 的 ee 值为 97%（图 14-3）[38]。最近，人们也开始将 α- 酮戊二酸依赖的非亚铁血红素酶应用于苄位羟化反应[37]。两种非亚铁血红素（NHI）酶 CitB 和 ClaD 能够有效地对各种酚和间苯二酚类进行苄位羟基化，并利用整细胞或细胞裂解液作为催化剂，成功地实现了产物 18 的制备[37]。同样地，利用来自 Agrocybe aegerita 非特异性过氧化酶 rAaeUPO 也可以实现高效的苄基羟

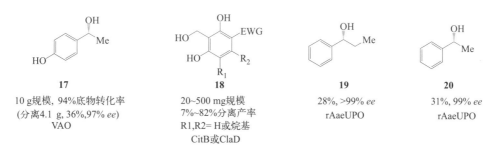

17
10 g规模，94%底物转化率
（分离4.1 g，36%,97%ee）
VAO

18
20~500 mg规模
7%~82%分离产率
R1,R2= H或烷基
CitB或ClaD

19
28%, >99% ee
rAaeUPO

20
31%, 99% ee
rAaeUPO

图 14-3 非 P450 酶催化的苄基羟化反应

化反应[26,39,40]。为了克服 H₂O₂ 使用浓度的限制及其对 UPO 酶活性的损害[11,42]，Hollmann 等将过氧化酶活性与光催化或多酶级联偶联，成功地克服了这些限制[40,26]。例如在甲醇存在的条件下利用无机光催化剂（Au-TiO₂）还原氧气，或使用光催化水氧化催化剂（WOCs）将水直接氧化，原位生成 H₂O₂，成功实现了 rAaeUPO 催化的丙苯苄基的羟化反应生成 19[26,40]。最近，该团队还将 rAaeUPO 与来自 Aspergillus oryzae 的甲酸氧化酶 AoFOx 相结合，实现了在无光催化剂或紫外线照射的情况下，直接从甲酸中原位生成所需的 H₂O₂，并用于对乙苯进行苄基羟化反应生成 20[39]。

14.2.1.3　烯丙基 C—H 羟化

近年来，随着烯丙基氧化产物在制药、农用化学品和医药行业扮演着越来越重要的角色，生物催化的 C—H 氧官能化合成烯丙基氧化产物引起了广泛关注[43]。日本 Sankyo 公司开发的利用 Streptomyces carbophilus 催化美伐他汀 6β 位羟化，进而合成降胆固醇药物普伐他汀的生物转化工艺，是目前工业规模上最为成功的应用之一。后来，Watanabe 等发现这一反应是由 P450 CYP105A3 催化完成的[44]。

通过利用不同 P450 酶催化 C3、C6、C7 位的烯丙基羟化，可以分别合成具有更高经济价值的香精香料，如薄荷醇前体异胡薄荷醇、香芹醇和紫苏醇等（21 ～ 23，图 14-4）[45-47]。Girhard 等将来自 Bacillus subtilis 的 CYP109B1 与来自 Pseudomonas putida 的氧化还原伴侣 PdR、Pdx 在 E. coli 中构建整细胞催化体系，通过两相法发酵，使诺卡醇和（+)-诺卡酮的积累量高达总产物的 97%，最终产物（+)-诺卡酮（24）产量达到 120mg·L⁻¹[48]。Seifert 等利用筛选到的 P450BM3 突变体 F87A/A328I 对（+）-瓦伦烯进行催化转化，氧化 C2 位的选择性达到 94%，比野生型提高了 65%，生成的目标产物（+）-诺卡酮含量达到了 26%[49]。Kaluzna 等开发了一项利用 P450BM3 介导的大肠杆菌催化转化技术，能够有选择性地催化 α-异佛尔酮烯丙基的羟化，从而成功实现了香精香料关键中间体 4-羟基-α-异佛尔酮（25）的千克级制备[50]。随后，Aranda 等利用来源于真菌的两种非特异性过氧化物酶 CglUPO（Chaetomium globosum）、rHinUPO（Humicola insolens）催化 α-异佛尔酮烯丙基的连续氧化，生成的目标产物 4-氧代异佛尔酮（26）的产物占比分别为 100%、97%[51]。

工程改造的 P450BM3 还可用于选择性地催化环烯烃的烯丙基 C—H 羟化[52]。其中，一种突变体（F87V/A328N）可实现 (R)-选择性羟化，而另一种突变体（I263G/A328S）则用于 (S)-选择性羟化，从而获得一对对映纯产物 27，产率高达 88%[52]。P450cam 突变体 F87A/Y96F 也表现出了良好的催化性能，能够对含有保护基团的苯甲酸环己-2-烯基酯进行高选择性的烯丙基羟化，产生反式产物 28，产率为 24%[23]。此外，利用 P450BM3-A74G/L88Q 突变体催化 ω-链烯酸和酯的对映选择性烯丙基羟化，可获得相应的羟化产物 29，其产率在 20% ～ 80% 之间，ee 值高达 92% ～ 97%[53]。

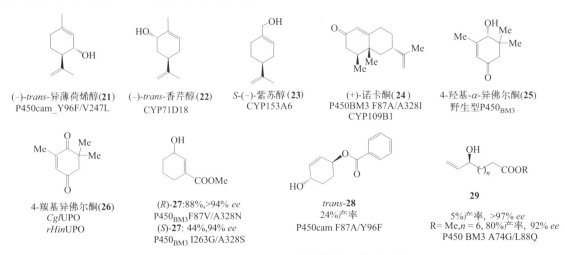

(-)-trans-异薄荷烯醇(**21**)
P450cam_Y96F/V247L

(-)-trans-香芹醇(**22**)
CYP71D18

S-(-)-紫苏醇(**23**)
CYP153A6

(+)-诺卡酮(**24**)
P450BM3 F87A/A328I
CYP109B1

4-羟基-α-异佛尔酮(**25**)
野生型P450BM3

4-羰基异佛尔酮(**26**)
CglUPO
rHinUPO

(R)-**27**:88%,>94% ee
P450BM3 F87V/A328N
(S)-**27**: 44%,94% ee
P450BM3 I263G/A328S

trans-**28**
24%产率
P450cam F87A/Y96F

29
5%产率, >97% ee
R= Me,n=6,80%产率, 92% ee
P450 BM3 A74G/L88Q

图 14-4　P450 和 UPO 催化的烯丙基羟化反应

14.2.1.4　氨基酸的羟化

　　氨基酸是一类重要的有机分子，在药物制剂和天然产物的不对称合成中扮演着关键的角色[54]。然而，对天然氨基酸骨架进行修饰仍然面临一些挑战。例如，直接使用过渡金属配合物催化 C—H 氧化的方法通常只会氧化 α- 氨基酸的 β 位置，而对于 γ 和 δ 位置氧化的报道有限[55-58]。此外，对氨基酸骨架的 C—H 氧化需要进行多次保护和去保护的操作，大大增加了合成过程中的步骤和成本[56-58]。相比之下，自然界的生物催化剂能够通过更广泛的位点选择性催化相关底物的转化，而不需要进行保护的操作。过去十多年来，关于生物催化 C—H 氧化氨基酸方面已经取得了一些重要进展。

　　α- 酮戊二酸（αKG）依赖的 NHI 氧化酶可以催化底物非活化 C—H 键的羟化反应，这是一种极具吸引力的生物替代方法。相比于需要 NAD（P）H 的 P450 酶，αKG 和氧气的成本更低，而且不会面临 H_2O_2 抑制的问题。这些酶在自然界广泛存在，以高区域和立体选择性参与多种化合物，包括小分子和氨基酸的选择性羟化[59]。例如，利用 L- 异亮氨酸双加氧酶（IDO）可以立体选择性催化 C4 羟化反应，用于合成具有胰岛素活性的非天然氨基酸（4S）- 羟基异亮氨酸（30，图 14-5）[60,61]。羟脯氨酸是制药和精细化工行业的重要合成砌块，而脯氨酸衍生物则是有机合成中广泛使用的中间体。Hüttel 等开发了一种简便的方法生产顺式 -3-、顺式 -4- 和反式 -4- 脯氨酸羟化酶，并将其用于催化脯氨酸及其六元环同系物 L- 哌啶酸区域和立体选择性羟化反应，生成对应的产物 31 ～ 33[62,63]。Renata 团队利用 αKG 依赖的 NHI 氧化酶 GetF 来催化 L- 哌啶酸选择性羟化反应合成（3R）- 羟基 -L- 哌啶酸中间体（34），实现了肽复合物 GE81112 B1 的简洁化学酶法全合成[64]。同时，Zaparucha 等通过基因组挖掘策略获得了可将碱性赖氨酸和鸟氨酸侧链进行羟化的 NHI 氧化酶 KDO1-5 和 ODO，这两种酶具有互补的区域选择性和底物接受范围，可以合成相应的产物 35 ～ 38[65,66]。其中，他们开发的 L- 赖氨酸 C3 选择性羟化反应合成产物 35 已被 Renata 团队成功地应用于天然产物 tambromycin 的克级全合成中[65,67]。此外，赖氨酸双加氧酶 KDO2 和 KDO3 表现出对这些碱性氨基酸 C4 位的羟化活性，生成产物 36 和 37[65]。随后，Renata 团队从 glidobactin 生物合成途径中鉴定出了赖氨酸 -4- 羟化酶 GlbB，该酶能催化 L- 赖氨酸和 L- 亮氨酸的 C4 位选择性羟基化[68]，并成功应用于 Cepafungin I 克级规模的化学酶法全合成中[69]。

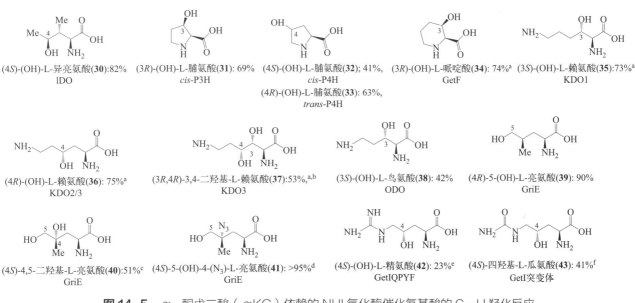

图 14-5　α- 酮戊二酸（αKG）依赖的 NHI 氧化酶催化氨基酸的 C—H 羟化反应

a：基于 Boc 保护衍生物的产率；b：从 L- 赖氨酸开始的总产率；c：Fmoc 保护并环化为内酯衍生物后获得的产率；d：转化率；e：NMR 产量；f：分离前进行多步级联

Renata 团队随后开发了一种利用 NHI 氧化酶 GriE 催化氨基酸 δ 位 C—H 羟化的通用策略[68]。GriE 对 L- 亮氨酸的羟化具有完全对映选择性，生成（4R）-5- 羟基 - 亮氨酸（39），并且产率达到 90%[70]。此外，GriE 还能催化 4- 羟基 -L- 亮氨酸得到相应的（4S）-4,5- 二羟基 -L- 亮氨酸（40）[70]。该催化方法也被拓展到亮氨酸衍生物的转化，如对 4- 叠氮 -L- 亮氨酸的羟化反应可以获得 C5 羟基化产物 41[70,71]。Renata 团队还对非核糖体肽 GE81112 生物合成中的瓜氨酸 4- 羟化酶（GetI）进行了表征，并借助同源建模和序列相似性分析对其进行了半理性改造。引入 4 个突变后的突变体可以催化 L- 精氨酸的 C4 位选择性羟化反应，生成产物 42[72]。他们还利用该酶催化 L- 瓜氨酸的 C4 位选择性羟化，合成 GE81112 B1 的另一关键中间体 43[64]。这些氧化酶展现了广泛的适用性和显著的工业应用潜力，预计在未来十年内将成为小分子药物合成中不可或缺的有力工具。

14.2.1.5　复杂分子惰性 C—H 键的氧化

14.2.1.5.1　甾体化合物 C—H 的定向羟化

酶法催化 C—H 羟化反应在甾体骨架修饰中的应用非常广泛，这种方法的发展使人们能够获得传统化学合成难以获得的羟化甾体衍生物[73-76]。比如，Reetz 团队基于 P450_{BM3} F87A 开发了一系列突变体，成功地应用于睾酮的羟化反应[77]。其中，含有两个突变（A330W/F87A）的 KSA-1 突变体能够选择性地将睾酮催化为 2β- 羟基睾酮（44，图 14-6A），2 与 15 的区域异构体比例为 97：3，总转化率为 79%[77]。另外，他们还开发了五个突变（R47Y/T49F/V78L/A82M/F87A）的 KSA-14 突变体，实现了 15β- 羟基睾酮（45）的高选择性合成，底物转化率达到 85%。此外，7β- 羟基甾体及其相应的酯类化合物在治疗慢性神经元损

A. 睾酮的羟化

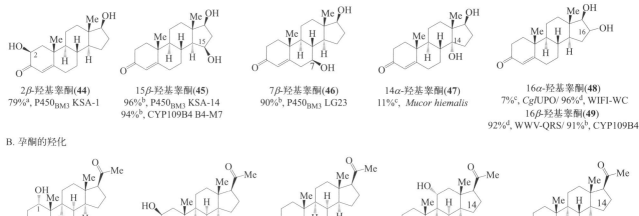

2β-羟基睾酮(44)
79%ᵃ, P450_{BM3} KSA-1

15β-羟基睾酮(45)
96%ᵇ, P450_{BM3} KSA-14
94%ᵇ, CYP109B4 B4-M7

7β-羟基睾酮(46)
90%ᵇ, P450_{BM3} LG23

14α-羟基睾酮(47)
11%ᶜ, Mucor hiemalis

16α-羟基睾酮(48)
7%ᶜ, CglUPO/ 96%ᵈ, WIFI-WC
16β-羟基睾酮(49)
92%ᵈ, WWV-QRS/ 91%ᵇ, CYP109B4

B. 孕酮的羟化

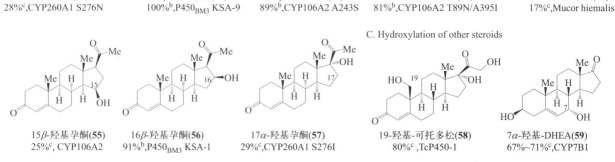

1α-羟基孕酮(50)
28%ᶜ,CYP260A1 S276N

2β-羟基孕酮(51)
100%ᵇ,P450_{BM3} KSA-9

6β-羟基孕酮(52)
89%ᵇ,CYP106A2 A243S

11α-羟基孕酮(53)
81%ᵇ,CYP106A2 T89N/A395I

14α-羟基孕酮(54)
17%ᶜ,Mucor hiemalis

C. Hydroxylation of other steroids

15β-羟基孕酮(55)
25%ᶜ, CYP106A2

16β-羟基孕酮(56)
91%ᵇ,P450_{BM3} KSA-1

17α-羟基孕酮(57)
29%ᶜ,CYP260A1 S276I

19-羟基-可托多松(58)
80%ᶜ, TcP450-1

7α-羟基-DHEA(59)
67%~71%ᶜ,CYP7B1

图 14-6　P450 酶和 UPO 催化甾体骨架 C—H 的羟化反应
a：底物转化率；b：区域选择性；c：分离产率；d：立体选择性

伤方面具有显著的神经保护和抗炎作用。针对上述产物的合成，Reetz 团队对 P450$_{BM3}$ 进行了改造，获得的含 11 个突变位点的 LG-23 突变体，可以高效催化睾酮的 7β- 选择性羟化（46），底物转化率在 5h 内达到 99% 以上[78]。此突变体还被成功应用于诺龙等其他 5 个甾体化合物的 C7β- 羟化反应，均展现出了高选择性、高转化率和高产率的特点[78]。另外，Thulasiram 等利用真菌 *Mucor hiemalis* 全细胞作为催化剂，用于促进睾酮的转化反应，生成了 14α- 羟化衍生物（47），以及 7α，14α- 和 6β,14α- 二羟化产物，分离产率分别为 11%、32% 和 12.5%[79]。尽管他们未从 *M. hiemalis* 中鉴定出相关的羟化酶基因，但实验证明这种 14α- 羟化酶活性依赖于辅酶 NADPH，因此这种催化反应活性可能来自细胞色素 P450 酶家族[79]。随后，Scheibner 团队报道了 *Cgl*UPO 具有选择性羟化睾酮的活性。虽然主要产物是 4,5-β- 环氧化物，仍观察到生成了 16α- 羟基睾酮（48），其分离产率为 7%[80]。Reetz 团队利用突变景观图谱（mutability landscaping，ML）、分子动力学模拟（molecular dynamics，MD）和迭代饱和突变（iterative saturation mutagenesis，ISM）相结合的定向进化策略，筛选出了分别高效特异性催化合成 16α- 和 16β- 羟基化睾酮（49）的突变体 WIFI-WC 和 WWV-QRS[81]。最近，李爱涛课题组从 *Bacillus sonorensis* 中鉴定了一个新的甾体 16β- 羟化酶 CYP109B4，对睾酮的 16β- 羟化的选择性为 91%[82]。通过对该酶的晶体结构解析，阐明了其 16β- 选择性的分子机制，并在结构 - 功能关系的指导下，利用理性设计获得了突变体 B4-M7（L240V/S387F/V84L/V292S/I291T/M290F/F294I），实现了其区域选择性从 16β 到 15β（94% site-selectivity）的反转[82]。

此外，生物法催化的孕酮羟基化早已在甾体药物合成中发挥了巨大的作用。20 世纪 50 年代，Upjohn 公司和 Squibb 研究所相继报道了利用真菌细胞 *Rhizopus arrhizus* 和 *Aspergillus niger* 催化孕酮生成 11α- 羟基孕酮，使皮质激素药物"可的松"的合成工艺从 31 步缩减到了 11 步，生产成本从 200 美元 / 克降低到了 1 美元 / 克[83]。一些研究团队还开发了酶法催化孕酮的 C—H 羟化反应，以获得在 1、2、6、11、14、15、16 和 17 位单羟化的孕酮衍生物（50 ~ 57，图 14-6B）。其中，Bernhardt 等通过对来自 *Sorangium cellulosum* 的 CYP260A1 进行了改造，获得了羟化位点和立体选择性互补的两种突变体：S276N 变体主要催化合成 1α- 羟基孕酮（50），而 S276I 则生成 17α- 羟基孕酮（57）[84]。Reetz 等开发 P450$_{BM3}$ 突变体 KSA-9（V78V/A82N/F87A）和 KSA-1（A330W/F87A）能分别催化孕酮生成 2β- 羟基孕酮（51）和 16β- 羟基孕酮（56）[77]。Thulasiram 等同样也利用 *M. hiemalis* 催化孕酮的转化，生成了相应的 14α- 羟基孕酮（54），分离产率为 17%，但该反应也伴随着其他孕酮二羟化产物的产生[79]。Lütz 团队报道了来自 *Bacillus megaterium* ATCC 13368 的 CYP106A2 可以选择性羟化孕酮产生 15β- 羟基孕酮（55）[85]。而经过改造后的 CYP106A2 突变体可以催化孕酮的 6β- 羟化和 11α- 羟化合成产物 52 和 53[86,87]。Arnold 团队报告了一种 P450$_{BM3}$ 突变体，用于 11α- 羟基孕酮的转化生成了 2α,11α- 二羟基孕酮，有选择性地获得了孕酮的二羟化衍生物[88]。

为了高效地合成更多的甾体药物，研究人员也对其他的甾体骨架进行了酶法催化 C—H 羟基化的探索（图 14-6C）。例如，甾体 C19- 羟化对其生物活性至关重要，但传统的化学方法在这一位置进行羟化非常具有挑战性[89-91]。为了解决这些难题，Zhou 等发现了一种细胞色素 P450 酶 TcP450-1，能够催化 17- 乙酰基 - 可托多松的羟化反应，从而实现了 19- 羟基 - 可托多松（58）的规模制备[92]。这一突破克服了传统化学合成的瓶颈，生成的产物可以进一步转化为其他重要甾体药物的关键前体[92]。Song 团队则利用 P450 CYP7B1 催化去氢表雄酮（DHEA）的 7α- 羟化反应，开发了电驱动 NADPH 再生以及伴随电子穿梭的策略，成功实现了辅因子的再生，并最终高效获得了 7α- 羟基 -DHEA（59），产率 67% ~ 71%[93]。

14.2.1.5.2　复杂萜烯化合物的 C—H 活化

在天然产物合成的晚期阶段，C—H 官能化是实现复杂萜类化合物结构多样性的有效方法。同时，在生物活性天然产物合成中，酶催化的萜烯 C—H 羟基化被广泛地应用。青蒿素是一种来自黄花蒿的倍半萜内酯，具有独特的化学结构，长期以来被用作治疗疟疾的特效药物[94]。Keasling 团队通过在酿酒酵母中重建异源生物合成途，利用 CYP71AV1 催化关键的氧化步骤合成了青蒿素的前体青蒿酸，产量达到 25g·L⁻¹。接着，他们通过开发实用、高效和可扩展的化学工艺将青蒿酸转化为青蒿素，奠定了半合成青蒿素的工艺基础，从而稳定了青蒿素的供应[95]。同时青蒿素（60，图 14-7）也是开发各种药物极具潜力的先导天然产物[96]，研究人员通过多种方法对青蒿素进行了进一步的官能团化修饰，以期望获得活性更强的衍生物[97,98]。Fasan 等以青蒿素为模型底物，利用高通量指纹技术对 P450 进行了改造，最终获得了三种有效的突变体。与母本 P450 催化青蒿素产生的羟化产物相比，这些突变体可以更具选择性地合成目标产物：突变体Ⅳ-H4 更选择性地催化生成（7S）-羟基化产物，Ⅱ-H10 生成单一的（7R）-羟基化产物，而突变体 X-E12 则主要催化生成 C6α-羟基化产物[99]。此外，许多研究团队也报道了酶法催化结构复杂的萜类化合物选择性 C—H 羟基化的方法[34,100-105]。例如，Urlacher 课题组对 P450₍BM3₎ 进行改造后获得的突变体可以催化 β-西柏三烯醇（61）的定向羟化[100]。其中，突变体 F87A/I263L 可以催化底物的 C9 位定向羟化，而 L75A/V78A/F87G 则能实现底物 C10 位的羟基化，这些反应都表现出了一定的对映选择性。后续研究进一步表明，利用改良的 P450₍BM3₎ 突变体可以选择性地催化结构类似于 61 的大环骨架底物羟基化[106]，从而增加了萜类化合物的结构多样性。例如小白菊内酯（62）是一种倍半萜内酯，具有抗白血病

A. 复杂/多环萜类化合物的羟化

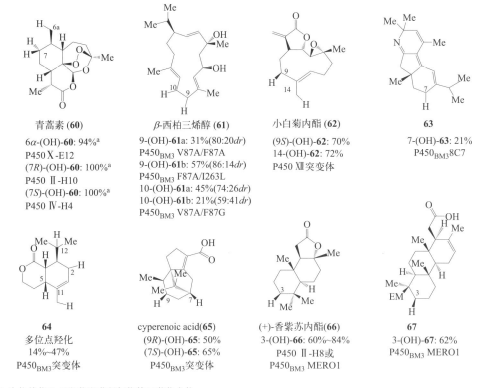

青蒿素 (60)
6α-(OH)-60: 94%ᵃ
P450 X-E12
(7R)-(OH)-60: 100%ᵃ
P450 Ⅱ-H10
(7S)-(OH)-60: 100%ᵃ
P450 Ⅳ-H4

β-西柏三烯醇 (61)
9-(OH)-61a: 31%(80:20dr)
P450₍BM3₎ V87A/F87A
9-(OH)-61b: 57%(86:14dr)
P450₍BM3₎ F87A/I263L
10-(OH)-61a: 45%(74:26dr)
10-(OH)-61b: 21%(59:41dr)
P450₍BM3₎ V87A/F87G

小白菊内酯 (62)
(9S)-(OH)-62: 70%
14-(OH)-62: 72%
P450 Ⅻ突变体

63
7-(OH)-63: 21%
P450₍BM3₎8C7

64
多位点羟化
14%~47%
P450₍BM3₎突变体

cyperenoic acid(65)
(9R)-(OH)-65: 50%
(7S)-(OH)-65: 65%
P450₍BM3₎突变体

(+)-香紫苏内酯(66)
3-(OH)-66: 60%~84%
P450 Ⅱ-H8或
P450₍BM3₎ MERO1

67
3-(OH)-67: 62%
P450₍BM3₎ MERO1

B. 生物催化C—H羟化以获得氧化的二萜化合物

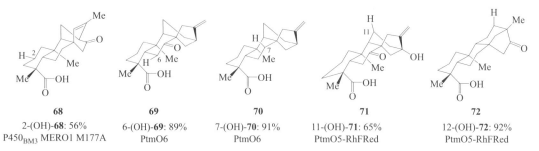

68
2-(OH)-68: 56%
P450₍BM3₎ MERO1 M177A

69
6-(OH)-69: 89%
PtmO6

70
7-(OH)-70: 91%
PtmO6

71
11-(OH)-71: 65%
PtmO5-RhFRed

72
12-(OH)-72: 92%
PtmO5-RhFRed

图 14-7　P450 酶和 NHI 氧化酶催化复杂萜类骨架的 C—H 羟化

和抗癌活性[34,107]。Fasan 团队开发了两种催化底物 62 的 C9 和 C14 羟化的 P450 酶，经过改造后的 P450 XII-F12 对 C9 的羟化具有选择性，而 P450 VII-H11 则对 C14 的羟化活性较高，两种羟化产物的产率均达到了 70% 左右[34]。另外，Arnold 和 Stoltz 合作筛选出的 $P450_{BM3}$ 突变体可以实现对底物 63 的 C7 位的选择性羟基化，生成的产物可用作合成生物碱 nigelladine A 的重要前体[108]。Robertson 团队成功开发了一系列 $P450_{BM3}$ 突变体，实现了对萜烯骨架 64 中 C—H 键四个不同位点的选择性羟化，而这些羟化产物与具有优异抗癌活性的化合物 eleutherobin 的合成直接相关[101,109]。You 团队开发的 $P450_{BM3}$ 突变体可以催化倍半萜类天然产物 65 中 C7 和 C9 位置的羟基化反应，其中 F87A/A330W/F331L 突变体可催化 C7 位置羟基化，而 L75V/F87A/T88F/A330W 则可实现 C9 羟化，这些反应均表现出优异的产率和位点 / 立体选择性[102]。药理活性测试还发现这羟化衍生物表现出明显的抑制血管内皮生长因子释放的活性[110]。另外，Fasan 等基于 $P450_{BM3}$ 突变体 II-H8（含 15 个突变）开发了催化香紫苏内酯（66）的 C3 位置选择性羟化的方法，并以 84% 的产率得到相应的产物[111]。随后，Renata 课题组对该突变体进一步优化，获得了突变体 1857 V328A（BM3 MERO1）。通过对底物 66 进行催化转化，最终实现了产物 3- 羟基 - 香紫苏内酯的克级规模制备，转化率＞95%，产率达 60% ~ 70%[112]。此外，该突变体还用于对另一底物 67 的 C3 位置羟化反应，并被应用到其他杂萜化合物的化学酶合成路线中[112]。

　　除了 P450 外，Renata 课题组最近利用 αKG 依赖的 NHI 氧化酶作为催化剂，对复杂的萜类骨架（68 ~ 72）进行了选择性羟化的研究。例如 PtmO6 酶对相应底物 C7 位阻表现出了出色的选择性，同时这个酶还能将该位置的羟基进一步氧化成酮基，并具有一定的 C6 位点羟化能力。最终他们将这些羟化产物成功地用于 ent-kauranes、ent-atisanes 和 ent-trachylobanes 等萜类化合物的合成中[113]。

14.2.1.5.3　大环内酯类化合物的 C—H 活化

　　复杂分子中惰性 C—H 键的区域选择性氧化一直是化学合成领域面临的挑战之一。与此同时，利用 P450 酶催化的大环内酯类化合物的选择性羟化展现出了化学合成难以比拟的优势。Sherman 等对 pikromycin 生物合成途径中的 P450 酶 $PikC_{D50N}$-RhFRED 进行了详细表征[114]。他们发现天然底物 YC-17（73，图 14-8）中的去氧糖胺 N,N- 二甲基氨基官能团与酶活性位点中的羧酸残基之间存在盐桥的相互作用，从而控制了 C—H 羟化的效率和选择性。基于这一发现，他们又提出了一种底物工程的策略，通过替换去氧糖胺锚定基团为各种合成的 N,N- 二甲基氨基锚定基（图 14-8）[115]，实现了对羟基化产物的选择性调控。这种方法可以通过调整合成锚定基团，从而针对底物 74 和 75 有选择性地产生 C-10 或 C-12 羟基化产物，证明了底物工程在生物催化中调节 C—H 官能团化选择性的实用性[115]。此外，Sherman 团队还利用泰乐菌素生物合成途径中的 P450 Tyl I 对大环内酯天然产物 M-4365 G_1（76）进行了结构多样化的后修饰，实现了其 C20 选择性羟化，生成 juvenimicin B_1（77）[116]。随后，他们又利用 P450 MycC I 对 juvenimicin B_1 进行 C23 选择性羟化，合成了 juvenimicin B3。P450 MycC I 还能对 juvenimicin B_1 的醛变体（78）进行 C23 羟化，合成相应的醇[116]。

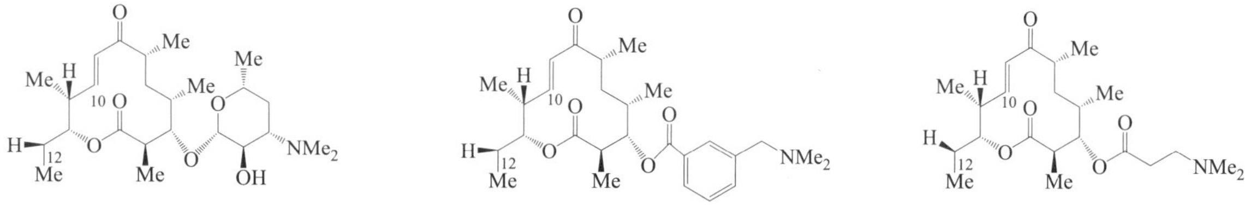

YC-17 (**73**)
C10-(OH)-**73**: 酒霉素
C12-(OH)-**73**: Nenomethymycin
C10:C12rr = 1:1 with PikC

74
C10-(OH)-**74**:74%, PikC
C10:C12rr ≥20:1

75
C12-(OH)-**75**: 73%, PikC
C10:C12rr = 1:3

图 14-8

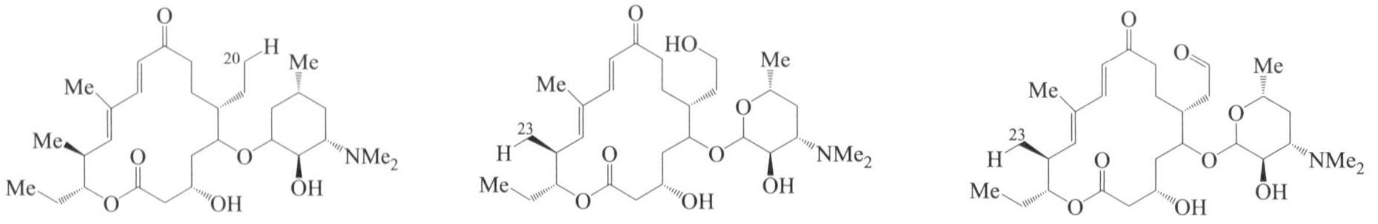

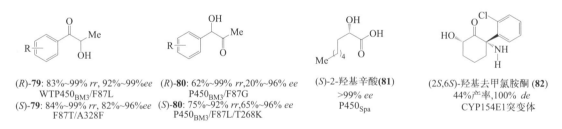

M-4365 G₁ (76)
C20-(OH)-76: Juvenimicin B₁(77)
61%, Tyll

Juvenirmicin B₁ (77)
C23-(OH)-77: Juvenimicin B₃
53%, MycCl

M-4365 G (78)
C23-(OH)-78: 47%, MycCl

图 14-8　P450 酶催化大环内酯骨架的 C—H 选择性羟化

14.2.1.6　羰基 α- 羟基化反应

含有 α- 羟基酮醇基团的化合物作为中间体，在 C—C 和 C—X 成键反应中具有广泛的用途[117]。因此，人们对生物催化羰基化合物 α- 位的 C—H 羟化方法也越来越感兴趣。Reetz 团队对 P450$_{BM3}$ 进行改造，获得了相应的突变体，可以选择性地对烷基芳基酮进行 (R)- 或 (S)- 选择性羟基化，并以 4%～24% 的分离产率得到相应的产物 79（图 14-9）[118]。对于烷基苄基酮，P450$_{BM3}$ 突变体也能在苄基位置实现选择性羟化，得到对映体纯的产物 80[118]。Hall 和 Faber 利用 P450$_{Spa}$ 将辛酸转化为 2- 羟基辛酸（81），产物可以作为进一步氧化的中间体[119]。这种方法还成功实现了各种链长（C6～C10）的饱和脂肪酸的羟基化。Urlacher 等开发了 P450 酶一步法同时催化 (S)- 氯胺酮的 N- 去甲基化和羰基 α- 羟基化反应，合成了（2S, 6S）- 羟基去甲氯胺酮 82[120]。这种反应可以在毫克制备规模下进行，且具有良好的产率和优异的立体选择性[120]。该产物也是 (S)- 氯胺酮的生物代谢产物，具有类似的抗抑郁活性但副作用较少[121]。

(R)-79: 83%~99% rr, 92%~99%ee
WTP450BM3/F87L
(S)-79: 84%~99% rr, 82%~96%ee
F87T/A328F

(R)-80: 62%~99% rr, 20%~96% ee
P450BM3/F87G
(S)-80: 75%~92% rr, 65%~96% ee
P450BM3/F87L/T268K

(S)-2-羟基辛酸(81)
>99% ee
P450Spa

(2S,6S)-羟基去甲氯胺酮 (82)
44%产率,100% de
CYP154E1突变体

图 14-9　P450 酶催化羰基 α 位 C—H 的选择性羟基化

14.2.2　芳香族的 sp²C—H 键的羟化

芳香族羟基化化合物（酚类）在自然界中广泛存在，是天然产物的重要组成部分，也是化学工业的重要原料[122]。芳香烃的 C—H 直接羟化是合成酚的最简单有效的路线，但这在有机化学合成中仍然具有挑战性[123]。生物催化的芳香族 C—H 羟化反应已成为合成芳香烃羟化衍生物的有效方法之一[124]。利用生物催化的羟基化修饰来获得药物代谢产物，并研究它们的生物物理和代谢特性已经引起广泛关注。例如，已经报道了利用多种羟化酶在毫克至克级规模上对非甾体抗炎药双氯芬酸（83，图 14-10）进行羟基化代谢物（84，85）的制备[33,125-127,128,129]。对于其他药物分子如氯唑沙宗，也可以利用 P450$_{BM3}$ 突变体进行选择性羟化反应，得到 6- 羟基氯唑沙宗（86）[130]。此外，对于高疏水性芳香族底物如苯及其烷基衍生物的高效酶法羟基化也已有报道[71,131-133]。例如，Schwaneberg 等利用 P450$_{BM3}$ 突变体对单取代苯衍生物进行区域选择性羟化反应，得到相应的邻 - 羟基产物（87）[130]。Li 和 Reetz 则利用 P450$_{BM3}$ A82F/A328F

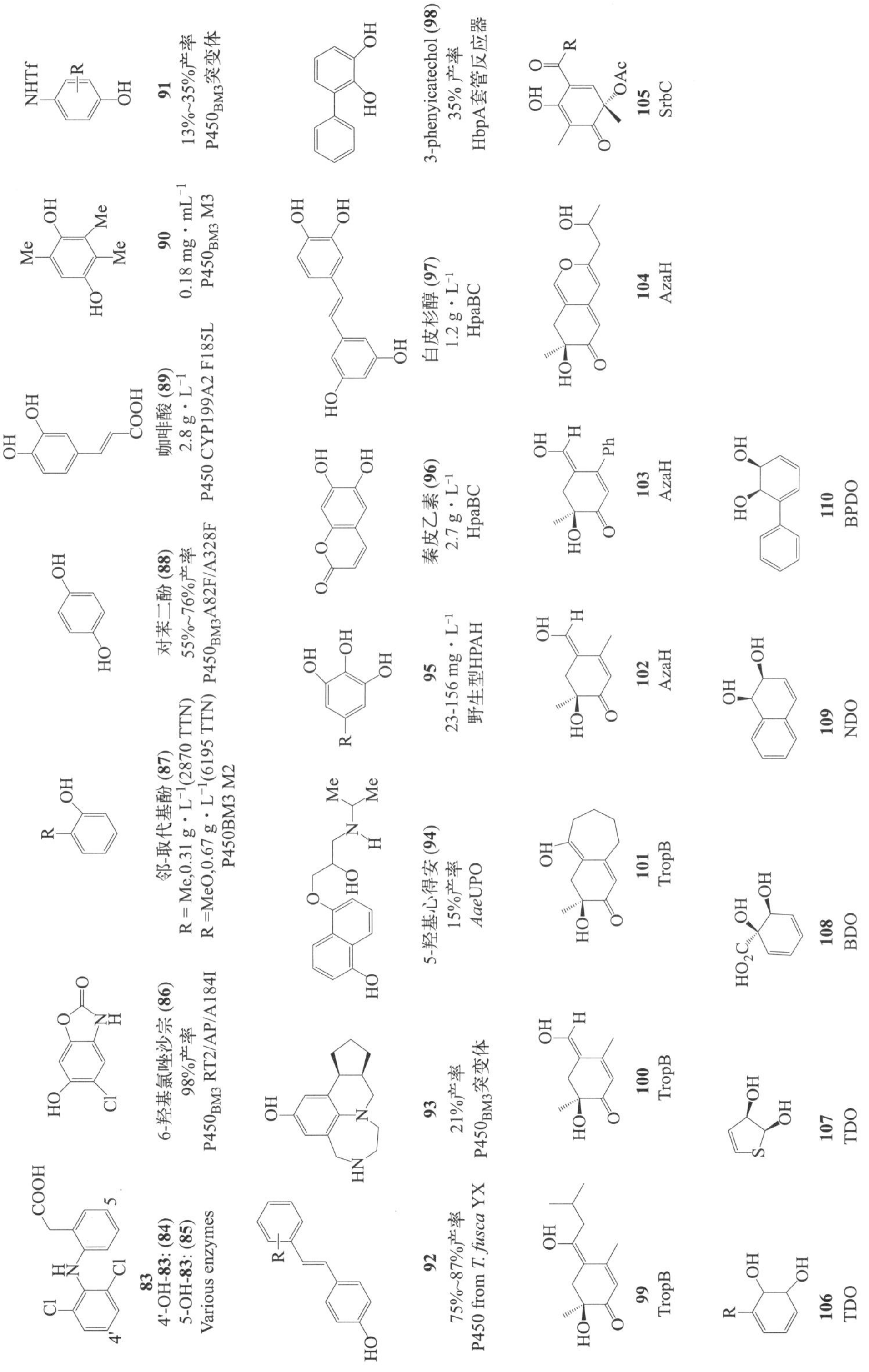

图 14-10 生物酶法催化底物芳香环 C—H 选择性羟化

突变体实现了苯的选择性双羟化，来生成对苯二酚（88），并以此突变体为基础构建含有"P450 酶 - 葡萄糖转移酶"系统的重组大肠杆菌细胞，用于以苯为底物生产熊果苷[131]。

此外，研究人员还利用细胞色素 P450 酶对其他多种功能化芳烃的 C—H 羟化产物进行了生物合成[132-136]。例如，Furuya 等利用表达 CYP199A2 突变体 F185L 的全细胞催化氧化对香豆酸生成产物咖啡酸（89）[134]。Dennig 等证明 P450$_{BM3}$ 变突体可以选择性羟化假枯烯（1,2,4- 三甲苯）中的芳香环，从而生成对苯二酚衍生物（90）[132]。Wong 和 Robertson 报道了利用 P450$_{BM3}$ 突变体对功能化苯胺进行羟基化反应，生成相应对位羟基化产物 91[135]。Urlacher 课题组利用来自 *Thermobifida fusca* 的工程化 P450 酶对二苯乙烯进行了苯环对位选择性羟化反应，制备了相应的产物 92，分离产率为 75% ～ 87%[136]。复杂分子骨架的芳香烃选择性羟化也极具挑战性。在该领域，Lange 课题组报道了利用 P450$_{BM3}$ 变体对受保护的戊卡色林底物进行区域选择性羟基化，成功获得产物 93[137]。结果显示，即使在底物中存在更活化的叔苯基位点，突变体同样对该底物表现出了高度的化学选择性。

除了 P450 酶之外，其他类型的酶也被用于催化芳基 C—H 的选择性羟化反应[138-142]。例如，Alcade 等报道了利用工程化的 *Aae*UPO 来催化苯环 C—H 羟基化反应，从而获得药物代谢物 5- 羟基心得安（94）[141]。Chaiyen 团队报道了 *p*- 羟基苯乙酸 -3- 羟化酶（HPAH）作为高效生物催化剂，能够从油棕厂废水中提取的 *p*- 香豆酸和咖啡酸转化为三羟基苯酚酸产物（95）[138,140]。Yan 和 Lin 报道了利用大肠杆菌非 P450 羟化酶 HpaBC 羟化植物苯丙素类化合物，如对香豆素伞形酮和二苯乙烯衍生物白藜芦醇的高效邻位羟基化，分别获得了 2.7g·L^{-1} 的秦皮乙素（96）和 1.2g·L^{-1} 的白皮杉醇（97）[139]。此外，黄素依赖的单加氧酶 FMOs 也被用于苯酚的选择性邻位或对位羟基化[143]。其中，著名代表包括 4- 羟基苯甲酸 -3- 羟化酶（PHBA）[144]、羟基联苯 -3- 单加氧酶（HbpA）[145] 和 3- 羟基苯甲酸 -6- 羟化酶（3HB6H）[146]，它们能够催化酚的选择性邻位或对位羟基化（98）。最近，Narayan 等报道了各种 FMOs 催化取代酚的氧化脱芳构化反应（99 ～ 105），为有机合成提供了一种全新的合成方案[147]。此外，双加氧酶（DO）是一种用于芳香族化合物选择性顺式二羟基化的强大催化剂，已有数百种相关酶被报道，包括甲苯双加氧酶（TDO）、苯甲酸双加氧酶（BDO）、萘双加氧酶（NDO）和联苯双加氧酶（BPDO）[148-151]。这些双加氧酶目前也广泛应用于多种天然产物（106 ～ 110）的合成中[152-156]。

14.2.3　C＝C 键氧化反应

单加氧酶、过加氧酶和脂肪酶均可以催化 C＝C 键的环氧化反应，生成的环氧化合物，特别是手性环氧化物，是化学合成的理想起始原料。例如，Schmid 团队率先利用来自 *Pseudomonas aeruginosa* 的苯乙烯单加氧酶（SMO）进行了制备级别的环氧化反应，用于多种手性环氧化物的合成[157-160]。他们利用表达 SMO 的全细胞催化体系，能够高效将苯乙烯（111）转化为对映体纯的环氧苯乙烯（112），产物浓度超过 600mol·L^{-1}，具有高产率和低成本优势[157,158]。除了 SMO 以外，P450 酶[157,161,162] 和 UPO[158,163-165] 也能够催化 C＝C 双键的环氧化。例如，Urlacher 课题组证明了 P450$_{BM3}$ 能够催化柠檬烯（113）的环氧化，并通过蛋白质工程克服了烯丙基羟化的副反应（114，116，117），所构建的 P450$_{BM3}$ 突变体可实现高度区域选择性的环氧化，成功合成目标产物 115（图 14-11A）[149]。

此外，C＝C 双键的氧化裂解在多种生物合成中都受到广泛研究，例如在胡萝卜素转化为视黄醛的反应中就有体现[166]。2006 年，Kroutil 等报道了一种源自 *Trametes hirsuta* 的 Mn Ⅲ 依赖性酶 AlkCE，它能够氧化裂解 C＝C 双键，产生相应的醛或酮（119,120）（图 14-11B）[167-170]。

Arnold 等设计了一种非常有意思的 P450 单加氧酶，用于催化烯烃的反马氏氧化反应（图 14-11C），而不进行天然的烯烃环氧化反应[171]。尽管这种方法仍处于研究早期阶段，但它不仅为化学马尔科夫尼科夫型（Wacker-Tsuij）氧化[172] 提供了一种有价值的替代方法，还为活性醛和酮的进一步酶促转化奠定了基础。例如，通过采用工程化的 P450$_{LaMO}$ 和商业化的 ADH（Sigma-Aldrich No. 49461）进行级联催化，可以从 2- 苯基 -2- 丁烯（121）出发合成产物 122 及其类似物[171]，这对于合成具有抗菌性能的风味剂非常有意义。

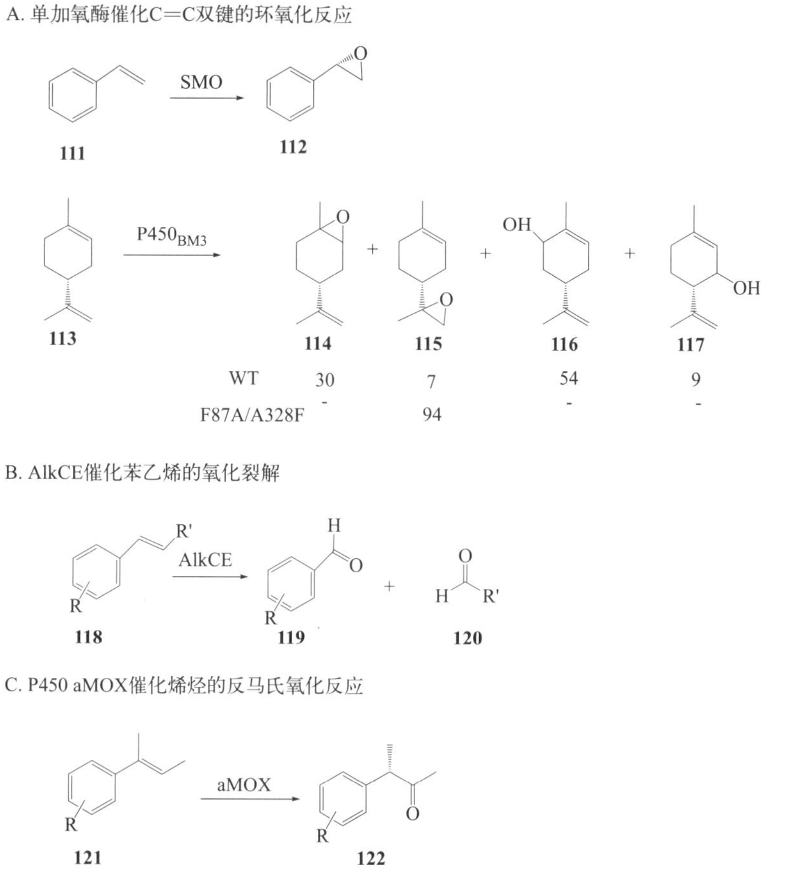
A. 单加氧酶催化C=C双键的环氧化反应
SMO
111
112
P450BM3
113
114
115
116
117
WT 30 7 54 9
F87A/A328F - 94 - -
B. AlkCE催化苯乙烯的氧化裂解
AlkCE
118
119
120
C. P450 aMOX催化烯烃的反马氏氧化反应
aMOX
121
122

图 14-11　生物酶法催化的烯烃 C=C 双键环氧化、氧化裂解和反马氏氧化反应

14.2.4　醇的氧化

手性仲醇的氧化往往伴随着手性中心的破坏，因此相较于酮的还原逆反应（对映体特异性还原），该反应的应用广泛程度较低。然而，对单一对映体进行选择性氧化（即动力学拆分）以合成对映纯的醇类化合物一直备受关注[173]。尽管仲醇氧化的最大理论产率仅为 50%，但可以通过多种去消旋策略来解决[174]。在这方面，内消旋化合物成为一个引人注目的案例。以 1,2- 环烷二醇（123）为例，研究人员成功地利用来自 *Bacillus subtilis* 的丁二醇脱氢酶 BdhA 和来自 *Pseudomonas putida* 的顺式二醇脱氢酶 BCDD 来催化 1,2- 二醇的氧化，生成对映纯的 (*R*)- 或 (*S*)-α- 羟基酮（124,125）（图 14-12），显著提高了仲醇氧化的产率和选择性[175,176]。

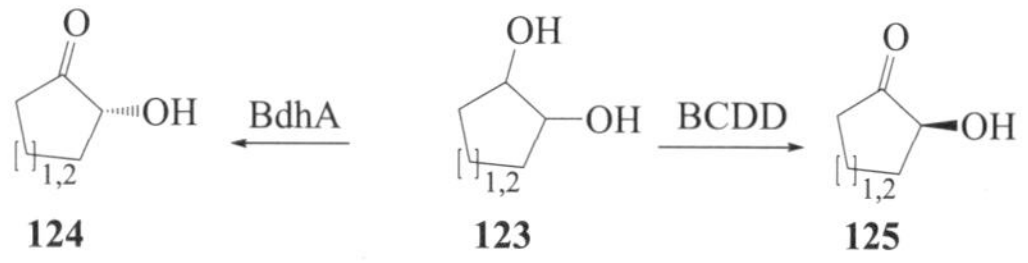
BdhA
BCDD
124
123
125

图 14-12　醇脱氢酶催化 1,2- 二醇氧化成相应的 (*R*)- 或 (*S*)-α- 羟基酮

14.2.5　醛和酮的氧化

　　醛类化合物通常不会被醇脱氢酶氧化。然而，如果醛以大量的偕二醇（126）形式存在，那么醇脱氢酶（ADH）催化的氧化反应就会变得可能。例如，外消旋的 2- 芳基丙醛（127）在动态动力学拆分后，可以通过 ADH 催化氧化为对映纯的 2- 芳基丙酸（128）（图 14-13）[177]。在弱碱性条件下，不仅醛类化合物会被水合，还会发生烯醇化反应，从而为原位外消旋化提供了便利（127,129）。利用类似的方法，Hall 等报道了 ADH 催化的 Cannizzaro- 型醛歧化反应[178]。

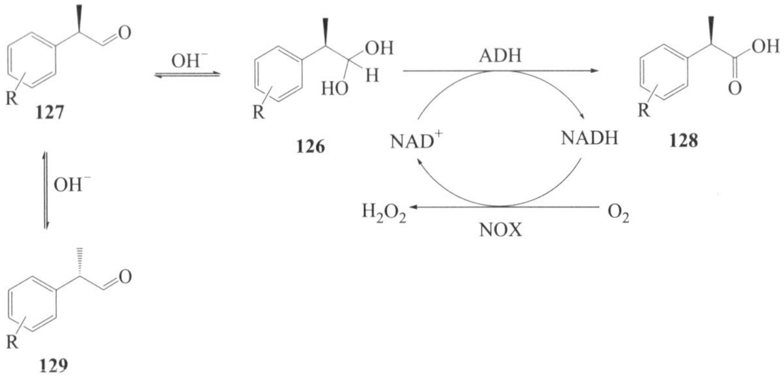

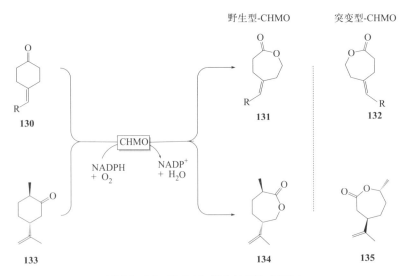

图 14-13　ADH 对布洛芬醛进行氧化动力学拆分

　　此外，黄素依赖的单加氧酶 BVMO 介导的 Baeyer-Villiger 氧化反应，为传统化学方法难以获得的产物提供了一种途径。即使天然的 BVMO 未能具备理想的选择性，其催化性能仍可以通过酶工程的手段加以优化[179-182]。例如，Reetz 课题组利用环己酮单加氧酶 CHMO 作为催化剂，实现了对含酮基的三取代烯烃 *E/Z* 构型的区分能力[179]。他们能够选择性地将 4- 亚甲基环己酮（130）转化为 *E*- 异构型 -CHMO）（131）或 *Z*- 异构体（突变型 -CHMO）（132）。Bornscheuer 团队也通过重新设计 CHMO 的活性位点，成功地改变了该酶对（+）- 反式 - 二氢香芹酮（133）氧化的选择性[183]。仅通过对三个位点进行突变，就能将区域选择性从"异常"内酯（134）完全转变为"正常"内酯（135）（图 14-14）。

图 14-14　BVMO 催化的酮加氧反应

14.2.6　甲基转移酶催化的 C—O 修饰

甲基化是有机分子中常见且重要的结构修饰之一，尤其在药物化学领域，引入亚甲基在药物后修饰中是非常关键的[16]。甲基转移酶（MTs）广泛存在于自然界各类生物中，将它们用于有机化学合成是一种极具吸引力的替代方法[184,185]。大多数 MTs 使用 S- 腺苷基 -L- 蛋氨酸（SAM）作为甲基供体，但由于 SAM 价格昂贵、不稳定且原子效率低，因此依赖 SAM 的 MT 的应用潜力与开发高效、廉价、简单的 SAM 体外再生策略密切相关。在过去的十年中，已经开发出两种主要策略：通过酶级联原位形成 SAM 或催化辅助因子再生[186]。例如，Andexer 课题组利用蛋氨酸腺苷转移酶以 ATP 和 L- 蛋氨酸为底物合成 SAM，利用两种区域互补的儿茶酚 O- 甲基转移酶（COMT）研究了几种酚类化合物的区域选择性甲基化（图 14-15A）[187]。其中，来自 *Rattus norvegicus* 的 *Rn*COMT 可以选择性地催化间位 -O- 甲基化合成产物 136 ～ 138。而来源于 *Myxococcus xanthus* 中的甲基转移酶 *Mx*SafC 则对此类底物的对位进行选择性 O- 甲基化（139 ～ 141）。此外，先前已经开发了不同的化学和酶学方法合成用于烷基化的 SAM 类似物，并将其应用于雷帕霉素、丽贝卡霉素和酚类化合物的烷基化和羧甲基化类似物（143,144）（图 14-15B）的合成[188,189]。

最近，Seebeck 等证明了甲基卤化物转移酶（HMTs）可利用甲基碘化物对 (S)- 腺苷高半胱氨酸（SAH）进行再甲基化[190]。他们将这种酶与能够催化 C-、N- 和 O- 甲基化的不同 MTs 相结合，其中包括来自 *Mesembryanthemum crystallinum* 的肌醇 4-MT，以 90% 的转化率获得了 4- 甲基肌醇。HMTs 不仅为 SAM 依赖的甲基化提供了一个更简单的辅因子再生系统，其还能从烷基卤化物中接受其他烷基产生不同的 SAM 类似物，从而为酶促烷基化反应提供了新的可能性。Bornscheuer 课题组通过蛋白质工程对拟南芥来源的 *At*HMT 进行改造，扩大了其烷基碘化物的接受范围[191]，并将这一再生系统与异丁子香酚 MT（*Ie*OMT）的双突变体 T133M/Y326L 进行偶联，成功实现了对木犀草素的乙基化（145，图 14-15C）。另外与人来源 COMT 偶联，对原儿茶醛进行烯丙基化反应，得到的相应的产物（146，图 14-15C）。

A. COMT催化区域选择性甲基化

136
90% (31%对位)
*Rn*COMT

137
50% (10%对位)
*Rn*COMT

138
<10% (非选择性)
*Rn*COMT

139
70% (5%间位)
*Mx*SafC

140
40%
*Mx*SafC

141
78%
*Mx*SafC

图 14-15

B. 甲基转移酶使用天然存在的SAM化学类似物进行*O*-甲基化

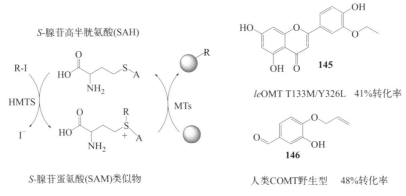

C. 甲基转移酶与HMTs混合催化*O*-甲基化以合成人工SAM类似物

图 14-15　甲基转移酶催化的 C—O 修饰

另外，还有一类值得开发的依赖于 SAM 的 MT 是羧基甲基转移酶（CMT）。这类酶能催化羧酸中羟基的甲基化，生成相应的甲酯，在生物柴油和生物基材料生产中具有潜在的应用价值[192]。

14.3　结论

酶催化的 C—O 修饰反应在生物催化合成高附加值化合物中发挥着重要作用。通过 sp³ C—H 羟基化，sp² C—H 的羟化，C=C 键环氧化，醇、醛和酮的氧化以及甲基转移等反应，可以实现对分子结构的精确修饰，从而合成具有特定功能和性质的化合物。这种绿色、高效的合成方法不仅具有较高的选择性和产率，还有助于减少有毒试剂和溶剂的使用，对环境友好。未来，随着合成生物技术的不断发展，酶催化的 C—O 修饰反应将在合成化学领域展现出更广阔的应用前景。通过对酶的工程改造，可以设计出更具特异性和高效性的生物催化剂，拓展底物的适用范围，提高合成的效率和产率。同时，结合人工智能的手段，有望加速新型催化剂的开发进程。这将为生物催化合成高附加值化合物提供更多可能性，推动相关领域的创新发展。

（郁慧丽，李爱涛）

思考题

（1）催化 C—O 修饰的酶有哪些种类？其各自的优缺点是什么？

（2）目前生物催化 C—O 修饰已经达到工业化应用的案例有哪些？

第 14 章
参考文献

第15章 生物催化 C—N 成键反应

C—N 成键是天然生化路径和有机合成中的关键反应，许多天然生物活性分子、药物分子、农用化学品等都含有手性胺的结构砌块，包括天然/非天然氨基酸、生物碱、抗生素、抗癌药、抗病毒药物等。手性胺的化学合成方法主要包括酮的不对称还原胺化、亚胺或烯胺的不对称氢化、烯烃氢胺化、碳氢键胺化等，然而这些方法存在使用过渡金属催化剂、反应条件苛刻、过程繁琐、选择性差等问题，一定程度上限制了其在手性胺合成中的应用。

生物催化法利用酶作为催化剂，具有过程绿色、条件温和、选择性强等优点，在制药和化工等领域引起了越来越多关注。催化 C—N 成键反应的酶在天然生化合成路径中广泛存在，包括转氨酶、氨基酸脱氢酶、亚胺还原酶、胺裂合酶、胺脱氢酶、氨基酸消旋酶、氨基酸变位酶等，涉及转移酶、氧化还原酶、裂合酶等不同类型。此外，人工金属酶、P450 单加氧酶等也被证明具有非天然的 C—N 成键活性，这些多样性 C—N 成键酶为手性胺的合成提供了丰富的催化剂资源。近年来，基因工程学和生物信息学技术的进步促进了新酶的不断发现。而通过定向进化技术和（半）理性改造技术对酶进行结构改造，可以快速提升酶的活性和立体选择性等性能，使得 C—N 成键酶在手性胺或药物中间体不对称合成中的应用越来越广。

本章重点介绍生物催化过程中常用的几种手性胺合成酶，包括转氨酶（氨基转移酶）、氨基酸脱氢酶、亚胺还原酶、胺脱氢酶、胺氧化酶和氨裂合酶。这些酶在手性胺的酶促合成中表现出较高的立体选择性和较广的催化底物谱，已经成功应用于药物分子或中间体的合成。本章将从酶的催化机制、分子改造和应用案例等不同角度对这些酶展开介绍。

15.1 转氨酶

转氨酶（transaminase，TA）（EC 2.6.1.x）是一类以 5′-磷酸吡哆醛（PLP）为辅因子的转移酶，能够可逆地将氨基从氨基供体转移到羰基底物从而合成手性胺产物（图 15-1）[1,2]。转氨酶催化的转氨过程由两步可逆反应组成，遵循双底物乒乓反应机理（图 15-2）[3]。在第一阶段，首先催化残基赖氨酸（Lys）的氨基与 PLP 的醛基通过形成内部醛亚胺的形式相连，然后氨基供体的氨基取代 Lys 的氨基与 PLP 形成一个外部醛亚胺；外部醛亚胺在催化残基 Lys 作用下发生质子转移，先后形成醌型结构中间体和酮亚胺中间体；最后酮亚胺中间体水解生成副产物酮和 5′-磷酸吡哆胺（PMP）。在第二阶段，PMP 按照上述反应路线的逆方向进行，将其氨基转移至另一分子酮或醛化合物上生成对应的胺产物，同时完成辅酶循环再生。如果氨基受体为酮化合物，底物的两个不同取代基分别结合在酶活性中心的"大"、"小"口袋，催化残基从特定方向催化质子转移，从而实现手性胺的对映选择性合成[4]。

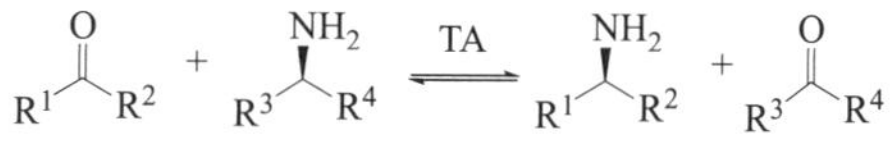

图 15-1 转氨酶催化的氨基转移反应

转氨酶根据氨基转移位置的不同，分为 α- 转氨酶和 ω- 转氨酶两大类。当转氨酶催化的反应底物或产物中含有 α- 氨基酸时称之为 α- 转氨酶，其他类型的转氨酶则为 ω- 转氨酶[5]。α- 转氨酶的产物较为单一，通常仅为 α- 氨基酸，而 ω- 转氨酶因其可以催化酮底物的不对称胺化，从而在有机合成中得到更广泛的应用[6,7]。转氨酶不仅可以催化羰基不对称胺化合成手性胺，也可用于外消旋胺的动力学拆分获得手性胺，但前者理论上可实现完全转化，而后者的理论最大产率仅为50%。因此，转氨酶催化的羰基底物不对称胺化是一条更理想的手性胺合成路线，但是为了实现转氨酶催化酮底物到手性胺的接近完全转化，往往需要添加过量的胺基供体或通过酶法或物理法等方式，原位去除体系中产生的丙酮酸、丙酮等副产物，从而使反应平衡朝着有利于目标胺产物的生成方向进行[8]。转氨酶在手性胺的合成中有着巨大的应用潜力，已经被广泛应用于多种手性胺药物或药物中间体的酶促制备。

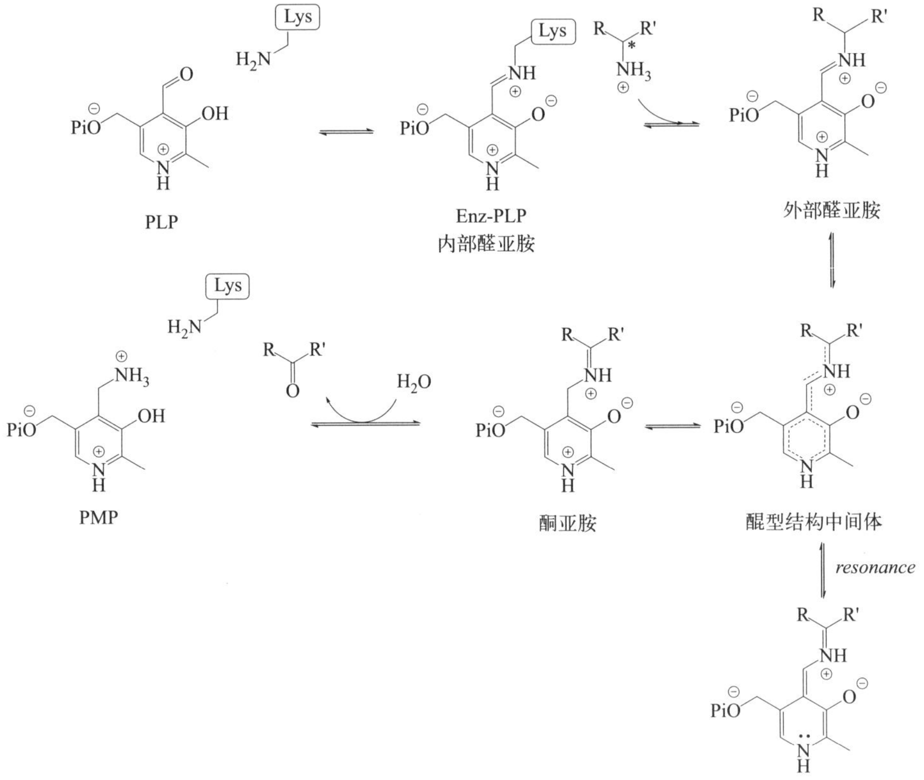

图15-2 转氨酶的催化反应机制

西他列汀（sitagliptin）是美国 Merck 公司研发的一种治疗 II 型糖尿病的二肽基肽酶 - IV 抑制剂，2006年被美国 FDA 批准上市。西他列汀可利用过渡金属复合物催化剂在高压条件下合成，但存在对映选择率低、操作过程复杂和环境污染等问题。2010 年，Merck 和 Codexis 公司报道了 ω- 转氨酶突变体催化合成西他列汀的研究成果，该研究通过"底物步移"等蛋白质工程改造技术，开发了对西他列汀前体酮等大位阻底物具有较高催化活性的 ω- 转氨酶突变体，实现了西他列汀的高效转氨酶法制备（图 15-3）[9]。

在该项工作之前，尚未有对西他列汀前体酮底物具有胺化活力的转氨酶报道，作者选择了来源于 *Arthrobacter* sp. 菌株的 ω- 转氨酶 ATA-117[10] 作为初始的改造模板，该酶仅对甲基底物和小位阻环状酮底物具有胺化活力。虽然该野生酶对于西他列汀前体酮的"截短型"结构类似物具有催化活性，但在 $2g \cdot L^{-1}$ 底物浓度条件下，仅可实现 4% 的转化率。基于"截短型"结构类似物底物与野生型酶蛋白的分子对接模型，作者确定了活性口袋中的"大口袋"和"小口袋"；首先选择了活性中心"大口袋"周围的

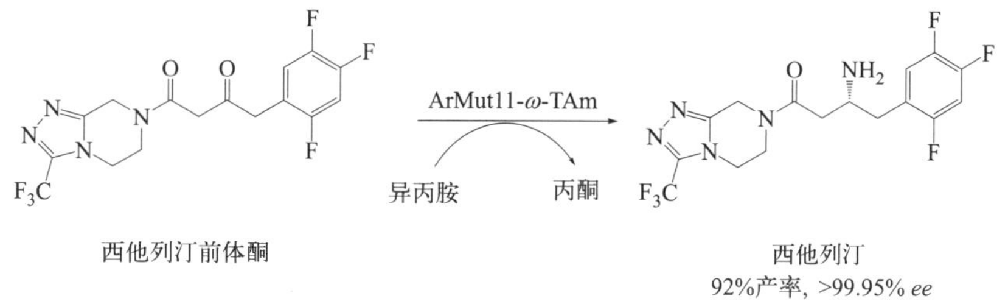

图 15-3　人工进化的转氨酶（ArMut11-ω-TAm）所催化的西他列汀合成反应

位点进行饱和突变，发现关键突变 S223P 使得酶对于上述类似物底物的活力提高了 10 倍。进而通过对蛋白模型的分析，确定活性中心"小口袋"中的四个残基（V69、F122、T283 和 A284）可能与西他列汀前体酮底物的三氟甲基基团存在相互作用，因此以突变体 S223P 作为改造模板，对这四个残基位点进行单点饱和和组合突变，筛选获得对西他列汀前体酮具有胺化活力的首个变体酶（含有 V69G、F122I 和 A284G 三个新引入的关键有益突变）。在下一轮的改造中，以上一轮的最优突变体为模板，作者将之前筛选过程中确定的有益突变位点进行组合以构建新的突变体库，筛选获得了比首个突变体活力提高至 75 倍的突变体酶。为获得具有满足工业化应用要求的实用型突变体，作者对突变体酶进行了进一步的人工进化。通过同源性分析、随机突变、ProSAR 计算、单点饱和突变等方式构建突变库，随后逐步提高每一轮筛选所用反应体系的助溶剂浓度、反应温度、异丙胺浓度和丙酮浓度，以此来模拟工业化反应过程的苛刻条件。最终，经过 11 轮蛋白质工程改造，获得含有 27 个位点突变的变体酶（ArMut11-ω-TAm），其对于西他列汀前体酮底物的催化活力比最初的活性酶提高了四个数量级。在最适反应条件下，利用该变体酶实现了 $200g \cdot L^{-1}$ 西他列汀前体酮底物的转化，产率和 ee 值分别达到 92% 和 > 99.95%，并且进一步利用该酶法路线实现了西他列汀的千克级制备（产率 87% ~ 92%）。相较于化学合成路线，该西他列汀的酶法合成路线显著提高了反应的产率，而且反应条件温和、操作过程简单、废物减少，是一条绿色、可持续的手性胺酶法合成途径。

雷马曲班（ramatroban）是德国 Bayer 公司研发的一款治疗过敏性鼻炎和哮喘的药物，对于冠状动脉疾病也具有较好治疗效果，该药物于 2001 年 5 月首次上市。雷马曲班的关键手性中间体是 (R)-2,3,4,9- 四氢 -1H- 咔唑 -3- 胺，可以由其前体酮底物不对称转化而来。Gotor 课题组所开发的酶 - 化学级联法实现了雷马曲班关键手性中间体 (R)-2,3,4,9- 四氢 -1H- 咔唑 -3- 胺的制备[11]，首先通过醇脱氢酶不对称还原前体酮底物（或先通过 NaBH₄ 还原前体酮底物得到外消旋体之后，再进行脂肪酶拆分）得到光学纯的 (S)- 构型醇产物，再通过 Mitsunobu 反应实现手性基团的翻转，获得光学纯的 (R)- 构型目标胺产物。该技术路线过程繁琐，需要过量添加偶氮二羧酸二乙酯等 Mitsunobu 反应试剂，且在 Mitsunobu 反应阶段，产物胺易发生外消旋化。2014 年，Kroutil 课题组开发了 ω- 转氨酶催化的"一步法"合成路线，实现了由前体酮到关键手性中间体 (R)-2,3,4,9- 四氢 -1H- 咔唑 -3- 胺的高效转化（图 15-4）[12]。该课题组通过野生型 ω- 转氨酶的初步筛选，并未发现对于 (R)-2,3,4,9- 四氢 -1H- 咔唑 -3- 胺的前体酮底物具有 (R)- 选择性胺化活性的 ω- 转氨酶，仅仅获得两种偏好于合成 (S)- 构型产物的 (S)- 选择性 ω- 转氨酶。因此，该课题组又对突变体酶 ArMut11-ω-TAm 进行测试，在过量添加胺供体异丙胺的条件下，实现了关键中间体 (R)-2,3,4,9- 四氢 -1H- 咔唑 -3- 胺的合成，然而异丙胺的使用致使酮底物形成了较多副产物，该路线的最初产率仅为 26%。在此基础上，Kroutil 课题组将胺供体替换为 (R)-1- 苯基乙胺，显著提高了该路线的合成效率，实现了 (R)- 构型目标产物胺的制备级合成，得到产物 485mg，产率达 96%。与之前报道的酶 - 化学法相比，该转氨酶合成路线操作过程简单，反应时间短，且对映选择性因子和产率更高，是一种更加经济、绿色、高效的酶法合成工艺。

维那卡兰（vernakalant）是加拿大 Cardiome 制药公司和美国 Astellas 制药公司共同开发的一种抗心律失常药物，该药物已经被欧洲药品管理局批准上市用于房颤复律。2014 年，美国 Merck 公司报道了一种

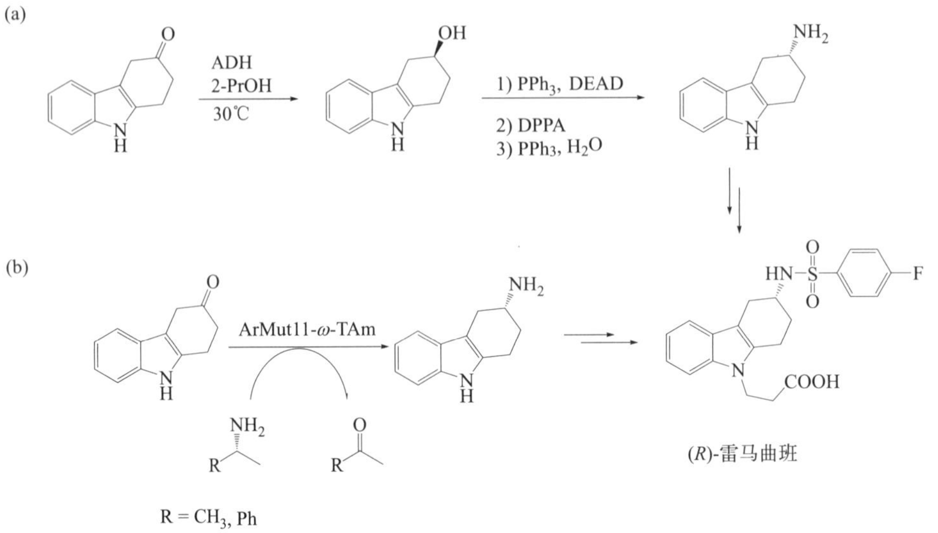

图 15-4　醇脱氢酶 - 化学级联法（a）与转氨酶法（b）合成雷马曲班手性药物中间体的路线比较

利用转氨酶催化的动态不对称转氨反应合成维那卡兰关键手性胺中间体的路线（图 15-5）[13]。作者首先利用前体酮底物对多种转氨酶进行筛选，得到了多个具有胺化活性的转氨酶，但均主要合成顺式构型的胺产物。为实现目标反式构型胺产物的酶法合成，作者对 ω- 转氨酶 ATA-013 进行了理性设计和定向进化，经过三轮改造后得到立体选择性翻转且产物反式 / 顺式比例超过 95：1 的突变体 ATA-303。该突变体酶的活力和 pH 耐受性也有显著提升。在对反应溶剂、溶液 pH、酶添加量等条件进行优化的基础上，利用该变体酶开展了维那卡兰关键中间体的制备级合成，得到 46g 目标胺的马来酸盐产物，实现了 81% 的产率和 99.6：0.4 的 dr 值。

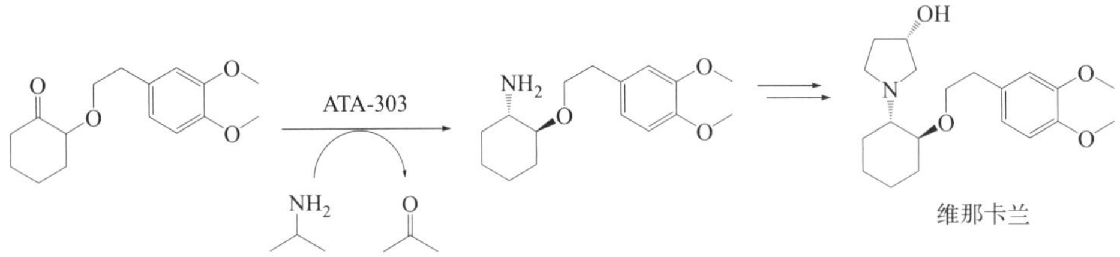

图 15-5　ω- 转氨酶催化不对称转氨反应合成维那卡兰关键手性中间体

西罗多辛（silodosin）是一种 α1A- 肾上腺素受体拮抗剂，主要用于治疗前列腺增生症。该药物于 2006 年在日本首次上市，之后又先后在美国和欧洲上市。西罗多辛的化学法合成路线包括外消旋胺盐的结晶拆分法和前体酮的不对称还原胺化法，但前者存在最高产率仅为 50% 的限制，后者的操作过程繁琐，因此不适于工业化大规模生产[14,15]。2014 年，Kroutil 课题组报道了利用转氨酶催化合成西罗多辛关键手性中间体的路线（图 15-6）[15]。作者通过对不同来源天然 ω- 转氨酶的筛选，发现一种 *Pseudomonas fluorescens* 来源的转氨酶和一种 *Arthrobacter* sp. 来源的转氨酶分别可以实现 (S)- 构型和 (R)- 构型西罗多辛中间体的不对称合成，具有很高的转化效率（转化率分别达 84% 和 ＞ 97%）及对映选择性（ee 值分别为 84% 和 ＞ 97%）。作者进一步选择可合成 (R)- 型中间体的 *Arthrobacter* sp. 来源的转氨酶作为催化剂，对转氨反应的助溶剂和底物浓度进行优化，开展了西罗多辛手性中间体的制备级合成，实现了 93% 的产率和 ≥ 97% 的 ee 值。

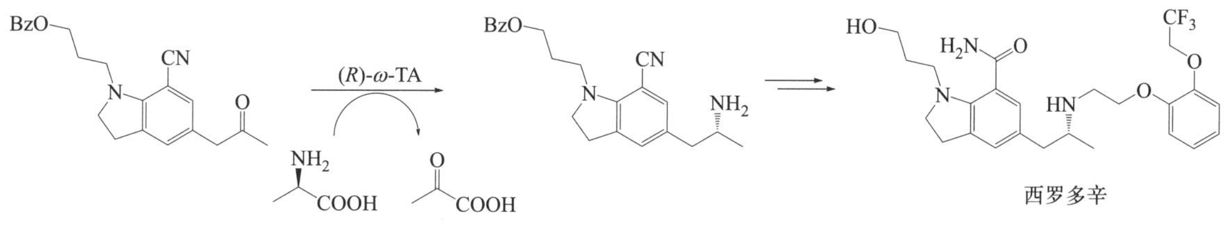

图 15-6　(R)- 选择性 ω- 转氨酶催化合成西罗多辛关键手性中间体的路线

15.2　氨基酸脱氢酶

氨基酸脱氢酶（EC 1.4.1.X）广泛存在于氨基酸代谢路径中，是一类 NAD（P）⁺依赖性的氧化还原酶，可以催化氨基酸的脱氨反应，或者催化酮酸或醛酸不对称还原胺化合成氨基酸。L-α- 氨基酸脱氢酶（L-α-amino acid dehydrogenase，L-AADH）是一类常见的氨基酸脱氢酶，包括 L- 缬氨酸脱氢酶、L- 亮氨酸脱氢酶、L- 苯丙氨酸脱氢酶等，可以催化 α- 氨基酸的 α- 位脱氨基及其逆反应 α- 酮酸

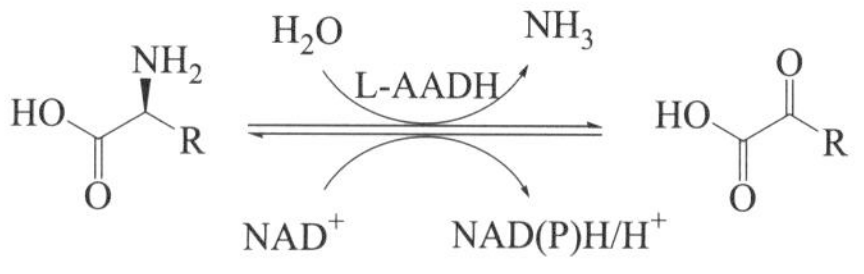

图 15-7　L-α- 氨基酸脱氢酶催化的脱氨反应与 α- 酮酸的还原胺化

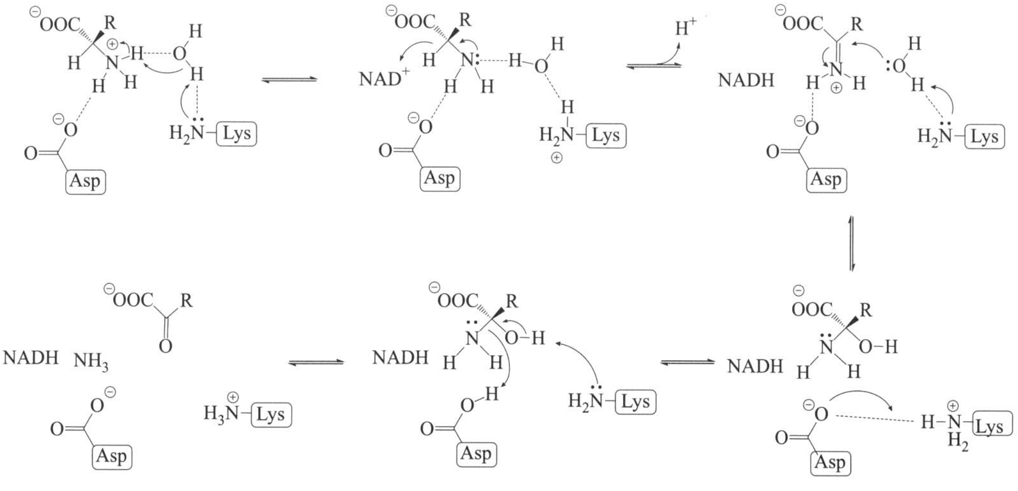

的还原胺化（图 15-7）[16]。L-α- 氨基酸脱氢酶催化方式是催化残基介导的酸碱催化，以氧化脱氨方向为例，在催化过程中，首先氨基酸、NAD⁺ 及水分子结合到活性中心，在催化残基天冬氨酸和赖氨酸的介导下，经过氨基去质子化和水分子加成形成甲醇胺中间体，再进过脱氨基和质子重排生成最终的酮酸产物（图 15-8）[17]。另外，也存在一些其他类型的氨基酸脱氢酶，如 L- 赤式 -3,5- 二氨基己酸脱氢酶[18]、(2R, 4S)-2,4- 二氨基戊酸脱氢酶[19]、内消旋 -2,6- 二氨基庚二酸脱氢酶[20]、L- 赖氨酸 -ε- 脱氢酶[21] 等，可以催化非 α- 位氨基的脱氨反应或其逆反应。除利用氨分子作为氨基供体的氨基酸脱氢酶，还存在以有机胺作为氨基供体的 N- 甲基氨基酸脱氢酶[22]。氨基酸是食品、医药工业的重要原料，由于氨基酸脱氢酶具有很好的反应活性和立体选择性，氨基酸脱氢酶已被广泛应用于 L- 叔亮氨酸、L- 亮氨酸、L- 苯甘氨酸、L- 苯丙氨酸等各种氨基酸的制备级合成[16,23,24]。

图 15-8　L-α- 氨基酸脱氢酶的催化反应机理[17]

1990 年，Asano 课题组报道了 *Bacillus sphaericus* 来源的 L- 苯丙氨酸脱氢酶与 *Candida boidinii* 来源的甲酸脱氢酶的偶联反应，通过对 α- 酮酸进行不对称还原胺化，实现了 L- 苯丙氨酸、L- 酪氨酸、L- 高苯丙氨酸、(S)-2- 氨基壬酸的高效合成（ee 值 100%，产率达 98% 至 99% 以上）。其中 L- 高苯丙氨酸是一种可以合成多种血管紧张素转化酶（ACE）抑制剂的药物前体（图 15-9）[25,26]。2014 年，Liao 课题组报道了对 L- 谷氨酸脱氢酶进行蛋白质工程改造开发 L- 高苯丙氨酸脱氢酶的研究，通过采用"底物步移"的策略对野生型谷氨酸脱氢酶进行了两轮酶分子改造，第一轮定向进化获得的突变体酶对于目标底物 2- 羧基 -4- 苯基丁酸的类似物苯丙酮酸具有活性，在此基础上对酶进行第二轮改造，获得了可以高效催化 2- 羧基 -4- 苯丁酸还原胺化合成 L- 高苯丙氨酸的突变体[27]。

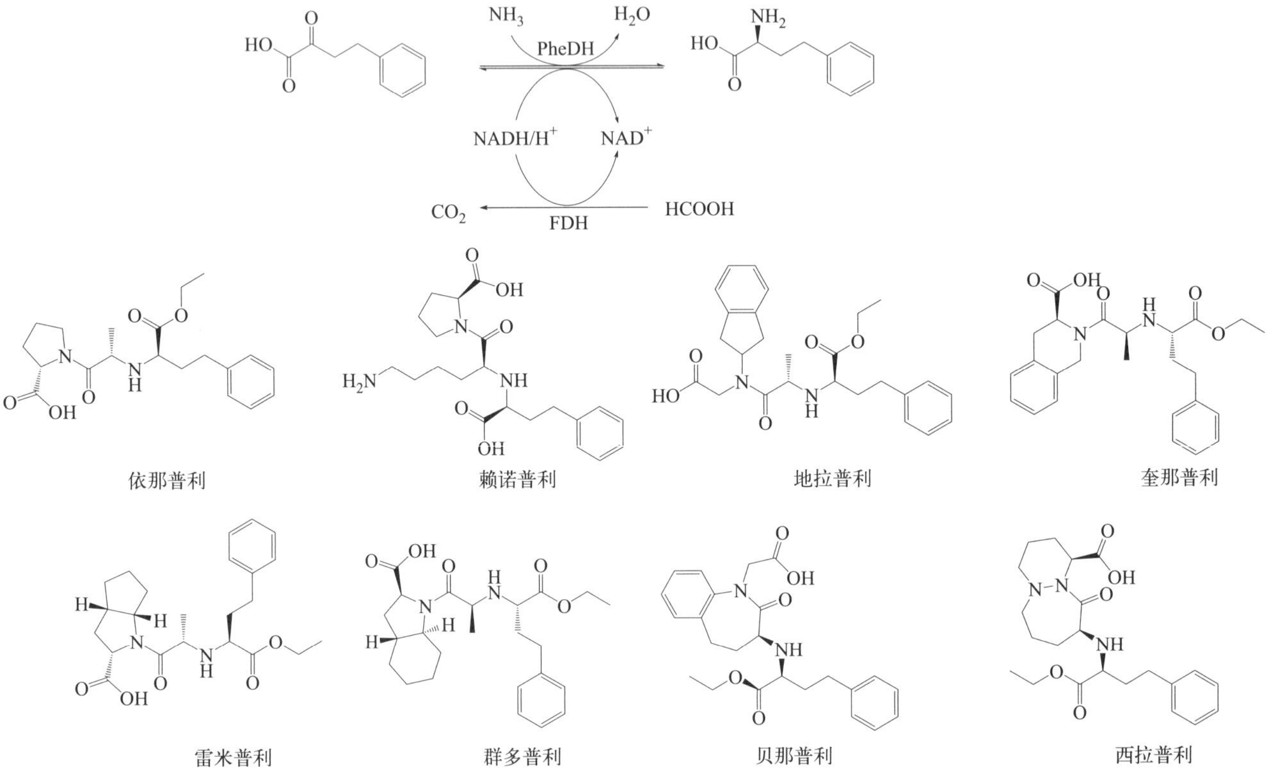

依那普利　　　　　　赖诺普利　　　　　　地拉普利　　　　　　奎那普利

雷米普利　　　　　　群多普利　　　　　　贝那普利　　　　　　西拉普利

图 15-9　L- 苯丙氨酸脱氢酶催化的 L- 高苯丙氨酸合成反应及含有 L- 高苯丙氨酸结构砌块的 ACE 抑制剂

(S)-2- 氨基 -5-(1,3- 二氧杂 -2- 烷基)- 戊酸是抗高血压药血管紧张素转化酶抑制剂奥马曲拉（omapatrilat）的关键合成前体。美国百时美施贵宝（Bristol Myers Squibb）公司的 Hanson 等，通过对于 L- 谷氨酸脱氢酶、L- 丙氨酸脱氢酶、L- 亮氨酸脱氢酶、L- 苯丙氨酸脱氢酶进行筛选，发现来源于 *Thermoactinomyces intermedius* 的 L- 苯丙氨酸脱氢酶可以高效催化相应酮酸的还原胺化，合成该手性药物前体（图 15-10A）[28]。通过将该 L- 苯丙氨酸脱氢酶与甲酸脱氢酶偶联，开展三批次催化反应，实现了目标手性药物前体的百公斤级制备，平均产率达到 91%，ee 值＞98%。另外，该课题组还利用该苯丙氨酸脱氢酶的双位点突变体，实现了沙格列汀（saxagliptin）关键中间体的高效不对称合成（图 15-10B）[29]。

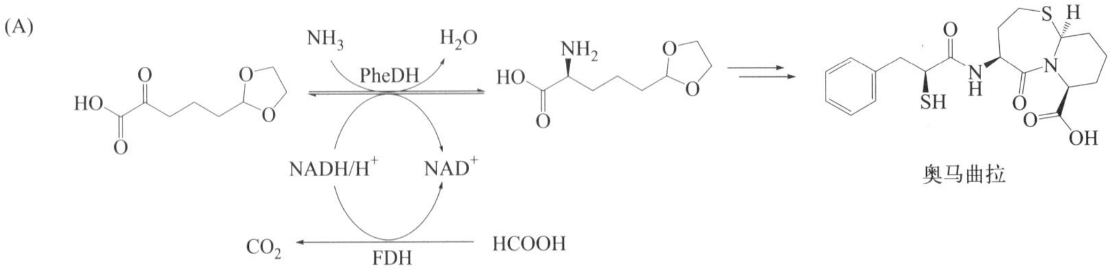

奥马曲拉

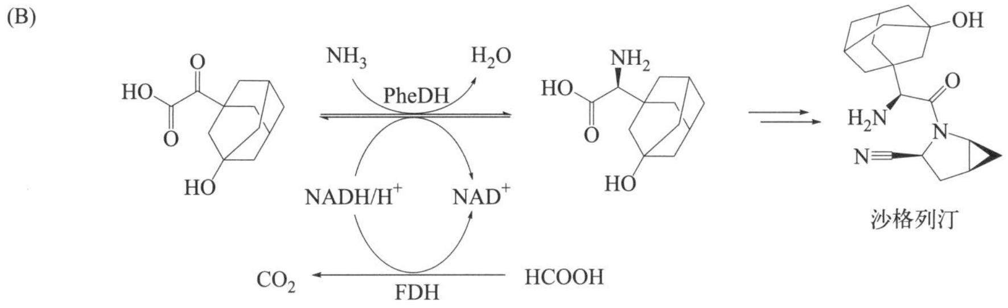

(B)

图 15-10　L- 苯丙氨酸脱氢酶催化的反应
A. 奥马曲拉关键手性中间体的合成；B. 沙格列汀关键手性中间体的合成。

内消旋 -2,6- 二氨基庚二酸脱氢酶（*meso*-2,6-diaminopimelate dehydrogenase，*m*-DAPDH）可以选择性催化内消旋 -2,6- 二氨基庚二酸的 D 手性中心氨基的氧化脱氨反应及其逆反应（图 15-11），因此具有催化 α- 酮酸不对称还原胺化合成 D- 氨基酸的合成潜力。美国 BioCatalytics 公司的 Novick 等对 *Corynebacterium glutamicum* 来源的 *m*-DAPDH 进行了三轮酶分子改造，获得了 D- 氨基酸脱氢酶（D-amino acid dehydrogenase：D-AADH），实现了 D- 氨基酸的不对称合成[30]。第一轮改造中通过活性中心关键位点的定点饱和突变，提升了酶对 D- 氨基酸模式底物的活性，并使酶对天然底物内消旋 -2,6- 二氨基庚二酸的特异性降低；第二轮和第三轮改造对酶进行全序列随机突变，进一步拓展了该酶催化底物谱。利用改造获得的最优突变体实现了多种直链脂肪族、支链脂肪族、环烷基脂肪族和芳香族 D- 氨基酸的不对称合成，大多数产物的 *ee* 值超过 99%（图 15-12）。

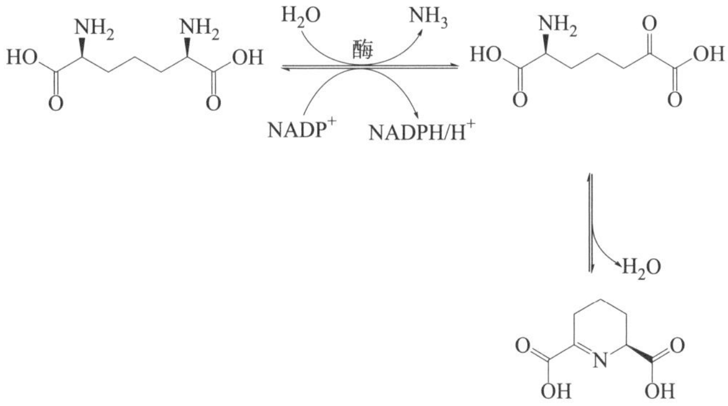

图 15-11　*m*-DAPDH 催化的内消旋 -2,6- 二氨基庚二酸的 D- 手性中心氧化脱氨反应

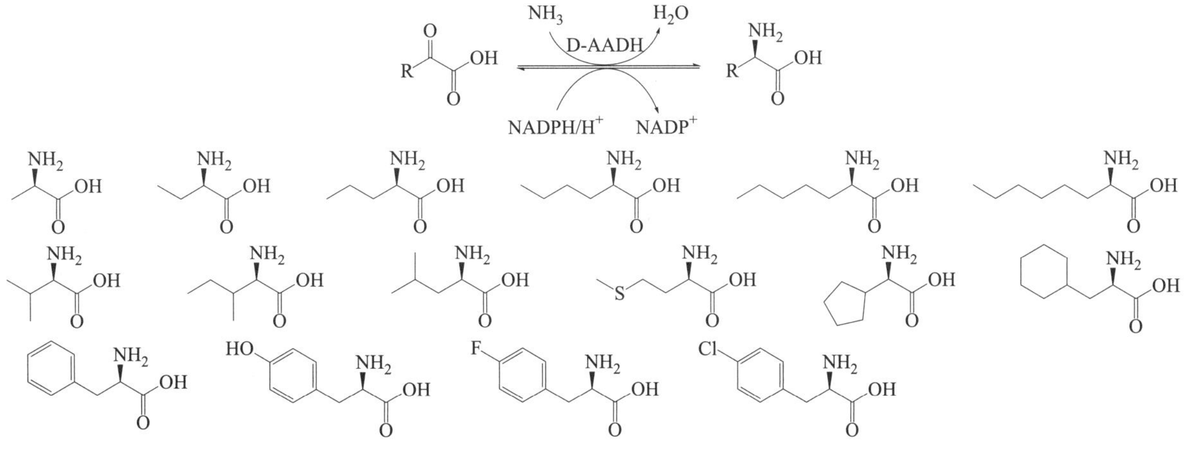

图 15-12　D-AADH 催化 α- 酮酸不对称还原胺化合成 D- 氨基酸

在此基础上，多个课题组对源自 *m*-DAPDH 的 D-AADH 的催化底物谱开展了更为广泛的研究[31-34]。例如，Turner 课题组利用上述 *Corynebacterium glutamicum* 来源的 D-AADH 实现了 4- 溴苯丙酮酸到 D-4-溴苯丙氨酸的完全转化（*ee* 值＞99%），并通过与不同芳基硼酸进行化学法偶联实现了一系列 D- 双芳基丙氨酸的合成[31]。另外，该课题组利用该酶催化 2,4,5- 三氟苯丙酮酸的不对称胺化，也实现了降血糖药物西他列汀的前体 D-2,4,5- 三氟苯丙氨酸的高效不对称合成（产率为 81%，*ee* 值＞99%）[32]。美国百时美施贵宝公司的 Hanson 等对 *Bacillus sphaericus* 来源的 *m*-DAPDH 进行酶分子改造，获得了相应的 D-AADH，实现了一种 γ- 分泌酶抑制剂（BMS-708163）的合成前体 (*R*)-5,5,5- 三氟正缬氨酸的高效不对称合成（图 15-13）[33]。

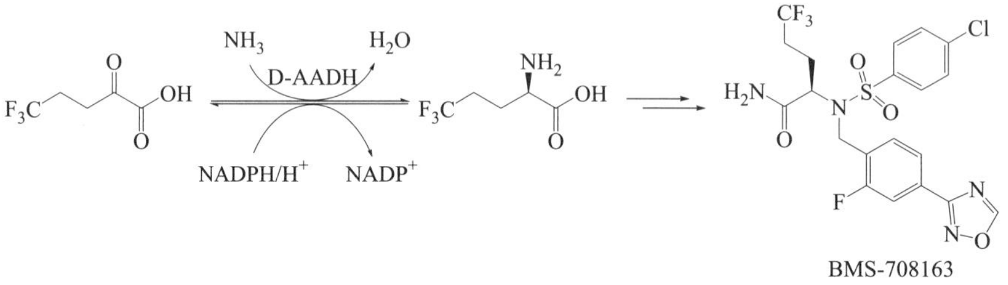

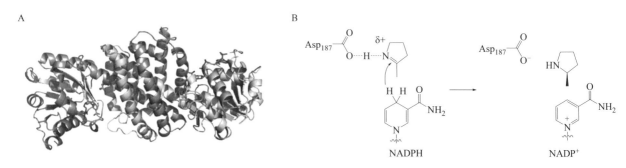

图 15-13 D-AADH 催化的 γ- 分泌酶抑制剂（BMS-708163）关键前体的合成

15.3 亚胺还原酶

亚胺还原酶（imine reductase，IRED）（EC 1.5.1.x）是一类 NAD（P）H 依赖的氧化还原酶，利用还原性辅酶 NAD（P）H 催化 C═N 键的不对称还原。研究人员最早发现生物碱、抗生素等天然产物的生物合成存在催化 C═N 键不对称还原的酶系，但这些酶系的结构和底物存在很大差异。2010 年，Mitsukura 课题组报道了野生型菌株 *Streptomyces* sp. GF3587 和 *Streptomyces* sp. GF3546 对于非天然底物 2- 甲基 -1-吡咯啉的不对称还原活性，随后从菌株中分别鉴定出了 (*R*)- 对映选择性和 (*S*)- 对映选择性的亚胺还原酶[35-37]。2013 年，英国 Turner 课题组和 Grogan 课题组报道了同家族中一种 (*R*)- 对映选择性亚胺还原酶 Q1EQE0 的蛋白结构（PDB 3ZHB）和催化机制（图 15-14）。该酶为同源二聚体结构，两个同源单体通过 C 末端结构域相互交错构成酶的两个底物结合口袋[38]。该酶的催化残基为第 187 位天冬氨酸，发挥着酸碱催化的功能。其作为质子供体实现亚胺底物的质子化，通过极性相互作用稳定亚胺离子中间态，然后利用还原性辅酶 NADPH 实现 C═N 双键的还原。随后，Turner 课题组和 Grogan 课题组又对两种同家族 (*S*)- 对映选择性的亚胺还原酶进行了蛋白结构解析，发现这两种酶的整体结构与 Q1EQE0 高度相似，但催化残基变为酪氨酸，其同样以酸催化的方式发挥催化功能[39]。

图 15-14 亚胺还原酶 Q1EQE0
A.QIEQEO 同源二聚体蛋白结构；B.QIEQEO 的催化机制

自从亚胺还原酶应用于不对称还原非天然亚胺底物的研究被首次报道以来，英国 Turner 课题组和国内 Xu 课题组、Qu 课题组等进一步鉴定了多种不同来源的亚胺还原酶，并对亚胺还原酶的构效关系和底物谱开展了广泛的探究，实现了 1- 吡咯啉、2,3,4,5- 四氢哌啶、3H- 吲哚、3,4- 二氢异喹啉等不同结构类型环状亚胺的不对称还原[40-45]。

近年来，亚胺还原酶被证明可以催化羰基底物与氨基供体的还原胺化反应。2014 年，Müller 课题组报道了利用 *Streptomyces* sp. GF3546 来源的亚胺还原酶催化 4- 苯基 -2- 丁酮和甲胺的不对称还原胺化反应，实现 8.8% 的转化率和 76% 的 ee 值，推测体系中亚胺的自发形成是该反应的限速步骤[46]。随后其他课题组也相继报道了亚胺还原酶催化的还原胺化反应，但普遍存在转化效率低的问题[46,47]。2017 年，Turner课题组报道了一类真菌来源的新型亚胺还原酶，将其命名为"还原胺化酶（reductive aminase，RedAm）"，该酶可高效催化羰基底物与多种有机胺分子形成亚胺和随后的还原胺化反应（图 15-15）[48,49]。与以往报道不同，该类亚胺还原酶可以在中性 pH 和低当量氨基供体的条件下表现出较高的还原胺化活力，实现了较高的转化率和 ee 值。进一步的蛋白结构分析证明，该类酶与以往报道的亚胺还原酶相比在底物活性中心的关键氨基酸残基存在差异。2022 年，Turner 课题组又报道了亚胺还原酶具有催化 C=C 键还原的活性，可以催化含有 C=C 键的 α,β- 不饱和羰基底物与氨基底物的共轭烯键还原和还原胺化反应，生成相应的手性胺产物，且具有较广的底物谱和较高的立体选择性，此研究进一步拓展了亚胺还原酶的应用范围[50]。

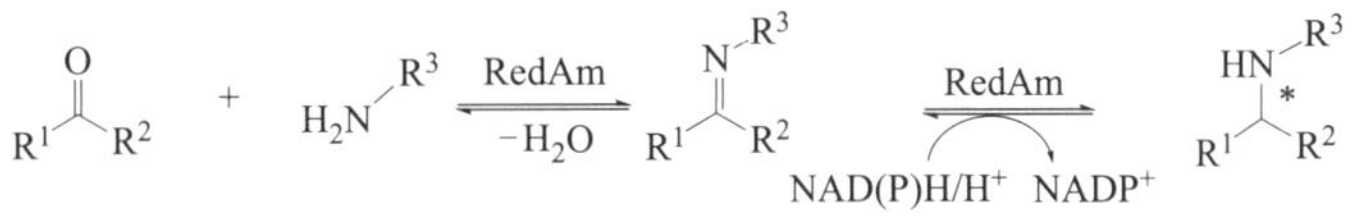

图 15-15　还原胺化酶催化的酮还原胺化反应

野生型的亚胺还原酶一般存在活力低、底物谱范围窄的问题，因此需要借助酶工程手段对酶蛋白进行分子改造来增强其对于目标底物的活力、稳定性或对映选择性，以实现目标手性胺分子的高效规模化制备。目前，越来越多的亚胺还原酶被应用于手性胺类医药中间体的制备合成。

2019 年，葛兰素史克公司 Schober 等对 *Saccharothrix espanaensis* 来源的亚胺还原酶 IR-46 进行了三轮定向进化获得了活力和稳定性显著提高的突变体酶，实现了赖氨酸特异性去甲基化酶 -1（LSD1）抑制剂 GSK2879552 的关键中间体的酶法高效制备（图 15-16）[51]。第一轮改造中经过多序列比对和蛋白结构模型分析，选择了酶 296 个氨基酸残基中的 256 个进行了单点饱和突变，获得最优突变体 M1（Y142S），其转化率较野生型提高了 40 倍。在第二轮和第三轮改造中，通过借助软件进行数据分析，将有益突变进行组合构建突变库，并逐步提高筛选的反应压力以获得满足规模化制备要求的高性能突变体酶，最终得到 13 个位点突变的突变体酶 M3，其转化效率较野生型提高了 38000 倍。利用 M3 作为催化剂开展 GSK2879552 关键中间体的千克级制备，实现了 84% 的分离产率和 99.7% 的 ee 值。

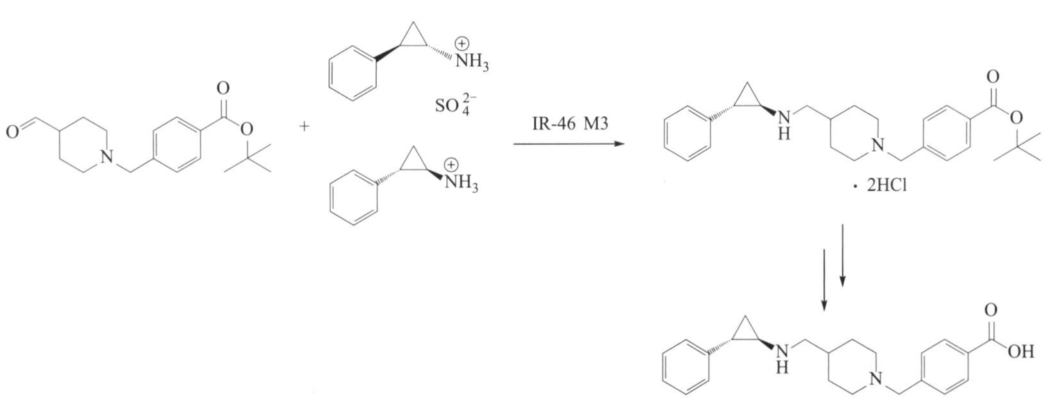

图 15-16　人工进化的亚胺还原酶（IR-46 M3）介导的 GSK2879552 合成路线

2021 年，美国 Pfizer 公司的 Kumar 等又对 *Streptomyces purpureus* 来源的亚胺还原酶 *Sp*RedAm 进行改造，实现了 JAK1 抑制剂阿布昔替尼（abrocitinib）中间体的规模化制备（图 15-17）[52]。作者选择了共计 93 个氨基酸位点进行单点饱和突变和组合突变，并提高每一轮的筛选压力，最终筛选获得催化性能提高 200 多倍的突变体酶 *Sp*RedAm-R3-V6（N131H/A170C/F180M/G217D），成功将其应用于阿布昔替尼中间体的工业化生产，分离产率为 73%，光学纯度为 99.5%，立体选择性＞ 99：1（顺式：反式）。

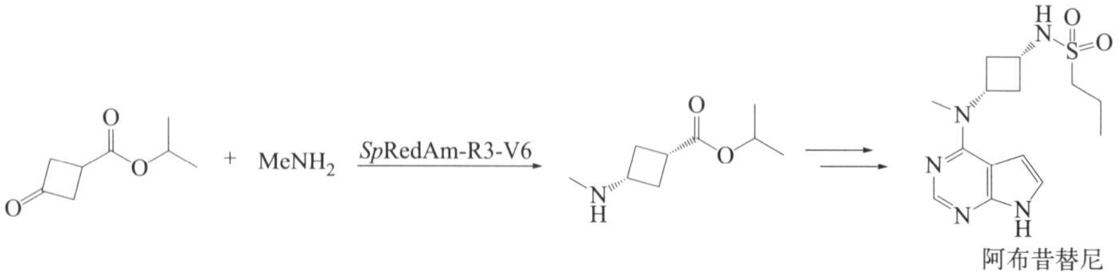

图 15-17　亚胺还原酶（*Sp*RedAm-R3-V6）介导的 JAK1 抑制剂阿布昔替尼中间体的合成路线

2022 年，Zheng 课题组对 *Streptomyces clavuligerus* 来源的亚胺还原酶 *Sc*IRED 进行分子改造，实现了酪氨酸激酶抑制剂拉罗替尼（larotrectinib）手性中间体的高效酶法制备（图 15-18）[53]。通过对 *Sc*IRED 进行三轮的定向进化，所得突变体 *Sc*IRED-R3-V4 的催化活性相比野生型提高了 107 倍，热稳定性提高了 277 倍。作者利用最优突变体 *Sc*IRED-R3-V4 开展了 20L 反应规模的制备级合成反应，80g·L⁻¹ 的亚胺底物 2-(2,5- 二氟苯基)- 吡咯啉在 4.5h 内被完全转化，拉罗替尼手性中间体的产率达 82.5%，*ee* 值＞ 99.5%，时空产率高达 352g·L⁻¹ d⁻¹。

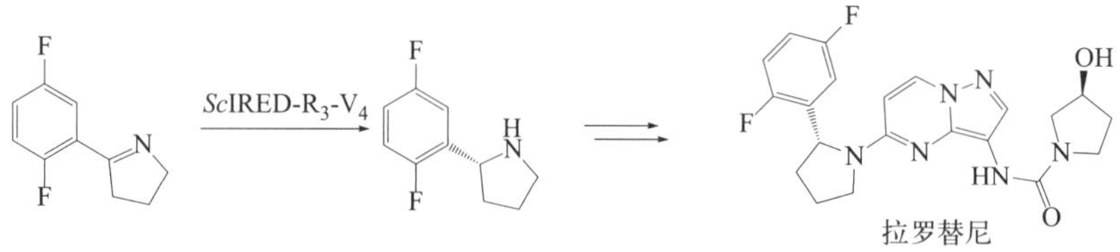

图 15-18　亚胺还原酶（*Sc*IRED-R3-V4）介导的拉罗替尼手性中间体合成路线

15.4　胺脱氢酶

胺脱氢酶（amine dehydrogenase，AmDH）是一类 NAD（P）H 依赖性的氧化还原酶，以无机氨作为氨基供体，催化羰基底物（醛或酮）的还原胺化（图 15-19）。天然胺脱氢酶的报道较少[54]，而对氨基酸脱氢酶进行分子改造获得新型胺脱氢酶被国内外的课题组广泛研究。2012 年，Bommarius 课题组最早报道了改造氨基酸脱氢酶获得胺脱氢酶的研究，该课题组对 *Bacillus stereothermophilus* 来源的 L- 亮氨酸脱氢酶进行定向进化，通过 11 轮的突变库构建和筛选，所得四位点突变体 K68S/E114V/N261L/V291C 不对称还原胺化 4- 甲基 -2- 戊酮的转化率达到 92.5%，产物胺的 *ee* 值达到 99.8%（*R*）[55]。对

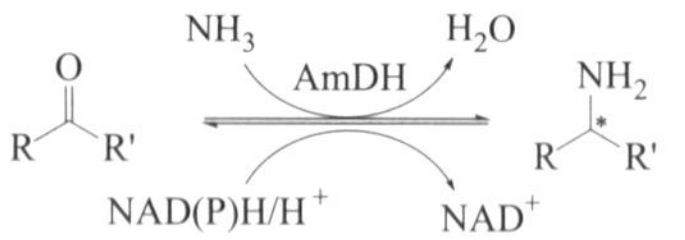

图 15-19　胺脱氢酶（AmDH）催化的羰基底物还原胺化反应

与 α- 酮酸底物的羧基形成极性相互作用的保守位点 K68 和 N261 进行突变，可以改变酶的底物特异性，使酶接受羧基侧链为甲基而非羧基的酮底物。随后，该课题组对 *Bacillus badius* 来源的 L- 苯丙氨酸脱氢酶的上述两个保守位点进行突变，双突变体 K77S/N276L（F-AmDH）不对称还原胺化 4- 氟苯基丙酮的转化率为 93.8%，产物 *ee* 值达到 99.8%（*R*）[56]。

受 Bommarius 课题组研究的启发，国内外多个课题组开展了胺脱氢酶的开发和进一步分子改造研究。新加坡的 Li 课题组对 *Rhodococcus* sp. M4 来源的苯丙氨酸脱氢酶的两个保守位点进行突变，双突变体 K66Q/N262L 催化酶底物 1 生成 2 的活力达到 3.9U·mg^{-1}，催化酶底物 3 生成 4 的活力达到 5.2U·mg^{-1}；双突变体 K66Q/N262C 催化酶底物 1 生成 2 的活力达到 3.6U·mg^{-1}，催化酶底物 3 生成 4 的活力达到 6.2U·mg^{-1}；三突变体 K66Q/S149G/N262C（TM_pheDH）催化酶底物 1 生成 2 的活力达到 5.0U·mg^{-1}，催化酶底物 3 生成 4 的活力达到 8.8U·mg^{-1}（图 15-20）[57]。利用胺脱氢酶 TM_pheDH 实现了 4- 苯基 -2- 丁酮（3）的不对称还原胺化，转化率达到 95%，*ee* 值大于 98%（*R*）。

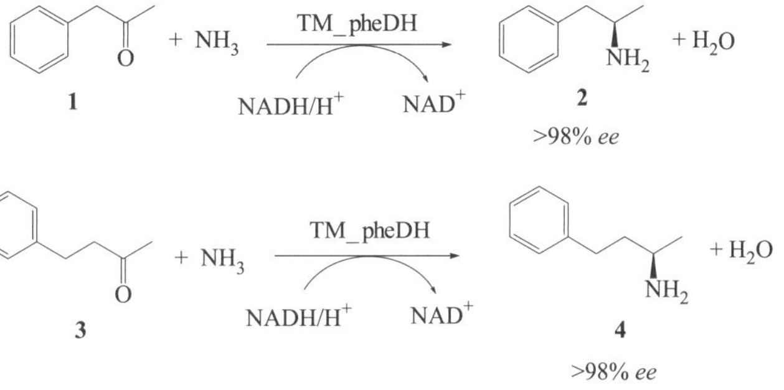

图 15-20　胺脱氢酶（TM_pheDH）催化底物苯基丙酮（1）和 4- 苯基 -2- 丁酮（3）的还原胺化反应

2017 年，Schell 课题组对来源于嗜热菌 *Caldalkalibacillus thermarum* 的苯丙氨酸脱氢酶的两个保守位点进行突变，获得双突变体 K68S/N266L（*Cal*-AmDH），该酶具有非常好的热稳定性（T_m 值为 83.5℃），其 T_m 值比胺脱氢酶 F-AmDH（T_m 值为 56.5℃）高了 27℃ [58]。同时该酶也具有较好的催化活力（k_{cat} 高达 11.33s^{-1}），当底物苯氧基丙酮投入量为 400mmol·L^{-1}（1.2g）时，转化率达到 96%，*ee* 值大于 98%（*R*）（图 15-21）。

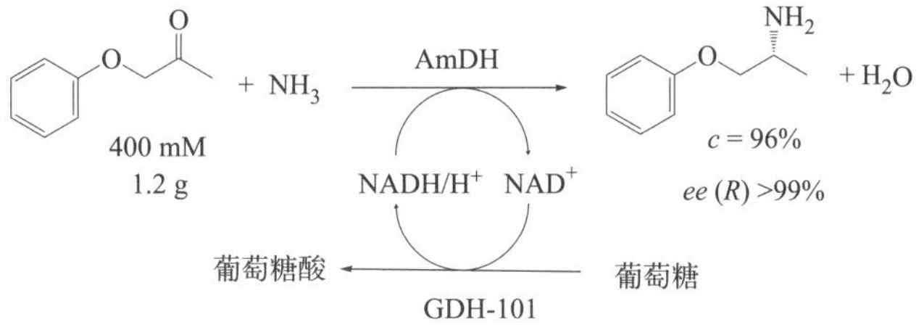

图 15-21　胺脱氢酶（*Cal*-AmDH）催化底物苯氧基丙酮的还原胺化反应

2018 年，Xu 课题组将实验室的多种亮氨酸脱氢酶改造成胺脱氢酶，获得 *Exiguobacterium sibiricum* 来源的胺脱氢酶 *Es*AmDH，*Lysinibacillus fusiformis* 来源的胺脱氢酶 *Lf*AmDH，以及 *Bacillus sphaericus* 来源的胺脱氢酶 *Bsp*AmDH [59]。其中 *Lf*AmDH 对中链脂肪酮（2- 戊酮、2- 己酮、2- 庚酮）具有较高的催化活力，但对于位阻更大、碳链更长的脂肪酮几乎没有活性。为拓宽其底物谱，作者通过基于结构分析的酶分子改造重塑了酶的催化口袋，拓展了酶的催化活性口袋体积，获得的胺脱氢酶 *Lf*AmDH 突变体对长链脂肪酮底物的活力显著增强，对碳链长度长达 10 个碳原子的脂肪酮（2- 壬酮）具有了催化活性。

2019 年，Xu 课题组与英国曼彻斯特大学的 Turner 课题组报道了利用 *Lysinibacillus fusiformis* 来源的突变型胺脱氢酶合成手性邻位氨基醇化合物的研究，转化率达到 99%，*ee* 值大于 99%（*S*）[60]。最近，Xu 课题组又通过对苯丙氨酸脱氢酶的改造获得了一种热稳定性的胺脱氢酶 *Gk*AmDH（来源于 *Geobacillus kaustophilus*，T_m 值为 71.5℃），用于合成手性胺和手性邻位氨基醇化合物，转化率达到 99%，产物 *ee* 值大于 99% [61]。为了进一步拓展 *Gk*AmDH 的底物谱，对 *Gk*AmDH 进行了进一步分子改造，拓宽了酶的催化活性口袋。突变体 M8（V144A/V309A/A310G/S156T/Q308A/C79N/F86M）对大体积底物苄基丙酮的活性达到 2.2 U·mg^{-1}，比野生型 M0 高 110 倍；突变体 M3（V144A/V309A/A310G）和 M8 对多种大位

第15章

阻底物实现了"从无到有"的催化活性，转化率超过99%，*ee*值大于99%，转化数达到18900[62]。将突变体M8应用于地来洛尔（dilevalol）药物中间体的克级合成，产率达到85%，*ee*值大于99%；将突变体M3应用于美沙洛尔（medroxalol）药物中间体的克级合成，产率达到66%，*ee*值大于99%（图15-22）。

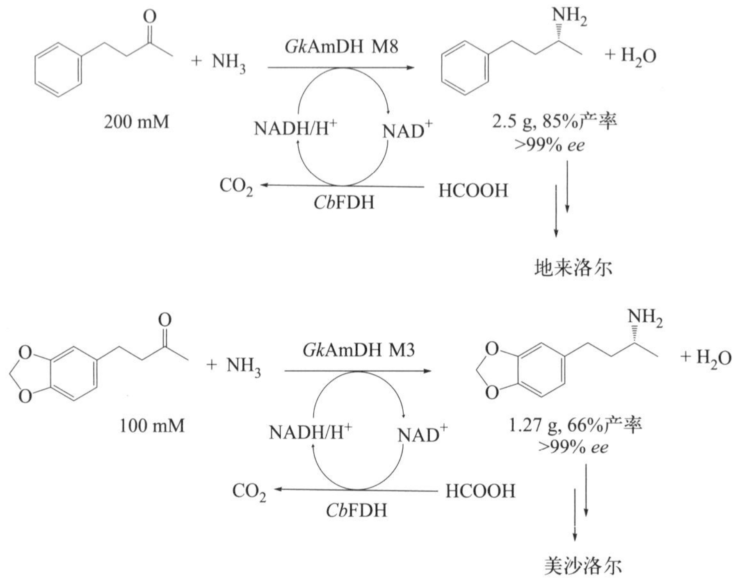

图15-22   胺脱氢酶（*Gk*AmDH）突变体M3和M8催化合成关键药物中间体的克级制备反应

将胺脱氢酶与其他酶进行偶联可以构建多种多酶级联反应，实现醇等非羰基底物到手性胺的转化。2015年，Turner课题组报道了醇脱氢酶（alcohol dehydrogenase，ADH）与胺脱氢酶级联催化的"借氢"反应路径，将胺脱氢酶与不同对映选择性的醇脱氢酶（来源于*Aromatoleum aromaticum*的Prelog醇脱氢酶和来源于*Lactobacillus brevis*的anti-Prelog醇脱氢酶）进行偶联，通过"一锅法"可以催化（*S*）、（*R*）构型或外消旋醇底物转化为手性胺（图15-23）[63]。该级联反应第一步中，醇脱氢酶催化（*S*）或（*R*）构型醇底物氧化生成中间产物酮，同时将氧化型NAD^+转化为还原型NADH；第二步中，胺脱氢酶催化中间产物酮的不对称胺化合成终产物（*R*）构型胺，将还原型NADH转化为氧化型NAD^+，实现了辅因子自循环。Xu课题组也在同时期构建了类

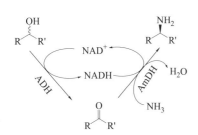

图15-23   醇脱氢酶和胺脱氢酶催化的"借氢还氢"级联反应

似的醇脱氢酶和胺脱氢酶双酶级联反应，利用*Exiguobacterium sibiricum*来源的胺脱氢酶与醇脱氢酶偶联反应合成了多种脂肪族手性胺[64]。

15.5   胺氧化酶

胺氧化酶（amine oxidase，AO）（EC 1.4.3.x）是广泛存在于动植物组织、微生物中的一类氧化还原酶，可以利用分子氧作为氧化剂将胺类物质氧化为相应的亚胺化合物，生成H_2O_2（图15-24）。根据胺氧化酶的催化底物类型，将其分类为单胺氧化酶（monoamine oxidase，MAO）和二胺氧化酶，根据胺氧化酶的辅因子依赖性又可将其分为黄素依赖性胺氧化酶和铜离子依赖性胺氧化酶[65]。

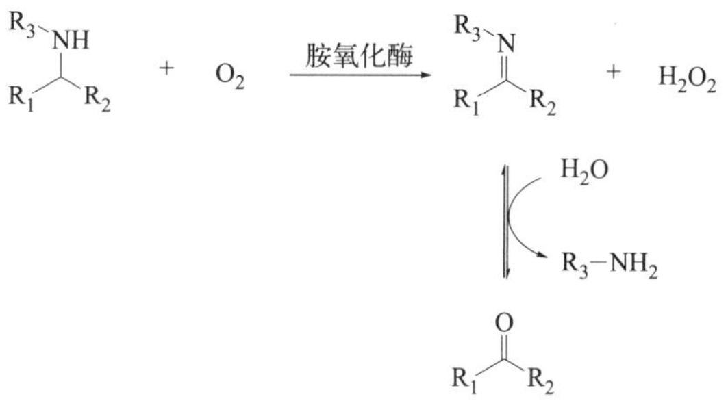

图 15-24 胺氧化酶催化的胺氧化反应

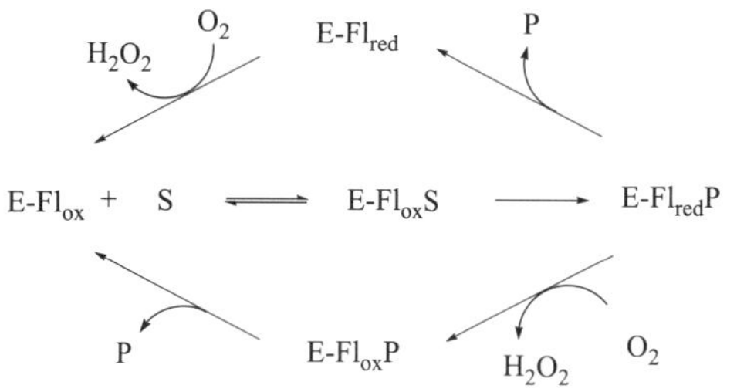

图 15-25 黄素依赖性酶催化的氧化反应机制

单胺氧化酶是一类重要的黄素腺嘌呤二核苷酸（flavin adenine dinucleotide，FAD）依赖性的胺氧化酶，已经广泛应用于生物催化研究。作为一种黄素依赖性蛋白质，该类酶的催化过程分为两个阶段：第一阶段中，黄素辅因子接受底物的还原性氢被还原，同时底物被氧化成产物；第二阶段中，还原性的黄素辅因子被氧气分子重新氧化，同时生成 H_2O_2（图 15-25）[66]。黄素依赖性单胺氧化酶存在几种可能的催化机制：单电子转移机制、氢原子转移机制、亲核机制和氢化物转移机制[67-70]。利用单胺氧化酶介导的外消旋体去消旋化可以实现手性伯胺、仲胺和叔胺的制备。目前国内外报道的用于生物催化的单胺氧化酶有来源于 *Aspergillus niger* 的单胺氧化酶 MAO-N[71]、来源于猪肾的 D- 氨基酸氧化酶（D-amino acid oxidase，DAAO）[72]、来源于 *Brevibacterium oxydans* 的环己胺氧化酶（cyclohexylamine oxidase，CHAO）[73] 和来源于 *Arthrobacter nicotinovorans* 的 6- 羟基 -D- 尼古丁氧化酶（6-hydroxy-D-nicotine oxidase，6-HDNO）[74] 等。

来源于 *Aspergillus niger* 的 MAO-N 的基因序列最早由瑞士 Givaudan-Roure 公司的 Schling 和 Lerch 报道，该酶是同源四聚体结构，每个单体含有 495 个氨基酸残基，可以在大肠杆菌中异源表达[75,76]。野生型 MAO-N 的底物谱较窄，偏好某些脂肪族和芳香族胺底物。自 2002 年起，Turner 课题组针对 MAO-N 开展了多次分子改造工作，为 MAO-N 创造了更大的疏水口袋，拓展了其底物范围，最终突变体 MAO-N D11 对 1- 苯基四氢异喹啉等大位阻底物表现出较好的活性和立体选择性[77]。此外，Turner 课题组还开发了 MAO-N 与非立体选择性化学还原剂氨硼烷（NH_3BH_3）偶联催化外消旋胺去消旋化的路线（图 15-26），实现了多种手性胺的制备，理论产率可达 100%[78,79]。

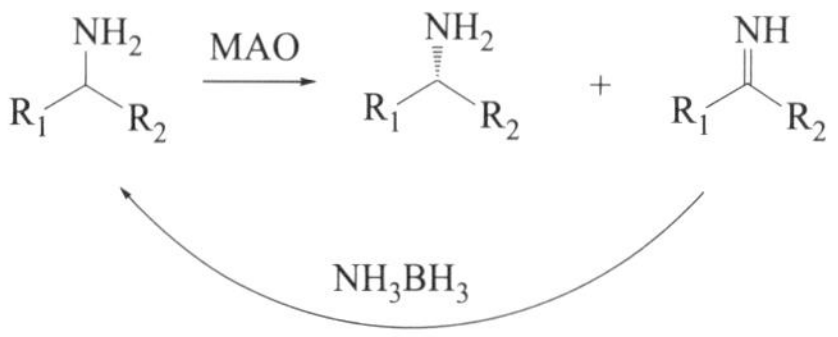

图 15-26 MAO-N 与 NH_3BH_3 偶联催化的外消旋底物去消旋化

在另一个案例中，Merck 和 Codexis 公司合作对 MAO-N 进行定向进化，同时提高了其活性和热稳定性，开发了一种基于 MAO-N 催化去消旋化合成抗丙型肝炎病毒药物博赛泼维（boceprevir）关键中间体的酶 - 化学法路线（图 15-27）[80]。作者通过易错 PCR、同源模型指导的分子改造等方法，获得最终突变

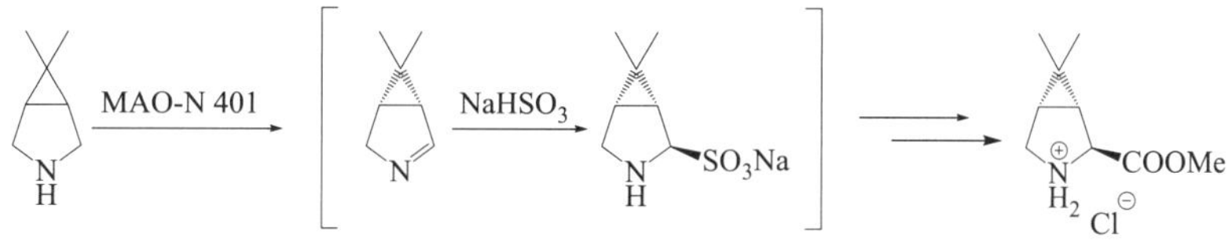

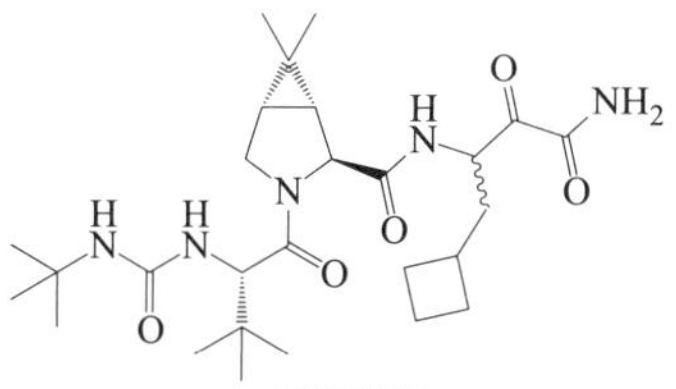

图 15-27 基于 MAO-N 突变体催化去消旋化的博赛泼维中间体合成路线

体 MAO-N 401。底物上载量为 65g·L^{-1} 时，利用突变体 MAO-N 401 在 20 小时内可实现底物完全转化，再通过进一步的化学法转化实现了博赛泼维中间体的合成，产物纯度＞98.5%，*ee* 值＞99.9%。该酶法路线的使用降低了博赛泼维的生产成本，同时提高了反应过程的可持续性。

2023 年，Turner 课题组报道了催化四氢异喹啉对映选择性 C（1）- 烯丙基化的酶 - 化学法反应路线（图 15-28）[81]。该反应路线将 MAO-N 催化的氧化、金属催化剂催化的烯丙基硼化和 MAO-N 与亚胺还原酶（IRED）介导的去消旋化相偶联，无需 *N*- 烷基化或酰基化步骤，同步加入底物、酶、金属催化剂等反应所需试剂，在温和的反应条件下即可合成各种 C（1）- 烯丙基化的手性四氢异喹啉产物。

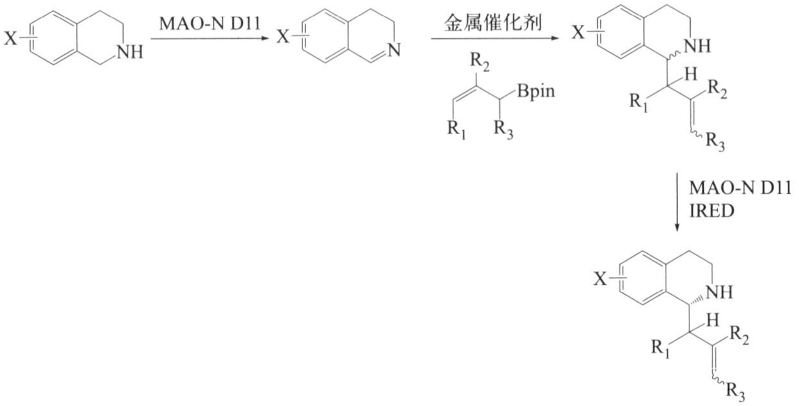

图 15-28   MAO-N 与 IRED 介导的酶 - 化学法催化四氢异喹啉对映选择性 C（1）- 烯丙基化

虽然 Turner 课题组已开发了多种对大位阻底物具有活性的 MAO-N 突变体，但这些突变体均具有（*S*）立体选择性。2014 年，Asano 课题组报道了（*R*）立体选择性的胺氧化酶，该课题组通过对黄素依赖性猪肾氨基酸氧化酶（*pk*DAO）进行改造，获得了（*R*）立体选择性的突变体酶，并将其应用于多种外消旋胺的拆分[82]。2018 年，该课题组报道了一个新的 *pk*DAO 突变体 I230A/R283G，利用该突变体催化 (*S*)-4- 氯苯甲胺转化为相应的亚胺，并利用 NaBH$_4$ 将亚胺还原，获得了 *ee* 值为 98% 的 (*R*)-4- 氯苯甲胺产物（图 15-29）[83]。Zhu 课题组通过对 CHAO 的改造开发了活性提升的突变体，通过与 NH$_3$BH$_3$ 还原法偶联实现了一系列（*R*）构型或（*S*）构型 2- 取代 -1,2,3,4- 四氢喹啉化合物的合成，其中突变体 L225A 对 2- 异丙基 -1,2,3,4- 四氢喹啉和 2- 环丙基 -1,2,3,4- 四氢喹啉表现出与其他突变体相反的立体选择性[84]。

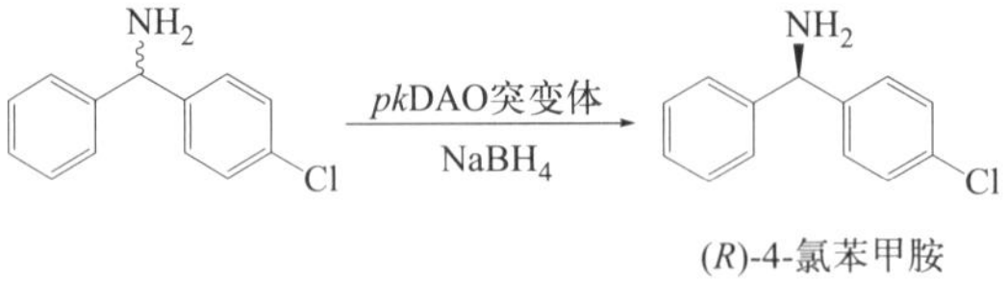

图 15-29   胺氧化酶 *pk*DAO I230A/R283G 催化 4- 氯苯甲胺去消旋化

除此之外，Turner 课题组通过酶分子改造开发了一种（*R*）选择性胺氧化酶 6-HDNO 突变体（E350L/E352D），通过与 NH$_3$BH$_3$ 还原法偶联实现了多种外消旋胺的去消旋化，合成了 (*S*)- 尼古丁等（*S*）构型的产物，*ee* 值高达 99% 以上[85]。后续该课题组将该（*R*）选择性 6-HDNO 突变体与 IRED 偶联，实现了一系列外消旋 2- 取代哌啶和 2- 取代吡咯烷化合物的去消旋化，高效合成了相应（*S*）构型胺产物，大多数反应的转化率可达 99%，*ee* 值高达 99%[86]。目前，MAO 已成功应用于多种手性胺的合成，随着 MAO 新酶的不断发现和新型催化路线的不断开发，其在手性胺的合成中将得到更广泛应用。

15.6　氨裂合酶

氨裂合酶（EC 4.3.1.x）通过催化氨基的消除反应生成 NH_3 分子并形成 α,β- 不饱和化合物，也可以催化其对应的逆反应——NH_3 分子和 α,β- 不饱和化合物的加成，合成相应的胺类化合物。该类酶具有不同的辅因子依赖性，利用的辅因子包括 3,5- 二氢 -5- 次甲基 -4H- 咪唑 -4- 酮（3,5-dihydro-5-methylidene-4H-imidazol-4-one，MIO）辅基、辅酶 B12、磷酸吡哆醛、金属离子等[87]。根据催化底物类型不同又可以将氨裂合酶分为 L- 天冬氨酸氨裂合酶、L- 甲基天冬氨酸氨裂合酶、二氨基丙酸氨裂合酶、L- 苯丙氨酸氨裂合酶、L- 酪氨酸氨裂合酶、L- 组氨酸氨裂合酶、L- 苏式 -3- 羟基天冬氨酸氨裂合酶等。不同家族的氨裂合酶具有不同的结构特点和催化机制，可以催化 NH_3 分子和芳基丙烯酸类化合物加成反应的氨裂合酶属于 I 类裂合酶样家族，此家族酶利用 MIO 作为辅基，在酶蛋白翻译后 Ala/Thr-Ser-Gly 三肽基序通过自催化的缩合反应形成 MIO 辅基[88]。以催化合成 (S)-α- 或 β- 芳基丙氨酸的 *Streptomyces maritimus* 来源氨裂合酶 EncP 为例，其催化机制如图 15-30 所示。首先亲电性的辅基 MIO 与亲核试剂 NH_3 分子反应生成胺化的 MIO，胺化的 MIO 的氨基亲核性进攻芳基丙烯酸类化合物的 C=C 双键实现加成反应，由于 NH_3 分子在 C=C 双键上加成的位置不同，分别可以生成 (S)-α- 或 β- 芳基丙氨酸[89]。天冬氨酸裂合酶和甲基天冬氨酸裂合酶是另外两种不同的氨裂合酶超家族，这两种酶具有相似的催化机制，在催化脱氨反应过程中都涉及广义碱催化的烯醇阴离子中间体形成[90]。其具体催化机制如图 15-31 所示，首先广义碱（B）接受（甲基）天冬氨酸 β 位的质子，经过电子转移形成烯醇阴离子，在广义酸（A）的作用下 NH_4^+/NH_3 离去形成 α,β- 不饱和的（甲基）反式丁烯二酸。基于氨裂合酶可以催化 NH_3 与 α,β- 不饱和化合物区域选择性和对映选择性加成反应的性质，可以实现多种类型天然和非天然手性氨基酸的合成。

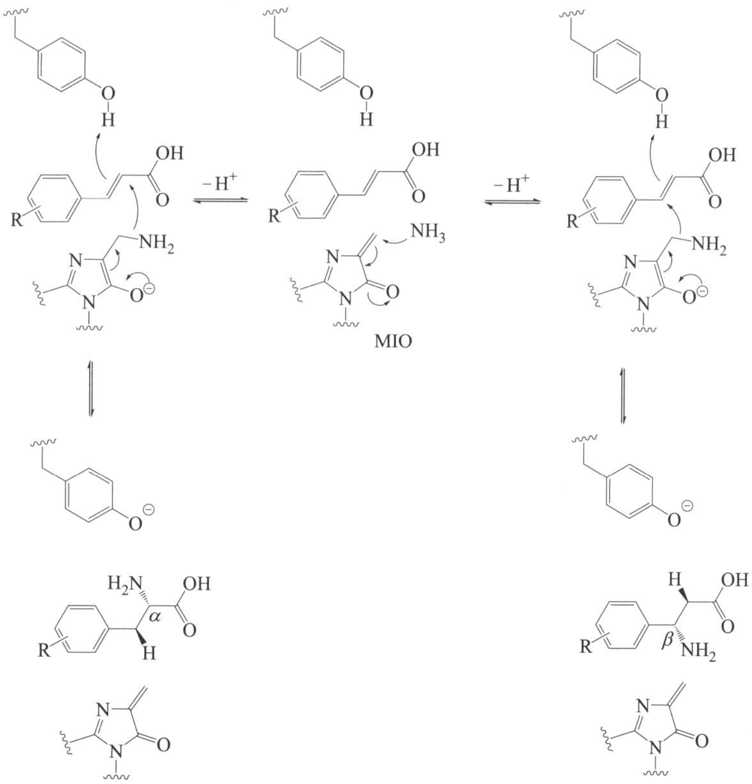

图 15-30　MIO 依赖性氨裂合酶 EncP 催化合成（S）-α- 或 β- 芳基丙氨酸的反应机制

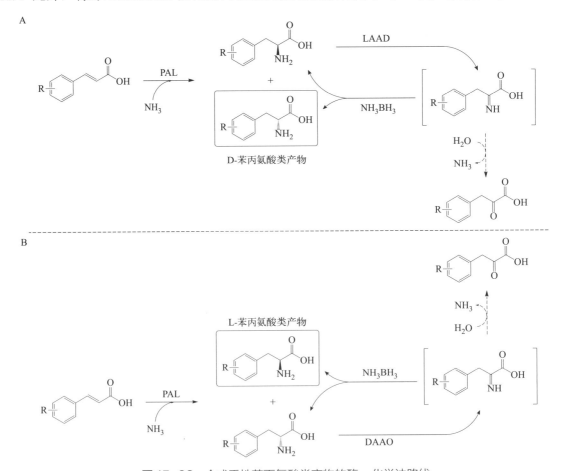

图 15-31 天冬氨酸氨裂合酶和甲基天冬氨酸氨裂合酶的催化机制

苯丙氨酸氨裂合酶（phenylalanine ammonia lyase，PAL）可以利用 NH_3 催化芳基丙烯羧酸类化合物发生氢胺化反应，合成（S）构型的 α-芳基丙氨酸[91,92]。例如，Turner 课题组鉴定了 *Planctomyces brasiliensis* 来源的苯丙氨酸氨裂合酶，用其催化肉桂酸类底物不对称氢胺化合成苯基含取代基的 (S)-α-苯丙氨酸类产物[93]。通过对该酶的底物芳基结合口袋进行理性设计，提高了该酶对于苯基含供电子取代基肉桂酸类底物的催化效率，实现了多种 (S)-α-苯丙氨酸类产物的制备合成，*ee* 值＞99%，分离产率高达 63%。该课题组又利用平板显色筛选法对 *Anabaena variabilis* 来源的苯丙氨酸氨裂合酶 *Av*PAL 进行酶分子改造，提高了该酶催化肉桂酸类底物氢胺化合成（R）构型 α-苯丙氨酸类产物的对映选择性[94]。将 *Av*PAL 突变体催化的肉桂酸类底物氢胺化过程与 L-氨基酸脱氢酶（L-amino acid dehydrogenase，LAAD）催化的对映选择性氧化和 NH_3BH_3 催化的非对映选择性还原胺化相偶联，可以实现多种 D 构型 α-苯丙氨酸类产物的高效合成，具有较高的分析产率（62% ～ 80%）和对映选择性（*ee* 值 98% ～ 99% 以上）（图 15-32A）。此外，将野生型 *Av*PAL 催化的肉桂酸类底物氢胺化过程与 D-氨基酸氧化酶（D-amino acid

图 15-32 合成手性苯丙氨酸类产物的酶-化学法路线

A. 合成 L 构型苯丙氨酸类产物的酶-化学法路线；B. 合成 D 构型苯丙氨酸类产物的酶-化学法路线

oxidase，DAAO）和 NH₃BH₃ 介导的去消旋化过程相偶联，可以实现多种 L 构型 α- 苯丙氨酸类产物的高效合成，分析产率高达 82%，*ee* 值超过 99%（图 15-32B）。

Turner 课题组还报道利用氨裂合酶 EncP 突变体催化 NH₃ 与芳基丙烯酸底物的加成反应合成（*S*）构型 β- 芳基丙氨酸的研究（图 15-33）[89]。野生型 EncP 催化 NH₃ 与一系列芳基丙烯酸底物的加成反应具有较弱的区域选择性，会催化合成（*S*）构型 α- 芳基丙氨酸和 β- 芳基丙氨酸的混合物，酶催化的区域选择性与底物芳环上吸电子和供电子基团的强度具有相关性。该课题组基于酶蛋白结构分析对氨裂合酶 EncP 进行理性设计，分别获得了对 α- 芳基丙氨酸或 β- 芳基丙氨酸产物具有合成偏好性的突变体酶，产物的 α：β 比值可达 1：99，*ee* 值可达 96% 以上。

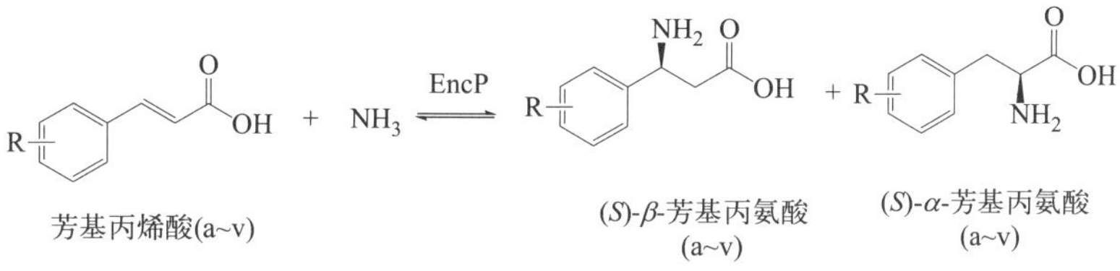

a: R = H	g: R = 2-Cl	m: R = 2-NO₂	s: R = 2-Me（甲基）
b: R = 2-F	h: R = 3-Cl	n: R = 3-NO₂	t: R = 3-Me
c: R = 3-F	i: R = 4-Cl	o: R = 4-NO₂	u: R = 4-Me
d: R = 4-F	j: R = 2-Br	p: R = 2-MeO	v: R = 3-CN
e: R = 3,5-F₂	k: R = 3-Br	q: R = 3-MeO	
f: R = 2,3,4,5,6-F₅	l: R = 4-Br	r: R = 4-MeO	

图 15-33 氨裂合酶 EncP 催化的（*S*）构型 α- 芳基丙氨酸和 β- 芳基丙氨酸的合成

Poelarends 课题组对 *Clostridium tetanomorphum* 来源的甲基天冬氨酸氨裂合酶的底物活性口袋关键氨基酸位点进行饱和突变和突变体的活性筛选，分别获得了对于亲核底物（氨基供体）和亲电底物（反式丁烯二酸）底物谱拓宽的突变体酶[95]。利用突变体 Q73A 催化甲基反式丁烯二酸与含有不同取代基的有机胺（甲胺、乙胺、正己胺、环戊胺、环己胺、3- 羟基丙胺等）的加成反应，实现了一系列苏式构型 *N*- 取代的甲基天冬氨酸衍生物的合成（图 15-34），大多数产物的 *de* 值达 95% 以上，且所测定的六种产物的 *ee* 值均大于 99%。利用突变体 L384A 催化 NH₃ 与 2- 位含有不同取代基（H、甲基、乙基、丙基、苯氧基、苄氧基、苯硫基、苄硫基、苄基等）的反式丁烯二酸的加成反应，实现了一系列 3- 取代天冬氨酸衍生物的合成（图 15-35），产物的 *de* 值高达 95% 以上，且所测定两种产物的 *ee* 值均大于 99%。

a: R = H	i: R = (cyclobutyl)	o: R = OEt
b: R = Me（甲基）	j: R = (cyclopentyl)	p: R = ⋯OH
c: R = Et（乙基）	k: R = (cyclohexyl)	q: R = ⋯OH
d: R = *n*Pr（正丙基）	l: R = (cyclopropylmethyl)	r: R = ⋯O
e: R = *n*Bu（正丁基）	m: R = Bn（苄基）	s: R = ⋯NH
f: R = *n*-C₅H₁₁（正戊基）	n: R = (cyclopropyl)	t: R = ⋯NH₂
g: R = *n*-C₆H₁₃（正己基）		u: R = ⋯NH₂
h: R = *i*Pr（异丙基）		

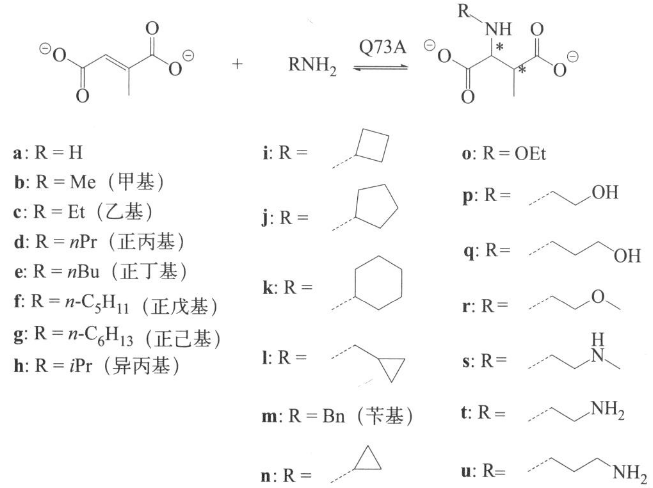

图 15-34 甲基天冬氨酸氨裂合酶催化不同氨基供体与 2- 甲基反式丁烯二酸的加成反应

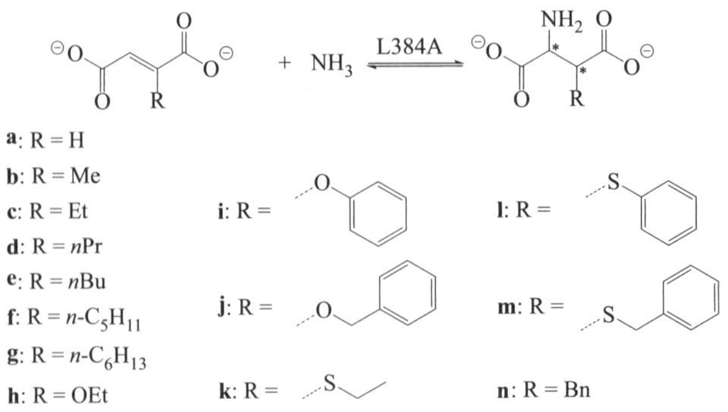

a: R = H
b: R = Me
c: R = Et
d: R = nPr
e: R = nBu
f: R = n-C_5H_{11}
g: R = n-C_6H_{13}
h: R = OEt

i: R = （O-苯基）
j: R = （O-苄基）
k: R = （S-乙基）

l: R = （S-苯基）
m: R = （S-苄基）
n: R = Bn

图 15-35 甲基天冬氨酸氨裂合酶催化 NH_3 与 2- 取代反式丁烯二酸的加成反应

Wu 课题组和 Janssen 课题组对 *Bacillus* sp. YM55-1 来源的天冬氨酸裂合酶（AspB）进行计算机辅助的理性设计，预测了库容量较小的突变体库，筛选获得了对于不同结构类型丙烯酸类底物具有氢胺化活性的突变体酶，实现了 (R)-β- 氨基丁酸、(R)-β- 氨基戊酸、(S)-β- 天冬酰胺、(S)-β- 苯丙氨酸的制备合成，底物浓度高达 300g·L^{-1}，分离产率高达 92%，*ee* 值均超过 99%[96]。在此基础上，Wu 课题组基于 Rosetta 设计策略对天冬氨酸裂合酶 AspB 的底物活性口袋开展进一步的理性改造，获得了可以高效催化不同结构类型胺供体与丙烯酸类底物的加成反应的突变体库，用其实现了一系列非天然氨基酸产物的合成（图 15-36），突变体酶表现出非常好的转化率和对映选择性[97]。利用 AspB 突变体（A99G/N142S/L358V/E362M）的全细胞催化剂实现了 N- 丁基 -L- 天冬氨酸的千克级制备，分离产率为 92%，*ee* 值为 99%，表明该酶法路线具有很好的实用性。此外，通过将 AspB 突变体催化丙烯酸类底物氢胺化反应与化学法内酰胺化反应相偶联，实现了多种（R）构型手性 β- 内酰胺产物的合成，两步反应总分离产率高达 71%。

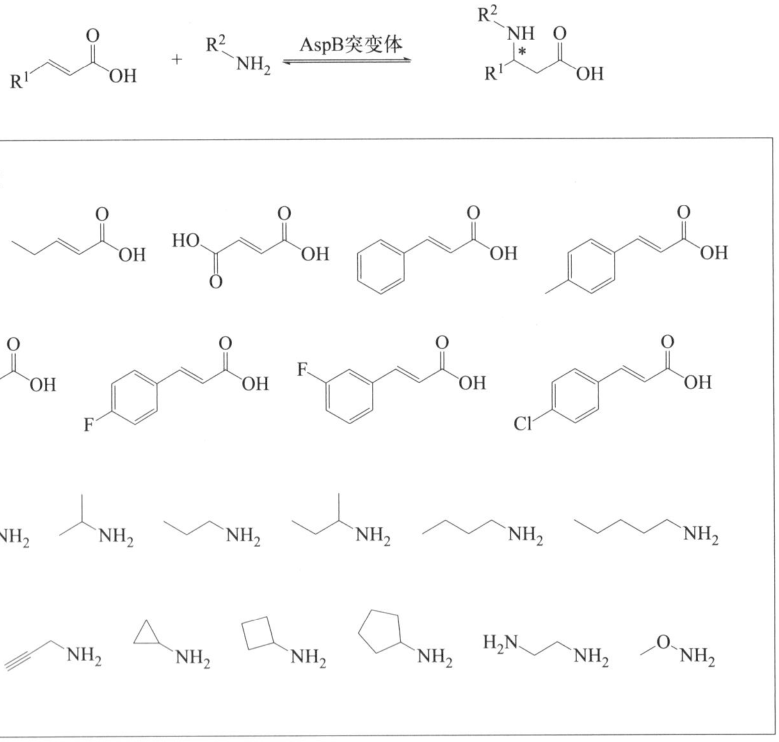

图 15-36 天冬氨酸氨裂合酶催化的不同结构 α,β- 不饱和羧酸底物与胺供体的不对称加成反应

（陈飞飞，郑高伟）

思考题

（1）转氨酶催化转氨反应时，PLP 如何介导氨基的转移？

（2）氨基酸脱氢酶催化酮酸还原胺化反应时，如何利用辅酶 NAD（P）H 实现底物的还原？

（3）亚胺还原酶与胺脱氢酶在催化反应上有什么相同之处？

（4）MIO 依赖性氨裂合酶利用 MIO 辅基催化 NH_3 分子与 α,β- 不饱和化合物加成反应的机理是怎样的？

第 15 章
参考文献

第16章 工业生物催化中的辅因子再生技术

○○ —— ○○ ○ ○○ ————————

16.1 常见辅因子的种类及其反应类型

16.1.1 烟酰胺类

NAD（P）的主要功能是在氧化还原反应中，作为还原/氧化当量在其氧化态（NAD$^+$、NADP$^+$）和还原态（NADH、NADPH）之间相互转化[1]。NAD$^+$以氧化剂的方式用于分解代谢过程，而NADPH以还原剂的方式用于合成代谢过程[2]。利用NAD（P）类辅因子的氧化还原酶包括：醇脱氢酶、烯键还原酶、酮酸（酯）脱氢酶和单加氧酶等。

NAD（P）依赖的催化过程是天然产物和手性中间体的有效合成方法，其中一个典型的例子是通过不对称还原一个C=C双键，生成对映体化合物左旋二酮[3]。此外，阿托伐他汀的卤代醇前体[4]和抗糖尿病药物D-fagomine的合成过程[5]也都涉及NAD（P）依赖的催化过程。

16.1.2 黄素类

黄素类辅因子是一类基于蝶啶的有机化合物，通常由核黄素衍生而来，可参与广泛的生化反应。黄素二磷酸腺苷酸（FAD）或黄素单核苷酸（FMN）及其还原产物是代谢中几种重要反应的氧化还原辅因子，特别是在电子传递链中发挥着关键作用。利用黄素辅因子的氧化还原酶包括氨基酸氧化酶、硫醇氧化酶、单加氧酶[6]、脱氢酶[7]等。通过选择并优化酶与不同黄素辅因子的结合方式，可以巧妙地控制和增强其催化功能。

16.1.3 ATP

腺嘌呤核苷三磷酸（ATP）是由腺嘌呤、核糖和3个磷酸基团连接而成。ATP是一种高能化合物，被称作是细胞的能量通货，主要被用于磷酸基转移反应。ATP在代谢中还有许多不同的作用，除磷酸盐转移外，ATP还是辅因子生物合成、DNA和RNA合成以及信号传递过程所必需的[1]。

ATP是激酶反应中不可缺少的辅酶，在此过程中ATP更主要是作为磷酸核苷酸的来源而非提供能量[8]。ATP依赖型的酶主要有磷酸激酶（产生副产物ADP）、焦磷酸激酶（产生AMP）、腺苷酸转移酶（产生焦磷酸）和腺苷转移酶（产生焦磷酸和磷酸）。

16.1.4 SAM

S-腺苷基甲硫氨酸（*S*-adenosyl methionine，SAM）带有一个活化的甲基，是一种参与甲基转移反应

的辅酶，存在于所有的真核细胞中。SAM 是由 ATP 和甲硫氨酸在细胞内通过蛋氨酸腺苷基转移酶催化合成的，在作为辅酶参与甲基转移反应的时候转移一个甲基变成 S- 腺苷基高半胱氨酸[9,10]。SAM 作为传统的 SAM 依赖型甲基转移酶的甲基供体，是甲基基团转移到蛋白质、核酸和广泛的小分子的来源[1]。

16.1.5　乙酰辅酶 A

乙酰辅酶 A（CoA）主要的作用是在合成代谢和分解代谢过程中进行酰基转移反应，比如在三羧酸循环中氧化丙酮酸。CoA 在脂肪酸的代谢以及胆固醇和神经递质（乙酰胆碱）的生物合成中发挥着重要作用。此外，CoA 还参与生理解毒过程和多芳烃厌氧降解过程[11]。乙酰辅酶 A 依赖型的酶主要包括（酰基）转移酶（EC 2）和（CoA）连接酶等。

16.1.6　糖核苷酸

糖核苷酸主要用于糖基化反应。低聚糖和多聚糖在很多生化过程中发挥很重要的作用，这包括细菌或病毒感染中分子识别、细胞通信等生物过程。基于这点，低聚糖和多聚糖可以作为潜在的药物。在各种低聚糖合成方法中，糖基转移酶需要糖核苷酸作为电子受体，因此必须通过核苷酸的循环在原位进行再生[8]。

16.1.7　3′- 磷酸腺苷 -5′- 磷酰硫酸（PAPS）

3′- 磷酸腺苷 -5′- 磷酰硫酸（3′-phosphoadenosine 5′-phosphosulphate，PAPS）是硫酸基的活化形式，被不同的硫转移酶用作底物，例如芳基 -、硫醇 - 和醇基硫转移酶。PAPS 的生物合成是以内源性硫酸根和三磺酸腺苷为原料，先经 ATP- 硫酸化酶（ATP-sulfurylase）催化形成腺苷 5′- 磷酸硫酸酐，再经腺苷 5′- 磷酸硫酸酐激酶催化，而与 ATP 反应生成 PAPS。

PAPS 主要被用于硫转移反应，是生物系统中普遍的硫酸盐供体[12]。PAPS 是硫代谢的一个重要辅因子，在硫酸转移酶催化合成的硫酸化碳水化合物和糖肽的生物合成中非常重要[8]。依赖硫氧还蛋白的 PAPS 还原酶需要 PAPS 来形成亚硫酸盐，这是产生还原性硫以供细菌和酵母从头生物合成半胱氨酸的第一步[13]。

16.2　游离型辅因子再生方式

16.2.1　化学再生

化学再生的方法是指使用简单的化学还原剂将辅因子化学还原。传统的无机盐如连二亚硫酸钠和硼氢化钠是用于化学再生的常见还原剂，但其高盐浓度容易导致酶失活[14]，且环境污染问题和一次性使用的高成本导致其在工业规模上不具有经济可行性。为解决这些挑战，研究人员致力于开发绿色、经济可行的替代方法，例如氢气还原体系，即氢气配铂、铑、钌金属催化剂[15]，可以和辅因子快速反应生成还原态辅因子。有机金属配合物 [Cp*Rh（bpy）H_2O]$^{2+}$ 是一种广泛应用于辅因子再生的高效化学催化剂[16,17]，可在温和条件下将氧化态辅因子还原至其还原态，维持催化反应进行。

化学再生策略虽然操作简单，成本低，但选择性差，辅因子周转数较低。其次，选择的化学试剂必须保持反应环境的均一性，并将扩散限制降至最低，同时必须与辅助因子可逆结合。此外，有机金属催化剂的制备难度也限制了化学法再生技术的应用范围。

16.2.2　电化学再生

电化学再生策略是一种利用电流来实现辅因子原位还原和循环利用的策略，不需要额外的共底物或再生酶。其基本原理是使用电极提供电子来还原氧化态的辅因子，从而使辅因子再生。电化学再生策略可以分为直接再生和间接再生两种类型。

直接再生是指辅因子直接与电极表面或修饰在电极上的导电材料发生电子转移，从而实现辅因子的氧化或还原。电化学方法在 NAD（P）H 的再生中被广泛研究与应用，Ali 等人利用非修饰电极（Ti，Ni，Co 和 Cd）的间歇电化学反应器实现从 NAD 还原再生为 1,4-NADH[18,19]。但实际应用中通常不使用直接再生的方法，因为直接再生方法需要 NAD 在电极上接收两个电子和一个质子，这个过程很难实现高选择性，需要高电位和特定的电极材料，否则容易生成副产物 NAD 二聚体（NAD）$_2$ 和 1,6-NADH[20]。除此之外，直接再生也可以用于其他辅因子的再生，需要仔细设计电极材料和反应条件确保有效的电子转移。例如，设计电化学板和框架压滤单元的连续流通反应器，用于再生 FAD，并将该再生模块与苯乙烯单加氧酶（StyA）催化的苯乙烯环氧化反应偶联，这展示了该系统的工业应用潜力[21]。Luo 等人[22] 设计了全新的醛 / 酸 ATP 循环的电 - 生物模块，将电能直接转化为 ATP 生物能。

间接再生是指引入介质充当电子转移剂，在电极和辅因子之间发生电子转移。介质通常比辅因子更活跃，能够提供更高的总反应速率，同时这种方法可以避免自由基的形成，具有更高的选择性。Kim 等人[23] 使用电子介质（[Cp*Rh(bpy)Cl] Cl）配合物 [Rh（Ⅲ）] 在 nCuGC 阴极上实现了 NADH 的再生。

16.2.3　光化学再生

光化学再生辅因子是模拟光合作用，利用光照来再生辅因子的方法，通常需要光敏剂吸收光能，激发电子传递给氧化态的辅因子实现其再生[24]。

已有多种光敏剂被开发用于辅因子的再生，例如金属氧化物、碳氮材料、过渡金属复合物等。光敏剂在受到光的激发后，价带电子跃迁到导带，形成电子 - 空穴对。空穴会被电子供体淬灭，而光生电子会被传递给氧化态的辅因子，将其还原为辅因子的活性形态，实现辅因子的再生[25]。将光敏材料与电子转移介体及酶整合，可缩短距离，提高电子传递效率。一些无机物质被广泛用作光敏剂，用于辅助辅因子的再生[26]，包括半导体（如二氧化钛）、石墨烯以及金属纳米颗粒（如金纳米颗粒）。这种方法的优点是可以选择不同的光敏剂来适应辅因子的不同特征，缺点是需要额外添加光敏剂，增加了体系的复杂性。

此外，辅因子分子本身也可以作为光敏剂。例如 FMN 和 NAD$^+$ 等辅因子分子具有共轭体系，可以直接吸收光能，被激发到激发态。激发态的辅因子分子可以向氧化态辅因子直接传递电子，还原氧化态辅因子，实现辅因子的再生。尽管光化学再生辅因子的方法简单高效[27]，但使用光能进行催化反应时，催化剂的高光稳定性对辅因子的可持续再生是至关重要的，也可利用固定化和分隔方法保护酶不受光生自由基损害。

16.2.4　酶法再生

与化学和光 / 电化学方法相比，酶法再生辅因子具有更高的效率，转换数在百到千的数量级，并且具有显著的高选择性。酶促辅因子再生的原理基于添加一种额外的酶，即辅因子循环伴侣酶来催化再生反应。因此，有效的辅因子再生是最少两个平行酶促反应过程的结果，其中一种辅因子形式被消耗，而另一种同时被再生。

16.2.4.1 底物偶联再生

在底物偶联系统中，主反应和辅因子再生使用同一种酶[28]，这种酶既充当目标反应的催化剂又充当辅酶再生的催化剂（图 16-1）。

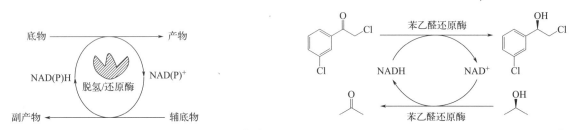

图 16-1   底物偶联辅因子再生系统示意图[28]   图 16-2   苯乙醛还原酶催化的 NADH 再生[29]

例如，苯乙醛还原酶（PAR）将苯乙醛和其他芳香族酮转化为手性醇，并同时将异丙醇氧化为丙酮，并再生 NADH 用于主反应（图 16-2）。

传统的底物偶联策略主要使用乙醇或异丙醇等作为共底物再生 NAD（P）H，这类反应的可逆性和较差的热力学驱动力导致通常需要在反应体系中过量使用共底物，才能使目标反应得到驱动。这不仅会造成共底物的浪费，还会产生大量无用的副产物。针对这一弊端，研究者提出设计辅底物的化学结构，使反应更可控。如使用产物构型更稳定的卤代酮、活化的烯酮[30]，或一个分子可以提供两个等价的 NADH 的"小巧共底物"——1,4- 丁二醇，可以显著降低共底物的用量[31]，同时提高反应速率。

NADPH 依赖性酶在进化上与 NADH 依赖性酶不同，通常显示出更宽的底物谱，因此鉴定具有自给自足辅因子再生的新型 NADPH 依赖的醇脱氢酶（ADH）是科研人员持续的追求。Ni 等人[32] 通过基因组搜寻从 *Candida. glabrata* 中鉴定出一种兼具还原活性和氧化活性的新型醇脱氢酶 *Cg*ADH，该酶显示出自给自足的辅因子再生能力。通过简洁的立体选择性设计，获得 C244A 和 V222G/C244N 两个互补的立体选择性突变体，可产生（4- 氯苯基）- 吡啶 -2- 基甲醇，*ee* 值分别为 99.6%（*R*）和 94.5%（*S*），并以异丙醇为辅底物和助溶剂，开发了一种简洁的自给自足的 NADPH 再生体系。Zhu、Wu 和 Chen 等人[33] 在结构引导下，将来自 *Thermoanaerobacter brockii* 的乙醇脱氢酶 *Tb*ADH 进行定向进化以增强对底物二酮 ethyl secodione 的活性，并使用异丙醇进行底物偶联辅因子再生。通过调节底物隧道和活性中心中的氨基酸残基导致突变体 Tb2、Tb3 和 Tb4 对底物的活性提高，但对异丙醇的活性降低。其中突变体 Tb2 使用异丙醇进行 NADPH 再生，催化底物还原得到 (13*R*,17*S*)-ethyl secol，产率为 94%。

16.2.4.2 酶偶联再生

酶偶联的方法是利用酶催化反应过程中辅因子的再生，酶偶联系统一般包含两种酶，一种酶催化底物到产物的反应，另一种则催化转化一种"牺牲底物"来进行所需辅因子的再生（图 16-3）。

常见用于 NAD（P）H 再生的酶有葡萄糖脱氢酶、甲酸脱氢酶、6- 磷酸葡萄糖脱氢酶和乙醇脱氢酶[28]。甲酸脱氢酶（formate dehydrogenase，FDH）常被用于 NADH 和 NADPH 的再生，其通过氧化底物甲酸为 CO_2，消耗 $NADP^+$ 并生成 NADPH。例如，Zhang 等人通过 L- 氨基酸脱氨酶（L-amino acid deaminase，LAAD）和内消旋二氨基庚二酸脱氢酶（meso-diaminopimelate dehydrogenase，DAPDH）催化 L- 苯丙氨酸转化

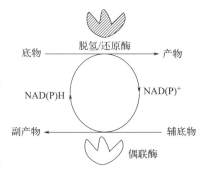

图 16-3   酶偶联系统示意图[28]

为其 D 型异构体，并偶联了甲酸脱氢酶对辅因子 NADPH 进行再生，实现了 D- 苯丙氨酸的高效合成，产物光学纯度 > 99% *ee*（图 16-4）。但 FDH 催化效率（k_{cat}/K_m）较低是一个主要缺点，Xu 等人[34] 通过结构、序列的比对，确定影响 $K_m(NADP^+)$ 和 $K_m(HCOO^-)$ 的关键残基，理性设计以增强其对辅因子和底物的亲和力，获得了辅因子和 / 或底物亲和力显著改善的突变体，其中突变体 G146M/A287G 的 $K_m(NADP^+)$ 为 0.09mmol·L^{-1}，实现了对 NADP$^+$ 的高效率催化，有利于提高 NADP$^+$ 依赖性甲酸脱氢酶再生 NADPH 的性能。

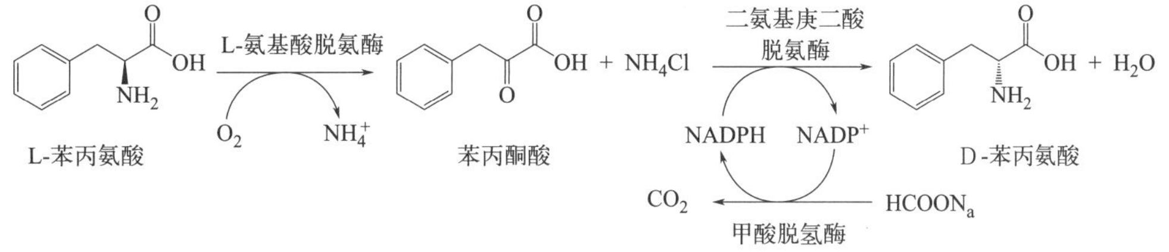

图 16-4　由 LAAD 氧化脱氨、DAPDH 还原胺化和 FDH 辅因子循环系统组成的三酶一锅法催化体系

葡萄糖脱氢酶（glucose dehydrogenase，GDH）常被用于催化 NADP$^+$ 的还原以再生 NADPH，在此过程中其底物葡萄糖被转化为葡萄糖酸内酯。Parmeggiani 等人将 GDH 和 D- 氨基酸脱氢酶（DAADH）偶联，并结合 L- 氨基酸脱氢酶（LAADH）级联催化合成 D- 芳基丙氨酸（图 16-5），转化率和光学纯度分别达到 95% 和 98%。Zheng 和 Chen 等人[35] 在 10% 体积分数的 1- 苯乙醇存在下，对来源于 *Bacillus megaterium* 的 GDH（*Bm*GDH）进行定向进化，成功地生成了具有更高化学稳定性的 *Bm*GDH 突变体，该突变体对该浓度下的 1- 苯乙醇耐受性提高了 9.2 倍，促进了其作为 NAD（P）H 再生通用工具的广泛使用。除此之外，醇脱氢酶[36] 和亚磷酸盐脱氢酶[37,38] 也被用于 NAD（P）H 的再生。

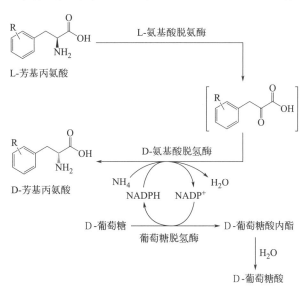

图 16-5　一锅法两步级联立体转化合成 D- 芳基丙氨酸

酶偶联的方法也被用于 NAD(P)$^+$ 的再生，例如 L- 叔亮氨酸脱氢酶催化 L- 叔亮氨酸合成 D- 叔亮氨酸的过程需要依赖辅因子 NAD$^+$，NADH 氧化酶可催化 NADH 再生 NAD$^+$[39]。羟基酸脱氢酶，包括 L- 乳酸脱氢酶（L-LDH）和 D- 乳酸脱氢酶（D-LDH），主要催化 2- 酮酸转化为 2- 羟基酸，其对辅因子 NADH 有高度特异性，所以也被用于 NAD$^+$ 的再生。Zhu 等人[41] 还发现来自芽孢乳杆菌（*Sporolactobacillus inulinus*）的 D-LDH 可以高效地利用 NADH 和 NADPH，并且对 NADPH 辅因子的偏好性更强。漆酶与氧化还原介质组合后也可被用于 NAD+ 的再生，例如 Ferrandi 等人[42] 使用漆酶 /7- 二甲胺 -1,2- 二苯并恶嗪

（Meldola's Blue）系统进行 NAD$^+$ 辅因子的再生，并将其用于 7α-羟基类固醇脱氢酶将胆酸氧化为其 7-酮衍生物的反应体系（图 16-6）。除上述偶联酶以外，细胞醌还原酶[43]和谷胱甘肽还原酶[44]也被报道用于辅因子 NADP$^+$ 的再生。

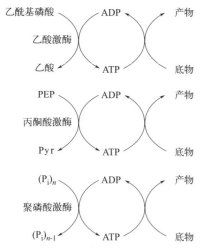

图 16-6　漆酶催化的 NADP$^+$ 再生

图 16-7　用于 ATP 再生的偶联酶

酶偶联体系也常用于其他辅因子的再生，例如用于 ATP 的再生（图 16-7），主要有以乙酰基磷酸作为底物的乙酸激酶、以氨甲酰磷酸为底物的氨基甲酸激酶、以磷酸肌酸为底物的肌酸激酶、以磷酸烯醇式丙酮酸作为底物的丙酮酸激酶、以聚磷酸作为底物的聚磷酸激酶。上述酶是从 ADP 出发，底物乙酰基磷酸等充当磷酸供体，以合成辅因子 ATP。例如在己糖激酶催化葡萄糖转化为 6-磷酸葡萄糖的反应中，需要添加 ATP 作为辅因子，而将以乙酰基磷酸为底物的乙酸激酶与其偶联，即可进行 ATP 的再生[45]。

用于再生 CoA 的偶联酶主要有磷酸转乙酰酶、肉毒碱乙酰转移酶和乙酰辅酶 A 连接酶。再生辅因子 SAM 的酶主要是甲基转移酶（methyltransferase，MT），Liao 等人[46]利用卤化物甲基转移酶（halide methyltransferase，HMT），以甲基碘为甲基供体进行 SAM 的再生，并将其与 O-、N- 和 C- 特异性的 MT 相偶联以获得甲基化的产物。

16.2.4.3　代谢偶联再生

Kim 等人[47]报道了一种用于再生 ATP 的无细胞蛋白合成系统，这种系统利用了细胞破碎液中内源性酶的优势，并使用糖代谢中间产物如丙酮酸和 6-磷酸葡萄糖而非磷酸烯醇式丙酮酸（PEP）作为能源。在该无细胞蛋白合成系统中添加 NAD$^+$ 后，能够利用细胞提取物中的内源性酶，从丙酮酸中再生 ATP（图 16-8）。辅酶 A（CoA）的添加促进了蛋白质的合成。这些反应也成功地与传统的 PEP 系统结合，利用 PEP 生成的丙酮酸进行 ATP 的额外再生[8]。

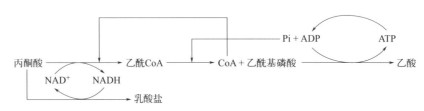

图 16-8　从丙酮酸出发的 ATP 再生系统

　　辅因子 SAM 的再生大多为循环途径，且广泛存在于自然界中，典型的例子是三羧酸循环和卡尔文循环。在自然界中，新的 SAM 分子的构建模块——ATP 和 L- 蛋氨酸，分别是通过 SAH 裂解产物腺苷和 L-高半胱氨酸的不同途径进行再生。Mordhorst 等人[48]构建了一种仿生的、基于多磷酸盐的循环级联体系，用于再生 SAM（图 16-9）。蛋氨酸腺苷转移酶催化 ATP 和 L- 蛋氨酸原位合成 SAM。SAM 依赖型的甲基转移酶催化的反应会消耗 SAM 产生 SAH，甲基硫腺苷 /SAH 核苷酶（SAHH）则催化 SAH 裂解为 S- 核糖基腺嘌呤和 L- 高半胱氨酸以去除 SAH。从 S- 核糖基腺嘌呤到 ATP 的反应路径则由 3 个酶进行催化，腺苷的初始磷酸化完全由腺苷激酶（ADK）完成，而 ATP 可通过聚磷酸激酶 2（PPK2）和聚磷酸（polyP）进行再生。分别利用来自 *Acinetobacter johnsonii* 的酶 PPK2- Ⅱ（*Aj*PPK2）和来自 *Sinorhizobium meliloti* 的酶 PPK2- Ⅰ（*Sm*PPK2）对 AMP 和 ADP 进行磷酸化。当腺苷与 polyP、腺苷激酶、*Aj*PPK2 和 *Sm*PPK2 孵育时，添加催化量的 AMP 即可启动 ATP 的产生，ATP 再被用于 SAM 的再生。

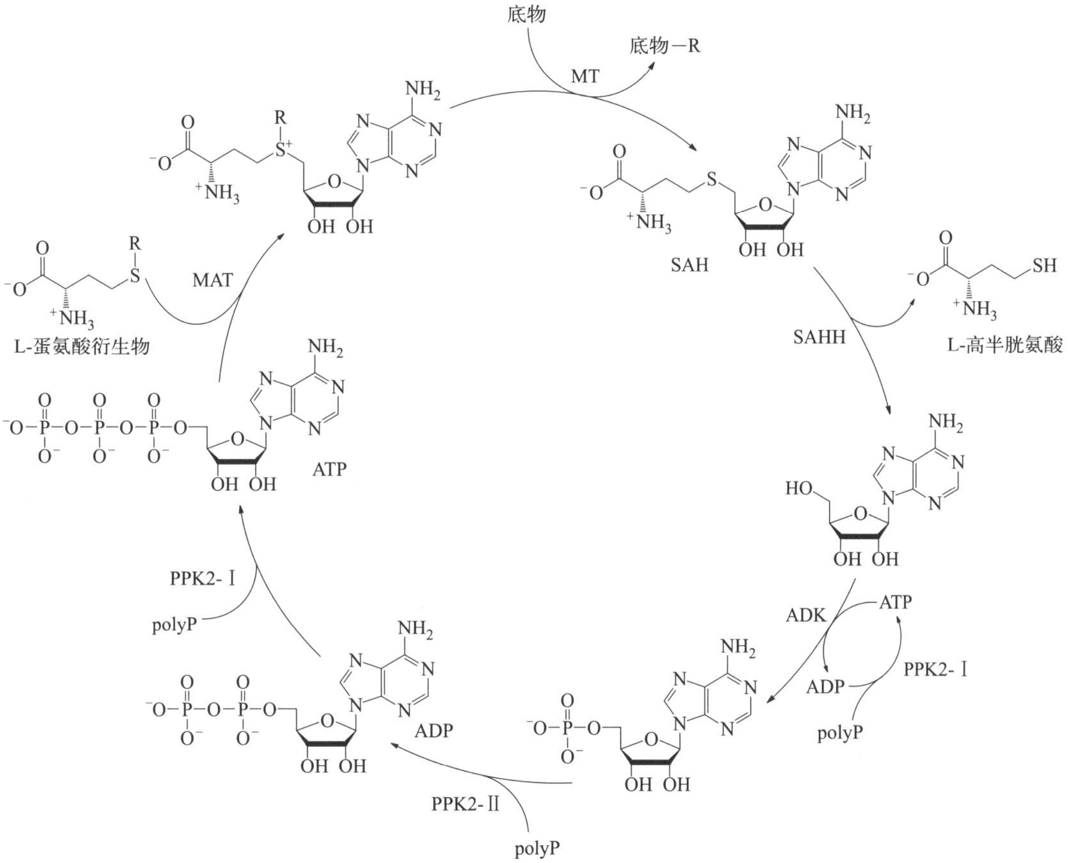

图 16-9　用于再生 SAM 的仿生循环级联体系

16.3　辅因子工程

16.3.1　辅因子偏好性改造

多酶组装辅因子
再生体系

　　随着结构生物技术的发展，越来越多的生物大分子（包括酶和其他功能分子）的三维结构被阐明，这些结构可以与基因突变技术偶联，以修饰用于生物催化的酶，许多辅因子相关过程也得以利用。通过定向突变或理性设计，可以修改辅因子偏好。这种改造可以分为对辅因子再生酶的偏好性改造，以及对关键酶的辅因子偏好性改造。

在此，我们主要介绍几个对辅因子再生酶的偏好性改造的案例。来自 *Brucella suis* 的异丙醇脱氢酶（IPADH）由于成本低且下游加工简单，是催化烟酰胺辅因子再生最具吸引力的选择之一。针对 IPADH 功能口袋内的柔性区域进行定点诱变，获得的突变体实现了从 NAD（H）到 NADP（H）特异性的 1.23×10^6 倍的逆转[49]。非金属依赖型的甲酸脱氢酶有时会表现出对 NAD$^+$ 的偏好，而不是 NADP$^+$。因此，Xu 和 Yu 等人[50] 从 *Candida dubliniensis* 中选取了一个新的甲酸脱氢酶（*Cd*FDH），结合 CSR-SALAD 和半理性设计方法，来改变这个酶的特性，提高其对 NADP$^+$ 的还原活性，使其能够更好地应用于各种生物催化氧化还原过程，成功构建了一个用于 NADPH 的高效回收的突变体（*Cd*FDH-M4），具有足够的 NADP$^+$ 反应性，可以支持不同类型的 NADPH 依赖的生物催化反应。Zhao 和 Liu 等人[51] 基于对该酶结构引导设计，获得有利于非天然辅因子烟酰胺胞嘧啶二核苷酸（NCD）的突变体，可以再生还原的 NCD，从而为 NCD 依赖性的 D- 乳酸脱氢酶提供动力，用于丙酮酸的化学计量和立体特异性还原。

16.3.2　内源辅因子系统调节

调节内源性辅因子系统主要有三种途径：（1）敲除辅因子消耗的竞争途径；（2）加强辅因子生成的内源途径；（3）改变全局调控因子。

竞争性辅因子消耗途径的敲除有助于实现辅因子合成的最佳性能，Wang 等人[52] 通过反义 RNA 将竞争性 NADH 消耗途径——1,3- 丙二醇和 2,3- 丁二醇合成下调，NADH/NAD 比率增加了 78%，更多的 NADH 可用于推动 1- 丁醇的生产，从而使其产量增加了 83%。Chen 等人[53] 通过合成小型调控 RNA 来降低竞争性 NADPH 消耗途径中的五个基因，包括脱氢樱桃酮酸还原酶基因（*aroE*）、N- 乙酰 -γ- 谷氨酰磷酸还原酶基因（*argC*）、γ- 谷氨酰磷酸还原酶基因（*proA*）、酮醇酸还原异构酶基因（*ilvC*）和吡咯 -5- 羧酸还原酶基因（*proC*），这一策略促进了 SAM 的生产，SAM 产量比对照组提高了 70%。

加强辅因子生成的内源途径也可以增加辅因子水平，例如大肠杆菌 NZNN111 在厌氧条件下不能利用葡萄糖，Vemuri 等人[54] 通过在 NAD（H）合成途径中过表达丙酮酸羧化酶，使 NAD 浓度增加了 6.2 倍，从而提供了厌氧发酵所需的能量，并显著增加琥珀酸的产量。

此外，全局调控因子可以影响细胞内能量和辅因子的水平，对代谢通路产生广泛的影响，例如无氧反应控制的调控因子（ArcA）、环状腺苷酸酶蛋白（CRP）和整合宿主因子（IHF），这些因子参与了 NADH 或 ATP 依赖的反应，可以进行工程改造以改变 NADH 或 ATP 的水平。Toya 等人[55] 工程改造调控因子，获得的大肠杆菌 ΔarcA 使三羧酸循环通量增加 4.4 倍，同时 ATP/ADP 比率增加了 2 倍。

16.3.3　异源辅因子系统补充

代谢工程和合成生物学技术为引入异源辅因子再生系统、调节辅因子水平打下基础，通过引入酶依赖型辅因子再生系统，可以修改细胞内的 NADH/NAD 或 ATP/ADP 比例。全细胞催化产生 α,ω- 二羧酸（DCA）通常受辅因子的限制，Lee 等人[56] 在工程化大肠杆菌菌株中共表达 ω- 氧化途径基因（单加氧酶、乙醇脱氢酶和醛脱氢酶）与木糖还原酶（XR）基因，其中 XR 用于辅因子 NADP（H）的再生，使 DCA 产量增加了 180%。ATP 再生系统主要依赖于激酶，如醋酸激酶、丙酮酸激酶或多磷酸激酶等[57]，在大肠杆菌 K12 中，木糖不是优势的发酵产物，且琥珀酸的积累较少。Liu 等人[58] 为了减少副产物形成并增加琥珀酸积累，对编码丙酮酸激酶和乳酸脱氢酶的 *pflB* 和 *ldhA* 基因进行了敲除，这导致了细胞生长和木糖利用的消失。为了在基因缺失株中提供足够的 ATP，通过过表达来自 *Bacillus subtilis* 168 的磷酸烯酮羧激酶生产 ATP，显著增加了细胞量和琥珀酸的产量。

　　许多工业关键酶，如脱氢酶、氧化酶等，对于辅因子的依赖性较高，辅因子在催化过程中发挥着关键的作用，辅因子再生技术的开发对工业酶的应用具有重要意义，可以降低反应成本，提高反应效率，实现手性化合物、天然产物等目标产物的高效合成。目前辅因子再生的主要策略是酶促再生，既可以一步反应也可以设计多酶的循环体系，还可以与非生物催化方法组合，固定化酶和利用全细胞催化的策略也很有前景。随着新的酶家族和催化剂的不断发现，开发灵活高效的辅因子再生系统仍然是一项重要任务，包括周转次数的增加，再生酶的进一步优化和稳定，以及对辅因子类似物的工程设计和工业酶对辅因子偏好性的改造。再生系统的灵活性和高效性无疑将成为体外系统的一大优势，促进工业酶的更广泛应用，推动合成化学和生物技术领域的创新。

（聂　尧）

思考题

（1）辅因子再生技术有哪些类型？它们各自的优缺点是什么？
（2）为什么酶法再生辅因子是目前应用最多的游离辅因子再生体系？
（3）概述辅因子工程的基本方法及其主要作用。

第 16 章
参考文献

第16章

第 17 章　生物催化的非专一性反应及其应用

○○ ── ○○ ○ ○○ ───────

17.1　酶催化的非专一性

17.1.1　非专一性的概念和分类

　　生物催化具有高效、高选择性、条件温和等优点。但是近年来研究发现，很多酶除了催化其天然反应外，还能催化其他类型的反应，即酶在表现出催化高度专一性的同时，也表现出催化非专一性（catalytic promiscuity）。酶的"非专一性"，又叫"混乱性"或"多功能性"，即一种酶具有催化有别于天然反应的其他反应的能力[1]。虽然非专一性是酶学中相对新颖的概念，但该性质在酶中是普遍存在的[2]。酶催化非专一性的一个典型例子就是酵母丙酮酸脱羧酶，其本质功能为催化酮酸的脱羧反应；但也具备裂合酶催化 C—C 连接反应的活性（例如乙醛与苯甲醛的缩合反应），这一缩合反应包含了天然反应中没有的 C—C 键形成过程（图 17-1）。虽然早在 1921 年 Neuberg 和 Hirsch 就在酵母细胞中发现了该反应，但直到二十世纪八九十年代才被证实是由丙酮酸脱羧酶催化的[3]。

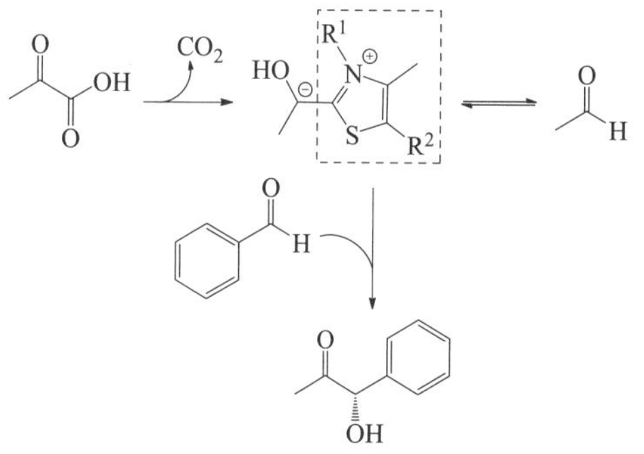

图 17-1　丙酮酸脱羧酶催化乙醛与苯甲醛的对映选择性偶姻缩合反应
（虚框内结构为酶的焦磷酸硫胺素 ThDP 中心）

　　作为生物催化的新兴领域，酶的非专一性已引起学者们日益广泛的关注。Hult 和 Berglund[4]将酶的非专一性分为三大类：

　　（1）条件非专一性（condition promiscuity）：酶在各种非自然反应条件（非水介质、高温或者极端 pH 等）下表现出的非常规催化活性。

　　（2）底物非专一性（substrate promiscuity）：由于酶结构具有一定的柔性，而使其具有广泛的底物特异性。一些酶表现出不严格或较宽泛的底物专一性，如蛋白酶催化脂肪的水解。

　　（3）催化非专一性（catalytic promiscuity）：即酶可以催化有别于其天然反应的其他类型的物质转化，通常具有不同的催化机理和过渡态。

　　对底物和条件非专一性的认知已久，并已进行较为深入的探索和应用。然而，催化的非专一性在近三十年才引起科学家的关注，但近期的研究进展十分迅速，越来越多的酶催化非专一性反应被报道，这为酶催化的非专一性在合成领域的应用开辟了广阔空间。

17.1.2　非专一性产生的原因

　　酶催化非专一性产生的原因目前主要认为是生物为了适应环境，需要不断地演化或进化，从而产生了很多新的催化功能。目前所发现的大多数酶都被认为是由多功能的"全能"原始酶分子进化而来。长期的趋异性进化和筛选，使酶具有更高的催化特异性和催化效率。而这种趋异进化源于基因的复制[5-7]：

基因在自由复制过程中产生突变，通过长时间进化可以得到一种新的催化活性，如果这种新的催化活性不会影响机体天然催化活性的反应速率和选择性，这种非专一性则会被保留下来；如果这种非专一性对机体天然活性有所损害，自然选择的压力会将其移除以确保机体的正常运行。酶的非专一性往往隐藏在天然催化活性的背后，通常不易被发现。只有在特殊条件下进行催化，这种特性才会表现出来。

17.1.2.1   趋异进化产生的非专一性

趋异进化是酶产生非专一性的主要原因之一，也是从分子水平上创造出具有新的催化活性的酶的促进因素[8]。它是指在生物进化过程中，原始生物体为了适应不同的环境，向两个及两个以上方向进化的过程。酶的非专一性被广泛认为是新酶趋异进化的有利特征。非天然的、次级的催化活性作为酶的新功能的基础，提供了潜在的选择优势，为酶的进化提供了新的起点。

17.1.2.2   突变产生的催化非专一性

人为的诱导也是酶产生非专一性重要原因之一。蛋白质的进化过程通常涉及突变以及结构域或结构片段的重组。通过理性或非理性设计，在体外模拟这一过程可以得到更优的催化性能甚至全新的催化活性。酶的某些部位经过定点突变，或者几个部位用不同的氨基酸替代后，都会使酶产生新的活性。例如，将一种脂肪酸去饱和酶（oleate 12-desaturase）的 Met324、Ser322、Tyr148、Ala104 残基分别突变为 Ile、Ala、Aln、Gly 后，得到的突变体成为了一种高效的羟化酶（hydroxylase），同时保留了一定的去饱和酶的活性[9]。在谷胱甘肽转移酶（glutathione transferase）超家族中，一种谷胱甘肽转移酶 A1-1 可以催化谷胱甘肽与 1- 氯 -2,4- 二硝基苯的芳基取代反应。但通过 4 个位点的突变和一个螺旋段的替换，得到的突变体酶催化谷胱甘肽与不饱和醛的迈克尔加成反应的活性提升了 3000 倍[10]。突变可以使得酶具有新的功能，随着蛋白质工程和酶促非专一性研究的不断深入，这些经过改造所得的酶变体将成为具有应用潜力的新型催化剂，并为化学合成提供新的方法和途径。

17.1.2.3   金属离子替代产生的催化非专一性

部分酶的活性中心含有金属离子，将其以其他离子取代也能改变酶的催化活性。早在 1976 年，就有人将羧肽酶（carboxypeptidase）活性中心中的 Zn^{2+} 以 Cu^{2+} 取代，就使得该酶具有较弱的氧化酶活性[11]。将嗜热菌蛋白酶（thermolysin）活性中心的 Zn^{2+} 用体积更大的离子如钨酸根离子、钼酸根离子或硒酸根离子取代之后，得到的新酶则可以催化硫醚氧化生成亚砜[12]。阿朴卤素过氧化酶（apohaloperoxidase）本身具有较低的磷酯酶活性[13]，这两种酶的氨基酸序列、三维结构以及活性中心都比较相似。钒酸盐与磷酸酯可以结合到磷酸酯酶的同一个位置形成一个五元共价结构，由于它和磷酸酯水解的过渡态比较相似，故钒酸根离子将过氧化氢连接到钒的中心以增加亲电性，进而催化过氧化反应。将两个酶的活性中心置换后，会使得催化性能发生转换。

17.1.3   酶催化非专一性的反应机制

酶非专一性催化的反应机制与天然反应的催化机制不同，其过程中化学键的形成和断裂与天然催化过程也往往不同。因此，酶非专一性催化过程中会产生另一种不同的过渡态结构。在天然催化过程中，酶与底物分子结合得到酶 - 底物结合的复合物（E·S），其过渡态（transition-state）往往优先稳定于反应物的基态（S），如图 17-2 A 所示。酶通过化学键和分子间作用力将底物结合在催化中心，同时为反应提供所需的催化官能团，创造有利于反应发生的静电环境。因此，底物和酶的结合态（E·S）往往比底物基态（E+S）更稳定。大多数酶的活性位点周围往往存着在许多潜在的作用位点和多种活性基团。有时非天然底物可以与酶活性中心的活性基团产生相互作用，如图 17-2 B。当活性中心周围的作用位点与非天然底物分子发生化学反应时，酶的非专一性催化就产生了。因此，利用酶的这种结构特点来催化非天然反应在理论上是可行的。

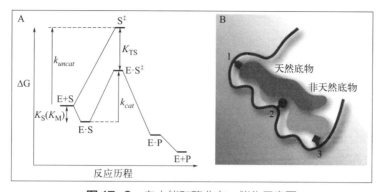

图 17-2　自由能和酶非专一催化示意图
A. 理想的单步酶催化反应与相应背景反应对比的自由能示意图；B. 酶非专一性催化示意图

酶的活性中心具有特定形状，可以与底物特异性结合，但非天然底物与酶活性中心催化基团的结合也十分常见。活性位点催化基团和底物构象的多样性有助于非天然底物与酶的结合[14]。通常情况下，尺寸比天然底物大的化合物可能会受到活性位点的空间排斥。即使化合物尺寸适合，能被活性空腔容纳，但只有当蛋白质分子与底物的非共价作用力（例如氢键、疏水作用力等）促进两者相互结合时，催化作用才有可能发生。其中，疏水作用被认为是酶 - 底物结合的主要驱动力[15]。相比于其他作用力（例如静电相互作用、氢键等），疏水作用力不需要通过特定官能团来实现酶与底物的结合，因此疏水作用力对底物识别的能力较弱，更有利于非天然底物与酶分子的结合，也有利于非专一性催化活性的产生。

17.2　水解酶催化的非专一性

酶的催化非专一性研究，极大地扩展了生物催化在有机化学合成中的应用，特别是在水解酶类（hydrolases，EC 3）催化反应中的应用[16]。水解酶因为无需辅助因子、稳定性好、廉价易得、催化效率高等显著优点，已经成为目前工业生物转化中最常用的一类酶。水解酶除了可以催化其天然反应，比如水解、酰化、酰胺化、转酯化作用外，也表现出了对其他非天然反应的催化活性，例如在 C—C 键、C—杂原子键的构建以及氧化反应中均有相关研究报道。

近年来在水解酶非专一性的研究领域中，发现水解酶可以催化包括 Aldol 反应[17]、Michael 加成反应[18]、Mannich 反应[19]、Markovnikov 和 anti-Markovnikov 加成反应[20,21]、Bayer-Villiger 氧化反应[22]、环氧化反应[23] 等非专一性反应。这些发现极大地丰富了水解酶在有机合成中的应用。催化过程中，通常认为水解酶的活性位点也参与了非专一性催化，而且其活性中心附近的氧阴离子穴在水解酶的催化过程中扮演了重要角色[24,25]；它可以使酯类化合物上的羰基双键极化，使羰基碳更容易受到活性位点丝氨酸残基的亲核进攻。如果通过突变去除丝氨酸残基，则水解酶会失去催化水解反应的活性，但氧阴离子穴依然具有活化羰基的功能。如图 17-3 A、B 所示，在天然催化过程中，酯类化合物的羰基通过氢键与水解酶的氧阴离子穴相互作用。活性位点处丝氨酸的羟基进攻底物的羰基，使底物的酰氧键断裂，从而实现底物的水解反应[26]。将活性位点的丝氨酸残基突变为丙氨酸，减弱了水解酶的水解活性，但是增强了其催化其非天然反应的催化活性（图 17-3 C、D）[27]。氧阴离子穴依然可以结合底物的羰基，并使其活化。活性位点的组氨酸残基可以与底物分子发生电子转移，实现 Aldol 或 Michael 加成反应的催化过程。

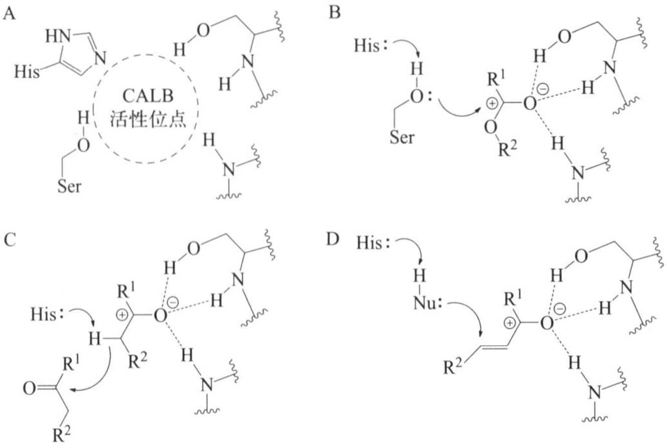

图 17-3　水解酶催化天然和非天然底物的原理

A. 丝氨酸水解酶的活性中心和氧阴离子穴；B. 丝氨酸水解酶催化的水解反应；以及其突变体催化的 C Aldol 反应和 D Michael 加成反应。

17.2.1　Aldol 反应

　　Aldol 反应是有机合成中构建 C—C 键最有用的反应之一，也被看作是制备复杂分子的有力工具。2003 年，Berglund 等人[28] 首次发现南极假丝酵母脂肪酶（*Candida antarctica* lipase B，CALB）可以催化脂肪醛（丙醛或己醛）之间的 Aldol 反应，该反应是在温和条件下由酶活性中心催化完成（图 17-4 A）。2008 年，Yu 等人报道了首例脂肪酶催化的芳香醛和丙酮的不对称 Aldol 反应[29]（图 17-4 B），多种脂肪酶均有催化效果，其中猪胰脂肪酶（lipase from *Porcine pancreas*，PPL）效果最佳。丙酮兼作反应介质，在温和的条件下取得了最高 96% 的产率，通过控制反应时间和含水量可获得 44% 的 *ee* 值。该反应的立体选择性受供体体积大小的影响。由于丙酮分子过小，不利于选择性的控制，而具有更大体积的环己酮作为底物时，该反应可获得了优异的选择性。

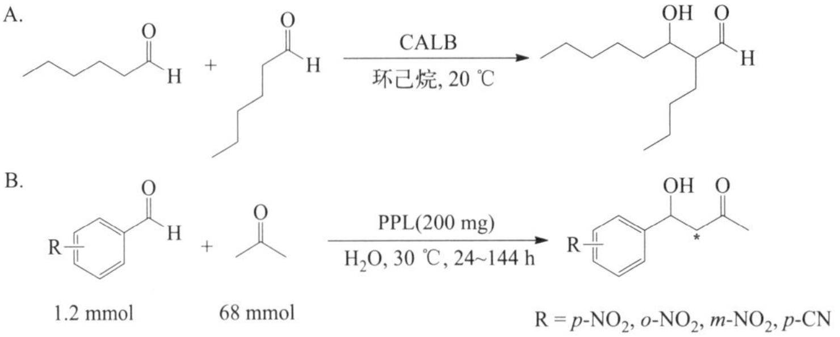

图 17-4　脂肪酶催化的 Aldol 反应

　　2011 年，首例无溶剂条件下桔青霉核酸酶（nuclease P1 from *Penicillium citrinum*）催化的不对称 Aldol 反应被发现[30]，反应可以发生在多种芳香醛（含吸电子或推电子取代基）与环状酮（五元、六元或七元）之间，均取得了优异的对映体选择性（最高 > 99%）和非对映体选择性（最高 > 99:1），不过产率相对较低（17% ～ 55%）。随后的研究表明，木瓜凝乳蛋白酶[31]（chymopapain）、酸性蛋白酶[32]（acidic protease from *Aspergillus usamii*）、PPL Ⅱ以及猪胰蛋白酶（trypsin）[33]均可催化不对称 Aldol 反应，其中 PPL 催化的 Aldol 反应发生在芳香醛和杂环酮之间（图 17-5）。

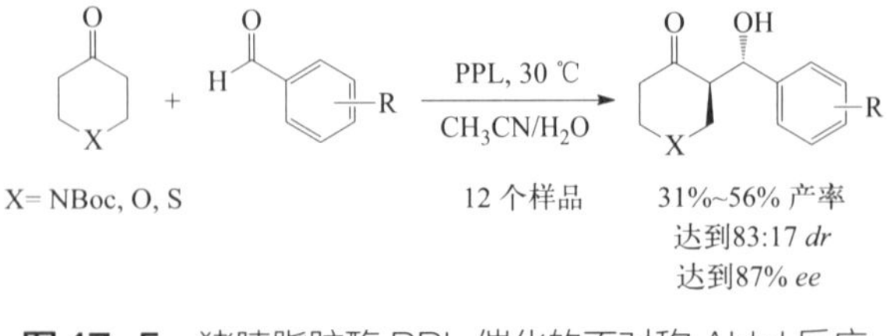

图 17-5　猪胰脂肪酶 PPL 催化的不对称 Aldol 反应

17.2.2　Herny（Nitroaldol）反应

Henry 或 Nitroaldol 反应提供了有价值的烷基醇中间体，可用于制备硝基烯、氨基醇、硝基酮、杀菌剂、杀虫剂和天然产物等。近年来，已经报道了多种可利用酶催化非专一性实现 Henry 或 Nitroaldol 反应的方法。

Lin 等人[34]报道了首例水解酶催化的 Henry 反应，在极性溶剂 DMSO 中，多种水解酶均具有催化作用，其中 D- 氨基酰化酶（D-aminoacylase from *Escherichia coli*）效果最佳。该反应具有较为宽泛的底物范围和优异的反应效率，反应可以在 0.5 ～ 3.0h 内完成，最高得到了 99% 的产率。有趣的是，光学活性 *β*- 硝基醇的合成可通过两步策略组合实现：D- 氨基酰化酶催化的 Henry 反应与 PSL 催化的拆分反应，由此获得手性 *β*- 硝基醇（图 17-6）。此外 He 等人发现谷氨酰胺转移酶（TGase from *Streptorerticillium griseoverticillatum*）也可以催化硝基烷烃与脂肪醛、芳香醛及杂环芳香醛之间的 Henry 反应[35]。

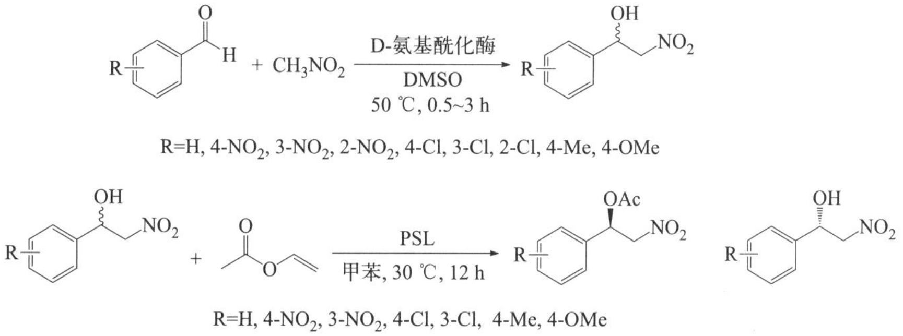
D-氨基酰化酶
DMSO
50 ℃, 0.5~3 h
R=H, 4-NO2, 3-NO2, 2-NO2, 4-Cl, 3-Cl, 2-Cl, 4-Me, 4-OMe
PSL
甲苯, 30 ℃, 12 h
R=H, 4-NO2, 3-NO2, 4-Cl, 3-Cl, 4-Me, 4-OMe

图 17-6　D- 氨基酰化酶催化的 Henry 反应和 PSL 介导的动力学拆分，生成两种构型的 *β* - 硝基醇和相应的乙酸酯

2013 年，Le 等人[36]报道了来自黑曲霉的葡萄糖淀粉酶（glucoamylases from *Aspergillus niger*，*An*GA）催化芳香醛和硝基烷烃的 Henry 反应。该反应可以在乙醇和水的混合溶剂中进行，所得 *β*- 硝基醇的产率高达 99%，并可以扩大到克级反应。可能的反应机制如图 17-7 所示，作为碱的 Glu^{400} 使得硝基烷烃的 *α*- 碳去质子化，提供中间体Ⅰ。同时，作为酸的 Glu^{179} 将质子提供给中间体Ⅱ中醛的羰基氧。随后，中间体Ⅰ的 *α*- 碳再作为亲核试剂攻击中间体Ⅱ的羰基，形成新的碳 - 碳键。最后，产物（*β*- 硝基醇）从酶的活性位点中释放出来。

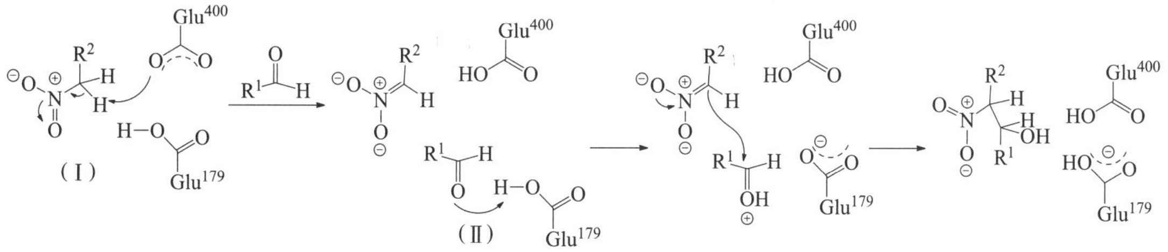

图 17-7　AnGA 催化 Henry 反应可能的机制

17.2.3　Michael 加成反应

迈克尔加成反应（Michael addition）是有机化学中的经典反应。由阿瑟·麦克尔于 1887 年发现并做了系统研究。在 20 世纪前半叶的合成实践中被大量运用于天然产物和药物的合成。Michael 加成反应是构建 C—C 键的最基本方法之一，属于原子经济性反应，通常由强酸或强碱催化。

第 17 章

17.2.3.1　形成 C—C 键的 Michael 加成反应

　　2005 年，Berglund[37] 以 CALB 及其 Ser 105Ala 突变体为催化剂，探索了 β- 二羰基化合物与 α,β- 不饱和羰基化合物之间的 Michael 加成反应（图 17-8）；突变酶催化乙酰丙酮与丙烯醛的反应可达到很高的催化效率，反应速度接近天然脂肪酶催化的酯水解反应，是野生型的 36 倍。活性部位的 Ser 残基被 Ala 取代，有效避免了 Ser 残基可能参与的半缩醛形成反应；另外，Ser 到 Ala 的突变导致活性中心结构的改变也可能有利于反应的发生。

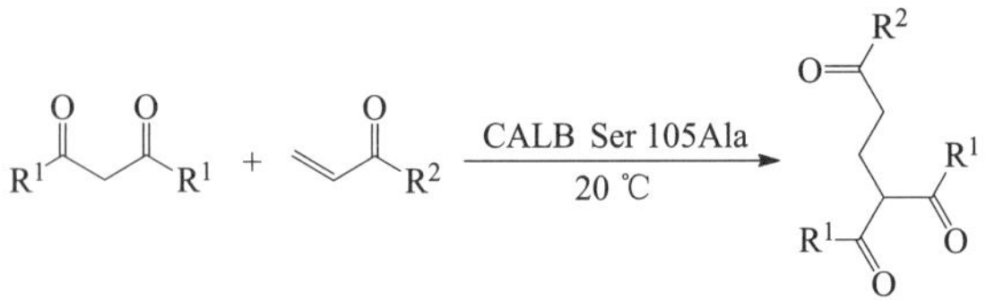

图 17-8　CALB 突变体催化的 Michael 加成反应

　　研究表明，D- 氨基酰化酶（D-aminoacylase from *Escherichia coli*）也可以催化 Michael 加成反应。在叔戊醇中，氨基酰化酶显现了较好的催化加成活性，对照实验证实该反应由酶的天然活性中心催化。在 2011 年，He 等人报道了脂肪酶催化的酶促不对称 Michael 加成反应[38]。在含水 DMSO 介质中，嗜热丝孢菌脂肪酶（immobilized lipase from *Thermomyces lanuginosus*，TLIM）显示出优良的催化性能，取得了最高 90% 的产率和 83% 的 ee 值；反应也具有较宽泛的底物普适性。同样地，猪胰脂肪酶（PPL）被发现可在 DMSO/H₂O 中催化 4- 羟基香豆素和 α,β- 不饱和酮之间的 Michael 加成反应合成法华林及其衍生物（图 17-9）。而在一系列条件优化之后可以获得最高 95% 的产率以及 22% 的 ee 值。

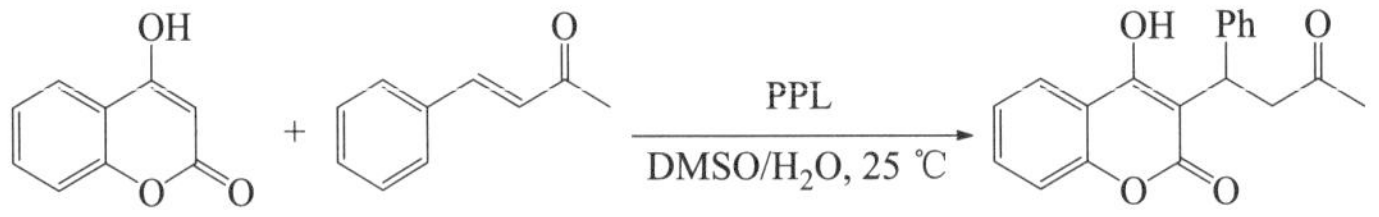

图 17-9　PPL 催化的 Michael 加成反应（合成法华林）

　　硝基苯乙烯和二烯腈化合物之间的直接插烯 Michael 加成反应可由米黑毛霉脂肪酶（lipase from *Mucor miehei*，MML）催化实现[39]（图 17-10），得到中等以上的产率而且绝大多数目标产物具有完全的非对映选择性（表 17-1）。分子对接模拟说明了米黑根毛霉脂肪酶（RML）、南极假丝酵母脂肪酶（CALB）和皱褶假丝酵母脂肪酶（CRL）三种脂肪水解酶催化效果的不同。经过对比分析发现，RML 的活性中心是呈 L 型的，而 CRL 的活性中心却是一个隧道型的口袋，因此 CRL 没有足够的空间让二烯腈进入已经被硝基烯占据的口袋里，导致 CRL 不能有效地催化此 Michael 加成反应。此外，尽管 CALB 存在足够的空间来容纳二烯腈和硝基烯这两个底物，但由于底物硝基烯处于二烯腈与活性中心的组氨酸残基之间，影响了二烯腈与组氨酸残基之间的质子传递，从而使 CAL-B 失去了对此 Michael 加成反应的催化能力。

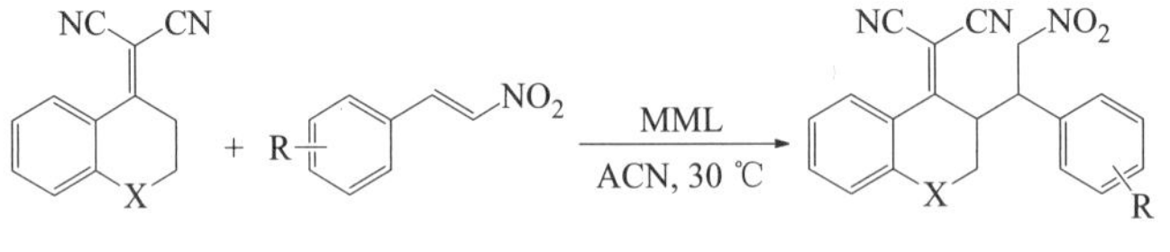

图 17-10　MML 催化的 Michael 加成反应

表 17-1　脂肪酶催化的直接插烯 Michael 加成反应

酶	产率/%	酶	产率/%
MML	84	CALB	2
RML	36	CRL	2

17.2.3.2　形成 C—杂原子键的 Michael 加成反应

　　在这类反应中，杂原子亲核试剂与 α,β- 不饱和化合物进行 1,4- 加成反应，从而形成 C—N（或 S,O,P

等）键，替代了传统 Michael 加成反应中 C—C 键。脂肪酶、酰化酶和蛋白酶等水解酶均可催化该类型的反应。

早在 1986 年 Kitazume 等人[40]就通过酶促 Michael 加成反应构建了 C—杂原子键，并取得了中等的产率和对映体选择性（图 17-11）。2004 年，Gotor 等人[41]利用 CALB 催化四氢吡咯、哌啶和二乙胺等仲胺与丙烯腈的 Michael 加成反应。2005 年，Berglund 等人[37]以醇、硫醇、伯胺和仲胺为反应供体，以 α,β- 不饱和醛酮为受体，尝试探索了 CALB（或突变体）催化 Michael 加成反应的性能和机理。2015 年，Priego 等人提出了一种溶剂工程策略[42]，可以控制 CALB 催化苄胺与 α,β- 不饱和羰基化合物 C—N Michael 加成的化学选择性（图 17-12）。该研究从热力学角度解释了 Michael 加成产物和氨解产物形成的原因。

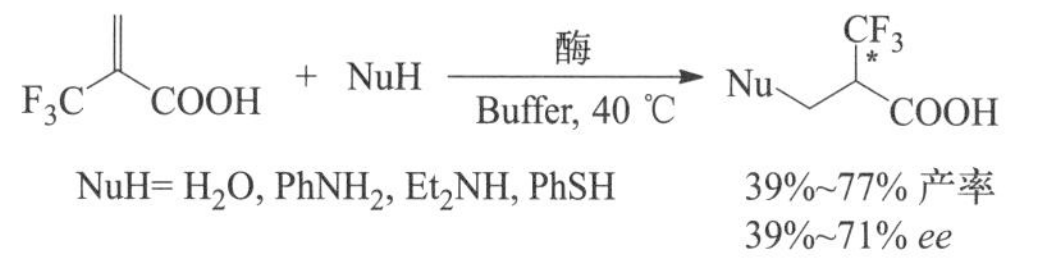

F3C COOH + NuH
酶
Buffer, 40 ℃
Nu COOH CF3
NuH= H2O, PhNH2, Et2NH, PhSH
39%~77% 产率
39%~71% ee

图 17-11 基于 Michael 加成反应构建 C—杂原子键

A
Michael 加成
占产物3摩尔比/%
正己烷
甲苯
DIPE
THF
混合物 1
混合物 2
2M2B
ET(30)/(kcal·mol−1)
Ph NH2 1
Me OCH3 2
CALB
72 h, 65 ℃
溶剂
3 Michael 加成
4 氨解
B
氨解
占产物4摩尔比/%

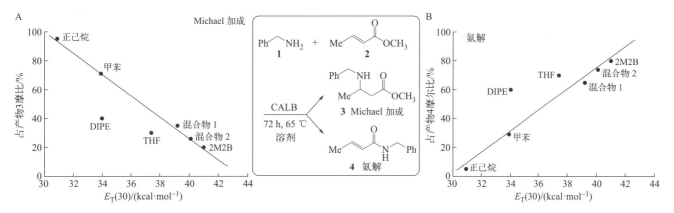

图 17-12 反应溶剂对 CALB 脂肪酶催化 Michael 加成反应化学选择性的影响

17.2.4 Mannich 反应

Mannich 反应是构建 C—C 键及合成含氮化合物的重要方法，属多组分原子经济性反应。相对于间接法，直接 Mannich 反应更为便捷和高效，而且易于实现“一锅法”反应。

2009 年，Yu 等人[43]报道了脂肪酶催化的直接 Mannich 反应（图 17-13）。实验结果显示，多种脂肪酶均可以催化苯胺、丙酮和对硝基苯甲醛之间的 Mannich 反应。其中米黑毛霉脂肪酶 MML 催化效果最好，当丙酮水溶液用作反应介质时，一系列苯甲醛衍生物可参与反应，作者还为该非专一性反应提出了可能的反应机理。2010 年，该课题组又以脂肪酶 CRL 为催化剂，在乙醇 - 水介质中将 Mannich 反应的底物——酮扩展至环己酮、丁酮和羟基丙酮，且取得了良好的效果。但遗憾的是在这两项研究中酶均未显示出立体选择性。

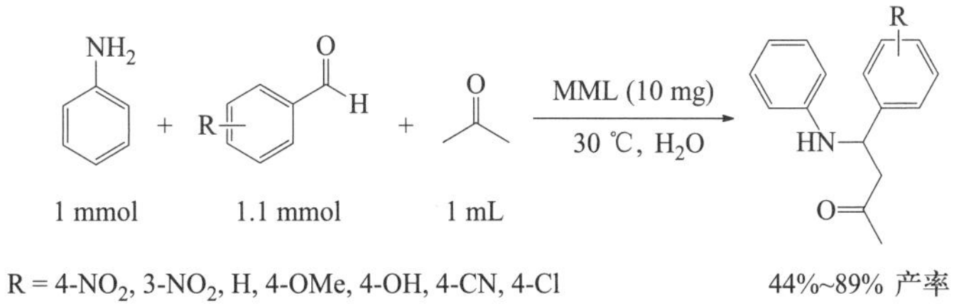

NH2
1 mmol
1.1 mmol
1 mL
MML (10 mg)
30 ℃, H2O
HN
R = 4-NO2, 3-NO2, H, 4-OMe, 4-OH, 4-CN, 4-Cl
44%~89% 产率

图 17-13 米黑毛霉脂肪酶 MML 催化 Mannich 反应

随后，He 等人[19]报道了小麦胚芽Ⅰ型脂肪酶（lipase from wheat germ type Ⅰ，WGL）具有催化 3-取代 -2*H*-1,4- 苯并恶嗪和丙酮之间的高度对映选择性 Mannich 反应的功能（图 17-14）。此反应不仅具有较宽泛的底物普适性而且所获得的 *ee* 值最高能达到 95%。位于 WGL 活性中心的如组氨酸、丝氨酸以及天冬氨酸或谷氨酸等氨基残基，对催化 Mannich 反应起着关键的作用。

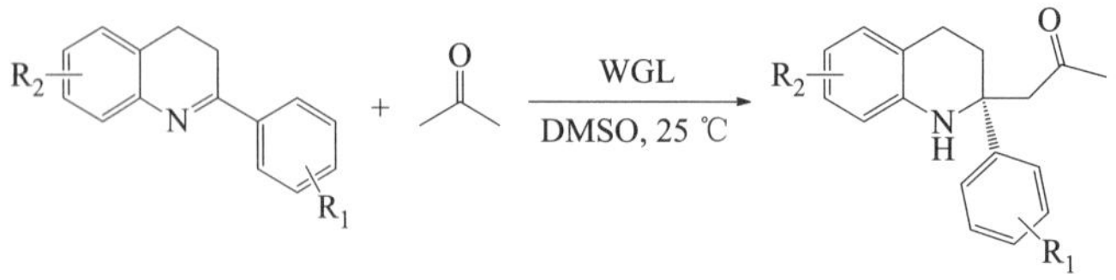

图 17-14 WGL 催化酮亚胺的不对称 Mannich 反应

17.2.5 Markovnikov 加成反应和反 Markovnikov 加成反应

当发生亲电加成反应（如卤化氢和烯烃的反应）时，亲电试剂中的正电基团（如氢）总是加在连接电子基团较少的碳原子上，而负电基团（如卤素）则会加在连接电子基团较多的碳原子上。2005 年，Lin 等人[44] 以 DMSO 为反应介质，以别嘌呤醇和一系列乙烯酯为反应底物，首次报道了青霉素酰化酶（penicillin G acylase from *Escherichia coli*，PGA） 催化的 Markovnikov 加成反应（图 17-15）；相对于传统化学法的强碱性反应环境，该方法的优点是显而易见的。

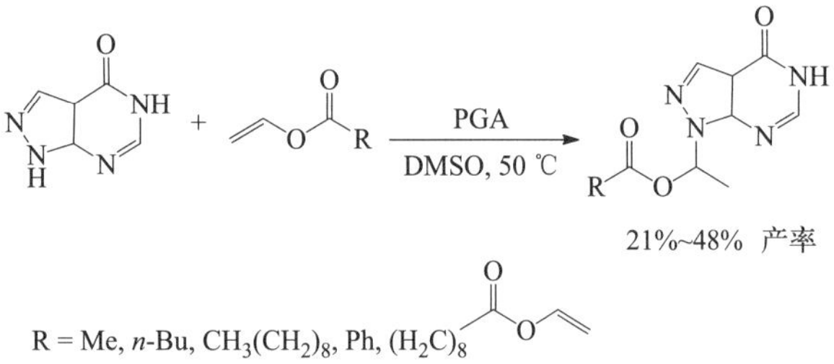

R = Me, *n*-Bu, CH$_3$(CH$_2$)$_8$, Ph, (H$_2$C)$_8$

图 17-15 PGA 催化的 Markovnikov 加成反应

D- 氨基酰化酶可作为催化剂，催化唑类化合物（咪唑、1,2,4- 三氮唑和吡唑）与乙烯酯的 Markovnikov 加成反应[45]。研究表明，有机介质类别对该反应终产物的分离产率影响显著，而反应活性随乙烯酯的链长增加而下降，空间位阻大的乙烯酯产率最低。在脂肪酶催化的硫醇与乙烯酯的加成反应研究中发现[46]，改变反应条件可得到完全不同的两类产物：当 CALB 做催化剂、异丙醚为溶剂时，更有利于 Markovnikov 加成反应；而用氨基酰化酶（D-aminoacylase from *Escherichia coli*） 在 DMF 介质中催化该反应时，只能得到酰化产物；同样以 CALB 为催化剂，在异丙醚中得到的是 Markovnikov 加成产物，但在 DMF 中却得到了反 Markovnikov 加成产物（图 17-16）。

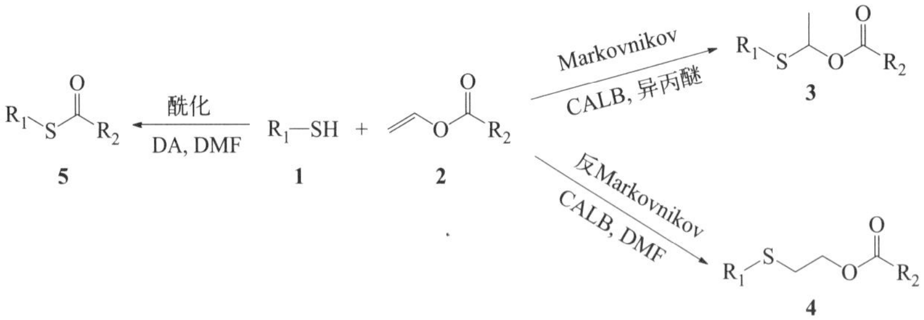

图 17-16 CALB 在不同溶剂介质中催化亲电加成反应的不同产物选择性

17.2.6 氧化反应

水解酶除了可以催化 Aldol 反应、Michael 加成等 C—C 或 C—N（杂原子）等键形成的反应外，还可以催化不同类型的氧化反应。

2008 年，Berglund 等人[47] 发现在水溶液或有机介质中，CALB（或其 Ser 105Ala 突变体）可以催化

α,β- 不饱和化合物与过氧化氢的环氧化反应（图 17-17），这是脂肪酶直接催化环氧化反应的首例报道。因为共价抑制剂可以阻止该反应的发生，该反应被证实在酶的活性中心进行；另一方面，反应过程中无酰基中间体和过酸的生成，突变酶反应速率更高是强有力的证据。随后，Sheldon 等人[48] 研究发现 CALB 在离子液体中能够催化环己烯的环氧化反应（图 17-18），这一重要的发现使得有机合成与催化更为绿色环保。

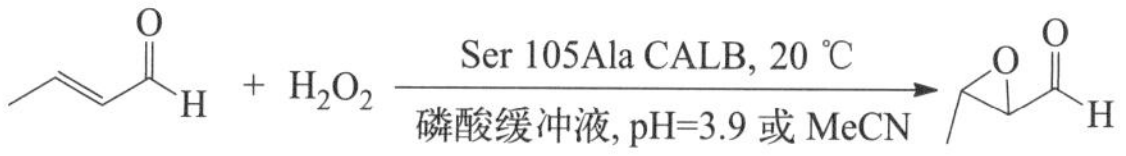

2007 年，Goswami 等人[49] 采用化学 - 酶法单步反应，通过烯烃的双羟基化过程制备了一系列 1,2- 二醇类化合物，反应是以固定化脂肪酶（*Pseudomonas* G6 lipase）为催化剂，以 50% 的过氧化氢水溶液为氧化剂，在乙酸乙酯介质中借助于微波辐射完成的；反应先形成环氧化物，进而在反应条件下发生水解而生成产物（图 17-19）。

图 17-17　CALB 催化的直接环氧化作用

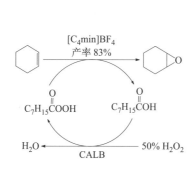

图 17-18　脂肪酶 CALB 在离子液体中催化环己烯的环氧化反应

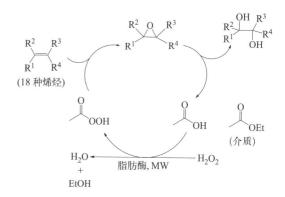

图 17-19　烯烃的化学 - 酶法双羟基化反应

17.2.7　Knoevenagel 反应

2012 年，地衣芽孢杆菌碱性蛋白酶（alkaline protease from *Bacillus licheniformis*，BLAP）被发现具有催化芳香醛或 α,β- 不饱和醛与丙酮或乙酰乙酸乙酯的 Knoevenagel 反应的能力[50]，如图 17-20 所示。该反应在含有少量水的 DMSO 中进行，生成三取代烯烃和 $\alpha,\beta,\gamma,\delta$- 不饱和羰基化合物。当溶剂 DMSO 的含水量为 5% 时，该反应可以获得 24% ～ 82% 的产率以及大于 99 : 1 的 *E/Z* 选择性。随后，Yu 等人报道了大肠杆菌酯酶（*Escherichia coli* BioH esterase）在 DMF/H$_2$O 介质中催化 Knoevenagel 反应的研究[51]。虽然反应只能以最高 55% 的产率获得目标产物，但该酯酶在大肠杆菌中很容易表达，制备成本较低。

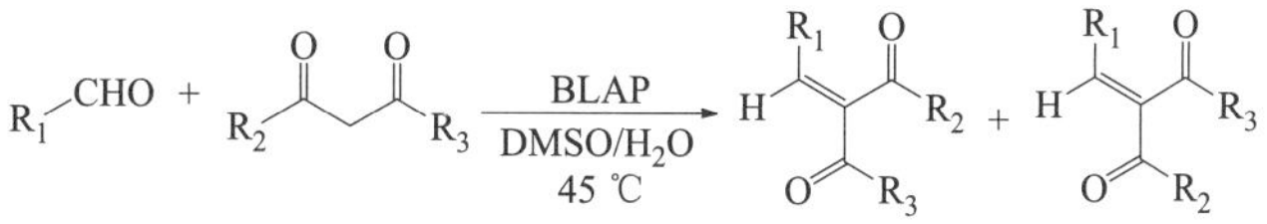

图 17-20　BLAP 催化醛与 1,3- 二羰基化合物的 Knoevenagel 缩合反应

2018 年，Hu 等人[52] 的研究表明水解酶可应用于黄酮衍生物的合成。固定化嗜热丝孢菌脂肪酶（TLIM）通过催化二羰基化合物与芳香醛 Knoevenagel/Michael 的级联反应，可以合成氧杂蒽酮衍生物（图 17-21）。这种合成方法具有操作简单、催化效率高（可以得到 80% ～ 97% 的产率）、催化剂可回收利用等优点。

在过去的二十多年里，出现了众多生物催化非天然反应的例子。其中水解酶因为显示出许多令人欣喜的非专一性活力而备受青睐，利用非传统生物催化反应也已经合成了大量极具吸引力的化合物。然而，

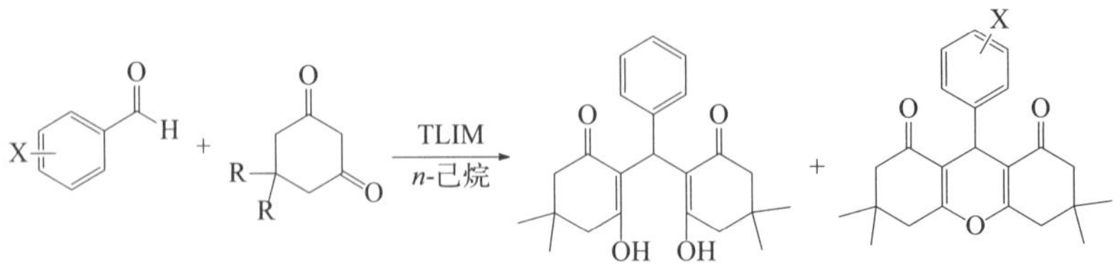

图 17-21　芳香醛与 1,3- 二酮的酶促反应

酶的催化效率及立体选择性与实际应用需求之间还存在较大的差距，因此还必须进行更深入的研究以改善当前的酶功能。另外，对酶的活性位点及催化机理的研究还比较肤浅，这些都是该领域需要进一步深入研究的内容。

17.3　黄素依赖酶催化的非专一性

黄素依赖酶（flavin-dependent enzyme）在自然界中广泛存在并参与各种生物活动，如生物解毒、生物降解和生物修复等。它们利用源自维生素 B2（vitamin B2）或核黄素（riboflavin）的黄素衍生物作为辅因子或辅底物来催化它们的反应，大多数黄素依赖酶与黄素紧密且非共价结合[53,54]。最常与蛋白质结合的黄素是黄素单核苷酸（flavin mononucleotide，FMN）和黄素腺嘌呤二核苷酸（flavin adenine dinucleotide，FAD）。大约 75% 的黄素依赖酶利用 FAD 作为辅因子，而 25% 的黄素依赖酶利用 FMN。其中一些酶可以同时利用 FMN 和 FAD。在众多的黄素依赖酶中，大多数酶是氧化还原酶（oxidoreductase，超过 90%），其余为转移酶（transferrase，4.3%）、裂解酶（lyase，2.9%）、异构酶（isomerase，1.4%）和连接酶（ligase，0.4%）。

本节选取三种典型的黄素依赖酶：Baeyer-Villiger 单加氧酶（Baeyer-Villiger monooxygenase，BVMO）、烯还原酶（ene-reductase，ER）和脂肪酸光脱羧酶（fatty acid photodecarboxylase，FAP），并对它们催化的非专一性反应进行介绍。

17.3.1　Baeyer-Villiger 单加氧酶催化的非专一性反应

在众多黄素依赖的单加氧酶中，Baeyer-Villiger 单加氧酶（BVMO）家族因在转化多种底物时通常表现出高的化学、区域和对映选择性而受到广泛关注[55]。迄今为止表征的所有 BVMO 都是 NAD（P）H 依赖性黄素蛋白，可分为两类：Ⅰ 型 BVMO 以 FAD 作为辅因子，NADPH 作为电子源并由相同的亚基组成；而 Ⅱ 型 BVMO 则是以 FMN 作为辅因子，以 NADH 作为电子供体，由 $\alpha_2\beta$ 三聚体组成。BVMO 利用空气中的氧气作为氧源，在温和的条件下能够实现由酮到酯的高效转化[56]。此外，科学家们也对 BVMO 展开了一些催化非专一性的相关研究。根据已有的文献报道，BVMO 还能够氧化诸如硫、氮、磷、硼或硒等杂原子[57]，以及催化部分化合物的双键环氧化反应[58-59]。针对野生型环己酮单加氧酶（CHMO）催化硫醚氧化反应选择性差的问题，Reetz 等人对 CHMO 进行定向进化，分别得到能够高效催化（4- 甲基苄基）甲基硫醚氧化生成两种构型亚砜产物的突变株[60]。许建和教授课题组则利用全蛋白链长的易错 PCR 和活性位点的 CAST、ISM 策略相结合的方法对 CHMO 进行蛋白质工程改造，所获得的 M6 突变株能够将奥美拉唑硫醚选择性氧化生成 (*S*)- 奥美拉唑，活性比最初有活力的突变体 M1 提升了 5000 余倍[61]。该工作显示了环己酮单加氧酶在医药工业中的应用潜力（图 17-22）。

图 17-22　工程化酶 CHMO 催化（S）- 奥美拉唑的立体选择性合成

除了上述氧化反应外，BVMO 还能催化 NADPH 的氧化反应。Fraaije 等人发现仅引入一个突变（C65D）就足以将苯丙酮单加氧酶（phenylacetone monooxygenase，PAMO）转化为 NADPH 氧化酶[62]，应用于 NADP+ 的辅酶循环反应中（图 17-23）。PAMO 的 C65D 突变体晶体结构的预稳态动力学分析表明，突变体在黄素辅因子附近引入微小变化，导致过氧化黄素中间体的快速衰变，从而使得 PAMO 具有 NADPH 氧化酶的功能。

此外，BVMO 酶甚至还能催化酮的还原，从而可以将一个单加氧酶转换为酮还原酶。Wu 等人[63]基于 CHMO 催化 Baeyer-Villiger 氧化反应的机理，认为在无氧的条件下，可以避免还原态的黄素被氧气氧化成 Criegee 中间体，从而可以利用还原态的黄素来实现酮的还原。他们以芳香 α- 酮酯的还原为模型反应（图 17-24），利用结构导向的定点突变方法进一步提高了 CHMO 还原羰基的活性和对映选择性（99% 产率和 99% ee），实现了一系列不同取代基的芳香 α- 酮酯的选择性还原。

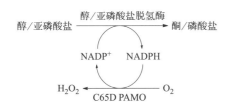

图 17-23　使用 PAMO C65D 作为 NADP+ 再生生物催化剂与脱氢酶联合使用

图 17-24　CHMO 催化芳香 α- 酮酯的还原

17.3.2　烯还原酶催化的非专一性反应

烯还原酶广泛应用于带有吸电子基团的烯烃双电子还原反应，催化中心的组氨酸和天冬酰胺（有时也可能两个都是组氨酸）作为两个关键氨基酸结合羰基，而通过 GDH/NADP+/ 葡萄糖辅酶循环系统原位形成的 FMNH- 离子提供了负氢，同时一个酪氨酸残基提供一个质子，从而实现了烯烃的还原。烯还原酶能够在一个反应步骤中最多创建两个立体化学中心，因此在对映体纯药物、精细化工和农化产品的不对称生物催化中具有非常重要的地位。但是，烯还原酶对于酮羰基以及一些没有活化的烯烃往往没有反应活性。然而，近年来发现，在光氧化还原催化剂的存在下，通过烯还原酶与光的协同催化，可以打破传统烯还原酶的反应限制，实现很多常规条件下难以发生的新型还原反应，例如经历自由基过程的脱卤氢化、烷基化、环化反应，以及分子间偶联等反应[64-70]。

通过亲电自由基和非活化烯烃的立体选择性偶联，对 α- 氯酰胺（α-chloroamide）进行对映选择性环化，这很难通过化学途径实现。然而，与酶结合的黄素氢醌 FMNhq，在光激发下能够被充分激活以使电子转移到 α- 氯酰胺。基于此，在蓝绿光（497 nm）照射下，以烯还原酶 GluER（来自 Gluconobacter oxydans）作为催化剂，以 GDH/ 葡萄糖 /NADP+ 作为辅酶循环系统，野生型和突变体 GluER$_{T36A}$ 都成功实现从 α- 氯乙酰胺到 γ- 内酰胺的转化（图 17-25）[64]。反应过程涉及到 α- 氯酰胺与黄素氢醌 FMNhq 形成

电子供体 - 受体（EDA）复合物（Int. A），以及该复合物在可见光激发下发生的单电子转移过程，在卤素阴离子释放的同时形成黄素半醌（FMNH•）和 α- 羰基碳中心自由基（Int. B），随后烯烃上加入自由基并形成新的前手性自由基中间体（Int. C），进一步发生立体控制的氢原子转移（HAT）过程，黄素半醌转化为氧化态黄素（Int. D），同时发生产物 - 底物交换和 FMNH$^-$ 的再生完成催化循环。除此之外，烯还原酶在光照下还能发生分子间自由基氢烷基化反应，美国伊利诺伊大学香槟分校的赵惠民等人利用烯还原酶为催化剂，以 α- 溴代苯乙酮和末端烯烃为底物，在光照下实现了分子间偶联反应，得到 γ- 手性羰基化合物（图 17-26 A）[65]。这些研究说明通过简单地光活化现有的烯还原酶，可以开发新的生物催化反应。

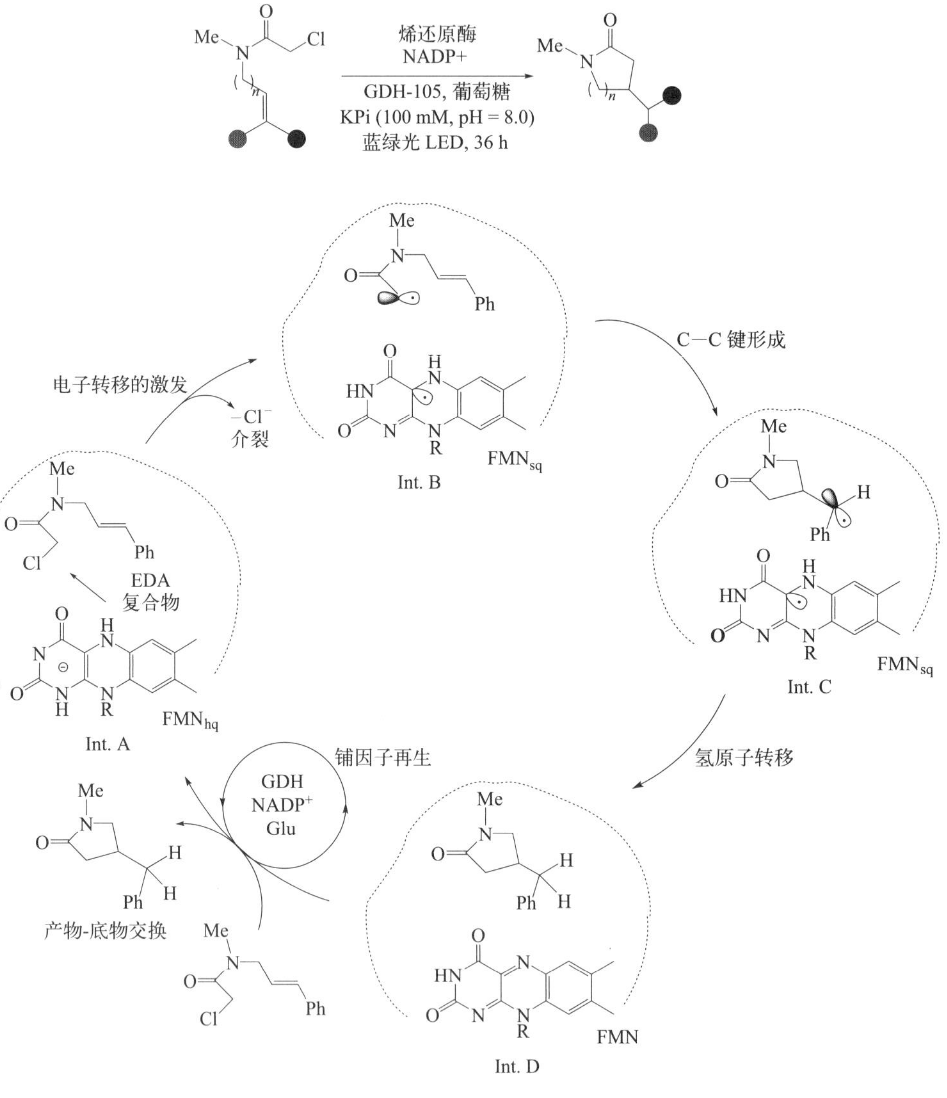

图 17-25　光激发烯还原酶催化的立体选择性自由基环化反应的过程和机理

　　光活化老黄酶（OYE）可以将 α- 卤代 -β- 酰胺酯（α-halo-β-amidoester）不对称环化为 3，3- 二取代羟吲哚（3,3-disubstituted oxindole）[66]，这是通过氧化还原中性自由基反应进行的（图 17-26 B）。来自 *Lycopersicon esculentum* 的 12- 氧代植物二烯酸还原酶 1（OPR1）可用于这种不依赖烟酰胺的反应。它能进行 15 种 α- 卤代 -β- 酰胺酯的环化，对含有对位取代的供电子基团的底物具有更高的活性。这种非天然不对称 C—C 键的构建在酶催化上是十分独特的，并且目前没有已知的可与之对照的催化实例。

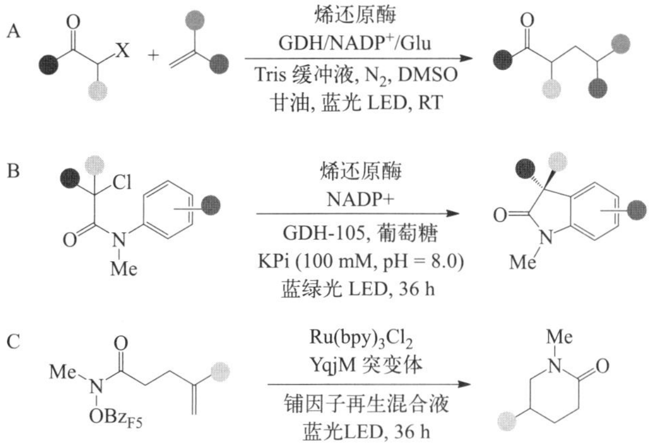

图 17-26　在光照下的烯还原酶催化的多功能性反应
A. 分子间氢烷基化[65]；B. 氧化还原中性环化[66]；C. 氮自由基偶联[67]。

碳氮键的构建在有机合成中是重要的有机化学反应，氮自由基具有很高的反应活性，可用于氢胺化、C—H 键胺化等反应，在这一过程中避免还原氢化副反应的发生和氮自由基的选择性控制是氮自由基利用的难点。能够形成氮中心自由基的天然酶或人工酶尚未被报道。Hyster 等人通过光催化剂协同烯还原酶 YqjM，在酶活性空腔中生成氮自由基，实现分子内和分子间氢胺化反应，通过定向进化找到了能够分别生成两个对映互补产物的突变株（图 17-26 C）。酶与底物间的相互作用，能够活化底物使光催化剂生成自由基的反应速度提升并使氢胺化反应的选择性提高[67]。

光 - 酶联合催化还能还原一些难以被烯还原酶还原的化合物，如光照下烯还原酶催化丙烯酰胺类底物的还原[68]，以及光催化剂和酶双催化体系将酮类底物[69]和乙烯基吡啶类底物[70]的还原反应。机理实验表明，这些反应都涉及到自由基过程，与烯还原酶催化天然反应的氢负转移机理完全不同[69]。这些新反应扩展了烯还原酶催化反应的功能和底物谱。

17.3.3　脂肪酸光脱羧酶催化的非专一性反应

来源于绿球藻的脂肪酸光脱羧酶（fatty acid photodecarboxylase from *Chlorella variabilis* NC64A，*Cv*FAP）是目前发现的为数不多的光酶之一，这种酶以 FAD 作为光吸收辅因子，能将脂肪酸（C_{12} 至 C_{22} 长度的长链羧酸）转化为 C_{n-1} 烷烃或烯烃，对 $C_{16} \sim C_{17}$ 链具有更高的催化效率，量子产率可超过 0.8[71-72]。其作用机制是将黄素的生物催化性质和光受体性质结合在一起，通过自由基化学催化脂肪酸脱去羧基，从而形成烃类化合物[29]。*Cv*FAP 催化脂肪酸脱羧的天然反应已经有较多的报道[73]。最近有研究报道 *Cv*FAP 也可以用于外消旋羧酸的拆分以及氘代烷烃的合成中，体现了脂肪酸光脱羧酶的非专一性。当选用外消旋 2- 羟基辛酸做底物时，发现（*R*）和（*S*）两个构型底物都能被野生型 *Cv*FAP 催化发生脱羧反应，几乎没有选择性。而对一些通过"大位阻氨基酸扫描"策略筛选获得的突变株发现，G462Y 突变株对（*S*）构型的 2- 羟基辛酸具有优异的立体选择性，剩余（*R*）构型的 2- 羟基辛酸的 ee 高达 99%，反应转化率 51%，拆分 E 值大于 200（图 17-27）。该突变株对一系列 α- 取代羧酸底物都具有较好的拆分选择性[74]。由于 *Cv*FAP 催化脂肪酸脱羧产生的自由基会与酶催化中心含活泼氢的氨基酸发生氢原子转移，因此当用重水作为反应介质时，重水上的氘原子就可以转移到烷基自由基上，从而生成氘代烷烃，因此可以将 *Cv*FAP 用于氘代烷烃的合成中，拓展生物催化氘代反应的工具箱[75]。

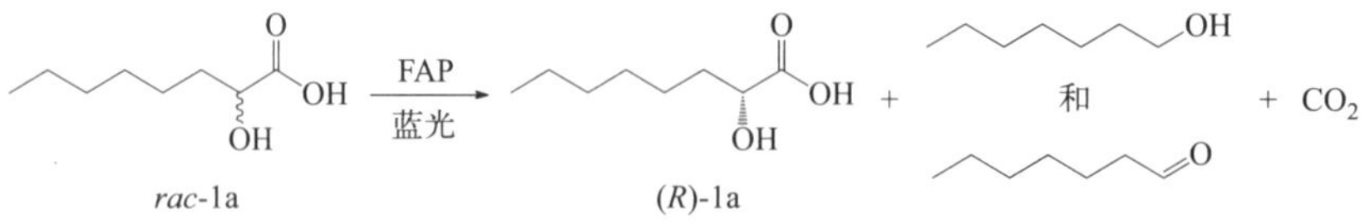

图 17-27 CvFAP 对 α- 羟基羧酸的动力学拆分

17.4 铁卟啉依赖酶催化的非专一性

金属卟啉化合物在生命过程及科学研究中起着重要作用。当卟啉空腔被铁原子取代后，我们将之称为铁卟啉化合物，即铁卟啉。铁卟啉在自然界中广泛存在，如血红素、细胞素 P450 等等。因其特殊的结构特点和功能作用，在生物、医药、能源及催化等方面有着广泛的应用。细胞色素 P450 酶是自然界催化功能最多最广的生物催化剂之一，可以催化羟基化、烯烃环氧化、氧化偶联、杂原子消除、杂原子氧化等天然反应过程[76-77]，而且具有极为宽泛的底物谱，可以识别芳香族、聚酮类、萜类、肽类、糖类等诸多结构类型的底物。近年来 P450 催化的非专一性反应研究取得了很大进展，最有代表性的是美国加州理工学院 2018 年诺贝尔化学奖得主 Arnold 教授。Arnold 教授课题组通过蛋白质工程手段改造血红素蛋白，使它具有催化多种非天然反应的能力。例如，他们从烯烃的环丙烷化反应可以通过金属卡宾化学来实现，以及铁卟啉也可以催化基于卡宾的烯烃环丙烷化反应中受到启发，设想以铁卟啉为中心的 P450 也可以通过蛋白质工程化改造，来模仿与其天然反应的氧转移具有电子等排体的卡宾转移过程，从而实现酶催化的烯烃环丙烷化。他们以苯乙烯和重氮乙酸乙酯的环丙烷化反应作为模型，通过对 P450 BM$_3$ 的定向进化和大规模筛选，发现单点突变即可获得对模型反应具有高催化活性和优秀的顺反异构选择性，而且体现了较宽泛的底物谱的突变体酶[78]。而对于未活化的脂肪族烯烃，一些天然的或工程化改造的血红素蛋白，包括珠蛋白、丝氨酸配位的与 P450 类似的"P411"变体及 NO 双加氧酶等，都可用于未活化烯烃底物的环丙烷化。通过定向进化可以增强它们的活性和立体选择性，甚至可以实现对四种立体异构环丙烷中的每一种产物的高效控制[79]。当反应的起始底物由末端烯烃改变为内炔烃时，还可以制备得到手性环丙烯化合物[80]。芳基取代的内炔烃在反应中能经过催化生成具有很高立体选择性的环丙烯产物（ee 值大于 99%），经过工程化改造，酶对不同底物的催化活性显著提高。非活化的脂肪炔烃也能够发生环丙烯化反应。而以苯乙炔为底物时，P411 突变体 P411-E10/V78F/S438A 通过连续的卡宾插入苯乙炔来生成高环张力的双环丁烷结构[81]。反应活性较低的脂肪族炔烃底物也可以发生催化反应，通过定向进化使反应活性得以提高，并可以获得选择性互补的产物。

除此之外，P450 还可以催化叠氮胺化、硫化物亚胺化、C—H 键酰胺化和胺化等氮宾转移反应[82]。针对不同的反应，通过蛋白质工程手段对酶的结构进行修饰，进而完成立体选择性的调控。这些生物催化卡宾和氮宾转移反应可以生物催化构建 C—C[83-84]、C—N[85-86]、C—Si 和 C—B[87] 键等，实现高价值化学品的生物合成。这些反应与小分子过渡金属催化的催化过程互补，甚至其中的一些反应所呈现的优异反应性能，包括超高的反应效率和精准的立体选择性控制，是当前小分子催化剂难以实现的。

除了细胞素 P450，血红蛋白、肌红蛋白、一氧化氮合酶（NO synthase，NOS）以及过氧化氢酶（catalase，CAT）也是常见的含有铁卟啉的蛋白质，它们也具有相应的催化多功能性。例如 Fasan 教授课题组发现抹香鲸肌红蛋白 Mb 能够催化分子间卡宾 S—H 键插入反应生成硫醚。他们以 α- 重氮乙酸乙酯插入硫代苯酚作为模板反应，通过定向进化发现二重突变体 Mb（L29A/H64V）对反应的转化效率显著提高，并对不同的芳基和烷基硫醇底物以及作为卡宾前体的不同 α- 重氮酯都具有较高的催化活性。此外，研究还发现反应的对映选择性可以通过血红蛋白远端口袋内的氨基酸残基突变来调节，从而产生能够支持不对称 S—H 插入的肌红蛋白突变体，ee 值可达 49%[88]。

17.5　其他辅因子依赖型酶的催化多功能性研究

氧化还原辅酶Ⅰ（$NAD^+/NADH$）和Ⅱ（$NADP^+/NADPH$）是酮还原酶、醇脱氢酶等氧化还原酶最常使用的辅酶。它们也和黄素一样具有光敏性。在基态时，NADH（或 NADPH）主要作为还原反应的负氢来源和弱的单电子还原剂。而一旦受光激发后，它们会成为一个潜在的单电子还原剂，其还原电位显著下降，还原性增强，可以还原一系列基态时较难还原的底物。美国 Hyster 等人利用烟酰胺依赖的酮还原酶（ketoreductase，KRED），在可见光照射下实现了卤代内酯的高对映选择性自由基脱卤转化（图 17-28）[89]。在可见光照射 KRED 的情形下，卤代内酯与光敏 NADPH 之间形成电荷转移络合物。C—Br 键裂解形成了内酯的前手性自由基，然后阳离子化的辅因子自由基可以转移一个氢原子到内酯上，形成手性产物。最后通过辅因子再生系统还原 NAD（P）$^+$，完成催化循环。上述工作解决了生物催化对映选择性氢原子转移（HAT）的挑战，但是底物范围比较有限，要求底物必须与光敏的辅酶分子形成电荷转移复合物才能发生催化。为了开发更具有通用性的方法，Hyster 等人还发展了可见光激发下伊红 Y 等光氧化还原催化剂与烟酰胺依赖的双键还原酶组合催化，实现了 α 位乙酰氧基取代的酮经由自由基脱乙酰氧基反应，合成一系列手性酮[90]。这些工作极大地丰富了烟酰胺依赖的氧化还原酶的催化合成方法。

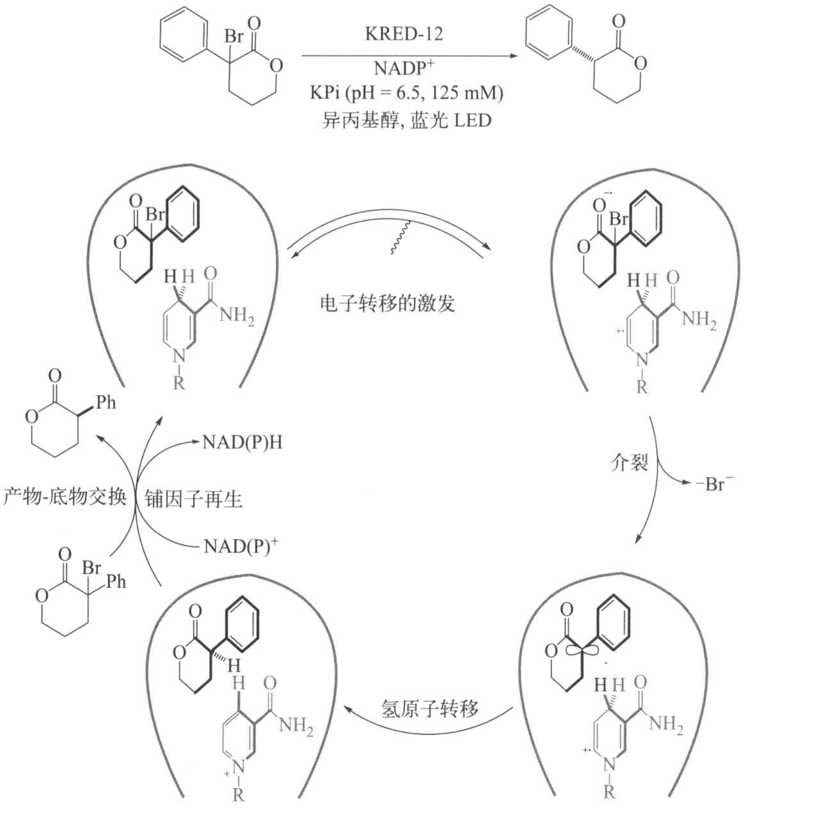

图 17-28　光激发烟酰胺依赖的酮还原酶催化卤代内酯的高对映选择性自由基脱卤反应过程和机理

焦磷酸硫胺素（ThDP）包括噻唑环、氨基嘧啶基团和二磷酸组成。碱性氨基嘧啶基团帮助噻唑 C2 上的质子离去，剩余部分形成亲核性噻唑卡宾与底物羰基亲核加成，产生烯胺醇 Breslow 中间体，再进行各种亲核反应，硫胺素依赖型酶与亲电醛或其他羰基底物结合并将它们的极性反转，变为亲核形式，然后进一步实现化学转化。Muller 课题组首次证明了 ThDP 依赖性酶 PigD 的 1,4- 加成活性，以此为催化剂实现不对称分子间 Stetter 反应（图 17-29 A）[91]。除此之外，ThDP 依赖性酶还可以实现不对称分子内 Stetter 反应 [92]。Wu 等人通过分子动力学模拟来预测不同 ThDP 依赖型酶催化底物（E）-4-（2- 甲酰基苯氧基）- 丁 -2- 烯酸乙酯进行分子内 Stetter 反应的可能性，最后利用荧光假单胞菌苯甲醛裂解酶（PfBAL）成功实现了该类型底物的分子内不对称 Stetter 反应，反应得到 91% 产率和 96% ee 值，为手性苯并二氢吡咯喃酮骨架的构建提供了一种简便、温和的方法（图 17-29 B）[92]。

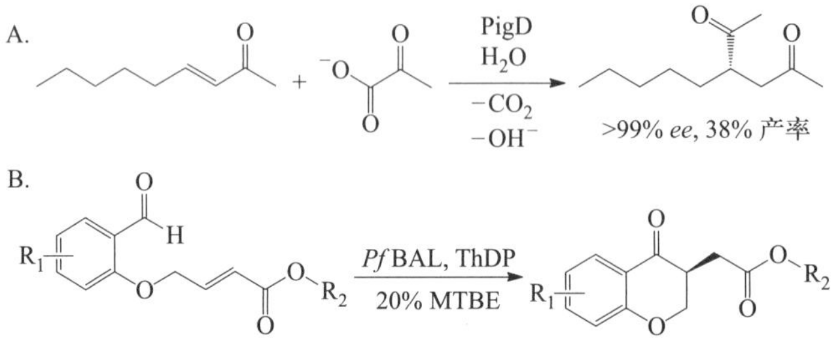

图 17-29　焦磷酸硫胺素依赖酶催化的分子间和分子内的 Stetter 反应

磷酸吡哆醛（PLP）也是酶中常见的辅因子。PLP 中的醛基可以与底物的氨基缩合形成的醛亚胺中间体，PLP 依赖性酶可以催化氨基转移、氨基酸脱羧、外消旋、差向异构、羟醛缩合等反应。2016 年，Lavandera 及其合作者报道了首例利用含有 PLP 的转氨酶实现催化多功能性的反应。在不存在胺受体的情况下，转氨酶与芳香族 β- 氟胺反应，可以同时对映选择性脱氟和脱氨基，形成相应的苯乙酮衍生物。通过这一过程，实现了一系列外消旋的 β- 氟胺的动力学拆分，得到相应的手性 β- 氟胺产物，ee 值最高可达 99%（图 17-30）[93]。

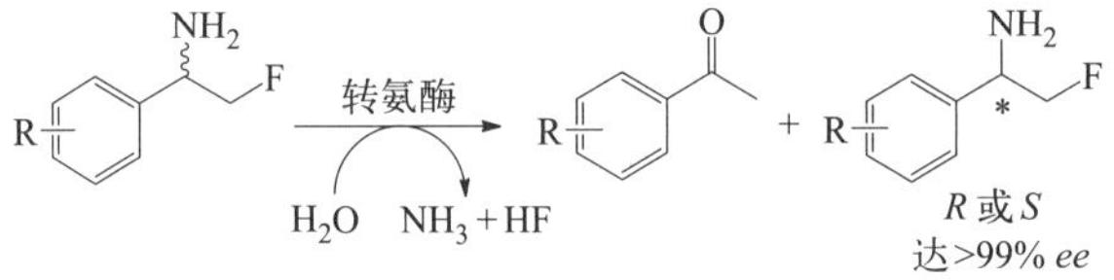

图 17-30　转氨酶催化 β - 氟胺的动力学拆分反应

17.6　酶催化非专一性在多步有机合成中的应用

17.6.1　脱羧 -Aldol 反应合成 β- 羟基酮类化合物

β- 羟基酮类化合物是一种很重要的分子结构单元，在自然界和药物分子中广泛存在。如免疫抑制药物他克莫司（tacrolimus）（图 17-31 A），是典型的 β- 羟基酮类化合物，能够很好的预防器官移植中可能出现的排斥反应。一般地，β- 羟基酮类化合物是通过羟醛反应合成。脱羧羟醛反应是有机合成中重要的碳 - 碳键形成反应之一，为区域选择性羟醛反应提供了良好方案（图 17-31 B）。

Yu 等人 [94] 研究发现，一些水解酶具有催化脱羧 -Aldol 加成反应的能力。如丙烯酸树脂固定化假丝酵母脂肪酶 B（CALB）在乙腈溶液中能够催化脱羧羟醛反应用于合成 β- 羟基酮类化合物。该反应先后经历了 Aldol 反应、脱羧反应两步反应。该反应中加入了微量的 1,4,7,10- 四氮杂环十二烷作为添加剂，在 20℃下反应 20h 可得到产率为 81% ～ 96% 的 β- 羟基酮类化合物（图 17-32）。

A.

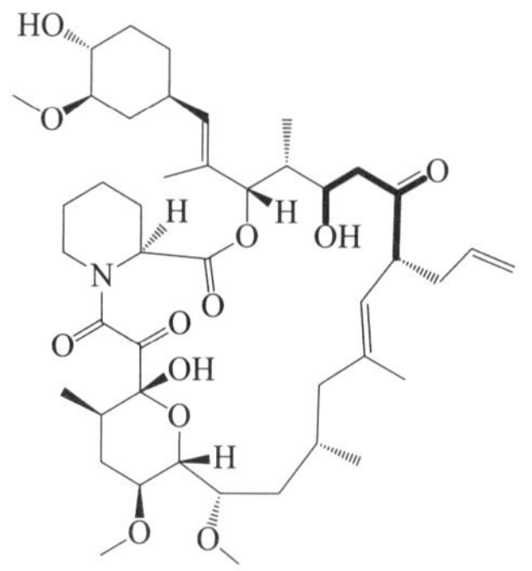

他克莫司分子式

B.

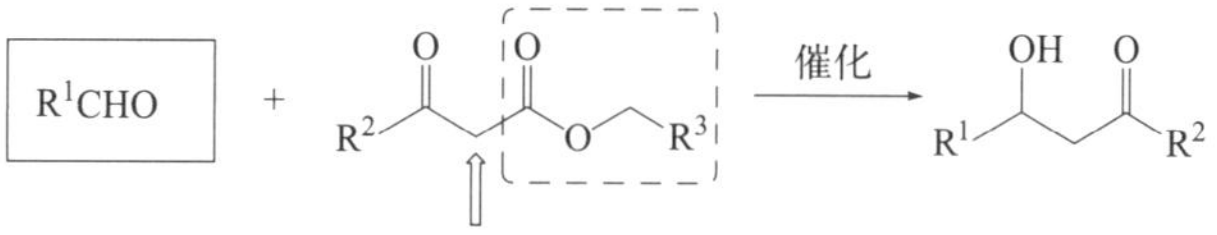
R1CHO
催化

脱羧羟醛反应

图 17-31　*β* - 羟基酮类化合物他克莫司的结构和脱羧羟醛反应式示意图

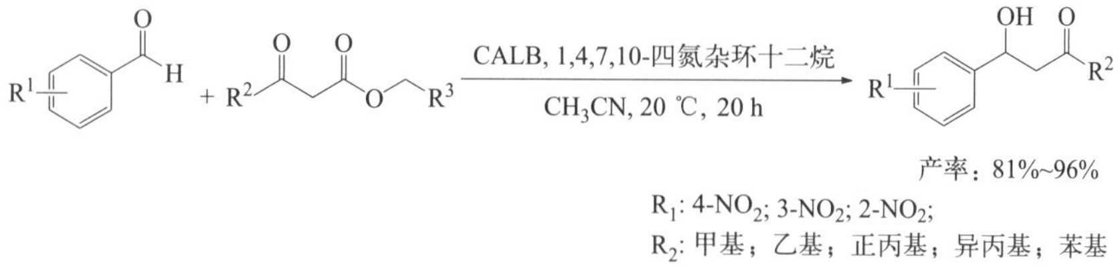
CALB, 1,4,7,10-四氮杂环十二烷
CH3CN, 20 ℃, 20 h
产率：81%~96%
R1: 4-NO2; 3-NO2; 2-NO2;
R2: 甲基；乙基；正丙基；异丙基；苯基

图 17-32　酶催化脱羧 -Aldol 加成反应历程

17.6.2　水解 - 缩合 - 加成反应

脂肪酶可以催化醇的酰化反应，这种反应经常由醋酸乙烯酯进行。但在 2009 年 Gupta 等人[95]的研究中发现，在无水条件下，环状二酮在脂肪酶Novozyme 435的催化下未能被成功酰化。在该反应体系中，脂肪酶 Novozyme 435 表现出醛缩酶的催化性能，催化环状二酮（主要以烯醇形式存在）与乙醛发生羟醛缩合反应。该反应的历程是：酶促乙酸乙烯基酯的脱乙酰化产生乙醛，三环二酮化合物和乙醛之间的缩合在原位产生初始产物，然后形成双加合物（二酮形式），其以烯醇形式互变异构（如图 17-33）。该反应可在 4 h 后达到 97% 产率。整个反应经历了水解 - 缩合 - 加成等多个反应步骤。

17.6.3　Michael 加成 - 酰化反应合成手性杂环化合物

1986 年，Kitazume 等[96]在 pH=8.0 的缓冲溶液中，用猪肝酯酶（porcine liver esterase）和柱状假丝酵母脂肪酶（*Candida columnar* lipase）成功地催化合成具有手性 Michael 加成产物的时候发现，当以 2- 三氟甲基丙烯酸和含有氨基与亲核取代基团的芳香化合物为原料时，该催化体系还合成了具有手性中心三氟甲基化杂环化合物。该手性杂环化合物通过手性的 Michael 加成和酰化反应两步反应得到（图 17-34），同样地，枯草芽孢杆菌碱性蛋白酶（alkaline protease from *Bacillus subtilis*）可以在无水吡啶中，50℃ 条件下催化乙烯基 -3- 丙烯酸基丙酸酯、D- 葡萄糖和咪唑类衍生物反应生成一系列咪唑含糖衍生物[97]，该反应先经历了酰化反应生成 6-*O*-（*β*- 丙烯酸基 - 丙酰基）-D- 葡萄糖，然后再和咪唑衍生物发生 Michael 加成，得到手性杂环产物，收率在 69% ～ 80%（图 17-35）。

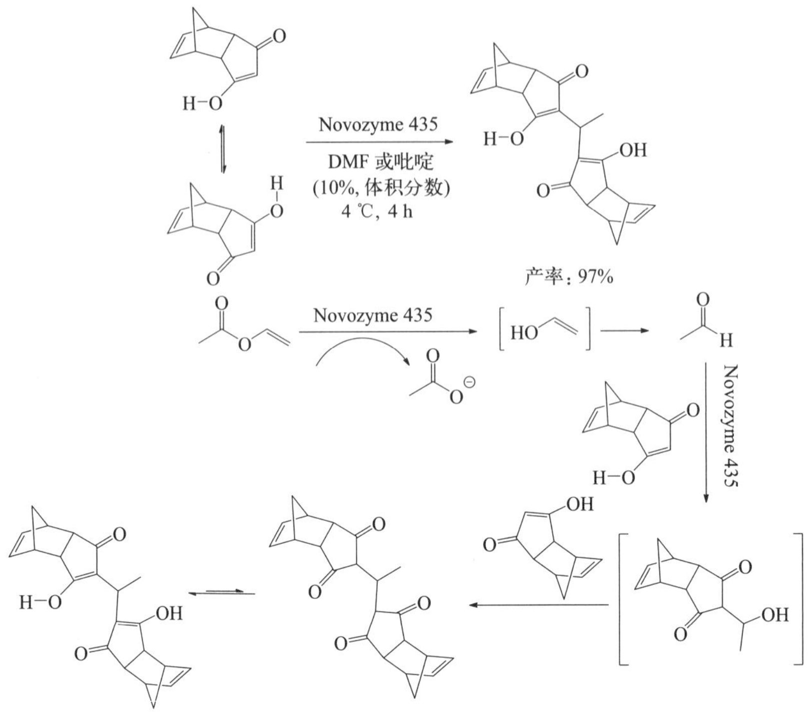

图 17-33 酶催化的水解－缩合－加成反应历程

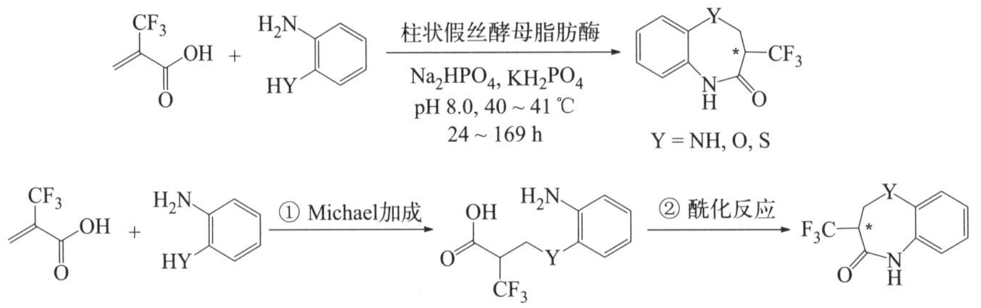

图 17-34 酶催化 Michael 加成－酰化反应合成三氟甲基化杂环化合物

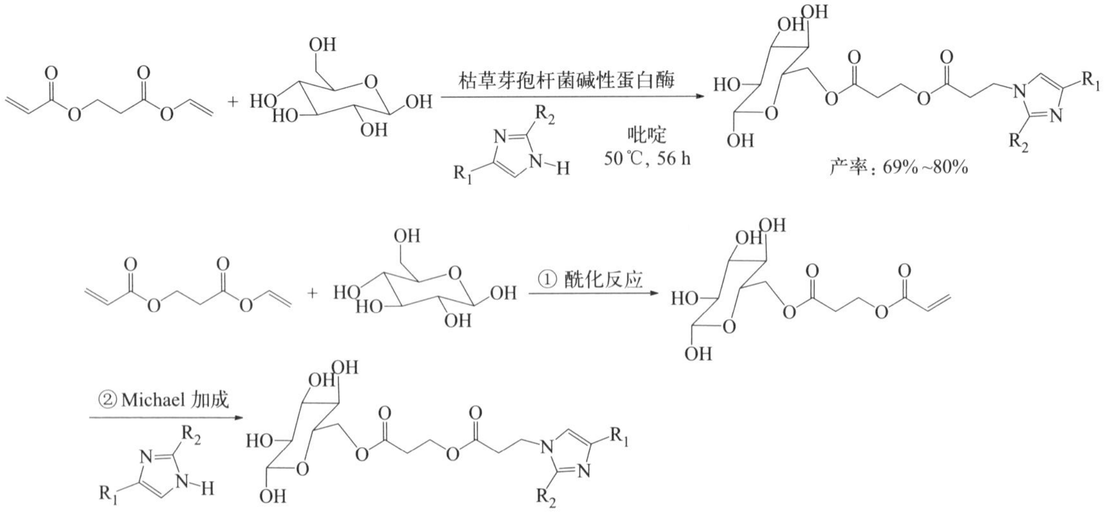

图 17-35 酶催化酰化－Michael 加成反应合成咪唑含糖衍生物

17.6.4　Michael 加成－环化反应合成肟官能化二氢呋喃衍生物

　　二氢呋喃衍生物因其存在于广泛的生物活性合成物和天然产物中，因而被认为是重要的合成中间体。探索制备这些官能化杂环的简便和绿色方法，在合成有机化学中受到了相当大的关注。而串联催化因其原子经济性和操作简单，为改进此类转化反应提供了机会。此外，肟类化合物往往表现出令人满意的杀虫、杀菌或除草活性，因此合成肟官能化二氢呋喃衍生物具有重要意义。而在实际应用实例中，猪胰脂肪酶 PPL 被发现可以在 DMSO 和水（$V_{DMSO}:V_水=4:1$）的混合溶剂中催化硝基苯乙烯和乙酰丙酮发生 Michael 加成，随后接着发生环化反应，得到肟官能化二氢呋喃的衍生物，反应的收率为 50%～85%（图 17-36）[98]。

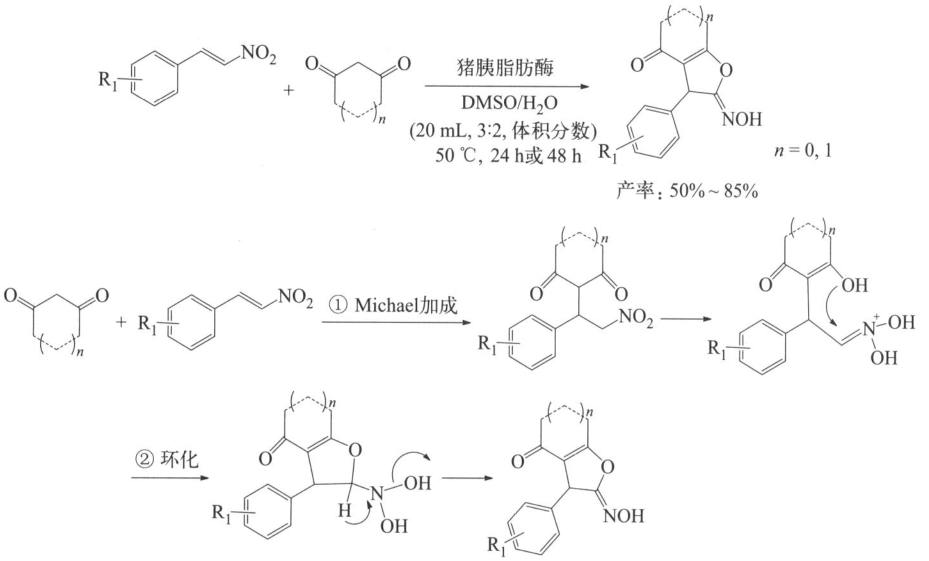

图 17-36　酶催化 Michael 加成－环化反应合成肟官能化二氢呋喃衍生物

17.6.5　Knoevengel 反应–Michael 加成反应－环合反应合成吲哚啉螺环类化合物

　　吲哚啉螺环化合物是由吲哚啉和哌啶组成的螺环化合物，其具有许多潜在的药理活性，可用于农药如杀虫剂以及医疗药物如组织蛋白酶抑制剂等[99]。临床研究表明，吲哚啉螺环化合物对心血管疾病、神经系统疾病以及代谢疾病等有明显的治疗作用。目前用于吲哚啉螺环化合物的合成方法大多存在原料来源困难、反应条件苛刻以及收率低且成本高等问题。在 2011 年，Zhang 等人[100] 发现猪胰脂肪酶 PPL 在乙醇溶剂中，可以催化吲哚酮、腈基化合物和 1,3- 二羰基化合物一锅法合成吲哚啉螺环衍生物，该反应先后经历了 Knoevengel 反应、Michael 加成和环合反应，在水含量 10%～20% 时脂肪酶的催化活性最高，反应的产率在 83%～95%（图 17-37）。

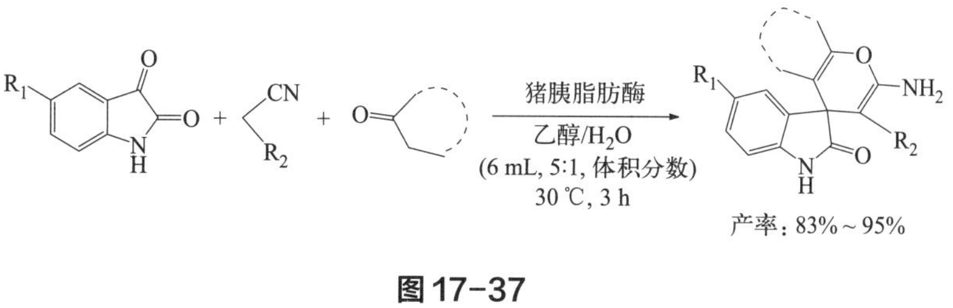

图 17-37

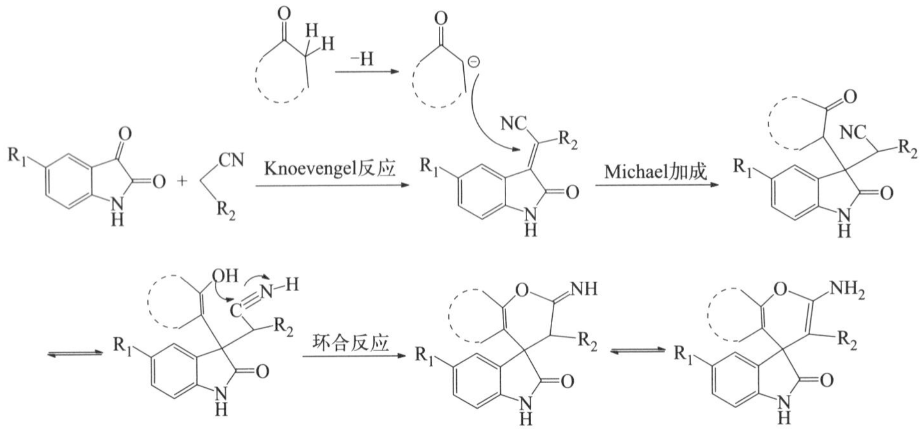

图 17-37 酶催化 Knoevengel 缩合 -Michael 加成 - 环合反应用于合成吲哚啉螺环类化合物

17.6.6　不对称 Mannich 反应合成手性 β - 氨基酮 / 醛类化合物

　　β- 氨基酮化合物首次被合成于 19 世纪。在上个世纪，Mannich 系统地研究了 β- 氨基酮类化合物的合成方法。这类化合物在体内通过消除氨基生成 α,β- 不饱和酮，从而表现出如抗癌、抗菌等生物活性。手性 β- 氨基酮类和醛类化合物的制备主要通过不对称 Mannich 反应得到。灰色链霉菌蛋白酶ⅩⅣ（protease from *Streptomyces griseus*，SGP）被发现可以在乙腈和水的混合介质中，在 30 ℃ 下可以催化芳香醛、芳香胺和环酮的不对称 Mannich 反应，产率最高可以达到 92%，*ee* 达到 88%（图 17-38）[101]。

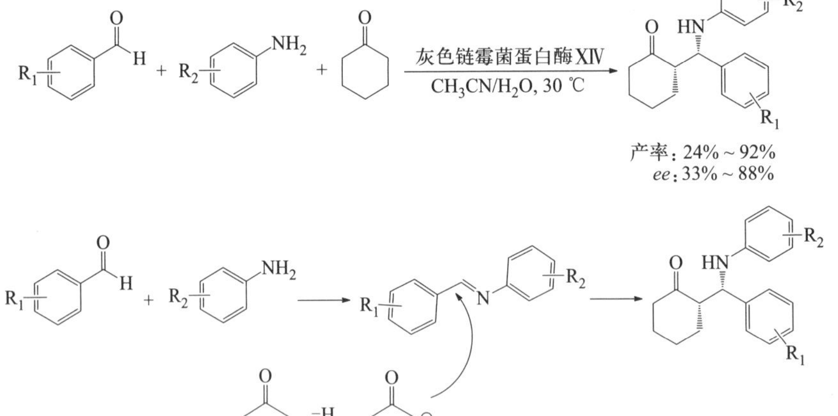

图 17-38 酶催化不对称 Mannich 反应合成手性 β - 氨基酮 / 醛类化合物

17.6.7　光催化氧化 - 酶催化联合催化合成噻唑、嘧啶类化合物

　　噻唑、嘧啶类支架是天然产物和药物分子中常见的化合物，具有重要而广泛的生物活性，如抗肿瘤、

抗炎、抗过敏、雌激素等活性，在癌症诊断中有广泛的应用。2021 年，Yu 等人[102]利用可见光催化和酶催化相结合，合成了应用广泛的 2- 取代苯并噻唑类化合物。整个反应过程非常高效，在空气气氛下仅用 10 分钟即可达到 99% 的产率，并且在多种底物条件下都能以较高收率获得 2- 取代的苯并噻唑产物。传统上，4H- 嘧啶［2,1-b］苯并噻唑衍生物的合成主要依靠醛、β- 酮酯和 2- 氨基苯并噻唑的 Biginelli 反应。同年，Yu 等人[103]成功开发了基于光催化氧化与胰蛋白酶催化的醇、β- 酮酯、2- 氨基苯并噻唑的一锅反应体系。该方法对醇类底物苯环上的各种取代基，如卤素和硝基均具有良好的耐受性。在温和的反应条件下，产率高达 98%（图 17-39）。

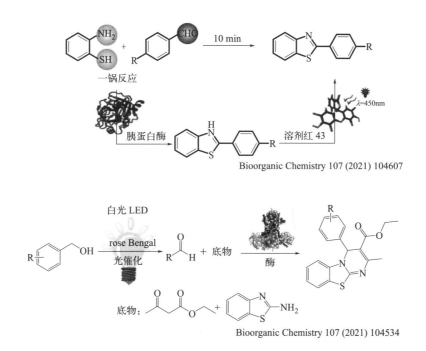

图 17-39　光催化氧化 - 酶催化联合催化串联反应合成嘧啶、噻唑化合物

17.7　酶催化非专一性在工业合成中的应用

大多数工业规模的生物催化主要集中在缓冲液或非水介质中水解酶和氧化酶的天然反应。严格地说，除了根据 Hult 和 Berglund 提出的一些使用酶底物或条件非专一性的情况外，很少有酶的催化非专一性被应用于工业规模生产。

脂肪酶（三酰基甘油酯水解酶，EC 3.1.1.3）是羧酸酯酶，催化长链酰基甘油水解为甘油、游离脂肪酸、单酰基和二酰基甘油。过去几十年工业上使用的酶催化非专一性的一个代表性例子是酯酶 / 脂肪酶所展示的酰胺酶活性。例如，巴斯夫公司将脂肪酶催化的酰胺化应用于外消旋胺的（动态）动力学拆分反应[104]。利用固定在聚丙烯酸树脂上的伯克霍氏菌脂肪酶，以乙基甲氧基乙酸酯为原料制得作为医药和农药中间体的对映体 (R)- 苯乙胺。这个反应的 E 值大于 500。在动态动力学酰胺化拆分反应（DKR）中，利用钯催化剂对未转化的 (S)- 对映体进行外消旋化，可使其完全转化成 (R)- 苯乙基甲氧基乙酰胺。(R)- 苯乙基甲氧基乙酰胺易于水解得到 (R)- 苯乙胺。酶促反应在与降膜蒸发器相连的柱塞流反应器中进行，随后进行蒸馏（图 17-40）。

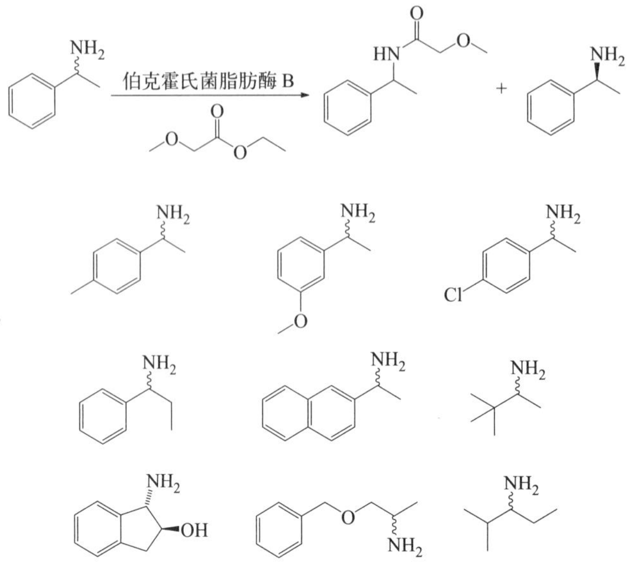

图 17-40　在巴斯夫公司进行的 1- 苯乙胺以及其他外消旋胺的酶促动力学拆分

　　工业相关文斯内酰胺（2- 杂氮杂环［2.2.1］hept-5-en-3-one）的立体异构体是药物活性化合物的前体，如用于抗病毒（如抗艾滋病毒）治疗的碳环核苷。1993 年，瑞迪博士药业（Dr. Reddy）发现了微细菌中的内酰胺酶活性，并将其用于文斯内酰胺的动力学拆分[105]。微细菌中相应的酶被过量表达和纯化，表现出典型的 α/β- 水解酶折叠结构。活性位点由 Ser98/Asp230/His258 残基组成；Tyr32 和 Met99 的主链氮原子形成氧阴离子洞。在荧光假单胞菌中发现了另一种酯酶，具有高立体选择性的（−）-γ- 内酰胺酶非专一活性，可作用于消旋文斯内酰胺。通过引入 Leu29Pro 的点突变，内酰胺酶活性提高了 200 倍，并与工业使用的 *Microbacterium* sp. 酶一样具有很好的对映体选择性[106]。

　　酶的非专一性在工业上的另一个应用例子是克雷伯斯生化工业有限公司（Krebs Biochemical & Industries）使用含有丙酮酸脱羧酶（EC 4.1.1.1）的酿酒酵母整细胞生产 (R)- 乙酰基苯甲醇［(R)-PAC］，这是麻黄素合成的中间体[107]（图 17-41）。利用酵母从苯甲醛生产 PAC 也被 Knoll（巴斯夫）和 Malladi 制药（印度）大规模使用。随后，(R)-PAC 通过还原胺化转化为 d- 伪麻黄碱，用于治疗哮喘、花粉热和解充血剂，也是紫杉醇侧链的重要组成部分。

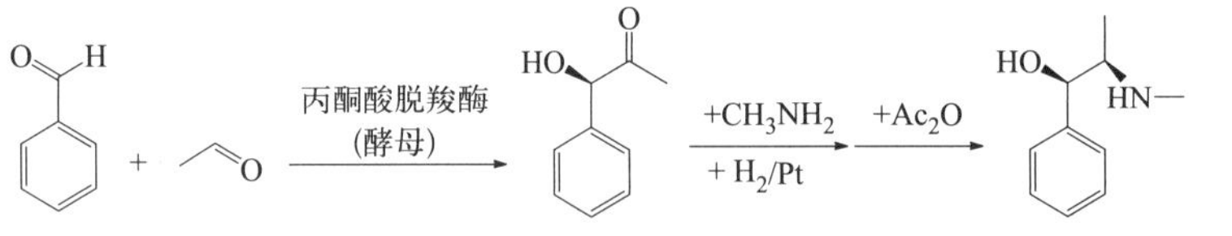

图 17-41　酿酒酵母整细胞催化合成（R）- 乙酰基苯甲醇

　　卤代醇脱卤酶（halohyin dehalogenase，HHDH），又名卤代醇氢卤化物裂解酶或卤代醇环氧化酶［EC 4.5.1］，催化 1,2- 卤代醇与相应的 1,2- 环氧化物相互转化[108]。HHDH 利用 NaCN 催化 C—C 键形成。Codexis 公司正在使用这种酶生产 4- 氰基 -3- 羟基丁酸酯（图 17-42），这是合成他汀类药物的结构砌块。

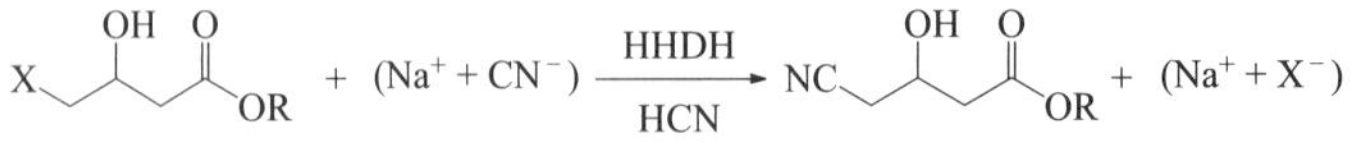

图 17-42　HHDH 催化合成 4- 氰基 -3- 羟基丁酸酯

（吴起，王娜）

思考题

（1）什么是酶催化的非专一性？酶催化非专一性产生的原因是什么？

（2）简述酶催化非专一性对现代生物催化理性设计的指导方向。

（3）简述光激发烯还原酶催化的自由基环化反应机理。

第 17 章
参考文献

第
17
章

第18章 多酶级联催化反应

18.1 级联催化

18.1.1 级联催化简介

　　级联催化是指在同一反应条件下，通过多个催化剂的共同作用，将多步反应整合在一起，从而高效地合成目标产物。"级联"（cascade）有时也会用于"串联"和/或"多米诺"反应[1]。在传统的有机合成反应中，通常采用简单的逐步反应方法将起始物质转化为产物，其中间产物在进行下一步反应之前需被分离和纯化，这通常会导致较低的时空产率、费力的产物回收过程以及大量的废弃物。相比之下，级联催化过程通常比传统工艺更短，这主要是缩短了反应及分离操作步骤，也就是 Wender 所称的步骤经济性（step economy）[2]，使用的试剂和溶剂量相对较少，产生的废物量也减少（图 18-1）。事实上，绿色催化合成的最终目标是将几个催化步骤整合到步骤经济性最佳的一锅反应中，无需分离中间产物[3]。级联催化的优势在于能够将多步反应整合在一起，避免了反应物的分离和纯化步骤，从而节省了时间和成本。此外，级联催化还能够通过合理设计催化剂，实现对反应的精确控制，提高产物的产率和选择性。因此，在有机合成领域中，级联催化已经成为一种重要的合成策略，被广泛应用于复杂分子的合成和天然产物的全合成。

　　在级联催化中，催化剂的选择和设计是至关重要的。合适的催化剂能够有效地促进多步反应的进行，并控制反应的方向性和选择性。因此，研究人员不断地探索新的催化系统，以提高级联催化的效率和适用范围。同时，研究人员也在不断地优化已有的催化系统，以满足不同反应条件下的需求。随着催化领域的不断发展和创新，级联催化将会在有机合成领域中发挥越来越重要的作用，为复杂分子的合成和药物的研发提供更加高效和可持续的解决方案。

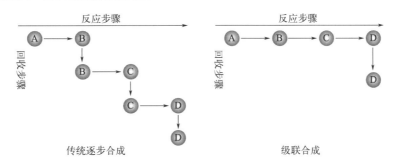

图 18-1 传统的逐步合成策略与级联合成策略比较

18.1.2 级联催化的分类

　　（1）根据反应过程进行分类[4]

　　类型Ⅰ：是一种起始物通过两个（或多个）紧密相连的反应连续进行的转化，也可以被称为"多米诺"或"串联"反应。其中两个单独的反应很难以逐步（或独立）的方式进行，因此两个步骤之间的中间产物可能是不稳定的，并且通常很难被分离和表征。

类型Ⅱ：构成"顺序"或"串联"反应，被认为是两步反应，这些反应以连续的方式进行，其中每个步骤可以单独执行。因此，其中间产物是一个相当稳定的化合物。

（2）根据催化剂进行分类

根据催化剂的不同，可将级联催化分为化学级联催化、生物级联催化以及化学-生物级联催化三种类型（图18-2）。

类型Ⅰ：化学级联催化，通过化学催化剂进行的级联反应。如通过有机催化剂、金属催化剂、光催化剂以及纳米催化剂等催化的级联反应[5-6]。

类型Ⅱ：生物级联催化，通过多个酶（或细胞）催化剂进行的级联反应。通过多种酶的协同作用，实现对复杂底物的高效转化。

类型Ⅲ：化学-生物级联催化，由化学催化剂和酶催化剂组合进行的级联反应。

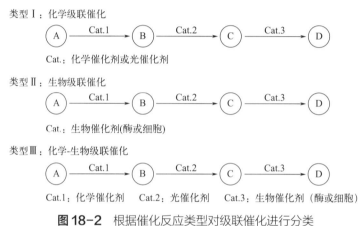

图18-2 根据催化反应类型对级联催化进行分类

本章主要对多酶（生物）级联催化的定义、分类以及近几年在医药化学品合成中的最新进展做一介绍。

18.2 多酶级联催化

18.2.1 多酶级联催化简介

多酶级联催化也可称为生物级联催化（cascade biocatalysis），是一种通过不同功能酶的协同作用，催化一系列连续的生化反应，将简单底物转化为复杂产物的生物催化反应体系。它与经长时间进化而来的天然生物合成途径不同，可将简单化合物通过非天然途径转化为高附加值化合物。多酶级联催化反应能有效地减少中间产物的分离、提纯等消耗能量的步骤，在经济和环境友好上也较为有利。多酶级联催化技术具有广阔的应用前景，已应用于医药、食品、环保等多个领域。

多酶级联催化具有以下优势：

（1）由于中间体在原位生成并立即消耗，减少了抑制问题；

（2）没有中间体纯化步骤导致废物产生较少；

（3）有效减少中间物的分离和提取步骤，资源（如时间、空间、能源和材料）消耗较少；

（4）可以推移不利的热力学平衡；

（5）可以从简单且易得的化合物出发合成高值复杂分子；

（6）具有较高的环境友好性；

（7）具有较高的反应灵活性。

18.2.2　多酶级联催化的类型

18.2.2.1　根据酶的作用方式分类

根据酶的作用方式，多酶级联催化可被分为四个基本类型，即线性（linear）级联，平行（parallel）级联，正交（orthogonal）级联和循环（cyclic）级联（图 18-3）[7-9]。

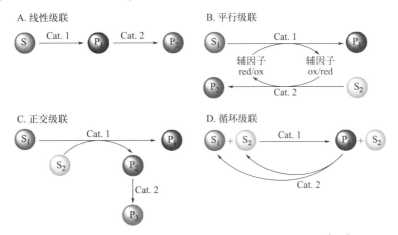

图 18-3　根据酶的作用方式进行的多酶级联催化分类[7-9]

（1）线性级联

线性级联是多酶级联中最常见的一种类型，包括在"一锅"中进行连续转化，每个步骤由酶催化，其中起始物质 / 底物（S）通过一个或几个（反应性）中间物转化为最终产品，其中间物不可被分离（图 18-3 A）。这种级联具有实际优势，可以避免对有毒、不稳定和易爆的中间体的储存和处理。例如，将一个外消旋混合物转化为单一对映体是通过去消旋化来实现的[10-13]。在线性级联反应中，一个反应步骤的产物作为后续化学步骤的底物，这可能是最直接的级联反应类型，因为它避免了（不稳定的）反应中间体的分离，最终目标是增加整体产物产率，节省时间和资源。此外，线性级联可以通过与后续不可逆的反应步骤结合来改变不利的单步反应平衡。最典型的一个例子是将木薯羟基腈裂解酶与南极酵母脂肪酶 A 催化的乙酰化反应结合起来，用于合成光学纯 (*S*)-4- 甲氧基苯乙腈，脂肪酶催化酰化所得的 α- 氰醇会转化生成稳定的酯产物（图 18-4）[14]。通过这种方式，氢氰化反应的平衡可以转向形成稳定的苯甲酰化产物，并且避免了不稳定性氰醇中间体的分离。

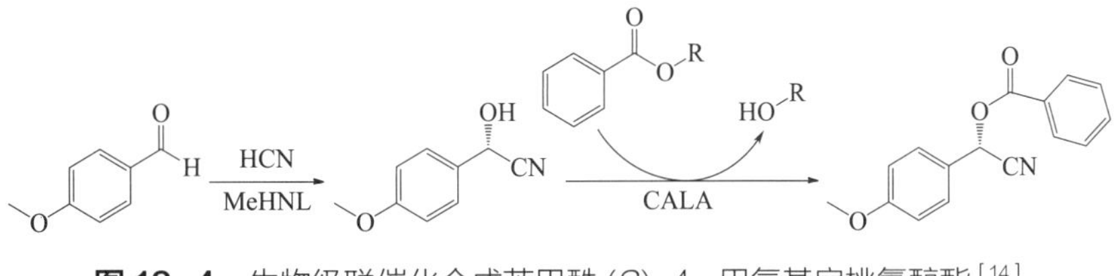

图 18-4　生物级联催化合成苯甲酰 (*S*)-4- 甲氧基扁桃氰醇酯[14]

（2）平行级联

平行级联是在氧化还原生物催化领域应用最广泛的级联类型，产物形成与第二个平行反应同时进行（图 18-3 B）。一个典型的例子是氧化还原酶反应过程中 NAD（P）H 辅因子循环再生。另一个例子是由于同时发生的转化而产生两种产物的偶联过程。在一个平行、相互连接的级联过程中，两个独立的生物催化反应通过两种酶的互补辅因子需求相连接。因此，平行级联通常与辅因子循环系统相关联[15-17]。例如 NAD(P)H 氧化酶［NAD(P)H oxidase，NOX］能以氧气作为底物，反应过程中辅因子 NAD(P)H 提供还原力并被氧化为 NAD(P)$^+$，生成水或过氧化氢。将该类酶与醇脱氢酶（Alcohol dehydrogenase，ADH）催化的醇氧化反应进行偶联，可以使反应中的辅酶 NAD(P)$^+$ 得到循环再生（图 18-5）[18]。

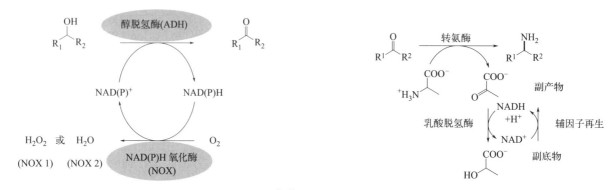

图18-5　醇脱氢酶级联 NAD(P)H 氧化酶催化醇氧化[18]　**图18-6**　一锅级联转氨酶和乳酸脱氢酶催化酮不对称胺化[19]

（3）正交级联

与平行级联密切相关的是正交级联（图 18-3 C），辅底物 S$_2$ 生成一个中间体 P$_2$，进一步转化为一个共产物 P$_3$。该级联系统可以使平衡向产物形成方向移动，或减少中间体 P$_2$ 对酶的抑制。在一个正交级联中，将底物转化为期望的产物与第二个反应结合起来，以去除一个或多个副产物。最典型的例子是转氨酶与乳酸脱氢酶的结合，其中乳酸脱氢酶催化转氨反应的副产物丙酮酸（当以丙氨酸作为胺供体时）进一步转化为乳酸，以改变转氨酶反应的平衡（图 18-6）[19]。

（4）循环级联

循环级联的主要特征是形成的产物（P$_1$）被转化回一个或两个起始物质（图 18-4 D）。例如，来自消旋底物的一个对映体被转化为中间产物，然后再转化回消旋起始物质，而剩余未反应的另一对映体底物作为最终目标产物。如果未反应的对映体底物被消旋以产生对映纯的产品，则同样适用（即动态动力学拆分）。因此，循环级联通常应用于去消旋过程，例如手性的氨基酸、羟基酸或胺[20-21]。最近，遵义医科大学陈永正课题组[22]通过构建苯乙烯单加氧酶和亚砜还原酶组成的循环级联催化系统，可以对外消旋亚砜进行去消旋化，酶促合成手性亚砜（图 18-7）。

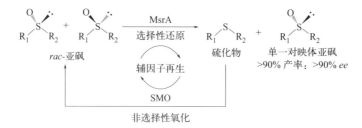

图18-7　由亚砜还原酶 MsrA 与苯乙烯单加氧酶 SMO 组成的循环级联去消旋化系统，用于生物催化制备手性亚砜[22]

18.2.2.2　依据酶催化剂所处环境的分类

根据酶催化反应所处的环境不同，多酶级联催化可分为体外（*in vitro*）多酶级联、体内（*in vivo*）多酶级联以及混合（hybrid）级联三种类型（图 18-8）。在体内级联反应中，级联中的所有酶都包含在整体（活）细胞中；而在体外级联反应中，则利用纯酶、粗酶、冻干酶粉、固定化酶等作为催化剂。而在混合级联反应中，催化剂则是由细胞和酶混合组成[23-24]。

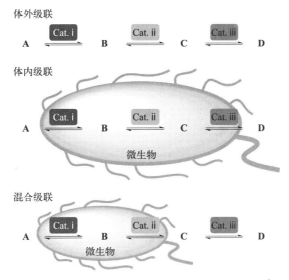

图 18-8　依据催化剂所处环境的多酶级联反应分类[23-24]

（1）体外多酶级联

体外级联反应是以纯酶、冻干酶粉、粗酶液等催化剂形式在体外进行的反应。体外多酶级联最典型的例子是 2015 年 Turner 课题组[25] 在 Science 上报道的由醇脱氢酶（ADH）和胺脱氢酶（AmDH）双酶级联催化的借氢（hydrogen-borrowing）胺化系统，实现由醇合成手性胺（图18-9），该反应系统具有原子经济性好、无机氨作氮源、副产物只有水等优点。与此同时，华东理工大学许建和课题组[26] 同期也背靠背地发表了这种新颖的双酶级联胺化反应体系，并且基于非对映选择性的醇脱氢酶实现了由廉价消旋醇到高值手性胺的还原力中性的生物转化。体外多酶级联的主要优势包括：（1）反应参数可调节；（2）时空产率更高；（3）有利于产物的提取纯化。然而，体外多酶级联反应也存在一些缺点，如

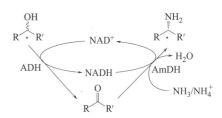

图 18-9　由醇脱氢酶和胺脱氢酶构成的双酶级联胺化反应用于高效合成手性胺[25-26]

（1）需要同时制备多种酶催化剂，操作比较繁琐，成本相对较高；（2）反应过程中酶易失活；（3）氧化还原反应中有时需要额外添加辅因子。

（2）体内多酶级联催化

体内多酶级联催化是将多个酶基因共表达在同一宿主细胞中，利用含有相关酶的宿主细胞作为催化剂，将底物直接转化为目标产物。将级联催化反应所需的酶共表达在同一细胞中，可方便地进行催化剂的制备，有效降低催化剂的生产成本；同时反应所需的辅酶也可在细胞内获得生物合成和自动再生，因此具有很大的应用潜力。事实上，自然界一直在使用这种高效的合成策略（即细胞内代谢过程）：将一系列酶偶联在多步级联的合成途径中，无需中间物分离和纯化步骤，并可实现对催化反应的精确空间控制[27]。近几年，构建体内多酶级联的生物催化反应系统已成为生物催化领域的研究热点之一，已有很多成功的案例。如 2016 年，方柏山课题组[28] 通过调节核糖体连接位点（RBS）的强度，构建了一个可使亮氨酸脱氢酶（leucine dehydrogenase，leuDH）和甲酸脱氢酶（formate dehydrogenase，FDH）在大肠杆菌中协调表达的多酶共表达系统，并成功将三甲基丙酮酸转化为非天然 L- 叔亮氨酸（L-tert-leucine）。2017 年，Bornscheuer 等[29] 通过双菌混合培养的方式成功构建了体内多酶级联反应，将柠檬烯转化为己内酯（图 18-10）。

体内多酶级联的主要优势包括：1）催化剂制备成本低，无需进行酶的分离和纯化；2）酶处于整细胞内部，细胞为其提供了一个高稳定性的环境；3）一般无需额外添加辅因子，因为它们可以直接来自细胞

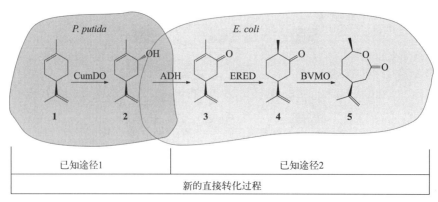

图 18-10 双菌混合培养法转化柠檬烯合成双手性己内酯[29]

合成代谢。然而，体内多酶级联同样也不可避免地存在一些缺点，诸如：1）工程化微生物菌株的设计可能需要耗费大量时间和材料；2）宿主中其他胞内酶催化的竞争性反应可能导致选择性和生产率的降低；3）在工业规模上需要的高底物和高产物浓度可能会对细胞产生毒性作用；4）实现多个酶基因在宿主菌中的平衡表达具有一定难度，尤其是宿主菌在共表达多个酶基因时所面临的代谢负担过重问题；5）微生物细胞的扩大培养过程可能会遇到一些优化与放大方面的工程技术方面难题。

（3）混合级联反应

为了有机融合体外级联反应和体内级联反应的优点，同时避免两者的缺点，可以将酶和细胞组合在一起进行混合级联反应。2016 年，Park 课题组[30]首次通过由脂肪酶和共表达 3 个异源酶（水合酶／醇脱氢酶／BV 单加氧酶）的大肠杆菌催化的 5 步混合级联反应，成功将植物油转化为含 9 个碳的羧酸类化合物。2018 年，Liu 等[31]采用整细胞与无细胞提取液进行混合级联反应，将表达醇脱氢酶和 NAD（P）H 氧化酶的整细胞与胺脱氢酶和葡萄糖脱氢酶的粗酶液级联进行一锅反应，从而将细胞内的 NAD^+ 再生系统和细胞外的 NADH 再生系统相互隔离，避免两种辅因子循环系统的相互干扰，以提高其利用效率（图 18-11）。

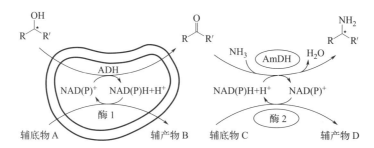

图 18-11 整细胞和粗酶液混合级联系统催化外消旋醇转化合成手性胺[31]

18.3 基于逆合成分析设计多酶级联的催化路线

除了根据现有的自然代谢反应途径设计多酶级联反应，还可以从头构建自然界中不存在的合成途径。然而，在没有现成路线的情况下，设计合成目标分子的级联反应可能是一个挑战。在有机合成化学中，通常采用逆向合成来设计目标化合物的合成路线。因此，逆向合成意味着从目标化合物分子开始，确定要形成的化学键，并相应地确定前体和中间物，该策略同样适用于多酶级联催化反应路线的设计[23]。

18.3.1 逆合成方法简介

逆合成方法（retrosynthesis approach）是有机合成路线设计的最简单、最基本的方法。逆合成分析法从合成产物的分子结构入手，采用"切断一种化学键"分析法，这种方法就是将分子的一个键切断，使分子转变为一种易于获得的原料的方法。这个概念最早是在 1960 年代由 Corey 引入，它源自对可能的化学键构建方式进行仔细和逻辑分析的认识，从而揭示了一条从目标分子回溯到潜在起始物质的逐步合成的路径[32-34]。合成路线设计的逆合成分析在有机化学中已经非常成熟，被普遍应用[35]。2013 年，Turner 等[36] 提出了"生物催化逆合成"的概念，建议将逆合成分析扩展应用于生物催化过程。

　　随着生物催化酶工具箱的不断扩展，多酶级联反应的潜力也在不断增加，可高效、选择性地合成目标分子。此外，最近计算机辅助合成设计的研究也正在彻底改变合成生物学和合成化学的设计方法。2021 年，Turner 等[37] 开发了 RetroBioCat 软件，这是一个直观、易于访问的工具，用于计算机辅助设计生物催化级联反应，可在 RetroBioCat 网站免费获取。该方法使用一组专家编码的反应规则，涵盖了生物催化所用的酶工具包，并且建立了一个系统，用于识别具有正确底物特异性的酶的文献报道（如果有的话）。通过将这些规则应用于自动的生物催化逆合成分析，该工具能够识别出有前景的生物催化途径，以用于目标分子的合成。

18.3.2　多酶级联催化的设计

　　与现有和传统的化学途径相比，生物催化逆合成的优势在于，它通常能够发现通向目标分子的全新途径。然而，一些酶催化的反应可能没有已知的非酶催化反应作为对照。如解氨酶能催化肉桂酸衍生物的双键进行对映选择性氨基加成，从而产生相应的 L- 芳基丙氨酸产物。又如 P450 单加氧酶，它能以有机合成中未知的方式在惰性 C—H 键中插入氧原子。最近，P450 酶经过分子改造后，可以在更广泛的意义上实现 C—H 键的官能团化，形成 C—C 键和 C—N 键，这一发展可能将影响未来生物催化的应用模式[38]。当涉足化工行业的其他领域时，例如医药和农药中间体、聚合物单体、风味成分、香料和精细化学品，一个主要的挑战是：目标分子是人工合成的，而不是"天然"的化合物，因此目前一般不存在其天然的生物合成途径以供参考。如果要使用多酶级联来进行催化，那么就必须设计、构建和优化一条新途径，包括路线设计、元件酶的招募和适配、系统性能测试以及重构优化 4 个环节（图 18-12）[23-24]。

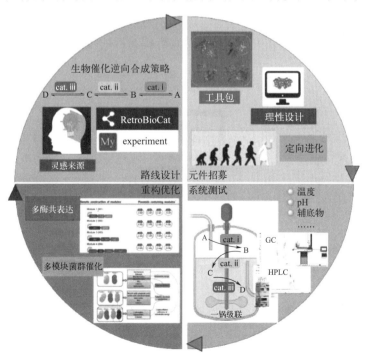

图 18-12　多酶级联体系的"路线设计 - 元件招募 - 系统测试 - 重构优化"循环策略[23-24]

18.3.2.1 多酶级联催化的路线设计

（1）人工逆合成分析

人工逆合成分析通常需要通过个人或团队的经验去构建可能的途径，这将大幅度依赖于个人或团队在不同酶类的研究经验积累。一个典型例子是，Turner 课题组[39] 报道的用于合成抗糖尿病药物西格列汀的合成中间体氨基酸 D-1 的六种不同生物催化途径的比较。在这个例子中，"手动逆合成"被应用于生成这六条途径，所有这些途径在这个例子中使用相同的起始物质，即 2,4,5- 三氟苯甲醛（图 18-13）。在构想出不同途径后，每条途径都被实验性构建和测试，以生成数据，并进一步对这些途径的整体产率和绿色指标进行比较。有趣的是，在这个例子中，通过适当选择底物和酶，使用了一组六种不同的酶来创建这六种不同的途径。然而，对于那些在酶的应用方面经验不足的人来说，快速组装出不同的可能途径是非常困难的。因此需要通过计算机辅助来确认可能的逆合成途径。

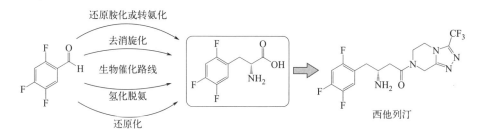

图 18-13 级联生物催化 2,4,5- 三氟苯甲醛合成手性 D-2,4,5- 三氟苯丙氨酸

（2）计算机辅助的逆合成分析

通过使用计算机辅助的自动化合成路线设计工具（computer-aided synthesis planning，CASP），将使酶级联反应的设计对生物催化不太熟悉的化学家更加容易，或者提出人工生物催化逆合成分析中可能被忽视的途径。目前，已经成功开发了一些计算工具，如 RetroBioCats[37] 或 myExperimentRetroPath[40] 算法，有助于利用所有已知的酶催化反应对级联路线进行设计。如 Christopher 等[41] 使用 RetroBioCats 工具，应用逆合成方法构建了一种一锅两步级联生物催化方法，可将易得的氨基多元醇转化为亚胺糖（图 18-14），产物产率＞ 70%。

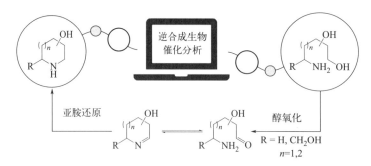

图 18-14 应用 RetroBioCats 从头设计级联生物催化转化氨基多元醇合成亚胺糖[41]

18.3.2.2 元件酶的招募

确定了潜在的级联反应路线后，需要选择特定的酶来执行每个催化反应。对于每一步反应，通常在理论上会有很多潜在的酶可以完成它。因此，从众多可用的酶中识别最佳的候选酶可能是具有挑战

性的。最简单方法是基于实验室内已有的、以前已经研究过的或者通过手动搜索文献中类似反应的例子来选择。另一种方法是对酶进行筛选。目前，元件酶的筛选常用的策略有 6 种。分别是：（1）从环境中富集筛选目标菌种；（2）从文库中挖掘酶；（3）基于序列同源性的酶的挖掘；（4）基于特征序列的酶的挖掘；（5）基于蛋白结构的酶的挖掘；（6）酶定向进化。

六种元件酶的
筛选策略

18.3.2.3　系统性能测试

在确定了多酶级联反应中的元件酶之后，接下来就可以实施多酶级联反应。可以通过制备得到的酶（纯酶或粗酶）或表达相应酶的重组细胞对级联反应进行性能测试。其中反应条件的优化是实施多酶级联反应重要的一环，如酶的比例和浓度的优化，以及反应温度、pH 值、缓冲体系、盐离子、辅因子、底物浓度、助溶剂、辅酶再生系统等因素的优化。另外，热力学平衡对级联反应产率的影响同样不可忽视，尤其是当级联反应的最后一步为可逆反应时，需要提高反应平衡常数才能推动反应进行。最典型的例子是转氨酶参与的级联反应，常用的平衡移动策略主要是 "推" 和 "拉"[42]。"推" 指的是添加过量的辅底物，如转氨酶催化反应中通常需要添加过量的氨基供体，同时也需要注意过量的氨基供体对转氨酶的酶活力可能会存在抑制作用[43]；"拉" 主要指产物移除或副产物移除，如许建和课题组利用阳离子交换树脂吸附产物 (R)- 苯基甘氨醇以提高级联反应的产率[44]，或通过乳酸脱氢酶（lactate dehydrogenase，LDH）偶联转化副产物丙酮酸为乳酸[45-46]，或使用丙氨酸脱氢酶（alanine dehydrogenase，AlaDH）[47-48] 以进一步降低副产物的浓度。

18.3.2.4　重构优化

与无细胞催化剂相比，构建体内多酶级联（构建细胞工厂）催化系统无需同时制备多个酶元件，也无需单独添加所需的各种酶元件，只需添加一个可共表达多个酶的整细胞作为催化剂，操作步骤更简单，成本也更低[49-50]。同时，细胞内酶的稳定性更高，并且可以避免酶的纯化、添加辅因子等繁琐费事的步骤。然而，当级联路线中酶的数量超过 4 个时，如果将这些酶在同一个细胞中进行共表达，会导致细胞代谢负担过大和氧化还原力不平衡等问题[51]，从而使得部分酶不能正常表达或者表达量很低，从而影响最终的产率。大量研究已尝试构建人工整细胞菌群，即将复杂的级联反应分为多个不同功能模块，同一个模块所需的酶基因在一个宿主细胞中共表达，然后多个细胞菌群一起协同催化，高效合成高值化学品。菌群模块的构建原则包括以下几点：（1）每个细胞模块呈现氧化还原力中性特征，如将催化辅因子再生的辅助酶与催化氧化 / 还原反应的主酶放在一个宿主细胞中；（2）避免不同菌群中辅酶之间的相互干扰；（3）减少蛋白质表达的负担，以确保每个酶都能正常表达；（4）每个菌群分工明确。如江南大学刘立明课题组[52] 报告了一种人工设计的手性基团重置（chiral-group-resetting）生物催化过程，该过程使用简单的非手性甘氨酸和醛类化合物合成手性 α- 官能团化有机酸。这种级联生物催化包括一个基本模块和三个不同扩展模块，并以模块化组装方式运作。由含有不同模块的工程化大肠杆菌催化剂协同作用，可高效、高选择性地合成 α- 酮酸、α- 羟基酸和 α- 氨基酸。

18.4　体外多酶级联催化的研究进展

体外多酶级联催化的应用领域非常广泛。在合成生物学中，可以利用这种技术构建人工代谢途径，实现复杂生物分子的酶促合成。在医药化学领域，体外多酶级联催化可以用于药物合成和代谢途径研究，提高药物的合成效率和选择性。在生物制药领域，这种技术可以用于生产重组蛋白和抗体等生物药物，提高生产效率和产品质量。然而，体外多酶级联催化也面临一些挑战。首先，不同酶的稳定性和活性可能存在显著差异，需要进行适当优化和调控。其次，酶的亲和力和特异性也会影响反应的效率和选择性，需要进行合理设计和筛选。此外，反应条件的控制和底物的供给也是影响体外多酶级联催化效果的重要因素。借助当前的技术和知识，可以通过各种方法来优化体外系统，例如：（1）自动蛋白纯化；（2）利用广泛的再生技术重复使用昂贵的辅因子；（3）改变酶的 pH 和温度偏好性；（4）提高酶的稳定性（通过固定化、蛋白质工程，以及使用添加剂或助溶剂）；（5）不兼容酶和 / 或它们的反应条件的分隔（就像大自然在细胞器或区室中所做的那样）。

体外多酶级联催化的开创性工作是 Scott 及其同事关于体外合成维生素 B12 的高级辅因子前体的报道，他们使用了体内生物合成途径中涉及的所有酶、辅因子和辅底物的混合物。总共涉及 12 种不同酶的创建，形成了 9 个手性中心。作者指出："实现这一目标的实际意义是，它使我们相信，发展基因工程以合成具有挑战性的天然产物分子将是可行的。"[53] 在过去十多年里，越来越多的人开始追求通过无细胞体系合成目标化合物。以下将列举体外多酶级联反应的一些典型例子。

2011 年，Khosla 团队[54] 成功在体外通过 9 种脂肪酸合成酶重构了大肠杆菌体内脂肪酸合成途径，该研究凸显了无细胞系统在稳态反应条件下的实用性。未来与大肠杆菌或其他细菌脂肪酸合成酶的相关研究有望促进对酶的进一步工程化改造，进而增强从可再生能源中生产生物能源的效率。此后，通过引入一个四亚基的 ATP 依赖型乙酰辅酶 A 羧化酶，进一步扩展了合成途径，以便于将不饱和脂肪酸的比例控制在 10% ～ 50% 之间[55]。

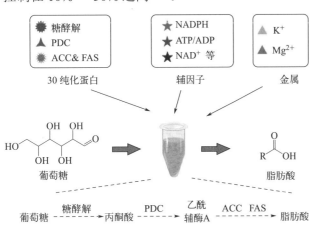

图18-15 体外重构由葡萄糖生物合成脂肪酸的最佳途径[56]

2017 年，Liu 等[56] 成功重构了一个体外多酶级联催化途径，使用 30 种纯化蛋白质在体外将葡萄糖转化为脂肪酸（图 18-15）。通过对糖酵解途径和丙酮酸脱氢酶的系统进行表征和优化，作者将游离脂肪酸的产量从不可检测提高到理论产量的 9% 以上。此外，作者还重新构建了大肠杆菌的整个磷酸戊糖途径，并建立了一个磷酸戊糖 - 糖酵解混合途径，用于替代甘油醛 -3- 磷酸脱氢酶（glyceraldehyde 3-phosphate dehydrogenase，GAPDH）合成途径，以增强 NADPH 的可用性。

同年，Bowie 等[57] 设计了一个包含 27 种酶的体外级联系统，用于将葡萄糖转化为单萜化合物，该系统在改良的葡萄糖降解模块中同时产生 NAD（P）H 和 ATP，并利用这两种辅因子来合成萜类化合物。通过改变单萜合成酶，该系统可以生产不同的单萜化合物，包括柠檬烯、蒎烯和香橙烯，并且只需要添加一次葡萄糖，系统可以连续运行至少 5 天。产物转化率大于 95%，产量大于 15g·L⁻¹。

之后，Bowie 等[58-59] 进一步通过构建无细胞酶系统用于生产大麻素。作者开发了一种灵活的无细胞异戊二烯合成系统，它可以利用葡萄糖产生异戊二烯基焦磷酸酯，用于各种异戊二烯类天然产物的合成。该系统为大麻素前体——大麻酚酸（CBGA）和次萜酚酸（CBGVA）的生物合成提供了高效途径，产量达到 1g·L⁻¹ 以上；并且通过一个酶催化步骤，即可将这些前体转化为大麻二酚酸（CBDA）和次大麻二酚酸（CBDVA）。

2021 年，中科院天津工业生物技术研究所马延和团队利用无细胞催化体系构建了从二氧化碳人工合成淀粉的途径。该人工淀粉合成途径（ASAP）由 11 个核心反应组成，经过途径计算设计蓝图，通过元件替换进行模块化组装，并对 3 个瓶颈酶元件进行了蛋白质工程改造。在一个具有空间和时间分隔化的多酶系统中，由氢驱动的 ASAP 将 CO_2 转化为淀粉，速率为每毫克总催化剂每分钟转化 22nmol CO_2，比玉米中的淀粉合成速率高出约 8.5 倍。该方法为从 CO_2 进行化学 - 生物混合法合成淀粉铺平了道路[60]。

此外，Sehl 课题组[61] 报道了以廉价的苯甲醛和丙酮酸为底物，通过级联乙酰羟基酸合成酶 -I（AHAS-I）和 ω- 转氨酶（ω-TA）一锅两步合成光学纯去甲麻黄碱（1R,2S）-NE 和去甲伪麻黄碱（1R,2R）-NPE（图 18-16）。在一锅同时反应条件下，（1R,2S）-NE 和（1R,2R）-NPE 的转化率分别为 80% 和 85%；而在一锅两阶段反应条件下，（1R,2R）-NPE 转化率＞ 96%。2014 年，Sehl 课题组[62] 进一步报道了以 1- 苯基丙烷 -1,2- 二酮（1,2-PPDO）为底物，以转氨酶（CvTA）和醇脱氢酶（ADH）为催化剂生成去甲麻黄碱和去甲伪麻黄碱。由于假单胞菌甲酸脱氢酶（FDH）的引入可使体系内 NADPH 得到再生（图 18-17）。但在反应的过程中，可能会形成副产物 1- 苯基丙烷 -1,2- 二醇，主要原因是 ω- 转氨酶（CvTA）

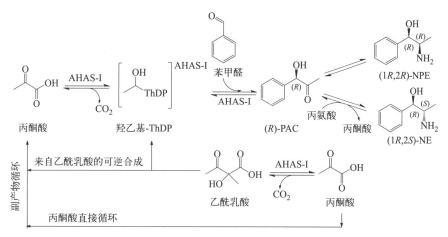

图 18-16　乙酰羟基酸合成酶 -I（AHAS-I）和 ω- 转氨酶催化合成（1R,2S）-NE 和（1R,2R）-NPE[61]

图 18-17　ω- 转氨酶（ω-TA）和醇脱氢酶（ADH）两步催化合成 NE 和 NPE[62]

反应的可逆性导致醇脱氢酶（ADH）对 PPDO 进行二次还原。因此为了抑制副产物的产生，在第一步反应完成后要对反应体系中的 ω- 转氨酶（ω-TA）进行灭活再进行第二步酶催化反应。

更多体外多酶级
联案例

　　除了可用纯酶或粗酶进行体外多酶级联反应外，也可以使用固定化酶实现体外多酶级联反应，将多个酶固定在同一种载体上，使它们在同一反应体系中协同催化，从而实现多步骤反应的高效运行。2024 年，新加坡国立大学李智课题组[63] 开发了一种基于固定化酶法，实现级联生物转化外消旋醇制备对映体纯的手性胺，比整细胞生物催化更清洁、更高效，比使用游离酶更加经济、产率更高。通过固定化对映选择性醇氧化酶、消旋酶、过氧化氢酶和 (S)- 或 (R)- 转氨酶，可将外消旋扁桃酸转化为高附加值的 (S)- 或 (R)- 苯甘氨酸（图 18-18）。在功能化载体 Ni-NTA 上将这四种酶共固定化，获得了高酶上载量（192 ～ 195mg·g^{-1}）、载体利用率（97% ～ 98%）和高酶活回收率（107% ～ 113%）。共固定化酶催化剂将消旋扁桃酸转化为相应的 4 种 (S)- 苯甘氨酸，其 ee 值为 91% ～ 99%，产物得率为 82% ～ 95%。

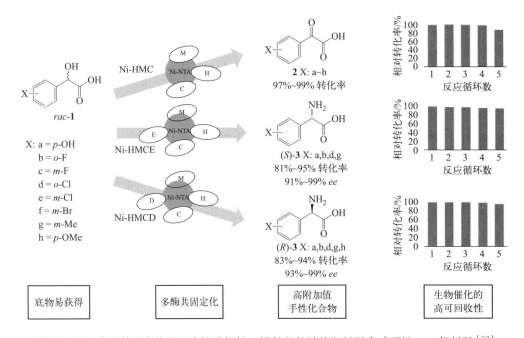

图 18-18　多酶共固定化用于立体选择性一锅转化外消旋羟基酸合成手性 α- 氨基酸[63]

　　传统上，酶固定化是通过将酶固定在载体上来实现的，例如将酶固定在载体表面或内部孔道中。然而，这种方法存在着酶分子与载体之间的扩散阻力大、酶活性受限制等问题。近年来，一种新型的固定化技术——多酶纳米固定化材料技术逐渐崭露头角。这种技术将酶固定在纳米材料上，不仅能够提高酶的稳定性和活性，还能够实现不同酶之间的空间隔离，从而实现级联反应的高效运行。受大自然的启发，Chen 等[64] 通过将两个或三个酶，或酶 / 辅因子组分，封装在沸石咪唑酸盐框架 -8 金属有机框架纳米颗粒（ZIF-8 NMOFs）中，作为一种纳米反应器，实现了有效的生物催化级联反应。将葡萄糖氧化酶和辣根过氧化物酶这两种酶的系统，或者 β- 半乳糖苷酶、葡萄糖氧化酶和辣根过氧化物酶这三种酶系统整合到 NMOFs 中，与溶液中催化剂的混合物相比，级联催化的活性分别提高了 7.5 倍和 5.3 倍。此外，将醇脱氢酶、NAD$^+$- 聚合物和乳酸脱氢酶封装在 NMOFs 中，产生了涉及偶联 NAD$^+$- 依赖酶的生物催化级联反应，使用乙醇作为辅助底物，将丙酮酸催化还原为乳酸。

18.5　体内多酶级联催化的研究进展

与体外多酶级联催化相比，构建体内多酶级联系统（细胞工厂）具有以下特性：反应过程中无需同时制备多个酶，操作步骤更简单，成本降低；完整的细胞可以保护酶不受快速失活的影响；细胞中的辅因子 NAD(P)⁺/NAD(P)H 可以用于与辅因子循环再利用相关的目标反应。因此，在过去的几年里，体内多酶级联催化得到了快速发展。

烯烃主要为石油基来源的化合物，价廉易得，因此科学家们研究开发了一系列级联催化系统，用于将烯烃转化为价值更高的化学品。其中，新加坡国立大学李智课题组在这方面做了大量工作。2016 年，Wu 等[65] 开发了一种四步级联反应，实现苯乙烯的不对称氨化羟化（图 18-19 A）。这个级联反应分为两个模块，包括一个由苯乙烯单加氧酶 (SMO) 和环氧化物水解酶 (SpEH) 组成的环氧化 - 水解模块，以及一个由醇脱氢酶 (AlkJ)、转氨酶 (CvTA) 和丙氨酸脱氢酶 (AlaDH) 组成的氧化 - 胺化模块。为了优化大肠杆菌细胞中的级联反应，通过使用具有不同拷贝数的不同质粒调整每个模块的表达水平，从而得到了一个最佳的菌株 E. coli（A-M1_E-M3），以平衡的比例共表达五种酶。利用这种整细胞催化剂，60mmol·L⁻¹ 苯乙烯可以转化为 (S)- 苯乙醇胺，转化率为 70%，ee 为 98%，且没有生成苯甘氨酸。此外，一个双氧化模块与 AlkJ 和 EcALDH 结合，与 SMO 和 SpEH 的环氧化 - 水解模块结合，构成了大肠杆菌整细胞催化剂中的四步级联反应（图 18-19 B）。利用不同的质粒来优化酶的表达水平，得到了一个最佳菌株，大肠杆菌（A-M1_R-M2）。利用这种整细胞催化剂，120mmol·L⁻¹ 苯乙烯转化为 (S)- 苯乙醇酸，ee 值为 98%，转化率为 78%（浓度为 14g·L⁻¹）。其他十种取代苯乙烯转化为相应的 (S)- 苯乙醇酸，转化率为 69% ～ 97%，ee 值为 96% ～ 99%。整体级联反应只消耗了一个化学当量的无危害且廉价的氧气和水[65]。考虑到许多顺式烯烃易于获得，Zhou 等[66] 构建了从顺式烯烃到手性 α- 氨基酸的一锅反应（图 18-19 C）。这是基于将烯烃转化为 α- 羟基酸以及氧化 - 胺化模块将 α- 羟基酸转化为 α- 氨基酸。该模块由羟基扁桃酸氧化酶（HMO）、支链氨基酸转氨酶（EcaTA）、过氧化氢酶（CAT）和谷氨酸脱氢酶（GluDH）组成。在优化酶的表达水平后，共表达八种酶的 E. coli（A-M1_R-M2_C-M4）作为整细胞催化剂，可以将 60mmol·L⁻¹ 苯乙烯转化为 (S)- 苯甘氨酸，ee 值为 99%，转化率为 80%。其他十种取代苯乙烯也可转化为相应的 (S)- 苯甘氨酸，ee 值为 99%，转化率为 28% ～ 91%。2017 年，Wu 等[67] 改造大肠杆菌以共表达 SMO、SOI 和一种天然的醛脱氢酶（EcALDH），以高效氧化十二种苯乙烯为相应的苯乙酸，转化率达 85% ～ 99%，分离产率为 52% ～ 82%（图 18-20）。值得注意的是，这三步级联转化过程作为单步反应进行，过程中没有检测到环氧化物或醛等中间体。利用重组大肠杆菌 E. coli（StyABC-EcALDH）实现了对 α- 甲基苯乙烯的对映选择性氧化，对映选择率达 88% ee（S- 酸）。若用 (S)- 选择性 ADH9v1 替换 EcALDH，得到的重组大肠杆菌 E. coli（StyABC-ADH9v1），产生 (S)-2- 苯丙酸的选择性更高，其对映体纯度为 92% ～ 98% ee，转化率为 67% ～ 82%，分离收率为 46% ～ 65%。

最近，Xin 等[68] 构建了一种整细胞级联系统，催化 β- 甲基苯乙烯 Meinwald 重排反应（图 18-21）。该方法涉及苯乙烯环氧化酶（SMO）催化底物的对映选择性环氧化，然后是苯乙烯环氧异构酶（SOI）催化内部环氧化物的独特异构化，从而产生相应的醛作为唯一产物。最后，通过转氨酶将醛转化为相应的 (R)- 胺，该反应最高转化率为 99%，ee 值最高达 98%。

2019 年，Corrado 等[69] 构建了一种四步酶法合成手性苯丙醇胺的途径（图 18-22），作者以大肠杆菌为宿主菌，分别利用苯乙烯单加氧酶（Fus-SMO）、环氧化物水解酶 [Sp(S)-EH 或 St(R)-EH]、醇脱氢酶（ADH）、胺脱氢酶（AmDH）催化合成（1S,2R）- 苯丙醇胺和（1R,2R）- 苯丙醇胺。

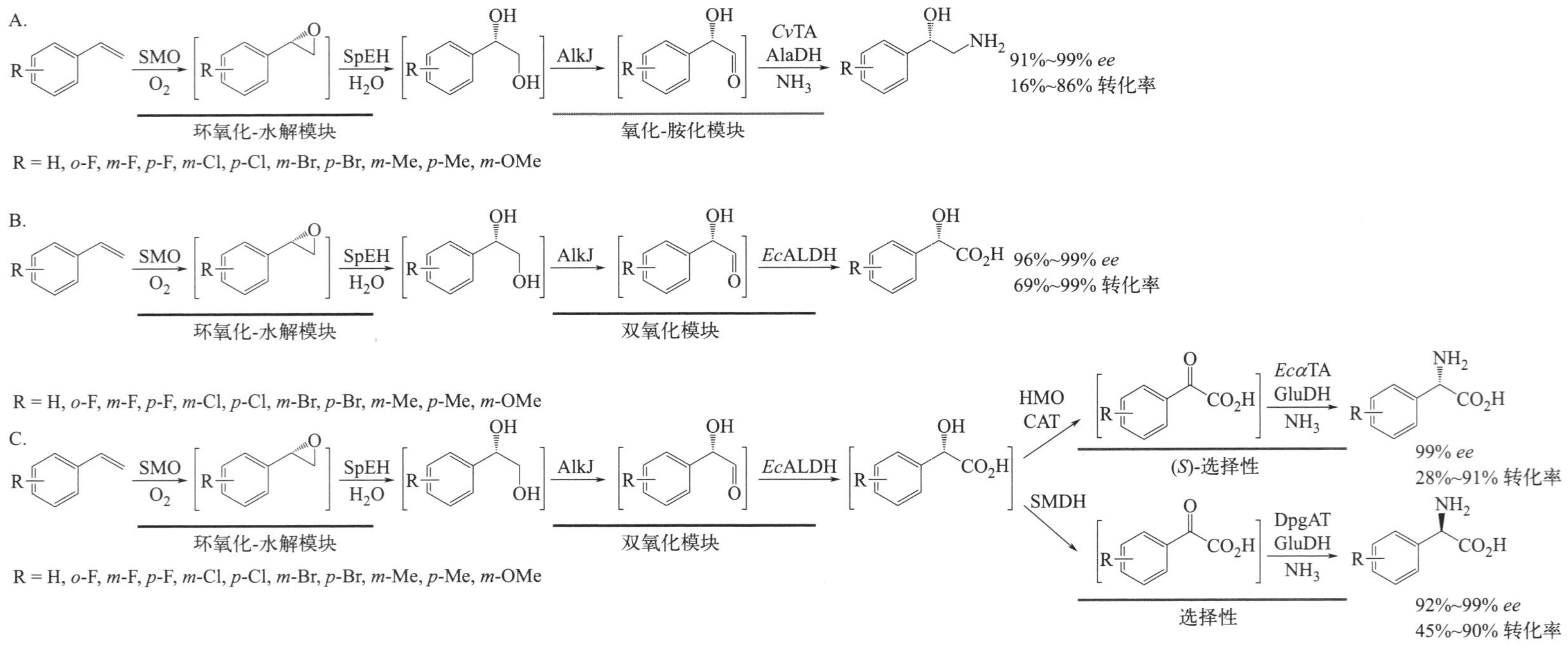

图18-19 三种新颖的多酶级联催化系统用于转化烯烃合成手性醇胺、手性扁桃酸和苯甘氨酸[65~66]

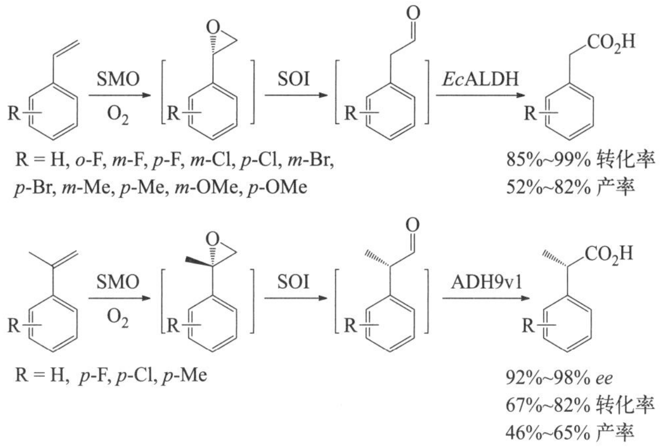
SMO
O_2
SOI
*Ec*ALDH
CO_2H
R = H, *o*-F, *m*-F, *p*-F, *m*-Cl, *p*-Cl, *m*-Br, *p*-Br, *m*-Me, *p*-Me, *m*-OMe, *p*-OMe
85%~99% 转化率
52%~82% 产率
ADH9v1
R = H, *p*-F, *p*-Cl, *p*-Me
92%~98% *ee*
67%~82% 转化率
46%~65% 产率

图 18-20　共表达 SMO、SOI 和 *Ec*ALDH 或 ADH9v1 的重组大肠杆菌转化苯乙烯生成苯乙酸和（*S*）-2- 苯丙酸[67]

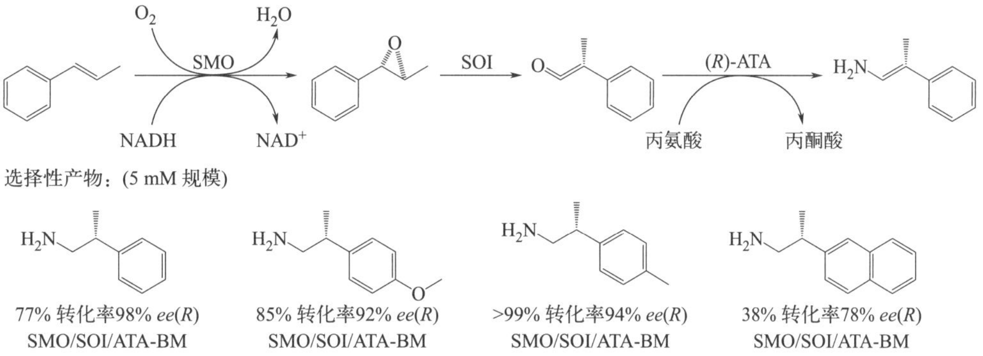
O_2
H_2O
SMO
NADH
NAD^+
SOI
(*R*)-ATA
H_2N
丙氨酸
丙酮酸
选择性产物：(5 mM 规模)
77% 转化率98% *ee*(*R*)
SMO/SOI/ATA-BM
85% 转化率92% *ee*(*R*)
SMO/SOI/ATA-BM
>99% 转化率94% *ee*(*R*)
SMO/SOI/ATA-BM
38% 转化率78% *ee*(*R*)
SMO/SOI/ATA-BM

图 18-21　多酶级联催化 Meinwald 重排反应[68]

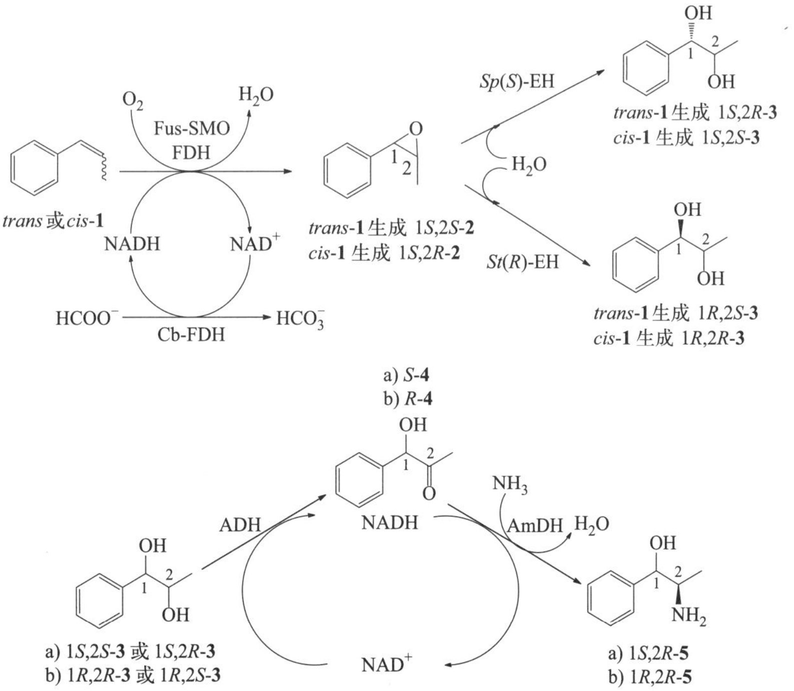
O_2
H_2O
Fus-SMO
FDH
trans 或 *cis*-**1**
NADH
NAD^+
$HCOO^-$
Cb-FDH
HCO_3^-
trans-**1** 生成 1*S*,2*S*-**2**
cis-**1** 生成 1*S*,2*R*-**2**
Sp(*S*)-EH
H_2O
St(*R*)-EH
trans-**1** 生成 1*S*,2*R*-**3**
cis-**1** 生成 1*S*,2*S*-**3**
trans-**1** 生成 1*R*,2*S*-**3**
cis-**1** 生成 1*R*,2*R*-**3**
a) *S*-**4**
b) *R*-**4**
ADH
NADH
NAD^+
NH_3
AmDH
H_2O
NH_2
a) 1*S*,2*S*-**3** 或 1*S*,2*R*-**3**
b) 1*R*,2*R*-**3** 或 1*R*,2*S*-**3**
a) 1*S*,2*R*-**5**
b) 1*R*,2*R*-**5**

图 18-22　四步酶法催化合成（1*S*,2*R*）- 苯丙醇胺和（1*R*,2*R*）- 苯丙醇胺[69]

在 C—H 键活化方面，Both 等[70] 构建了一种整细胞级联系统，催化立体选择性苄胺化反应（图 18-23），其 ee 值为 97.5%，转化率高达 26%。整个细胞级联系统包含一个嵌合 P450 单加氧酶（由 P450camY96F 催化结构域改造而成，与 Rhodococcus sp. 的还原酶结构域融合），（R/S）- 醇脱氢酶（来自嗜酸乳杆菌的 LbADH 和来自罗多克库斯红色球菌的 ReADH）以及转氨酶 ATA-117。宿主细胞提供了除异丙胺供体以外的所有辅因子。这一级联设计具有灵活通用性，可用于构建其他底物的对映选择性 C—H 胺化级联反应。

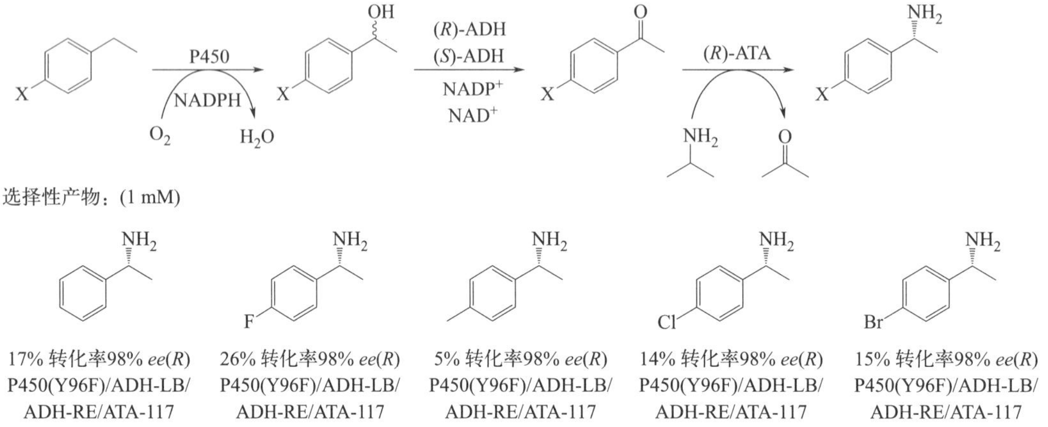

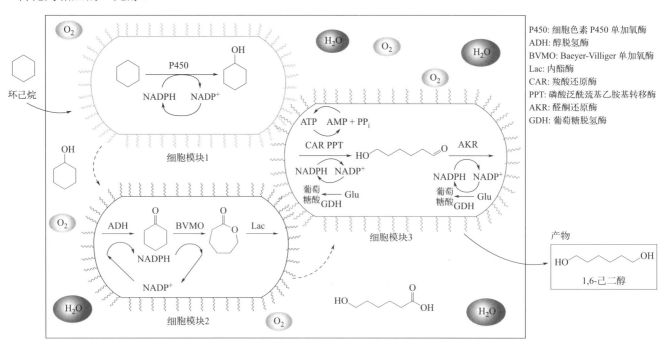

图 18-23 整细胞多酶级联系统催化碳氢键的立体选择性胺化[70]

2020 年，湖北大学李爱涛课题组[71] 报道了一种生物催化级联过程，用于在温和条件下以一锅一步方式将环己烷生物转化为 1,6- 己二醇（图 18-24）。这种级联生物催化系统使用的是由三个大肠杆菌细胞模块组成的微生物群落，每个模块都含有必需的酶。具有特定功能的细胞模块是分别经过基因工程设计构建的，然后通过简单组合即可构建用于生物转化的大肠杆菌共生菌群。共生的工程化大肠杆菌菌群含有相应的细胞模块，不仅可以有效地将环己烷或环己醇转化为 1,6- 己二醇，还可将其他环烷烃或环烷醇转化为相应的二元醇。

图 18-24 从头设计模块化级联生物系统，催化环己烷转化合成 1,6- 己二醇[71]

2022年，Yun等[72]又构建了一种多酶级联催化系统，旨在利用大肠杆菌细胞模块一锅合成聚合物单体。构建了三个细胞模块：ω-羟基化模块（Cell-H^m）将脂肪酸甲酯（FAMEs）转化为ω-羟基脂肪酸（ω-HFAs），氨化模块（Cell-A^m）将底物末端羟基转化为氨基，还有还原模块（Cell-R^m）将脂肪酸的羧基转化为醇羟基（图18-25）。这些细胞模块经过定向组装，从100mmol·L^{-1}不同碳链长度（C8、C10和C12）的FAME底物出发，可以生成ω-ADAs（高达46mmol·L^{-1}）、α,ω-二醇（高达29mmol·L^{-1}）、ω-氨基醇（高达29mmol·L^{-1}）和α,ω-二胺（高达21mmol·L^{-1}）。

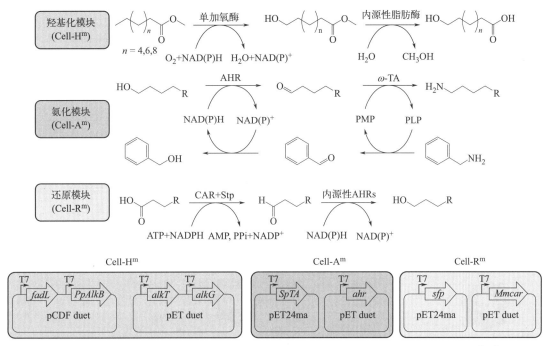

图18-25 基于大肠杆菌细胞模块的级联系统，用于生物基聚合物单体的生物合成[72]

在手性β-氨基醇合成方面，太原理工大学张建栋课题组开发了一系列体内级联催化系统并成功应用于合成高值手性砌块β-氨基醇。2019年所构建的体内级联系统可以催化廉价易得的外消旋环氧化物不对称开环，合成获得手性砌块β-氨基醇[73]。该系统通过大肠杆菌共表达环氧化物水解酶、醇脱氢酶和转氨酶，可将一系列外消旋环氧化物转化为手性β-氨基醇。其中，级联反应最后一步转氨酶催化产生的副产物苯乙酮可被醇脱氢酶进一步转化为苯乙醇，从而推动整个级联反应向产物生成方向进行，同时可以使体内辅酶得到循环再生（图18-26）。该体内级联反应的底物转化率高达99%，产物ee值大于99%。2020年，张等[74]首次报道了另一种体内级联催化系统，可将大宗石化原料苯乙烯类化合物以优良的区域或立体选择性，转化生成光学纯的苯甘氨醇类化合物，底物转化率最高可达99%，产物ee值为86%～>99%（图18-27）。

2021年，张等[75]进一步开发了可催化生物基L-苯丙氨酸合成手性苯甘氨醇的体内级联催化体系，通过细胞模块化策略，在不添加辅因子NAD$^+$/NADH的条件下，成功催化L-苯丙氨酸（10～50mmol·L^{-1}）转化，生成(S)-/(R)-苯甘氨醇，产率高达99%，ee>99%。

2024年，张等[76]成功构建了一锅两阶段生物级联催化系统，可将生物质衍生的醛类化合物通过连续的羟甲基化和不对称还原胺化直接转化为高附加值的手性β-氨基醇（图18-28）。反应第一步通过苯甲醛裂解酶（BAL）催化糠醛和苯甲醛类化合物羟甲基化合成α-羟酮；第二步通过两种不同选择性的转氨酶，将α-羟酮不对称还原胺化为手性β-氨基醇。此方法具有产率高、对映体选择性好、反应条件温和、无需氨基和羟基保护/脱保护步骤、原料易得且价廉等优点，为手性药物砌块β-氨基醇的绿色可持续合成提供了一条新的途径。

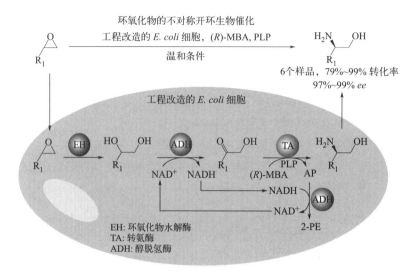

图18-26 级联生物系统催化外消旋环氧化物不对称开环合成手性 β - 氨基醇[73]

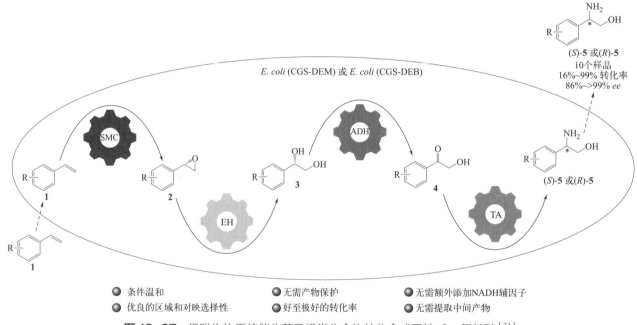

● 条件温和　　　　● 无需产物保护　　　　● 无需额外添加NADH辅因子
● 优良的区域和对映选择性　● 好至极好的转化率　　● 无需提取中间产物

图18-27 级联生物系统催化苯乙烯类化合物转化合成手性 β - 氨基醇[74]

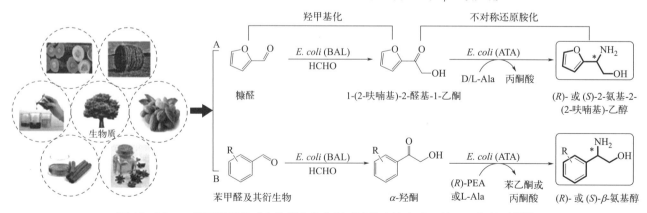

图18-28 一锅两阶段级联生物催化生物基醛类化合物合成手性 β - 氨基醇[76]

2020 年，华南理工大学李宁课题组[77] 通过在大肠杆菌中共表达香草醛脱氢酶（VDH1）和 HMF/ 糠醛氧化还原酶（HmfH），构建了一种新型的整细胞生物催化剂，用于在不牺牲底物条件下级联催化转化可再生的 5- 羟甲基糠醛（HMF）为 2，5- 呋喃二甲酸（FDCA）（图 18-29）。HMF 被 VDH1 迅速转化为 5- 羟甲基 -2- 呋喃羧酸（HMFCA），随后由 HmfH 氧化为 5- 甲酰基 -2- 呋喃羧酸（FFCA），最终 FFCA 被 VDH1 和 / 或 HmfH 转化为 FDCA。在 pH 控制条件下，这种生物催化剂使得从 150mmol·L^{-1} HMF 高效转化合成 FDCA，收率达 96%。此外，以约 0.4g·L^{-1}·h^{-1} 的生产率，在克级规模上制备获得了 FDCA。

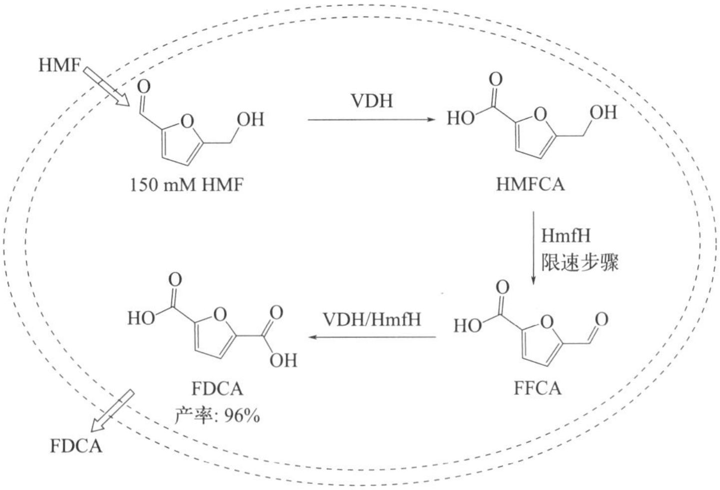

图 18-29 整细胞生物级联系统催化 5- 羟甲基糠醛转化合成 2,5- 呋喃二甲酸[77]

2021 年，华东理工大学许建和团队[78] 报道了一种高度原子经济性的自给自足氢化物穿梭级联反应，同时获得了两种在制药中重要的砌块，7,12- 二羰基 - 石胆酸（7,12-dioxo-LCA）和 L- 叔 - 亮氨酸，其中胆酸（CA）的氧化和三甲基丙酮酸（TMP）的还原胺化被整合用于氧化还原力自我循环（图 18-30）。在这个级联反应中，辅因子充当氢化物穿梭器，以无机铵作为供体，生成水作为最环保的副产物，连接了这两个合成相关的反应。在没有任何外源辅因子的情况下使用整细胞生物催化剂进行制备性生物转化，显示出 768g·L^{-1}·d^{-1} 的时空产率和 20363 的 NAD$^+$ 总周转数（TTN）。这是迄今为止报道的辅因子 TTN 最高的胆酸生物氧化反应，表明这种辅因子和氧化还原力自给自足式的生物转化过程，对于低成本和可持续的高值产品生物制造具有巨大应用潜力。

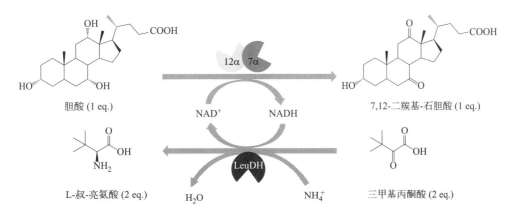

图 18-30 自给式氢化物穿梭级联系统，用于同时从胆酸（CA）和三甲基丙酮酸（TMP）出发生产 7,12- 二羰基 - 石胆酸（7,12-dioxo-LCA）和 L- 叔亮氨酸[78]

2023 年，Marić 等[79] 报道了利用重组大肠杆菌细胞从 4-n- 丙基愈创木酚（4PG）生产香草醛［一种通过软木的还原催化分馏（RCF）获得木素油主要成分之一］的方法（图 18-31）。该转化基于两种工程氧化酶的表达：4-n- 丙基愈创木酚氧化酶和异丁基酚双加氧酶。通过对整细胞转化过程进行多轮优化，实现了从 RCF 木素油中的 4PG 获得香草醛，其产率高达 66%。这种级联反应很容易扩大规模，基于木素油和云杉木的香草醛产率分别达到前所未有的 18% 和 3%。

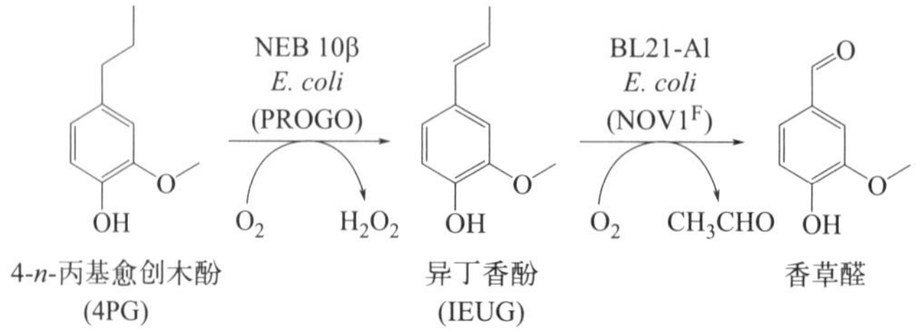

图 18-31　整细胞一锅级联系统催化 4-n- 丙基愈创木酚（4PG）转化生产香草醛[79]

18.6　混合型级联催化的研究进展

为了有机结合体外级联反应和体内级联反应的优点，同时避免两者的缺点，可以将酶和细胞组合在一起进行级联反应。2018 年，Cha 等[80] 构建了一种混合型多酶级联催化体系，可将可再生的长链脂肪酸

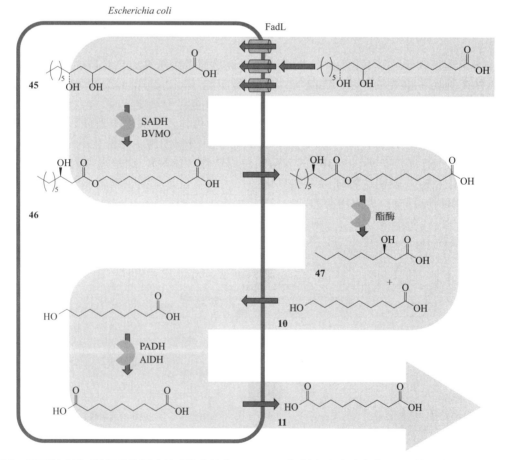

图 18-32　利用游离酶 / 整细胞的混合体系生物转化 10,12- 二羟基十八碳酸生成 3- 羟基壬酸和 1,9- 壬二酸[80]

（10,12- 二羟基十八碳酸）转化为 3- 羟基壬酸和 1,9- 壬二酸（图 18-32）。该生物转化是由酶和重组大肠杆菌整细胞生物催化剂联合驱动的，表达的重组蛋白包括来自假单胞菌的酯酶（Esterase）、来源于微球菌仲醇醇脱氢酶 (SADH)、假单胞菌 KT2440 Baeyer-Villiger 的单加氧酶 (BVMO) 和不动杆菌 NCIMB9871 的醇 / 醛脱氢酶（PADH）。转化率高达 80%，单位催化剂的催化活力达到 20U·g⁻¹ 干细胞，这表明通过使用游离酶与整细胞的混合生物转化系统，可以将多种脂肪酸或羟基脂肪酸转化为多功能团的产物。

2019 年，徐岩课题组[81] 构建并优化了一种级联酶催化途径，涉及 L- 氨基酸脱氨酶和 D- 氨基酸脱氢酶，可使 L- 氨基酸构型翻转为 D- 氨基酸（图 18-33）。使用 L- 苯丙氨酸（L-Phe）作为模型底物，这种人工生物催化级联系统可以实现氨基酸的立体构型翻转。首先，通过在大肠杆菌中重组表达变形杆菌的 L- 氨基酸脱氨酶（*Pm*LAAD）基因，可使 L-Phe 脱氨成为苯丙酮酸（PPA）；然后利用来自热带共生细菌（*Symbiobacterium thermophilum*）的二氨基庚二酸脱氢酶（*St*DAPDH）进行 PPA 的立体选择性还原胺化，生产 D- 苯丙氨酸（D-Phe）。结合基于甲酸脱氢酶的 NADPH 再生系统，可以定量的产率获得 D-Phe，其对映体过量大于 99% *ee*。通过将 *Pm*LAAD 的整细胞生物催化剂与 *St*DAPDH 酶变体结合起来，级联反应系统还可以将各种芳香族和脂肪族 L- 氨基酸翻转为相应的 D- 氨基酸。

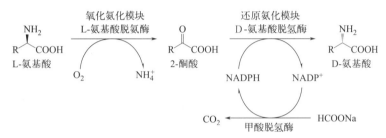

图 18-33　一锅生物级联系统催化天然 L- 氨基酸构型翻转生成高值对映体纯 D- 氨基酸[81]

（张建栋）

思考题

（1）简述多酶级联催化的定义以及分类。
（2）简述多酶级联催化路线设计的方法及流程。

第 18 章
参考文献

第 19 章　化学－酶偶联的催化反应

○○ ——→ ○○ ○ ○○ ————————

19.1　概述

化学品的高效清洁生产技术水平是衡量一个国家（地区）科技创新能力的重要标志之一。传统的精细化工行业（包括医药、农药、精细化学品行业）生产技术主要依赖化学合成路线，具有操作稳定性好、时空产率高等优势，但也存在合成路线冗长、反应步骤多、反应条件苛刻、分离工艺复杂、溶剂和助剂消耗量大、废弃物处理困难等弊端，导致环境污染和资源浪费严重。酶催化法具有反应条件温和、选择性强、对环境友好等天然优势，但也常常存在时空产率低、稳定性差等缺点。通过化学法与酶法的偶联，发展高效、清洁的化学-酶偶联催化合成技术，可以有机结合两者之的优势，克服两者的不足，取长补短，设计、构建最佳的绿色高效合成工艺。本章节回顾了化学-酶偶联催化技术的发展历程，总结了化学-酶法技术的特点、构建策略以及近年来的成功案例。

19.1.1　化学－酶偶联催化方法的发展

20 世纪 80 年代以来，国内外很多有机化学家就开始研究将酶催化技术应用到有机合成中。1980 年，Herman 课题组首次报道了化学催化和生物催化相结合的研究，通过葡萄糖异构酶催化的异构化反应和金属铂催化的氢化反应，以价廉易得的天然化合物——D-果糖与 D-葡萄糖的混合物为原料，偶联制备 D-甘露糖醇[1]。随后，Williams 课题组将金属催化的外消旋化反应与酶催化的酰化反应或水解反应相结合进行动态动力学拆分，成功突破外消旋体动力学拆分理论最高产率为 50% 的经典限制[2,3]。近几十年来，国内外化学-酶法偶联催化技术有了快速的发展，很多新的偶联催化技术不断被开发，如金属-酶、有机小分子-酶、光-酶、纳米酶-生物酶等。

19.1.2　化学－酶偶联催化的特点

化学法与酶法两者之间的协同作用能充分发挥酶催化剂效率高、反应条件温和、选择性强等优点和化学催化剂稳定性好、时空产率高等优点。化学合成与酶催化相结合的化学-酶串联反应，使得化学品特别是手性化合物的制备工艺变得更加简洁、高效且环境友好。在手性化学品的合成中，一些关键中间体的手性构筑经常采用高选择性的酶催化技术，替代路线冗长、选择性差的化学合成工艺，其他常规的非选择性反应步骤则仍旧利用经典化学法合成。化学-酶法偶联催化不仅可以使用非手性或混旋的化学品作为原料，获得光学纯的单一对映体；而且反应过程中往往不需要进行中间物的分离提纯，不仅能减少分离纯化的成本，还能有效避免生物转化通量较小等缺点[4-6]。总之，化学-酶偶联催化技术的优势可以充分发挥两者的优势，在有机合成方面具有潜在的技术、成本和环保优势，更适合工业化生产应用。

19.1.3　化学－酶法偶联催化的构建策略

　　化学反应和酶催化体系的兼容性问题是化学－酶法偶联催化技术实际应用的主要瓶颈，化学催化剂和生物催化剂中任何一方的失活都将导致偶联催化反应的失败。随着酶工程技术的发展，使得酶的工业应用性能大大提升，伴随着化学催化新技术的发展以及不同偶联催化策略的建立，使得酶催化与化学催化这两个几乎平行的"世界"变得可以相互兼容（图 19-1）。

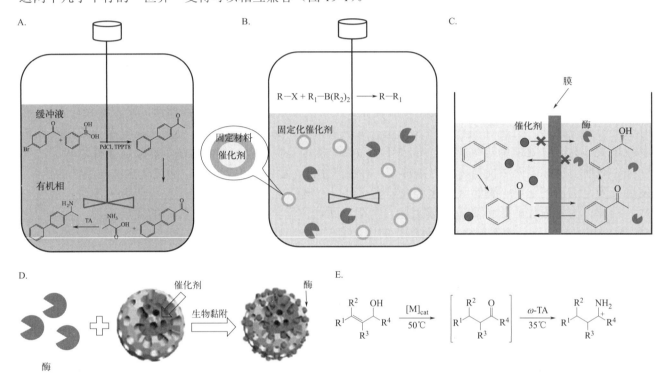

图 19-1　不同偶联催化策略的示意图
A. 两相体系；B. 独立固定化催化剂；C. 膜分隔；D. 分隔式复合催化剂；E. 时间分隔。

　　化学－酶催化体系的不兼容主要是由于催化条件的不相容，主要包括反应温度、pH、介质的不相容和催化剂自身的不相容。催化条件的不相容一般采取时间分隔的方式解决。催化剂自身的不相容则一般采取空间分隔的方式解决。时间分隔的策略主要是等前一步反应结束后，调节温度和 pH 到下一步反应所需的范围，再加入催化剂与其他试剂进行后续反应。但是该策略也存在局限性，譬如在连续反应过程中涉及可逆反应或极不稳定的中间体时，该方法则可能不适用。除了温度和 pH 引起的催化条件不相容之外，反应介质的不相容性同样也不可忽视。绝大多数化学催化剂偏好有机介质，在水相中则很难正常发挥催化活性，但多数酶对有机溶剂的耐受性较差。而且，有机试剂在水相中的溶解度普遍比较低，这大大增加了使用水作为反应介质的难度。利用两相体系，将酶溶解在水相中，而化学催化剂溶解在有机相中，能够缓解溶剂不相容问题以及底物溶解性问题[7,8]。近年来，非常规介质的发展给介质不相容问题带来了新的解决方案[9]，这些介质包括：无溶剂反应体系、超临界流体、离子液体和低共熔溶剂等。这些溶剂不仅增加了有机试剂的溶解度，避免了化学催化剂与酶分子之间发生络合作用，同时在一定程度上能够增强酶的立体选择性和活性，并使其具有更好的操作稳定性，提高了整个体系的反应效率。

　　不同催化剂之间的不相容一般采用空间分隔的策略来解决，主要是基于不同催化剂的活性中心在空间上的物理隔离，从而避免接触失活。主要方法包括将不同催化剂各自限域隔离，制备分隔式复合催化剂或借助高分子膜来分隔不同催化剂（表 19-1）。

表 19-1　化学－酶法偶联催化的常见问题及解决策略

问题	策略	原理	优劣
催化条件不相容（反应温度、pH）	时间分隔	不同催化剂的催化反应条件（反应温度、pH）各不相同	优势：不同催化剂在各自最佳反应条件下达到最大催化效率 劣势：不适用于"一锅化"反应
反应介质不相容	两相体系	化学催化剂和酶在不同的介质中，底物溶解度、催化剂活性和稳定性等差异巨大	优势：①提高底物溶解和质量传递；②避免了化学催化剂与酶发生络合；③提高催化剂活性和稳定性。 劣势：不适用于连续反应。
催化剂互不相容	空间分隔	实现不同催化剂的活性中心在物理空间上的隔离，从而避免催化剂和酶直接接触	优势：①防止催化剂和酶直接接触而失活；②高比表面积材料有助于增加酶与底物的接触面积。

　　总之，近年来科学家们通过改变催化剂性质，设计更为合理的操作方式，发展有效的策略来解决不同原因导致的化学催化剂与酶不相容问题，以实现两种催化剂的兼容和优势互补，拓展化学-酶级联反应应用领域。

19.2　金属－酶偶联催化

　　金属催化剂的发展已经达到了较为成熟的阶段，它们与酶催化相结合的研究也相对较多，特别是过渡金属与酶催化剂相互结合的研究一直占主导地位（表 19-2）。利用酶的高选择性和过渡金属催化剂的广泛反应性所开发的金属-酶偶联催化技术，具有反应适应性好、选择性强和合成效率高等显著优势，十分适合高光学纯度手性化合物的生产[2,10]。

表 19-2　不同金属－酶偶联催化体系的构建策略

金属-酶偶联催化构建策略	催化体系	底物	产物	产率	ee值
时间分隔	Pd-醇脱氢酶			91%	>99%
	Ru-转氨酶			70%~88%	>97%
两相体系	Pd-醇脱氢酶（离子液/水）			94%	>99%
	Ru-醇脱氢酶（低共熔溶剂/缓冲液）			>99%	>99%
	Ir-卤代醇脱卤素酶（甲苯/HEPES）			90%	98%

续表

金属-酶偶联催化构建策略	催化体系	底物	产物	产率	*ee*值
独立固定化催化剂	吡啶衍生物-脂肪酶	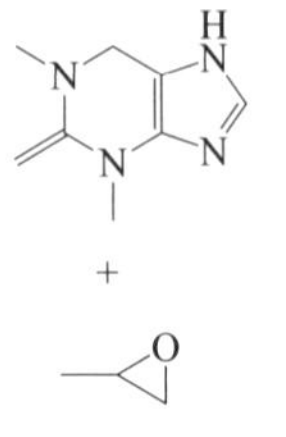	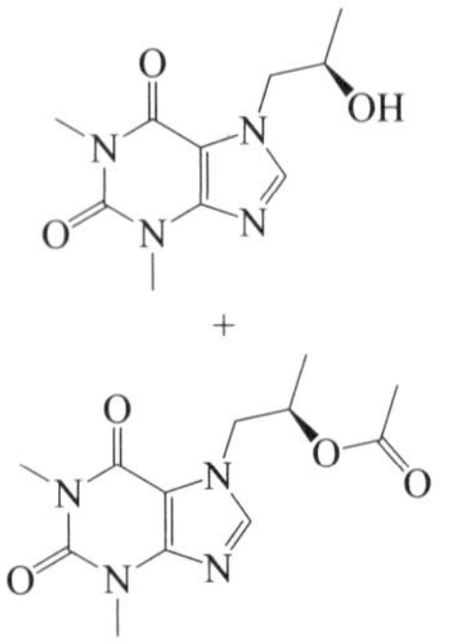	46%	97%
分隔式复合催化剂	Pd@SBA-15-脂酶	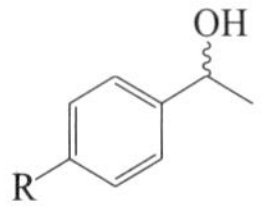	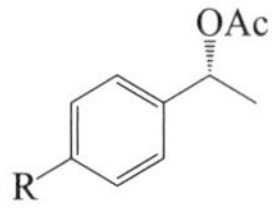	89%	99%
	PdPt@PDA@脂酶 CAL-A	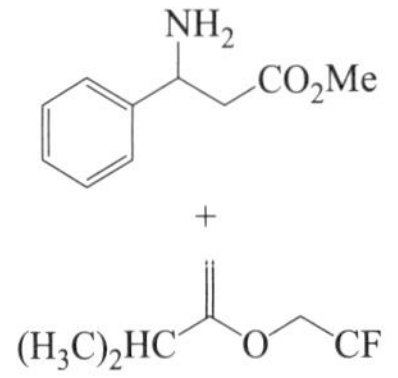	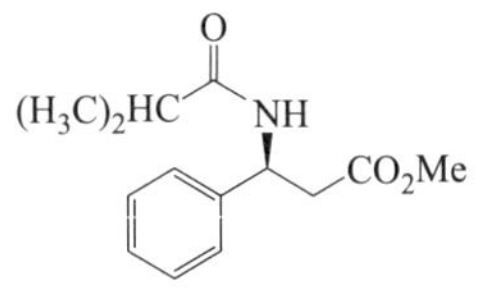	78%	93%
膜分隔	PdCl₂/CuCl₂-醇脱氢酶	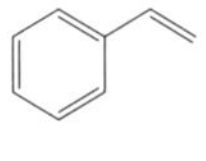	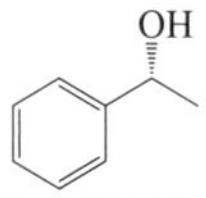	85%	98%

19.2.1　金属催化剂–氧化还原酶偶联催化

19.2.1.1　钯催化剂–醇脱氢酶偶联催化

Harald Gröger 课题组首次报道了在含水反应介质中，将钯催化剂和醇脱氢酶（ADH）偶联，实现了通过 Suzuki 交叉偶联和不对称酶促还原合成了手性二芳基醇（图 19-2）。该方法具有高达 91% 的转化率且对映选择性出色（＞ 99% *ee*）[11]。在 70℃碱性水溶液中，Pd（PPh₃）Cl₂ 催化苯基硼酸与对溴苯乙酮发生 C—C 交叉偶联反应，反应结束后待体系降至室温、调节 pH 到中性后，加入醇脱氢酶进行后续还原反应，最终生成一系列手性 1- 联芳基乙醇，无需中间产物的分离。

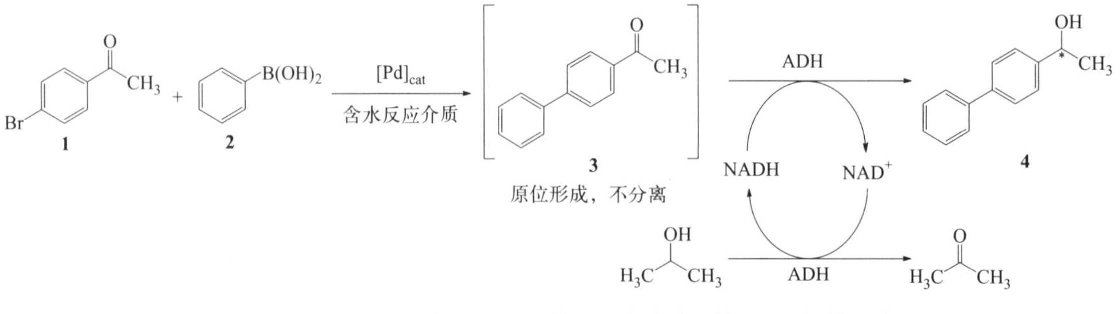

图 19-2　钯 – 醇脱氢酶的偶联催化反应合成手性 1- 联芳基乙醇

Harald Gröger 课题组[12]将钯和铜共同催化的 Wacker 氧化与醇脱氢酶（*Lk*ADH）催化的还原反应偶联，通过区室化实现了原本不相容催化剂之间的协同催化，从而在一锅法中将苯乙烯对映体选择性地转化为 1-苯乙醇（图 19-3）。在聚二甲基硅氧烷（PDMS）套管内部进行 Wacker 氧化后，只有有机底物和产物能够扩散到外部进行生物转化。这种"一锅化"反应能够应用于烯烃的不对称水合反应，制备一系列 1-芳基乙醇，具有较高的转化率和立体选择性（98% ～ 99% *ee*）。

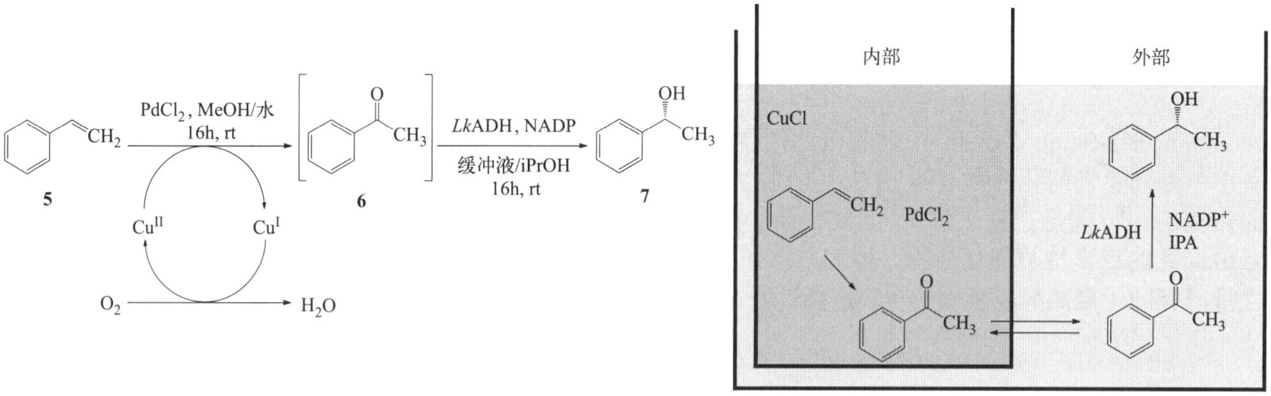

图 19-3　区室化实现钯－醇脱氢酶的偶联催化反应

Schmitzer 课题组[13]报道了在基于咪唑鎓的离子液体与水相构成的两相体系中，实现钯催化的 Suzuki 与醇脱氢酶（ADH）催化的还原反应偶联（图 19-4）。与水相"一锅化"反应相比，钯-醇脱氢酶偶联催化的过程更快。金属催化剂在离子液体中，催化活性和稳定性均提高，生成的中间产物在水／离子液体界面上被醇脱氢酶还原，以制备一系列手性 1-联芳基乙醇，反应具有高产率和高对映选择性。

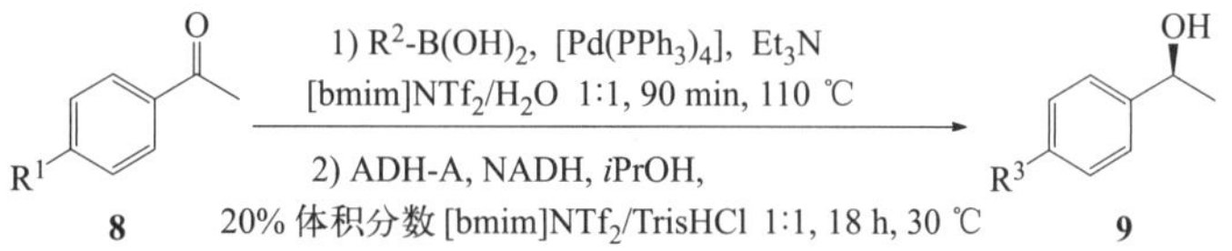

图 19-4　离子液体与水相构成的两相体系中钯－醇脱氢酶的偶联催化反应

19.2.1.2　铱催化剂－醇脱氢酶的偶联催化

Kroutil 课题组[14]首次报道了"一锅法"将铱基催化剂催化的氧化反应与醇脱氢酶催化的还原反应相结合。首先，金属铱基催化剂对卤代醇进行催化氧化反应，制备的关键中间体 α-氯酮被来源于 *Rhodococcus ruber* 的醇脱氢酶 ADH-A 立体选择性地还原为光学纯卤代醇（图 19-5）。该方法是外消旋氯醇通过化学-酶法偶联催化合成光学纯氯醇的典型反应。

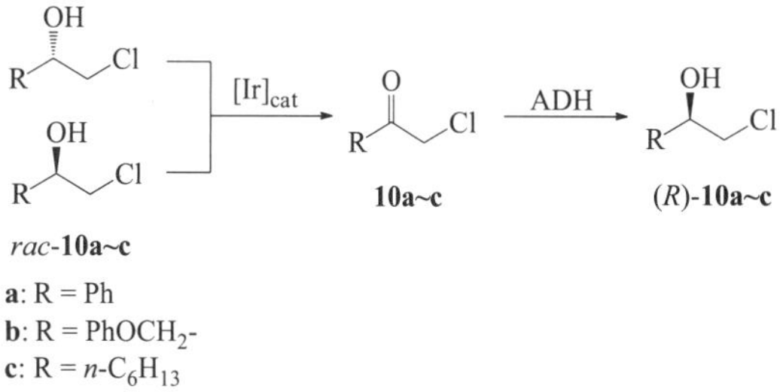

图 19-5　铱－醇脱氢酶的偶联催化

19.2.1.3　镍催化剂－醇脱氢酶的偶联催化

Garg 课题组[15]通过将镍催化的酰胺 Suzuki-Miyaura 反应和醇脱氢酶（ADH）催化的二芳基酮中间体的不对称还原进行偶联，实现了在水介质中"一锅法"将胺类化合物转化成手性醇（图 19-6）。该反应形成了新的 C—C 键，且一个 C 原子成为手性碳，简化了传统的逆合成断开过程，而且反应转化率高，能获得光学纯的二芳基甲醇衍生物。

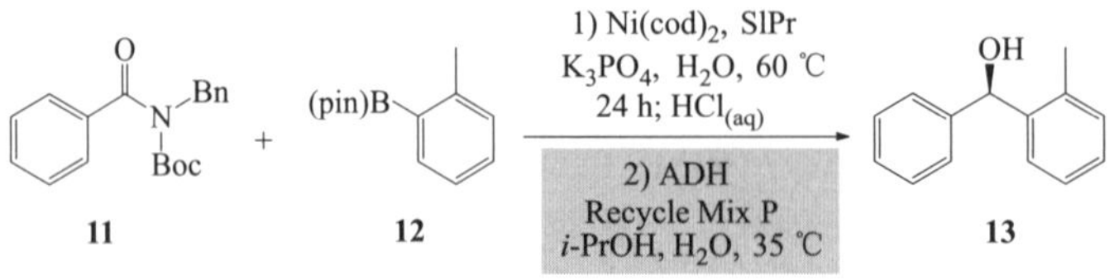

图 19-6　镍 – 醇脱氢酶的偶联催化

19.2.1.4　钌催化剂 – 醇脱氢酶的偶联催化

González-Sabín 课题组[16]将钌催化的烯丙醇异构化与醇脱氢酶催化的不对称生物还原进行偶联，制备出一系列手性醇化合物（图 19-7）。醇脱氢酶在由低共熔溶剂和缓冲液构成的混合体系中表现出优秀的催化性能，特别是在氯化胆碱（ChCl）/ 甘油（Gly）或 ChCl/ 山梨糖醇（1∶1，体积分数）的组合中展示出优秀的稳定性与催化活性，仲醇产率＞ 99%，ee ＞ 99%。研究发现，提高混合介质中低共熔溶剂的含量，有助于提高醇脱氢酶的对映选择性及产物仲醇的光学纯度。

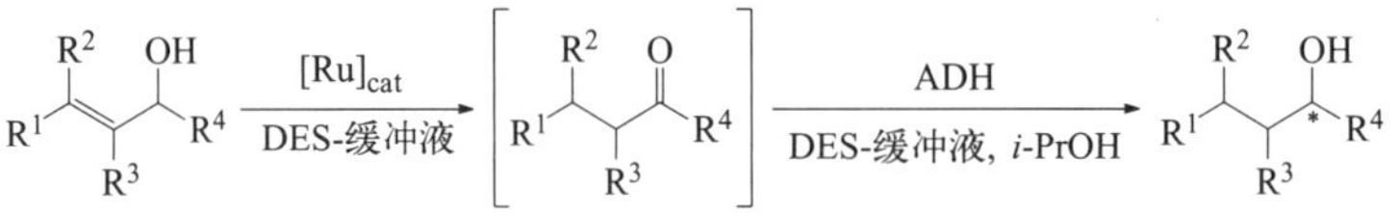

图 19-7　钌 – 醇脱氢酶的偶联催化

19.2.1.5　金催化剂 – 醇脱氢酶的偶联催化

Mihovilovic 课题组[17]通过将金催化的水合反应与醇脱氢酶催化的还原反应相结合，制备出一系列高光学纯度的 (S)- 和 (R)- 芳烷基醇类化合物，且转化率＞ 91%（图 19-8）。该方法以 $AuCl_3$ 为催化剂，在水相条件下催化苯乙炔及其衍生物转化为苯乙酮及其衍生物，再用醇脱氢酶不对称催化还原，以制备相应的醇类化合物，是一种简单且原子经济高的手性仲醇的合成方法。

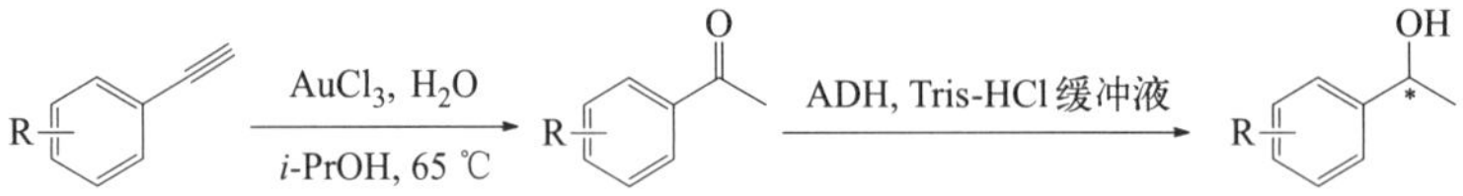

图 19-8　金 – 醇脱氢酶的偶联催化

19.2.1.6　铜催化剂 – 醇脱氢酶偶联催化

Gotor 课题组[18]报道了在温和反应条件下，一锅两步、高产率、高对映选择性地制备手性 1,2,3- 三唑衍生二醇的方法（图 19-9）。在水溶液介质中，先通过单个醇脱氢酶将两个前手性酮进行还原，然后用 $CuSO_4$ 和包裹铜的搅拌棒进行点击化学反应，可以很容易地合成带有两个手性中心的三唑化合物。利用酶的立体选择性，可以调控最终化合物的手性构型。

19.2.1.7　铑催化剂 – 醇脱氢酶的偶联催化

Bräse[19]课题组报道了酶促还原与金属催化的闭环反应相互偶联，合成具有双取代立体异构中心的含氧杂环化合物（图 19-10）。首先，利用高立体选择性醇脱氢酶催化酮 -α- 重氮酸酯合成相应的高光学纯度的醇，然后利用铑和铜催化剂对羟基 -α- 重氮酯进行分子内环化反应，获得具有脂肪族和酯取代基的六元和七元环。该反应可以产生热力学上具有挑战性的 α, ω- 反式 - 氧杂环庚烷，具有高产率和高立体选择性的优点。

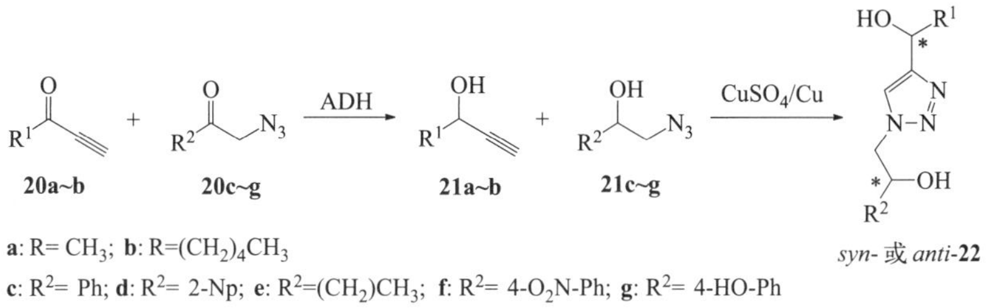

a: R= CH$_3$; **b**: R=(CH$_2$)$_4$CH$_3$
c: R^2= Ph; **d**: R^2= 2-Np; **e**: R^2=(CH$_2$)CH$_3$; **f**: R^2= 4-O$_2$N-Ph; **g**: R^2= 4-HO-Ph

图 19-9　铜－醇脱氢酶的偶联催化

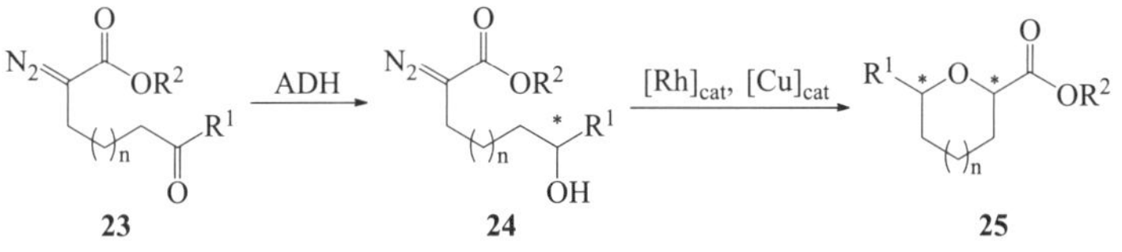

图 19-10　铑－醇脱氢酶的偶联催化

19.2.1.8　钌催化剂－单胺氧化酶的偶联催化

Castagnolo 课题组[20]将钌催化剂与单胺氧化酶相偶联，开发了用于吡咯可持续生产的化学 - 酶偶联方法（图 19-11）。在水和异辛烷组成的两相体系中，底物和钌催化剂分散于异辛烷中，而酶溶于水相中。随着钌催化的闭环反应不断进行，中间产物 3- 吡咯啉向缓冲液中扩散，并在单胺氧化酶（MAO）的作用下，发生芳构化反应生成吡咯。该方法能在温和条件下合成吡咯，其产物产率和 ee 值均达到 99% 以上。

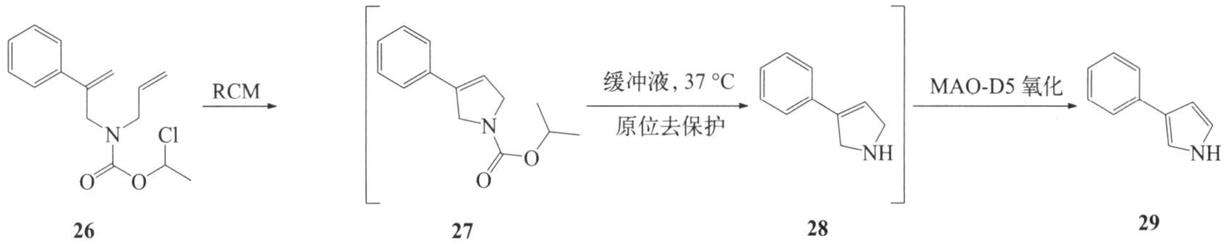

图 19-11　钌－单胺氧化酶的偶联催化

19.2.2　金属催化剂－转移酶的偶联催化

19.2.2.1　钌催化剂－转氨酶的偶联催化

González-Sabín 课题组[21]报道了将钌基催化剂催化的烯丙醇异构化和与 ω- 转氨酶（ω-TA）催化的转氨反应进行偶联，在水相中实现"一锅法"合成不同结构的手性胺（图 19-12）。在 50℃条件下用钌催化烯丙醇异构化后，降低温度并稀释底物浓度到转氨酶能耐受的范围，再加入 ω- 转氨酶催化转氨反应，该反应具有高的总产率和 ee 值。

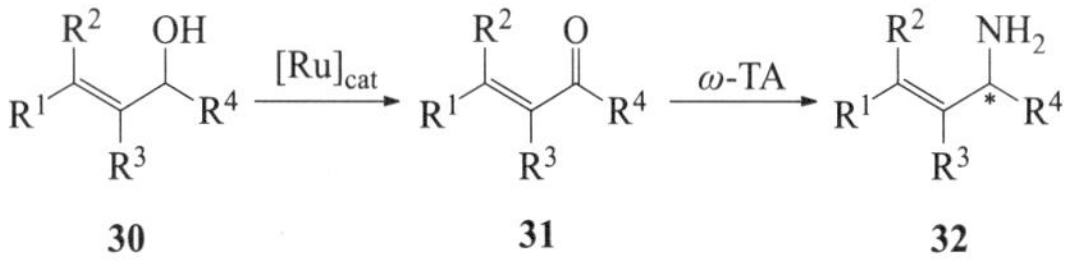

图 19-12　钌－转氨酶的偶联催化

19.2.2.2 钯催化剂-转氨酶的偶联催化

González-Sabín课题组等[22]首次在低共熔溶剂中将钯催化的Suzuki交叉偶联反应与转氨酶（TA）相偶联，并应用于酮的不对称胺化，合成手性胺（图19-13）。转氨酶在75%低共熔溶剂的条件下，表现出良好的稳定性和催化性能。低共熔溶剂的增溶特性，使得金属催化的底物负载浓度能够达到0.2mol·L^{-1}。

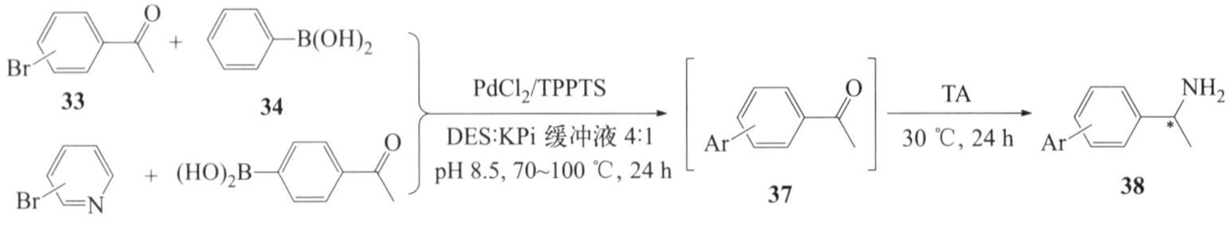

33 34 35 36 37 38

图19-13 钯-转氨酶的偶联催化

19.2.3 金属催化剂-水解酶的偶联催化

19.2.3.1 钌催化剂-脂肪酶的偶联催化

Ostaszewski课题组[23]设计了将脂肪酶催化的动态动力学拆分和钌催化的复分解关环反应相偶联，以合成6-取代-5,6-二氢吡喃-2-酮的方案（图19-14）。首先利用固定在丙烯酸载体上的来源于南极假丝酵母的脂肪酶B（Novozym 435），将外消旋的烯丙醇转化为相应的巴豆酸酯，酶催化的拆分产物经过分离之后再进行后续钌催化的复分解关环反应，5,6-二氢吡喃-2-酮的产率为75%，*ee*值＞99%。

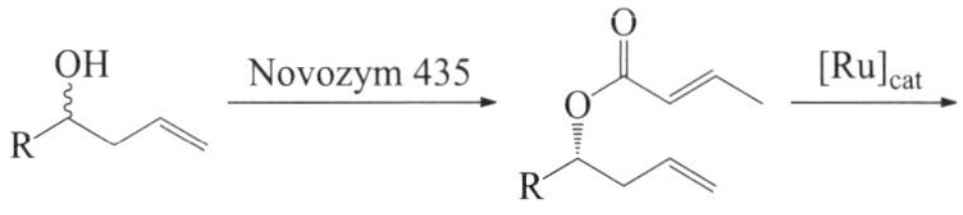

39 40 41

图19-14 钌-脂肪酶的偶联催化

19.2.3.2 钯催化剂-环氧水解酶的偶联催化

Hall课题组[24]将环氧水解酶催化的对映选择性水解与钯催化的非对映选择性Tsuji-Trost环醚化相偶联，用于制备光学纯芳樟醇氧化物（图19-15）。环氧水解酶（EH）催化香叶基衍生的萜类环氧化物的选择性水解，产生光学纯的邻二醇和环氧乙烷衍生物；随后，经过钯立体选择性催化所得的邻二醇，可以用于合成呋喃类芳樟醇氧化物。该化学-酶偶联的催化方法可以获得高非对映体过量（97% *de*）和对映体过量（97% *ee*）的反式-（2*R*,5*R*）-芳樟醇氧化物。

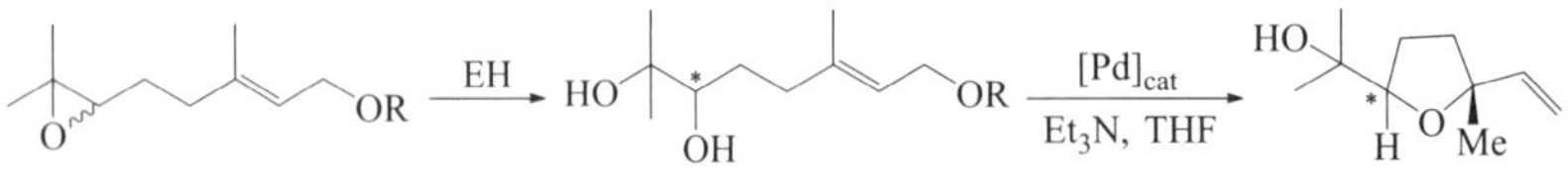

42 43 44

图19-15 钯-环氧水解酶的偶联催化

19.2.4 金属催化剂-裂合酶的偶联催化

19.2.4.1 铱-卤代醇脱卤酶的偶联催化

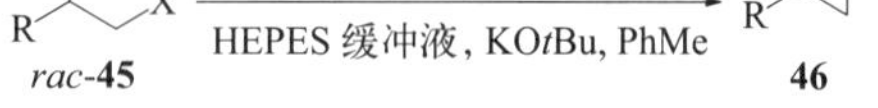

rac-45 46

图19-16 铱-卤代醇脱卤酶的偶联催化

de Vries课题组[25]将卤代醇脱卤酶（HheC）与铱基催化剂

相结合，制备光学纯的环氧化物（图 19-16）。在甲苯和缓冲液组成的两相系统中，通过化学 - 酶偶联催化的动态动力学拆分，以外消旋的 α- 卤代醇为原料，经一步反应即得到相应的对映异构环氧化物，具有良好的产率和出色的对映选择性。

19.2.4.2　钯催化剂 - 苯丙氨酸裂解酶的偶联催化

Turner[26] 课题组将苯丙氨酸裂解酶（PAL）和 D- 氨基酸脱氢酶（DAADH）分别与钯催化剂偶联，合成 N- 保护的非天然 L- 二芳基丙氨酸衍生物（图 19-17）。苯丙氨酸裂解酶催化 4- 溴肉桂酸的不对称胺化生成光学纯 L- 芳基丙氨酸，通过 Boc 保护后进行钯催化的 Suzuki-Miyaura 偶联反应，可以得到高光学纯度的 L- 二芳基丙氨酸衍生物，具有良好的产率。

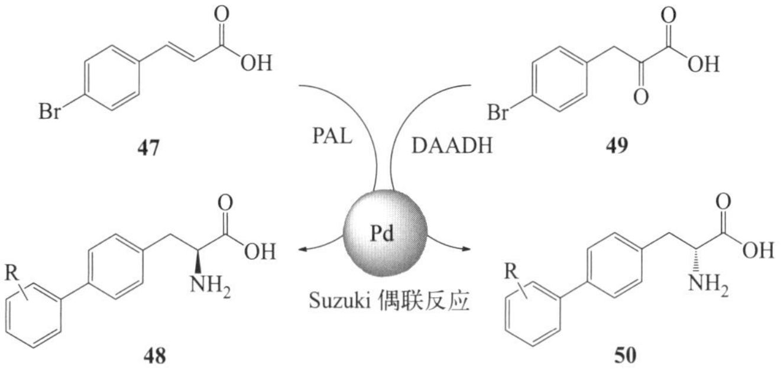

图 19-17　钯－苯丙氨酸解氨酶的偶联催化

19.3　有机小分子 - 酶偶联催化

在本世纪初，有机小分子催化得到快速发展，人们注意到不对称有机催化和生物催化的反应是互补的。一系列独特的级联合成反应也被开发利用，展示出巨大的工业应用潜力。

19.3.1　有机小分子 - 氧化还原酶的偶联催化

19.3.1.1　脯氨酸衍生物 - 醇脱氢酶的偶联催化

Gröger 课题组[27] 利用固定化方法将有机小分子催化剂和醇脱氢酶及其辅因子 NAD+ 固定在不同的隔室中用于手性二醇的合成，从空间上隔离两种催化剂使得醇脱氢酶不易接触小分子催化剂而导致失活（图 19-18）。在有机介质中，用脯氨酸衍生物催化以间氯苯甲醛、丙酮为起始原料的醛醇缩合反应，制备 (R)-β- 羟基酮，转化率为 95%，ee 为 95%。随后采用醇脱氢酶对中间物进行催化还原反应，以高的转化率（89%）和优异的选择性（dr > 35：1，ee > 99%）制备出光学纯的二醇化合物。此反应无需中间物的分离，避免了繁琐的提取操作。

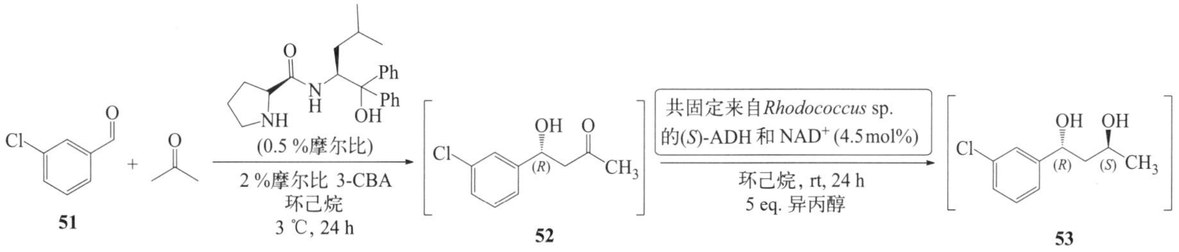

图 19-18　脯氨酸衍生物 - 醇脱氢酶的偶联催化

19.3.1.2　D-/L- 脯氨酸 - 醇脱氢酶的偶联催化

Kroutil 课题组[28] 报道了将有机小分子催化剂 D-/L- 脯氨酸与醇脱氢酶相结合，制备对甲氧基苯基保

护的 α- 氨基 -γ- 丁内酯的所有四种立体异构体的方法（图 19-19）。其中一条途径为，在异丙醇中，L-脯氨酸催化醛与亚胺的 Mannich 反应，经过醇脱氢酶的不对称催化还原制备出非对映异构体氨基醇，所得中间物自发或在酯交换条件下（HCl-MeOH）发生环化反应，以 47% 的产率制备出光学纯的（3S,5R）- 内酯，ee 值高达 99%。

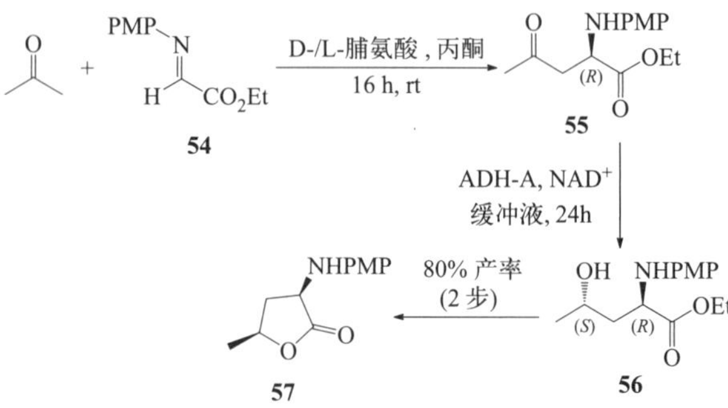

图 19-19　D-/L- 脯氨酸 - 醇脱氢酶的偶联催化

19.3.1.3　TEMPO/PIPO/L- 赖氨酸 - 烯还原酶 / 醇脱氢酶的偶联催化

Gröger 课题组[29]建立了室温和常压条件下合成格尔伯特醇的工艺路线，该化学 - 酶偶联的催化工艺串联了两个有机催化步骤和两个生物催化步骤（图 19-20）。在这个新工艺中，在 2,2,6,6- 四甲基哌啶 -1- 氧基（TEMPO）或聚合物固定化的哌啶氧基（PIPO）作为催化剂的条件下，使用次氯酸盐作为氧化剂氧化 1- 己醇，产生的醛在赖氨酸催化下发生醛醇缩合反应，得到 2- 丁基 -2- 辛醛。形成的 C=C 和 C=O 键分别通过来源于 *Gluconobacter oxydans* 的烯还原酶（ERED）和来自 *Rhodococcus* sp. 的醇脱氢酶进行不对称催化还原，以高转化率和高立体选择性获得 2- 丁基 -1- 辛醇，无需中间体的分离纯化。

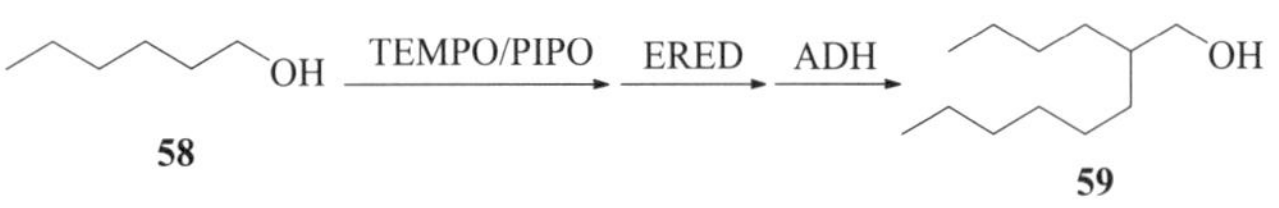

图 19-20　TEMPO/PIPO/L- 赖氨酸 - 烯还原酶 / 醇脱氢酶的偶联催化

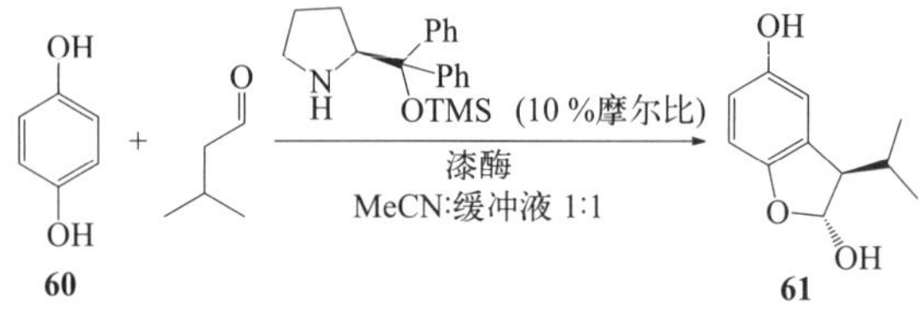

图 19-21　吡咯烷衍生物 - 漆酶的偶联催化

19.3.1.4　吡咯烷衍生物 - 漆酶的偶联催化

Worgull 课题组[30]将漆酶催化的生物氧化与有机小分子催化剂 (S)-2- ［二苯基（三甲基甲硅烷基氧基）甲基］吡咯烷结合，采用"一锅法"对映选择性合成 α- 芳基醛（图 19-21）。反应首先使用漆酶将 1,4- 对苯二酚衍生物氧化为相应的对苯二醌衍生物，所得中间物在大位阻四氢吡咯衍生物 (S)-2- ［二苯基（三甲基甲硅烷基氧基）甲基］吡咯烷的催化下，与醛类化合物进行立体选择性的 α- 芳基化反应，再环化成相应的半缩醛。该催化可以以中等至良好的产率和中等至优异的对映选择率获得 3- 取代 -2,3- 二氢苯并呋喃 -2,5- 二醇。

19.3.2　有机小分子 - 水解酶的偶联催化

19.3.2.1　吡啶衍生物 - 脂肪酶的偶联催化

Plenkiewicz 课题组[31]将有机小分子催化剂与脂肪酶结合，发展了制备茶碱对映异构体的方法（图 19-22）。在三乙胺和催化量的 4-(N,N)- 二甲基氨基吡啶（DMAP）存在下，通过乙酸酐或适当的酰氯处理，将外消旋丙羟茶碱转化为相应的酰化丙羟茶碱，然后使用固定化南极假丝酵母脂肪酶 B（CALB）进行动力学拆分，得到 (S)-(+)- 丁酸酯（97% ee）和 (R)-(−)- 醇（96% ee），分离产率分别为 45% 和 46%。

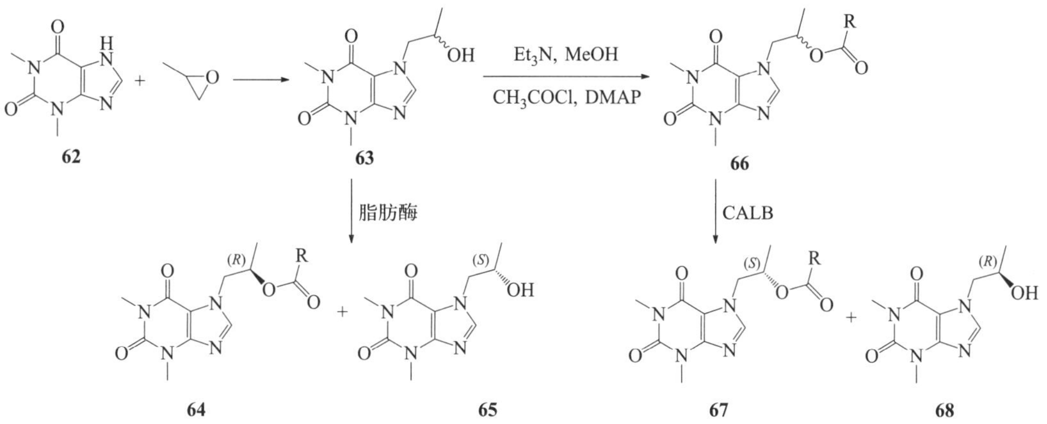

图 19-22　吡啶衍生物－脂肪酶的偶联催化

19.3.2.2　有机氟催化剂－脂肪酶与亚胺还原酶的偶联催化

姜艳军课题组[32]通过组合有机 - 酶催化脱羧氟化和双酶（亚胺还原酶 AmDH 和葡萄糖脱氢酶 GDH）还原胺化反应的两种催化模块，实现了手性 α- 单氟甲胺和二氟甲胺的化学酶不对称合成，在水 - 油 - 固多相体系中分批反应和连续流操作，实现过程强化（图 19-23）。在 100mmol·L^{-1} 底物浓度下高效转化，连续流操作的时空产率达到 19.7g·L^{-1}·h^{-1}，较使用游离酶的分批操作提高了 35 倍。该策略不仅利用了化学合成和酶转化的互补优势，而且整合了酶固定化、多相系统和流动化学的优势，在拓展手性分子的合成应用方面显示出巨大的潜力。

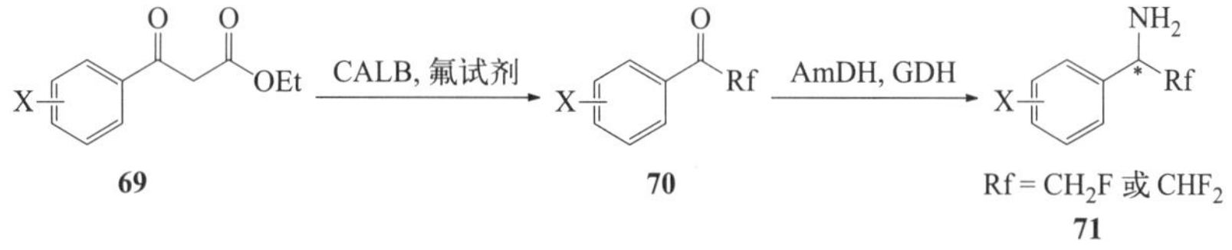

图 19-23　有机氟催化剂－脂肪酶与亚胺还原酶的偶联催化

19.3.3　有机小分子催化剂－裂合酶的偶联催化

19.3.3.1　哌啶－苯丙氨酸氨裂解酶的偶联催化

Turner 课题组[33]将 Knoevenagel-Doebner 缩合反应和苯丙氨酸氨裂解酶（PAL）介导的加氢胺化反应结合，制备 L- 芳基丙氨酸（图 19-24）。通过反应条件优化和提升苯丙氨酸氨裂解酶的溶剂耐受性，使得两个反应可以在"一锅"中依次进行。该反应以廉价的苯甲醛、丙二酸为原料，先后进行 Knoevenagel-Doebner 缩合反应和苯丙氨酸氨裂解酶催化的立体选择性氨化反应。该方法能够合成 5 种 L- 二卤代苯丙氨酸，得率为 71% ～ 84%，ee 为 98% ～ 99%。

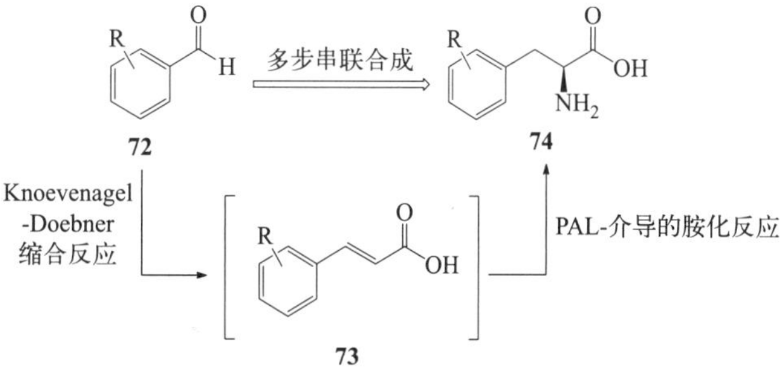

图 19-24　哌啶－苯丙氨酸氨裂解酶的偶联催化

19.3.3.2　二元胺类有机催化剂 -N- 乙酰神经氨酸裂合酶偶联催化

Nelson 课题组[34] 将 N- 乙酰神经氨酸裂合酶（NAL）与二元胺类有机催化剂偶联，在水相中开发了 C—C 键形成的"一锅"三组分工艺（图 19-25）。二元胺类有机新分子催化剂催化乙醛酰胺和乙醛的缩合，然后采用缓冲液稀释，添加丙酮酸和醛缩酶发生第二次醛缩反应，制备获得一系列杂环产物。

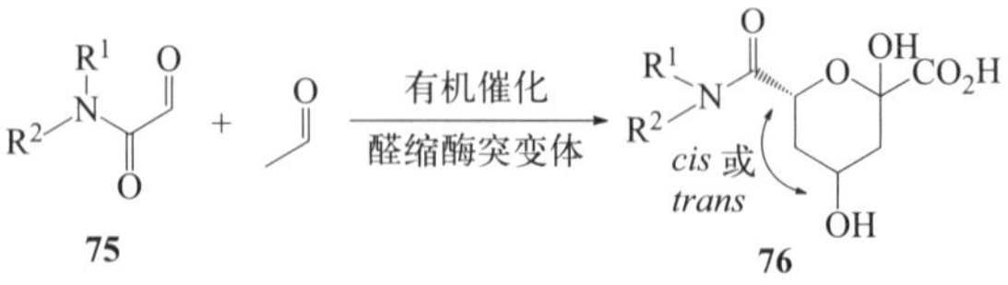

图 19-25　二元胺类有机催化剂 -N- 乙酰神经氨酸裂合酶的偶联催化

19.4　光 - 酶偶联催化

光催化合成相比于传统合成，具有更清洁、可持续的优势。此外，新型高效光催化剂的开发，扩展了光催化的应用范围，推动了光催化领域的发展[35]。在过去的十几年中，可见光催化与合成化学交叉融合，成为一个非常重要的研究领域。然而，光诱导产生的高能有机中间体通常面临着活性过高、反应性难以调控、副反应较多等问题[36]。因此，合理地设计光催化合成体系，避免副反应发生并提高反应的选择性，是目前光催化有机合成的难点。

光 - 酶偶联催化能在一定程度上解决可见光催化和酶催化各自的缺陷，同时通过整合两者的优势，实现高附加值化合物的高效、可持续绿色制造。一方面，基于可见光催化在温和条件下产生的活泼化学中间体，光 - 酶偶联催化不仅能够利用可见光再生辅因子来发挥酶的天然活性，还能引发酶的非天然反应活性，获得新的催化功能；另一方面，利用酶催化的高选择性和可改造性特征，光 - 酶偶联催化能够调控光引发的活泼反应中间体，从而为光化学领域的立体化学控制难题提供新的解决方案[37]。

19.4.1　光 - 氧化还原酶的偶联催化

19.4.1.1　Ru（Ⅱ）- 二亚胺光敏剂和 P450 单加氧酶偶联催化

Cheruzel 课题组[38] 将 Ru（Ⅱ）- 二亚胺光敏剂与单加氧酶 P450 BM$_3$ 突变体相结合，实现了取代芳烃的选择性三氟甲基化 / 羟基化（图 19-26）。在光照条件下，利用 Ru（Ⅱ）- 二亚胺光敏剂独特的光化学性质来进行单电子转移，由 d^6 金属络合物促进的 CF$_3$ 自由基可以与芳烃结合。在可见光的驱动下，共价连接的 Ru（Ⅱ）- 二亚胺光敏剂提供必要的电子，促使 P450 BM$_3$ 酶介导的三氟甲基化底物发生羟化反应。

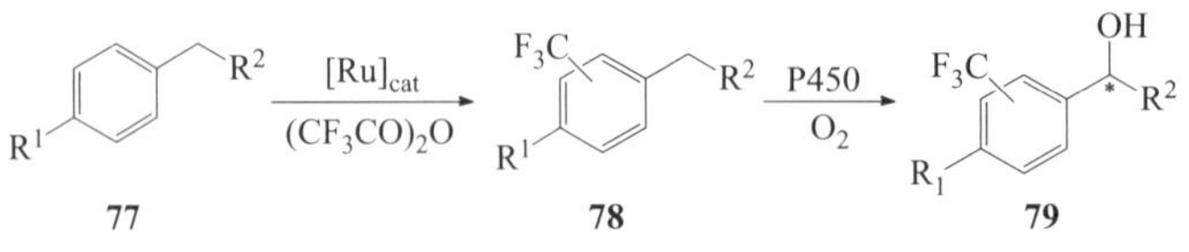

图 19-26　Ru（Ⅱ）- 二亚胺光敏剂和 P450 单加氧酶的偶联催化

19.4.1.2　铂 - 硫化镉光催化剂（Pt@CdS）- 醇脱氢酶的偶联催化

Goodwin[39] 课题组报道了将生物催化、光催化和有机小分子催化相结合，在中性 pH 值、低温和常压的绿色化学条件下，将常见的梭菌发酵产物丁醇（C4）转化为 2- 乙基己烯醛（C8）（图 19-27）。首先，使用 NAD$^+$ 作为辅因子，在乙醇脱氢酶（ADH）催化下将正丁醇氧化成正丁醛。在光驱动下，使用光催化剂 Pt@CdS 实现辅因子再生。中间体正丁醛在有机催化剂 β- 丙氨酸的催化下进行羟醛缩合反应,生成目标产物 2- 乙基己烯醛。

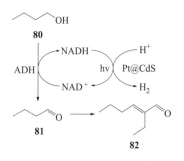

19.4.1.3 CdSe 量子点 - 烯还原酶的偶联催化

Lutz[40] 课题组利用 CdSe 量子点(QD)作为光催化剂,利用甲基紫精作为电子继电器,在可见光条件下催化还原老黄酶的辅因子 FMN,驱动来自枯草芽孢杆菌的老黄酶(YqjM)立体选择性地还原 4- 羧基异佛尔酮(ketoisophorone)(图 19-28)。在 CdSe QD 的催化下,$MV^+ \cdot$ 自由基可以通过可见光产生,产生的 $MV^+ \cdot$ 可以用来还原 FMN。CdSe 量子点 - 烯烃还原酶偶联催化为光驱动下的辅酶再生提供新的策略。

图 19-27 铂 - 硫化镉光催化剂(Pt@CdS)- 醇脱氢酶的偶联催化

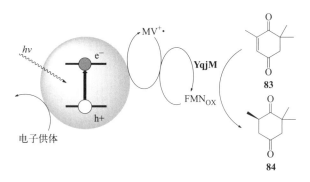

图 19-28 CdSe 量子点 - 烯还原酶的偶联催化

图 19-29 Ru(bpy)₃Cl₂- 烯还原酶的偶联催化

Hyster 课题组[41] 报道了通过在蛋白质活性位点内生成氮自由基,进而进行不对称氢胺化反应的例子(图 19-29)。首先,外源光催化剂 Ru(bpy)₃Cl₂ 被激发后产生长寿命的三重态激发态络合物 *Ru(Ⅱ),其被老黄酶(YqjM)中的辅因子 FMNsq 还原为 Ru(Ⅰ),后者将电子转移给与酶结合的肟酯底物,脱去苯甲酸阴离子后,生成氮中心自由基。生成的氮自由基与分子内(或另一分子)的烯烃加成,得到的前手性碳自由基中间体与还原态辅因子 FMNhq 发生立体选择性的氢子转移(HAT)过程,最终生成对映体富集的环化产物。该文报道了 5-exo、6-endo、7-endo 和 8-endo 以及分子间的氢胺化产物,并通过定向进化得到了两种对映选择性互补的酶催化剂。

19.4.1.4 蓝光 /EDTA- 色氨酸卤化酶的偶联催化

Kottke 课题组[42] 在黄素依赖性色氨酸卤化酶催化的氯代反应中,通过使用蓝光和 EDTA 还原剂来建立辅酶 $FADH_2$ 再生的光化学方法(图 19-30)。该方法直接还原结合态黄素,从而避免游离黄素的解偶联和无效循环。仅使用蓝光、卤化物盐、空气和廉价的 EDTA 还原剂,来源于 *Streptomyces rugosporus* 的卤化酶 PyrH 能够以有效的区域选择性将色氨酸氯代为 5- 氯色氨酸,转化率为 70%。

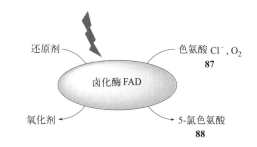

图 19-30 蓝光 /EDTA- 色氨酸卤化酶的偶联催化

19.4.2 光 - 裂合酶的偶联催化

浙大吴起课题组[43] 报道了在蓝光照射下,利用工程化的脂肪酸光脱羧酶(*Cv*FAP)能催化消旋的

α- 氨基酸和 α- 羟基酸，以高产率和出色的立体选择性（99% *ee*）获得 (*R*)- 构型底物（图 19-31）。这种高效的光驱动过程既不需要 NADPH 再生，也不需要预先制备酯，为获得手性 α- 官能团化的羧酸提供了一种更环保、更可持续的方法。

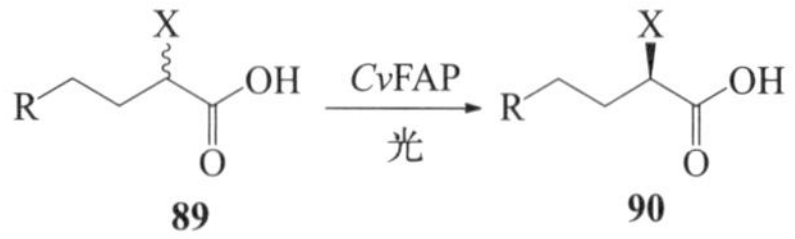

图 19-31　蓝光 - 脂肪酸光脱羧酶的偶联催化

19.5　纳米酶 - 酶的偶联催化

纳米酶在结构上着重以基因重组、改造为基础的蛋白质分子为骨架，再加上具有类酶催化活性的金属纳米颗粒，可视为生物材料和无机金属材料组成的杂化分子。人工合成的生物纳米酶优于其他纳米酶的方面在于，研究人员可以将各种功能和结构部分作为一个模块 / 基块进行自下而上的组装和构建。这种构建方式以基因工程重组为前提，能够更为理性和标准化地进行控制。从催化机理上来讲，纳米酶的组成更加类似于天然酶的组成特点，例如金属蛋白酶，因此也更容易模拟天然酶的设计，更容易探究其催化机理。从功能和应用上来讲，既可以利用蛋白质骨架自身的功能，如靶向疾病等，也可以利用纳米颗粒的催化功能，两者合二为一。

近年来，结合纳米酶的特殊性质，科学家们开发了一系列独特的级联合成反应，已展现了一定的应用潜力。

19.5.1　纳米酶 - 水解酶的偶联催化

19.5.1.1　纳米钯颗粒 - 脂肪酶的偶联催化

受天然细菌孢子的启发，Wu 课题组[44] 在聚多巴胺包被的大肠杆菌细胞表面构建人工孢子，并以此为载体负载了金属催化剂钯的纳米颗粒，构建钯纳米颗粒 - 脂肪酶的偶联催化体系（图 19-32）。人工孢子中的钯纳米颗粒能将苯乙醛还原成苯乙醇，在过表达脂肪酶 CALB 的大肠杆菌细胞催化

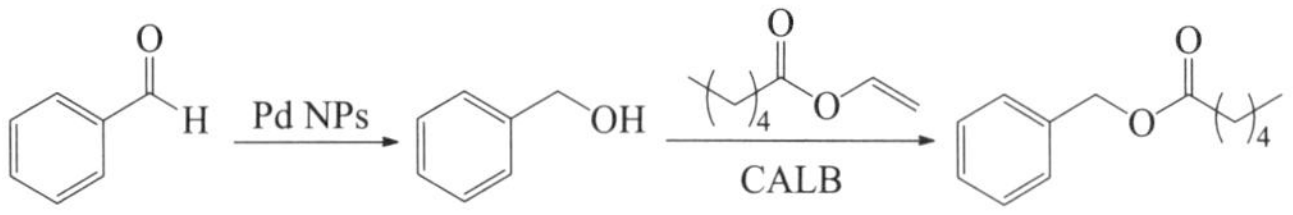

图 19-32　钯纳米颗粒 - 脂肪酶的偶联催化

作用下，与戊酸乙烯酯发生酯交换反应，生成戊酸苯乙酯。聚多巴胺涂层使得大肠杆菌细胞能够形成稳定的水 - 有机乳液，加速产物的形成，与常规的两相体系对照组相比，其催化活性提高了 350 倍。该方法不仅促进从单步反应到多酶级联的高效界面生物催化，还极大地丰富了细胞工厂的应用场景。

19.5.1.2　金纳米颗粒 - 葡萄糖苷酶的偶联催化

Prasad 课题组[45] 制备了类似的金属核 - 硅胶壳 - 表面固定化葡萄糖苷酶的分隔式复合催化剂，可以进行两步级联反应（图 19-33）。金纳米粒子 Au@mSiO$_2$ 被封装在介孔二氧化硅壳的核心层，然后将葡萄糖苷酶固定在壳的表面。溶液中的 4- 硝基苯基 -β-D- 吡喃葡萄糖苷被复合催化剂外表面的固定化葡萄糖苷酶催化水解，释放出对硝基苯酚，后者能够扩散通过二氧化硅颗粒中的微孔进入核心层，与 Au@mSiO$_2$ 接触而发生第二个反应，对硝基苯酚被金催化还原成对氨基苯酚。

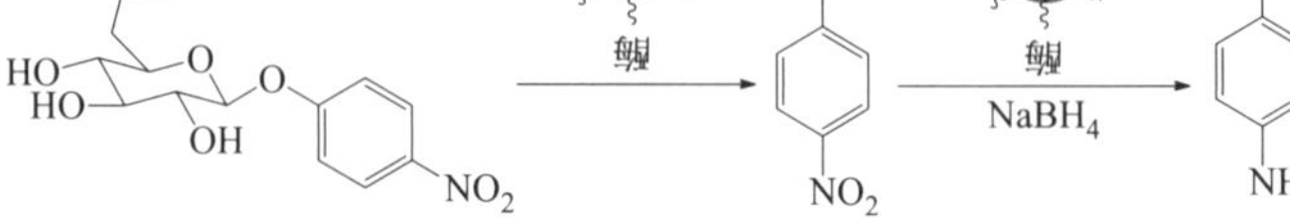

图 19-33　金纳米颗粒 - 葡萄糖苷酶的偶联催化

19.5.1.3　钯纳米颗粒 - 脂肪酶的偶联催化

Wu[46] 课题组设计了功能化的介孔二氧化硅纳米粒子（MSN），将钯纳米粒子（Pd NPs）和南极假丝酵母脂肪酶 B（CALB）分步加载到介孔氧化硅纳米颗粒的不同位置，避免了它们的相互失活（图 19-34）。介孔颗粒通过表面烷基化改变其亲疏水性，使得双功能催化剂能很好地分散在 8 种有机溶剂中。钯纳米颗粒 - 脂肪酶在甲苯中偶联催化苯乙醛转化合成己酸苄酯时，表现出优异的催化性能。

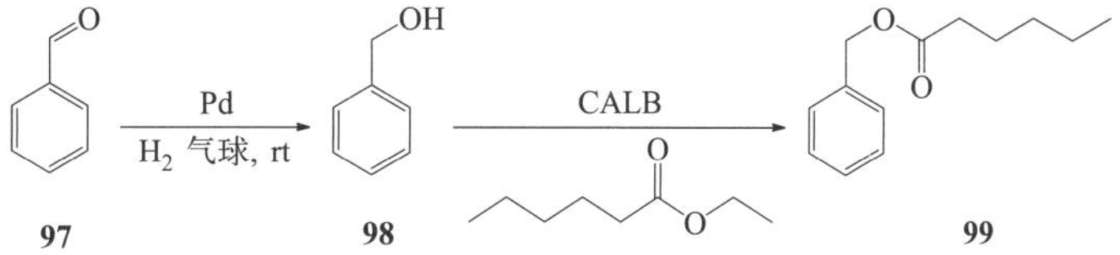

图 19-34　钯纳米颗粒 - 脂肪酶的偶联催化

19.6　总结与展望

化学 - 酶的偶联催化为化学品的生产提供了一条绿色的工艺路径，在简化反应步骤，减少中间物的分离和精制过程的能耗等方面具有巨大优势，其过程经济性好，符合绿色化学发展趋势。目前，化学 - 酶的偶联催化已成功在医药、食品、农药、精细化学品的研发与生产中得到越来越多的应用，展现了日益广阔的应用前景。

虽然国内外研究机构在化学 - 酶的偶联催化领域取得了一系列重要进展，但仍然对化学和酶催化反应体系相互兼容性的规律缺乏深刻理解。生物催化剂和化学催化剂催化机理差别巨大，提高两种催化剂的相容性和反应条件的兼容性，是提升化学 - 酶催化制备工艺的最根本途径。此外，反应工程问题（如固定化的化学催化剂和酶催化剂在不同隔离区域中的设计与优化）的研究，对于化学 - 酶偶联催化的工业化应用也发挥着不可替代的重要作用。对化学 - 酶偶联催化的深入研究不仅可以帮助人们深入了解生物催化剂与化学催化剂的协同作用机制，同时也可为设计更加绿色、高效的化学 - 酶法相结合的催化体系提供理论依据和技术支撑。

（王亚军，居述云，完彦军）

✎ 思考题

（1）与单纯的化学催化和酶催化相比，化学 - 酶的偶联催化反应具有哪些特点？

（2）简述化学 - 酶偶联催化的构建策。举例说明如何通过催化剂设计和工程化手段构建高效的化学 - 酶偶联催化反应体系。

（3）化学 - 酶的偶联催化反应设计中常见问题有哪些？如何解决这些问题？

（4）列举常见的金属 - 酶偶联催化反应。

（5）简述光 - 酶偶联催化具有什么优势。

第 19 章
参考文献

第 20 章　微尺度连续流生物催化过程

○○ ── ○○ ○ ○○ ──

20.1　概述

　　微流场反应技术是利用百微米级特征尺度的微反应器进行反应的技术，包含一系列元件，例如连接流动区、微反应器（芯片式、线圈式和填充床 / 混合床式）、混合器、反应淬灭元件、压力调节单元、收集单元和可选增配区域（分析和纯化等）（图 20-1 A）[1-3]，相较于传统釜式反应具有以下特点：

　　（1）微反应器具有极大的比表面积，可以实现混合、传质、传热效率的显著提升，大幅度缩短反应时间。微反应器的"微"并非形容体积或者通量的规模，而是指反应器的通道尺寸（如内径）处于百微米级。微（通道）反应器短小的扩散路径大大缩短了分子扩散所需的时间，快速的传质和快速混合是大多数化学反应实现可控性的重要条件，使混合时间明显快于反应时间，降低局部浓度梯度效应，为光催化、微波催化等化学反应提供良好的基础。由于具备快速传热的能力，大多数微反应器可以充当等温反应器，有效避免反应器内部的任何局部热点效应，即使是对于严重放热或吸热的化学反应，仍能提供稳定的温度条件。无论是快速传质性能还是快速传热性能，均有利于抑制副产物的形成，提高化学选择性。

　　（2）微反应器中反应物料连续流动，几乎没有返混，可有效抑制副反应的发生，提高化学选择性。返混，又称逆向混合，指连续流动过程中与主流方向相反的运动所造成的物料混合。返混现象的存在，会直接影响主流方向上的浓度分布和温度分布，进而影响反应器流体的传质过程。对于化学反应来说，返混造成的浓度变化使反应物浓度降低，产物浓度增高，从而降低主反应速度并增加副反应发生的概率，降低化学选择性。在注射泵、活塞泵等的连续推动作用下，连续流微反应器可实现长时间沿同一方向的连续稳定运行，避免返混现象的发生。

　　（3）微反应器具有良好的时空控制性，通过反应单元的级联，实现精准时空定位进料，提升产品品质。在反应过程中，总反应时间被定义为停留时间，由反应器保留体积与流速共同确定，并通过淬灭环节（化学淬灭、物理淬灭）精确控制。背压调节器位于收集模块之前，通常用于控制流动过程中的压力，尤其适合应用于因高温反应条件使试剂沸腾的化学反应过程，因为高压状态可使试剂沸点升高。此外，连接在线监测工具，可以简化反应过程，快速优化反应。例如，添加自动切换阀装置，计算机控制切换管路，实现多个反应器的自动切换；添加紫外光谱等分析仪器，可对反应结果进行在线监测，实现对反应过程的快速优化等。

　　根据所用反应器的数量，连续流反应原则上可分为"一锅"和"串联"模式，可分别解释为由单个反应器独立完成和多个反应器共同完成的连续流反应[4]（图 20-1 B）。此外，与间歇模式相比，在连续流中运行反应将带来以下优势：（1）更好的传质 / 传热效果，（2）更简单的单元操作和响应设置，（3）更容易进行后处理和放大。在这方面，连续流反应在合成药物[5-7]、天然产物[8]、危险化学品和聚合物[9]方面取得了非凡的进展。

　　在合成化学中采用生物催化剂代替传统有机、金属催化剂，现已被认为是绿色化学中最有前景的技术之一[10]。涉及生物催化的多步反应，包括但不限于生物催化与化学催化级联系统或多酶反应级联系统，通常被用来合成单催化剂无法合成的特定复杂分子。将连续流技术引入生物催化反应中受到了越来越多的关注，一些研究表明，蛋白质固定化[11-13]和微流控固定化酶反应器[3]技术的发展促进了连续流生物

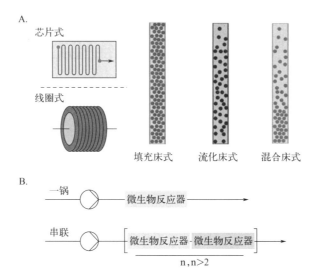

图 20-1 连续流系统中反应器组件类型以及连续流反应的两种模式

A. 微反应器和其他流体元件的类型; B. 两种连续流系统的示意图。

催化的发展。近年来,多篇介绍基于连续流生物催化研究进展的综述被发表。Sheldon 等人在多步连续流反应中引入固定化酶,以实现活性药物成分(API)连续、高效、经济和环保生产路线的构建[14]。Xu 等人讨论了微流控反应器中固定化酶的构建及其应用[15]。此外,Turner 等人[16] 的综述介绍了用于合成精细化学品的连续流固定化酶反应器。Weeranoppanant 等人总结了最近开发的具有固定化生物催化剂的连续流动系统,以实现可持续的生物制造工艺[17]。Blacker 等人提出了化学催化剂和生物催化剂在连续流系统中属于非均相和均相组合的观点[18]。Tamborini 等人专注于连续流中整细胞生物催化的进展[19]。Kara 等人总结了连续流系统中生物催化领域的最新发展(2018 年至 2020 年 9 月)[20]。Paradisi 等人介绍了连续流生物催化的关键概念,突出了连续流生物催化的优势,并乐观展望了当前连续流生物催化的发展趋势[21]。

　　本章将介绍生物催化微反应器方面的相关进展,包括化学 - 酶偶联和多酶级联催化体系,特别强调结合多步骤过程的挑战和先进解决方案。期待未来面向多步连续流动反应的生物催化体系得到快速发展,并应用于合成高价值的化学品。

20.2　微反应器强化的生物催化过程

　　多酶催化系统的建立为许多高附加值精细化学品的生物合成提供了首选方法[22,23]。与化学 - 酶系统相比,在连续流中实施多酶催化反应在绿色和可持续发展方面具有明显更显著的优势。一方面,可以避免使用有毒、有害和难降解的化学催化剂;另一方面,由于不再需要分离中间体,反应所需的操作时间和试剂浪费显著减少。然而,连续流生物催化,特别是在多步反应中,也面临着一些不容忽视的问题,例如辅因子回收问题、多相传递问题、不相容性问题以及对产物的精确控制问题。

20.2.1　辅因子循环

　　在高效生物催化过程中,辅因子循环对大多数氧化还原酶至关重要[24-26]。辅因子包括有机辅因子和无机辅因子,烟酰胺腺嘌呤二核苷酸(磷酸)[NAD(P)$^+$] 是使用最广泛的辅因子之一,其可以处于还原或氧化状态,即 NAD(P)H 和 NAD(P)$^+$。目前有大量研究致力于辅因子的再生,例如新的化学法、酶法、光化学法和电化学方法[27]。然而，在连续流系统中进行辅因子回收是一个极大的挑战，与间歇反应器相比，连续流反应器因其单向流动特性通常使辅因子难以扩散。因此，连续流过程中辅因子依赖性酶的辅因子循环问题亟需解决。目前为止，使用连续流化学、光化学和电化学方法回收 NAD(P)H 的例子很少[28]。在本节中，我们主要讨论生物酶法介导的连续流 NAD(P)H 循环，如 NAD(P)+ 还原酶、NAD(P)H 氧化酶、甲酸脱氢酶、葡萄糖脱氢酶、醇脱氢酶等。基于在连续流反应中提供辅因子的方法，我们将这些案例分为 NAD(P)+ 的持续供应和 NAD(P)+/NAD(P)H 的原位捕获再生。

20.2.1.1   NAD(P)+ 的持续供应

由于连续流设备的单向流动特性，即使有各种方法循环过程中的辅因子，辅因子也会随流体单向流动，需要不断补充以实现连续反应。多年来，在多酶连续流系统中集成辅因子的持续供给和循环模块在很多情况下都取得了成功。Vincent 及其同事开发了由 H_2 驱动的 NADH 再生，用于一锅多酶连续流中的对映选择性酮还原和还原胺化[29]。在这项工作中，H_2 饱和的反应混合物 [苯乙酮（8.7mmol·L⁻¹）和 NAD+（1mmol·L⁻¹）]，通过负载有氢化酶、NAD+ 还原酶和醇脱氢酶（ADH）的碳纳米管衬里石英柱（CNC），连续循环反应以生产 (S)-苯乙醇。在该过程中，氢化酶氧化 H_2 产生的电子通过碳纳米管提供给 NAD+ 还原酶，以用于 NADH 的再生。采用该加氢概念，通过将 NADH 氧化成 NAD+，将丙酮酸还原胺化为 L-丙氨酸，在 90% 转化率下，最大总转换数（TTN_{NADPH}）为 19600。然而，在流动模式中，辅因子转换数低于在间歇模式中通过碳颗粒载体上的相同酶（TTN 为 4600）。流动过程中的低 TTN 可能是由于流动系统中 H_2 的可用性低，而不是酶的固有限制。随后，这种 H_2 驱动的 NADH 多相生物催化在改进的流动反应中得到进一步优化，以提高 H_2 的可利用性，从而在短停留时间内高效完成氢化反应[30]。

Paradisi 及其同事开发了一种基于醇脱氢酶、ω-转氨酶和 NADH 氧化酶的一锅连续流合成体系，用于倍他唑药物的一锅连续流合成[31]。在这之中，将 (S)-选择性的马肝醇脱氢酶（HLADH）、来自伸长盐单胞菌（*Halomonas elongate*）的 ω-转氨酶（*He*WT）和来自戊糖乳杆菌（*Lactobacillus pentosus*）的 NADH 氧化酶（*Lp*NOX）共同固定在聚甲基丙烯酸酯多孔微珠上并填充到微反应器中。在氧气（体积分数 1∶1）的参与下，将反应底物混合液流入填充床反应器（3.66mL），在 4×15min 的停留时间内，转化率提高到 84%（时空产率为 1.86g·L⁻¹·h⁻¹）。相比之下，酶未被共固定化的相同反应装置产率仅有 10%（停留时间为 30min）。在此过程中，底物醇在醇脱氢酶消耗 NAD+ 的催化下反应生成相应的醛，产生的 NADH 由 *Lp*NOX 再氧化为 NAD+。随后，产物在 *He*WT 的催化下转化为倍他唑（图 20-2）。

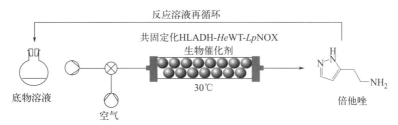

图 20-2   基于聚甲基丙烯酸酯多孔珠载体的共固定化酶连续生物催化生产倍他唑药物的流程设置[31]

最近，有研究者开发了 5-甲基-2-己酮的连续流不对称还原胺化策略，将嵌合胺脱氢酶和甲酸脱氢酶（FDH）共同固定在来自 Bio-Rad 的 Nuvia®IMAC 树脂，实现了辅因子的高效回收[32]。此外，设计了一种双酶一锅连续流系统，该系统由来自毕赤酵母的酮还原酶（KRED1-Pglu）和来自巨大芽孢杆菌的葡萄糖脱氢酶（*Bm*GDH）组成，双酶共固定于琼脂糖上，能够立体选择性地还原结构不同的酮，同时具有 NADPH/NADP+ 的高效再生系统[33]。此外还有一种连续流填充床反应器应用于 NADH 依赖性酶催化反应，将乳酸脱氢酶和甲酸脱氢酶共固定在简单碳载体上，进行原位辅因子循环，从而将丙酮酸完全转化为乳酸[34]。

本节中的上述示例原则上采用一锅连续流生物催化，将多种酶共同固定在特定载体上，尽管在处理过程中需要持续供应辅因子[29-34]，但这为辅因子依赖性的酶催化系统中辅因子循环提供了最常见的解决方案。

20.2.1.2   NAD(P)$^+$/NAD(P)H 的原位捕获和再生

NAD(P)$^+$ 的连续供应为多酶连续流合成中的 NAD(P)H 再生提供了一种常见方法，但它严重限制了辅因子依赖性酶在连续流生物催化中的工业应用。很明显，NAD(P)$^+$/NAD(P)H 的原位捕获和再生是一种更有价值的方法。近年来，Niemeyer 等人在微流控装置中设计了一种自组装全酶水凝胶，用于负载更多的活性生物催化剂，并保存中间体。与未组装的酶相比，NADPH 的总转换数（TTN）增加了近十倍[35]。在这项工作中，来自短乳杆菌的高（R）构型选择性醇脱氢酶（LbADH，EC 1.1.1.2）和来自枯草杆菌的葡萄糖脱氢酶（GDH）通过 SpyTag 和 SpyCatcher 结构域分别形成共价肽键，并聚合形成多孔水凝胶。含有 NADP$^+$、葡萄糖和 5- 硝基壬烷 -2,8- 二酮（NDK）的反应缓冲液，以 $10\mu L \cdot min^{-1}$ 的流速流过 PDMS 芯片的微通道（$150\mu L$），使该通道充满溶胀的水凝胶。正如预期，水凝胶充分保留了固定化酶，并使 NDK 的稳定转化保持了 6 天以上，而未组装成水凝胶的酶混合物迅速从微反应器中冲出。与需要固定化载体（如珠或膜）的传统多酶连续流系统相比，这种无载体的全酶水凝胶系统方法大大提高了单位体积反应器中活性生物催化剂的负载量，从而提高了 NADP(H) 循环的效率。此外，这项工作已扩展到更多的生物催化组合，如亚胺还原酶和 GDH[36]。

尽管上述方法已经取得了巨大成功，但仍然需要对流动过程中损失的 NADP$^+$ 进行补充。最近，Scott 及其同事设计了可以保留和再生其辅因子的模块化生物催化剂，这为依赖辅因子的多步连续流生物催化系统提供了一种可推广的化学和酶工程方法[37]。在这里，用于保留和回收辅因子的多结构域融合蛋白质由三个模块组成，即辅因子依赖性的催化酶模块、辅因子再生模块和辅因子捕集模块。合成的多结构域蛋白的辅因子通过灵活的摆臂共价连接，并输送到所需的蛋白质模块，同时辅因子也通过再生模块进行再生。将具有共轭辅因子的融合蛋白分别固定在含磷酸化酶、氧化酶和醛缩酶生物催化剂的三氟丙酮（TFK）活化的琼脂糖珠上（每克湿珠分别含 1.6mg、1.0mg 和 1.0mg 蛋白质），并填充到玻璃柱中制成三个填充床反应器：磷酸化反应器（23.1mL 填充体积），氧化反应器（25.7mL 填充体积）和羟醛加成反应器（17.7mL 填充体积）。该反应器能够以高时空产率将甘油转化为手性 D- 法戈明前体。辅因子的 TTN 超过 10000（NAD$^+$ 依赖性氧化反应器约 11000，ATP 依赖性磷酸化反应器约 17000），这比传统的连续流辅因子依赖性生物催化系统至少高 100 倍。

20.2.2   气 – 液两相反应

气体在流动合成中的使用意义重大，但极具挑战性[38]。氧化反应是合成化学领域中最常用的反应之一。生物催化氧化原则上在温和的条件下运行，并且产生的污染或废物少于化学催化氧化[39]。值得注意的是，大多数生物催化系统需要水作为溶剂，与在有机溶剂中相比，O_2 作为绿色无害的氧化剂在水中可以更安全地被利用。通过充分搅拌和曝气，可以在传统间歇式反应器中实现高效的气液传输[3]。然而，当间歇式反应器中的气 / 液反应放大时，反应器尺寸的增加便会与高效的气 / 液扩散相矛盾。微反应器可以作为替代工具来克服间歇模式中的放大限制，并且已经在一些优秀的工作得到了应用。通过将生物氧化引入连续流动模式来提高传质和生产效率，从而优化比表面积和反应时间。目前主要的策略有分段气液流[28,40]、降膜微反应器（FFMR）[41]、曝气膜流动反应器[42]、搅拌池式反应器（ACR）[43]以及透气硅胶管[44]等。

许建和等[44]提出了一种连续微流控策略，通过增强氧传递来提高 NOXs 的催化性能，并建立了一个连续流动微反应器（CFMR）（图 20-3）。在以绿色和可持续的方式最大限度地提高来自变形链球菌的 NADH 氧化酶（SmNOX）的 NAD$^+$ 再生能力，将 NOX/O_2 系统与这种微反应器技术相结合提供了一个通用平台，该平台能够实现各种 NAD(P)$^+$ 依赖性生物转化。为了评估连续流动微反应器和 SmNOX 系统在该微反应器中的性能，选择 7α 羟基类固醇脱氢酶（7α-HSDH）将鹅去氧胆酸（CDCA）氧化为 7- 羰基石胆酸（7-oxo-LCA）作为示范反应。与传统的间歇搅拌釜反应器相比，7- 羰基 - 石胆酸生产的时空产率显著提高（提高了 96 倍）。NAD$^+$ 总转换数提高了 10 倍，酶的单耗减少了 7 倍。

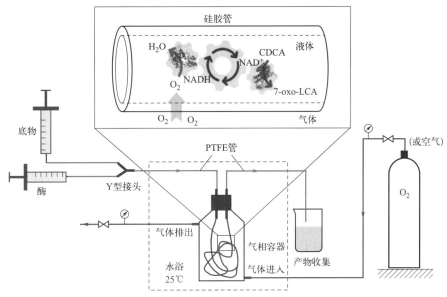

图 20-3　透气硅胶管型连续流微反应器（CFMR）装置示意图[44]

O$_2$ 在水中的低溶解度往往是限制生物氧化反应效率的主要因素。Blacker、Kapur 和 Turner 建立了一种不依赖于界面传质的可溶性 O$_2$ 获取模式（图 20-4 A），他们开发了过氧化氢酶催化的 H$_2$O$_2$ 降解，以提高 O$_2$ 在新型多点注入式连续流反应器［MPIR，11 个子通道（每个 8mm×0.1mm×2mm）连接在主通道和分配器通道之间］中的水平衡溶解度（图 20-4 B）。与传统的间歇式气 - 液混合反应器或连续搅拌釜式反应器（CSTR）相比，生物催化氧化效率更高（时空产率高达 344 g·L^{-1}·d^{-1}）[45]。简而言之，将溶液 A［果糖酶 M3-5（6.5mg·mL^{-1} CFE）、辣根过氧化物酶 HRP（0.1mg·mL^{-1}）、过氧化氢酶（0.13mg·mL^{-1}）、CuSO$_4$

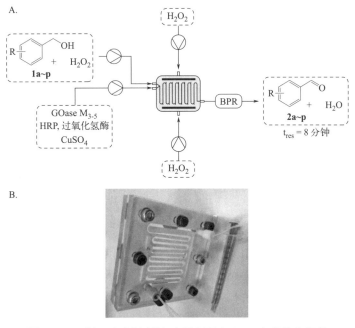

图 20-4　基于多点注射流动反应器（MPIR）的生物氧化

A. 利用 MPIR 进行生物氧化流程设计；B. 以 1 毫升注射器为基准的多点注射流动反应器

（0.13mg·mL⁻¹）] 和溶液 B [底物醇（30mmol·L⁻¹）、H₂O₂（1 eq.）、消泡剂 204（质量百分比 0.01%）] 在 Y 型混合器中混合并泵入 MPIR。在反应过程中，将溶液 C [H₂O₂（2 eq.），消泡剂 204（质量百分比 0.01%）] 连续泵入到 MPIR 中，最终以高产率获得了一系列醛。这种方法通常可以扩展到许多依赖 O₂ 的连续流生物氧化反应。后来，另外一些研究使用连续 MPIR 模型来克服氧浓度的潜在限制，提高了区域选择性氧化的速率，生成若干种由工程果糖酶突变体介导的二醛[46]，并将其应用于连续流系统中以获取仲胺[47]。

20.2.3　多酶兼容性问题

与化学催化与生物催化的不相容性问题相比，多酶体系的不相容性问题较少。串联模式（其中酶可以分离或分隔）是多酶连续流反应中使用最广泛的系统之一，可以有效地克服不同生物催化剂之间反应条件的差异问题，例如底物矛盾、交叉反应等。

20.2.3.1　溶剂相容性问题

Groger 及其同事报告了一种有趣的方法，使生物催化剂在流体混合过程中形成分段流体相界面与底物反应，来改善连续流催化系统中的溶剂不相容[48]。具体来说，生物催化剂固定在高吸水性凝胶基质中，作为隔区化的水相，与含有疏水底物的有机相一起，构成了一个分段流动过程来完成转化。这一流动概念是通过举例说明两种不同的生物催化反应来实现的，即由醇脱氢酶（ADH）催化的苯乙酮的还原和由醛肟脱水酶（oxd）催化的辛醛的脱水。该方法为固定化生物催化剂在溶剂不稳定催化体系中的连续流动应用提供了另一种选择。

20.2.3.2　底物抑制和交叉反应相容性问题

Flitsch 和 Cosgrove 等人设计了一种多步连续流工艺来合成仲胺，由先前不相容的酶级联组成，与间歇模式的相同反应相比，时空产率提高了 58 倍，酶生产率提高了 4 倍[47]。该工作还设计了多种反应组合体系，并以合成不对称仲胺的六酶连续级联体系作为多种反应组合的典型代表。具体来说，底物醇溶液首先被泵入填有氧化酶、过氧化氢酶和 HRP 的微反应器中，并被氧化以生成醛。然后，将外消旋丙氨酸和磷酸吡哆醛（PLP）溶液以及所得的氧化产物在管道中充分混合，泵入装有固定化转氨酶的微反应器形成中间产物胺。最后，将该反应的流出物再与管道中的溶液（50mmol·L⁻¹ 葡萄糖，1mmol·L⁻¹ NADP⁺，10mmol·L⁻¹ 环己酮）充分混合，泵入负载有亚胺还原酶催化体系的微反应器，以生成仲胺。三个反应的产率在 40min 内都可以达到 98%。值得注意的是，半乳糖氧化酶/胆碱氧化酶（GOase/AcCO6）的铜活性中心会被胺抑制。为克服该问题，常通过区室隔开转氨酶和氧化酶（GOase/AcCO6）来保证其生物催化活性。此外，将固定化的转氨酶和亚胺还原酶分别装载于独立的填充床反应器中，可以防止交叉胺化的潜在问题，而这在间歇式反应下是不可行的。这项工作为批量处理模式下固有不相容的多酶级联催化反应提供了解决思路。

20.2.4　过程强化与品质提升

连续流多酶级联反应中产物的精确控制集中在反应过程参数的调节和反应后处理上。基于连续流反应的固有优势，多项研究已经证明了在连续流中可以对反应参数进行精细控制，包括生物催化剂的种类、数量和使用顺序，最终精确调控反应的产物。例如，连续流磷酸化酶和醛缩酶反应可以一直进行到反应完全结束，而分批反应的产率则存在上限[37,49]。

20.2.4.1　精确构建复杂结构

Niemeyer 及其同事建立了一个装载有固定化自组装多酶水凝胶分区室的连续流填充床反应器，可选择性地控制整体产物的分布[50]。在这项工作中，来自短乳杆菌 ATCC 14869 的（R）构型选择性醇脱氢酶（*Lb*ADH）、来自酿酒酵母 YJM193 的（S）构型选择性甲基乙二醛还原酶（Gre2p）和来自枯草芽孢杆菌的葡萄糖 -1- 脱氢酶（GDH），分别与链霉亲和素结合肽、Spy Tag 和基于卤乙酸脱氢酶（halo alkane dehalogenase）的标签 HaloTag 进行基因融合，被特异性和定向地固定在涂有互补受体的磁性微珠上。将酶修饰的磁珠加载到聚甲基丙烯酸甲酯（PMMA）芯片的四个隔室通道中，用于（R）或（S）构型选择性还原手性 5- 硝基壬烷 -2,8- 二酮（NDK）。其中蓝色模块以 8∶1 的比例负载有 *Lb*ADH-SBP@MB-STV 和 GDH-SBP@MB-STV，红色模块以 2∶1 的比例负载 Gre2p-SBP@MB-STV 和 GDH-SBP@MB-STV。红色模块从 NDK 出发，生成 (S)- 反式 -8- 羟基 -5- 硝基壬 -2- 酮，而蓝色模块从 NDK 出发，可分别生成 (R)- 反 / 顺式 -8- 羟基 -5- 硝基壬 -2- 酮、(2R,5S,8S)-5- 硝基壬 -2,8- 二醇（产品 A）和 (2R,8R)-5- 硝基壬 -2,8-二醇（产品 B）、(S)- 反式 -8- 羟基 -5- 硝基壬 -2- 酮和 (R)- 反 / 顺式 -8- 羟基 -5- 硝基壬 -2- 酮。实验表明，最终产物的结构可以通过调控酶的不同比例进行有效控制。将固定化融合酶装载在分隔式连续流填充床反应器中可能会成为各种多酶级联反应的通用策略。

郭凯团队建立了一个基于连续流反应器的化学选择性聚合平台[51]，采取固定化酶管式反应器以解决在巯基醇作为多官能团引发剂时开环聚合反应中的化学选择性问题，高效合成了 α- 巯基 - 聚 ε- 己内酯 -ω-羟基（HS-PCL-OH）（图 20-5 A）。在微反应器内的限域空间内，微球起到了内构件的作用，酶的固定化强化了活性位点与反应底物的有效碰撞，显著提升了聚合速率，反应时间由 12 h 缩短至 120 min，化学选择性由 70% 提升至 95%，获得了窄分布的聚酯（M_n = 10.3 ∼ 1.2kg·mol⁻¹，$Đ_M$ = 1.12 ∼ 1.28）。随后通过调节单体引入顺序获得硫醇封端的聚（δ- 戊内酯）- 聚（ε- 己内酯）嵌段共聚物（HS-PVL-*b*-PCL-OH）和聚（ε- 己内酯）- 聚（δ- 戊内酯）嵌段共聚物（HS-PCL-*b*-PVL-OH）（图 20-5 B）[52]。

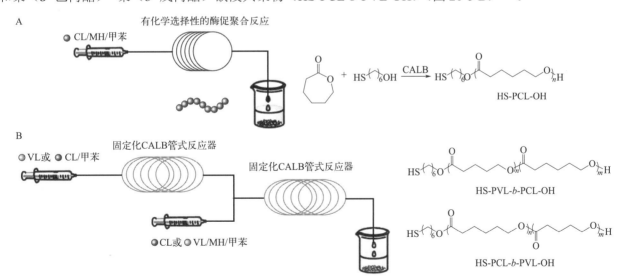

图 20-5　连续流酶法合成巯基封端的聚合物
A. 巯基封端的 PCL 的连续流酶法合成；B. 巯基封端的 PVL-*b*-PCL 和 PCL-*b*-PVL 的连续流酶法合成。

20.2.4.2　粗产品在线提纯

Paradisi 及其同事设计了一种连续流多酶级联反应器，用于在线纯化芳香醇粗产物中的微量杂质，以高纯度和高产率精确控制产物（图 20-6）[53]。在这项工作中，固定在单个微反应器中的转氨酶和氧化还原酶有效地消除了通常在间歇模式下会产生的胺/醛交叉缩合副产物。此外，所得水相被乙酸乙酯流在线萃取，这使得反应中产生醇和可能痕量残留的未反应醛被萃入有机相。随后，有机相被泵入填充有苄胺（QP-BZA）的反应器中，从而获取所需的醇。这项工作开发了一种通用的连续流多酶平台，用于精确合成高附加值化合物。

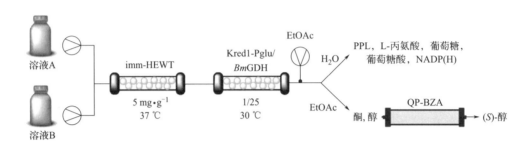

图 20-6　合成（*S*）- 乙醇的多酶连续流动装置涉及填充有 QP-BZA 的微反应器以纯化有机相[53]

20.3　微反应器强化的生物 - 化学偶联过程

在过去十年中，陆续出现了将化学催化和生物催化偶联进行多步合成的成功案例[54]。为了匹配不同催化剂的反应条件，减少交叉抑制，研究者们做出了许多尝试，例如引入两相系统（液 - 液、液 - 固）、将催化剂固定化（纳米粒子、聚合物微珠、超分子组装）和使用仿生膜等策略[55]。连续流技术作为解决化学 - 生物催化过程中不相容问题的专业技术之一，应该得到足够的重视。在本节中，我们主要关注基于微流场技术的化学 - 酶法体系。

20.3.1　酶 - 化学偶联催化

由于化学催化和生物催化通常需要在不同的条件和介质（如溶剂、温度和 pH 值等）下进行，因此在连续流化学 - 酶级联催化中迫切需要解决化学催化和生物催化之间的不相容问题。基于保护不相容的催化过程、避免催化剂之间相互作用的基本原则，目前已经开发了许多的策略来解决连续流反应中的不相容性问题，主要策略包括设计并使用分离式反应器、相分离器和采用深共晶溶剂（DES）等。

20.3.1.1　反应温度的相容性问题

化学 - 酶连续流反应中的主要不相容问题是催化剂的相互抑制和所需最佳反应温度的不一致。解决这些问题的主要方法是在分隔反应器中装载催化剂进行串联反应。Sieber 小组将化学催化剂和生物催化剂放置在不同的隔间中，实现了 2- 酮 -3- 脱氧糖酸的连续直接合成。第一步底物在金属催化剂的催化下，被氧分子氧化；第二步通过酶催化脱水过程，转化成糖酸，证明分隔式连续流反应器帮助金属催化剂和酶的组合克服不相容性问题具有可行性[56]。随后，Souza 及其同事报道了一种通过七步高通量连续流反应合成替诺福韦的方法，将 $NaAlO_2$、Pd/C、Novozyme 435（Novo435）和 $NaHSO_4 \cdot SiO_2$ 依次填充到不同的微反应器中 [$NaAlO_2$ 填充床体积为 1.3684cm^3；Pd/C 填充床体积为 2.4cm^3，质量为 1.19g（碳上负载的 Pd 质量百分比为 10%）；0.93g Novo435 填充于 2.4mL Omnifit 色谱柱内；1.4801g $NaHSO_4 \cdot SiO_2$ 填充于 2.4mL Omnifit 色谱柱内]，不同填充床内部温度不同。通过在这些单独的反应器中填充不同的催化剂，避免了催化剂之间反应温度不相容的问题，例如 NaAlO$_2$ 在 90℃下反应最好，但 Novo435 在此温度下活性较低。这种化学 - 酶串联系统合成替诺福韦［(R)- 碳酸丙烯酯］的停留时间为 3h，产率高达 93% 并且具有优良的选择性（高达 98% ee），高于间歇式反应器中进行的相同反应（产率约为 86%）（图 20-7）[57]。

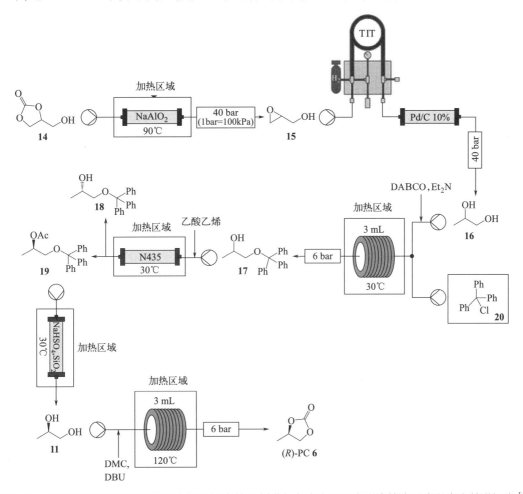

图 20-7 利用固定在不同微反应器中的不相容催化剂进行七步高通量串联连续流反应以生产替诺福韦[57]

与串联连续流系统相比，"一锅"模式的化学 - 酶连续流系统的实例要少得多，这可能是由于化学催化剂和生物催化剂之间的相互抑制，导致双方失活过多，因此难以建立基于一锅法的化学 - 酶连续流系统。目前仅有的几个例子是，Souza 等人通过使用甲苯作为溶剂来解决 VOSO$_4$ 和脂肪酶 CALB 之间的不相容问题，因为这两种催化剂都能在甲苯中保持良好的活性，设计出了一种以 CALB 和 VOSO$_4$ 作为共填充物的填充床反应器（7.854 mL），用于外消旋苯乙醇的一锅连续动态动力学拆分（DKR）[58]。这种连续流反应器装置具体是由四层固定化酶 CALB（每层 500mg 催化剂，体积为 1.57mL）和三层 VOSO$_4$（每层 500mg 催化剂，体积为 0.39 mL）交替装载于玻璃柱中，并通过脱脂棉薄层进行物理分隔。以葵酸乙烯酯（0.15mol·L^{-1}）作为酰基供体，在 1mL·min^{-1} 的流速下，CALB 和 VOSO$_4$ 催化外消旋苯乙醇（0.1mol·L^{-1}）的酰基化（停留时间为 7.8min，反应温度 70℃），光学纯产物的 ee 值大于 90%，产率为 82%，2 小时内的时空产率（STY）为 1.35g·h^{-1}。为了进行比较，作者在另一条路线中使用了两个填充床反应器分别装载 CALB 和 VOSO$_4$，流体以 0.1ml·min^{-1} 的流速依次流过负载有 CALB 的反应器（停留时间为 15 min），以及填充有 VOSO$_4$ 的反应器（停留时间为 5 min），从而在 3 小时内以 82% 产率获得光学纯为 90% ee 的产物。显然，串联法的时空产率低于一锅法，这证明，在相同的反应条件下，一锅连续流系统比串联连续流系统的效率要高得多。

20.3.1.2　溶剂的相容性问题

酶催化的反应通常需要在水溶液中进行，以最大限度地保证酶催化活性。然而，大多数化学催化剂却需要依靠有机溶剂作为其参与催化有机合成的理想环境。在多步串联连续流化学 - 酶合成中，亟需解决有机相和水相混合不利问题。近年来，已经有多种策略致力于解决连续流体系中的多相分离问题，包括使用重力[59]、不同材料、涂层[60]或膜[40]。膜分离是指利用不同成分间大小或极性不同进行分离的方法，被广泛应用于连续流多步化学 - 生物催化。

Rutjes 报道了一种基于膜的相分离模块，通过化学 - 酶串联过程合成含保护基团的扁桃腈衍生物的方法，该过程集成了两个具有不相容反应条件的步骤（图 20-8）[61]。具体来说，将溶有底物醛的甲基叔丁基醚溶液、pH 值为 5 的 KCN 柠檬酸缓冲液和 (R)- 选择性羟基腈裂解酶（HNL）粗细胞裂解液（体积分数 10%）混合，然后流过线圈式反应器（保留体积为 0.567mL）以合成对映体纯的氰醇（98% ee）完成第一步反应。随着反应时间从 5min 延长到 12min，转化率从 74% 提高到 83%。在该连续流反应中，溶剂的不相容性问题出现在第二步，由于较高浓度的 H_2O（460mmol·L^{-1} H_2O/MTBE 仅能获得约 79% 的分离产率，相比之下，< 0.55mmol·L^{-1} H_2O/MTBE 却能够获得高达 90% 的分离产率）会抑制扁桃腈的乙酰化反应，因此需要通过泵入二氯甲烷（CH_2Cl_2/ 缓冲液，体积比 1∶4）来分离所得双相混合物的有机相和水相。当双相混合物通过聚四氟乙烯（PTFE）膜的相分离模块时，水相作为废液被排出，有机相进入第二步反应。最后，剩余有机相中的扁桃腈流过最后一个线圈反应器（0.264mL）进行碱介导的乙酰化反应，从而获得对映体纯氰醇衍生物，分离产率高达 61%。这项工作不仅提高了总反应产率，而且通过在两步串联反应之间引入相分离模块，还显著减少了单元操作。同样，在固定化的 CALB 脂肪酶填充反应器中将 HCN 的原位制备步骤替换为氰甲酸乙酯的水解，实现了手性 O- 乙酰氰醇的三步连续流转化[62]。

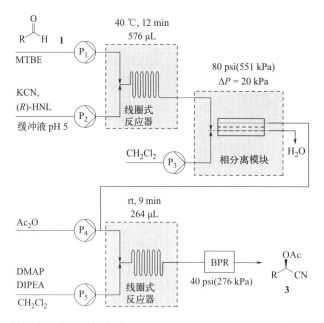

图 20-8　基于膜相分离模块合成受保护的扁桃腈衍生物的化学 - 酶串联流动[61]

通过使用在线淬灭和分离的方法，实现了合成卡托普利的完整化学 - 酶连续流系统[63]。这项工作的研究人员开发了一种完整、巧妙和简洁的过程，在进行下一步反应之前可以直接实现中间体的纯化。首先，2- 甲基 -1,3- 丙二醇在含固定化醋酸杆菌 MIM 2000/28 全细胞的玻璃柱（长度 =100mm；内径 =6.6 mm）中进行区域选择性氧化和立体选择性氧化。然后，借助捕捉 - 释放法在线分离中间体 (R)-3- 羟基 -2- 甲基丙酸（图 20-9 A）。在两种膜分离系统的帮助下，再经过三步连续流高通量化学法反应，仅需 75min 就实现了卡托普利的合成与分离，结晶后总产率为 50%（图 20-9 B）。工艺流程中的第一个 Zaiput 分离器用于在线淬灭，将流体 pH 酸化至 2，第二个 Zaiput 分离器用于在线纯化以获得卡托普利。在线淬灭和分离的策略可以有效避免整个反应过程的中断，减少不必要的单元操作。这项工作代表了连续流化学 - 酶合成中分离和催化模块的强大集成，并向我们展示了如何避免不必要的单元操作和溶剂之间的干扰。

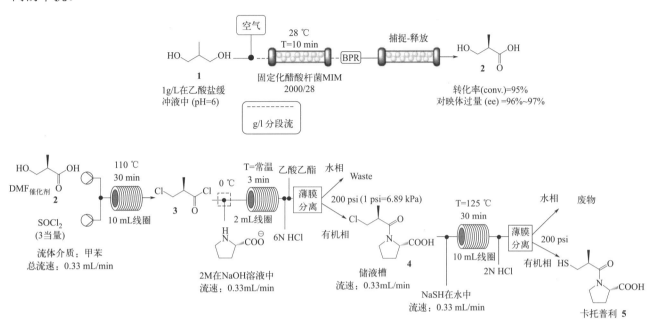

图 20-9 连续流反应器中通过化学 - 酶法合成卡托普利
A. 2- 甲基 -1,3- 丙二醇的连续选择性氧化和中间体纯化装置；B. 三步化学 - 酶法分离卡托普利的流动装置。

使用深共晶溶剂（DES）也是克服连续流化学 - 酶合成中不同步骤之间不兼容问题的有力工具。DES 是由两种或两种以上成分按一定比例组成的共晶混合物，其熔点低于单个化合物[64,65]。Gruber-Woelfler 证明，DES 缓冲液混合物对于为化学催化剂和生物催化剂提供兼容的溶剂环境至关重要。本研究采用了两步连续流过程，包括由枯草芽孢杆菌（*Bacillus subtilis*）的脱羧酶（*Bs*PAD，固定在 2% 海藻酸珠中）对香豆酸脱羧，随后在氯化胆碱 DES 缓冲混合物中进行 Pd 催化的 Heck 交叉偶联，以生产 (*E*)-4- 羟基二苯乙烯，这是一种防癌药物的活性成分[66]。由于羟基肉桂酸在低浓度缓冲液中的溶解度较低，且 Heck 反应需要添加 30% 乙醇，因此反应需要在非常稀的底物溶液中进行，以防止反应器堵塞。由于 *Bs*PAD 在 DES 中具有很高的活性，Heck 反应在 DES 中可以很好地进行，其研究小组将 DES 应用于集成式多步连续流工艺。脱羧反应在不锈钢色谱柱（40mm×8mm）中进行，停留时间为 30min，时空产率为 4.8g·L⁻¹·h⁻¹；Heck 偶联反应在色谱柱（120mm×8mm）中进行，停留时间 45min，时空产率为 0.52g·L⁻¹·h⁻¹。由于副产物抑制，分批模式下的产率高于连续生产模式下的产率。尽管如此，这项工作为克服化学 - 酶连续流反应中的反应温度差异、底物低溶解度和溶剂不相容提供了一种解决思路。

总的来说，多步化学 - 酶连续流合成中的主要不相容性问题分为两大类，即催化剂的相互抑制（毒性和温度）和所需最佳溶剂的不相容性。目前，通过在不同的微反应器中装载不同的催化剂，可以简单有效地避免催化剂中毒以及温度的影响。此外，通过广泛筛选不同的溶剂以选择最合适的溶剂，或通过相分离模块 /DES 级联多步不相容反应，解决溶剂之间的不相容性问题。然而，对于化学 - 酶连续流反应中催化剂本身结构设计的研究还很少见到，预计未来将有更多的工作围绕催化剂本身的设计来展开，以克服不相容性问题（例如催化剂的固定化和改性、酶的结构设计、蛋白质的定向进化等）。

20.3.2 过程强化与品质提升

连续流合成对产物品质的精确控制可能源于连续流合成的固有优势，例如催化剂与反应物接触面积的增大，混合、传质效率的提升，以及产物的在线分离，这显著促进了反应平衡控制，避免了产物抑制和副产物形成。目前对连续流反应产物进行精确控制的方法主要分为过程中反应参数的精细控制和粗产物的在线纯化。

20.3.2.1 精确构建复杂结构

郭凯团队深入剖析酶催化聚合和化学催化聚合的机理，探索酶／化学催化剂的兼容、反应动力学和条件的匹配，初步实现了酶促开环聚合分别与有机催化开环聚合、自由基聚合、金属催化开环易位聚合的偶联。例如，构建了固定化酶微反应器串联式反应系统，在微尺度连续流条件下，脂肪酶 Novozyme435 先后催化己内酯和碳酸酯嵌段共聚，对于 Novo435 难以催化的丙交酯，由有机催化完成[67]。得益于微尺度的过程强化效应和时空控制性优势，无论是酶促开环聚合还是化学催化开环聚合，反应速率均得到提升，避免了酶和化学催化的相互干扰，中间产物无需提纯直接进入化学催化微反应器，精确构建聚己内酯 -*b*- 聚碳酸酯 -*b*- 聚丙交酯三嵌段共聚物，分子量分布小于 1.2。

郭凯团队开发了基于微反应器的酶促开环聚合（ROP）和金属催化开环易位聚合（ROMP）级联反应平台，精确构建刷形可降解聚酯[68]。设计并搭建串联式微反应器系统，研究了酶促开环聚合反应单元与金属催化开环易位聚合反应单元之间的协调与系统集成。酶促反应产物大分子单体无需分离提纯，直接进入后续微反应器进行金属催化开环易位聚合。通过改变进料比，分别调控聚合物分子刷侧链和主链的聚合度，获得系列刷形聚酯（$M_{n, SEC}$ = 36.0 ~ 98.1 kg·mol^{-1}，$Đ_M$ = 1.09 ~ 1.29）。与传统间歇式合成方法相比，上述基于微流场反应技术的生物 - 化学催化聚合 - 聚合偶联策略，强化了不同催化聚合反应过程，避免了中间产物大分子单体的分离提纯，提升了全流程的可控性以及效率，精确构建了非线形复杂拓扑结构。此外，该团队还开展了微流场技术与动态组合化学相结合高效合成脂肪酸酯的工作[69]。

2020 年，Akai 及其同事提出了一种一锅连续流策略，该方法是基于脂肪酶 - 氧钒酸催化动力学拆分外消旋醇[70]。在此动态动力学拆分（DKR）过程中，脂肪酶和作为外消旋再生催化剂的固定化氧钒酸 VMPS$_4$ 之间的兼容性显著增强，其中氧钒酸化合物共价结合到介孔二氧化硅的内表面。脂肪酶 - 钒氧催化外消旋醇动力学分解的一锅连续流反应除不相容性问题外，还需要阐明如何精确控制所需产品。这条路线有两个主要问题。一方面，由于固定化酶 CALB（0.35 ~ 0.70 mm）和钒基 VMPS$_4$ 颗粒（0.03 ~ 0.05 mm）的粒径差异较大，泵送液体的压力将导致小颗粒的移动，因此协同 DKR 过程的催化效率降低。另一方面，在间歇反应中几乎不产生的副产物是在连续流反应中产生的。前一个问题可通过使用 Dualpore™ 硅胶珠作为填料来解决，以确保催化剂初始分布状态的一致性。后一个问题可通过逐步改变两种催化剂的混合比来解决（图 20-10）。在优化的条件下，连续流 DKR 可以连续 3 天以高产率（高达 91%）和优异的对映选择性（高达 99% *ee*）制备所需的酯，且所使用的 CALB 和 VMPS$_4$ 比相应的间歇模式更少。

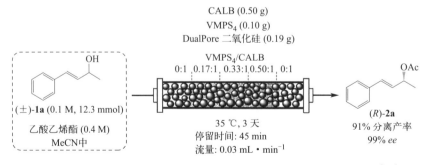

图 20-10 采用五层填充床反应器—锅连续流动动态拆分外消旋醇[70]

20.3.2.2　粗产物的在线提纯

通过去除杂质和副产物，粗产物的在线纯化也是多步串联连续流化学 - 酶促合成获得高纯度产物的重要方法。最近，在串联连续流工艺中将 Curtius 重排反应与固定化脂肪酶 CALB 相结合，有效地促进残留试剂的化学选择性清除，从而实现简单的在线纯化过程[71]。在这项工作中，由于残余试剂苯甲醇的高沸点（约 205℃），使得氨基甲酸酯粗产品在后处理过程中难以纯化。为了克服这一障碍，在连续流工艺中将 CALB 固定在 Omnifit 玻璃柱（长度 = 100 mm；内径 = 6.6mm）中，在提供丁酸乙烯酯的条件下，将苯甲醇直接转化为丁酸苯甲酯。通过采用该策略，氨基甲酸酯实现了高达 83% 的产率，并且在不到 4 h 的反应时间内获得了约 22g 纯产物。该方法的提出突出了连续流动系统在串联处理中的优势，并显示了酶反应器作为纯化工具进行应用的可能性。

总的来说，在多步化学 - 酶级联和多酶连续流反应中，对产品进行精确控制的方法基本相似。为了精确控制反应参数，在线实时监测、分析反应过程和计算模拟辅助调整反应参数对于多步骤连续流合成至关重要。同时，对于粗产品的在线纯化，有两个方向可用于提高工艺效率。一个是设计更精细的合成工艺，通过引入下一个反应来完成副产物的去除。二是对膜组件进行改进，以提高相分离的精度和效率。最后，我们期望在多步连续流反应系统中出现更多的方法来纯化产品，以满足工业应用的需要，其中可以包括在线淬灭、提纯和分离，实时监测和产品分析等模块，然后在不依赖间歇手动操作的情况下集成整个多步反应。

20.4　总结与展望

微尺度连续流生物催化过程研究已经取得了重要进展，微反应器在多酶级联、生物 - 化学催化偶联等方面表现出传统釜式间歇反应无法比拟的优势。展望未来，微尺度连续流生物催化仍然面临诸多挑战：①多酶级联、生物 - 化学催化偶联体系中相容性、选择性、多相传质等问题需要继续深入研究，酶的从头设计、蛋白质的定向进化将赋予酶新的反应性和更好的兼容性，新的蛋白质固定化技术将提高酶的负载量及其对于恶劣反应条件的耐受能力；②微尺度连续流生物催化的工程化研究亟待加强，微反应器的微尺度效应和反应通量是此消彼长的关系，虽然通过增加微反应器数量的方式可以实现一定程度的放大，但是在大吨位制造方面受到了诸多限制，创新微反应器设计和系统集成将有助于推动微尺度连续流生物催化的工业应用。总之，我们期待在学术界和工业界的共同努力下，基于微流场技术的生物催化将为绿色生物制造和双碳战略贡献更大的力量。

（朱宁，郭凯）

✐ 思考题

（1）请简述影响微尺度连续流多酶级联、生物 - 化学催化偶联的主要因素。

（2）如何在保持微反应器微尺度效应的同时提升反应通量？

第 20 章
参考文献

第20章